Heinrich Johannes Boruttau

Kurzes Lehrbuch der Physiologie für Mediciner

Heinrich Johannes Boruttau

Kurzes Lehrbuch der Physiologie für Mediciner

ISBN/EAN: 9783744696050

Hergestellt in Europa, USA, Kanada, Australien, Japan

Cover: Foto ©berggeist007 / pixelio.de

Weitere Bücher finden Sie auf **www.hansebooks.com**

Kurzes Lehrbuch

der

PHYSIOLOGIE

FÜR MEDICINER.

Von

Dr. med. H. BORUTTAU

Privatdocent an der Universität Göttingen.

Mit 70 Abbildungen.

LEIPZIG und WIEN

FRANZ DEUTICKE

1898.

Verlags-Nr. 554.

———

Druck von Köhler & Hamburger, Wien, VI. Mollardgasse 41.

Vorwort.

In dem vorliegenden Buche ist der Versuch gemacht worden, anatomische, physikalische und chemische Auseinandersetzungen möglichst fortzulassen, resp. bei dem Leser vorauszusetzen. In Vorlesungen können sie nicht wohl entbehrt werden; umsomehr scheint mir dies aber in einem Lehrbuche möglich zu sein, nachdem für jene grundlegenden Disciplinen reichliche Hilfsmittel dem Lernenden zu Gebote stehen, insbesondere in der Histologie Werke mit Abbildungen, wie sie in einem physiologischen Lehrbuche nicht beansprucht werden können. Eine Ausnahme wurde nur gemacht hinsichtlich erfahrungsgemäss Schwierigkeiten bereitender physikalischer Grundsätze, sowie der anderswo nicht berücksichtigten elektrophysiologischen Methodik. Der gewonnene Raum ist dazu benützt worden, den üblichen Namensnennungen der Autoren stets die Literaturangabe hinzuzufügen, unter Anwendung von Abkürzungen, wie sie z. B. in der Chemie selbst in elementaren Werken schon längst üblich sind. Auf Vollständigkeit kann selbstverständlich kein Anspruch gemacht werden, doch dürfte an der Hand der gegebenen Citate das Sammeln der Literatur für einen bestimmten Gegenstand erleichtert sein. Auf diese Weise hoffe ich auch für den Vorgeschritteneren, resp. weitere medicinische Fachkreise gelegentlich noch Brauchbares geschaffen zu haben.

Göttingen, im Mai 1898.

H. Boruttau.

Vor Benützung des Buches wolle man Seite V bis VII beachten.

Berichtigungen.

S. 1. zu den Literaturangaben füge hinzu: Claude Bernard. Leçons sur les phénomènes de la vie communs aux animaux et aux végétaux; Paris 1885, resp. 1879.

S. 5, Z. 10 von unten. statt gleichartige lies gleichwerthige.

S. 18, Z. 4 von oben. statt Haloïde lies Halogene.

S. 31, Z. 4 von oben, muss die Formel des Tyrosins lauten:

$$\underset{CH_2 \cdot COOH}{\underset{H-C-NH_2}{\underset{H\diagup C_6 \diagdown H}{\overset{OH}{\overset{H\diagup \diagdown H}{}}}}}$$

S. 35, Z. 16 von oben, statt Akrylsäurediureïd lies Trioxyakrylsäurediureïd.

S. 37, Z. 5 von oben, statt des Citates M. Krüger lies: E. Fischer, Berichte der deutsch. chem. Ges., XXX. 549.

S. 49, Z. 7 und 8 von unten. ebenso

S. 52. Z. 9 von unten, statt Welker lies Welcker.

S. 85. Z. 12 von oben. statt Weber lies Werber.

S. 94, Z. 2 von oben, statt CO lies CO_2.

S. 122, Z. 4 von unten, statt Rechnung lies Nahrung.

S. 143, Z. 10 von unten, hinter „statt der Harnsäure Hippursäure" ist einzusetzen „(resp. von ersterer nur nachweisbare Spuren)".

S. 145, Z. 13 von oben, statt Akrylsäure lies Trioxyakrylsäure.

S. 155, Z. 9 von unten, statt zureichende lies zu reichende.

S. 158 Z. 10 von oben, statt Roesemann lies Rosemann.

S. 207. Z. 1 von unten, statt au lies auf.

S. 230, Z. 21, 22 von oben, statt „der allerälteste Apparat" lies „einer der ältesten Apparate".

S. 243, Z. 5 und 17 von unten, zu Waller füge hinzu senior.

S. 258. Z. 12 von oben, muss hinter Abkühlung) das Komma fortfallen.

S. 272, Z. 11 von oben, statt Aufnahmsapparat lies Aufnahmeapparat.

S. 304, Z. 17 von oben, statt entgegengesetzten lies entgegengesetzter.

S. 306, zur Literatur füge hinzu: P. Flechsig. Gehirn und Seele, Leipzig 1896.

S. 319. Fussnote 1, statt 316, XVI, lies XVI. 316.

Schlüssel zu den in den Literaturangaben angewendeten **Abkürzungen** für die Titel der wichtigsten Zeitschriften u. s. w.[1])

A. A. P. = **A**rchiv für **A**natomie und **P**hysiologie, herausgegeben von Meckel, Reil, Reil und Autenrieth, Johannes Müller, Reichert und du Bois-Reymond bis 1872, von da ab:

A. A. (P.) = **A**rchiv für **A**natomie und Physiologie, anatomische Abtheilung = Archiv für Anatomie und Entwicklungsgeschichte, herausgegeben von (Braune und) His, und:

A. (A.) P = **A**rchiv für Anatomie und **P**hysiologie, physiologische Abtheilung = Archiv für Physiologie, herausgegeben von du Bois-Reymond (jetzt von Engelmann); Leipzig, Veit & Comp.

A. g. P. = **A**rchiv für die **g**esammte **P**hysiologie des Menschen und der Thiere, herausgegeben von Pflüger; Bonn, Strauss.

A. p. A. = **A**rchiv für **p**athologische **A**natomie, Physiologie und wissenschaftliche Medicin, herausgegeben von Virchow; Berlin, Hirschwald.

Ac. Berl. (Monatsber.) = Sitzungsberichte der Königl. preussischen **A**kademie der Wissenschaften zu **Berl**in; — resp. „Abhandlungen" derselben, Berlin, in Commission bei Reimer.

Ac. L. = Berichte über die Verhandlungen der Königlich sächsischen Gesellschaft der Wissenschaften zu **L**eipzig, mathematisch-physische Classe; — resp. „Abhandlungen" derselben; Leipzig, Hirzel.

Ac. W. = Sitzungsberichte der Kaiserl. **A**kademie der **W**issenschaften zu **W**ien, mathematisch-naturwissenschaftliche Classe, zweite, in neueren Jahrgängen dritte (biologische) Abtheilung; resp. Denkschriften der nämlichen, Wien, in Commission bei Gerold.

C. B. = **B**iologisches **C**entralblatt, herausgegeben von Reess, Selenka und Rosenthal; Leipzig, Georgi.

C. m. W. = **C**entralblatt für die **m**edicinischen **W**issenschaften, begründet von Rosenthal und Senator, zur Zeit herausgegeben von Bernhardt, J. Munk und Senator; Berlin, Hirschwald.

C P. = **C**entralblatt für **P**hysiologie, begründet von Gad und Exner, zur Zeit herausgegeben von S. Fuchs und J. Munk; Wien, Deuticke.

D. M. W. = **D**eutsche **m**edicinische **W**ochenschrift, redigirt von Eulenburg und Schwalbe; Leipzig, Thieme.

---

[1]) In Anlehnung an diejenigen in Richet's Vorschlägen zur internationalen Regelung der physiologischen Bibliographie (siehe Supplement zum C. P. 1896).

VII

Z B. = **Zeitschrift für Biologie**, herausgegeben von Kühne und Voit; München, Oldenbourg.

Z. p. C. = **Zeitschrift für physiologische Chemie**, begründet von Hoppe-Seyler, zur Zeit herausgegeben von Kossel; Strassburg, Trübner.

A. d. B. = **Archives de Biologie**, fondés par van Beneden et van Bambeke; Gent und Leipzig, Klemm; Paris, Masson.

A. d. P. = **Archives de Physiologie** normale et pathologique, fondés par Brown-Séquard; Paris, Masson.

C. R. = **Comptes rendus de l'Académie des Sciences**; Paris, Gauthier-Villars.

C. r. soc. biol. = **Comptes rendus** des séances et mémoires de la Société de **Biologie**; Paris, Delahaye & Lecrosnier.

J. P. = **The Journal of Physiology**, Cambridge resp. London, Clay.

Phil. Trans. = **Philosophical Transactions** of the Royal Society of London; und

Proc. Roy. Soc. = **Proceedings of the Royal Society** of London; London, Harrison & Sons.

Die übrigen Abkürzungen dürften ohneweiters genügend leicht verständlich sein, z. B.:

Arch(iv) f(ür) exp(erimentelle) Path(ologie) und Pharmakol(ogie);
Arch(ives) ital(iennes) de Biol(ogie);
Berl(iner) klin(ische) W(ochenschrift);
Skand(inavisches) Arch(iv) f(ür) Physiol(ogie) u. s. w.

Noch sei hingewiesen auf den Jahresbericht für (Anatomie und) Physiologie von (Henle und) Meissner, (Schwalbe und) Hofmann, Hermann, sowie Maly's Jahresbericht für Thierchemie, zur Zeit herausgegeben von Andreasch, auch Virchow-Hirsch's Jahresbericht für die gesammte Medicin und Anderes.

Inhalt.

	Seite
Vorwort	III
Berichtigungen	V
Schlüssel zu den Abkürzungen	VI
Inhalt	VIII
I. Allgemeine Physiologie	1
II. Chemische Bestandtheile des menschlichen Körpers	18
III. Blut und Kreislauf	47
IV. Athmung	88
V. Secretion, Verdauung und Resorption	118
VI. Stoffwechsel und Ernährung	151
VII. Thierische Wärme	173
VIII. Muskeln	182
IX. Locomotion	212
X. Nervenfasern	224
XI. Thierische Elektricität	248
XII. Centralnervensystem, Hirnnerven und Sympathicus	271
XIII. Niedere Sinne	325
XIV. Gehörssinn, Stimme und Sprache	337
XV. Gesichtssinn	360
XVI. Zengung	400
Sachregister	408
Autorenregister	416

I.

Allgemeine Physiologie.[1]

Die Physiologie bildet einen Theil der biologischen Wissenschaften. Diese lassen sich nach verschiedenen Gesichtspunkten eintheilen:

Entsprechend der alten Zweitheilung der organischen Welt in das Thierreich und das Pflanzenreich, haben wir eine **Thierbiologie oder Zoologie** und eine **Pflanzenbiologie oder Botanik**.

Je nachdem, was an den Organismen näher betrachtet wird, unterscheiden wir in der Biologie der Thiere sowohl als auch der Pflanzen:

1. die **Systematik**, d. h. die Lehre von den verschiedenen Thier- resp. Pflanzenarten nach ihren unterscheidenden Merkmalen.

Indem wir jeden Einzelorganismus, jedes „Individuum" betrachten als „Maschine", als einen Mechanismus, welcher sich selbst erhält und seine Art fortpflanzt, haben wir uns zu befassen einerseits mit seinem Baue, andererseits mit der Wirkungsweise seiner Theile; demnach unterscheiden wir

2. die **Morphologie** oder **Formenlehre**;
3. die **Physiologie** oder **Functionenlehre**.

Wir haben also eine Thierphysiologie und eine Pflanzenphysiologie. Entsprechend derjenigen Thierart, welche den Mediciner zunächst angeht, ist das Object des vorliegenden Buches die Physiologie des Menschen, also die Lehre von den Functionen des menschlichen Körpers und seiner Theile.

Je nach den Zielen, welche sie verfolgt und nach den Wegen, welche sie einschlägt, um diese zu erreichen, muss sowohl die Morphologie, als auch die Physiologie eine besondere Bezeichnung erhalten.

---

[1] Betreffend die Speciallitteratur auf diesem Gebiete sei hier nur hingewiesen auf: R. H. Lotze, Allgemeine Physiologie des körperlichen Lebens. Leipzig 1851; E. F. W. Pflüger, Wesen und Aufgaben der Physiologie. Rede. Bonn 1878; M. Verworn, Allgemeine Physiologie, Jena 1895.

Wie wir eine allgemeine, specielle (Anatomie und Histologie) und vergleichende Morphologie haben, so können wir auch reden von einer allgemeinen Physiologie, welche auf die Erklärung der Grunderscheinungen des Lebens hinaussteuert, von einer speciellen Physiologie, welche die Functionen bestimmter Organe näher betrachtet, und von einer vergleichenden Physiologie, insofern diese ihr Ziel, sei es das allgemeine oder irgend ein specielles, auf dem Wege der Vergleichung verschiedener Thier- resp. Pflanzenarten zu erreichen sucht.

Die Mittel und Wege, auf welchen die Physiologie ihrem Ziele zustrebt, sind dieselben, wie in jedem anderen Zweige der Naturwissenschaft: die Beobachtung und das Experiment, d. h. die Beobachtung von Vorgängen unter absichtlich hergestellten Bedingungen. Die Ausbildung der Experimentalphysiologie hat zu der Erkenntniss geführt, dass die Gesetze, welche die Vorgänge in den „lebenden Wesen" beherrschen, dieselben sind, wie in der „unbelebten Natur", dass die Kräfte, welche dort wirken, dieselben sind, mit welchen es die Physik und Chemie der „todten Materie" zu thun hat; nur ist in der organischen Welt ihr Zusammenwirken ein bei weitem verwickelteres, so dass wir von dem wirklichen Verständniss der meisten Vorgänge noch weit entfernt sind und Manches wohl nie erkennen werden. Nichtsdestoweniger ist daran festzuhalten, dass es eine besondere „Lebenskraft", wie sie der „Vitalismus" annahm, nicht gibt; die Physiologie ist und bleibt die Physik und Chemie der organisirten Materie.

Wir sprechen von „höheren" und „niederen" Thieren resp. Pflanzen, je nach der Zusammensetzung des Einzelorganismus oder „Individuums" aus mehr oder weniger einzelnen Theilen und je nach der grösseren oder geringeren Ausbildung ihrer einzelnen Functionen. Die niedersten Lebewesen, über deren Zugehörigkeit zu dem einen oder anderen „Naturreiche" gestritten werden kann, bestehen je aus nur einem Gebilde, dessen Bestandtheile, soweit sie als solche erkennbar und mit künstlichen Mitteln trennbar sind, für sich allein ihre Lebensfunctionen nicht fortsetzen können (s. u.). Die höheren Lebewesen bestehen aus vielen solchen Gebilden, welche man als „Elementarorganismen", morphologische und physiologische Elemente (im Gegensatze zu den chemischen Elementen, deren kleinste Theile oder Atome als überhaupt untheilbar angesehen werden) bezeichnet und deren jedes seit Schwann (1839) eine **Zelle** genannt wird. Doch findet man zwischen den Zellen vielfach Materie, welche nicht nur zu deren physikalischer Verbindung dient, sondern auch in vielfachen chemischen Beziehungen steht: die „Intercellularsubstanz". Die zwei Hauptbestandtheile jeder Zelle bezeichnet man als Zellkern und Zellleib („Protoplasma" [Mohl] im anatomischen Sinne).

Versuche der Trennung resp. getrennten Beobachtung der Thätigkeit von Kern und Protoplasma sind in neuerer Zeit mehrfach angestellt worden [Brandt[1]), O. und R. Hertwig[2]), Verworn[3]), Boveri[4]), Demoor[5]) u. A.] mit im Einzelnen abweichenden Ergebnissen, welche indessen als sicher erscheinen lassen, dass weder Kern ohne Protoplasma, noch Protoplasma ohne Kern fortbestehen können.

Die einzige Zelle, aus welcher die niedrigsten — einzelligen — Lebewesen („Moneren") bestehen, vereinigt in sich alle Hauptlebensfunctionen. Je höher ein Lebewesen steht, desto mehr werden bestimmte Einzelfunctionen oder Gruppen von Functionen von besonderen Zellgruppen übernommen, welche wir als **Organe** bezeichnen; diesem Vorgange der Absonderung oder Differenzirung der Functionen entspricht eine Ausbildung der Gestalt und des Charakters der Organe und ihrer Elemente, welche gleichfalls als Differenzirung im morphologischen Sinne zu bezeichnen ist. Für das Studium der einzelnen Lebensthätigkeiten eignen sich darum die höheren Organismen besser als die niederen, und erst mit besonderer Mühe und in neuerer Zeit ist es gelungen, die Thätigkeit vieler Organe auf diejenige ihrer Elemente zurückzuführen und die allgemeinen Lebensäusserungen an den einzelnen Zellen zusammengesetzter Organismen, sowie an einzelligen Lebewesen wiederzuerkennen und zu studiren.

Diese Forschungsrichtung knüpft sich an die Vervollkommnung des Mikroskopes und der mikroskopischen Technik an; jedoch bewegten sich die Arbeiten der mikroskopirenden Naturforscher zuerst mehr auf dem Gebiete der Untersuchung des anatomischen Baues; erst die Untersuchung der kranken Körpertheile durch den mikroskopirenden Mediciner richtete sich auf die durch die Krankheitsursache veränderten Lebensäusserungen der Elementartheile, welche zu den morphologischen Veränderungen dieser, wie der ganzen Organe und Organismen führen. Die Cellularpathologie Virchow's ist eine mikroskopische pathologische Anatomie und Physiologie; die „normale" Cellularphysiologie liegt heute erst in ihren Anfängen, während die „Organphysiologie" nichts weniger denn als fertig und abgeschlossen gelten darf.

[1]) „Ueber Actionsphaerium Eichhorni". Diss. Halle 1877.
[2]) Jen. Ztschr. f. Nat. u. Med. 1887.
[3]) Biolog. Protistenstudien. I. Ztschr. f. wiss. Zool. 1888; Psychophysiol. Protistenstudien, Jena 1889: ferner A. g. P. 51. S. 1—118.
[4]) Sitzsber. morph. Ges. München 1889.
[5]) Archives de Biologie. XIII. p. 1.

Die Lebensäusserungen hat man in drei Gruppen eingetheilt, deren Grundphänomene als „elementare Lebenserscheinungen" an jeder Zelle vorhanden sind, nämlich

die Erscheinungen des **Stoffwechsels** (nutritive Erscheinungen),
des **Kraftwechsels** (functionelle Erscheinungen) und
des **Formwechsels** (formative Erscheinungen).

Diese Eintheilung darf aber nicht als Trennung aufgefasst werden, soweit es sich um das Leben der einzelnen Elemente handelt. Denn mit dem Stoffwechsel ist der Kraftwechsel nach den Grundgesetzen der Naturlehre untrennbar verbunden; beide Vorgänge schliessen jeden stabilen Gleichgewichtszustand aus, woraus die Nothwendigkeit auch des Formwechsels im Sinne der Gestaltveränderung ohne Weiteres folgt. Doch wird unter dem Formwechsel als elementarer Lebenserscheinung etwas Besonderes verstanden: das Entstehen und Verschwinden von Zellen, jenes durch einen Theilungsvorgang, welcher aus einer Zelle zwei neue entstehen lässt, deren jede durch Stoffaufnahme die Grösse und Bedeutung der ursprünglichen erlangt, dieses durch physikalischen und chemischen Zerfall der Zellbestandtheile in Materie, welche zu keinem Stoff-, Kraft- und Formwechsel mehr fähig ist. Diese formativen Grunderscheinungen, die Zellneubildung — „Proliferation" — und der Zelluntergang — „Nekrobiose" — bilden auch die Grundlagen der entsprechenden Erscheinungen an den vielzelligen Gesammtorganismen, nämlich der Fortpflanzung und des Todes.

Die Fortpflanzung geschieht durch Abstossung eigens hierfür differenzirter Elemente, der Keimzellen, welche dann, einzeln oder nach Vereinigung oder Stoffaustausch je zweier von verschiedenem Charakter („Geschlecht") — Befruchtung, Conjugation — durch fortgesetzte Theilung, beständige Aufnahme neuen Stoffes und Differenzirung schliesslich zum neuen Organismus gleicher Art werden, wie der sich fortpflanzende. Diese letzteren Vorgänge werden als Entwicklung und Wachsthum (im engeren Sinne) bezeichnet. Ihr Studium in morphologischer und physiologischer Hinsicht ist zum Gegenstande besonderer Disciplinen geworden, der Entwicklungsgeschichte (Embryologie) und Entwicklungsmechanik, und hat sich von der übrigen Anatomie und Physiologie mehr und mehr abgetrennt. Deshalb sind diese Vorgänge aus diesem Buche weggelassen; auch können hier gewisse Punkte von allgemeiner Bedeutung, welche an jene sich knüpfen, nämlich die Fragen nach der Vererbung von morphologischen und physiologischen Charakteren, der Anpassung, der Abstammung der Arten und der Herkunft des Lebens auf der Erde nm so eher übergangen werden, als es sich bei diesen „biogenetischen" Wissenschaften um ein Gebiet handelt, auf welchem viele Cardinalfragen sowohl als auch Einzelheiten durchaus streitig sind, und genügende Belehrung zur Bildung eines eigenen Urtheiles nur durch Studium wenigstens der wichtigsten Specialliteratur erzielt werden kann.

Der Stoffwechsel bildet den Mittelpunkt aller Lebenserscheinungen; sein dauerndes Aufhören ist mit dem Tode gleichbedeutend; während des Lebens führt er dazu, dass alle Bestandtheile des Organismus und seiner Elemente früher oder später, langsamer oder schneller weggeführt und durch andere gleichartige ersetzt werden, auch ohne dass an physikalischen und chemischen Eigenschaften dadurch irgend etwas geändert zu werden braucht. Hierzu ist indessen nöthig, dass nicht nur genau die gleichen chemischen Verbindungen sich bilden und den Platz der ausgestossenen resp. zersetzten einnehmen können, sondern es muss dies auch die gleiche Menge sein. Ist das genau der Fall, so redet man von „Stoffwechselgleichgewicht". Wird mehr aufgenommen und zur Bildung gleichartiger Bestandtheile verwendet, als ausgegeben resp. zersetzt, so findet eine Vermehrung des Bestandes statt, welche man „Wachsthum" im weiteren Sinne nennt; sie findet in den Dimensionen, welche den Elementen resp. Gesammtorganismen bestimmter Arten zukommen, ihre Grenze. Der gegentheilige Vorgang, wo mehr Substanz zersetzt und ausgegeben wird, als Ersatzmaterial an die Stelle tritt, führt zum „Schwunde" oder der „Atrophie" und, wenn er andauert, vereint mit den oben als Nekrobiose erwähnten Vorgängen zur Functionsunfähigkeit der Organe und zum Tode des Gesammtorganismus.

Der Austausch der Materie zwischen den lebenden Wesen und ihrer Umgebung ist untrennbar verbunden mit entsprechendem Austausche an Energie. Wie die Unzerstörbarkeit der Materie das leitende Gesetz des Stoffwechsels ist, so folgt der Kraftwechsel des lebenden Organismus ebensogut wie jeder Vorgang in der „todten" Natur dem **Gesetz von der Erhaltung der Energie.** Es geht nichts an Kraft verloren, und aus nichts entsteht nimmer Kraft, sondern es geht stets nur Energie der einen Form in eine ihr gleichartige (äquivalente) Menge Energie einer anderen Form über. Die beiden Hauptformen sind die lebendige Kraft (kinetische, actuelle Energie) und die Spannkraft (potentielle, latente Energie). Diese letztere äussert sich als solche unseren Sinnen nicht, vielmehr wohnt sie einem Körper oder Gemisch verschiedener Körper derart inne, dass sie durch eine äussere oder innere Veranlassung in lebendige Kraft umgewandelt werden kann (gespannte Feder, Schiesspulver); umgekehrt kann, wo lebendige Kraft scheinbar verschwindet, dieselbe in potentielle Energie verwandelt und als solche „aufgespeichert" werden (Sonnenwärme im

Brennmateriale). Aber es kann auch lebendige Kraft der einen Form in eine gleichwerthige Menge anderer Form umgewandelt werden: **Arbeit in Wärme** (Heisslaufen reibender Theile); **Wärme in Arbeit** (Dampfmaschine).

Was die **Form** der aufgenommenen und diejenige der abgegebenen **Energie** betrifft, so existirt im Grossen und Ganzen ein wesentlicher **Unterschied** zwischen den höherstehenden **Thieren** und **Pflanzen**: die Pflanzen nehmen wesentlich lebendige Kraft in Form der Sonnenwärme und des Sonnenlichtes auf und wandeln sie in Spannkraft um, welche in Form der Verbrennungswärme (chemischen Energie) ihrer Bestandtheile in ihnen aufgespeichert bleibt. Sie kann ausserordentlich lange Zeit latent bleiben (tausendjährige Bäume, Steinkohlen als Pflanzenreste früherer Erdperioden), aber auch bald wieder in lebendige Kraft zurückverwandelt werden, indem die Pflanzen den Thieren mittelbar oder unmittelbar als Nahrung dienen, auch vom Menschen zum Verbrennen benützt werden. Die Thiere nehmen umgekehrt die Energie hauptsächlich als Spannkraft (eben in Gestalt der chemischen Energie oder Verbrennungswärme ihrer Nahrung) auf und geben sie als lebendige Kraft in deren sämmtlichen Formen wieder ab: Bewegung (Locomotion, Stimmbildung), thierische Wärme, thierische Elektricität, bisweilen auch Licht (Leuchtorgane). Diese Unterscheidung ist indessen insofern nicht durchgreifend, als die Pflanze auch der Zufuhr der chemischen Energie in gewissen Stoffen bedarf und durch Bewegungserscheinungen, in manchen Fällen auch Wärmeproduction, Abgabe von lebendiger Kraft zeigt. Umgekehrt bedarf das Thier der Zufuhr gewisser Wärmemengen von aussen, um seinen Stoffwechsel aufrecht zu erhalten, und speichert, besonders während der Wachsthumsperioden, Energie in Form der Verbrennungswärme derjenigen Stoffe auf, welche es „ansetzt".

Der in Rede stehende Gegensatz sowohl wie seine zuletzt erwähnten Beschränkungen sind der energetische Ausdruck des Gegensatzes der chemischen Processe in Thier und Pflanze und seiner Beschränkungen, insofern nämlich die höherstehende (grüne, chlorophyllhaltige) **Pflanze** die **Kohlensäure** der Luft und das **Wasser** des Bodens **aufnimmt, die** CO_2 **reducirt**, d. h. den **Sauerstoff** abspaltet und **ausscheidet, den Kohlenstoff** aber **mit den Elementen des Wassers** zu den **Kohlenhydraten** (Stärke, Zucker, Holz) und Fetten **vereinigt** (pflanzliche „**Assimilation**") und durch Aufnahme stickstoffhaltiger Verbindungen ferner auch die complicirtesten der sogenannten organischen Verbindungen **aufbaut,** nämlich die **Eiweisskörper**. Zu alledem ist die Zufuhr der Sonnenwärme und des Sonnenlichtes nothwendig, welche eben in Gestalt der chemischen Energie der aufgebauten Verbindungen „latent" wird. Umgekehrt **nimmt das Thier Sauerstoff** aus der Luft **auf, zersetzt** die von den Pflanzen stammenden **Nahrungsstoffe** und **oxydirt** deren H- und C-Atome mit dem aufgenommenen Sauerstoff, wobei Energie „frei" und in den oben erwähnten Formen abgegeben wird.

Indessen zersetzt und oxydirt die Pflanze auch stets einen Theil ihrer Substanz, indem sie Sauerstoff aufnimmt, Kohlensäure und Wasser abgibt; die Sauerstoffaufnahme und Kohlensäureabgabe wird nur am Tage durch die weit grössere assimilatorische Kohlensäureaufnahme und Sauerstoffabgabe verdeckt, tritt aber in der Nacht deutlich hervor. Umgekehrt gibt der Thierkörper Stoffe nach aussen ab, welche nachgewiesenermassen durch Aufbau aus einfacheren Verbindungen entstehen. Beide Thatsachen entsprechen den oben gemachten Beschränkungen des energetischen Gegensatzes, insofern die Pflanze auch lebendige Kraft abgibt und das Thier solche latent macht.

Die besprochenen, zu einander im Gegensatze stehenden Haupterscheinungen des Stoff- und Kraftwechsels der Pflanzen und Thiere sind nämlich nur die Summe oder das Endergebniss der Einzelvorgänge, welche in den sämmtlichen Elementen jener höher organisirten Wesen statthaben. Diese einzelnen Vorgänge des intermediären Stoff- und Kraftwechsels sind uns bis jetzt nur zum geringsten Theile bekannt; doch kann darüber kein Zweifel bestehen, dass bei ihnen in beiden Naturreichen Synthesen und Reductionen einerseits, Spaltungsprocesse und Oxydationen andererseits nebeneinander oder abwechselnd vor sich gehen, und nur der Ueberschuss der einen über die anderen ist es, welcher das Schlussresultat bestimmt.

Die Fortschritte der neueren physiologischen Chemie sowohl, als auch das bis jetzt vorliegende Beobachtungsmaterial an niederen resp. einzelligen Lebewesen lassen es gesichert erscheinen, dass Oxydation und Spaltung, Reduction und Synthese resp. Aufspeicherung und Freimachung von Energie schon in jedem Elementarorganismus, in jeder Zelle nebeneinander vor sich gehen. Man hat daraus eine Eigenschaft jedes Molecüles der wichtigsten Bestandtheile der Organismen, nämlich der Eiweisskörper gemacht: Zu der Erkenntniss, dass im Thierkörper Spaltungen ohne Aufnahme von Sauerstoff aus der Umgebung Kraftquelle sein können (L. Hermann 1867), zu der Entdeckung der thierischen Synthesen (Hippursäure. Wöhler 1824, aromatische Aetherschwefelsäuren, Baumann 1877) und der Rolle des Blutfarbstoffes als Sauerstoffüberträger (Hoppe-Seyler 1867) kamen die Untersuchungen über die Fermente, deren Wirkungsweise, soweit sie Oxydation vermitteln, noch streitig ist (Hoppe-Seyler's und Moriz Traube's Theorien), deren Analogie mit den Aeusserungen des thierischen und pflanzlichen Stoffwechsels (Hoppe-Seyler), ja Anhaften an niedere Organismen (Identificirung mit denselben, Pasteur) bald zu einer Anschauung über den organischen Stoff- und Kraftwechsel geführt hat, welche man wohl kurzweg als Fermenttheorie bezeichnet. Sie fand eine Stütze in den Versuchen von Fick und Wislicenus, Pettenkofer und Voit über die Quelle der Muskelkraft und den Untersuchungen Pflüger's über die thierischen Oxydationsprocesse.[1]) Nach Pflüger sollen die in der lebenden Zelle befindlichen Eiweisskörper verschieden sein von derjenigen Form, welche sie nach dem Absterben angenommen haben, indem in dem „lebendigen Eiweissmolecül" der Kohlenstoff direct an dem Stickstoffatome anhänge (Cyantheorie): die Fermenttheorie nimmt nun weiterhin an, dass das „lebendige Eiweissmolecül" bestehe aus einem N-haltigen „Leistungskern" mit daranhängenden „verbrennbaren Seitenketten".[2]) Der aufgenommene Sauerstoff wird zunächst an den „Leistungskern" locker gebunden; auf einen Anstoss indessen verlässt er diese lockere Bindung und geht mit den C- und H-Atomen der verbrennlichen Seitenketten die festere Bindung zu CO_2 und H_2O ein, welche abgespalten werden. Durch Aufnahme neuer verbrennlicher Seitenketten (Kohlenhydrat- und Fettnahrung) und lockere Bindung neuen Sauerstoffes kann sich das Molecül regeneriren. Es wird also abwechselnd oxydirt und reducirt, gespalten und aufgebaut, Energie latent und frei gemacht. Wegen der Aehnlichkeit dieses hypothetischen Vorganges hinsichtlich des Freiwerdens von Energie bei der Spaltung mit dem Zerfalle der stickstoffhaltigen Explosivkörper, welche die moderne Chemie herstellen gelehrt hat, redet man auch von der „Sprengstofftheorie". (Explosionsgleichung des Nitroglycerins:

$$2\,C_3H_5(NO_3)_3 = 6\,CO_2 + 5\,H_2O + 6\,N + O).$$

Es darf nicht vergessen werden, dass die ganze in Rede stehende Vorstellung bis jetzt reine Hypothese ist, welche durch die spärlichen Ergebnisse der bisherigen chemischen Untersuchungen über den Bau der Eiweisskörper noch keine directe Stütze erhalten und umgekehrt wenig zum Fortschritte auf diesem Gebiete beigetragen hat. Den Zerfall und Wiederaufbau der lebendigen Eiweissmolecüle („Biogene") im Sinne jener Hypothese hat man betrachtet als Wesen des „Dissimilations"- und „Assimilationsprocesses", welche Hering[3]) in längeren Ausführungen zum Fundamente einer Erklärung aller elementaren Lebenserscheinungen gemacht hat, ohne im Uebrigen auf eine bestimmte chemische Theorie (wie die obige) einzugehen.

---

[1]) A. g. P., X. S. 251.
[2]) Vgl. Ehrlich, Das Sauerstoffbedürfniss des Organismus. Berlin 1888.
[3]) Lotos, IX, 1888.

Das Verhältniss der gleichzeitig in irgend einem Organe stattfindenden Dissimilationsprocesse D und Assimilationsprocesse A: $\frac{A}{D}$ hat man als Biotonus bezeichnet (ist dieser Quotient $>$ 1, so haben wir Wachsthum, $=1$, Stoffwechselgleichgewicht, <1, Atrophie; s. oben). Auf die Localisirung resp. das locale Ueberwiegen des einen oder anderen Processes werden so ziemlich alle localen Energiewechselerscheinungen zurückgeführt: Bewegungen, elektromotorische Kräfte u. s. w.

Nachdem wir gesehen haben, dass die Lebenserscheinungen der Organismen auf Stoff- und Kraftaustausch mit ihrer Umgebung hinauslaufen — „Beziehungsleben" —, so versteht es sich von selbst, dass ihr Auftreten und ihre Fortdauer bestimmte Zustände in der Umgebung zur Voraussetzung hat, welche man als **allgemeine Lebensbedingungen**, und zwar zunächst äussere, bezeichnet. Hierher gehören nicht nur stoffliche Voraussetzungen: Vorhandensein der als Nahrung im weitesten Sinne zu bezeichnenden, nothwendigen chemischen Verbindungen, Sauerstoff, bei den Pflanzen auch Kohlensäure, nothwendige anorganische Salze, beim Thiere stickstoffhaltige und stickstofffreie organische Verbindungen, sondern vor Allem auch physikalische Bedingungen: bestimmte Temperatur und bestimmter Druck. Diese Factoren wechseln allerdings auf der Erde innerhalb nicht ganz enger Grenzen und ihnen entsprechend haben sich Bau und Functionen der Thiere und Pflanzen verschiedener Elemente und Regionen gestaltet (Land-, Wasser- und Luftthiere; Tiefseeorganismen, welche gewöhnlich unter Vielfachem des atmosphärischen Druckes stehen; Verschiedenheit der Fauna und Flora in den verschiedenen Klimaten), auch vermag dasselbe Individuum verschiedenen Verhältnissen sich anzupassen (Wechsel der Jahreszeiten); indessen gibt es Grenzen der Temperatur- und Druckwerthe, innerhalb deren Lebenserscheinungen überhaupt möglich sind, mit deren Ueberschreitung sie entweder dauernd aufhören — Tod — oder zeitweilig sistiren, mit der Möglichkeit, durch Rückkehr der Werthe innerhalb jener Grenzen wieder erweckt zu werden. Absolut betrachtet, sind die Temperaturgrenzen zu beiden Seiten des Nullpunktes, innerhalb deren Lebenserscheinungen möglich sind, nicht sonderlich weit. Erwärmung bis auf 60—70° vernichtet die Lebensfähigkeit der meisten Organismen; doch kann z. B. der Aufenthalt in trockener Luft von 100° und darüber auf kurze Zeit von Menschen ertragen werden; die Keime mancher pathogener Mikroben vertragen Siedehitze und können nur durch überhitzten Dampf mit Sicherheit vernichtet werden. Ab-

kühlung weit unter Null Grad kann selbst von höher-
organisirten Thieren ertragen werden, sofern nicht durch
plötzliche Veränderungen des Aggregatzustandes (zu schnelles Aus-
krystallisiren und besonders Wiederflüssigwerden des Wassers) die
physikalische und chemische Structur dauernd verändert wird, Pictet,[1]
Kochs.[2]) In so niederen Temperaturen hören die Lebensäusserungen
zeitweilig auf, um bei der Erwärmung wieder zu beginnen. Eine quantitative Reduction derselben durch Temperaturerniedrigung finden wir
in dem „Winterschlaf" gewisser Säugethiere und Fische.

Dass Stoff- und Kraftwechsel lebender Zellen in der That zeitweilig ganz aufhören und wieder beginnen kann (Scheintod, vie
latente), wenn die Structur der betreffenden Elemente nicht geschädigt ist, dafür
gibt es zahlreiche weitere Beispiele: Eintrocknen der Tardigraden, Amöben u. s. w.
Manches, was als hierhergehörig erzählt wird, wie das Keimen des Mumienweizens,
der Schlaf der indischen Fakire, ist freilich Schwindel.

Die nächste Veranlassung zu den Lebensäusserungen
geben nicht die äusseren Lebensbedingungen als
dauernde Zustände, sondern ihre Veränderungen. Insofern jede Veränderung der chemischen Zusammensetzung und des
physikalischen Zustandes der Umgebung an dem lebenden Organismus
Erscheinungen des Form-, Kraft- und Stoffwechsels „erregen" kann,
bezeichnet man dieselben als **„Reize"** im weitesten Sinne des Wortes.

Je nachdem die Veränderung in der Umgebung die elementaren Lebenserscheinungen einerseits erweckt oder verstärkt, andererseits vernichtet
oder vermindert, hat man von „Erregung" und „Lähmung" durch den
Reiz gesprochen. Beides soll in Hering's Sinn sowohl die „dissimilatorischen",
als auch die „assimilatorischen" Vorgänge betreffen können.

Mit dem Worte „Reiz" im engeren Sinne verbindet man
nun aber einen besonderen Begriff, nämlich denjenigen der „Auslösung". Bei der Nerven- und Muskelreizung z. B. wird durch
Aufwendung einer sehr geringen Energiemenge eine
grosse Menge Spannkraft in lebendige Kraft übergeführt, letztere „ausgelöst": das Bild ist von der gespannten
Feder eines Schlagwerkes hergenommen; es trifft hier auch der
Vergleich mit dem Zündhütchen zu, durch welches eine grosse Menge
Sprengstoffes zur Explosion gebracht wird, in welchem Energie aufgespeichert ist vermöge des labilen Gefüges der Atome in seinem Molecül:
eine weitere Stütze für die oben erwähnte „Fermenttheorie", welche
auch der „lebendigen Substanz" ein besonders labiles Gefüge zuschreibt.

---

[1] Arch. des sciences phys. et nat. 3. XXX. 293.
[2] C. B. XII, 330, XV. 372.

Wir haben in den Eigenschaften der Umgebung der lebenden Wesen deren „äussere Lebensbedingungen" kennen gelernt; als „innere Lebensbedingung" bezeichnet man wohl den Zustand des Organismus als Function der Zeit. Wir haben gesehen, dass durch den Stoffwechsel jeder Elementarorganismus, wie der hochentwickelte Gesammtorganismus seine abgegebenen Bestandtheile beständig erneut. Dieses geht aber nur eine gewisse Zeit lang fort: nachdem er durch „Theilung" sich vermehrt hat, hört er auf, als Individuum zu existiren; bei dem zusammengesetzten Organismus findet, nachdem er durch Abstossung von Keimelementen für seine Fortpflanzung gesorgt hat, früher oder später ein Rückschritt und schliesslicher Stillstand der Stoffwechselvorgänge statt: er stirbt, sobald die inneren Lebensbedingungen nicht mehr vorhanden sind.

Die Zeit von der beginnenden Entwicklung des abgestossenen, eventuell durch die vorherige Conjugation oder Befruchtung dazu erst tauglich gemachten Keimes bis zum Tode des Organismus ist die Gesammtlebensdauer, deren unter sich natürlich nicht gleichwerthige Abschnitte oder Altersstufen als „Entwicklungs"- und „Wachsthumsperioden" einerseits, „Reife- und Rückbildungsperioden" andererseits unterschieden werden können.

Beim Menschen vollendet sich die „Entwicklung" grösstentheils während des intrauterinen Lebens — neun Monate —: ihren völligen Abschluss findet sie erst etwa zusammen mit der Wachsthumsperiode, welche das Kindesalter (beim männlichen Geschlechte bis zum 14., beim weiblichen bis zum 12. Jahre) und Jünglingsalter (beim männlichen Geschlechte bis zum 23., beim weiblichen bis zum 21. Jahre) umfasst.

Die Reifeperiode dauert beim männlichen wie beim weiblichen Geschlechte je nach Rasse, Individualität u. s. w. sehr verschieden lange (rechnen wir sie beim männlichen bis zum 60. Jahre, beim weiblichen bis zum Aufhören der Geschlechtsfunctionen). Auf sie folgt ein allmäliger Rückgang, verbunden mit anatomischen Rückbildungen mancher Organe, welche dem „natürlichen Tode" vorausgehen.

Die Gesammtlebensdauer, wie die Dauer der einzelnen Altersperioden unterliegen beim Menschen, je nach Klima, Rasse, socialen und individuellen Verhältnissen (auch abgesehen von Krankheiten u. s. w.) bedeutenden Schwankungen. Natürlich sind bei den verschiedenen Thierarten die Werthe erst recht verschieden.

Die **Methodik** der physiologischen Experimente[1]) bedient sich sämmtlicher Hilfsmittel, deren physikalische und chemische Untersuchungen bedürfen; in vielen Fällen erhalten dieselben eine den besonderen Verhältnissen angepasste Construction; dazu kommen noch zahlreiche Vorrichtungen, welche der physiologischen Technik theils mit der anatomischen, theils mit der chirurgischen gemeinsam sind.

Die Vorgänge am lebenden Menschen sind im Allgemeinen nur so weit der Beobachtung und dem Experimente zugänglich, als keine Verletzung dazu nothwendig ist. Experimente, welche die Grenze dieser Voraussetzung überschreiten, können nur an Thieren angestellt werden, und es können die an denselben erhaltenen Ergebnisse um so unbedenklicher auf den Menschen übertragen werden, eine je höhere Stellung das Versuchsobject in der Thierreihe einnimmt. Affen, Hunde, Katzen, Kaninchen und Meerschweinchen erfüllen in absteigender Reihe diese Bedingung — von den in den physiologischen Untersuchungen und Demonstrationen meist gebrauchten Thieren. Indessen sind für viele Zwecke, besonders der allgemeinen Nerven- und Muskelphysiologie, die sogenannten Kaltblüter — von denen der Frosch besonders viel benützt wird — deshalb mehr zu empfehlen, weil die in Frage kommenden Organe nach dem Tode des Thieres, resp. von dem übrigen Körper getrennt, ihre Functionsfähigkeit hier länger behalten, indem ihr auch vorher träger Stoffwechsel mit dem vorhandenen Materiale sich länger fortsetzen kann, als bei den „warmblütigen Thieren".

Ueber die Nothwendigkeit der Vivisectionen und die Lächerlichkeit der stets auf's Neue auftauchenden Agitation gegen dieselbe braucht in einem Lehrbuche der Physiologie wohl kein Wort weiter verloren zu werden. Dass jede überflüssige Thierquälerei zu vermeiden ist, ist selbstverständlich.

Eine ganz besondere Bedeutung in der Physiologie kommt der Untersuchung des zeitlichen Verlaufes der verschiedenartigsten Vorgänge zu. Sowohl Bewegungserscheinungen, als Druck-, Geschwindigkeits-, elektrische Zustandsänderungen u. s. w. lassen sich als Function der Zeit graphisch darstellen, indem in einem (rechtwinkeligen oder andersgearteten) Coordinaten-

---

[1]) Von Specialwerken hierüber seien erwähnt: Cl. Bernard, Leçons de physiologie opératoire. Paris 1879; R. Gscheidlen, Physiologische Methodik (unvollendet), Braunschweig 1876/77; E Cyon, Methodik der physiologischen Experimente und Vivisectionen, Giessen 1876; L. Fredericq, Manipulations de physiologie, Paris 1892; O. Langendorff, Physiologische Graphik, Wien 1892; F. Schenck, Physiologisches Practicum, Stuttgart 1895.

system die Zeiträume als Abscissen, die Grössen der fraglichen Function in jedem Zeitpunkte als Ordinaten genommen werden. Das nächstliegende Beispiel für den Mediciner ist die „Temperaturcurve" eines Fieberkranken, deren Abscissenstücke den grösseren Zeiträumen — Stunden, halbe Tage — entsprechen, durch welche die einzelnen Messungen von einander getrennt sind (Fig. 1). Die Curve gibt deshalb mit ihren scharfen Zacken statt plötzlicher Uebergänge kein genaues Bild von dem wirklichen Verlaufe der Temperaturänderungen. Ein solches wird erhalten durch

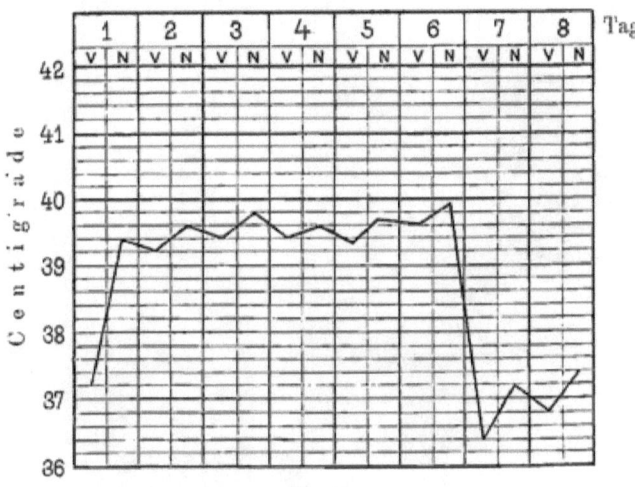

Fig. 1.
Temperaturcurve eines Pneumoniekranken.

die Selbstschreibung (autographische Registrirung) derartiger Vorgänge durch geeignete Apparate. Das Princip dieser von Ludwig in die Physiologie eingeführten Methode besteht darin, dass alle nicht mechanischen Vorgänge in entsprechend verlaufende Bewegungen verwandelt, die Bewegungsvorgänge natürlich direct, eine Schreibvorrichtung (Feder, Stift, Pinsel, auf photographisches Papier wirkender Lichtstrahl) mitnehmen, welche auf einer meist senkrecht zu ihrer Bewegungsrichtung vorbeibewegten Fläche die Curve des Vorganges zeichnet: registrirende Barometer und Thermometer, Registrirung der Sternbewegungen in der Astronomie. Die physiologische Graphik hat es oft mit so schnell verlaufenden Vorgängen zu thun, dass ihnen unsere Sinne nicht folgen können, für deren Aufzeichnung daher eine relativ grosse Geschwindigkeit der Verschiebung der Schreibfläche nothwendig ist; ferner handelt es sich oft um geringe Bewegungsgrössen, welche durch Anwendung eines

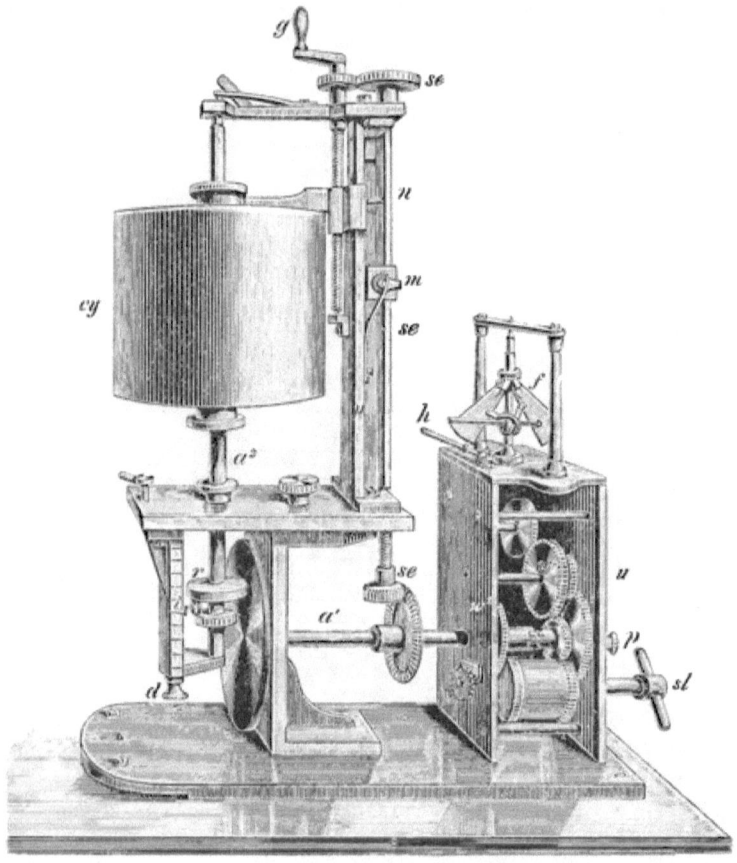

Fig. 2.

meist einarmigen Hebels vergrössert werden, an welchem, nahe dem Drehpunkte, die bewegende Kraft angreift, während seine Spitze die Curve zeichnet. Das wichtigste Beispiel dieser Art ist die Aufzeichnung des zeitlichen Verlaufes der Muskelzuckung (s. allgemeine

Nerven- und Muskelphysiologie), für welche vielfach eine ebene Schreibfläche gebraucht wird. Oft auch hierfür, meistens für die Registrirung der Blut- und Athembewegungen bedient man sich eines um eine Walze gelegten Papierstreifens; die Walze („Trommel") rotirt um eine zur Bewegungsrichtung parallele Achse, getrieben durch einen Motor, ein Gewichts- oder Federuhrwerk. Ein besonders oft benützter, weil vielseitig verwendbarer und dabei compendiöser Registrircylinder („Kymographion") dieser Art ist der zuerst von Baltzar und Schmidt nach Ludwig's Vorschlägen construirte, in Fig. 2 abgebildete Apparat, welcher ein Federuhrwerk u besitzt, dessen Bewegung durch den Foucault'schen Centrifugalregulator f höchste Gleichmässigkeit erhält, während die Geschwindigkeit sich in sehr

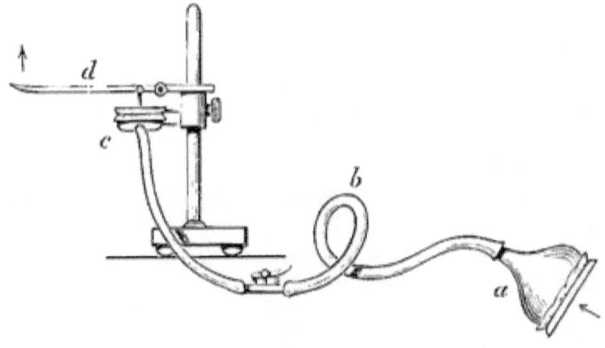

Fig. 3.

weiten Grenzen variiren und die Lage der eigentlichen Trommel cy vielfach abändern lässt.

Viele Vorgänge sind der Registrirung durch direct anzubringende Schreibvorrichtungen unzugänglich; in diesen Fällen, und auch oft sonst, leistet das von Marey eingeführte Verfahren der „Luftübertragung" gute Dienste: der bewegende Vorgang wirkt comprimirend oder dilatirend auf einen elastischen, luftgefüllten Hohlkörper (Fig. 3 a) ein, dessen Innenraum durch einen Schlauch b mit dem eigentlichen Schreibapparat, der Upham'schen oder Marey'schen Kapsel verbunden ist; dieser besteht aus einer flachen, oben offenen Metallkapsel c, über welche eine dünne Gummimembran gespannt ist; diese trägt in der Mitte ein Plättchen mit einem senkrechten Stift, welcher mit einem Schreibhebel d nahe dessen Drehpunkt durch ein doppeltes Scharnier verbunden ist. Dieser „Pantograph" vermag den meisten Bewegungsvorgängen vollständig treu zu folgen [Marey[1]), Donders[2]), Hürthle[3]), v. Frey[4])].

Für gewisse Fälle hat man die elastische Membran durch einen leichten, in einem Cylinder verschiebbaren Kolben zu ersetzen versucht (Piston-Recorder), in anderen das System mit Flüssigkeit statt mit Luft gefüllt. Die Form des Aufnahmeapparates richtet sich nach dem speciellen Zwecke und werden verschiedene derartige Vorrichtungen an ihrem Orte beschrieben werden.

Das Verständniss der Curven, resp. die Erkennung der Einzelheiten des Vorganges aus demselben hat eine ganze Reihe von Voraussetzungen. Nicht nur, dass die Eigenthümlichkeiten der Schreibapparate zu berücksichtigen sind (bogenförmige Ordinaten) und oft eine genaue Graduirung wegen mangelnder Proportionalität der Ausschläge nothwendig wird; in vielen Fällen ist ein Vorgang erst indirect durch Umconstruiren oder Berechnung aus der direct erhaltenen Curve genauer zu ersehen. Bei all' dem grossen Werthe der graphischen Technik in der Physiologie darf nie übersehen werden, dass es sich hier oft um Einschaltung von zahlreichen Complicationen resp. Fehlerquellen handelt und dass schon deshalb die **unmittelbare Beobachtung der Vorgänge mit unseren blossen Sinnen nie zu vernachlässigen ist**. Wo irgend möglich, haben directe Beobachtung und graphische Aufzeichnung sich gegenseitig zu ergänzen.

Ueber die Bedeutung der **mikroskopischen Technik** in der Physiologie braucht kaum noch etwas gesagt zu werden. Die specielle Physiologie der contractilen Organe, der Resorption und Drüsenthätigkeit kann der mikroskopischen Hilfsmittel nicht entrathen; vgl. übrigens, was oben über die Resultate dieser Richtung für die allgemeine Physiologie gesagt ist.

Die Untersuchung der chemischen Bestandtheile des menschlichen und thierischen Organismus und der chemischen Vorgänge, welche den Lebenserscheinungen zu Grunde liegen, hat bereits begonnen, sich zu einem Sondergebiet auszugestalten, der „physiologischen Chemie". Dieselbe hat die Verwerthung aller Kenntnisse der anorganischen und organischen Chemie und die Benützung aller üblichen Hilfsmittel der chemischen Laboratorien zur Voraussetzung; ihr Ziel sucht sie zu erreichen, indem sie theils die Organe des Körpers im Ganzen, theils ihre Ausscheidungen nach aussen (Harn, Koth, Schweiss, Athmungsgase) und nach innen (Verdauungssecrete) chemisch untersucht. Gar manche Umstände stehen ihren Bestrebungen erschwerend im Wege: der im Vergleiche zu den Bestandtheilen der „unbelebten"

---

[1]) Gazette médicale 1861, p. 647. La Méthode graphique etc., Paris 1884, u. a. m.

[2]) Nederl. Arch. v. Geneesk. III, 71.

[3]) A. g. P. XLIII. 399.

[4]) A. (A.) P. 1893, S. 17.

Natur höchst verwickelte chemische Aufbau gerade der wichtigsten Bestandtheile der lebenden Körper; die Schwierigkeit oder Unmöglichkeit, die im kleinsten Raume stattfindenden chemischen Reactionen (Cellularchemie) aufzuspüren und die betheiligten Verbindungen zu untersuchen, noch dazu, ohne sie durch den Eingriff zu verändern. Daher rührt auch unsere Unkenntniss über die Zusammensetzung der Eiweissstoffe und den intermediären Stoffwechsel (s. o.), so dass bisher rein hypothetische Vorstellungen dafür haben eintreten müssen.

Da die Bekanntschaft mit demjenigen, was wir über die chemischen Bestandtheile des Körpers wissen, zum Verständnisse aller weiteren Capitel die Voraussetzung bildet, so folgt eine kurze Zusammenstellung des Wichtigsten auf diesem Gebiete.

II.

Chemische Bestandtheile des menschlichen Körpers.[1])

Am Aufbaue des lebenden Körpers betheiligen sich fast alle **Nichtmetalle**: die „Organogene" C, H, O, N; die Haloïde Fl, Cl, J; S und P; in kleinen Mengen wohl auch Si (regelmässig in gewissen Pflanzen, z. B. den Schachtelhalmen vorhanden).

Frei finden sich von ihnen nur N_2 und O_2 — in Spuren auch H_2 — als Gas vor, insofern diese beiden ein- und ausgeathmet werden, — das H_2-Gas als Zersetzungsproduct im Darmcanale neben H_2S und CH_4.

Von den anorganischen Verbindungen der Nichtmetalle bildet das **Wasser** H_2O quantitativ den Hauptantheil des lebenden Körpers (etwa $70°/_0$).

Das Vorhandensein von Wasserstoffsuperoxyd H_2O_2 resp. Ozon O_3 hat man als Ursache gewisser Oxydationswirkungen im lebenden Körper zeitweise angenommen; doch ist ihre Gegenwart durch nichts sicher nachzuweisen; wahrscheinlich handelt es sich um die Wirkung von O in statu nascendi.

Das **Kohlendioxyd** CO_2 entweicht zusammen mit H_2O-Dampf als Oxydationsproduct der Gewebe mit den Gewebssäften, Lymphe, Blut und schliesslich durch die Exspirationsluft nach aussen (s. Chemie der Athmung).

Die **Salzsäure** HCl findet sich frei im Magensafte (analog findet sich Schwefelsäure H_2SO_4 im „Speichel" einer Mittelmeerschnecke, Dolium Galea).

---

[1]) Aus der grossen Zahl von Specialwerken über physiologische Chemie seien erwähnt: F. Hoppe-Seyler, Physiologische Chemie, Berlin 1877/81; G. Bunge, Physiologische Chemie, 3. Aufl., Leipzig 1894; O. Hammarsten, Physiologische Chemie, 3. Aufl., Wiesbaden 1895; Halliburton, Chemische Physiologie und Pathologie, deutsch von Kaiser, Heidelberg 1893; F. Neumeister, Physiologische Chemie, Jena 1893/95. Ferner für die Methodik: F. Hoppe-Seyler, Handbuch der physiol. und pathol.-chemischen Analyse, 6. Aufl., Berlin 1893; E. Salkowski, Physiologisch-chemisches Practicum, Berlin 1893.

Sonst finden sich die Kohlensäure, Salzsäure, Fluorwasserstoffsäure HFl (und Jodwasserstoffsäure HJ?), sowie die Schwefelsäure und die Phosphorsäure H_3PO_4 nur in Form ihre Salze.

Nirgends im Thierkörper findet sich Salpetersäure; dafür als Auswurfsproduct vielfach NH_3 frei und in Verbindungen (s. später).

Von den Metallen, welche in erheblicheren Mengen im Körper vorkommen, nämlich Na, K, Mg, Ca und Fe, finden sich die Alkali- und Erdalkalimetalle als Salze der genannten Säuren und wahrscheinlich sehr vieler organischer Säuren.

Die Aschenanalyse liefert nur die absoluten Mengen der einzelnen Basen und fixen Säuren; an welche Säure jede Base gerade in vita gebunden ist, ist oft schwer oder unmöglich zu finden, zumal die organischen Säuren bei der Veraschung verbrannt werden.

Na findet sich vor Allem als Chlorid und Carbonat. Man berechnet den Gehalt des Blutserums und der Gewebssäfte zu 6—7°/₀₀ $NaCl$; in einer künstlich hergestellten Kochsalzlösung etwa diesen Gehaltes erhalten sich Structur und viele Lebensäusserungen isolirter Gewebe besonders lange: „physiologische Kochsalzlösung".[1] Die Carbonate des Natriums sind die Hauptursache der alkalischen Reaction des Blutes.

Das K findet sich ebenso wie das Ca an Phosphorsäure gebunden im Thierkörper: $Ca_3(PO_4)_2$, Ca_2CO_3 und $MgCO_3$ sind Hauptbestandtheile der Knochensubstanz. Das Mg gibt auch durch seine charakteristische unlösliche Doppelverbindung mit Phosphorsäure und NH_3 (Tripelphosphat) zu Concrementen in Gallen- und Harnwegen die Veranlassung.

$CaFl$ findet sich im Zahnschmelz; eine J-haltige Verbindung ist nach neueren Untersuchungen (E. Baumann)[2] constanter Bestandtheil der Schilddrüse, indem hier im Körper circulirendes J (Salze?) abgelagert wird.

Von den Schwermetallen ist das Fe von lebenswichtiger Bedeutung, hauptsächlich als Component des Blutfarbstoffes und seiner Derivate (s. u.).

Spuren anderer Metalle, Mn, Cu u. s. w., welche man im Körper gefunden, sind wohl ohne eigentliche Bedeutung. Vielmehr wirkt die

---

[1] Ihr $NaCl$-Gehalt muss nach neueren Forschungen etwas grösser sein, derart, dass er dem gesammten, in jedem Fall verschiedenen „osmotischen Druck" der betreffenden Gewebsflüssigkeit gleich ist (Koeppe): „isotonische" $NaCl$-Lösung.

[2] Z. p. C., XXI, S. 319.

Einführung der meisten „fremden Metalle" in Form ihrer Salze schädlich: „Metallgifte".

Die „organischen Verbindungen" als Bestandtheile des Körpers und deren Zersetzungsproducte sollen hier nach folgender Eintheilung kurz besprochen werden:

I. **Stickstoffhaltige organische Verbindungen: Eiweisskörper und deren Abbauproducte.**

II. **Stickstofffreie organische Verbindungen:**
    1. **Kohlenhydrate,**
    2. **Fette und Verwandtes.**

Die **Eiweisskörper** sind die complicirtesten unter den organischen Verbindungen, deren moleculare Structur uns, wie mehrfach erwähnt, noch gänzlich verborgen ist. Sie enthalten sämmtlich C, H, O, N, S, manche auch P.

Ihre procentische Zusammensetzung schwankt innerhalb gewisser Grenzen und kann durch folgende Tabelle dargestellt werden:

$$C \ . \ . \ 50\ -55\ \%$$
$$H \ . \ \ \ \ \ 6\cdot6-\ 7\cdot3\%$$
$$N \ . \ . \ 15\ -19\ \%$$
$$S \ \ \ \ \ \ \ \ 0\cdot3-\ 2\cdot4\%$$
$$O \ . \ . \ 19\ -24\ \%$$

Von ihren **physikalischen Eigenschaften** ist zunächst die Schwierigkeit zu erwähnen, sie krystallisirt zu erhalten (in neuerer Zeit mehrfach gelungen: **Ritthausen**, **Grübler** [Pflanzeneiweiss), **Hofmeister**,[1]) **Gürber**[2])]; künstlich in festen Aggregatzustand gebracht, bilden sie meist amorphe Massen, Krusten oder Pulver. Im lebenden Körper sind sie indessen durch Mitwirkung des Wassers in flüssigem Zustande vorhanden; doch fehlen hierbei gewisse Eigenschaften der „Lösungen" der leichter krystallisirenden, einfacheren organischen, sowie anorganischen Verbindungen: **die Eiweissmolecüle sind unfähig zum Durchgange durch die Poren von thierischer Haut oder Pergamentpapier**; bringt man sie in ein damit abgeschlossenes Gefäss, welches in reines Wasser taucht („**Dialysator**", Graham), so gehen jene anderen Körper („**Krystalloïde**") durch die Poren der Membran durch und werden sich jenseits

---

[1]) Eierweiss, Z. p. C., XIV. 165. XVI. 187.
[2]) Serumalbumin, C. P., IX. 469.

im Wasser gelöst vorfinden; nicht aber Eiweiss, Leim und Gallertformen gewisser anorganischer Verbindungen (z. B. Kieselsäure): „Colloïde". Die Ursache hat man in der besonderen Grösse der Molecüle, vielleicht auch in der physikalischen Beschaffenheit der „Lösung" zu suchen.

Die „Lösungen" der „wirklichen" Eiweisskörper haben ferner die Eigenschaft, beim Erhitzen in einen halbfesten Zustand überzugehen, zu „gerinnen".

Wie der Name besagt, bezeichnet man damit eine Art des Zusammenrinnens in Form mehr oder weniger grober Flocken, welche sich zu einem Ballen, „Gerinnsel", „Coagulum", vereinigen können, während man unter Eiweissfällung das Niederfallen eines pulverigen Niederschlages versteht, welcher meist aus einer Verbindung von Eiweiss und Fällungsmittel (Albuminat) besteht.

Gerinnung tritt bei vielen im Leben flüssigen oder halbflüssigen Körperbestandtheilen (Muskelplasma, Blutplasma) nach Lösung des Zusammenhanges mit dem lebenden Gesammtorganismus auf, scheinbar „von selbst" („Spontangerinnung"), natürlich in Wahrheit durch noch nicht genügend erforschte chemische Vorgänge, welche durch die veränderten Verhältnisse in Gang gesetzt werden.

Die Wärmegerinnung erfolgt für verschiedene Eiweisskörper bei verschiedenen Temperaturen, was zu ihrer Trennung benützt werden kann; doch spielen dabei Concentration, Säure-, Alkali- resp. Neutralsalzgehalt eine wichtige Rolle (Hewlett).[1]

Die durch die Wärme geronnenen Eiweisskörper sind dauernd verändert, sie lassen sich nicht wieder durch ein Lösungsmittel in den früheren Zustand zurückbringen; anders scheint dies bei den „spontan" geronnenen Eiweisskörpern, wenigstens des Muskels, zu sein.

Gefällt werden alle Eiweisskörper durch Alkohol, Aether, Chloroform u. s. w., sowie die Salze der Schwermetalle; letztere bilden mit ihnen unlösliche Verbindungen, „Albuminate". Darauf beruht zum Theile ihre Gift- und antiseptische Wirkung: Hg-Albuminat. Blutstillende Wirkung des $FeCl_2$.

Zur Auffindung von Eiweisskörpern in Flüssigkeiten (z. B. Harn bei Krankheiten) bedient man sich der „allgemeinen Eiweissreactionen", von denen hier genannt seien:

1. Xanthoproteïnreaction: Gelbfärbung durch HNO_3.
2. Kochprobe: Gerinnung bei Ansäuern und Erhitzen.
3. Fällung durch Essigsäure und wenig Ferrocyankalium.
4. Rothfärbung mit Millon's Reagens ($Hg(NO_3)_2$ Lösung).
5. Biuretreaction: Violettfärbung mit Alkalilauge und $CuSO_4$ (Erwärmen).

Wir besprechen nunmehr die wichtigsten Repräsentanten thierischer Eiweisskörper nach der schematischen Eintheilung in 1. einfache, 2. zusammengesetzte Eiweisskörper.

[1] J. P., XIII. 493.

1. Einfache Eiweisskörper, „Proteïne" (Mulder).

a) Albumine, sind löslich in reinem Wasser, verdünnten und zum Theile auch gesättigten Neutralsalzlösungen.

Hierher gehört das Eialbumin im Eierweiss (Albumen), von welchem diese Classe ihren Namen hat (Gerinnungstemperatur circa 73°), ferner die Serumalbumine im Blutserum (Gerinnungstemperatur 73—84°), das Lactalbumin in der Milch (beim Kochen derselben die Haut bildend, Gerinnungstemperatur 77°), endlich das Myoalbumin oder Muskelalbumin, im Kaltwasserauszug von frischem Fleisch (Gerinnungstemperatur 73°).

b) Globuline, sind unlöslich in reinem Wasser, löslich in verdünnten Neutralsalzlösungen, werden durch Sättigen der Lösungen ganz ($MgSO_4$) oder theilweise ($NaCl$) gefällt.

Theilweise gefällt werden sie durch wenig Essigsäure, sowie Einleiten von CO_2, welche ihnen Alkali entziehen, welches ihnen in geringer Menge anhaftet (sie stehen den eigentlichen Alkalialbuminaten nahe; s. u.).

Hierher gehören: das Serumglobulin im Blutserum (früher als Paraglobulin, Serumcaseïn, fibrinoplastische Substanz bezeichnet), Gerinnungstemperatur 75°; das Myoglobulin, neben dem Myoalbumin im Kaltwasserauszuge von Fleisch (Gerinnungstemperatur 56°), vor Allem aber die gelösten Globuline, aus welchen das Blutgerinnsel oder Fibrin, und das Muskelgerinnsel oder Myosin entsteht. Ersteres, das „Fibrinogen" (A. Schmidt), bildet einen Hauptbestandtheil des Blutplasmas (Gerinnungstemperatur 55—56°). Das Muskelplasma, durch Gefrierenlassen und Zerreiben überlebender Muskeln (Kühne)[1] oder Ausziehen mit NH_4Cl aus todtenstarrem Muskelfleisch erhalten, soll aus zwei Globulinen bestehen, dem „Myosinogen" (Halliburton),[2] Gerinnungstemperatur 56°, und dem „Paramyosinogen" (Halliburton) oder Muskulin (Hammarsten),[3] Gerinnungstemperatur 47°.

Globuline bilden ferner die Hauptmasse der Zellsubstanz (des „Parenchyms") der meisten Organe: Leber, Niere u. s. w. (Halliburton).[4] Hingewiesen sei noch auf die Globuline der Linse (Krystalline).

---

[1] A. A. P., 1859, S. 748.
[2] J. P., VII, 133; VIII, 132.
[3] Lehrb. physiol. Ch., III. Aufl., S. 325.
[4] J. P., XIII, 806.

2. **Zusammengesetzte Eiweisskörper, "Proteïde"** (Hoppe-Seyler).

a) **Verbindungen der einfachen Eiweisskörper mit Säuren (Acidalbumine) und Alkalien (Alkalialbuminate).**

Acidalbumine treten auf als erstes Product der Magenverdauung; erwähnt sei das aus Muskeleiweiss und HCl entstehende Syntonin. Sie sind durch Alkali in die ursprünglichen Eiweisskörper überführbar. Mehr Alkali führt zur Bildung der Alkalialbuminate, doch geschieht diese stets unter theilweiser Zersetzung (Abspaltung des „locker gebundenen" S-Antheiles).

Die Alkalialbuminate sind nicht in die ursprünglichen Eiweisskörper zurückführbar; sie zeichnen sich durch Gerinnungsunfähigkeit beim Erhitzen aus.

b) **Blutfarbstoff und seine Derivate.** Der rothe Blutfarbstoff oder das Hämoglobin (in seinen Eigenschaften zuerst genauer studirt durch Hoppe-Seyler)[1] ist ein zusammengesetzter Eiweisskörper. Seine wichtigste Eigenschaft ist die Fähigkeit, Sauerstoff locker zu binden (Oxyhämoglobin, $O-Hb$) und wieder abgeben zu können (reducirtes Hämoglobin, Hb); hierauf beruht seine Rolle als Sauerstoffträger von der Lunge zu den Geweben und der Farbenunterschied zwischen arteriellem und venösem Blut.

Die scharlachrothe wässerige Lösung des $O-Hb$ hat ferner, stark abgekühlt, die Eigenschaft, leicht zu krystallisiren: die „Hämoglobinkrystalle" zeigen, wie das Mikroskop erkennen lässt, bei den verschiedenen Säugethierarten zum Theil verschiedene und charakteristische Krystallformen.

Die wichtigsten Merkmale des $O-Hb$, des Hb und ihrer Derivate bilden indessen die Absorptionsspectra ihrer Lösungen. Die Spectroskopie des Blutes ist wissenschaftlich, klinisch und forensisch nicht allein in Bezug auf qualitative Erkennung von grosser Bedeutung, sondern neuerdings auch für quantitative Bestimmungen (Hb-Gehalt, Reductionsgeschwindigkeit) mit Erfolg verwendet worden [Spectrophotometrie von Hüfner,[2] Hämatoskop von Hénocque[3]].

Bringt man eine verdünnte Blutlösung vor den Spalt eines Spectroskops, so beobachtet man zwei dunkle Streifen im Gelb und Grün, der linke nach dem Roth zu gelegene schmäler als der

---

[1] Med.-chem. Untersuch. Berlin 1866—1871; Z. P. C., verschiedene Bände.
[2] J. Pr. Ch. (2) XVI. 290.
[3] Spectroscopie du sang. Paris 1895.

rechte dem violetten Ende nähere: *O-Hb*-Streifen, Fig. 4a. Reduction mit Schwefelammonium oder Ammoniumferrotartrat lässt dieselben verschwinden und einen breiten verwaschenen etwa

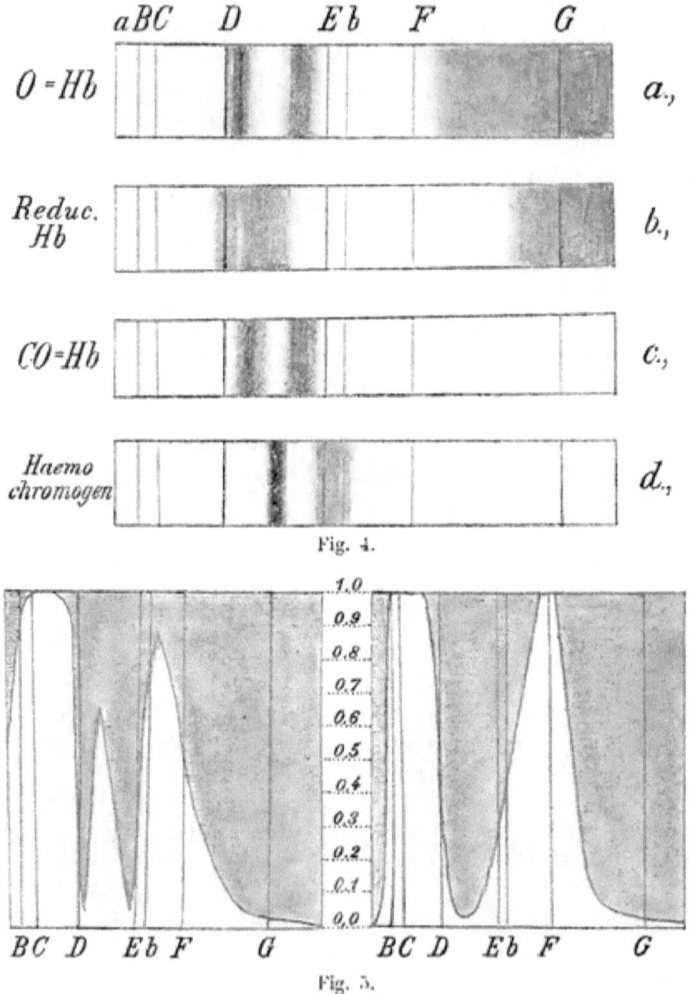

Fig. 4.

Fig. 5.

die Mitte derselben Stelle einnehmen: reduc. *Hb*-Streifen, Fig. 4b. Bringt man verdünnte Blutlösung in ein nach unten keilförmiges Gefäss, so sieht man die Fig. 5, welche die Gestalt und

Intensität des Spectrums links für das O-Hb, rechts für das reduc. Hb für jede Concentration erkennen lässt.

Das Hämoglobin bindet ausser dem O noch andere Gase, und zwar meist fester; besonders die Verbindung mit dem Kohlenoxyd CO ist wichtig, weil ihre Entstehung bei CO-Vergiftung durch Hinderung der O-übertragenden Function des Hb den Tod verursacht. Ihr Spectrum, Fig. 4 c, ähnelt dem des O-Hb; doch überschreitet der linke Streifen im Gegensatze zu jenem nie die D-Linie; und das Spectrum wird durch Reductionsmittel nicht verändert. Analog dem CO-Hb sind Verbindungen des Hämoglobins mit NO und CN. Ein charakteristisches Spectrum (Extrastreifen im Roth) hat die Verbindung mit H_2S (Sulf-Hb; faulende Leichen), ein weniger charakteristisches das sogenannte Methämoglobin (braun, im Harne nach gewissen Vergiftungen), welches vielleicht eine festere Verbindung mit O ist, als das Oxyhämoglobin.

Wirken Säuren oder Alkalien auf Oxyhämoglobin, so wird dasselbe gespalten in einen Eiweisskörper (Globulin) und einen eisenhaltigen Farbstoff, das Hämatin. Dieser zeigt in saurer Lösung braune Färbung (stark concentrirt, sogar schwarze; anscheinende Verkohlung der Gewebe bei Verätzung mit concentrirter H_2SO_4), in alkalischer (alkoholische Kalilauge zu Blut gefügt) grüne mit röthlicher Fluorescenz. Die betreffenden Spectra sind nicht besonders charakteristisch.

Bei Spaltung des Blutfarbstoffes durch Säuren verbindet sich das Hämatin mit der betreffenden Säure; besonders wichtig ist unter diesen Verbindungen das salzsaure Hämatin oder sogenannte „Hämin". Seine Entstehung in Form charakteristischer Krystalle („Häminkrystalle", Teichmann'sche Blutkrystalle) ermöglicht eine mikrochemische Reaction auf Blut von ziemlicher Empfindlichkeit und bedeutender forensischer Wichtigkeit.

Wirkt ein reducirender Körper (Schwefelammonium) auf Hämatin oder wird reducirtes Hämoglobin bei Sauerstoffabschluss gespalten, so entsteht das sogenannte „reducirte Hämatin" oder Hämochromogen (Hoppe-Seyler), welchem ein äusserst charakteristisches Absorptionsspectrum zukommt, bestehend aus zwei Streifen, welche indessen gegenüber denjenigen des O-Hb nach rechts verschoben erscheinen, und von welchen der linke sich durch ganz besondere Schärfe und Schwärze auszeichnet, während der rechte schwach, breit und verschwommen ist, Fig. 4 d.

Die Constitution des Blutfarbstoffes und seiner Derivate ist noch unbekannt; auch die empirisch zu ermittelnde Zusammensetzung ist trotz seiner Krystallisationsfähigkeit bis jetzt zweifelhaft; die genauesten Analysen ergaben für Pferdehämoglobin $C_{712}H_{1130}N_{214}S_2FeO_{245}$ [Bunge und Zinowsky[1]]; das Molecül, als das eines zusammengesetzten Eiweisskörpers, ist jedenfalls von bedeutender Grösse und Complicirtheit der Zusammensetzung, auch für die verschiedenen Thiere verschieden.[2]

Die empirische Formel des Hämatins hingegen, also des nach Abspaltung des Eiweiss übrigbleibenden Antheiles des Blutfarbstoffes, ist ziemlich sichergestellt: $C_{32}H_{32}N_4FeO_4$ (Nencki und Sieber).[3] Durch längere Einwirkung von Säuren auf Hämatin wird das Eisen abgespalten und es bleibt das sogenannte „eisenfreie Hämatin" (Mulder) oder „Hämatoporphyrin"[4] (Hoppe-Seyler). Diesem kommt nach Nencki und Sieber[5] die empirische Formel zu: $C_{16}H_{18}N_2O_3$. Genau dieselbe Formel hat nach Maly[6] der **Gallenfarbstoff** oder das **Bilirubin**. Auf den Zusammenhang zwischen Blut- und Gallenfarbstoff wiesen schon früher die in alten Extravasaten, Cysten u. s. w. vielfach vorkommenden, von Virchow[7] als Hämatoïdinkrystalle bezeichneten rhombischen Gebilde, deren chemische Eigenschaften die gleichen sind, wie diejenigen des Bilirubins. Die Entstehungsweise des Gallenfarbstoffes aus dem Blutfarbstoffe im Körper ist freilich noch nicht aufgeklärt.

Die wichtigsten Eigenschaften des Bilirubins sind seine **Löslichkeit in Chloroform** und seine leichte **Oxydirbarkeit**. Alkalische Lösungen von Bilirubin werden an der Luft rasch grün durch Bildung von **Biliverdin** $C_{16}H_{18}N_2O_4$ (Staedeler),[8] welches auch in der Galle vorkommt, ja bei hungernden Säugethieren das Bilirubin überwiegt.

Zur Erkennung von Gallenfarbstoff in Flüssigkeiten schichtet man sie über rauchende Salpetersäure; an der Berührungsstelle bildet sich ein Ring, welcher nacheinander resp. übereinander grüne, blaue, violette Färbung zeigt, schliesslich verschwindet. Gmelin'sche Reaction. Es handelt sich hier um die Bildung der weiteren Oxydationsproducte: Bilicyanin und Choletelin.

---

[1] Z. p. C., X, S. 16.
[2] Jaquet, ibid. XII, 285; XIV, 289.
[3] Arch. f. exp. Path. u. Pharm., XVIII, 401.
[4] Med. chem. Untersuch., S. 528.
[5] Arch. f. exp. Path. u. Pharm., XXIV, S. 430.
[6] J. prakt. Ch., CIV, 28.
[7] A. p. A. I. 379, 407.
[8] Ann. Ch. Pharm., CXXII, S. 323.

Wichtiger ist ein Reductionsproduct, das [von Maly[1]) durch Natriumamalgam aus Bilirubin erhaltene] Hydrobilirubin, welches identisch ist mit dem Urobilin (Jaffé),[2] einem constanten färbenden Bestandtheil des Harnes und der Fäces. Seine Formel ist $C_{32}H_{44}N_4O_7$. Hoppe-Seyler[3]) erhielt das Urobilin durch Einwirkung von nascirendem H auf Blut.

c) **Phosphorhaltige Eiweisskörper.** Hierher gehören zunächst die echten Nucleïne, wie sie Miescher[4]) in reinem Zustande aus Lachssperma erhielt. Ausser ihrem Vorkommen in den Spermatozoën (Köpfen) bilden sie Hauptbestandtheile aller Zellkerne (Chromatinfäden). Man hat sie mit der Zelltheilung und den Fortpflanzungsvorgängen in Verbindung gebracht.

Die echten Nucleïne bestehen aus einem Eiweisskörper und einer phosphorhaltigen Nucleïnsäure (Altmann und Kossel).[5]) Aus dieser letzteren lassen sich die „Nucleïnbasen" Xanthin, Hypoxanthin, Guanin und Adenin abspalten, welche unter den Zerfallsproducten der Eiweisskörper später Erwähnung finden werden.

Die echten Nucleïne verbinden sich mit Eiweisskörpern zu complicirten Verbindungen, welche als „Nucleoproteïde" bezeichnet werden, z. B. das in den weissen Blutzellen enthaltene Nucleohiston (Lilienfeld).[6])

Zu unterscheiden von den echten Nucleïnen sind andere phosphorhaltige Körper, welche man als Paranucleïne oder Pseudonucleïne bezeichnet hat. Sie spalten keine Nucleïnsäure ab. Ihre Verbindungen mit Eiweisskörpern sind die in allen Zellen häufigen „Nucleoalbumine". Ein Nucleoalbumin ist auch das in der Milch gelöste Caseïn. Dasselbe hat die Eigenschaften eines Alkalialbuminats: es gerinnt nicht bei Siedehitze, wird durch geringe Mengen Säure (Essigsäure, Milchsäure beim „Sauerwerden" der Milch) gefällt und durch Alkali wieder gelöst. Von dem durch Säure gefällten Caseïn verschiedene Eigenschaften („Paracaseïn") hat der durch Labenzym gewonnene Käsestoff; wie bei der Blut- und Muskelplasmagerinnung scheint hier Kalk mitzuwirken.[7])

---

[1]) Annalen d. Chem., CLXIII.
[2]) C. M. W., 1868, S. 241, 1869, S. 177; A. p. A., XLVII, S. 405.
[3]) Berichte d. D. chem. Ges., VII, S. 1065.
[4]) Med. chem. Untersuch., S. 441, 502.
[5]) A. (A.) P., 1889, S. 524; 1891, S. 181.
[6]) A. (A.) P., 1892, S. 550.
[7]) Hammarsten, Arthus & Pagès, Soxhlet & Söldner.

d) **Verbindungen von Eiweisskörpern mit Kohlenhydraten und Fetten.**

Das echte, durch Essigsäure fällbare **Mucin** der Schleimhautsecrete und der Wharton'schen Sulze, besonders aber die schleimartigen Producte gewisser Mollusken werden als Verbindungen von Eiweiss mit dextrinähnlichen Kohlenhydraten angesehen (Landwehr).[1] Möglicherweise lassen sich auch aus anderen Eiweisskörpern Kohlenhydrate abspalten (Pavy),[2] was der Theorie entsprechen würde, welche jedem „lebenden Eiweissmolecül" eine Proteïdstructur („verbrennliche Seitenketten") zuschreibt.

Lecithalbumine (Nervensystem, Eidotter) sind analoge Verbindungen mit dem später bei den Fetten zu besprechenden Lecithin.

Substanzen, welche keine eigentlichen Eiweisskörper sind, aber in ihren Eigenschaften diesen nahestehen, bezeichnet man als **Albuminoïde**. Hierher gehört vor Allem der **Leim**. Die leimgebende Substanz des Bindegewebes (Collagen), die organische Grundsubstanz der Knochen (Osseïn) liefern mit siedendem Wasser eine „Lösung" von Leim, welche beim Erkalten zu einer Gallerte gesteht, beim Erwärmen wieder flüssig wird (gewissermassen umgekehrtes physikalisches Verhalten gegenüber den Eiweisslösungen). N-haltig, von ähnlicher procentischer Zusammensetzung und ebenso unbekannter Constitution, zeigt der Leim manches Abweichende von den Eiweisskörpern: Unfähigkeit, dieselben als Nährstoff zu ersetzen (s. später); reiner Leim enthält keinen Schwefel.

Als Verbindung von Leim mit Kohlenhydrat betrachtet man das Chondrin, den Hauptbestandtheil des Knorpels.

Albuminoïde sind ferner die Vitelline des Eidotters, das Keratin (Hornsubstanz) und Elastin (elastische Fasern), endlich die giftigen Stoffwechselproducte krankheitserregender Spaltpilze, welche man auch als Toxalbumine bezeichnet. Diese stehen zum Theil vielleicht den zunächst zu besprechenden Spaltungsproducten der Eiweisskörper näher.

Den Eiweisskörpern nahe stehen wahrscheinlich auch manche **Fermente**. Unter einem Ferment versteht man einen Körper, welcher, selbst nur in geringer Menge vorhanden, grosse Mengen anderer Verbindungen umzusetzen ver-

---

[1] Z. p. C., VIII. S. 114; IX. S. 122; A. g. P., XXXIX, S. 193; XL, S. 21.
[2] Physiologie der Kohlenhydrate, Wien, Deuticke, 1895.

mag, meistens so, dass er sich selbst dabei regenerirt, wie die Salpetersäure, resp. NO_2 bei der Schwefelsäurefabrikation:

$$2\,HNO_3 + 2\,H_2O + 3\,SO_2 = 3\,H_2SO_4 + 2\,NO$$
$$2\,NO + O_2 = 2\,NO_2$$
$$2\,NO_2 + 2\,H_2O + 2\,SO_2 = 2\,H_2SO_4 + 2\,NO$$
$$2\,NO + O_2 = 2\,NO_2 \text{ u. s. w.}$$

Im Gegensatz zu den an Mikroorganismen haftenden oder mit ihnen zu identificirenden eigentlichen — „geformten", „organisirten" — Fermenten, wie die Hefe, nennt man jetzt nach Kühne's Vorschlag die analogen, „ungeformten", amorph isolirbaren Stoffe, wie die Diastase, das Ptyalin, Pepsin, (s. später) „Enzyme".

Von den Spaltungsproducten der Eiweisskörper stehen diesen selbst noch am nächsten diejenigen, welche durch die Verdauung der Eiweisskörper entstehen: **Albumosen und Peptone**.[1)]

a) Albumosen oder Propeptone. Werden aus ihren Lösungen durch Ammoniumsulfat gefällt.

<small>Je nach dem Verhalten zu $NaCl$, $MgSO_4$ und HNO_3 unterscheidet Kühne die Proto- und Deuteroalbumose; ein nichtdialysirendes, albumoseartiges Verdauungsproduct wurde als Heteroalbumose bezeichnet.</small>

b) Peptone. Werden durch $(NH_4)_2SO_4$ nicht gefällt, sondern nur durch Tannin, Jodquecksilberjodkalium, Phosphormolybdänsäure, Phosphorwolframsäure und Pikrinsäure.

Albumosen und Peptone geben bereits in der Kälte die Biuretreaction; ihre Lösungen gerinnen nicht beim Erwärmen. Beide können nach Kühne in zwei Arten Körper unterschieden werden: die Hemialbumosen und Hemipeptone, welche leicht weiter spaltbar sind, und die Antialbumosen und Antipeptone, welche schwer zersetzlich sind.

Weitere Zersetzungsproducte der Eiweisskörper sind die **Amidosäuren**. Ihr Prototyp, die Amidoessigsäure oder das Glykokoll

$$\begin{array}{c} NH_2 \\ | \\ CH_2 \\ | \\ COOH \end{array}$$

findet sich nicht frei, sondern in Form von unter Wasseraustritt gepaarten Verbindungen. Hierher gehört zunächst die eine der beiden so wichtigen Arten von Gallensäuren, die Glykocholsäure.

[1)] Kühne und Chittenden, Z. B., XIX, S. 159; XX, S. 11; XXII, S. 409.

Dieselbe kann dadurch entstanden gedacht werden, dass das Radical der Cholalsäure oder Cholsäure (ihre Formel für den Menschen ist $C_{18}H_{28}O_4$, für die Cholsäuren verschiedener Thiere verschieden), also Cholsäure minus OH an Stelle eines H-Atomes in der Amidogruppe des Glykokolls tritt:

$$C_{18}H_{27}O_3 \cdot NH \cdot CH_2 \cdot COOH = C_{20}H_{31}NO_5.$$

Auch die andere Gallensäureart, die Taurocholsäure, ist eine solche gepaarte Säure, nämlich Cholsäure + Taurin — Wasser. Das Taurin ist Amidoäthylsulfosäure (auch als Amidooxäthylsulfosäure = Amidoisäthionsäure betrachtet):

$$C_2H_4 {<}{SO_2-OH \atop NH_2}$$

also die Taurocholsäure

$$C_{18}H_{27}O_3 \cdot NH \cdot C_2H_4 \cdot SO_3H = C_{20}H_{33}SNO_6.$$

Reichlich im Pflanzenfresserharne, in kleinen Mengen auch im Menschenharne findet sich die gepaarte Verbindung des Glykokolls mit einer aromatischen Säure, der Benzoësäure C_6H_5COOH, also das Benzoylglykokoll oder die **Hippursäure**

$$C_6H_5CO \cdot NH \cdot CH_2 \cdot COOH = C_9H_9NO_3.$$

Die Amidoessigsäure selbst sowohl, als die Gallensäuren und die Hippursäure sind Verbindungen, welche in reinem Zustande krystallisiren.

Producte der im Darme stattfindenden Eiweissspaltung sind ferner die beiden Homologen der Amidoessigsäure, eine Amidovaleriansäure mit fünf C-Atomen und eine oder mehrere der sechs Kohlenstoffatome enthaltenden Amidokapronsäuren oder Leucine $NH_2 \cdot C_5H_{10} \cdot CO_2H$.

Die mikroskopisch kugelförmigen Krystallaggregate des **Leucins** finden sich als Product tryptischer Eiweissverdauung (s. später), (sowie in gewissen Krankheiten in Organen und Harn) meist zusammen mit den garben- oder ährenartigen Krystalldoppelbüscheln des Tyrosins (von τυρός, weil in faulendem Käse zu finden).

Das **Tyrosin** ist eine unverzweigte Amidopropionsäure (also nächste Homologe der Amidoessigsäure), in welcher indessen ein H-Atom durch ein **aromatisches** Radical, ein Oxyphenyl oder hydroxylirtes Benzolradical ersetzt ist, derart, dass an dem

Benzolkerne die Verbindungsaffinität mit der Säure dem OH gerade gegenüberliegt (Parastellung); es ist also = Paraoxyphenyl-α-Amidopropionsäure:

$$\begin{array}{c} OH \\ H\diagup\diagdown H \\ H\,|\,C_6\,|\,H \\ \diagdown\diagup \\ C \\ | \\ CH_2 \cdot COOH \\ NH \end{array}$$

Nach einer anderen Herleitungsweise wird das Tyrosin auch als Amidohydroparakumarsäure bezeichnet.

Das aromatische Radical der Hippursäure des Pflanzenfresserharnes stammt vermuthlich aus der Cuticularsubstanz der Pflanzen [Meissner[1])]; die Constitution des Tyrosins zeigt indessen, dass auch das **Eiweiss den Benzolkern enthält**.

Auf dieser Eigenschaft beruht die Millon'sche Reaction; Phenole färben das Reagens tiefroth.

Durch weitere Spaltung des Eiweisses resp. Tyrosins, vornehmlich in Folge der Thätigkeit der Fäulnisserreger im Darme, entstehen noch weitere, theils N-haltige, theils N-freie aromatische Verbindungen. Letztere sind als Phenole und Kresole zu bezeichnen.

Nach E. Baumann[2]) entsteht durch folgende Reihe abwechselnder Oxydationen und Spaltungen aus dem Tyrosin schliesslich das gewöhnliche Phenol (Carbolsäure):

Tyrosin $C_6H_4 \cdot OH \cdot CH \cdot NH_2 \cdot CH_2 \cdot COOH + H_2 = NH_3 +$
 Paraoxyphenylpropionsre $C_6H_4 \cdot OH \cdot CH_2 \cdot CH_2 \cdot COOH$.
Paraoxyphenylpropionsre $C_6H_4 \cdot OH \cdot CH_2 \cdot CH_2 \cdot COOH = CO_2 +$
 Paraäthylphenol $C_6H_4 \cdot OH \cdot CH_2 \cdot CH_3$.
Paraäthylphenol $C_6H_4 \cdot OH \cdot CH_2 \cdot CH_3 + O_3 = H_2O +$
 Paraoxyphenylessigsäure $C_6H_4 \cdot OH \cdot CH_2 \cdot COOH$.
Paraoxyphenylessigsäure $C_6H_4 \cdot OH \cdot CH_2 \cdot COOH = CO_2 +$
 Parakresol $C_6H_4 \cdot OH \cdot CH_3$.
Parakresol $C_6H_4 \cdot OH \cdot CH_3 + O_3 = H_2O +$
 Paraoxybenzoësre $C_6H_4 \cdot OH \cdot COOH$.
Paraoxybenzoësäure $C_6H_4 \cdot OH \cdot COOH = CO_2 +$ Phenol $C_6H_5 \cdot OH$.

---

[1]) Meissner und Shepard, Untersuchungen über das Entstehen der Hippursäure im thierischen Organismus. Hannover 1866.
[2]) Ber. d. D. chem. Ges., XII, S. 1450.

Das einfach hydroxylirte **Phenol** resp. Kresol wird im Thierkörper zum Theile zu **Dioxyphenolen, Hydrochinon** (Para-D.) **und Brenzkatechin** (Meta-D.) $C_6H_4(OH)_2$, oxydirt. Diese und viele andere aromatische Verbindungen, mögen sie nun durch Eiweissspaltung entstanden oder von aussen einverleibt sein, verlassen indessen den Organismus nicht frei, sondern gepaart mit Schwefelsäure, welche durch Oxydation des Eiweissschwefels entsteht, als sogenannte Aetherschwefelsäuren [Baumann mit Preusse und Herter[1])]; so finden sich bei Carbolsäurevergiftung im Harne die Salze der Phenolätherschwefelsäure: $C_6H_5 \cdot O \cdot SO_2 \cdot OH = C_6H_5 \cdot SO_4H$, der **Brenzkatechinätherschwefelsäuren** und **Hydrochinonätherschwefelsäuren**:

$$\text{Monoverbindung } C_6H_4 \genfrac{}{}{0pt}{}{\cdot SO_4H}{\cdot OH} \text{ und Diverbindung } C_6H_4 \genfrac{}{}{0pt}{}{\cdot SO_4H}{\cdot SO_4H}$$

Durch Bildung weiterer chinonartiger Oxydationsproducte der Phenole entsteht die Dunkelfärbung des Harnes bei Carbolsäurevergiftung. Brenzkatechinschwefelsäure findet sich regelmässig im Pflanzenfresserharne, pathologisch auch im menschlichen.

An Schwefelsäure gebunden erscheinen im Harne auch die Radicale zweier complicirterer N-haltiger aromatischer Verbindungen, welche als Fäulnissproducte der Eiweisskörper regelmässige Bestandtheile der Fäces sind (Brieger).[2])

Indol $C_8H_7N =$ [Strukturformel] CH (Baeyer)[3]) und **Skatol**

$C_9H_9N =$ Methylindol.

Durch Hydroxylirung und Paarung mit H_2SO_4 entsteht aus dem Indol die **Indoxylschwefelsäure**, identisch mit der von Jaffé[4]) als **Indikan** oder indigobildende Substanz des Harnes be-

---

[1]) Ber. d. D. chem. Ges., XIX, S. 54 und 1747; A. g. P., XIII, S. 285; Z. p. C., I, S. 244; A. (A.) P., 1879, S. 245.
[2]) Ber. d. D. chem. Ges., X, S. 1027; Baumann und Brieger, Z. p. C., III, S. 254.
[3]) Ber. d. D. chem. Ges., XIII, S. 2254; XIV, S. 1741.
[4]) A. g. P., I, S. 448.

zeichneten Verbindung, indem sie (wahrscheinlich identisch mit Indigweissschwefelsäure) durch Oxydation (HCl, Chlorkalk) in echtes Indigoblau verwandelt wird:

$$2 C_8 H_6 N \cdot SO_4 \cdot H + O_2 = 2 H_2 SO_4 + C_{16} H_{10} N_2 O_2.$$

Ihr entspricht die Skatoxylschwefelsäure $C_9 H_8 N \cdot SO_4 \cdot H$.

Bei der weiteren Spaltung der Amidosäuren fällt leicht NH_3 ab, aus dessen Verbindung mit CO_2 eine Theorie (s. später) das **N-haltige Endproduct des Eiweisszerfalles beim Säugethier entstehen lässt**, nämlich den Harnstoff. Die Verwandtschaft erhellt aus folgender Zusammenstellung:

$$ONH_4$$
$$CO_2 \quad \text{Kohlensaurer Ammoniak}$$
$$O.NH_4$$

$$\begin{matrix} ONH_4 \\ CO_2 \\ NH_2 \end{matrix} \text{Carbaminsrer Ammoniak} \left[\begin{matrix} OH \\ CO_2 \\ NH_2 \end{matrix} \begin{matrix} \text{Carbaminsäure} \\ = \text{Amidokohlensäure} \end{matrix} \right].$$

$$\begin{matrix} NH_2 \\ CO_2 \\ NH_2 \end{matrix} \text{Carbamid} = \text{Harnstoff} \; (\overset{*}{U}).$$

Jede folgende Verbindung kann aus der vorhergehenden durch $H_2 O$-Austritt entstanden gedacht werden.

Der Harnstoff zeichnet sich durch seine **Krystallisationsfähigkeit und seine Löslichkeit in Alkohol** (zur Darstellung aus Harn benützt) aus. Als Base bildet er mit Säuren Salze: **Salpetersaurer Harnstoff**, dessen charakteristische Krystalle (rhombische Tafeln mit einem spitzen Winkel von 82°) zur Erkennung der Gegenwart von Harnstoff benützt werden (HNO_3-Zusatz); **Oxalsaurer Harnstoff. Er verbindet sich mit Aldehyd, mit Palladiumchlorür, mit salpetersaurem Quecksilberoxyd** (Grundlage der Liebig'schen Titrirmethode zur quantitativen Bestimmung des Harnstoffes). Er schmilzt bei 132° und beginnt dabei sich zu zersetzen zu Biuret:

$$\begin{matrix} NH_2 \\ CO \\ NH_2 \\ NH_2 \\ CO \\ NH_2 \end{matrix} = NH_3 + \begin{matrix} NH_2 \\ CO \\ NH \\ CO \\ NH_2 \end{matrix}$$

Beim weiteren Erhitzen entstehen Isocyansäure und Cyanursäure (3faches Polymer der Isocyansre). Durch Hitze bei Gegenwart von Wasser, durch starke Säuren und Alkalien, sowie Fermente (ammoniakalische Harngährung, veranlasst durch den Mikrococcus Ureae) spaltet sich der Harnstoff unter Wasseraufnahme (vgl. oben) zu CO_2 und NH_3, welche sich unter weiterer Wasseraufnahme zu kohlensaurem Ammoniak vereinigen: $CO(NH_2)_2 + 2H_2O = (NH_4)_2CO_3$.

Synthetisch erhielt Wöhler[1]) (1828, **erste organische Synthese**) den Harnstoff durch Erhitzen von cyansaurem Ammoniak; durch innere Umlagerung entsteht aus diesem, welcher wahrscheinlich stets in sein Isomeres, das isocyansaure Ammoniak übergeht, der Harnstoff nach der Gleichung

$$O=C=N-NH_4 = CO\begin{smallmatrix}NH_2\\NH_2\end{smallmatrix} \quad \text{(Carbamid)}$$
(isocyans. Ammon)

Die Beziehung des Harnstoffes zum Ammoniak zeigt sich auch darin, dass statt des Ammoniakrestes (Amidogruppe NH_2) der Harnstoffrest $\begin{smallmatrix}C-NH_2\\ \ \ NH\end{smallmatrix}$ in eine organische Säure eintreten kann; diese Verbindungen (= Säure + $\overset{*}{U} - H_2O$) heissen Uramidosäuren; ihr Typus ist das im Muskelextract enthaltene Kreatin = dem Sarkosin (auch ein Extractivstoff der Muskeln) oder der Methylamidoessigsäure + $\overset{*}{U}$ — Wasser:

$$\text{Sarkosin} \quad \begin{smallmatrix}CH_3\ \ H\\ N\\ |\\ CH_2\cdot COOH\end{smallmatrix} \quad + CO\begin{smallmatrix}NH_2\\ \\ NH_2\end{smallmatrix} = H_2O +$$

$$\begin{smallmatrix}NH_2\\ CH_3\ \ C=NH\\ N\\ |\\ CH_2\cdot COOH\end{smallmatrix} \quad \text{Kreatin.}$$

Dieser Körper wird auch aufgefasst als Methylguanidinessigsäure:

$$\begin{smallmatrix}NH_2\\ C=NH\\ NH\\ CH_3\end{smallmatrix} \quad \text{Methylguanidin}$$

---

[1]) Pogg. Ann. d. Phys. u. Ch., XII. 53; XV. 627.

ist eine der aus faulenden Eiweisskörpern erhältlichen giftigen Basen [Leichen- und Fäulnissalkaloïde, Ptomaïne und Leukomaïne; Selmi, Brieger, Gautier[1])].

Das Kreatin krystallisirt leicht; es bildet durch Abgabe von einem Molecül H_2O und innere Bindung das Kreatinin $C_4H_7N_3O$, einen regelmässigen Bestandtheil des menschlichen Harnes.

Dem Kreatinin entspricht wahrscheinlich als höheres Homologe das Lysatinin $C_6H_{11}N_3O$, welches durch künstliche Spaltung des Eiweisses (Kochen mit Säure) Drechsel[2]) neben einer anderen Base erhalten hat, welche er als Lysin bezeichnet und welche eine Diamidocapronsäure ist ($C_6H_{14}N_2O_2$).

Durch Verbindung von Harnstoff mit Radicalen der Oxalsäurereihe entstehen complicirte Körper, welche man als Ureïde bezeichnet hat; deren wichtigster ist die Harnsäure, welche nach den Untersuchungen von L. Medicus[3]) und E. Fischer[4]) als Akrylsäurediureïd aufzufassen ist:

$$\begin{array}{ccc} HN-C & & NH \\ | & \| & | \\ CO & C & CO \\ | & | & | \\ HN-C & =O & NH \end{array} = C_5H_4N_4O_3.$$

Die Harnsäure zerfällt dem entsprechend bei Oxydation mit Bromwasser oder HNO_3 in Harnstoff + Alloxan.

Das Alloxan $\begin{array}{c} CO-NH \\ | \quad | \\ CO \quad CO \\ | \quad | \\ CO-NH \end{array}$ ist Mesoxalylharnstoff,

d. h. eine durch Austritt von 2 H_2O entstandene Verbindung von $\overset{*}{U}$ + Mesoxalsäure $\begin{array}{c} COOH \\ | \\ CO \\ | \\ COOH \end{array}$; dem entsprechend entsteht aus ihm durch schrittweise oxydative und hydrolytische Spaltung schliesslich $\overset{*}{U}$ und Oxalsäure:

$$\begin{array}{c} NH-CO \\ | \quad | \\ CO \quad CO \\ | \quad | \\ NH-CO \end{array} + O = CO_2 + \begin{array}{c} NH \\ | \\ CO \\ | \\ NH \end{array}\!\!\!\!\begin{array}{c} CO \\ \\ CO \end{array} \quad \text{Oxalylharnstoff}$$

---

[1]) Selmi, Sulle ptomaine ed alcaloidi cadaverici, ecc., Bologna 1878; Ber. d. D. chem. Ges., XI, S. 808; Brieger, Z. p. C, VII, S. 274; Ueber Ptomaïne Berlin 1888; Armand Gautier, Journ. de l'anat. et de la physiol. XVII, S. 333.
[2]) A. (A.) P., 1891, S. 248.
[3]) Ann. Chem., CLXXV., S. 230.
[4]) Ber. d. D. chem. Ges., XVII, S. 328, 1776.

oder Parabansäure; diese $+ H_2O =$
$$\begin{array}{c} NH-CO \\ | \quad | \\ CO \quad COOH \\ | \\ NH_2 \end{array}$$ Oxalursäure.

welche mit noch $1\, H_2O$ in
$$\begin{array}{cc} NH_2 & COOH \\ CO\, + & | \\ NH_2 & COOH \end{array}$$ zerfällt.

Durch stärkere Oxydation wird aus der Harnsäure Kohlensäure $+$ Allantoin:
$C_5H_4N_4O_3 + PbO_2 + H_2O = PbCO_3 + C_4H_6N_4O_3$; der letztere, schön krystallisirende Körper, welcher nach der Synthese von Grimaux als Glyoxyldiureïd

$$\begin{array}{c} NH_2 \\ | \\ CO \\ \diagdown \\ NH\!\!>\!CH \\ NH \\ | \\ CO \\ \diagdown \\ NH-CO \end{array}$$ aufzufassen ist, wurde von Vauquelin[1] 1799 in der Allantoïs-

flüssigkeit entdeckt, von Meissner[2] im Hunde- und Katzenharn, von Salkowski[3] in Harn neugeborener Kinder gefunden.

Synthetisch erhielt Horbaczewski[4] die Harnsäure aus Harnstoff und Glykokoll, sowie aus Harnstoff und Trichlormilchsäure.

Die Hauptmerkmale der Harnsäure sind ihre **Schwerlöslichkeit und ihre Krystallform**. Sie ist eine zweibasische Säure, deren saure Salze, die Monoalkali-Urate (z. B. saures harnsaures Natron $C_5H_3N_4O_3Na$, fällt als „Ziegelmehlsediment" aus sich abkühlendem Fieberharn), sich in Wasser ähnlich schwer lösen, wie die freie Säure; leichter löslich sind die neutralen Salze, Dialkali-Urate (z. B. neutrales harnsaures Natron $C_5H_2N_4O_3Na_2$). In reinem Zustande krystallisirt die Harnsäure in Form von Rhomboëdern; aus Harn fällt sie auf HCl-Zusatz in Form stark gefärbter unvollkommener Krystalle (Wetzsteinform).

Eine empfindliche Probe auf die Harnsäure bietet die Rothfärbung nach Abdampfen mit HNO_3 und NH_3-Zusatz: „Murexidprobe" (Bildung von purpursaurem Ammon. $NaOH$- oder KOH-Zusatz gibt violette Farbe).

In eine Reihe mit der Harnsäure gehören die schon früher erwähnten **Fleisch- oder Nucleïnbasen:**

Xanthin $C_5H_4N_4O_2$
Hypoxanthin $C_5H_4N_4O$

---

[1] Annales de Chimie. XXXIII. p. 269.
[2] Z. f. ration. Med. (3), XXXI. S. 303.
[3] Ber. d. d. chem. Ges., IX. S. 719, XI. S. 500.
[4] Ac. W. LXXXVI. S. 963; Monatsh. f. Chemie, VIII. S. 201, 584.

Adenin $C_5H_5N_5$.
Guanin $C_5H_5N_5O$.

Harnsäure, Xanthin und Hypoxanthin konnten bisher nicht ineinander übergeführt werden trotz der nahen Verwandtschaft. Die Structurformel des Xanthins ist nach M. Krüger[1]:

$$\begin{array}{c} NH-C=N \\ | \quad | \quad | \\ CO \quad C \quad CO \\ | \quad \| \quad | \\ NH-CH \; NH \end{array}$$

und entsprechend die Constitution der übrigen Basen. Das Xanthin, welches reichlich in der Milz vorkommt, das Hypoxanthin, das Adenin, welches von den drüsigen Organen, in welchen es gefunden wird, seinen Namen hat, zeichnen sich sämmtlich durch charakteristische Silber- und Kupferverbindungen aus.

Stickstofffreie organische Körperbestandtheile.

1. Kohlenhydrate.

Dieselben haben ihren Namen von dem Verhältnisse ihres Gehaltes an C, H und O, welches derartig ist, dass auf 1 Atom C etwa 1 H_2O kommt.

Wir theilen sie ein in:

a) einfache Zuckerarten (Monosaccharide);

b) Anhydridzucker (Disaccharide);

c) complicirtere, aus vielen Zuckermolecülen zusammengesetzte Kohlenhydrate (Polysaccharide).

Die einfachen Zuckerarten sind Aldehyde und Ketone mehrwerthiger Alkohole. Die beiden im Thierkörper vorkommenden, der Traubenzucker und die als Spaltungsproduct des Milchzuckers auftretende Galaktose, haben sechs Kohlenstoffatome: „**Hexosen**"; doch finden sich in der Pflanzenwelt auch Zuckerarten mit fünf C; und künstlich dargestellt hat man solche bis abwärts zur „Biose" (richtiger Dyose) = Glykolaldehyd $\begin{array}{c}CH_2OH\\|\\COH\end{array}$ und aufwärts zu Zuckerarten mit 9 C (Enneosen).

Von jedem Kohlenwasserstoff resp. Alkohol mit mehr als 2 C leiten sich nicht nur je ein entsprechender Aldehydalkohol (Aldose) und ein oder mehrere Ketonalkohole (Ketosen) ab, nach dem Beispiele:

---

[1] Z. p. C., XVIII, S. 423; A. (A.) P. 1893, S. 350.

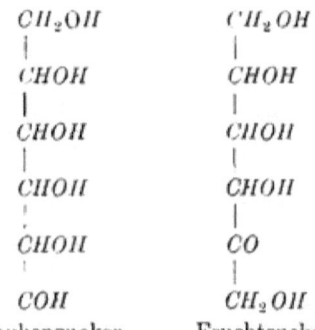

Traubenzucker   Fruchtzucker,

sondern zu den Constitutionsisomeren treten noch die **Stereoisomeren** (Le Bel, Van t'Hoff) hinzu, deren Zahl durch die Zahl der **unsymmetrischen** (d. h. an jeder Affinität mit einem anderen Elemente oder Radical verbundenen) **Kohlenstoffatome** bestimmt wird.

Die „**Stereochemie**" nimmt eine Anordnung dieser Affinitäten im Raume entsprechend den Ecken eines regelmässigen Tetraeders an, so dass **ein asymmetrisches** C-Atom das Spiegelbild des anderen ist. Diese Vorstellung erklärt zugleich die optischen Eigenschaften organischer Verbindungen, insofern jedes asymmetrische C-Atom entweder Links- oder Rechtsdrehung der Ebene des polarisirten Lichtes veranlasst, je zwei entgegengesetzt wirkende asymmetrische C-Atome im Molecül aber ihre Wirksamkeit aufheben, optische Inactivität bedingen.

Man ist übereingekommen, die asymmetrischen Kohlenstoffatome auch auf der Ebene des Druckpapieres zu markiren, indem man z. B. die beiden Weinsäuren schreibt:

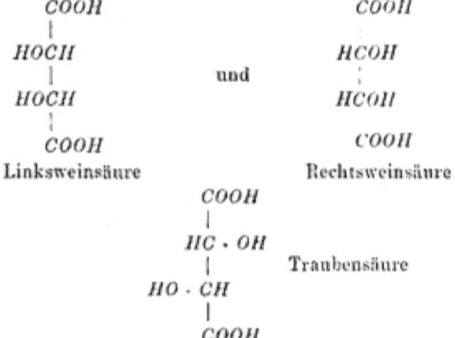

und man bezeichnet die Verbindungen der einen hypothetischen Stellung der asymmetrischen C-Atome als d-, die anderen als l-Verbindungen (welche Bezeichnungen indessen nicht mit der Rechtsdrehung (für d) resp. Linksdrehung (für *l*) zusammenfallen brauchen[1]); die inactiven Verbindungen bezeichnet man durch ein vorgesetztes *i*.

Durch die soeben auseinandergesetzte Bezeichnungsweise besitzt man Namen für die zahlreichen Verbindungen, welche sich von vielwerthigen Alkoholen ableiten; auch für die einbasischen und zweibasischen Säuren, welche durch deren Oxydation entstehen, hat man entsprechende Namen. Von allen diesen möglichen Körpern sind bis jetzt nicht alle bekannt resp. untersucht.

Die wichtigsten sind, zum Theil nach E. Fischer[2]), welchem wir die bahnbrechenden Forschungen auf diesem Gebiete verdanken [Synthese der Zuckerarten 1887[3])], in nachstehender Tabelle zusammengestellt.

Zahl der C-Atome	Alkohol	Aldose	Aldehydsäure	1-basische Säure	2-basische Säure	Ketose
2	Glykol	Glykolaldehyd (Dyose)	Glyoxalsäure	Glykolsäure	Oxalsäure	—
3	Glycerin	Glycerose (Triose)	nicht bekannt	Glycerinsäure	Tartronsäure	—
4	Erythrit	Erythrose (Tetrose)		Erythritsäure	Weinsäuren	—
5	Arabit Xylit Adonit	Arabinose Xylose Ribose (Pentosen)	„ „ „	Arabonsäure Xylonsäure Ribonsäure	Glutarsäuren	—
6	Mannit Sorbit Dulcit —	Mannose Glukose Gulose Galaktose Talose (Hexosen)	„ Glukuronsäure — — —	Mannonsäure Glukonsäure Gulonsäure Galaktonsäure Talonsäure	Mannozuckersäure Zuckersäure — Schleimsäure Taloschleimsäure	Fruktose
7	Heptite	Heptosen	—	} —onsäuren		
8	Oktite	Oktosen	—			
9	Enneïte	Enneosen	—			

Der **Traubenzucker** oder die **d-Glukose** $C_6H_{12}O_6$, welcher im Blute gefunden ist und nach der Ansicht Mancher im thieri-

---

[1]) Bei den Zuckerarten und ihren Oxydationsproducten bezeichnet man nach E. Fischer alle von der rechtsdrehenden Mannose sich herleitenden Körper mit *d*, die von der linksdrehenden Mannose aus hergestellten mit *l*.

[2]) Ber. d. deutsch. chem. Ges., XXIV, S. 526, 3625; XXV, S. 1031, 1247; XXVII, S. 3189.

[3]) Ibid., XXI, S. 1805; XXII, S. 97, 2204 u. s. w.

schen Chemismus eine bedeutende Rolle spielt, ist **krystallisationsfähig**, **in Wasser leicht löslich** und zeichnet sich durch seine **Fähigkeit aus, Metalloxyde zu reduciren**.

Auf der Reduction von CuO zu Cu_2O beruht die **Trommer'sche** qualitative Zuckerprobe ($NaOH$ im Ueberschusse, $CuSO_4$ tropfenweise, so lange es sich löst, beim Erwärmen rothgelber Niederschlag bei Gegenwart reducirender Zuckerarten), sowie die quantitative Bestimmung durch **Titration mit Fehling'scher Lösung**. nach Knapp u. A. Die Reduction von Wismuthsalz zu metallischem Bi oder -Suboxyd dient der Böttcher-Nylander'schen Probe.

Von Bedeutung ist ferner die Eigenschaft der Glukose und der anderen Zucker, sich mit zwei Molecülen Phenylhydrazin $C_6H_5 \cdot NH \cdot NH_2$ beim Erwärmen zu sogenannten **Osazonen** zu verbinden, welche für die verschiedenen Zuckerarten verschiedene Schmelzpunkte und charakteristische Krystallformen zeigen.

Das Phenylglukosazon
$$CH_2OH \cdot (CHOH)_3 \cdot C \overset{H}{\underset{N}{\|}} C = N \cdot NH \cdot C_6H_5$$
$$\overset{\|}{NH \cdot C_6H_5}$$

schmilzt bei 205° und zeigt tiefgelbe Krystallnadeln resp. Büschel.

Aus den Osazonen der Aldosen kann man über die sogenannte „Osone" zur künstlichen Darstellung der entsprechenden Ketosen gelangen.

Die Lösung des Traubenzuckers dreht die Schwingungsebene des polarisirten Lichtes nach rechts; die specifische Drehung α_D (d. h. berechnet für eine „100°ige Lösung" in 10 cm langem Rohre bei gelbem Natriumlichte) ist $= +52{\cdot}8°$.

Durch den Stoffwechsel des Hefepilzes (Saccharomyces cerevisiae) wird der Traubenzucker gespalten zu Alkohol und Kohlensäure.

$$C_6H_{12}O_6 = 2\,C_2H_6O + 2\,CO_2.$$

Andere Zuckerarten sind zu dieser „alkoholischen Gährung" wahrscheinlich nur insofern fähig, als durch die Hefe Traubenzucker aus ihnen abgespalten oder aufgebaut werden kann [Cremer[1])].

Von den Oxydationsproducten des Traubenzuckers findet sich die Glukuronsäure
$$\begin{array}{c} COOH \\ | \\ (CHOH)_4 \\ | \\ COH \end{array} = C_6H_{10}O_7$$
im Harne frei, sowie

---

[1]) Z. B., XXI, S. 183.

gepaart mit aromatischen Verbindungen [entsprechend der Schwefelsäure, Schmiedeberg[1]). Külz[2])].

Beim trockenen Erhitzen liefert die Glukose zunächst eine gelbliche Flüssigkeit (Karamel), später braune, humusartige Producte. Aehnliche Oxydationsproducte liefert auch die Einwirkung von Alkalien [Moore'sche Probe[3])].

Die nicht reducirende d-Galaktose $C_6H_{12}O_6$ ist ein Spaltungsproduct des gleich zu besprechenden Milchzuckers.

Die Anhydridzucker denke man sich entstanden durch Verbindung **zweier Molecüle** einfacher Zuckerarten unter Wasseraustritt: $2\,C_6H_{12}O_6 - H_2O = C_{12}H_{22}O_{11}$.

Dementsprechend zerfällt der im Thierkörper nicht vorkommende, aber als Nahrungs- resp. Genussmittel wichtige Rohrzucker (Saccharose) durch Kochen mit verdünnten Säuren oder Enzymwirkung in ein Molecül rechtsdrehenden Traubenzucker und ein Molecül linksdrehenden Fruchtzucker. Die Rechtsdrehung der Ebene des polarisirten Lichtes durch seine Lösung ($\alpha_D = +73.8°$) wird hierbei vermindert (Inversion):

$$C_{12}H_{22}O_{11} + H_2O = \overset{+}{C_6H_{12}O_6} + \overset{-}{C_6H_{12}O_6}.$$

Der Rohrzucker reducirt nicht, er ist gährungsfähig durch Abspaltung von Traubenzucker.

Aus zwei Molecülen Traubenzucker minus H_2O besteht die Maltose (Malzzucker), welche ebenso wie die ihr isomere Isomaltose (Lintner) bei Einwirkung verdünnter Säuren und vermuthlich auch von Enzymen auf Stärke und Glykogen entsteht, ehe diese ganz in Traubenzucker zerfallen:

$$C_{12}H_{22}O_{11} + H_2O = 2\,\overset{+}{C_6H_{12}O_6}.$$

Die für gewöhnlich syrupöse Maltose krystallisirt schwer, reducirt und ist gährungsfähig. $\alpha_D = +140°$.

Der Anhydridzucker der Milch, Milchzucker oder Laktose genannt, krystallisirt leicht, löst sich schwerer und schmeckt weniger süss, als Trauben- resp. Rohrzucker, reducirt,

---

[1]) Z. p. C., III. S. 422.
[2]) Z. B., XXVII. S. 247.
[3]) Vgl. hierüber: F. Framm, A. g. P. LXIV, 575.

wird invertirt zu einem Molecül Traubenzucker + einem Molecül Galaktose und ist, wenn auch schwierig, gährungsfähig (Kefyr). $\alpha_D = +66°$. Durch den Spaltpilz der Milchsäuregährung wird der Milchzucker unter Wasseraufnahme in vier Molecüle Milchsäure zerlegt (Sauerwerden der Milch):

$$C_{12}H_{22}O_{11} + H_2O = 4\,C_3H_6O_3.$$

Diese „Gährungsmilchsäure" ist ein inactives Doppelmolecül aus den beiden optisch activen Aethylidenmilchsäuren = β-Oxy-

propionsäuren
$$\begin{array}{c} CH_3 \\ | \\ CHOH \\ | \\ COOH, \end{array}$$

neben welchen die Aethylen- oder Paramilchsäure = α-Oxypropion-

säure
$$\begin{array}{c} CH_2OH \\ | \\ CH_2 \\ | \\ COOH \end{array}$$
zu merken ist, welche im Fleische (todtenstarrer Muskel), wahrscheinlich durch Eiweisszersetzung [nicht Kohlenhydratoxydation, Heffter[1])] entsteht: Fleischmilchsäure. Die beiden Milchsäuren (in reinem Zustande syrupöse saure Flüssigkeiten) haben als wichtigstes Unterscheidungsmerkmal die Krystallformen ihrer Zinksalze.

Polysaccharide $(C_5H_{10}O_5)x$. Von diesen hat die von den Pflanzen (Chlorophyllkörner) aufgebaute Stärke (Amylum) für die Thierwelt höchste Bedeutung als Nahrungsmittel.

In den Stärkekörnern, welche bei den verschiedenen Pflanzen bekanntlich verschiedene Formen haben, werden die concentrischen Schichten der eigentlichen Stärke (Granulose) von einander getrennt durch Membranen von „Stärkecellulose", welche wohl mit dem Stoffe der pflanzlichen Zellmembranen, der Cellulose, identisch ist. Diese, obwohl zu der in Rede stehenden Gruppe gehörig, kann, als im Thierkörper nicht vorkommend und fast unverdaulich, an dieser Stelle übergangen werden.

Mit Wasser gekocht, bildet die Stärke nach vorherigem Aufquellen den „Kleister", welcher am Dialysator ihre colloïde Natur zeigt.

---

[1] Arch. f. exp. Path. u. Pharm., XXXI, S. 225.

Charakteristisch für die Stärke ist die **Dunkelblaufärbung mit Jod**, welche beim Erwärmen verschwindet und beim Abkühlen wiederkehrt. Jodbindende Körper entfärben ($Na_2S_2O_3$; Titrirmethode für J resp. Stärke).

Durchaus analog der Stärke ist das **Glykogen** (thierische Stärke), entdeckt gleichzeitig von Cl. Bernard[1]) und F. Hensen[2]) 1857; reichlich vorhanden in Leber, Muskel, embryonalen Geweben u. a. Seine colloïde Lösung opalisirt und dreht die Ebene des polarisirten Lichtes stark nach rechts ($\alpha_D = 198°$). Jod färbt dieselbe portweinroth, beim Leberglykogen mehr mit einem braunen, beim Muskelglykogen mit einem bläulichen Schimmer [Böhm und Hoffmann[3])]. Die Färbung verschwindet beim Erwärmen und kehrt mit dem Erkalten wieder. Kupferoxyd mit Alkali wird ebenso wenig reducirt, wie durch Stärke; doch gibt es mit Glykogen eine typische Himmelblaufärbung.

Stärke sowohl als Glykogen werden durch Erwärmen mit Säuren oder durch Enzymwirkung (Speichel, Diastase) gespalten, wobei zunächst dialysirende, die Ebene des polarisirten Lichtes sehr stark rechts drehende, daher Dextrine genannte Körper entstehen, deren es verschiedene (Amylodextrin, Erythro-, Achroo-dextrin) gibt, über deren chemische Natur ungeachtet zahlreicher Forschungen[4]) noch keine Sicherheit herrscht. Weiterhin entstehen Maltose resp. Isomaltose (s. o.), schliesslich Traubenzucker (Saccharification).

2. Die **Fette** sind Fettsäureglyceride oder Glycerinester der Fettsäuren, d. h. also salzartige Verbindungen des Glycerins mit Fettsäuren, und zwar höheren, d. h. kohlenstoffreichen, und zwar so, dass die drei Hydroxyle des Glycerins $C_3H_5(OH)_3$ sämmtlich durch die Säureradicale ersetzt werden (Trialiphate).

Die in Betracht kommenden Fettsäuren gehören theils zur gesättigten Kohlenwasserstoff- oder Paraffinreihe, theils zu der (mit einer doppelten Bindung) ungesättigten Olefinreihe; ihre wichtigsten Repräsentanten von den niedersten Fettsäuren herauf sind nachfolgend zusammengestellt.

---

[1]) Gaz. médicale 1857, Nr. 13. C. R. XLIV. S. 588.

[2]) A. p. A. XI, S. 395.

[3]) Arch. f. exp. Path. u. Pharm., X, S. 12.

[4]) Vgl. hierüber: Griessmayer. J. prakt. Ch. (2), XLVIII, S. 225.

Gesättigte Fettsäuren	Ungesättigte Fettsäuren
$C_n H_{2n} O_2$	$C_n H_{2n-2} O_2$
$CH_2 O_2$ Ameisensäure	
$C_2 H_4 O_2$ Essigsäure	
$C_3 H_6 O_2$ Propionsäure	$C_3 H_4 O_2$ Akrylsäure
$C_4 H_8 O_2$ Buttersäure	$C_4 H_6 O_2$ Krotonsäure
$C_5 H_{10} O_2$ Valeriansäure	$C_5 H_8 O_2$ Angelica-/Tiglin- säure
$C_6 H_{12} O_2$ Capronsäure	
$C_8 H_{16} O_2$ Caprylsäure	
$C_{10} H_{20} O_2$ Caprinsäure	
$C_{12} H_{24} O_2$ Laurinsäure	
$C_{14} H_{28} O_2$ Myristinsäure	
$C_{16} H_{32} O_2$ Palmitinsäure	$C_{16} H_{30} O_2$ Hypogäasäure
$C_{18} H_{36} O_2$ Stearinsäure	$C_{18} H_{32} O_2$ Oelsäure
$C_{20} H_{40} O_2$ Arachinsäure	
	$C_{22} H_{42} O_2$ Erucasäure

Die thierischen Fette sind Gemische der Palmitin-, Stearin- und Oelsäureester des Glycerins (Tripalmitin, Tristearin, Triolein), von verschiedenem Mischungsverhältniss, welches den je nach Art des Thieres und der Körperstelle, wo das Fett sich befindet, verschiedenen Schmelzpunkt bestimmt Im Leben ist das thierische Fett beim Warmblüter flüssig.

Das Olein $C_3 H_5 (C_{18} H_{33} O_2)_3$ ist bei gewöhnlicher Temperatur flüssig (Schmelzpunkt — 6°) und durch Abpressen leicht zu trennen von dem früher als Margarin bezeichneten Gemisch der beiden anderen Fette. Aus diesem ist jedes nur schwierig rein zu gewinnen (leicht ist die Trennung von Gemischen der entsprechenden Säuren); sie bilden charakteristische Krystallnadeln: diejenigen des Palmitins $C_3 H_5 (C_{16} H_{31} O_2)_3$ schmelzen bei +62°, diejenigen des Stearins $C_3 H_5 (C_{18} H_{35} O_2)_3$ bei +71·5°: Gemische haben stets einen niedrigeren Schmelzpunkt als jeder Stoff für sich allein (analog den Metalllegirungen; ebenso natürlich bei den Fettsäuren).

Die Fette sind unlöslich in Wasser, löslich in Aether, Schwefelkohlenstoff, Chloroform, Benzol u. ä., welche „organische Lösungsmittel" denn auch für ihre Gewinnung aus Thier- und Pflanzentheilen, sowie für ihre quantitative Bestimmung Verwendung finden, meist unter Anwendung besonderer Extractionsapparate (im Kleineren z. B. der Soxhlet'sche).

Zur Erkennung der Fette unter dem Mikroskop können, soweit nicht die lichtbrechende Kraft sie bereits unzweideutig erkennen lässt, Fett-Färbemethoden in Frage kommen. Die sogenannte Fettfärbung durch Ueberosmiumsäure beruht auf Reduction dieser zu schwarzem, feinvertheiltem Osmium oder -Suboxyd und wird von vielen anderen organischen Verbindungen ebenfalls geliefert. Eine wirkliche Färbung der Fette selbst gibt der Farbstoff der Alkannawurzel (Anchusa tinctoria).

Den Glycerinfetten analog sind Verbindungen des **Cholesterins** $C_{26}H_{44}O$, eines einwerthigen Alkohols von nicht näher bekannter Zusammensetzung, welcher in freiem Zustande reichlich in der Galle vorhanden ist, in reinem Wasser und Alkohol unlöslich, sich in Aether und Chloroform löst, aus welchen es in glänzend weissen Blättchen krystallisirt. Mit concentrirter H_2SO_4 färbt es sich schön roth, mit H_2SO_4 und J (mikrochemische Reaction) blau.

Mit je einem Molecül der hohen Fettsäuren bildet das Cholesterin Ester, welche, im Wollfett enthalten, gereinigt das Lanolin (Liebreich) bilden. Neuerdings fand Hürthle[1]) die Palmitin- und Stearinsäureester des Cholesterins in nicht unbedeutenden Mengen als regelmässigen Bestandtheil des Blutes.

Eine complicirtere Verbindung der in Frage kommenden Fettsäuren ist das **Lecithin**, welches in allen Zellen, besonders reichlich im Nervensystem und im Eidotter (λέκιθος, daher der Name) enthalten ist. Nach Diakonow und Strecker (1868)[2]) haben wir dasselbe zu betrachten als eine Verbindung der Base „Cholin", welches (nach der Wurtz'schen Synthese aus Aethylenchlorhydrin + Trimethylamin) aufzufassen ist als Oxäthyl-Trimethylammoniumhydroxyd $\begin{matrix} CH_2OH \\ | \\ CH_2 \\ | \\ HO \cdot N \cdot (CH_3)_3 \end{matrix}$; in diesem ist nun das basische Hydroxyl ersetzt durch das Radical der Glycerinphosphorsäure $C_3H_5\diagdown^{(OH)_2}_{H_2PO_4}$. Die noch freien beiden Glycerinhydroxyle sind endlich durch Fettsäureradicale ersetzt, entweder beide durch dasselbe oder durch verschiedene, so dass es eine ganze Reihe Lecithine gibt. Die vollständige Formel des Distearyllecithins wäre somit

---

[1]) Z. p. C.. XXI. S. 331.
[2]) C. m. W. 1868. Nr. 1. 7. 28. Ann. Chem. Pharm., CXLVIII, S. 77.

$$\begin{array}{c} CH_2OH \\ | \\ CH_2 \\ | \\ N(CH_3)_2 \\ | \\ (C_{18}H_{35}O_2)_2 \cdot C_3H_5 - HPO_4. \end{array}$$

Die Lecithine, welche nicht krystallisirende, wachsartig-amorphe Körper sind, bilden noch weitere complicirtere Verbindungen, so das Protagon [Liebreich[1])], welches aus Lecithin und Cerebrinen besteht; die letzteren kommen auch frei im Nervensystem vor und sind N-haltige Verbindungen des Traubenzuckers (Glukoside) von verschiedener Zusammensetzung; sämmtlich enthalten sie Fettsäureradicale. Mit Eiweisskörpern verbinden sich die Lecithine endlich zu Lecithalbuminen (s. früher).

[1]) Ann. Chem. Pharm.. CXXXIV. S. 29.

III.
Blut und Kreislauf[1]).

Der Stoffaustausch der Organe untereinander wird vermittelt durch das Blut und die Lymphe. Das **Blut**, welches in einem eigenen Gefässsysteme circulirt, bildet eine undurchsichtige Flüssigkeit von in auffallendem Lichte rother Farbe („deckfarbenes" Blut), von einer Dichte = 1·050 — 1·060 und von alkalischer Reaction.

Das Mikroskop belehrt uns über seine Zusammensetzung dahin, dass in einer farblosen Flüssigkeit, dem Blutplasma, als fester Bestandtheil die „Blutkörperchen" in grosser Anzahl vertheilt sind. Diese sind lebende Zellen, so dass das Blut mit Recht als ein Gewebe mit flüssiger Intercellularsubstanz bezeichnet werden kann.

Wir unterscheiden die zahlreicheren rothen Blutzellen (Erythrocyten), bei den meisten Säugethieren flache, kreisrunde Scheiben mit verdicktem Rande und ohne Kern, von den in der Minderzahl vorhandenen farblosen („weissen") Blutzellen (Leukocyten), kugeligen Gebilden von verschiedener Grösse mit einem oder mehreren Kernen.

Der Durchmesser der Erythrocyten beträgt beim Menschen 7·7 μ; Amphibien, Reptilien und Vögel, ferner das Kameel und das Lama haben elliptische kernhaltige rothe Blutzellen. Im Uebrigen sind über die Morphologie dieser, die Varietäten der weissen Blutzellen u. s. w. die zoologischen und histologischen Lehrbücher einzusehen.

Die Zahl der rothen Blutzellen beträgt beim erwachsenen Menschen 4—5 Millionen im Kubikmillimeter, beim weiblichen Geschlechte weniger als beim männlichen;

---

[1]) Es sei hingewiesen auf: Hermann's Handb. d. Physiol. IV, 1; A. Rollett, Physiol. des Blutes u. d. Blutbewegung, und H. Aubert, Die Innervation der Kreislauforgane; Leipzig 1880; — J. Marey, La circulation du sang; 2° édit. Paris 1881; — R. Tigerstedt, Physiologie des Kreislaufs, Leipzig 1893.

in pathologischen Zuständen (Anämieen, „Oligocythämie") können bedeutende Abweichungen vorkommen. Die Zahl der Leukocyten schwankt auch normal in sehr weiten Grenzen; man rechnet auf 350—1200 rothe Blutzellen eine farblose.

Die Zählung erfolgt unter dem Mikroskope, indem in bekanntem Verhältniss verdünntes Blut in eine in Felder getheilte Glaskammer von bestimmten Dimensionen gebracht und felderweise gezählt wird.

Bei Verwundung, d. h. Continuitätstrennung der Körperoberfläche eines Thieres, durch welche nicht nur Horngebilde getroffen werden, strömt das Blut aus; die Art des Ausströmens richtet sich nach der Art der Blutgefässe, welche eröffnet sind: aus den Arterien spritzt das Blut im Strahle hervor und ist hellroth (scharlachfarben); aus den Venen fliesst es je nach deren Grösse in mehr weniger ausgiebigem Strome heraus und zeigt eine dunklere, mehr schwarzrothe Farbe; aus den feinsten Verzweigungen der Blutgefässe in den Organen, den Capillaren, sickert das Blut hervor, allmälig sich zu Tropfen und grösseren Mengen sammelnd; die Farbe steht in der Mitte zwischen derjenigen des arteriellen und des venösen Blutes.

Das ausgetretene Blut **gerinnt** binnen kurzer Zeit: es bildet eine halbfeste Masse; hat man eine grössere Menge Blut in ein Gefäss gelassen, so bildet die Masse einen Körper von der Form des Gefässes, den Blutkuchen, welcher allmälig eine mehr weniger farblose oder gelbliche Flüssigkeit, das Blutwasser oder Serum, auspresst, indem er sich selbst zusammenzieht. Die mikroskopische Untersuchung des Blutkuchens zeigt, dass derselbe aus eng mit einander verfilzten farblosen Fäden — dem Faserstoff oder Fibrin — besteht, in deren Maschen sich die rothen und etliche farblose Blutzellen befinden.

Schlägt man das zur Ader gelassene Blut, indem man damit beginnt, ehe es Zeit hat, in der oben beschriebenen Weise zu gerinnen, so hängen sich dem schlagenden Werkzeuge (Glasstab) die Fibrinfäden als dichter Filz unmittelbar an und es bleibt „defibrinirtes Blut" zurück, welches nicht mehr gerinnt und aus den Blutkörperchen, in dem Serum suspendirt, besteht.

Das Blut verschiedener Thierarten gerinnt verschieden schnell, z. B. dasjenige des Pferdes verhältnissmässig langsam. Künstlich verlangsamen kann man die Gerinnung durch Abkühlen. Dabei senken sich die Blutzellen in Folge ihrer grösseren Dichte zu Boden, und zwar die rothen schneller, als die farblosen, so dass drei Schichten entstehen: rothe Blutzellen, farblose Blutzellen, reines Plasma. Dieses ist durchsichtig, lässt sich abheben und gerinnt dann allmälig wie das Blut selbst, indem das Fibrin entsteht, sich zusammenzieht und das Serum auspresst.

Blut „entzündeter" Organe in Krankheiten zeigt gleichfalls verlangsamte Gerinnung; die rothen Blutzellen haben Zeit, sich etwas zu senken, ehe die Gerinnung eintritt; der oberste aus Plasma + Leukocyten bestehende Theil ist daher weiss: die „Speckhaut" oder „crusta phlogistica", „crusta inflammatoria" der alten Aerzte.

Die Haupterscheinungen der Blutgerinnung hat man schematisch dahin formulirt, dass
1. Blut = Blutkörperchen + Fibrin + Serum,
2. Blut = Blutkörperchen + Plasma,
3. Plasma = Fibrin + Serum.
 (5. Blut = Blutkuchen + Serum,
6. Blutkuchen = Blutkörperchen + Fibrin,
7. Blut = defibrinirtes Blut + Fibrin,
8. defibrinirtes Blut = Blutkörperchen + Serum).

Das Fibrin ist indessen nicht als solches im Blute enthalten, sondern entsteht erst bei der Gerinnung, über deren Chemismus unten die Rede sein wird. Die Blutgerinnung hat eine wichtige Bedeutung für den Selbstschutz des Organismus im Kampfe um's Dasein, insofern der Verschluss der Wunden, resp. eröffneten Gefässe durch das geronnene Blut den weiteren Blutverlust und schliesslichen Tod durch „Verblutung" (s. später) verhindert.

Die Gesammtmenge des Blutes beträgt etwa $^1/_{13}$ des Körpergewichtes, also für den Erwachsenen im Mittel 5 kg.

Die Bestimmung geschieht am besten durch Wägung des aus dem enthaupteten Körper fliessenden Blutes und Ausspülen des Körpers; der Blutgehalt des Spülwassers wird colorimetrisch (s. u.) bestimmt und zu dem ausgeflossenen Blute addirt (Welker[1], Heidenhain[2]).

Die Oberfläche einer rothen Blutzelle beträgt nach Welkers[3] Schätzung 0·000128 qmm, also für die 5 Millionen in einem cbmm Blut 640 qmm, und die Gesammtoberfläche sämmtlicher Erythrocyten eines Menschen mit 5 l Blut 3200 Millionen qmm = 0·32 Hektare. Man erkennt das für die respiratorische Function des Blutes so wichtige Princip der Oberflächenvergrösserung (wie bei den Siederöhren eines Dampfkessels u. ä.).

[1] Prager Vierteljahrsschr., IV. S. 11; Zeitschr. rat. Med (3). IV. S. 145.
[2] Diss. Halle 1857, Arch. f. physiol. Heilk., N. F., I. S. 507.
[3] Zeitschr. für ration. Med., XX. S. 265—280.

Chemie des Blutes.

Die rothen Blutkörperchen bestehen aus einer Grundsubstanz — dem Stroma —, welche mit dem gelösten Blutfarbstoffe, Hämoglobin, erfüllt ist.

Beim Froschblut soll durch Behandlung mit Borsäure der hämoglobin- und kernhaltige Antheil („Zooïd") aus einer Hülle („Oekoïd") austreten und seinerseits amöboïde Bewegungen ausführen können [Brücke[1])]; zu solchen sind die Erythrocyten der Kaltblüter im Allgemeinen befähigter, als diejenigen der Warmblüter, welche ihre allgemeinen Zellfunctionen zum Theil verloren haben und fast nur noch der respiratorischen Function dienen. [Ein eigener Stoffwechsel derselben wird neuerdings von Manca[2]) u. A. behauptet.]

Durch gar manche Einwirkungen lassen sich die rothen Blutzellen zerstören, so dass der darin enthaltene Blutfarbstoff sich in der Blutflüssigkeit auflöst; das Blut wird dadurch durchsichtig roth, „lackfarbig". Derartige Mittel sind: Schütteln mit destillirtem Wasser, verdünntem Alkohol, Aether, CS_2, $CHCl_3$; Gefrieren- und Wiederaufthauenlassen; Durchleiten elektrischer Schläge [Rollett[3])]; Auspumpung sämmtlicher Gase (s. später); Transfusion in die Blutgefässe einer fremden Thierart.

Die Eigenschaften des Hämoglobins wurden bereits früher auseinandergesetzt.

Der Hämoglobingehalt des Blutes beträgt 12—14%; in krankhaften Zuständen (Bleichsucht) kann er bei normaler Erythrocytenzahl herabgesetzt sein (Anhämoglobinämie). Seine Bestimmung erfolgt colorimetrisch [durch Vergleich der Schichtdicke bei gleich starker Färbung wie eine Schicht, welche einem bekannten Gehalte entspricht; etwas verändert ist das Princip in v. Fleischl's Hämometer[4])]; oder spectrophotometrisch (s. o., Hüfner, Hénocque).

Das Hämoglobin hat die lebenswichtige Function des Sauerstofftransportes von der Lunge zu den Geweben; es verbindet sich in der Lunge locker mit dem Sauerstoff der Luft zu dem scharlachrothen Oxyhämoglobin und gibt diesen Sauerstoff auf dem Wege durch die Organe an die Gewebe ab, die dessen zu ihrem Stoffwechsel bedürfen; es reducirt sich dabei zu dem schwarzrothen O-freien Hämoglobin; daher der Farbenunterschied zwischen dem arteriellen und venösen Blut.

Venöses Blut, der Luft ausgesetzt, färbt sich von obenher hellroth, indem das Hämoglobin sich zu O-Hb mit dem Luft-O verbindet („Sauerstoffzehrung" des Blutes).

---

[1]) Ac. W., LVI. S. 79.
[2]) Sperimentale, XLVIII, S. 473.
[3]) Ac. W., XLVI. S. 75, 92.
[4]) Dingler's polytechn. Journ., CCLVIII, S. 503; Wiener med. Jahrbücher, 1885, S. 425.

Alle Vorgänge, welche das Hämoglobin an der Erfüllung seiner Aufgabe hindern, sind lebensgefährlich: Verblutung, Verdrängung des Sauerstoffes durch Gase, welche mit dem Hämoglobin eine festere Verbindung eingehen (s. S. 25), vor Allem das Kohlenoxyd.

Als übrige Bestandtheile der rothen Blutzellen wären zu nennen: Globulin, Lecithin der Stromata; von Aschenbestandtheilen herrschen die Kalisalze vor gegenüber den Natronsalzen im Plasma.

Die farblosen Blutzellen enthalten in ihren Kernen natürlich Nuclein; auch der Zellleib besteht grösstentheils aus Nucleoproteïden (Nucleohiston) und Nucleoalbuminen (von Al. Schmidt und Wooldridge als „Zellglobulin" aufgefasst). In ihrer Rolle als Transportmittel für Nahrungsstoffe enthalten sie ferner Fett, sowie Glykogen [Salomon und Huppert[1])].

Neben den Blutzellen finden sich im Blute regelmässig kleinere, anscheinend structurlose Gebilde, die Blutplättchen [Hayem, Bizzozero[2])], welche nach Lilienfeld[3]) aus reinem Nucleïn bestehen sollen (Nucleïnplättchen).

Das Blutserum enthält vorwiegend die Natronsalze (beim Schwein und Pferd ausschliesslich solche [Bunge[4])], ferner das Serumalbumin, Serumglobulin, den Zucker ($1-1^1/_2^0/_{00}$ des Gesammtblutes), den Harnstoff ($0.2-1.5^0/_{00}$) und sonstige lösliche Nährstoffe und Umsatzproducte (Harnsäure, Milchsäure). Das Plasma enthält ausserdem die fibrinbildende Substanz, das „Fibrinogen" Al. Schmidt's, welche bei der Gerinnung durch eine zweite, als „Fibrinferment" bezeichnete Substanz unter Mitwirkung der Kalksalze [Arthus und Pagès[5])] in das Fibrin oder den Faserstoff umgewandelt wird.

Fibrinhaltige Flüssigkeiten (isolirtes Plasma, Lymphe, Transsudate) gerinnen auf Zusatz von Blut. Defibrinirtes Blut enthält weniger Leukocyten, als frisch zur Ader gelassenes. Es gehen also bei der Gerinnung farblose Blutzellen zu Grunde: aus ihnen (resp. den Blutplättchen) stammt aller Wahrscheinlichkeit nach ein wesentlicher Bestandtheil der zur Fibrinbildung nöthigen Substanzen. Al. Schmidt nahm früher[6]) die Theilnahme des Serumglobulins („fibrinoplastische Substanz") an der Fibrinbildung an; neuerdings[7]) liess er das Fibrinogen aus dem Serumglobulin entstehen und durch eine ebenfalls aus einer Vorstufe entstehende enzymartig wirkende Substanz — das

---

[1]) D. m. W., 1877. Nr. 8; C. P., 1892. S. 394, 512.
[2]) Hayem. C. R., LXXXVI. S. 58; Bizzozero. A. p. A., XC, S. 261.
[3]) A. (A.) P., 1892. S. 115.
[4]) Lehrb. d. physiol. Ch., 3. Aufl., S. 221.
[5]) A. d. P. (5). II, p. 739.
[6]) Die Lehre von den fermentartigen Gerinnungserscheinungen. Dorpat 1876.
[7]) Zur Blutlehre. Leipzig 1892.

„Thrombin" in Fibrin umgewandelt werden. Nach Pekelharing[1] soll das Thrombin einfach durch Uebertragung des Kalkes auf das Fibrinogen wirken. Die von Wooldridge[2] behauptete Rolle des Lecithins bei der Blutgerinnung hat kaum Annahme gefunden, ebensowenig dessen Ansicht, dass das sogenannte Fibrinferment erst bei der Gerinnung durch Spaltung des Fibrinogens entstehen solle. Nur über die Beschaffenheit des enzymartigen Körpers gehen die Ansichten sehr auseinander (Globulin, Al. Schmidt; Nucleoproteïd, Pekelharing, Halliburton; Nucleïn, Lilienfeld).

Die farblosen Blutzellen werden vermuthlich durch jede Veränderung der normalen Beschaffenheit der Gefässwände geschädigt, ebenso durch die Berührung mit der mehr weniger differenten Oberfläche von Fremdkörpern; daher die pathologische Blutgerinnung („Thrombose") bei Gefässerkrankungen oder Fremdkörpern im Gefässsystem; daher die Gerinnung des zur Ader gelassenen und aufgefangenen Blutes: Berührung mit Gefässwand und Luft. Nach Freund[3] soll durch gefettete Canülen entzogenes und in gefetteten Gefässen unter Oel aufgefangenes Blut längere Zeit ungeronnen bleiben.

Verhüten lässt sich die Gerinnung durch Mischen des aufgefangenen Blutes mit Neutralsalzlösungen (Soda, $MgSO_4$). Verschiedene organische Substanzen, z. B Pepton, Blutegelextract, nehmen, in das Gefässsystem lebender Thiere eingespritzt, dem Blute die Gerinnungsfähigkeit; andere wieder erzeugen intravasculäre Gerinnung (die meisten Nucleoalbumine und -Proteïde); endlich können manche je nach der Menge, in welcher sie in's Blut gelangen, die Gerinnung verhindern oder aber intravasculäre Gerinnung erzeugen („negative und positive Phase" von Wooldridge).

Um das Mengenverhältniss von Blutzellen und Plasma resp. Serum zu bestimmen, hat man verschiedene Methoden erfunden [s. darüber die Originalliteratur: Hedin[4], Cowl[5], Hoppe-Seyler[6], Bunge[7]]. Beim Menschen dürfte etwa die Hälfte des Gewichtes vom Blute auf die Zellen, die andere auf das Plasma zu rechnen sein.

Das Volumen der Blutzellen dagegen würde nach Welker's (a. a. O.) Schätzung (Volumen einer rothen Blutzelle = $0·000\,000\,072\,217$ cbmm) nur 36% des Gesammtblutes betragen.

Das Quantum der Blutzellen sowohl als die Hämoglobinmenge ist im Fötalleben geringer als beim erwachsenen Menschen [Cohnstein und Zuntz[8]].

Der Hämoglobingehalt steigt unmittelbar nach der Geburt auf ein Maximum, welches grösser ist, als der entsprechende Werth in irgend einer späteren Lebensperiode (20%).

---

[1] Onderzoek. physiol. Labor. Utrecht (4), I, S. 77.
[2] „Die Gerinnung des Blutes." Herausgeg. von M. v. Frey. Leipzig 1891.
[3] W. med. Jahrb., 1886, S. 46.
[4] Skand. Arch. f. Physiol., II, S. 134.
[5] Tagebl. d. Wiener Naturf.-Vers., Physiol. Section, 1894.
[6] Physiol.-chem. Analyse, 6. Aufl., Berlin 1893, S. 418.
[7] Lehrb. d. physiol. Chemie, 3. Aufl., Leipzig 1894, S. 221.
[8] A. g. P., XXXIV, 173.

Tabellarische Uebersicht der Zusammensetzung verschiedener Blutarten.

Bestandtheile	Schweineblut (Bunge)		Rinderblut (Bunge)			Menschenblut, Mann (C. Schmidt)			Menschenblut, Weib (C. Schmidt)		
	Blutkörper 493·8	Serum 563·2	Blutkörper 318·7	Serum 681·3		Blutkörper 513·02	Serum 486·98		Blutkörper 386·24	Serum 613·76	
Wasser	276·100	517·900	191·200	622·200		349·630	439·020		272·590	551·990	
Feste Stoffe	160·700	45·300	127·500	59·100		163·330	47·960		123·680	51·770	
Hb und Eiweiss	151·600	38·100	123·600	49·900		159·500	43·820		120·130	46·700	
Uebrige organische Stoffe	5·200	2·800	2·400	3·800		3·740	4·140		3·550	5·070	
Anorganische Stoffe	3·900	4·300	1·500	5·440		1·586	0·153		1·412	0·200	
Davon K₂O	2·421	0·154	0·298	0·173		0·211	1·651		0·648	1·916	
Na₂O	—	2·406	0·667	2·964		—	—		—	—	
CaO	—	0·072	—	0·070		—	—		—	—	
MgO	0·069	0·021	0·005	0·031		—	—		—	—	
Fe₂O₃	—	0·006	—	0·007		—	—		—	—	
Cl	0·657	2·034	0·521	2·532		0·898	1·732		0·362	0·144	
P₂O₅	0·363	0·106	0·224	0·181		0·625	0·071		0·643	2·202	

Blutverluste werden lebensgefährlich durchschnittlich zwischen 0·3 und 0·5 des Gesammtblutes; zur Lebensrettung hat man „Transfusion" (frischen oder defibrinirten) Blutes von einem anderen Individuum derselben Thierart vorgeschlagen.

Blut einer fremden Thierart ist unnütz, ja gefährlich, indem die Blutzellen sich auflösen (s. o.). Kochsalzlösung kann Blut nicht ersetzen, deshalb bei lebensgefährlichen Blutungen kaum rettend wirken [Landois[1]), Maydl[2]), Feis[3])], wie von Anderen behauptet wird, auf Grund der Annahme von Goltz[4]), dass es einen Verblutungstod aus mechanischen Ursachen gebe, indem nämlich das Herz mangels genügender Füllung des Gefässsystems die noch übrigen, für die Athmung genügenden Blutkörperchen nicht mehr in Umlauf bringen können.

Das Blut der Säugethiere bewegt sich in einem geschlossenen **Kreislauf** (Harvey 1628). in welchen an zwei Stellen Pumpvorrichtungen eingeschaltet sind, welche die Triebkraft für die Kreislaufbewegung liefern. Diese Pumpvorrichtungen sind in einem Organe vereinigt, dem Herzen, welches einen zweikammerigen Hohlmuskel darstellt, dessen beide Hälften mit je zwei ventilartigen Vorrichtungen versehen sind, derart, dass das Blut nur von der einen Seite einströmen und nur nach der anderen Seite ausströmen kann. Der Kreislauf beim Erwachsenen gestaltet sich folgendermassen: das linke Herz *LH* (Fig. 6) treibt seinen Inhalt in die Aorta *A*, welche sich zu dem System der Körperarterien verzweigt; diese verzweigen sich weiter in die mikroskopischen Capillargefässe *K*, aus welchen sich das Blut wieder sammelt in den Venen *C*,

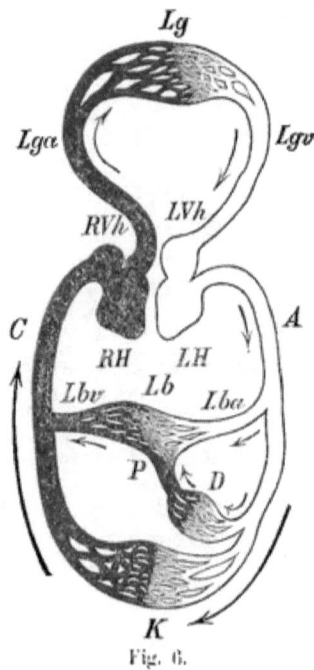

Fig. 6.

[1]) Eulenburg's Realencyklop., XX. S. 38.
[2]) Wiener med. Jahrb., 1884. S. 61.
[3]) A. p. A. CXXXVIII. S. 75.
[4]) A. p. A. XXIX. S. 394.

welche es dem rechten Herzen zuführen; an ihrer Einmündung bilden dieselben eine dem Herzen zugerechnete musculöse Erweiterung, den rechten Vorhof RVh. Die Pumpwirkung des rechten Herzens RH drückt das Blut, welches durch den Stoffwechsel der Gewebe sauerstoffarm und kohlensäurereich geworden ist, durch die Lungenarterien Lga nach den Lungencapillaren Lg, wo durch Spannungsausgleich mit der Lungenluft CO_2 abgegeben und O_2 aufgenommen wird. Das „arteriell" gewordene Blut sammelt sich in den Lungenvenen Lgv und gelangt durch den linken Vorhof LVh in das linke Herz LH zurück, um den Kreislauf von Neuem zu beginnen.

Man redet also mit Unrecht von dem „grossen" und dem „kleinen" Kreislauf, da erst beide zusammen den Kreis schliessen.

Der Aufnahme gewisser Nahrungsstoffe in das Blut dient eine zwischen die zum Körpercapillarsystem gehörigen Darmcapillaren und die grossen Venen eingeschaltete Seitenbahn, der sogenannte Pfortaderkreislauf: die Darmcapillaren sammeln sich zu Venen, welche sich zur Pfortader P vereinigen; diese löst sich in der Leber Lb von Neuem in ein Capillarsystem auf, neben welchem in diesem Organe ein zweites von der Leberarterie LbA gespeistes besteht; das Blut der beiden sammelt sich in den Lebervenen LbV, um durch die untere Hohlvene dem rechten Herzen zuzufliessen.

Die wirbellosen Thiere besitzen dem Blute der Wirbelthiere entsprechende Körperflüssigkeiten, auch ein „Herz", welches dieselben im Körper vertheilt; doch fehlt das geschlossene Röhrensystem. Von den Wirbelthieren haben die Fische den einfachsten Kreislauf: ein einkammeriges Herz und direct eingeschaltete Kiemencapillaren. Bei den Amphibien und Reptilien ist die Trennung des arteriellen und venösen Blutes mehr weniger unvollkommen, indem das Herz einkammerig ist, mit mehr weniger ausgebildeter Scheidewand, so dass die Lungengefässe eine Seitenbahn bilden (nach Art unseres Portalkreislaufes) und die Körperarterien gemischtes Blut erhalten. Der Kreislauf der Vögel gleicht demjenigen der Säugethiere. Wegen aller Einzelheiten der vergleichenden Physiologie des Kreislaufes muss auf die physiologische und zoologische Speciallitteratur verwiesen werden.

Die **Gesetze der Blutbewegung** sind die gleichen wie für jede Flüssigkeit, welche unter der Wirkung einer Triebkraft in einem Röhrensystem fliesst. Der Einfachheit halber verschieben wir die Berücksichtigung der Elasticität der Arterienwände auf später und nehmen die Röhren als starrwandig an; dafür denken wir uns die rhythmische Druckwirkung des Herzens ersetzt durch eine continuirliche; eine solche lässt sich stets darstellen durch das Vorhandensein eines Flüssigkeitsreservoirs mit bestimmtem Niveau, aus welchem unten die Flüssigkeit in das Rohrsystem einfliesst, das wir uns zunächst als einzelnes horizontales, überall gleich weites und am Ende offenes Rohr denken. **Grundsatz jeder Bewegung tropfbarer, nahezu incompressibler Flüssigkeit ist, dass sich nirgends etwas stauen kann: die Menge, welche in der Zeiteinheit durch den Gesammtquerschnitt eines Rohrsystems fliesst, muss überall die gleiche sein und entspricht dem Producte aus Querschnitt und mittlerer Stromgeschwindigkeit:**

$$Q = r^2 \pi \cdot v$$

Die Geschwindigkeit v ist nach dem Torricelli'schen Satz [1] $= \sqrt{2\,gh}$, hängt also vom Flüssigkeitsstande im Reservoir ab: ein Theil dieser Triebkraft wird aber sofort beim Eintritt in das Rohr durch die daselbst auftretenden Reibungswiderstände verbraucht, so dass die Höhe des Flüssigkeitsstandes in einem dicht daneben angebrachten Steigrohre bereits beträchtlich kleiner ist, als im Reservoir. Die Grösse der jeweilen noch übrigen Triebkraft, welche uns der durch solche Steig- oder Manometerröhren angegebene **Seitendruck** lehrt, nimmt geradlinig ab, um beim Ausfluss Null zu werden. (Fig. 7a.)

Die Grösse dieser Abnahme, d. h. die Höhendifferenz in zwei um die Längeneinheit von einander abstehenden Manometerröhren oder die trigonometrische Tangente des Winkels, welchen die Curve der Druckabnahme, die ja hier eine gerade Linie ist, mit der horizontalen macht, heisst das **Gefälle**.

Die Widerstände, welche eine Flüssigkeit bei der Strömung durch ein Rohr erfährt, sind natürlich um so grösser, je länger und je enger das Rohr ist. Für ganz enge, „capillare" Röhren [2] ist nach Poiseuille [3] die Ausflussmenge proportional der vierten Potenz des Radius, umgekehrt proportional der Länge, direct proportional dem Niveau im Druckreservoir, sowie einer von der Temperatur, sowie der Beschaffenheit von Rohr und Flüssigkeit abhängigen Constante K [Transspirationscoëfficient von Haro [4])]:

$$Q = K \cdot \frac{r^4}{l} \cdot h$$

durch Comparation mit $r^2 \pi \cdot v$, dem anderen Werthe für Q, ergibt sich die Geschwindigkeit im Capillarrohr $v = K \cdot \frac{r^2}{\pi} \cdot \frac{h}{l}$, also proportional dem Querschnitt desselben.

---

[1] Derselbe besagt, dass die Geschwindigkeit eines am Boden eines Gefässes ausfliessenden Flüssigkeitstheilchens dieselbe ist, als wenn es von der Höhe des Flüssigkeitsniveaus bis zum Boden frei herabgefallen sei.

[2] Vgl. hierüber auch: B. Lewy, A. g. P., LXV, 447.

[3] Ann. de chim. et de phys. (3), VII, 50. 1843; XXI, 76, 1847.

[4] C. R. LXXXIII. S. 696.

In der That überwiegt die Bedeutung der Reibung zwischen den Flüssigkeitstheilchen bei weitem diejenige der Reibung an der Wand: da bei benetzenden Flüssigkeiten die Adhäsion zwischen Wand und Flüssigkeit in Betracht kommt, so ist stets die Geschwindigkeit in der Mitte der Röhre grösser als an der Wand, diejenige des Achsenfadens am grössten; ja im Capillarrohre kann die „Wand-

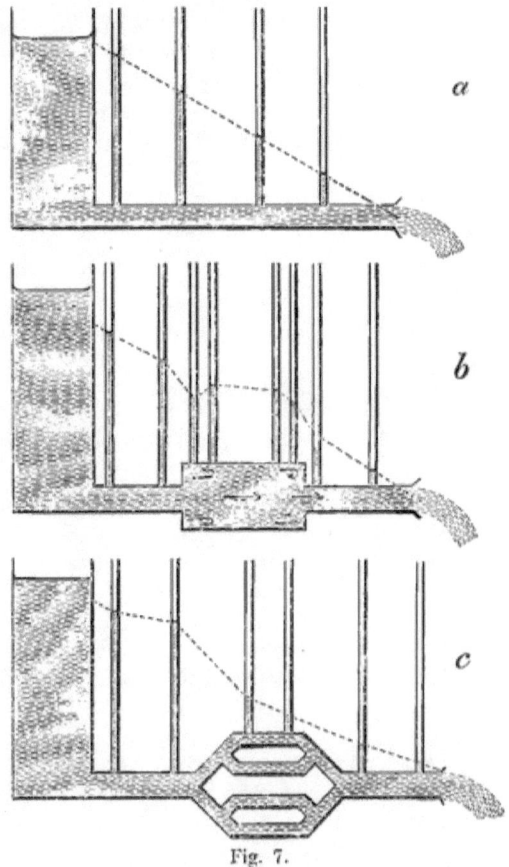

Fig. 7.

geschwindigkeit" geradezu als Null angesehen werden, und die mittlere Geschwindigkeit ist gleich der halben Geschwindigkeit des Achsenfadens (J. v. Kries[1]).

Das Blutgefässsystem nun ist aus sich vielfach verzweigenden und wiedervereinigenden Röhren zusammengesetzt. Die Krümmung derselben kann zunächst ausser Acht gelassen werden. Weil

[1] Beiträge zur Physiol., C. Ludwig gewidmet, Leipzig 1887; S. 101.

die durch jeden Gesammtquerschnitt fliessende Flüssigkeitsmenge überall gleich und gleich dem Producte aus Querschnitt und localer Geschwindigkeit der Flüssigkeitstheilchen ist, so muss diese umgekehrt proportional dem Querschnitt sein. Bereits mit der Verzweigung des Arteriensystems nimmt nun der Gesammtquerschnitt zu[1]), um in den Capillaren denjenigen der Aorta um ein Vielfaches zu übertreffen; in dem Venensystem nimmt er dann wieder ab. Dem entsprechend wird die Strömungsgeschwindigkeit in den Capillaren sehr verkleinert sein, in den grossen Venenstämmen aber diejenige in der Aorta beinahe wieder erreichen.

Anders verhält sich der Druck. Ist das Rohr, durch welches Flüssigkeit ausfliesst, auf eine Strecke weit erweitert, so wird hier der Seitendruck weniger rasch abnehmen (das Gefälle geringer sein), als in den engen Rohrtheilen; ja es wird beim Uebergang in das weite Rohr durch Wirbelbildung sogar eine kleine Druckerhöhung

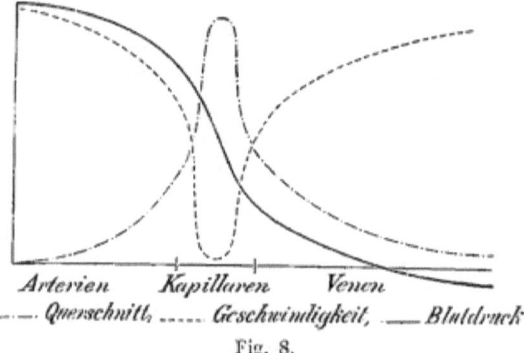

Fig. 8.

(und umgekehrt eine plötzliche Verkleinerung beim Verlassen des weiten Theiles) stattfinden. (Fig. 7 b.)

Erfolgt aber die streckenweise Erweiterung des Gesammtquerschnittes durch vielfache Verzweigung in lauter engen Röhren, so wird die beschleunigte Druckabnahme durch den grossen Widerstand bei der Verzweigung und dem Fliessen in den engen Röhren die Abnahme des Gefälles in Folge des vergrösserten Gesammtquerschnittes überwiegen: es wird beim Einströmen in die Verzweigungen der Druck am stärksten und weiterhin langsamer abnehmen. (Fig. 7 c.)

---

[1]) Von Thoma (Histomechanik und Histogenese des Gefässsystems, Stuttg. 1893) neuerdings für die grösseren Verzweigungen geleugnet.

Es lässt sich also das Verhalten von Gesammtquerschnitt, Druck und Geschwindigkeit in den Hauptteilen des Kreislaufes durch nebenstehende Curven graphisch veranschaulichen. (Fig. 8.)

Die locale Strömungsgeschwindigkeit in jedem von mehreren neben einander liegenden Zweigen hängt von dem Winkel ab, welchen derselbe mit dem Stamme bildet, nicht so aber die mittlere Geschwindigkeit des verzweigten Systemes (Jacobson[1]).

Zur Messung des Druckes an irgend einer Stelle im Gefässsystem und graphischen Registrirung seines Verlaufes dienen manometrische Vorrichtungen:

Am einfachsten sind Flüssigkeitsmanometer, hiervon wieder die einfachsten Steigröhren, in welchen das aus den Gefässen, mit welchen man sie verbindet, einströmende Blut bis zur Druckhöhe, ausgedrückt als Blutsäule, aufsteigt (St. Hales 1733). Verbindet man zwei solche Röhren, die eine mit einer Arterie, die andere mit einer Vene, so sieht man unmittelbar den grossen Druckunterschied. Das Blut selbst als manometrische Flüssigkeit zu benützen, ist aber für länger dauernde Versuche unzweckmässig, erstens wegen der Entziehung aus dem Thierkörper (besonders bei kleinen Thieren), zweitens wegen der Gerinnung. Für die Messung des arteriellen Druckes bedient man sich besser des Quecksilbermanometers (Poiseuille 1828) in Gestalt einer mit Quecksilber zur Hälfte gefüllten U-förmigen Röhre, deren einer Schenkel durch eine mit gerinnungshemmender Flüssigkeit (Na_4CO_3, $MgSO_4$) gefüllte Rohrleitung mit der Arterie verbunden wird. Die Differenz des Quecksilberstandes in den beiden Schenkeln oder das doppelte Betrag der Erhebung des Meniscus im offenen Schenkel ist der Blutdruck. Bringt man auf diese Quecksilberkuppe einen Schwimmer, welcher, aus dem Rohre herausragend, eine Schreibfeder trägt, so zeichnet diese auf einer horizontal sich vorbeibewegenden Schreibfläche (rotirende Walze) den zeitlichen Verlauf der Blutdruckänderungen auf, welche durch: 1. Herzaction, 2. Arterienelasticität, 3. Athembewegungen bedingt sind: Kymographion = Blutwellenzeichner von Ludwig; erste Anwendung der graphischen Methode in der Physiologie, 1847.

Das Quecksilber vermag indessen jenen Schwankungen nicht treu zu folgen; wegen der durch seine Schwere bedingten Trägheit macht es zu grosse Schwingungen. Diese lassen sich vermindern („dämpfen") durch Zwischenschaltung eines Hahnes mit enger Bohrung. Das Quecksilber stellt sich dann langsam auf den mittleren Druckwerth ein und macht Schwingungen, welche denjenigen des Blutdruckes, wenigstens soweit sie durch die Herzthätigkeit und Arterienelasticität bedingt sind, zwar hinsichtlich der Frequenz, aber weder nach Grösse, noch in den Einzelheiten des Verlaufes entsprechen.

Um dieser Forderung zu genügen, muss man elastische Manometer („Tonographen", Spannungszeichner) benützen, welche nach dem allgemeinen Principe des Bourdon'schen Federmanometers resp. Wellblechmanometers der Dampfkessel construirt sind (Fig. 9). Genannt seien: das Hohlfeder- und das Flachfedermanometer von Fick[2]; das Feder- und das Gummimanometer von

---

[1] A. A. P., 1860, S. 80.
[2] A. A. P., 1864, S. 583; A. g. P., XXX, S. 597.

Hürthle¹): das Wellblechmanometer von Gad und Cowl²); das Sphygmoskop von Marey³) resp. Fredericq⁴). Die Mehrzahl benützt Flüssigkeitsübertragung, wobei nothwendig ist, dass die Flüssigkeitsverschiebung selbst für grosse Druckänderungen nur gering sei, um sowohl Eigenschwingungen des Apparates zu vermeiden, als auch genügend schnelles Mitgehen bei raschen Druckänderungen zu erzielen. Das Fick'sche Flachfederinstrument benützt direct Luftübertragung; das Sphygmoskop hat den elastischen Körper dicht an der Arterie, seine Bewegungen werden durch Luftübertragung einer Marey'schen Schreibkapsel mitgetheilt.

Die Messung des Blutdruckes in den Venen kann zweckmässig durch ein mit Sodalösung gefülltes Manometer geschehen, dessen eventuelle Bewegungen auch durch Luftübertragung registrirt werden können.

Die **Pumpwirkung des Herzens** erfolgt durch rhythmische, gleichzeitige (synchronische) Contraction der beiden Ven-

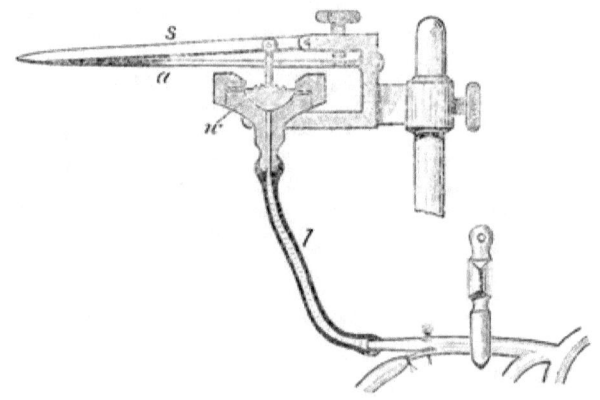

Fig. 9.
Blutwellenzeichner nach Gad, schematisch. *l* Leitung, *w* Wellblech. *s* Schreibhebel, *a* Abscissenschreiber.

trikel: „Systole"; darauf folgt der Zeitraum der Erschlaffung, die „Diastole"; gegen ihr Ende fällt die Zusammenziehung der Vorhöfe, indem sie der nächsten Ventrikelsystole unmittelbar vorangeht. Dass während der Systole Blut nur aus den Herzkammern in die Arterien ausströmen und während der Diastole nur aus den Vorhöfen in die Herzkammern einströmen kann, dafür sorgt das Vorhandensein der Atrioventricular**klappen**

---

¹) A. g. P., XLIII. S. 399; XLVII. S. 5.
²) C. P., 1889. S. 318; A. (A.) P., 1890. S. 564.
³) Travaux du Labor. de Marey. II, S. 196.
⁴) Fredericq, Manipulations de physiologie. Paris 1892. S. 174.

einerseits und der Semilunarklappen andererseits: die ersteren bestehen aus zwei (linke Atrioventricular-, Bicuspidal- oder Mitralklappe) resp. drei (rechte Atrioventricular-, Tricuspidalklappe) häutigen Segeln, welche im diastolischen Zustande des Ventrikels schlaff in denselben hineinhängen. Sie sind aber, wie Schiffssegel an Taue, an die Sehnenfäden (chordae tendineae) befestigt, in welche die kegelförmigen Vorsprünge der Wandmusculatur, die Papillarmuskeln auslaufen; jeder Papillarmuskel steht mit je einem Zipfel zweier Segel in Verbindung. Bei der Ventrikelcontraction drückt das zwischen Wand und Klappen befindliche Blut diese nach oben; das Umschlagen in die Vorhöfe wird nun eben verhindert durch den Zug der chordae tendineae, welcher durch die Contraction der Papillarmuskeln unterstützt wird: die Klappensegel „stellen sich" fest gegen einander und verhindern den Rückfluss des Blutes in den Vorhof; indem sie sich unter der Druckwirkung „anspannen", wölben sie sich mit ihren oberen Theilen convex gegen den Vorhofsraum (Fig. 12 Ansp.). Bei der Wiedererschlaffung der Ventrikel geben sie nach und öffnen sich dem aus den Vorhöfen einströmenden Blute (Fig. 12 Anf.).

Umgekehrt öffnen sich die aus je drei wagentaschenförmigen Säcken gebildeten Semilunarklappen bei der Contraction des Ventrikels, indem sie das Blut in die Arterien einströmen lassen (Fig. 12 Austr.). Bei der Diastole presst das auf ihre äusseren oberen, den Sinus Valsalvae zugekehrten Flächen drückende Blut sie fest gegen einander, so dass sie dicht schliessen und kein Blut in die Ventrikel zurücktreten lassen; ihre Ränder bilden in diesem Zustande, von oben gesehen, einen dreistrahligen Stern, dessen Mitte die drei aneinanderliegenden Noduli Arantii bilden.

Die Muskelwand der linken Kammer ist dicker als diejenige der rechten, offenbar weil zur Ueberwindung der Widerstände des Körperkreislaufes, welche die des Lungenkreislaufes bedeutend übertreffen, auch eine grössere Arbeit nothwendig ist.

Die Aufgabe der Vorhöfe besteht, einer einfachen Betrachtung zufolge, darin, die Strömung des Blutes in den Venen trotz der rhythmischen Thätigkeit der Kammern constant zu erhalten: während der Kammersystole füllt sich der Vorhof durch den Zufluss aus den Venen; während der Kammerdiastole füllt sich die Kammer durch die Verkleinerung des Vorhofes und den gleichzeitig andauernden Zustrom aus den Venen. Unterstützend wirkt hierbei die Aspiration des Thorax (s. später), während eine Ansaugung durch die Ventrikel („active Diastole") auszuschliessen ist (s. u.).

Die Zahl der Herzcontractionen, die **„Pulsfrequenz"** beträgt im Mittel beim Erwachsenen 72, beim Fötus 140 Schläge in der Minute. Sie ist beim männlichen Geschlechte höher als beim weiblichen, bei langen Personen geringer als bei kurzen, im Stehen und Sitzen höher als im Liegen, am kleinsten in ruhigem Schlafe; sie steigt bei körperlicher Anstrengung an und wird durch pathologische Zustände vielfach modificirt.

Der **zeitliche Verlauf** der Formveränderungen des Herzmuskels und der Klappenbewegungen, welche die besprochene Pumpwirkung hervorbringen, ist der directen Beobachtung unzugänglich. Zur Ermittlung desselben hat man sich gehalten an die Untersuchung: 1. der Herztöne, 2. des Druckablaufes in den verschiedenen Herzabtheilungen, 3. des Herzspitzenstosses.

Beim Auflegen des Ohres auf die linke Brustseite hört man bei jedem Herzschlage zwei Schallphänomene, deren erstes tiefer und langgezogen, deren zweites kürzer und höher ist (bu-túp), und welche einander ziemlich unmittelbar folgen: **„erster und zweiter Herzton"**. Zwischen jedem zweiten und nächstfolgenden ersten Herztone liegt eine merkliche Pause.

Die Entstehung der Herztöne ist bis auf den heutigen Tag in manchen Punkten streitig: der erste Ton entsteht in der Hauptsache durch die Schwingungen bei der Anspannung der Atrioventricularklappen; da er indessen langgezogen ist und auch am blutleeren Herzen wahrgenommen wird [Ludwig und Dogiel[1])], so wirkt auch das Muskelgeräusch (s. später) des sich contrahirenden Herzens mit. Der zweite Herzton entsteht durch Schwingungen der Semilunarklappen, wenn diese nach ihrem Schluss durch den Blutdruck in der Aorta angespannt werden.

Beide Töne entstehen sowohl im linken als auch im rechten Herzen, sind also eigentlich vier; doch fallen die beiden ersten und die beiden zweiten zeitlich zusammen. „Gespaltene" Herztöne können bei ungleichzeitiger Contraction beider Herzhälften, doch auch aus anderen Ursachen pathologisch vorkommen.

Die „Auscultation" der Herztöne (Laënnec 1811) ist von Wichtigkeit für die Erkennung von Herzkrankheiten, da insbesondere Veränderungen der Klappen durch Modification (Umwandlung in „Herzgeräusche") oder Fortfallen der Herztöne sich äussern können. Man auscultirt den ersten Herzton entweder über der Herzspitze im fünften linken Intercostalraum oder etwas höher (links vom Brustbein den Mitral-, rechts den Tricuspidalton); den zweiten untersucht man im linken zweiten (Pulmonalton) oder im rechten zweiten (Aortenton) Intercostalraum.

Aus dem oben Gesagten folgt, dass man mit einem gewissen Rechte die Zeit vom Beginn des ersten Herztones bis zum zweiten als

---

[1]) Ae. L., 1868, S. 89.

Dauer der Systole, die Zeit vom zweiten bis zum nächsten ersten Ton als Dauer von Diastole plus Pause rechnen darf, indem man nämlich annimmt, dass der erste unmittelbar dem Schlusse der Atrioventricularklappen durch die beginnende Kammercontraction, der zweite unmittelbar dem Schlusse der Aortenklappen durch den beginnenden Ueberdruck in der Aorta entspreche.

Ueber die Zeit der **Oeffnung** der Klappen sagen die Herztöne nichts aus; mehr erfährt man in dieser Hinsicht aus der Untersuchung des **Druckablaufes in den Herzabtheilungen**. Diese ist bei Thieren [zuerst ausgeführt beim Pferde durch Chauveau und Marey[1]), seitdem meistens am Hunde] zu bewerkstelligen, indem man Hohlsonden durch die grossen Gefässe in die

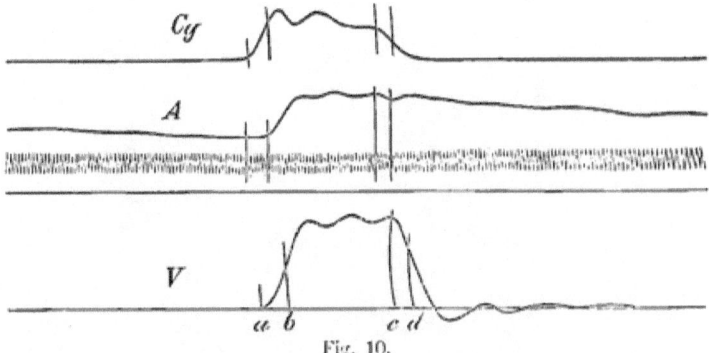

Fig. 10.

Intrakardiale Druckcurve (Hund) des linken Ventrikels V, Aortendruckcurve A und Kardiogramm Cg, nach Hürthle. Chronographische Curve bei A in $1/_{100}$ Sec.

Herzabtheilungen (von der linken oder rechten Carotis in den linken Ventrikel, von der rechten V. jugularis in den rechten Ventrikel und den rechten Vorhof) einführt. Diese Hohlsonden sind entweder an ihrem kardialen Ende durch eine elastische Membran verschlossen, welche als Manometer wirkt und deren Bewegungen durch Luftübertragung einer Schreibkapsel mitgetheilt werden, oder aber sie sind offen und mit einem der oben erwähnten elastischen Manometer (Gad, Hürthle o. A.) verbunden.

Wir betrachten nebeneinander den zeitlichen Verlauf des Druckes in den Kammern und Vorkammern. Um indessen die Bedeutung der einzelnen Phasen zu verstehen, ist der Vergleich mit der Druckcurve

---

[1]) Gaz. méd. 1861. S. 675; Mémoires de l'ac. de médecine. XXVI. S. 272.

der Arterien unumgänglich, welche kraft der elastischen Eigenschaften ihrer Wand während der Systole einen Theil der Herzenergie aufspeichern und ihn während der Diastole frei werden lassen, so dass die stossweise Flüssigkeitsbewegung durch die Herzcontraction in eine mehr gleichmässige umgewandelt wird. Näheres mag man weiter unten nachlesen.

Die Betrachtung unserer drei Curven (Fig. 10, V, A und 11, RVh) lehrt Folgendes: Der Druck in der Kammer steigt mit dem Beginne der Systole (Beginn des ersten Herztones) steil an bis zu einem

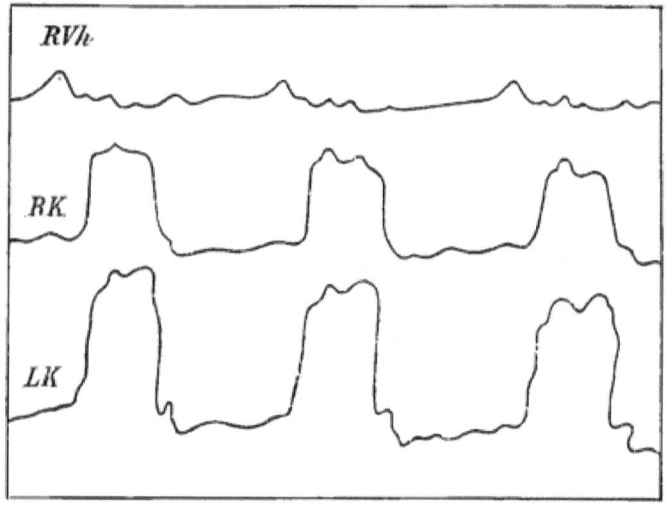

Fig. 11.

Intrakardiale Druckcurven der linken Kammer LK, der rechten Kammer RK und des rechten Vorhofs RVh vom Pferd, nach Chauveau und Marey.

Maximum; in demjenigen Augenblicke, wo er den in der Aorta gerade herrschenden Druck übersteigt, muss der Moment der Semilunarklappenöffnung liegen[1]. Vom Schluss der Atrioventricularklappen bis zur Oeffnung der Semilunarklappen liegt ein messbarer Zeitraum, während dessen das Herz sich zusammenzieht, ohne Blut auszutreiben, weil der Druck im Arteriensystem noch höher ist, als in der Kammer: die „Anspannungs-

---

[1] Unmittelbar anschaulich durch die Curven des „Differentialmanometers" von Hürthle (A. g. P., XLIX, S. 29).

zeit" (entdeckt von Chauveau und Marey, Fig. 10, *a—b*, Fig. 12, *Ansp.*). Sobald der intraventriculäre Druck den arteriellen übersteigt, öffnen sich die Semilunarklappen und das Blut strömt aus den Ventrikeln in die Arterien: „Austreibungszeit" (Fig. 10, *b—c*, Fig. 12, *Austr.*), während welcher das oben erwähnte Maximum des Druckes erreicht und dann ein mehr weniger abgerundeter oder langsam abfallender (durch Fehler der Apparate bisweilen mit Zacken besetzter) Curvenabschnitt gezeichnet wird (vielfach recht unmathematisch als „Plateau" bezeichnet). Mit der Wiedererschlaffung der Ventrikelmuskulatur beginnt der Druck im Ventrikel stärker zu sinken; in dem Momente, wo er niedriger wird, als der-

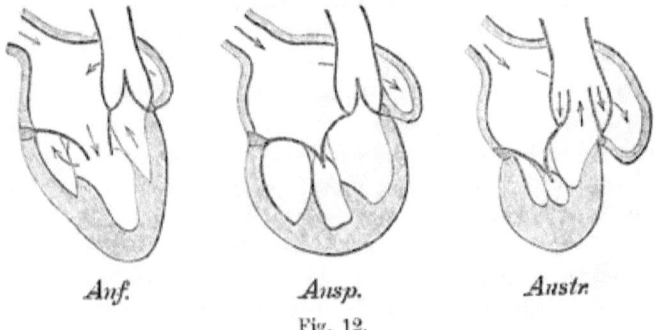

Anf.   *Ansp.*   *Austr.*
Fig. 12.
Anfüllungszeit, Anspannungszeit und Austreibungszeit des Ventrikels (Klappenstellungen!) nach Gad.

jenige in der Aorta, muss der Schluss der Semilunarklappen erfolgen (vgl. Fig. 10 *d*).

In manchen Curven scheint der diastolische Druck bis unter den Atmosphärendruck abzusinken; dass dies auch bei blossgelegtem Herzen stattfinde, wo die Aspiration des Thorax (s. unten) fortfällt, ist mit Nachdruck für die Annahme diastolischer Saugkraft der Ventrikel in's Feld geführt worden, zumal durch Versuche mit einem besonderen Ventile bekräftigt (Goltz und Gaule). Eine active Wiederausdehnung eines contrahirten Muskels gibt es indessen nicht und für jene Annahme müssen entweder sehr gekünstelte Hypothesen herhalten oder aber der geringe negative Druck in den Curven als belangloses Trägheitsproduct angesehen werden.

Die auf die Erschlaffung folgende Pause ist durch langsames Wiederansteigen des Druckes bezeichnet, indem der Ventrikel sich mit dem zuströmenden Venenblut füllt (Anfüllungszeit). (Fig. 12, *Anf.*) Gegen Ende dieser fällt die Erhebung, welche die Druckcurve des Vorhofes (Fig. 11, R. Vh.) zeigt: **die Vorhofscontraction geht der Ventrikelcontraction unmittelbar voraus.**

Der **maximale Druckwerth** in der linken Herzkammer während der Systole übersteigt (beim Hund) wohl nicht 200 mm Hg; derjenige in der rechten Kammer ist kleiner. Der maximale Druck im Vorhofe dürfte gleich 20—30 mm Hg zu setzen sein.

Beim Menschen, wo der Ablauf des intrakardialen Druckes der directen Prüfung nicht zugänglich ist, hat man den **Herzstoss** für die Untersuchung der zeitlichen Verhältnisse der Herzbewegung zu verwerthen gesucht.

Der tastende Finger fühlt, beim Menschen im fünften linken (nach manchen Autoren öfter im vierten) **Intercostalraum angedrückt, bei jeder Herzsystole eine Vermehrung des Widerstandes**, durch welche er gehoben wird; bei mageren Menschen, resp. bei pathologisch verstärkter Herzthätigkeit sieht man die betreffende Stelle sich jedesmal emporwölben: „**Spitzenstoss des Herzens**". Die Ursache desselben, für welche man früher den Rückstoss durch das in die grossen Gefässe fliessende Blut, die spiralige Drehung des Herzens bei der Füllung derselben u. A. m. verantwortlich gemacht hat, liegt in der systolischen Aenderung der Form [Ludwig[1])] und Spannung [Marey[2])] des Herzens. Indem das Herz sich bei der Systole verkürzt, geht es aus der Form eines abwärts gerichteten schiefen Kegels in diejenige eines geraden Kegels über; die Spitze schlägt nach vorn und oben gegen die Brustwand (Ludwig); doch wird das Herz auch gleichzeitig dicker, indem während der Anspannungszeit, wo das Volumen sich nicht verkleinern kann, die eingeschlossene Flüssigkeit, in welcher der Druck nach allen Seiten gleichmässig sich fortpflanzt, Kugelgestalt anzunehmen bestrebt ist. Der fest gegen die Brustwand gedrückte Finger fühlt das Herz geradezu härter werden, und eine gleichmässig angedrückte **Pelotte** zeichnet durch Vermittlung der Luftübertragung [Kardiograph von Marey[3])] eine „**Herzstosscurve**" (Kardiogramm Fig. 10, $Cg.$) auf, welche günstigenfalls der intrakardialen Druckcurve vollständig entsprechen kann [Hürthle[4])].

---

[1]) Zeitschr. f. rat. Med., 7, S. 191.
[2]) Chauveau & M., a. a. O., S. 295.
[3]) Journ. de l'anat. et de la physiol., II, S. 286.
[4]) A. g. P., XLIX, S. 93 ff.

Die Deutung ihrer Einzelheiten ist theilweise streitig, weil die Anlegung des Kardiographen an eine ungünstige Stelle oder Anwendung eines fehlerhaften Instrumentes die Curve stark deformiren kann; diese ist ja stets ein combinirtes Bild von Druckänderung einerseits und Formänderung andererseits und muss wechseln, je nachdem beide Einflüsse parallel gehen oder nicht, und welcher von beiden überwiegt. Hürthle[1]), sowie Einthoven und Geluk[2]) ist es gelungen, die Herztöne graphisch zu registriren. Die gleichzeitige Registrirung der Herztöne und des Kardiogrammes zeigt, dass bei der typischen Herzstosscurve der erste Ton am Fusspunkte des aufsteigenden Schenkels beginnt, der zweite auf die Mitte des absteigenden Schenkels fällt; dies entspricht ganz der Lage der Klappenschlüsse, wie sie sich aus dem Vergleiche von kardialer und arterieller Druckcurve ergeben. Die klinische Deutung pathologischer Herzstosscurven ist schon viel versucht worden [z. B. Ziemssen und Maximowitsch[3]), Martins[4]). D. Gerhardt[5])], aber bis jetzt von zweifelhaftem Werthe geblieben.

Der intrakardialen Druckcurve und dem typischen Kardiogramme ähnliche Bilder erhält man auch, wenn man bei Thieren das Herz blosslegt und in passender Weise mit Schreibhebeln in Verbindung setzt (am einfachsten bei Frosch, Schildkröte u. s. w. mittelst Fühlhebel zu erreichen), so lange der Kreislauf erhalten ist. Das isolirte resp. blutleere Herz, welches noch eine Zeit lang weiter schlägt (s. u.), ergibt in demselben Falle Curven, welche einer einfachen Muskelzuckung (s. später) entsprechen. Dieselben Bilder erhält man auch bei Extracontractionen (s. u.), pulslosen Systolen, wie sie z. B. durch Nadelstiche in's Herz ausserhalb des Rhythmus erzeugt werden [Rodet und Nicolas[6])]. Otto Frank[7]), welcher die Volum- und Spannungsänderungen des Herzens getrennt zu registriren versuchte, erhielt zuckungsähnliche und trapezförmige Curven je nach dem Füllungsgrade.

Alles dieses beweist, dass die Natur der normalen Herzcontraction diejenige einer einfachen Muskelzuckung ist; dafür spricht ferner noch das Verhalten des Actionsstromes des Herzens (darüber später). Die gegentheilige Annahme von Fredericq, Roy u. A. ist kaum mehr aufrecht zu erhalten. Will man die später genauer zu erörternden Begriffe der neueren Muskeldynamik anwenden, so kann man sagen, das Herz arbeite während der Anspannungszeit, wo nur der Druck und die Gestalt, nicht aber das Volumen sich ändert, „isometrisch"; in der Austreibungszeit ändern sich Volumen und Druck zum Theil gleichzeitig; das Herz würde „isotonisch" arbeiten, wenn die Druckcurve hier genau horizontal verliefe, was indessen kaum der Fall ist.

Die zeitlichen Verhältnisse der Herzbewegung beim Menschen sind durch die erwähnten Versuchsmethoden soweit aufgeklärt, dass man sagen kann: die Dauer der Systole

---

[1]) D. M. W., 1892, Nr. 4; A. g. P., LX. 263.
[2]) A. g. P., LVII, 617.
[3]) D. Arch. f. klin. Med., XLV, S. 1; Wratsch, 1890, Nr. 21.
[4]) D. M. W., 1888, Nr. 13.
[5]) Arch. f. exp. Path. u. Pharm., XXXIV, S. 359.
[6]) A. d. P. (5), VIII, S. 167, 203.
[7]) Z. B., XXXII, S. 370.

schwankt um 0·3 Sec. herum; hiervon fallen 0·07—0·1 Sec. auf die Anspannungszeit. Der Rest der ganzen „Revolutionsdauer" (im Mittel etwa 0·6 Sec.) kommt auf Diastole und Pause; die während des Endes dieser erfolgende Vorhofssystole dürfte nicht länger dauern, als 0·1 Sec. Die Dauer der Systole wird durch Veränderungen der Pulsfrequenz — Beschleunigung sowohl als Verlangsamung — nur in merkwürdig geringem Grade beeinflusst [Baxt[1]), v. Frey und Krehl[2])]: der Hauptantheil der Dauerschwankungen fällt also auf den diastolischen Zeitraum.

Das Herz, als der zuerst angelegte Theil des Gefässsystemes, contrahirt sich rhythmisch beim Embryo bereits zu einer Zeit, wo noch keine Elemente des Nervensystemes gebildet sind. **Das vom Nervensysteme losgelöste Herz** des erwachsenen Thieres **pulsirt** noch eine Zeit lang weiter, beim Warmblüter, so lange ihm sauerstoffhaltiges Blut zugeführt wird [Martin[3]), Langendorff[4])]; beim Kaltblüter auch ohne dieses Tage lang. Letzteres ist deshalb zum Studium der physiologischen Eigenschaften des Herzmuskels besonders viel benützt worden.

Man hat sein Inneres mit indifferenter Flüssigkeit gefüllt, seine Abtheilungen durch Canülen in einen künstlichen Kreislauf eingefügt oder mit registrirenden Manometern verbunden [Ludwig und Coats[5]), Kronecker[6]), Frank[7]) u. s. w.].

Erwärmung erhöht die Frequenz und verkürzt den Contractionsablauf, Abkühlung verlangsamt ihn und vermindert die Schlagfrequenz des ausgeschnittenen Froschherzens, wie auch Säugethierherzens (Langendorff).

Völlige Ausspülung der Reste des im Froschherzen enthaltenen Blutes durch Wasser oder physiologische Kochsalzlösung sistirt bald die Thätigkeit; Durchspülung mit Blut oder Blutserum erholt und befördert sie. Wie weit eiweiss-, leim-, zuckerhaltige Flüssigkeiten, der Kochsalz-, Soda- und Kalkgehalt [Ringer[8])] derselben für die Ernährung genügen, resp. förderlich sind, ist Gegenstand vieler Controversen.

---

[1]) A. (A.) P., 1878, S. 132.
[2]) Ibid., 1890, S. 49.
[3]) Studies John Hopkins Univ., Baltimore. IV. S. 37.
[4]) A. g. P., LXI, S. 291, LXVI, 355.
[5]) Ac. L., 1869, S. 362.
[6]) Zeitschr. f. Instrumentenkunde, 1889. S. 27.
[7]) a. a. O.
[8]) J. P., III, S. 380; IV, S. 29; VI, S. 361; VIII, S. 15.

Beim Froschherzen erfolgt die **Ernährung** durch das in seinen Abtheilungen befindliche Blut. Die dicke Muskelwand des Säugethierherzens wird durch die Verzweigungen der Coronargefässe versorgt, deren Intactheit geradezu lebenswichtig ist: Verletzung derselben erzeugt sofortigen Stillstand der normalen Herzthätigkeit und ungeordnete Contraction der einzelnen Muskelfasern („Flimmern" des Herzens); v. Bezold[1], Cohnheim und v. Schulthess-Rechberg[2]). Bestand die Einwirkung in Compression, so erholt sich das Kaninchenherz nach Aufhören derselben wieder, das Hundeherz aber nicht.

Ob bei dieser Erscheinung Schädigung von reizbaren Gebilden [Nervenfasern, Ganglienzellen: Samuelson[3]), Martin und Sedgwick[4]), Michaelis[5]), Tigerstedt[6])] oder Anämie zu Grunde liegt [Cohnheim[7]), v. Frey[8]), Porter[9]), Kronecker[10]) u. s. w.] ist nicht entschieden.

Die Fähigkeit des embryonalen Herzens, rhythmisch zu pulsiren, zu einer Zeit, wo noch gar keine nervösen Elemente vorhanden sind, liesse daran denken, dass das Myokard durch in ihm selbst liegende Reize (Stoffwechselproducte) zur Thätigkeit in constanten Intervallen angeregt werde, dass der Herzmuskel „automatisch" rhythmisch arbeite [für den Herzmuskel des erwachsenen Wirbelthieres behauptet unter Anderen von Gaskell[11])]. Dem stehen indessen andere Thatsachen gegenüber: Klemmt man den unteren Theil des Froschventrikels (die „Spitze") ab, so steht er dauernd still [Bernstein[12])]. Applicirt man auf ihn einen constanten elektrischen Strom [Eckhard[13])] oder füllt ihn mit Flüssigkeit unter starkem Drucke [Merunowicz[14])], so beginnt er zu pulsiren.

---

[1]) Untersuch. Würzb. Labor., II. S. 275.
[2]) A. p. A., LXXXV. S. 503.
[3]) Zeitschr. klin. Med., II, S. 12; A. p. A., LXXXVI. S. 539.
[4]) J. P., III. S. 165.
[5]) Zeitschr. klin. Med., XXIV. S. 270.
[6]) Skand. Arch. f. Physiol., II. S. 394; C. P., IX. S. 515.
[7]) a. a. O.
[8]) Zeitschr. klin. Med., XXV. S. 158.
[9]) C. P., IX. S. 483.
[10]) III. int. Physiologencongr. 1895.
[11]) J. P., IV. S. 43.
[12]) C. m. W., 1876. S. 385, 435.
[13]) Beitr. z. An. u. Ph., I. S. 153.
[14]) Ac. L., 1875. S. 274.

Da man annimmt, dass die Herzspitze keine Ganglienzellen enthalte, so wird dieses dahin gedeutet, dass das Myokard nicht automatisch arbeiten könne, aber auf einen constanten Reiz rhythmisch antworte. Diesen Vorgang, welcher an und für sich nicht ohne Analogie wäre (s. später), hat man mit anderen merkwürdigen Eigenschaften des Herzmuskels in Verbindung gebracht: auf jeden Reiz, welcher den Herzmuskel überhaupt erregt, antwortet er nach einer relativ beträchtlichen „Latenzzeit" mit einer maximalen Zusammenziehung, welche die Zuckung der quergestreiften Körpermuskeln an Dauer wesentlich übertrifft. Ein im Anfange derselben angebrachter neuer Reiz ist wirkungslos [ebenso bei der natürlichen Systole: „refractäre Periode", Marey[1])]; etwas später angebracht (im Beginne der Diastole), erzeugt er eine „Extracontraction", welcher eine verlängerte Pause folgt [Gley[2]), Kaiser[3]) u. A.].

Man fasst dieses wohl so auf (Hermann), dass der Herzmuskel seine Spannkraft bei der Contraction sofort erschöpft und der andauernde Reiz erst dann wieder wirksam wird, wenn sich neuerdings Spannkraft angesammelt hat. Der dauernde natürliche Reiz beim Herzen des erwachsenen Thieres soll von den Herzganglien ausgehen, von denen Nervenfasern bis in die Spitze [Dogiel[4]), Heymans[5])] laufen und die Muskelfasern reichlich versehen.

Eine neuere Ansicht [Kaiser[6])] nimmt auch für das Zustandekommen der Rhythmicität einen Nervenmechanismus als nothwendig an, während umgekehrt die Vorstellung von der Automatie zahlreiche Verfechter hat [Langendorff[7]), Engelmann[8])].

Anhäufungen von Ganglienzellen liegen beim Froschherzen im Hohlvenensinus (pulsirende Erweiterung der Hohlvenen vor der Mündung in den Vorhof): **Remak**'scher Haufen; sowie in der Vorhofsscheidewand (**Bidder**'scher Haufen); in letzterem finden sich noch zerstreute Ganglienzellen (**Ludwig's** Ganglion). Die Hypothesen, welche man über deren Bedeutung aufgestellt hat, beruhen auf den **Stannius**schen Versuchen[9]): Abklemmung des Venensinus (erste Stannius'sche Ligatur) stellt das Herz still, und zwar dauernd, während der Venensinus weiterschlägt. Auf Abklemmung an der Atrioventriculargrenze

---

[1]) Travaux du labor. de M., II, p. 63, 1875.
[2]) A. d. P. (5), I. S. 499.
[3]) Z. B., XXX. S. 279.
[4]) A. mikr. Anat., XXI, S. 24.
[5]) A. (A.) P., 1893, S. 391.
[6]) Z. B., XXIX, S. 203. XXX. S. 279.
[7]) A. g. B., LVII. S. 409 (nur theilweise!)
[8]) A. g. P., LIX. S. 309.
[9]) A. A. P., 1852. S. 85.

(zweite Stannius'sche Ligatur) beginnt der Ventrikel wieder zu schlagen, wenigstens auf einige Zeit.

Eine jetzt ziemlich verlassene Annahme erklärte diesen Vorgang durch das Vorhandensein hemmend wirkender Organe im Vorhof [Heidenhain[1]], welche als *b* zu bezeichnen wären, ferner das excitirende Bidder'sche Ganglion als *c* und das Remak'sche als *a*; *b* soll stärker sein als *a* resp. *c* allein, aber *a* + *c* stärker wirken als *b* [v. Bezold[2], Schmiedeberg[3]]. Auf Grund hier zu übergehender Einzelheiten ist es wahrscheinlicher, dass das Remak'sche Ganglion als „übergeordnetes" (s. später) die normale Herzthätigkeit bewirkt; nach seiner Abtrennung steht daher das Herz still; das Bidder'sche kann durch abnorme Reize, zu welchen die zweite Stannius'sche Ligatur gerechnet wird, zur Auslösung von Pulsationen veranlasst werden.

Beim Warmblüterherzen ist Folgendes constatirt: Trennung von Atrien und Ventrikel führt nicht zum Stillstand, doch pulsirt jede Herzabtheilung in anderem Rhythmus als vorher und unabhängig von der anderen weiter [Wooldridge[4] und Tigerstedt[5]].

Untrennbar von der Untersuchung der Bedeutung der gangliösen Apparate ist die Frage nach der Art der Erregungsleitung im Herzen: die oben erwähnten Befunde von Nervenfasern bis zur Spitze machen die ausschliesslich nervöse Fortleitung wahrscheinlich; doch sind auch plausible Gründe [besonders von Engelmann[6]] für die directe Fortpflanzung der Erregung von einer Muskelfaser zur anderen geltend gemacht worden.

Für die grosse Bedeutung der intrakardialen Centren für die normale Herzthätigkeit spricht auch (beim Säugethierherzen) die grosse Unempfindlichkeit des Herzmuskels selbst (z. B. gegen Stiche, Schnitte u. s. w.) einerseits, die Empfindlichkeit gewisser ganglienzellenreichen Partien andererseits. Besonders die Verletzung eines Punktes nahe der Atrioventriculargrenze ruft sofort „Flimmern" hervor: angebliches Coordinationscentrum von Kronecker und Schmey[7]). Aehnlich wirken übrigens auch sehr starke elektrische Ströme auf's Säugethierherz: „Delirium cordis" [Ludwig und Hoffa[8]]. Vorsichtige Klemmung der Atrioventriculargrenze des Froschherzens und Wiederlösung führt zum Auftreten von Systolen in gruppenweiser Anordnung [Luciani[9]]. Sehr mannigfach sind die Wirkungen der Herzgifte, von denen einige auf die intrakardialen Centren, andere auf das Myokard selbst zu wirken scheinen, einige die Herzthätigkeit verlangsamen, schwächen und schliesslich Stillstand in Diastole bewirken (Digitalis, Helleborus), andere die Herzthätigkeit zunächst verstärken, weiterhin aber die diastolische Erschlaffung unvollkommen machen, so dass Stillstand in Systole eintritt (Veratrin, Antiarin, Nebennierenextract).

---

[1]) A. A. P., 1858, S. 483—86.
[2]) A. p. A., XIV, S. 285.
[3]) Ac. L., 1870, 2. Juni.
[4]) A. (A.) P., 1883, S. 522.
[5]) Ibid., 1884, S. 497.
[6]) A. g. P., LVI, S. 149; LXI, S. 275.
[7]) Ac. B., 1884, S. 87.
[8]) Zeitschr. f. rat. Med., IX, S. 128.
[9]) Ac. L., 1873, S. 11.

Die Herzthätigkeit wird beeinflusst durch die Wirkung **centrifugaler Nervenfasern**. Besonders wichtig ist die hemmende Wirkung des N. vagus: Elektrische Reizung des peripherischen Vagusstumpfes führt zur Verlangsamung, resp. zum völligen Stillstande der Herzthätigkeit, beim Warm- wie beim Kaltblüter [Volkmann[1]), Gebr. Weber[2]), Budge[3])]. Auch nicht elektrische Vagusreizung hat denselben Erfolg; z. B. hat man ihn durch Compression der entsprechenden Halsgegend beim Menschen hervorrufen können [Czermak[4]), Thanhoffer[5])]: **Der Vagus ist der „Hemmungsnerv" des Herzens.**

Vor dem Eintritt des Vagusreizerfolges macht das Herz noch mindestens eine vollständige Systole: „Latenzzeit" der Vagusreizung (Donders u. A.). Dauert die Reizung längere Zeit an, so erhält sich der Herzstillstand nur bei wenigen (kaltblütigen) Thieren: Schildkröte [Tarchanoff[6]), Hough[7]]; bei den übrigen beginnt das Herz trotz andauernder Reizung bald wieder zu schlagen. Diese Erscheinung scheint nicht von einer Ermüdung der Endapparate oder gar des Nerven selbst herzurühren, sondern von einer Ueberwindung der Hemmungswirkung durch die sich allmälig ansammelnden Spannkräfte des Herzens (Hough, a. a. O.): sie tritt bei kräftigen Herzen früher und leichter ein, als bei geschwächten. Bei manchen Thieren (Katze, Vögel) ist völliger Herzstillstand durch Vagusreizung von vornherein schwer oder gar nicht erzielbar. Beide Vagi wirken selten genau gleich.

Wie die Wirkung des N. vagus auf das Herz zu deuten sei, ist bis heute nicht aufgeklärt. Einige nehmen eine Verbindung der Vagusfasern mit intrakardialen Ganglienzellen an, deren Function die Hemmung sein soll; eine solche ist aber anatomisch nicht nachgewiesen. Andere lassen den Vagus direct auf die Herzmuskelfasern wirken. Dass ein Nerv die Muskelthätigkeit hemmen statt anregen kann, ist bei Crustaceen (Krebsscheere) und Muscheln länger bekannt (Biedermann, s. später), neuerdings auch beim Wirbelthiere nachgewiesen (Wedensky). Einen besonderen Beweis für die in Rede stehende Vorstellung sieht Gaskell in dem elektromotorischen Verhalten des Herzens bei der Vagusreizung (s. später).

[1] A. A. P., 1838. S. 87.
[2] Omodei Annali di med., 1846; R. Wagner's Handwörterb. d. Physiol., III. 2. S. 42.
[3] Ibid., III. 1. S. 415; Arch. f. physiologische Heilkunde. V. S. 319—348. 540—612.
[4] Prager Vierteljahrsschr., C., S. 30.
[5] C. m. W., 1875. S. 405.
[6] Travaux du lab. de Marey. II. S. 299.
[7] J. P., XVIII, 161.

Schwache Vagusreizung kann Beschleunigung statt Verlangsamung der Herzthätigkeit bewirken [Schiff[1], Gianuzzi[2], Moleschott[3]]. Dasselbe thut der misshandelte oder degenerirte Vagus. Man erklärt dies Verhalten jetzt meist durch das Vorhandensein von beschleunigenden neben den verlangsamenden Vagusfasern.

Vom Gangl. cervicale inf. und thoracicum supremum (stellatum) führen Nervenfasern zum Herzen, deren Reizung **Beschleunigung** des Pulses hervorruft [v. Bezold[4], Cyon[5], Schmiedeberg[6])]. Mit dem Centralnervensystem stehen sie durch den Halssympathicus, sowie durch Rr. communicantes des Rückenmarkes in Verbindung.

Der Erfolg der „Accelerans"-Reizung hat eine kürzere Latenzzeit als derjenige der Vagusreizung. Bei gleichzeitiger Vagus- und Acceleransreizung wird die beschleunigende durch die hemmende Wirkung (mit Einsetzen dieser letzteren) stets überwunden. Der Mechanismus der beschleunigenden Nervenwirkung ist ebenso dunkel wie derjenige der hemmenden.

Nach Pawlow[7] soll die Schwächung und Verstärkung der Herzthätigkeit, welche sich durch Sinken resp. Steigen des Blutdruckes kundgibt, unabhängig sein von den Veränderungen der Frequenz; diese Unabhängigkeit sei bei gewissen Vergiftungen (Convallamarin) zu erkennen. Demnach gäbe es vier Arten Herznervenfasern: erregende und hemmende, beschleunigende und verlangsamende.

Schneidet man beide Vagi eines Säugethieres durch, so tritt, abgesehen von später zu besprechenden Störungen anderer Functionen, Beschleunigung der Herzthätigkeit ein (nicht so beim Kaltblüter): es fliessen also beständig die Herzthätigkeit hemmende Vorgänge von dem Centrum durch den Vagus zum Herzen: der Herzvagus ist „tonisch innervirt". Ob etwas Entsprechendes auch für die beschleunigenden Herznerven gilt, ist unsicher; meist wird es verneint.

Die tonische Innervation des Herzvagus dürfte auf reflectorischem Wege zu Stande kommen, d. h. dadurch, dass das Centrum durch centripetale Bahnen beständig Impulse erhält, welche es zur Herzhemmung durch Vermittlung der Vagi veranlassen. Reflectorische Herzhemmung ist durch Reizung sehr vieler centripetaler Nerven möglich; bei den meisten kann auch Beschleunigung reflectorisch ausgelöst werden; ob das Eine oder das Andere eintritt, ist von der Art und dem Zustande des Thieres, der Art und der Stärke des Reizes

---

[1] Arch. f. physiol. Heilk., VIII, S. 209, 442; Untersuchungen zur Naturlehre des Menschen, VI. S. 201; X. S. 98.
[2] Ricerche gab. fisiol. Siena, 1871/72. S. 3—33.
[3] Moleschott. Unters., VII. S. 401; VIII. S. 52, 572, 601.
[4] C. m. W., 1866, S. 833; Untersuch. Würzb. physiol. Lab., II. S. 226.
[5] C. m. W., 1866. S. 801; A. A. P., 1867. S. 389.
[6] Ac. L., 1870. S. 135; 1871. S. 148.
[7] A. (A.) P., 1887. S. 498.

u. s. w. abhängig. Anschaulich zeigt die reflectorische Herzhemmung der Goltz'sche Klopf- oder Quarrversuch: auf rhythmisches Klopfen der Bauchdecken des Frosches steht dessen Herz still. Herzstillstand auf reflectorischem Wege kann von den Athemwegschleimhäuten aus durch Vermittlung des Trigeminus zu Stande kommen. So ist der gelegentlich vorgekommene „primäre Herzcollaps" im Beginne der Aether- oder Chloroformnarkose gedeutet worden.

Die tonische Innervation des Vagus fehlt beim Neugeborenen, sowie bei Winterschläfern im Winterschlaf; auch kann hier Vagusreizung unwirksam gefunden werden [v. Anrep[1]), Soltmann[2])].

Die Wirksamkeit der Vagi auf's Herz wird aufgehoben durch manche Gifte, vor Allen Atropin: Pulsbeschleunigung bei Atropinvergiftung. Auch Nikotin thut das Gleiche nach vorausgehender Vagusreizung: erst Verlangsamung, dann Beschleunigung der Herzthätigkeit. Der Angriffspunkt der Gifte ist natürlich ebenso streitig, wie der Mechanismus der Vaguswirkung selbst.

Von den anatomischen Kennzeichen der **Arterien** sei hier an den Reichthum an elastischen Elementen erinnert. Diese befähigen die Arterien als elastische Schläuche zu der wichtigen Function, die durch die Pumpwirkung des Herzens erzeugte stossweise Flüssigkeitsströmung in eine continuirliche zu verwandeln. Dies erfolgt dadurch, dass der systolische Blutstrom die dem Herzen zunächst gelegenen Partien der Arterienwand ausdehnt und anspannt; mit Nachlassen des systolischen Druckes treibt die sich zusammenziehende Arterienwand nun ihrerseits das Blut vorwärts. Es handelt sich also um Aufspeicherung eines Theiles der lebendigen Kraft des Herzens als elastische Spannkraft der Arterienwand, welche hernach wieder in lebendige Kraft des Flüssigkeitsstromes umgesetzt wird. Man hat diese Rolle der Wandelasticität der Arterien verglichen mit derjenigen, welche die elastische Luft im Windkessel einer Feuerspritze spielt. Grundbedingung des Vorganges in beiden Fällen ist natürlich die fast vollständige Unzusammendrückbarkeit der tropfbaren Flüssigkeiten.

Aus der eben gegebenen Beschreibung des Vorganges in den Arterien folgt ohne Weiteres, dass die durch jeden Herzschlag verursachte Erweiterung sich wellenartig in jeder Arterie fortpflanzen muss, zugleich mit einer durch jenen erzeugten Steigerung des Druckes über ein der mittleren Intensität des continuirlich gemachten Flüssigkeitsstromes entsprechendes Maass hinaus. Denn indem das centrale Arterienstück seiner Elasticität entsprechend sich

---

[1]) A. g. P., XXI. 78.
[2]) Jahrb. f. Kinderheilk., XI. 1877.

wieder zusammenzieht, erweitert es durch Druck auf seinen Inhalt das nächstliegende Stück; dieses beginnt wieder sich zu contrahiren, wenn das erstere zur Ruhe gekommen ist u. s. w. Es pflanzt sich also eine Art Wellenberg längs des elastischen Arterienrohres fort: „Pulswelle", dem tastenden Finger durch Emporgehobenwerden bei ihrem Passiren als „Puls" fühlbar. Dabei wird der Arterieninhalt in einer continuirlichen Bewegung erhalten, deren Geschwindigkeit, ebenso wie der Druck im Inneren, phasischen Schwankungen von gleicher Frequenz wie der Herzschlag unterliegt. Die Fortpflanzungsgeschwindigkeit der Pulswelle ist von der Geschwindigkeit des Blutstromes auf's Strengste zu unterscheiden, worauf hier besonders aufmerksam gemacht wird.

Nach den Versuchen und Berechnungen von E. H. Weber[1]) ist die Fortpflanzungsgeschwindigkeit der Pulswelle fast gar nicht abhängig vom Druck, resp. der Kraft der Pumpwirkung, sondern wesentlich von dem Material und den Dimensionen des elastischen Rohres und der Beschaffenheit der sich darin bewegenden Flüssigkeit. Nach Moens[2]) ist sie $= k \cdot \sqrt{\frac{g \cdot e \cdot a}{s \cdot d}}$, wenn e der Elasticitätsmodulus der Rohrwand, a ihre Dicke, d der Rohrdurchmesser, s die Dichte der Flüssigkeit, g die Erdschwere und k eine Constante ist.

Die Pulswelle lässt sich graphisch untersuchen durch Registrirung: 1. der Druckschwankungen; 2. der Volumschwankungen; 3. der Geschwindigkeitsschwankungen.

Die Registrirung des Blutdruckes in den Arterien ist das erste Object autographischer Darstellung in der Physiologie gewesen (s. oben S. 59).

Verbindet man durch eine Canüle und mit gerinnungshemmender Flüssigkeit gefüllte Rohrleitung eine Arterie mit dem registrirenden Quecksilbermanometer, so zeichnet dasselbe (neben grösseren, den Athemzügen entsprechenden) mit den Pulswellen synchronische Schwankungen auf, Fig. 13, welche wegen der Trägheit des Quecksilbers deren zeitlichen Verlauf nicht richtig darstellen. Indessen ist das Instrument immer noch werthvoll und vielgebraucht überall, wo es hierauf weniger ankommt, also zur Bestimmung gröberer und länger dauernder Veränderungen des Blutdruckes (durch Nervenreize, Gifte u. s. w.). Um die mittlere Ordinate der Druckcurve zu erhalten, müsste man den Flächeninhalt für ein gegebenes Stück zwischen Curve und Abscissenachse berechnen und durch die Abscissenlänge dividiren. Einfacher geschieht die Bestimmung des Flächeninhaltes durch Wägung des längs der Curve und Abscissenachse herausgeschnittenen Papierstückes, wenn dessen Gewicht pro Flächeneinheit (Quadratcentimeter) bekannt ist (Volkmann[3]).

[1]) Ac. L., 1850, S. 164.
[2]) „Die Pulscurve"; Leiden 1878. S. 87.
[3]) „Die Hämodynamik", 1850.

Auch vermittelst starker Dämpfung des Hg-Manometers durch einen derartig engen Hahn, dass die Pulsschwankungen wegfallen, lässt sich die Höhe des mittleren Blutdruckes direct aufzeichnen.

Der Mittelwerth, um welchen der arterielle Druck oscillirt, ist auch ohne graphische Methode ungefähr zu bestimmen: er wurde durch ein mit der Arterie verbundenes Steigrohr zuerst am Pferde von Hales (s. o.) gemessen und zu 8 Fuss 3 Zoll Blutsäule im Maximum angegeben. Seit Poiseuille (s. o.) wird derselbe in Millimeter Quecksilber angegeben; er beträgt je nach Thierart und Grösse der Arterie zwischen 90 und 200 (beim Pferd u. s. w. noch mehr) Millimeter Hg; beim Hunde z. B. in der Aorta 150—180 mm Hg. In der Art. femoralis resp. brachialis des Menschen wurde bei Gelegenheit von Amputationen [Faivre[1])] der Druckwerth zu 110 bis 120 mm Hg ermittelt.

Zur Ermittlung des Blutdruckes ohne Verletzung beim Menschen ist folgendes Princip angewendet worden: Comprimirt man eine oberflächlich gelegene

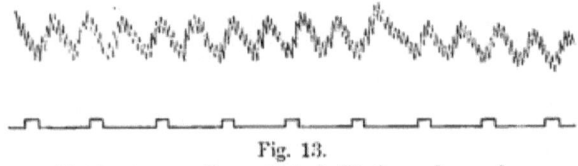

Fig. 13.
Blutdruckcurve (junge Katze). Fünfsecundenmarken.

Arterie, bis peripherisch von der Compressionsstelle der Puls verschwindet, so ist der aufgewendete Druck ein Maass für den Blutdruck in der Arterie. Gemessen wird jener durch das Sphygmomanometer von v. Basch[2]) und ähnliche Apparate. Das Verfahren eignet sich weniger für genaue Ermittlung absoluter Druckwerthe, als für Vergleichung des Druckes unter verschiedenen Umständen bei demselben Individuum.

Besonders zu beachten sind die mit den Athemphasen synchronischen Veränderungen des Blutdruckes, die „respiratorischen Blutdruckschwankungen". Das Verhältniss ihrer Phasen zu denjenigen der Athmung differirt bei verschiedenen Thierarten: beim Kaninchen, bei der Katze, beim Pferde und auch beim Menschen (an der Pulscurve studirt, Riegel, Knoll, Schreiber u. A.) steigt der Blutdruck während der Exspiration und fällt während der Inspiration; beim Hunde, Schweine u. A. liegt dagegen das Maximum des Blutdruckes zu Beginn der

[1]) Gaz. méd., 1856, S. 727.
[2]) Zeitschr. f. klin. Med., II. S. 79; Wiener m. W., 1883.

Exspiration und das Minimum zu Beginn der Inspiration, so dass das Phasenverhältniss beinahe umgekehrt ist.

Bei den erstgenannten Thierarten dominirt als Hauptfactor die Wirkung der intrathorakalen Druckänderungen (s. u.): die während der Inspiration vermehrte Aspiration des Thorax wirkt erweiternd auf die grossen Gefässe und hindernd auf die Ventrikelsystole, und das Umgekehrte findet während der Exspiration statt [Einbrodt[1]. Talma[2] u. A.]. Dieser rein mechanische Factor [zu welchem sich noch die Veränderung der Lungengefässweite -- de Jager[3], Fredericq[4] u. A. -- gesellt], wird compensirt und in seiner Wirkung übertroffen beim Hunde etc. durch einen anderen, nervösen Factor: durch Vermittlung der Vagi nimmt während der Inspiration die Pulsfrequenz zu, während der Exspiration ab, womit eine entsprechende Beeinflussung des Blutdruckes verbunden ist [Einbrodt[5], Hering[6], Zuntz[7] u. A.]. Offenbar handelt es sich um eine innere Verknüpfung des Vaguscentrums mit dem Athemcentrum, dessen inspiratorische Thätigkeit mit der Thätigkeit jenes anderen sich verbindet; in Folge der Latenzzeit des Vagus (s. o.) verspätet sich die Wirkung. Die Blutdruckcurve zeigt oft auch Schwankungen mit längerer Periodik (Traube-Hering'sche Wellen), die auf Schwankungen in der Thätigkeit des Gefäss- und Vaguscentrums bezogen werden[8].

Den zeitlichen Verlauf der pulsatorischen Druckänderungen in einer Arterie ermittelt man ebenso wie diejenigen des intrakardialen Druckes durch die elastischen Manometer (Tonographen). Curvenbeispiel s. Fig. 10, *A*.

Die **Form der Pulswelle** wird durch verschiedene, besonders pathologische Umstände dermassen modificirt, dass die Untersuchung des Pulses von jeher Hauptobject der ärztlichen Diagnostik war und bald nach Erfindung der physiologischen Graphik der Ersatz des tastenden Fingers durch ein registrirendes Instrument angestrebt wurde [Vierordt[9]]. Das erste brauchbare, eigentlich unübertroffene derartige ist Marey's Sphygmograph[10].

Bei demselben wird eine „Pelotte" durch eine Feder auf die Haut über der oberflächlich verlaufenden Arterie angedrückt, mit einer Kraft, welche durch Verstellbarkeit der Feder regulirbar ist. Die Bewegungen werden durch einen

---

[1] Ac. W., XL, 1860; Moleschott's Unters., VII, 265.
[2] A. g. P., XXIX, 318, 336.
[3] A. g. P., XXVII, 152, XXXIII, 24, XXXVI, 309.
[4] Archives de Biologie, III, 75.
[5] a. a. O.
[6] Ac. W., LXIV, 333.
[7] A. g. P., XVII, 398.
[8] Traube, Ges. Beitr. zur Physiol. und Pathol., I, 321, 386; Hering, Ac. W., LX, 829; Fredericq, a. a. O.
[9] „Die Lehre vom Arterienpuls". Braunschweig 1855.
[10] Journ. de la physiol., III, S. 243, 1860.

Schreibhebel, welcher durch Zahn und Trieb mit der Pelotte verbunden ist, in vergrössertem Maassstabe auf einem durch ein kleines Uhrwerk vorbeigezogenen Papierstreifen registrirt.

Die so erhaltenen Curven sind „Druckcurven, bei denen der Werth der Ordinaten unbekannt bleibt" [v. Frey¹)], resp. von Versuch zu Versuch wechselt.

Die Tonographen- sowohl als auch die Sphygmographencurve (Fig. 14) zeigt stets einen steileren Aufstieg bis zu einem Maximum und einen minder steilen Abfall. Auf dem absteigenden Schenkel findet sich regelmässig eine zweite „dikrote" Zacke, auch als „Rückstosselevation" bezeichnet.

Die Art des Zustandekommens dieser zweiten Drucksteigerung ist streitig, indem zwei Ursachen behauptet werden: 1. Centrale Entstehung: Zurückweichen des Blutes aus der Aorta im Beginne der Diastole bis zum Schlusse der Semilunarklappen und erneute Drucksteigerung, „Rückstoss", bei deren Anspannung [Grashey²), Edgren³), Hürthle⁴)]. 2. Peripherische Entstehung durch Reflexion der Pulswelle an den Theilungsstellen des Arteriensystems.

Jedenfalls ist die sogenannte Rückstosselevation etwas durchaus Thatsächliches; sie rührt nicht von Fehlern der Apparate her (Marey und Buisson);

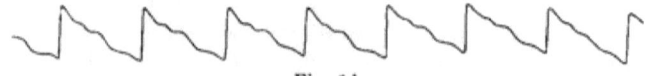

Fig. 14.
Sphygmographencurve von der menschl. Art. radialis.

sie wird auch dann erhalten, wenn die Bewegungen der Arterienwand durch einen Lichtstrahl, als gewichtlosen Schreibhebel, angezeigt oder registrirt werden, indem man auf dem Vorderarme über der Art. radialis ein Spiegelchen befestigt und den von diesem reflectirten Lichtstrahl an der Wand [Czermak⁵)], resp. auf eine vorbeibewegte lichtempfindliche Fläche [Bernstein⁶)] auffallen lässt; endlich auch, wenn man den Blutstrahl direct aus einer feinen Oeffnung in der Arterie ausspritzen lässt und auf einer vorbeibewegten Papierfläche auffängt: hämautographisches Verfahren von Landois⁷), Fredericq und Nuel⁸) u. A.

Der normale Puls ist also „dikrot"; diese Dikrotie kann verstärkt werden durch Erschlaffung der Arterienwand (Fieber, Amylnitrit u. s. w.). Ausser der dikroten Zacke finden sich ziemlich regelmässig auf dem absteigenden Schenkel kleinere Erhebungen („katakrote Zacken", „Elasticitätsschwankungen"), seltener auch auf dem aufsteigenden („anakrote Zacken"). Ueber die vielen Modificationen durch pathologische Umstände (z. B. betreffend die sogenannte Celerität, d. h. Steil-

---

¹) „Die Untersuchung des Pulses", Leipzig 1892.
²) „Die Wellenbewegung elastischer Röhren." Leipzig 1881.
³) Skand. Arch. f. Physiol., I, S. 96.
⁴) A. g. P., XLIX, S. 78 ff.
⁵) Ac. W., XLVII, S. 438.
⁶) Fortschr. d. Med., 1890, S. 130.
⁷) A. g. P., IX, S. 73.
⁸) Éléments de physiol., Paris 1889.

heit des Aufsteigens und Abfallens der Curve: pulsus celer bei Aorteninsufficienz, pulsus tardus bei Greisen) vgl. die diagnostischen Lehrbücher.

Schliesst man den Arm eines lebenden Menschen luftdicht in einen Cylinder ein, welcher mit einer volumregistrirenden Vorrichtung in Verbindung steht, so erhält man die Curve der **Volumveränderungen** desselben [„Plethysmographie", Mosso[1]), Fick[2]), Kronecker[3]) u. A.], welche, da der Abstrom durch die Venen constant ist, den zeitlichen Verlauf des durch die Arterien stattfindenden Zustromes (Füllungsstromes, daher „Plethysmo-") von Blut angibt. Sie hat eine gewisse Aehnlichkeit mit der Druckpulscurve. Ihre Steilheit an jedem Punkte gibt natürlich die Grösse der jeweiligen Veränderung des Zustromes an; man kann daher aus derselben die Curve des zeitlichen Verlaufes der Stromgeschwindigkeit in den Arterien construiren [Fick[4])], aber nicht deren absolute Werthe berechnen.

Zur Ermittlung der mittleren **Strömungsgeschwindigkeit** in einer Arterie hat man in ihren Verlauf einen Raum von bekanntem Inhalte eingeschaltet und die Zeit gemessen, welche das Blut benöthigt, um ihn zu füllen: Hämodromometer von Volkmann[5]), Stromuhren von Ludwig[6]) und Tigerstedt[7]).

Bei den Stromuhren lässt man, wie bei einer Gasuhr, den Strom längere Zeit durchgehen und zählt die Füllungen, indem jedesmal eine Oelschicht (Ludwig) oder eine Kugel (Tigerstedt), welche zur Abgrenzung dient, an's Ende des Raumes getrieben und dieser im nämlichen Momente umgedreht wird, derart, dass die Eintrittsöffnung zur Austrittsöffnung wird und umgekehrt.

Die directe Registrirung des zeitlichen Verlaufes der Geschwindigkeit kann durch ein in den Strom tauchendes Pendel erfolgen [Hämotachometer von Vierordt[8]), Hämodromograph von Chauveau und Lortet[9])], oder nach dem Principe der Pitot'schen Röhre: die Differenz zwischen Seitendruck und Axialdruck ist proportional der Geschwindigkeit des Stromes; die Schwankungen dieser Differenz werden photographisch registrirt [Photohämotachometer von Cybulski[10])].

---

[1]) Ac. L., 1874. S. 208.
[2]) Untersuch. Züricher physiol. Labor., I, 50—70.
[3]) Zeitschr. f. Instrumentenk., 1889. 289.
[4]) a. a. O.
[5]) Hämodynamik, S. 185 ff.
[6]) Siehe Dogiel, Ac. L., 1867, S. 199; auch Stolnikow, A. (A.) P., 1886, S. 6; Pawlow, ibid., 1887, S. 152; Bohr, Skand. Arch. f. Physiol., II. 238.
[7]) Ibid., III, 151.
[8]) Die Ersch. etc. der Stromgeschw. des Blutes; Frankf. a. M. 1858.
[9]) Journal de la physiol., III, 695; 1866. Lortet, Recherches etc., Paris 1867.
[10]) A. g. P., XXXVII. 382.

Das Fick'sche Princip (s. o.) benützte v. Kries[1] zur Registrirung, indem er den Plethysmographencylinder mit einem Gasbrenner verband: die Zuckungshöhen der Flamme sind der Geschwindigkeit der ausgetriebenen Luft proportional, so dass durch photographische Registrirung der Flammenbewegung die verlangte Geschwindigkeitscurve resultirt: „Flammentachographie". Die so erhaltene Curve steigt steil an und ebenso ab, darauf folgt eine zweite starke Elevation und mehrere kleinere. Die Maxima von Sphygmogramm und Tachogramm fallen nicht immer zusammen, was für eine Reflexion der Pulswelle zu deuten ist, welche allein oder mit anderen Factoren (s. o.) die Ursache der dikroten Zacke bildet (v. Kries[2])].

Die Strömung des Blutes in den **Capillaren** lässt sich an geeigneten Objecten (Lunge, Schwimmhaut, Zunge, Mesenterium des Frosches und andere) direct beobachten (Malpighi 1661, Leeuwenhoek). Man sieht die oft durch Anhaften der Leukocyten an die Wand gehemmte Bewegung der einzelnen Blutzellen und kann durch Anwendung eines Mikrometers deren Geschwindigkeit messen, welche zwischen 0·2 und 0·5 mm. in der Secunde schwankt, also sehr klein ist. Den Druck in den Capillaren hat man zu ermitteln gesucht, indem man auf die Oberfläche eines Körpertheils ein Glasplättchen brachte und mit Gewichten so lange beschwerte, bis die Haut darunter erblasste [Ludwig und v. Kries[3])]; man fand so Werthe von 20—40 mm Hg. Umschnürt man den Finger centralwärts von der Stelle des Versuches, so erhält man Werthe, welche dem arteriellen Blutdrucke gleichkommen.

Die Pulswelle wird durch die vielfache Theilung und immer grössere Verengung der Arterien immer mehr geschwächt („gedämpft"), bis sie in den Capillaren schliesslich verschwindet; doch kann sie pathologisch auch hier noch sich bemerkbar machen, wenn das Herz andauernd verstärkt arbeitet und schliesslich die Capillaren sich erweitern (Aorteninsufficienz): „Capillarpuls". Für gewöhnlich strömt aber das Blut in den Capillaren in continuirlichem Strome.

Dasselbe gilt für die **Venen**. Diese haben einen etwas grösseren Gesammtquerschnitt, als das Arteriensystem, dem entsprechend ist auch die mittlere Strömungsgeschwindigkeit etwas geringer.

Sehr gering ist der Druck in den Venen; ja, er wird in den grossen Venenstämmen kleiner als der Luftdruck,

---

[1] A. (A.) P., 1887, 254.
[2] a. a. O., S. 274.
[3] Ae. L., 1875, S. 148.

„negativ", wie man meist sagt, in Folge der Aspiration des Thorax (darüber siehe unten, S. 102).

Dass eine active Ansaugung in der Herzdiastole, welche die centripetale Blutbewegung in den Venen unterstützen sollte, unwahrscheinlich ist, ist schon oben auseinandergesetzt worden. Dagegen verhindern das Rückwärtsfliessen die Venenklappen. Sie sind, ebenso wie die Aspiration des Thorax, von besonderer Bedeutung für die Strömung des Blutes in den Venen der unteren Körperhälfte, weil hier die Schwerkraft der Stromrichtung nach dem Herzen entgegenwirkt. Ueber diesen Punkt siehe Weiteres unten.

Im **Lungenabschnitt des Blutkreislaufes** sind die Widerstände viel kleiner als in dem Körperabschnitt, weil das Capillarnetz hier aus weiteren Röhren besteht und die Gesammtbahn kürzer ist. Dem entsprechend ist der Seitendruck in der Art. pulmonalis bedeutend kleiner, als derjenige in der Aorta, etwa $1/2$ — $1/3$ desselben, und die mittlere Geschwindigkeit muss bei der kurzen Bahn gleichfalls kleiner sein, da ja die vom rechten Ventrikel ausgeworfene Blutmenge diese in der nämlichen Zeit zu durchlaufen hat, in welcher die gleich grosse vom linken Ventrikel ausgeworfene Menge den Körperkreislauf durchmacht.

Doppelt so gross als jeder dieser beiden Werthe ist die Gesammtzeit, welche die vom linken Herzen ausgeworfene Blutmenge braucht, um ebendahin zurückzukehren, die **„mittlere Kreislaufsdauer"**. Von dieser haben wir zunächst zu unterscheiden die kürzeste Zeit, welche ein Bluttheilchen braucht, um auf den nämlichen Punkt zurückzukommen.

Man hat dieselbe zu eruiren gesucht, indem man eine leicht nachweisbare Substanz (Ferrocyankalium, Eduard Hering[1]), nachweisbar durch die Berlinerblaureaction; Vogelblut, kenntlich an den elliptischen Erythrocyten, Smith[2])] in das centrale Ende einer Vene injicirte und in kurzen Zwischenräumen Proben aus dem peripherischen Ende ebenderselben Vene untersuchte: Man fand die ersten Spuren der Testsubstanz durchschnittlich nach 27 Herzschlägen, was für den Menschen 23 Sec. als Zeit für ein Bluttheilchen bedeutet, um auf dem kürzesten Wege den Kreislauf durchzumachen.

Die offenbar grössere mittlere Kreislaufsdauer muss gleich dem Quotienten sein: Gesammtblutmenge dividirt durch das Blutquantum, welches in der Secunde den Aorteneingang passirt. Dieses „Secundenvolumen" wieder ergibt sich bei bekannter Pulsfrequenz ohne Weiteres aus der Blutmenge, welche das linke Herz bei jeder Systole auswirft, und umgekehrt.

---

[1] Zeitschr. f. Physiol., III, 85; 1829; V, 58; 1833; — Archiv f. physiol. Heilkunde, XII, 112; 1853.
[2] Transact. Coll. physicians Philadelphia (3). VII. S. 133.

Letztere wichtige Grösse, das **„Schlagvolumen"**, hat man so durch Multiplication der experimentell gefundenen (resp. aus der beobachteten Carotis-Geschwindigkeit berechneten) Stromgeschwindigkeit in der Aorta mit dem Querschnitt derselben und Reduction auf die Systole zu bestimmen gesucht; ihre Grösse ist aber streitig.

Mit den Mitteln ihrer Zeit bestimmten Volkmann[1]) und Vierordt[2]) das Schlagvolumen zu $1/_{40}$) des Körpergewichtes, für den Menschen = 180 ccm; dies ergäbe bei 5·6 Liter Gesammtblut und einer Pulsfrequenz von 72 eine mittlere Kreislaufsdauer von 26 Sec., also wenig grösser, als die oben erwähnte kürzeste Kreislaufszeit. Neuere Autoren [Howell und Donaldson[3]). Johansson und Tigerstedt[4])] fanden indessen am Hunde durch genauere Methoden der Messung der Stromgeschwindigkeit höchstens $1/_{700}$ des Körpergewichtes für das Schlagvolumen, = 80 ccm für den Menschen. Dieser Werth entspricht auch den von Fick[5]), Gréhant und Quinquaud[6]), Zuntz[7]) auf Grund anderer Thatsachen gegebenen Schätzungen. Berücksichtigt man z. B., dass das arterielle Blut 7% O_2 mehr enthält als das venöse (s. später, S. 94), dass wir ferner in der Minute ca. 360 ccm O_2 aufnehmen, so muss die Menge Blut, welche in jeder Minute die Lunge passirt, $= \frac{100 \cdot 360}{7}$ ccm sein. Dieser Werth, dividirt durch 72, also ungefähr 70 ccm, ergibt das Schlagvolumen des rechten Herzens, welchem dasjenige des linken natürlich gleich ist.

Multiplicirt man das Schlagvolumen mit dem Druck in der Aorta, resp. Art. pulmonalis, gemessen als Höhe der Blutsäule, so erhält man, entsprechend dem Grundsatze der Dynamik, dass die geleistete Arbeit gleich dem Product aus Hubhöhe mal gehobenem Gewichte ist, die **vom** linken, resp. rechten **Herzen** bei jeder Systole **geleistete Arbeit;** setzt man das Schlagvolumen gleich 80 ccm (s. o.), die Blutsäule in der Aorta gleich 250 cm, so ist jene = 20 000 gcm = 0·2 kgm; nimmt man an, dass das rechte Herz dreimal weniger zu leisten braucht, so wäre die gesammte Herzarbeit per Systole = 0·27 kgm, also per Minute bei 72 Schlägen ca. 20 kgm, in 24 Stunden = 28 800 kgm.

Die älteren, auf dem grösseren Werthe des Schlagvolumens beruhenden Werthe sind dem entsprechend grösser.

Viele Thatsachen, vor Allem das Röther- und Blässerwerden der Haut bei Temperaturänderungen oder psychischen Einwirkungen,

---

[1]) Hämodynamik. Leipzig 1850. S. 204.
[2]) Erscheinungen etc. der Stromgeschwindigkeit des Blutes: Frankfurt a/M. 1858, S. 104.
[3]) Philos. Transact., 1884, B, S. 139.
[4]) Skand. Arch. f. Physiol., I. 331; II. 431.
[5]) Unters. phys. Lab. Zürich. I. S. 66. 1869.
[6]) C. rend. Soc. biol., 1886. 159.
[7]) D. M. W., 1892. S. 109.

deuten darauf hin, dass die **Gefässweite durch Nerventhätigkeit beeinflusst wird**. Besonders die Arterien haben eine kräftige Wandmusculatur, von welcher anzunehmen ist, dass sie eigene Nerven besitzt.

Diese **Gefässnerven** entdeckte Cl. Bernard 1851[1]), indem er fand, dass Durchschneidung des Halssympathicus beim Kaninchen das gleichseitige Ohr röther und heisser werden lässt, bei Reizung des peripherischen Stumpfes jenes Nerven dagegen die Ohrmuschel erblasst. Der N. sympathicus führt also Fasern, welche die Ohrmuschelgefässe **verengern**, „Vasoconstrictoren", und beständig in einem gewissen Grade der Contraction erhalten: „Tonische Innervation" (s. S. 73).

Durch die Beobachtung desselben Forschers[2]), dass auf Reizung der Chorda tympani eine bedeutende Blutfülle der Gefässe der Submaxillardrüse eintritt, derart, dass aus den Venen das Blut mit hellrother Farbe und unter hohem Drucke hervorquillt, war das Vorhandensein einer zweiten Kategorie von Gefässnervenfasern erwiesen, welche die Gefässe **erweitert**: „Vasodilatatoren".

Die seitdem über Verbreitung und Verlauf beider Arten von Gefässnerven angestellten Untersuchungen sind einerseits so zahlreich, andererseits in manchen Ergebnissen von einander abweichend, dass hier nur einiges besonders Wichtige erwähnt werden kann. Die Methodik der betreffenden Untersuchungen besteht theils in Beobachtung des arteriellen Blutdruckes, oft combinirt mit derjenigen des Druckes in den abführenden Venen, theils in Registrirung des Volumens der betreffenden Organe oder Glieder durch geeignete Vorrichtungen [Plethysmographen, Onkograph von Roy[3])]; besonders letztere Methode hat in neuerer Zeit werthvolle Resultate geliefert.

Im Allgemeinen stammen die Gefässnervenfasern aus dem Rückenmark, aus welchem sie durch die vorderen Wurzeln der Spinalnerven und die rami communicantes in den Grenzstrang des Sympathicus eintreten, um aus dessen Ganglien theils zu den grossen Nervenstämmen zu treten, theils die Nervenplexus des Unterleibes und der grossen Gefässe zu bilden [Budge[4]) und Waller[5]), Langley[6])]. Näheres siehe später unter „Sympathicus".

Die Vasomotoren des Kopfes — Ohr, Wange, Lippe, Stirn; Coniunctiva und Iris; Speicheldrüsen, Zunge; wahrscheinlich auch Gehirn, Aderhaut und

---

[1]) C. rend. soc. biol., 1851, p. 163.
[2]) Journal de la physiologie, I, p. 651; 1858.
[3]) J. P., III, 203.
[4]) C. R., XXXVI, 378.
[5]) C. R., XXXVI, 381.
[6]) J. P., XVII, 269; XVIII, 67; XIX, 71; XX, 372.

Netzhaut stammen aus dem oberen Brusttheile des Rückenmarkes, laufen in den rr. communicantes des 2. bis 5. Brustnerven zum Grenzstrang, gehen aus dem Gangl. stellatum durch die Ansa Vieusseni zum Gangl. cervicale inferius und verlaufen im Halssympathicus aufwärts zum Kopfe, wo sie theils mit Hirnnervenstämmen, theils mit den Gefässen (Plexus caroticus) die betreffenden Organe erreichen [Bernard[1], Dastre und Morat[2]), Langley[3] u. A.]. In den gleichen Bahnen bis zum Cervicalganglion verlaufen auch die Vasomotoren der Brusteingeweide, von da abwärts zur Lunge [R. Bradford und Dean[4], François-Franck[5])]. Durch den Vagus sollen die Coronargefässe des Herzens vasoconstrictorische Fasern (nach W. T. Porter[6])] erhalten [nach N. Martin[7]) erweiternde]. Von ganz besonderer Wichtigkeit sind die Vasomotoren der Baucheingeweide, welche aus dem unteren Brust- und oberen Lendentheil des Rückenmarkes zum Grenzstrang des Sympathicus laufen und sich im N. splanchnicus sammeln. Dieser versorgt sämmtliche Theile des Darmes, Leber, Milz u. s. w. mit gefässverengernden Fasern; seine Reizung hat wegen dieses grossen Gebietes, welches er versorgt, eine starke Steigerung, seine Durchschneidung einen starken Abfall des allgemeinen arteriellen Blutdruckes zur Folge [Asp[?], Bezold und Bever, Ludwig und Cyon]

Die Haut der oberen Extremitäten erhält ihre gefässverengernden Nerven vom 4. bis 9. r. communicans thoracic. [Bayliss und Bradford[9])], diejenige der unteren vom 11. bis 13. thoracic. und 1. bis 2. lumbalis.

Zusammen mit den meisten gefässverengernden Fasern verlaufen auch gefässerweiternde, welche von jenen oft schwierig zu trennen sind. Man kann ihre Existenz nachweisen: 1. durch verschiedenen Ursprung; 2. durch Reizerfolg mit schwächeren und weniger frequenten Inductionsströmen, als sie für Gefässverengerung nöthig sind [Bowditch und Warren[10])]; 3. durch langsamere Degeneration nach der Durchschneidung [Ostroumoff[11])]. So erhalten die Kopforgane Vasodilatatoren durch den Halssympathicus [Jolyet und Laffont[12]), Dastre und Morat[13])], die Extremitäten ebensolche aus den mittleren und unteren Rückenmarkstheilen; auch der Splanchnicus enthält dilatatorische Fasern [Bradford[14]), Johansson[15])].

[1]) Journal de la physiologie. V. p. 413.
[2]) Recherches sur le système nerveux vaso-moteur. Paris 1884.
[3]) Philos. Transact., CLXXXIII. B. S. 97.
[4]) Proceed. Roy. Soc. XLV, S. 369.
[5]) A. d. P. (5), VII, 744. 816.
[6]) Boston med. Journ., 1896. 9. Jan.
[7]) Transact. med. faculty Maryland, 1891, p. 291.
[8]) Ac. L., 1867, S. 136.
[9]) J. P., XVI, 10.
[10]) J. P., VII, 432.
[11]) A. g. P., XII, 228.
[12]) C. R. LXXXIX, S. 1038.
[13]) a. a. O., S. 160 ff.
[14]) J. P., X, 390.
[15]) Schwed. Veter.-Ak., Anh. XVI, 4. 1890.

Besondere Bedeutung haben die Vasodilatatoren der Generationsorgane, welche, aus dem unteren Rückenmark durch Vermittlung des plexus sacralis (nach François-Franck[1]) auch hypogastricus) kommend, in den Nn. erigentes [Eckhard[2]] verlaufen, nach Franck auch im N. pudendus internus vorhanden sind. Ueber ihre Function bei der Erection siehe später.

Die Gefässnerven haben **Centren** im verlängerten Mark und Rückenmark; ersteres in der Spitze des calamus scriptorius befindlich, ist als „übergeordnetes" zu betrachten. Durchschneidung des Halsmarkes, noch mehr Exstirpation der unteren und mittleren Rückenmarkstheile setzt den Blutdruck bis nahe an Null herab.

Nach neueren Beobachtungen kann der Gefässtonus merkwürdigerweise nach solchen eingreifenden Operationen wiederkehren [Gergens und Weber[3]; Ustimowitsch[4]; Goltz und Ewald[5]], was kaum anders gedeutet werden kann, als durch Annahme peripherischer ganglöser Apparate — theils in die Nervenbahnen eingeschalteter (sympathische Ganglien), theils in den Gefässwänden selbst vorhandener.

Durch ihre Verbindung mit zahlreichen centrifugalen Bahnen vermitteln die Gefässcentra im Rückenmark und höher reflectorische Gefässverengerung und -Erweiterung.

Centrale Reizung der meisten grossen Nervenstämme bedingt Blutdrucksteigerung, indem die vasoconstrictorische Wirkung, welche reflectorisch ausgelöst wird, überwiegt. Es werden aber Fasern mitgereizt, welche reflectorisch Vasodilatation veranlassen; es verlaufen in den gemischten Nerven „pressorische" und „depressorische" Fasern (durch besondere Mittel [Hunt[6]] unterscheidbar) zu den Gefässcentren. Die meisten Nervenreizungen bewirken in dem einen Organ Vasodilatation, in dem anderen Vasoconstriction, nur die Reizung gewisser centripetaler Vagusfasern hat rein reflectorisch-vasodilatatorischen Erfolg; dieselben bilden bei Kaninchen und Katze einen gesonderten, neben dem Vagus herlaufenden Strang: N. depressor von Cyon und Ludwig[7]; sie wirken wesentlich durch Reflex auf das Gebiet des N. splanchnicus (Hunt).

Locale Gefässreflexe bewirken das Roth- und Warmwerden der Haut durch den Wärme- und das Blass- und Kaltwerden durch den Kältereiz. Hierher gehört auch das Erröthen bei Amylnitrit-Inhalation.

Die Verbindung der Gefässcentren mit der Grosshirnrinde erklärt die psychischen Veränderungen des Gefässtonus:

---

[1] A. d. P. (5), VII, 122, 138.
[2] Beiträge zur Anat. u. Physiol., III. S. 140.
[3] A. g. P., XIII, 44.
[4] A. (A.) P., 1887. S. 190.
[5] Wiener klin. Wochenschrift, 1891, Nr. 27; A. g. P., LXIII, 362.
[6] J. P., XVIII, 381.
[7] Ac. L., 1866, S. 307.

Scham- und Zornesröthe, Erblassen durch Schreck u. s. w. Solche Wirkungen sind auch experimentell durch Hirnrindenreizung ausgelöst worden.

Auch von der Intima der Gefässe aus sollen Gefässreflexe hervorgerufen werden können. Ueber den Mechanismus der Erection s. später.

Die Gefässnervenfasern verlaufen im Rückenmark wenigstens grösstentheils ungekreuzt.

Von grosser Bedeutung sind die Gefässnerven für die **Regulirung des Kreislaufes als Ganzen**. Die früher angestellten hämodynamischen Betrachtungen behalten ihre Giltigkeit auch angesichts der Thatsache, dass die Blutbewegung eine in sich zurückkehrende, zum Kreise geschlossene ist. Man hat die Fundamentalerscheinungen — Druck- und Geschwindigkeitsverhältnisse, Pulswelle u. s. w. — an künstlichen „Kreislaufsschemata" (Weber) nachgeahmt. Wir haben nunmehr aber auch Verhältnisse zu berühren, welche von solchen Modellen kaum wiedergegeben werden können; hierher gehört der Einfluss äusserer Factoren, vor Allem des Lagewechsels, und derjenige der von der Herrschaft der Gefässnerven bedingten wechselnden Capacität der Gefässgebiete.

Die inneren Organe, vor Allem diejenigen des Unterleibes, fassen relativ viel mehr Blut, als der motorische Apparat (Muskel- und Nervensystem); Gscheidlen[1], Ranke[2]. Relativ kleine Schwankungen der Blutfülle jener müssen also die Versorgung dieses, besonders des in dieser Hinsicht äusserst empfindlichen Centralnervensystems bedeutend beeinflussen. Solche Schwankungen können rein mechanisch durch Lagewechsel — aus der horizontalen in die verticale Lage und umgekehrt — hervorgebracht werden. Dass die Schwere besonders den Rückstrom aus den unteren Körpervenen zum Herzen hemmt, ist einleuchtend (Pathologie der Varicenbildung). Man hat nun neuerdings vielfach die Wirkung des Lagewechsels auf den Blutdruck studirt, indem man das Thier um eine mit der untersuchten Arterie zusammenfallende Achse drehte (Hermann mit Blumberg und Wagner[3]; Hill[4]. Dabei lässt sich erkennen, dass die Ueberfüllung der unteren und Anämie der oben liegenden Organe durch die Wirkung der Gefässnerven verhindert wird; besonders die Contraction im Splanchnicusgebiet scheint für die Erhaltung der Blutversorgung des Kopfes von grosser Bedeutung zu sein.

Ob die Blutgefässe des Gehirns Gefässnerven besitzen, ist streitig. Die Circulation im Gehirn bietet anscheinend besondere Verhältnisse dar, weil das Gehirn in die starre Schädelkapsel eingeschlossen ist. Die Cerebrospinalflüssigkeit kann bei vermehrtem Blutzustrom nur zu geringem Theile abfliessen, weil das Organ ventilartig das Hinterhauptsloch versperrt; Vermehrter arterieller

---

[1] Unters. physiol. Labor., Würzburg, III. S. 154.
[2] Die Blutvertheilung und der Thätigkeitswechsel der Organe. Leipzig 1871.
[3] A. g. P., XXXVII. S. 467; XXXIX. S. 371.
[4] J. P., XVIII, 15.

Druck hat dann Compression der Capillaren und Venen, somit Anämie zur Folge, was sich darin zeigt, dass Steigerung des intracraniellen Druckes nur innerhalb sehr enger Grenzen ohne Gefährdung des Lebens möglich ist. Geringere Schwankungen, synchronisch mit Puls und Athmung, sind übrigens normal und bei Discontinuität der Schädelkapsel — Fontanellen im Kindesalter, Trepanationsfälle — auch am Menschen leicht zu beobachten und zu registriren (Mosso u. A.).

Ueber Wechsel der Blutfülle je nach Ruhe und Thätigkeit der Organe siehe später bei den Drüsen und Muskeln.

Von der Bedeutung der Gefässnerven für die Regulirung der localen Circulation, insbesondere in pathologischen Zuständen, fehlt uns noch jede genügende Vorstellung. Hierbei wirken noch andere kaum übersehbare Momente mit: die Veränderungen im Chemismus der Gewebe, der Beschaffenheit des Blutes u. s. w., so dass die Einzelheiten der Mechanik der Kreislaufstörungen (Verhältniss von Druck- zu Geschwindigkeitsänderungen u. s. w.), vor Allem bei der „Entzündung", fast ganz dunkel sind.

IV.

Athmung[1]).

Die **Athmung** im weitesten Sinne des Wortes ist die **Aufnahme und Abgabe gasförmiger Substanzen durch den Organismus: „Gaswechsel"**. Man unterscheidet die durch besondere Organe vermittelte und durch rhythmische Bewegungen unterstützte „äussere Athmung" von dem Gaswechsel der Gewebe als der „inneren Athmung". Die erstere ist der mechanische Vorgang der Zu- und Abfuhr für die innere Athmung, welche mit dem Stoffwechsel der Gewebe identisch ist, insoweit es sich dabei um gasförmige Stoffe handelt.

Aus der atmosphärischen Luft wird vom Körper beständig Sauerstoff aufgenommen und dafür Kohlensäure und Wasserdampf abgegeben, das Product der oxydativen Spaltung der C- und H-haltigen Antheile der Körpersubstanz (Mayow, Lavoisier).

Die atmosphärische Luft enthält durchschnittlich auf 100 Raumtheile 79·2 Stickstoff und 20·8 Sauerstoff. Der Kohlensäuregehalt reiner Luft soll 0·3—0·4 vom Tausend nicht übersteigen.

In Grossstädten, in der Nähe von Fabriken, in bewohnten Räumen, Werkstätten u. s. w. finden sich zahlreiche Verunreinigungen der Luft, als H_2S, NH_3, HNO_3, H_2SO_4, SO_2, CO u. s. w., mehr weniger giftiger Natur (s. u.), ganz abgesehen von den Mikroorganismen. Die Luftanalyse in diesem Sinne ist Sache des Hygienikers.

Der Stickstoff in der Luft ist nur Verdünnungsmittel, er kann als solcher im Experimente etwa durch Wasserstoff als „indifferentes Gas" (s. u.) ersetzt werden.

Die ausgeathmete Luft unterscheidet sich von der eingeathmeten: 1. durch den Mindergehalt an O_2; 2. durch

---

[1]) Specialwerke: K. Vierordt, Physiologie des Athmens, Heidelberg 1845; P. Bert, Leçons sur la physiologie comparée de la respiration, Paris 1870; Hermann's Handbuch der Physiologie, Bd. IV, Theil 2: Zuntz, Blutgase und respiratorischer Gaswechsel; Rosenthal, Athembewegungen, Leipzig 1882.

den Mehrgehalt an CO_2; 3. durch die Sättigung mit Wasserdampf; 4. durch die hohe Temperatur (die letzteren beiden Punkte erklären den Nebel beim Ausathmen in kalte Luft). Die Grösse des Mindergehaltes an Sauerstoff und dafür eingetretenen Mehrgehaltes an Kohlensäure wechselt mit zahlreichen Umständen; am auffälligsten ist die Bedeutung der gesteigerten Frequenz und Tiefe der Athemzüge. Hier wirken zwei Momente in entgegengesetztem Sinne mit: insofern die aufgenommene und abgegebene Luftmenge an und für sich grösser ist, wird der Sauerstoffgehalt der Exspirationsluft gross und der Kohlensäuregehalt klein bleiben; insofern indessen die gesteigerte Athemanstrengung den ganzen Stoffwechsel, also auch den Gaswechsel steigert, wird mehr Sauerstoff aufgenommen und mehr Kohlensäure abgegeben werden müssen; doch behält das erstere Moment die Oberhand [Speck¹].

Die Exspirationsluft eines erwachsenen Menschen enthält durchschnittlich: 16·033 Sauerstoff, 4·38 Kohlensäure, 79·587 Stickstoff [Valentin und Brunner²].

Zur Trennung von In- und Exspirationsluft können zwei nach dem Principe des Heronsballs oder der Spritzflasche construirte Quecksilbergefässe (sogenannte Müller'sche Ventile oder Darmventile (Speck) dienen, welche den Gasen nur in einer Richtung den Durchtritt gestatten, und welche in entgegengesetzter Stellung einerseits mit der freien Luft, resp. dem Sammelraum, andererseits mit einem T-Rohr verbunden werden, dessen dritter Schenkel zum Ein- und Ausathmen dient.

Für die Sammlung der Exspirationsluft und Bestimmung ihres Kohlensäuregehaltes hat man „Anthrakometer" [Vierordt³] angegeben; auch kann jene in Gasometern aufgefangen und daraus Proben entnommen werden zur Bestimmung der Kohlensäure durch Absorption mit Kalilauge, des Sauerstoffes durch Verpuffung mit einer abgemessenen Menge Wasserstoff (Bunsen) oder durch Absorption mit alkalischer Pyrogallollösung (Cl. Bernard), welche Proceduren in calibrirten Röhren (sogenannte Eudiometer) vorgenommen werden. Zweckmässig ist auch die Hempel'sche Gasbürette, über welche die hygienischen Lehrbücher Näheres enthalten.

Der von der Lunge aufgenommene Sauerstoff wird den Geweben zugeführt und die in diesen gebildete Kohlensäure nach der Lunge abgeführt durch das **Blut**. Deshalb enthält das Blut stets reichlich Gase: das arterielle ist am reichsten an Sauerstoff, relativ arm an Kohlensäure; das venöse am reichsten an Kohlensäure, relativ arm an Sauerstoff. Die **Blutgase** sind theils

---

[1] Arch. f. wissensch. Heilk., III, 318.
[2] Arch. f. physiol. Heilk., II, 372.
[3] Physiologie des Athmens. Heidelberg 1845.

physikalisch absorbirt — „gelöst" —. theils chemisch gebunden. Die physikalische Lösung von Gasen in Flüssigkeiten folgt dem Dalton'schen Gesetze[1]: je höher der Druck, umsomehr Gas löst sich, derart, dass sein Volumen, gemessen bei dem jeweiligen Druck [welches für ein und dieselbe Menge ja nach dem Boyle'schen Gesetze dem Druck umgekehrt proportional wäre], constant bleibt; diese Constante ist abhängig: 1. von der Beschaffenheit des Gases und der Flüssigkeit, 2. von der Temperatur. Diejenige Zahl, welche angibt, wie viel von einem bestimmten Gas in der Volumeneinheit einer bestimmten Flüssigkeit bei einer bestimmten Temperatur unter 760 mm Hg Druck sich löst, heisst der „Absorptionscoëfficient". Einige physiologisch wichtige Absorptionscoëfficienten sind [Bunsen[2]]:

In Wasser für

bei	N_2	O_2	CO_2
0°	0·02035	0·04114	1·7967
20°	0·01403	0·02838	0·9014
39°	?	?	0·5283

(Salzlösungen, physiologische Flüssigkeiten u. s. w. nehmen weniger Gas auf, als Wasser.)

In Blut

bei Körpertemperatur für N_2 0·0130 ⎫
                                                    O_2 0·0262 ⎭ [P. Bert[3]]
         0° CO_2 1·547 [Zuntz[4]]

Kommt eine Flüssigkeit mit einem Gemisch mehrerer Gase in Berührung, wie es ja die atmosphärische Luft ist, so gilt die Regel, dass jedes Gas denjenigen Druck ausübt, welchen es ausüben würde, wenn es, in gleicher Menge vorhanden, den ganzen Raum für sich allein hätte, d. i. nach dem Boyle'schen Gesetze so viel vom Gesammtdruck, als seinem Antheile an dem Gesammtgasvolum entspricht: „Partiardruck"; in atmosphärischer Luft bei gewöhnlichem Barometerstande ist z. B. der Partiardruck des Sauerstoffes = etwa $1/_5$ von 760 mm oder 152 mm Hg, derjenige des Stickstoffes = $4/_5$ von 760 mm oder 608 mm Hg. Aus einem Gasgemisch wird also eine Flüssigkeit von jedem Bestandtheil

---

[1] Gilbert's Annalen, XXVIII, 397. 408.
[2] Gasometrische Methoden. Braunschweig 1857.
[3] P. Bert. La pression barométrique. Paris 1878, p. 660. 701. 792.
[4] Beiträge zur Physiologie des Blutes. Diss.. Bonn 1868. S. 39.

so viel lösen, als seinem Absorptions-coëfficienten in derselben und seinem Partiardruck entspricht: $v = \frac{a \cdot p}{760}$.

Nur der Stickstoff ist im Blute ausschliesslich physikalisch gelöst; O_2 und CO_2 hat man vielmal mehr gefunden, als den Absorptions-coëfficienten entsprechen würde; sie müssen also chemisch gebunden sein. Die chemische Bindung an sich ist unabhängig vom Dalton'schen Gesetz. Im Blute, wo physikalische Lösung und chemische Bindung nebeneinander statthaben, ist daher die Beziehung zwischen Druck und Gasgehalt eine verwickelte. Die Substanz, welche den Sauerstoff im Blute bindet, ist das **Hämoglobin** (s. o. S. 50). Diese Bindung ist eine „lockere": durch Kochen oder Auspumpen mit der Luftpumpe, also durch jegliche Verminderung seines Partiardruckes entweicht der Sauerstoff, indem seine „Spannung" in der Flüssigkeit grösser wird, als in dem darüber befindlichen Medium.

Dasselbe geschieht in den Capillaren, wo wegen des beständigen Sauerstoffverbrauches durch die Gewebe dessen Partiardruck ein geringer ist (die Lymphe enthält nur CO_2 und N_2): das O-Hämoglobin gibt den Sauerstoff an die Gewebe ab. Das so „venös" gewordene Blut nimmt dann in den Lungen, wo der Sauerstoffpartiardruck hoch ist, wieder Sauerstoff auf u. s. f. Analog und umgekehrt verhält es sich mit der Kohlensäure (s. unten): **Jedes Gas wandert vom Orte höherer zu demjenigen niederer Spannung.** Verdrängung des Sauerstoffes durch andere Gase, welche festere Verbindungen mit dem Hämoglobin eingehen, wie z. B. Kohlenoxyd, macht das Blut zu seiner respiratorischen Function, dem Sauerstofftransporte, unfähig: Wesen der Kohlenoxyd- (Kohlendunst-, Leuchtgas-) Vergiftung.

Hämoglobinlose Thiere (Insecten) werden durch CO nicht afficirt; in einem Gemisch von 1 CO und 2 O_2 unter zusammen 3 Atmosphären Druck bleiben Säugethiere am Leben, weil dabei der physikalisch im Blute gelöste Sauerstoff zur Bestreitung der Gewebsoxydation genügt [Haldane[1])].

Die Bindung der Kohlensäure erfolgt durch die **Alkalien des Blutes in Form von neutralen und sauren Carbonaten.**

Man glaubte früher, dass Phosphate im Blute einen wesentlichen Antheil an der Kohlensäurebindung hätten, indem sich neutrales Phosphat mit Kohlensäure zu saurem Phosphat und saurem Carbonat umsetze [Fernet[2])]:

$$Na_2 HPO_4 + H_2O + CO_2 = Na H_2 PO_4 + Na HCO_3$$

---

[1]) J. P., XVIII, 201.
[2]) Annales des sc. nat. (4), VIII, p. 160.

Neuere Untersuchungen haben gezeigt, dass die in der Blutasche gefundenen Phosphate aus dem Lecithin der Blutzellen stammen, also kaum im Sinne Fernet's in Betracht kommen können. Beim Auspumpen des Blutes entweicht ein Theil des CO_2 sofort, ein Theil erst bei stärkerem Auspumpen (dies die sogenannte Fernet'sche Portion), der letzte mit älteren weniger wirksamen Pumpen erst nach Säurezusatz. Bei Anwendung stark wirkender Luftpumpen (s. u.) wird indessen nicht nur alle CO_2 ausgetrieben, sondern auch zugesetzte Soda zersetzt; man schliesst hieraus, dass im Blute ein Körper mit schwach sauren Eigenschaften vorhanden ist, welcher für gewöhnlich durch die „Massenwirkung" der CO_2 frei bleibt, aber bei verminderter CO_2-Spannung diese austreibt und Alkalien in Anspruch nimmt. Wahrscheinlich handelt es sich um einen Eiweisskörper [Hoppe-Seyler und Sertoli[1]]. Serumglobulin wird aus verdünntem Serum durch Einleiten von CO_2 gefällt, bei Einleiten von Luft, O_2, H_2 oder Auspumpen wieder gelöst; auch hier handelt es sich offenbar um schwach saure Eigenschaft der CO_2 einerseits und des Eiweisskörpers andererseits; das Ueberwiegen der Massenwirkung des einen oder anderen Stoffes auf die vorhandenen Alkalien erklärt die Erscheinung und es ist im Blute an einen analogen Vorgang zu denken.

Die Kohlensäurespannung ist (umgekehrt wie beim Sauerstoff) am grössten in den Geweben, resp. der Lymphe, weniger gross im Blut, am geringsten in der Lungenluft; daher der Weg der Kohlensäure von den Geweben in's Freie durch Vermittlung des Blutes (s. o.).

Man glaubte früher, dass, wie die rothen Blutzellen die Träger des O_2, so die Flüssigkeit wesentlich diejenige der CO_2 sei; indessen ergaben neuere Analysen [Zuntz[2]], dass ein gut Theil der Kohlensäure auch in den Blutzellen enthalten ist; da nun das Hämoglobin, noch stärker aber das O-Hb saure Eigenschaften haben soll, hat man in ihm jenen CO_2 austreibenden Eiweisskörper gesucht; es würde dann die Sauerstoffaufnahme des Blutes in der Lunge zugleich die Austreibung der Kohlensäure befördern.

Zur Gewinnung der Blutgase dient die Quecksilberluftpumpe [de Martigny[3]), Magnus[4]), Hoppe-Seyler[5]), Ludwig[6]), Pflüger[7])]. Ihr Princip ist die „Torricelli'sche Leere" oder das Barometervacuum.

Die Pflüger-Helmholtz'sche Pumpe (Fig. 15) besteht aus dem Barometerrohr b, welches sich oben zu dem Recipienten r erweitert und unten durch einen Schlauch mit dem Quecksilberreservoir q verbunden ist, welches durch

---

[1] Sertoli. Medic.-chem. Unters., S. 350; Hoppe-Seyler, Physiol. Chemie, S. 502.

[2] Hermann's Handb., IV. 2. S. 72 ff.

[3] Magendie's Journal de physiol., X. p. 111; 1830.

[4] Ann. der Physik., XL, 583. LXVI. 177.

[5] S. Physiol. Chemie, S. 491.

[6] S. Al. Schmidt. Ac. L., 1867, S. 30.

[7] Untersuch. Bonner Labor., 1865.

eine Windevorrichtung sich heben und senken lässt. Vermittelst eines doppelt durchbohrten „Geissler'schen Hahnes" h wird der Recipient zunächst durch das Rohr e mit dem Freien in Verbindung gesetzt und durch Heben von q unter Austreibung der Luft mit Quecksilber gefüllt. Beim Senken des Reservoirs nach Schluss des Hahnes fällt die Quecksilbersäule auf ca. 76 cm über dessen Niveau und bildet im Recipienten ein absolutes Vacuum. Durch Umstellung des Hahnes wird dieses Vacuum mit dem zu evacuirenden System verbunden, bestehend aus dem Trockenapparat t, dem Schaumgefäss s und dem durch Quecksilberverdrängung direct von der Arterie aus gefüllten gradnirten Blutbehälter p. Dieser letztere wird erst zuletzt nach gehöriger Evacuirung von $s + t$ angeschlossen

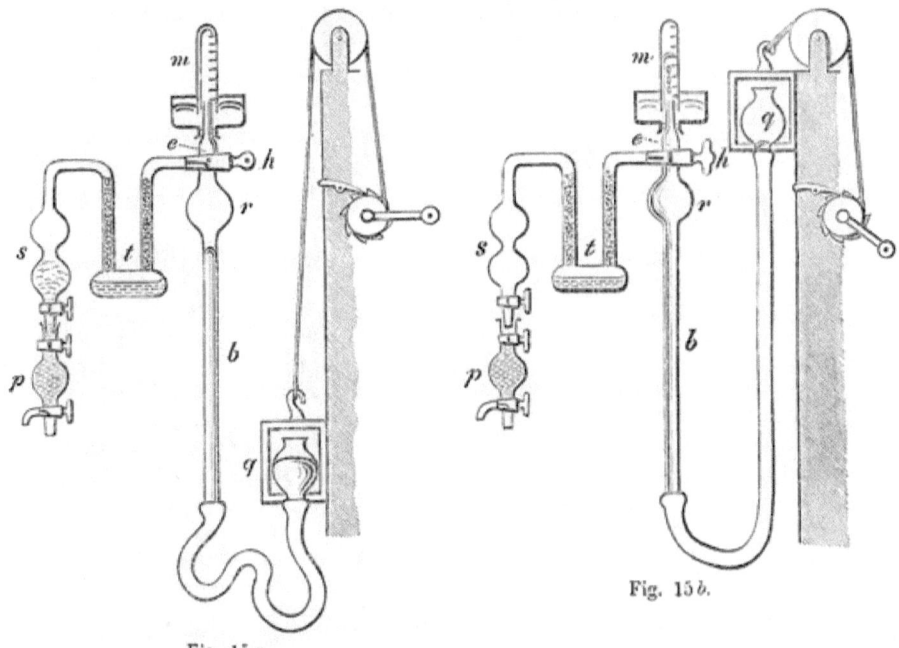

Fig. 15 a.   Fig. 15 b.

(Stellung Fig. 15 a). Die entweichenden Blutgase werden nach Wiederumstellung des Hahnes durch e in's Eudiometer m getrieben, indem das Hg-Reservoir gehoben wird (Stellung Fig 15 b). Das Spiel wird natürlich oft wiederholt.

Statt des Geissler'schen Hahnes können auch zwei getrennte Hähne oder ein Dreiweghahn (Gréhant) dienen. Die Ludwig'sche Pumpe arbeitet mit zwei Quecksilberbehältern. Neuerdings sind auch automatische Blutgaspumpen (Raps und Kossel, Kahlbaum, Rollett) angegeben worden.

Die absoluten Blutgaswerthe variiren je nach Thierart und Versuchsbedingungen, besonders aber im Sinne des oben betonten Unterschiedes zwischen Arterien- und Venenblut:

Für den Hund fand Schöffer[1]:

	O_2	N_2	CO_2
Arterienblut	19·2	2·7	39·5
Venenblut	11·9	1·7	45·3
Differenz	− 7·3	− 1·0?	+ 5·8

Für das Arterienblut des Menschen fand Setschenow[2]:

	O_2	N_2	CO_2
	21·6	1·6	40·3

Die Differenz in den Blutgasmengen zwischen Arterien- und Venenblut wird local vermehrt durch Arbeitsleistung des betreffenden Organes (Drüse, Muskel); hierüber siehe später in den entsprechenden Abschnitten.

Nach Mathieu und Urbain[3] soll diese erhöhte Differenz noch am Gesammtblut nachweisbar sein. Ruhe, speciell Schlaf und Narkose, vermindern umgekehrt diesen Unterschied [A. Ewald[4]), P. Bert[5])].

Das arterielle Blut enthält nicht so viel Sauerstoff, als sein Hämoglobin binden könnte [ca. 1—1·5 g O_2 pro g Hb, Hoppe-Seyler, Worm-Müller, Hüfner[6]], sondern nur $^8/_{10}$ davon, nach neueren Angaben [E. Mayer & Biarnès[7])] sogar noch weniger. Daher wird eine Blutung erst dann lebensgefährlich, wenn durch den Hämoglobinverlust die „respiratorische Capacität" des Blutes unter das Maass des nothwendigen Sauerstoffgehaltes herabgesetzt ist. Dies würde übrigens auch für die Kohlenoxydvergiftung gelten müssen.

Blut erstickter Thiere sieht pechschwarz aus, ebenso wie völlig entgastes Blut, und enthält ca. 1%, O_2, 50%, CO_2, 1%, N_2.

Das dynamische Princip des respiratorischen Gaswechsels liegt, wie wir gesehen haben, im Ausgleich der Spannungsunterschiede der betreffenden Gase an den verschiedenen Orten. Es ist deshalb von Wichtigkeit, die Grösse der Blutgasspannungen direct bestimmen zu können. Dies kann bewerkstelligt werden dadurch, dass man das Blut mit einem Gasgemisch von bekannter Zusammensetzung schüttelt und nach dem Schütteln den Gehalt der Gasportion an dem fraglichen Gas ermittelt. Da Gleichgewicht dann herrscht, wenn die Spannung des betreffenden Gases in der Flüssigkeit gleich dem Partiardruck desselben Gases in dem Medium über ihr ist, so ist der aus dem nach dem Schütteln ermittelten Gasgehalt sich berechnende Partiardruck gleich der gesuchten Spannung (wenn der Spannungsunterschied vorher nicht zu gross war).

---

[1] Ac. W., XLI, 589, 1860.
[2] ibid., XXXVI, S. 289.
[3] C. R., LXXIV, 190.
[4] A. g. P., VII, 575 und Diss., Bonn 1873.
[5] Leçons etc.
[6] Z. P. C., III, 1.
[7] A. d. P. (5), V, p. 740.

Am genauesten erfolgt diese Bestimmung durch Schütteln mit zwei Gasportionen, von denen die eine einen etwas höheren, die andere einen etwas niedrigeren Partiardruck des betreffenden Gases besitzt, als die zu erwartende Spannung: „Aërotonometer" von Pflüger[1]). Mit diesem Instrumente ergeben sich die Blutgasspannungen (Pflüger und Strassburg) zu:

	mm Hg		Procente einer Atmosphäre	
	O_2	CO_2	O_2	CO_2
Arterienblut	29·6	21·0	3·9	2·8
Venenblut	22·0	41·0	2·9	5·4
Differenz	—7·6	+20·0	—1·0	+2·6

Der Spannungsausgleich zwischen dem Blute und der Lungenluft erfolgt durch die Alveolarwände hindurch, wie durch eine todte Membran, nach den Gesetzen der Aërodiffusion. Eine active, „gassecernirende" Betheiligung der Alveolarepithelien ist nicht nachgewiesen. Bestände eine solche, so müsste die Kohlensäurespannung in der Alveolarluft über diejenige des venösen Blutes steigen können. Pflüger und Wolffberg[2]) sperrten zur Beantwortung dieser Frage bei Hunden einen Lungenabschnitt vermittelst des doppelwandigen, mit einem aufblasbaren Tampon versehenen „Lungenkatheters" von der Aussenluft ab und analysirten nach einiger Zeit die ausgesogene alveoläre Absperrluft; deren CO_2-Spannung war derjenigen des Venenblutes höchstens gleich (ca. 3—5% einer Atmosphäre) und überstieg sie niemals.

Der Gaswechsel der Gewebe lässt sich in einigen Fällen durch locale Blutgasanalyse in dem betreffenden Gefässgebiete studiren [so bei Muskeln und Drüsen: Ludwig mit Czelkow und Schmidt[3]), M. v. Frey[4]), Chauveau und Kaufmann[5])]; man hat auch den Gaswechsel ausgeschnittener „überlebender" Organe in zerhacktem oder unversehrtem Zustande durch Absperren und Analyse der Absperrluft nach Ablauf eines bestimmten Zeitraumes geprüft [Spallanzani, Valentin, G. Liebig[6]), Hermann[7])]. Wichtige Aufschlüsse über die Summe des Gaswechsels der Einzelorgane, somit über die chemischen Processe im Gesammtorganismus gibt die quantitative Bestimmung aller gasförmigen Einnahmen und Ausgaben des Menschen oder Thieres, der methodische „Respirationsversuch" [zuerst von Lavoisier[8]) mit Laplace und Séguin angestellt].

---

[1]) S. bei Strassburg. A. g. P., VI. 65.
[2]) A. g. P., V. 465; VI. 23; auch Nussbaum, ibid., VII. 296.
[3]) Ac. W., XLV. 171; Arbb. physiol. Anst. Leipzig, III. S. 1, 1868.
[4]) A. (A) P., 1885, S. 519, 533.
[5]) C. R., CIV. 1126.
[6]) A. A. P., 1850, S. 393.
[7]) Unters. über den Stoffwechsel der Muskeln u. s. w., Berlin 1867.
[8]) Oeuvres de Lavoisier, II. p. 326 sq., 693.

Dieser kann nach drei Methoden angestellt werden:

1. Die einfache Absperrmethode: Das Versuchsthier wird in einen dicht abgeschlossenen Raum von bekanntem Inhalt an Luft von bekannter Zusammensetzung gebracht. Nach Ablauf der Versuchsdauer wird die Zusammensetzung der Luft auf's Neue ermittelt und mit den Gehaltsdifferenzen die Sauerstoffaufnahme und Kohlensäureabgabe unmittelbar erhalten [Berthollet[1]), Valentin[2]), Cl. Bernard[3])]. Diese Methode hat natürlich den Nachtheil, dass gerade die Veränderung des Athemmediums den respiratorischen Gaswechsel modificiren, resp. das Thier gefährden kann; ist der Raum so gross, dass dieser Factor zurücktritt, so wächst damit natürlich der Analysenfehler.

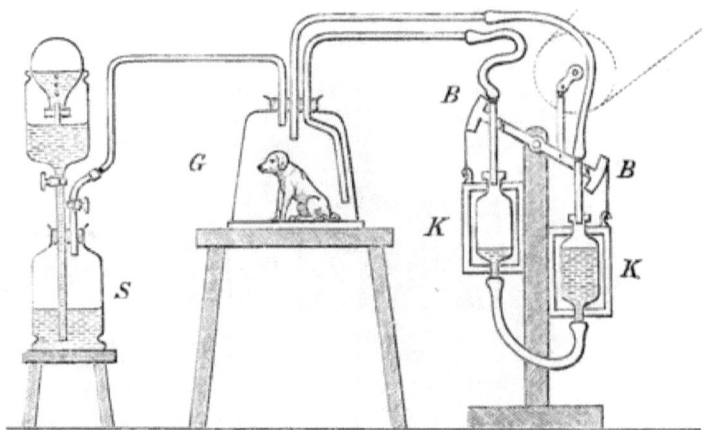

Fig. 16.

2. Man sorgt dafür, dass aus dem abgesperrten Raume, in welchem das Thier athmet, die Kohlensäure beständig entfernt und zur Bestimmung aufbewahrt und dafür neuer Sauerstoff in beständig gemessener Menge hineingelassen wird: man erhält auch so sowohl die Sauerstoffaufnahme als auch die Kohlensäureabgabe direct [Lavoisier und Séguin; Regnault und Reiset[4]) 1848].

---

[1]) Gehlen's Journ. f. Chemie, Physik etc., V. 388; 1808.
[2]) Die Einflüsse der Vaguslähmung auf die Lungen- und Hautausdünstung, Frankfurt a. M. 1857.
[3]) Leçons sur les effets des substances toxiques, Paris 1857.
[4]) Annales de chimie et de physique (3). XXVI; 1849.

Der Regnault-Reiset'sche Apparat (Schema Fig. 16) bestand in seinen wesentlichsten Theilen aus der das Thier aufnehmenden, gegen den Boden dicht abgeschlossenen Glasglocke G, welche in Verbindung steht: 1. mit den mit KOH halbgefüllten Absorptionsflaschen für die Kohlensäure KK, welche unten durch einen Schlauch mit einander verbunden sind und durch den von einem Motor bewegten Balancier BB gegen einander abwechselnd gehoben und gesenkt werden, so dass sie Luft aus G gleichzeitig ansaugen und wieder zurücktreiben; 2. mit einem Manometer zur Controle des Druckes im Inneren der Glocke; 3. mit den Sauerstoffbehältern S, aus welchen Sauerstoff in dem Maasse nachströmt, wie er verbraucht wird. Die Menge des verbrauchten Sauerstoffes wird nach Schluss des Versuches abgelesen und die Menge der gebildeten Kohlensäure durch Titrirung der Kalilauge, deren Menge und Anfangsgehalt bekannt war, ermittelt.

Modificationen dieses Apparates sind von Regnault und Reiset selbst für grössere Thiere angegeben worden, ferner von P. Bert; neuerdings ist das Verfahren in vervollkommneter Form auch für Respirationsversuche am Menschen verwendet worden [Hoppe-Seyler und Laves[1]].

Der anfängliche Nachtheil dieser Methode, welcher auch der dritten, unten beschriebenen mehr Eingang verschafft hat, lag in der „Luftverderbniss" innerhalb der Thierkammer durch neben der CO_2 und dem H_2O gebildete, schädliche flüchtige Stoffwechselproducte. Die Frage nach dieser „Giftigkeit der Exspirationsluft" (Brown-Séquard und viele Neuere) ist noch nicht ganz aufgeklärt; übrigens lässt sich die Schädlichkeit bei der besprochenen Methode des Respirationsversuches bedeutend verringern.

3. Das Ventilationsverfahren besteht darin, dass durch den Behälter, welcher das Versuchsobject aufnimmt, ein Luftstrom von bekannter oder jederzeit zu ermittelnder Zusammensetzung geführt und die Zusammensetzung der abströmenden Luft ermittelt wird.

Bei kleinen Thieren gestaltet es sich sehr einfach, indem die gesammte Abstromluft analysirt werden kann, dadurch, dass sie durch zuvor gewogene, einerseits mit Aetzkali oder Natronkalk, andererseits mit schwefelsäuregetränktem Bimsstein gefüllte Gefässe hindurchgeführt wird; die Gewichtszunahme der ersteren ergibt die gebildete CO_2, diejenige der letzteren das gebildete Wasser. Natürlich muss die zuströmende Luft durch ähnliche Vorrichtungen erst CO_2- und H_2O-frei gemacht sein. Der Sauerstoff wird hier indirect bestimmt: Körpergewicht des Thieres am Anfang $+$ Summe der Einnahmen, also Futter $+$ Sauerstoff, muss gleich sein dem Körpergewicht am Schluss $+$ der Summe der Ausgaben, nämlich Kohlensäure $+$ Wasser $+$ Excremente. Daraus folgt: Sauerstoff $= KG$ am Schluss $+$ Ausgaben $- (KG$ am Anfang $+$ Futter$)$.

Mit so einfachen Apparaten sind neuerdings von Haldane und Pembrey[2] sehr genaue Messungen, z. B. der Einstellungsgeschwindigkeit des Gaswechsels bei Temperaturänderungen (s. u.), gemacht worden.

Bei grösseren Thieren, welche einen Aufenthaltsraum und eine Ventilation von solcher Grösse benöthigen, dass die gesammte abströmende Luft nicht

---

[1] Z. p. C., XIX, 574. 590.
[2] J. P., XIII, 419; XV, 401.

wohl analysirt werden kann, hat man statt dessen nur Proben der zu- und abströmenden Luft analysirt und ausserdem die Gesammtmenge der durchgeschickten Luft gemessen, woraus sich durch Uebertragung der Probenwerthe auf die Gesammtluft ohne Weiteres wie oben CO_2 und H_2O direct, der O_2 indirect ergibt: Pettenkofer und Voit[1]).

Der Pettenkofer-Voit'sche Respirationsapparat besteht aus dem Aufenthaltsraume für den Menschen oder das Thier K (Schema Fig. 17), welcher nicht dicht abgeschlossen ist. Nahe der Haupt-Eintrittsöffnung für die Luft (Thürspalte) mündet eine Rohrleitung, mittelst welcher die Saug- und Druckpumpe p_1 die Inspirationsluftprobe entnimmt, durch die Absorptionsgefässe b_1 (Schwefelsäure zur Wasserbestimmung) und a_1 (Pettenkofer'sches Barytrohr zur Kohlensäure-

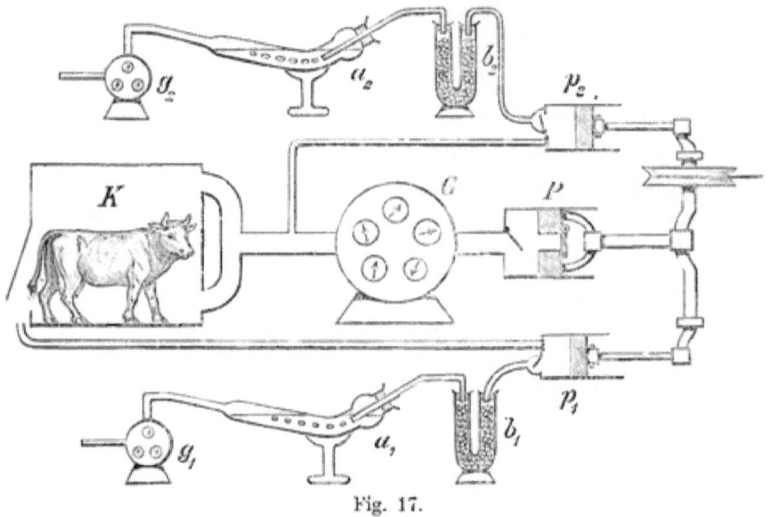

Fig. 17.

bestimmung) und schliesslich die Gasuhr g_1 treibt. Die Exspirationsluft wird von der grossen Pumpe P durch die grosse Gasuhr G gesogen; ein Theil derselben geht auch hier wieder als Analysenprobe vermittelst der Pumpe p_2 durch b_2, a_2 und g_2.

Die Resultate der Respirationsversuche, also die Grösse der gasförmigen Einnahmen und Ausgaben, gehören in die Lehre vom Gesammtstoffwechsel, wo auf manche Einzelheiten erst näher eingegangen werden kann.

Vorläufig zu erwähnende Hauptpunkte sind:

1. Die „Grösse" oder Intensität des Gaswechsels, gewöhnlich ausgedrückt durch die pro Minute und Kilogramm Körper-

---

[1]) Abh. d. Münch. Ak., math.-physikal. Cl., IX (2), 232; Ann. Chem., CXLI, 295; Z. B., XIV, 122.

gewicht abgegebene Kohlensäure, ist um so **bedeutender**, je **kleiner** (innerhalb derselben Thierclasse) das Thier ist, weil die Lebhaftigkeit der Oxydationsprocesse sich nach der **Oberfläche** des Thieres richtet (entsprechend der „Heizfläche" eines Dampfkessels); die Oberfläche kleiner Körper ist bekanntlich grösser im Verhältnisse zum Rauminhalte, als diejenige grosser Körper: sie wächst eben langsamer, mit dem Quadrat der Länge, der Rauminhalt dagegen mit dem Kubus.

2. Die Intensität des Gaswechsels ist bei jungen Individuen grösser als bei alten [Scharling[1]), Andral und Gavarret[2])], und dieses nicht nur wegen des kleinen Körpers und der relativ um so grösseren Oberfläche (s. unter 1), sondern auch absolut pro Oberflächeneinheit berechnet [Sondén und Tigerstedt[3])]; die Lebhaftigkeit der Oxydationsprocesse ist also in der Wachsthumsperiode an und für sich grösser.

3. Im jugendlichen Alter ist sie beim weiblichen Geschlechte beträchtlich geringer als beim männlichen; im Alter nähern sich die Werthe einander (Sondén und Tigerstedt).

4. Sie ist gesteigert bei Muskelanstrengung, sowie nach den Mahlzeiten, was man auf die „Verdauungsarbeit" (Muskel- und Drüsenthätigkeit) bezogen hat.

5. Umgekehrt ist sie sehr herabgesetzt im Schlafe (Muskelruhe).

6. Ueber den Einfluss der umgebenden Temperatur wird bei Besprechung der thierischen Wärmebildung zu reden sein.

Als „**respiratorischen Quotienten**" bezeichnet man das Verhältniss der Volumina (= Molecülzahlen nach Avogadro) der ausgeathmeten Kohlensäure und des eingeathmeten Sauerstoffes: $\frac{CO_2}{O_2}$. Dieser Bruch müsste gleich Eins sein, wenn aller Sauerstoff nur zur Oxydation von Kohlenstoff im Körper verwendet würde und die Abgabe der CO_2 beständig mit der Aufnahme des O_2 gleichen Schritt hielte. Einerseits ist nun dies nicht der Fall, andererseits wird der Sauerstoff zum Theil auch zur Oxydation von Wasserstoffatomen verwendet; daher ist der respiratorische Quotient $\frac{CO_2}{O_2}$ im Allgemeinen kleiner als Eins. Er wird (für den Gesammt-

---

[1]) Annalen der Chemie. XLV, S. 214; 1843.
[2]) Annales de chim. et de phys. (3). VIII; 1843.
[3]) Skand. Arch. f. Physiol., VI. 1.

gaswechsel *NB*) nicht wesentlich beeinflusst durch Muskelanstrengung, Athemhindernisse u. s. w., dagegen hauptsächlich durch die Ernährungsweise; hierüber später.

Der respiratorische Gaswechsel wird auffällig wenig, resp. spät beeinflusst durch Krankheiten der Athmungsorgane, Veränderungen des Luftdruckes sowie des Sauerstoffgehaltes der Luft innerhalb gewisser Grenzen [P. Bert[1]). Loewy und Zuntz[2)]. Die Widerstandsfähigkeit verschiedener Organismen gegen Herabsetzung des Partiardruckes des Sauerstoffes ist eine sehr verschiedene; der Mensch vermag relativ hohe Luftverdünnung zu ertragen. Beschwerden begannen für Bert bei 410 mm *Hg*, entsprechend 11·3% O_2 bei 760 mm; die Aëronauten Croce-Spinelli und Sivel starben bei 260 mm, entsprechend 7·2% O_2 bei 760 mm, während G. Tissandier überlebte[3)].

Verdünnungsgrade, welche vom ruhenden Körper ohne Beschwerden ertragen werden, rufen gefährliche Zustände hervor bei Bewegungen: dem gesteigerten O_2-Anspruch zeigt sich die Athemmechanik, resp. die respiratorische Capacität des Blutes nicht gewachsen: „Bergkrankheit". Bei experimenteller Luftverdünnung (in Eisenbehältern) hat sich übrigens gezeigt, dass gleichmässige Muskelarbeit — Raddrehen — günstig wirkt, offenbar durch die Vertiefung der Athembewegungen. Bei dauerndem Aufenthalte vermag sich der Organismus an ziemlich hohe Verdünnungsgrade zu gewöhnen: Andenvölker. Dabei zeigt sich eine Zunahme der Zahl der rothen Blutzellen [Müntz u. A.[4)], deren Zustandekommen noch nicht genügend erklärt ist. Der Blutgasgehalt soll dabei der gleiche sein, wie in der Ebene [Viault[5)]].

Dasjenige Gas, welches den thierischen Chemismus allein zu unterhalten im Stande ist, ist der Sauerstoff; eben dieser wirkt indessen bei sehr hohem Drucke (O_2-Partiardruck = über 3 Atmosph.) giftig, hemmt oder zerstört alles organische Leben [P. Bert[6)]. Die übrigen Gase theilt man ein in: 1. „indifferente" Gase: H_2, N_2, CH_4, welche die Athmung allein nicht unterhalten, aber nicht giftig sind, daher als Verdünnungsmittel des Sauerstoffes functioniren können; 2. irrespirable Gase: solche, welche reizend auf die sensibeln Nervenendigungen der Athmungswege wirken und reflectorisch Glottisschluss hervorrufen (s. u.); hierdurch schützt sich der Organismus gegen ihre Aufnahme, da sie — Cl_2, Br_2-Dampf, NH_3, NO_2 u. s. w. — zugleich zu 3. den giftigen Gasen gehören, von denen weiter genannt seien das *CO* (s. oben),

---

[1]) La pression barométrique. Paris 1878, p. 750 sq.

[2]) A. Loewy, Untersuchungen über die Circulation und Respiration in verdünnter Luft, Berlin 1895; A. g. P., LXVI, 470.

[3]) La pression barométrique, p. 1060 sq.

[4]) C. R., CXII, 298.

[5]) Ibid., S. 295.

[6]) La pression barométrique, p. 764 sq., 914 sq.

die CO_2, H_2S, AsH_3; alles Nähere in den pharmakologischen und toxikologischen Lehrbüchern.

Beim Respirationsversuch, wie er oben beschrieben wurde, wird der Gesammtgaswechsel des ganzen Körpers gemessen. Verbindet man (durch eine dichtschliessende Gesichtsmaske oder Trachealcanüle) nur die Lungen mit Apparaten, welche die gasförmigen Einnahmen und Ausgaben zu messen gestatten (Andral und Gavarret, Speck, Fredericq u. v. A.), so findet man die Werthe des **Lungengaswechsels allein**; und umgekehrt, wenn man den Körper in eine Respirationskammer setzt, aber mit den Lungen durch ein nach aussen führendes Rohr athmen lässt, erhält man die Grösse des „Hautgaswechsels", der „Perspiration". Dieser bildet bei den Säugethieren nur einen geringen Bruchtheil des Gasammtgaswechsels.

Man hat früher in der Zurückhaltung von schädlichen Stoffwechselproducten, welche sonst durch die Haut abgegeben werden sollten („Perspirabile retentum") die Ursache des Todes nach Firnissen der Haut, sowie ausgedehnten Verbrennungen suchen zu sollen geglaubt; indessen handelt es sich nach neueren Untersuchungen dabei vielmehr um Störungen der Wärmeregulirung.

Niedrig stehende Thiere (Amphibien) haben einen viel beträchtlicheren Hautgaswechsel, welcher denjenigen der Lungen eine Zeit lang ersetzen kann (Spallanzani, Berg[1]). Auch durch die Darmschleimhaut kann ein Gasaustausch vermittelt werden (Schlammbeizger, Cobitis). Jede Epitheloberfläche kann also für die „äussere Athmung" dienstbar gemacht werden; wie die vergleichende Physiologie zeigt, unter Oberflächenvergrösserung, sei es in Form von Ausstülpungen (Kiemen), sei es von Einstülpungen (Lungen); als Moment besserer Luftausnützung kommt dann die gleich zu besprechende Bewegung dieser Organe hinzu.

Der Gaswechsel des Fötus geschieht durch Entnahme von O_2 aus dem mütterlichen Blut in der Placenta und Abgabe von CO_2 an dasselbe. Der Unterschied im Gasgehalt zwischen arteriellem und venösem Blut ist, wie leicht erklärlich, geringer als bei der Mutter, das Sauerstoffbedürfniss aber auch geringer, als später im extrauterinen Leben (vgl. Zuntz und Cohnstein[2]).

Die Lungen, deren Bau (über dessen Einzelheiten auf die anatomischen Lehrbücher verwiesen wird) auf eine möglichste Vergrösserung der respiratorischen Oberfläche hinzielt, werden bei der Athmung in rhythmischem Wechsel erweitert, so dass Luft in sie hineinströmt, und wieder verkleinert, so dass Luft aus ihnen austritt. Einen wesentlichen Factor dieser **„Athembewegungen"** bildet die **Elasticität des Lungengewebes**, deren histologische

---

[1] Diss., Dorpat 1868.
[2] A. g. P., XXXIV, 173.

Grundlage die interalveolären „elastischen Fasern" sind. Die beiden Pleurablätter, das die Lunge überziehende viscerale, und das die Innenfläche der Brustwand, das Zwerchfell u. s. w. überziehende parietale liegen einander dicht an, zwischen beiden befindet sich nur ein mit geringen Flüssigkeitsmengen erfüllter „capillärer" Spaltraum. Entsteht indessen zwischen diesem und der Aussenluft beim erwachsenen Menschen oder Thier eine Communication („penetrirende Brustwunde"), so sinkt die Lunge zusammen („collabirt"), indem Luft zwischen die beiden Pleurablätter einströmt und aus der capillären Spalte eine lufterfüllte „Pleurahöhle" wird („Pneumothorax"). Die **Lunge ist also für gewöhnlich über das ihr bei gleichem Drucke auf Innen- und Aussenfläche zukommende Volumen ausgedehnt**, entsprechend ihren elastischen Eigenschaften; ihre äussere, von der Pleura pulmonalis bedeckte Oberfläche ist an die Innenfläche der Brustwand u. s. w. gewissermassen **„angesogen"**, indem der Druck zwischen beiden, also in der capillären Spalte **kleiner** ist, als der äussere Luftdruck, welcher sowohl aussen auf die Brust, als auch innen auf die Alveolenwände drückt.

Die Druckdifferenz, um welche der Druck im „Pleuraraum" kleiner ist, als der äussere Luftdruck, hat man als „negativen Druck" bezeichnet. Sie nimmt zu, wenn durch die Wirkung der Einathmungsmuskeln (s. u.) der knöcherne Thorax erweitert wird („Aspiration des Thorax"); dabei muss auch die Lunge, dem „Zuge" folgend, sich erweitern; umgekehrt nimmt jene Differenz ab bei Compression des Thorax (active Exspiration, s. u.). Sie wird betrachtet als Maass der elastischen Spannung der Lunge. Um sie mit einem Manometer zu messen, kann entweder die Pleurahöhle durch einen eingestossenen Troikart mit einem solchen verbunden werden: das Quecksilber steigt dabei im zugekehrten Schenkel; die Niveaudifferenz beider Schenkel ergibt den „negativen Druck"; oder aber man kann (an der Leiche) die Trachea dichtschliessend mit einem Manometer verbinden; wird hierauf die Pleurahöhle eröffnet, so muss entsprechend dem Drucke auf die Luft im Lungeninneren durch die freiwerdende elastische Spannung der Lunge das Quecksilber im abgekehrten Manometerschenkel steigen [Donders'scher Versuch[1])].

Die Grösse des „Donders'schen Druckes" wird für den Menschen bei Gleichgewichtslage des Thorax zu 6 mm Hg angegeben; bei äusserster Inspirations-

---

[1]) Zeitschr. f. rat. Med., N. F., III, S. 287.

stellung bis zu 37 mm; für das Kaninchen zu 3 resp. 12 mm. Erst beim Erwachsenen ist die Lunge beständig ausgedehnt. Während des intrauterinen Lebens ist die Lunge luftleer, indem die Alveolarwände einander überall anliegen, „anektatisch", „atelektatisch". Vom ersten Athemzuge bei der Geburt an bleibt sie lufthaltig: die Lunge eines Kindes, welches extrauterin gelebt hat, schwimmt auf Wasser, sogenannte Lungenprobe der Gerichtsärzte; vgl. indessen weiter unten. Der „negative Druck" im Pleuraraume bei Gleichgewichtslage des Thorax fehlt indessen beim Neugeborenen noch [Bernstein[1])] und kommt erst allmählich zu Stande, indem wahrscheinlich der Thorax schneller wächst, als die Lunge. Dass die Lunge bei Eröffnung der Pleurahöhlen lufthaltig bleibt, wenn sie es einmal geworden, liegt an einer gewissen Starrheit der Alveolarwände, welche beim Fötus durch ihre Adhäsion aneinander compensirt ist. Doch ist die „Lungenprobe" nicht absolut zuverlässig, weil das Lungengewebe den gasförmigen Inhalt absorbiren kann: durch Anfüllen mit CO_2 besonders lässt sich eine Lunge künstlich atelektatisch machen [Hermann und Keller[2])]. In analoger Weise kommen pathologische Atelektasen zu Stande, z. B. bei Verstopfung eines Bronchiolus durch Schleim, indem allmälig die ganze Absperrluft resorbirt wird.

Die **Athembewegungen** bestehen in durch Muskelwirkung rhythmisch erfolgender Erweiterung und (passiver) Wiederverengerung des Thorax, dessen Theile beweglich mit einander verbunden sind. Die Wirbelsäule kann durch Muskelwirkung gekrümmt und gestreckt werden, dank der Nachgiebigkeit der Zwischenwirbelscheiben. Nur erste Rippe und Manubrium sterni sind noch durch Syndesmose verbunden; die Rippenknorpel der nächsten sechs (wahren) Rippen sind mit dem Sternum durch wahre (straffe) Gelenke, Synarthrosen, verbunden, die siebente bis elfte (falsche) Rippe je mit der vorherigen in knorpeliger Verbindung, die letzte zwölfte frei flottirend. Von besonderer Bedeutung sind die Gelenke zwischen Wirbelsäule und Rippen, welche doppelt sind: Artic. capituli costae mit dem Wirbelkörper und Artic. tuberculi costae mit dem Querfortsatz; ihre gemeinschaftliche Achse liegt bei den oberen Rippenwirbelgelenken, entsprechend der Stellung der Querfortsätze, mehr frontal, bei den unteren mehr sagittal: da nun die Wirkung der Inspirationsmuskeln in einer Aufwärtsdrehung („Hebung") der wesentlich von hinten oben nach vorn unten laufenden, dabei auswärts convexen Rippen besteht, so ergibt sich ohne Weiteres, dass die Erweiterung des Thorax oben mehr im Sagittaldurchmesser erfolgt (das Brustbein geht nach vorn, Fig. 18 a),

---

[1]) A. g. P., XVII. 617.
[2]) Ibid., XX. 365.

unten mehr im Transversaldurchmesser (die Rippen gehen auseinander, Fig. 18 b).

Die Vergrösserung des Thoraxraumes erfolgt durch die Contraction der Inspirationsmuskeln. Der wichtigste Inspirationsmuskel der Säugethiere ist das **Zwerchfell** (Diaphragma), über dessen Bau auf die anatomischen Lehrbücher verwiesen sei. Es ist in ruhendem Zustande kuppelförmig emporgewölbt, in Folge des durch Vermittlung des Abdominalinhaltes wirkenden äusseren Luftdruckes, sowie durch die Spannung des flüssigen und gasförmigen Darminhaltes. Seine Muskelfasern liegen dabei so, dass bis zu einer gewissen Höhe die Pleura costalis und die Pleura diaphragmatica einander anliegen; erst an der oberen Grenze dieses ringförmigen Capillarspaltes steht der scharfe untere Lungen-

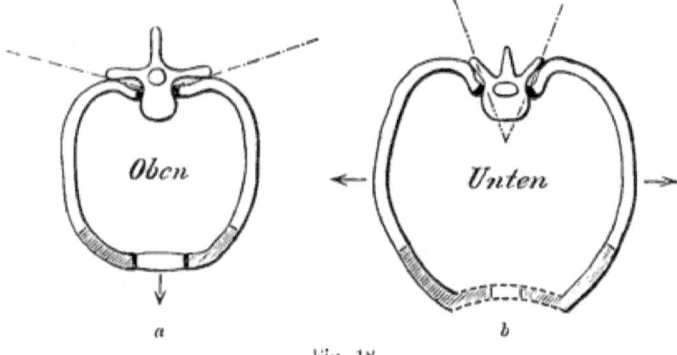

Fig. 18.

rand (Fig. 19 a). Bei der Contraction der Fasern gehen diese aus dem gekrümmten in den geradlinigen Zustand über; aus der Kuppelgestalt des Zwerchfelles wird diejenige eines abgestumpften Kegels, dessen obere Fläche, das Centrum tendineum, wegen seiner Fixation an der Wirbelsäule nur wenig herabsteigen kann. Aus dem oben beschriebenen capillaren Spaltraum wird dabei ein keilringförmiger wirklicher Hohlraum, in welchen sofort in Folge des „negativen Druckes" die Lunge herabrückt (Fig. 19 b), indem sie sich in ihrer ganzen Ausdehnung erweitert (d. h. alle Alveolen in gleichmässiger Weise). Beim Nachlassen der Zwerchfellcontraction rückt der Lungenrand wieder herauf, indem die ganze Lunge durch ihre Elasticität sich verkleinert: active Inspiration und passive Exspiration bei ruhiger „Zwerchfellathmung".

— 105 —

Es hat zunächst den Anschein, als ob durch die Contraction des Zwerchfelles die untere Thoraxapertur verengert werden müsste: dies ist indessen nicht der Fall, weil durch jene der Bauchinhalt

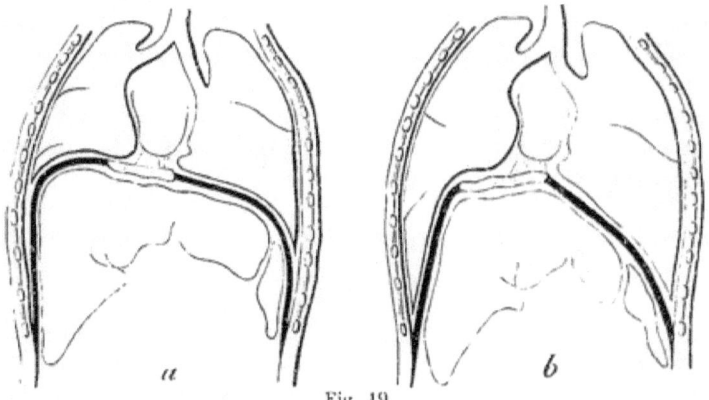

Fig. 19.

comprimirt wird, und in diesem, als wesentlich flüssiger Beschaffenheit, der Druck sich nach allen Seiten gleichmässig fortpflanzt, so dass er Kugelgestalt anzunehmen strebt; diese bedingt gerade eine Erweiterung der unteren Thoraxapertur, welche in der That bei reiner Zwerchfellathmung zugleich mit Emporwölbung der Bauchwand zu beobachten ist: „costoabdominaler" Athemtypus des männlichen Geschlechtes (s. u.).

Der Mechanismus der Zwerchfellathmung zugleich mit dem negativen Drucke im Thorax lässt sich an einem Modell (Fig. 20) demonstriren, bestehend aus einer unten abgeschlossenen Glasglocke, durch deren Stopfen eine Röhre in's Freie geht, deren unteres Ende mit einer frisch präparirten Thierlunge verbunden ist. Ein zweites Rohr gestattet durch Saugen in dem Zwischenraume zwischen Glockenwand und Lunge, einen luftverdünnten Raum herzustellen, welcher der Pleuraspalte entspricht. Der negative Druck kann auch durch ein seitlich mit dem Saugrohr verbundenes Manometer gemessen werden. Die Lunge

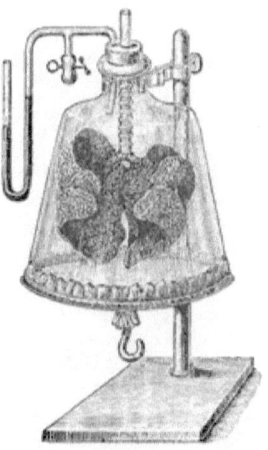

Fig. 20.

bläht sich dabei auf. Die untere Glockenöffnung ist mit einer Gummimembran überspannt, welche bei der Herstellung des luftverdünnten Raumes sich emporwölbt, wie das Zwerchfell; aussen ist an ihr ein Griff angebracht, und wird sie mit demselben herabgezogen (entsprechend der Zwerchfellcontraction), so erweitert das Lungenpräparat sich stärker; beim Nachlassen verkleinert es sich wieder.

Die Erweiterung des knöchernen Thorax erfolgt wesentlich durch **Rippenhebung**; betheiligt sind dabei die Mm. levatores costarum breves et longi, der Multifidus spinae, iliocostalis cervicis, serratus posticus superior und vor Allem die Mm. scaleni. **Inspiratorische Hilfsmuskeln**, welche bei Dyspnoe in Thätigkeit treten, sind die Mm. sternocleidomastoidei bei fixirtem Kopfe, die Pectorales minores bei fixirtem Schulterblatt, in äussersten Fällen auch noch die Pectorales maiores bei fixirten (aufgestützten) Armen.

Das Thoraxvolumen kann auch durch Compression in Folge Muskelwirkung besonders verkleinert werden („active Exspiration"); hierbei wirken die Mm. serrati post. inff., iliocostalis lumborum, vor Allem aber die Bauchmuskeln, indem sich der Druck durch den Bauchinhalt auf's Zwerchfell fortpflanzt und dieses stärker emporwölbt (Schreien, Husten). Gleichzeitige Contraction von Zwerchfell und Bauchmusculatur dient dazu, einen Druck auf den Bauchinhalt auszuüben: „Bauchpresse" bei Defäcation, Geburtsact u. s. w.

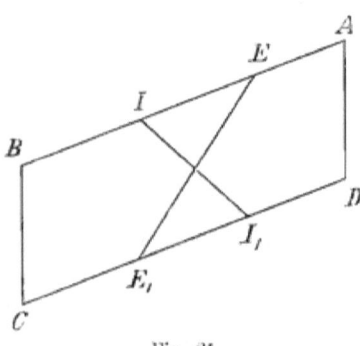

Fig. 21.

Besonders zu besprechen ist die Wirkungsweise der **Intercostalmuskeln**. Nach der gewöhnlich angeführten Darstellung von Hamberger[1]) wirken die von hinten oben nach vorn unten laufenden Intercostales externi inspiratorisch, die von hinten unten nach vorn oben laufenden Intercostales interni exspiratorisch.

Bezeichnen nämlich in dem nebenstehenden Schema (Fig. 21) AB und CD ein Rippenpaar, BC das betreffende Stück Sternum, AD das betreffende Stück Wirbelsäule, so zerlegt sich sowohl beim Intercostalis externus EE_1 als auch beim Intercostalis internus II_1 die Contractionswirkung in zwei gleiche Componenten, eine hebende und eine senkende: von diesen überwiegt bei EE_1 die hebende (also Inspiration!), weil der Hebelarm DE_1 grösser als AE, bei II_1, dagegen überwiegt die senkende Componente, weil der Hebelarm AI grösser als DI_1 (also Exspiration!). Durch die Externuswirkung nähert sich das bewegliche Parallelogramm dem Rechtecke, durch die Internuswirkung wird es spitzer, wie man sofort erkennt; auch lässt sich der Vorgang durch Modelle reproduciren. Complicirt wird diese Vorstellung durch den gebogenen Verlauf der Rippen. Die

---

[1]) De respirationis mechanismo Dissertatio, 1727.

Fortsetzungen der Intercostales interni zwischen den Rippenknorpeln, die Intercartilaginei, wirken wahrscheinlich durch Streckung der Knorpel und Vorstossen des Brustbeines inspiratorisch.

Nach Henle[1]) und Anderen hätten die Intercostalmuskeln gar keine respiratorische Function, sondern dienten lediglich zur Versteifung der Intercostalräume gegen den äusseren Luftdruck.

Die Rippenathmung spielt neben der Zwerchfellathmung auch bei ruhigem Athmen eine wichtige Rolle beim weiblichen Geschlechte, zumal bei der häufigen Behinderung der letzteren durch Druck auf untere Thoraxapertur und Bauchinhalt (Schnürleib, Schwangerschaft). Man redet hier vom „costalen Athemtypus" gegenüber dem „costoabdominalen" (s. o.) des männlichen Geschlechtes.

Die Formveränderungen des Thorax bei der Athmung können durch geeignete Instrumente gemessen (Sthetometer, Thorakometer; Vierordt, Riegel u. A.) und auch graphisch registrirt werden: pneumographische Vorrichtungen von Marey[2]), Knoll[3]) u. A., Phrenograph von Rosenthal u. A. zur Registrirung der Zwerchfellbewegungen. Alle diese Vorrichtungen zeigen mehr weniger nur die Thätigkeit einzelner Muskeln oder Muskelgruppen, resp. die Dimensionsänderungen des Thorax in bestimmten Richtungen an. Der Gesammteffect dieser besteht aber in der Volumänderung der Lungen bei der Athmung.

Die Messung der Lungenvolumänderungen, sowie des Gesammtvolumens der Lungen in den respectiven Athemphasen ist die Aufgabe der **Spirometrie** [Hutchinson[4]), Vierordt[5]), Wintrich u. A.]. Das Spirometer ist ein Gasometer analog demjenigen der Gasanstalten, nur in kleinem Maassstabe.

Es besteht aus dem Wassergefäss oder besser der circulären Wasserrinne WW (Fig. 22), in welche der Rand der durch Rolle und Gegengewicht b äquilibrirten Glocke G taucht. Der Innenraum wird durch Schlauch und Mundstück oder Gesichtsmaske mit den Athemwegen verbunden. Ein Zeiger Z an der Glocke gibt an einer Scala S die durch empirische Aichung bestimmten, den Hebungswerthen entsprechenden Volumänderungen an.

Athmet man zunächst so tief als möglich ein und alsdann so stark wie möglich in das Spirometer aus, so erhält man den Unterschied des Lungenluftgehaltes zwischen äusserster Inspirations- und äusserster Exspirationsstellung, welchen man die „**vitale Capacität**" nennt.

---

[1]) Handb. d. Anatomie. II. Aufl., Muskellehre. S. 106. Braunschweig 1871.
[2]) Le mouvement dans les fonctions de la vie. Paris 1868. p. 163.
[3]) Prager med. Wochenschrift. 1879.
[4]) Med.-chir. Transactions. XXIX. 137; 1846.
[5]) Physiologie des Athmens. Heidelberg.

Sie ist verschieden bei verschiedenen Individuen, je nach Alter, Geschlecht (beim Weibe durchschnittlich kleiner als beim Manne), Körpergrösse und Bau des Thorax. Als Mittel werden gewöhnlich 3700 ccm angegeben.

Bei Lungenerkrankungen kann sich die vitale Capacität vermindern, besonders bei vorgeschrittener Schwindsucht. Für die frühzeitige Diagnose ist indessen die Spirometrie ohne Werth. Bei Thieren ist an Bestimmung der vitalen Capacität natürlich nicht zu denken, weil dazu auf Befehl erfolgende willkürliche Modification der Athembewegungen erforderlich ist.

Macht man **Athemzüge** von dem gewöhnlichen Umfange wie **bei normaler ruhiger Athmung** in das Spirometer, so ergibt

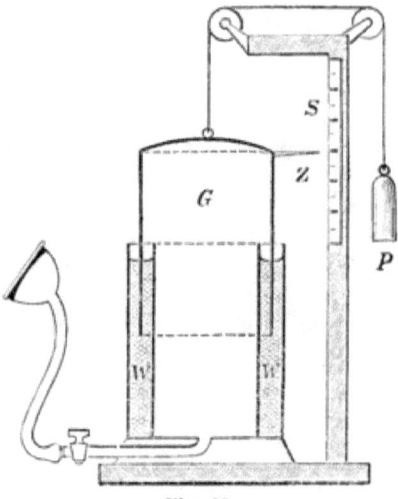

Fig. 22.

sich die **Grösse** jedes derselben im Mittel zu 500 ccm; man nennt diesen Werth **„Respirationsluft"**. Athmet man erst diesen Betrag aus und dann in das Spirometer noch weiter bis zur äussersten Exspirationsstellung, so erhält man die **„Reserve-"** oder **„Hilfsluft"** (den Betrag, welchen man nach gewöhnlichem Ausathmen noch in der Lunge zur Verfügung hat). Athmet man umgekehrt erst in normaler Weise ein und dann aus dem Spirometer noch weiter bis zur tiefsten Inspirationsstellung, so senkt sich die Glocke um das Maass der **„Ergänzungs-"** oder **„Complementärluft"** (Luft, welche man noch über das gewöhnliche Maass hinaus in der Lunge unterbringen kann).

Complementärluft + Respirationsluft + Reserveluft müssen gleich der vitalen Capacität sein; daraus ergibt sich für Complementär- + Reserveluft 3700 — 500 = 3200 ccm, für jede von diesen beiden, da man sie ungefähr gleich findet, etwa 1600 ccm.

Wird an der Glocke des Spirometers eine Schreibvorrichtung angebracht, so kann dasselbe auch zur Registrirung des zeitlichen Verlaufes der Lungenvolumschwankungen dienen [Panum[1])]. Ein vervollkommneter derartiger Apparat ist der Athemvolumschreiber von Gad[2]) (Fig. 23), bei

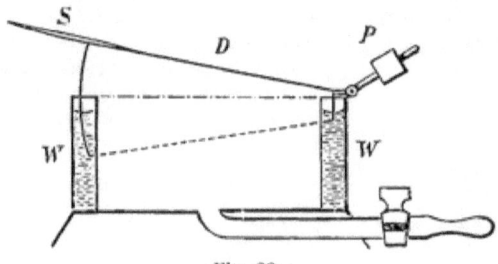

Fig. 23.

welchem die Glocke durch den leichten, um die Achse A sich drehenden, durch ein Gegengewicht P äquilibrirten, mit der Schreibfeder S versehenen, mit den Rändern in die Wasserrinne WW tauchenden Deckel D ersetzt ist. Die von demselben gelieferte Athemcurve zeigt Fig. 24; die absteigenden Zacken entsprechen dem Verlaufe der Inspiration, die aufsteigenden demjenigen der Exspiration; die Grösse der verticalen Excursionen gibt das Athemvolum an. Für länger dauernde Versuche muss zwischen solch' einem Registrirapparat und die Athemwege der Versuchsobjecte ein grösserer Luftbehälter ("Vorlage") eingeschaltet

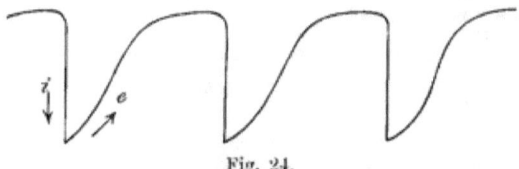

Fig. 24.

werden; statt dessen kann auch das ganze Thier oder der Mensch, so dass er durch ein in's Freie führendes Rohr athmet, in eine Kammer eingeschlossen werden, die mit diesem oder einem analogen Apparate communicirt, welcher dann die Vergrösserung und Verkleinerung des Gesammtkörpers bei den Athemphasen aufschreibt [Marey[3]), Hering[4]), Gad[5])].

[1]) Cit. in Vierordt's Physiologie des Athmens, S. 225.
[2]) A. (A.) P., 1879. S. 181.
[3]) Le Mouvement dans les fonctions de la vie, pag. 165.
[4]) Siehe Knoll, Ac. W., LXVIII, 245.
[5]) Tagebl. Naturforscherversammlung, Salzburg 1881.

Wie schon früher erwähnt wurde, wird die Lunge auch beim Zusammensinken durch Pneumothorax nicht luftleer, viel weniger bei äusserster Exspirationsstellung. Die Luftmenge, welche in dieser Stellung noch in der Lunge bleibt, heisst die „**Residualluft**"; ihr Werth kann nur indirect bestimmt werden und dürfte sich auf ca 1500 ccm belaufen.

Von den Residualluft-Bestimmungsmethoden sei erwähnt: 1. diejenige nach Davy und Gréhant[1]). Man athmet mehrmals in und aus einem Behälter von bekannter Grösse, welcher mit reinem Wasserstoff gefüllt ist. Wenn (nach einigen Athemzügen bereits) vollständige Mischung von Lungenluft und Wasserstoff eingetreten ist, so sperrt man den Behälter ab und bestimmt (eudiometrisch) den Wasserstoffgehalt seines Inhaltes; derselbe, in Procenten ausgedrückt, muss sich zu 100 verhalten, wie das Volumen v des Behälters zu Lungenluft V + Behältervolum:

$\frac{v}{v+V} = \frac{p}{100}$, hieraus $V = \frac{100\,v}{p} - v$. Zieht man von dem so gefundenen Lungenluftwerthe die spirometrisch bestimmte Vitalcapacität C ab, so erhält man die Residualluft.

Die Drucke statt der Volumina benützen die Methoden von Waldenburg-Neupauer[2]) und Gad[3]). Hier wird (s. oben) die Versuchsperson in einen geschlossenen Behälter gebracht, welcher mit einem Spirometer oder Athemvolumschreiber communicirt; sie athmet vermittelst eines die Wand des Behälters durchsetzenden Rohres aus einem Manometer; dieses giebt die Veränderung des Druckes bei der Einathmung (s. u.), der Athemvolumschreiber die Vergrösserung des Körper- resp. Lungenvolums bei derselben an. Da nun nach dem Boyle'schen Gesetze Volumen und Druck der Gase umgekehrt proportional sind, so folgt, wenn b der Barometerdruck und d die am Manometer abgelesene Druckverminderung, ferner V das Gesammtlungenvolum vor der Einathmung und v seine Zunahme bei dieser ist:

$\frac{V}{V+v} = \frac{b-d}{b}$; setzt man für $b-d$ das Zeichen b^1:

$$bV = b^1 V + b^1 v$$
$$V = \frac{b^1 v}{b - b^1}$$

Aus V und C ergibt sich die Residualluft wie oben.

Hermann theilt die Residualluft noch ein in diejenige Portion, welche beim Eröffnen des Thorax entweicht: Collapsluft, und diejenige, welche noch darinbleibt und nur durch künstliches Atelektatisch-machen (s. o. S. 103) entfernt werden kann: Minimalluft. Das mittlere Gesammtvolumen der Lungenluft ist ungefähr = Residualluft + Reserveluft + etwa halber Respirationsluft (letzteres nicht genau), also 1500 + 1600 + 250 = 3350 ccm. Hiervon werden bei jedem Athemzug 500 erneuert, also etwa $^1/_7$. Die „Ventilationsgrösse" ist also nicht bedeutend; indessen entspricht die normale

---

[1]) Journal de l'anat. et de la physiol., 1864, p. 523.
[2]) Dtsch. Arch. f. klin. Med., XXIII. 481. Zeitschr. f. klin. Med., I. 27.
[3]) a. a. O.

Tiefe der Athemzüge offenbar den anatomischen Verhältnissen: Bei der relativen Enge der Athemwege steigen nämlich die Druckschwankungen mit zunehmender Tiefe der Athmung bedeutend an (s. u.), was auf die Dauer für das Lungengewebe verderblich sein muss: Entstehung von „Emphysem" (Vergrösserung der Alveolen durch Elasticitätsverlust, auch Schwund der Zwischenwände z. B. bei Asthmatikern; auch ist die Lunge für relativ mässigen Druck nicht „luftdicht" (Ewald und Kobert¹)].

Die **Druckschwankungen in den Lungen** können durch Verbindung der Athemwege mit manometrischen Vorrichtungen gemessen werden (Pneumatometrie): entweder verbindet man diese mit einem Seitenrohr, während aus der freien Luft geathmet wird; man erhält so den Seitendruck; oder aber man verbindet die Luftwege „endständig" mit dem Manometer.

Benützt man als solches die Marey'sche Schreibkapsel, so erhält man pulmonale Druckcurven, deren Aussehen demjenigen der Volumencurven ähnlich ist. Natürlich muss für längere Versuche auch hier ein Luftbehälter (Hering'sche oder Bert'sche Flasche) zwischengeschaltet werden.

Die Schwankungen des Seitendruckes bei der normalen Athmung betragen höchstens einige Millimeter (Donders²) oder gar Bruchtheile von Millimetern Hg [Ewald³)]. Beim Athmen in und aus einem abgeschlossenen Raume lassen sich, besonders bei angestrengter In- resp. Exspiration hohe Druckwerthe erreichen, und zwar höhere bei starker Exspiration [„Blasen", bis zu 256 mm Hg nach Valentin⁴)], als bei Inspiration („Saugen", bis 144 mm Hg nach Valentin). Durch ventilartige Wirkung der Zunge (Lutschen, Mundsaugen) lässt sich allerdings bei Wiederholung der Druck bedeutend stärker herabsetzen, als die Steigerung bei angestrengtestem Blasen beträgt.

Die **Frequenz der Athemzüge** ist verschieden je nach der Art der Thiere und den äusseren Umständen (Verminderung im Schlafe): beim Menschen kann als normale Durchschnittsfrequenz 15—20 Athemzüge per Minute angegeben werden.

Der normale Rhythmus der Athmung ist der Art, dass die Inspiration von kürzerer Dauer ist, als die Exspiration. Auf der Höhe der ersteren findet normalerweise kein Verharren der Inspirationsmuskeln im Contractionszustande statt, sondern es folgt unmittelbar die passive Exspiration durch Nachlassen der Contraction und Wirkung der Elasticität des Thorax und der Lungen; sie erfolgt

---

[1] A. g. P., XXXI, 160.
[2] Zeitschr. f. rat. Med., N. F. III., S. 291 ff.
[3] A. g. P., XIX, 461.
[4] Lehrb. d. Physiol., II. Aufl., S. 529; 1847.

erst schnell, dann langsamer und immer langsamer bis zu einem anscheinenden Stillstande, der sogenannten Athempause; diese ist aber keine eigentliche Pause, da das Volumen der Lungen noch in langsamer Verkleinerung begriffen ist: „relative exspiratorische Pause" [Gad[1])].

Als Athemtiefe bezeichnet man die Grösse der Excursion des Zwerchfelles und der Thoraxwände bei den einzelnen Athemzügen; ihr proportional ist das Athemvolum. Die in der Zeiteinheit geathmete Luftmenge (messbar durch ein Spirometer mit vorgelegtem Ventil zur Trennung von In- und Exspirationsluft) heisst Athemgrösse. Sie hängt natürlich von Tiefe und Frequenz der Athemzüge ab; dieselbe Athemgrösse kann bei sehr verschiedenem Athemrhythmus und verschiedenen Mittelstellungen des Thorax erreicht werden. Lässt man von einem Kaninchen die Athemvolumcurve aufschreiben und sistirt die Athembewegungen plötzlich durch Nackenstich (s. unten), so zeigt sich, dass die die Cadaverstellung des Thorax bezeichnende Abscissenachse oberhalb der exspiratorischen Zacken verläuft: es herrscht also im Leben „ein beständiger Tetanus der Inspiratoren, auf welchen sich ein rhythmischer aufsetzt" [Gad[2])]. Die Fläche zwischen jener geraden Linie und der Volumcurve gibt ein Maass der Athemanstrengung ab; das Verhältniss der Athemgrösse wiederum zur Athemanstrengung ist als Nutzeffect zu bezeichnen. Die Mittelstellung des Thorax entfernt sich von der Norm im Sinne stärkeren inspiratorischen Tonus' bei Dyspnoe und Vagusdurchschneidung; der Nutzeffect verschlechtert sich dabei.

An den Athembewegungen betheiligen sich auch die beweglichen Theile der Athemwege: der Kehlkopf als Ganzes steigt herab bei jeder tiefen Inspiration (Verkürzung der Luftröhre!) und herauf bei der Exspiration. Wichtiger sind die Athembewegungen im Innern des Kehlkopfes: Erweiterung der Stimmritze durch Contraction der Mm. crico-arytaenoidei postici bei jeder Inspiration. Durchschneidung der Nn. laryngei inferiores, welche die Mehrzahl der motorischen Kehlkopffasern enthalten, macht die Stimmritze sowohl zum Schlusse als zur inspiratorischen Erweiterung unfähig (Cadaverstellung). Bei jungen Thieren werden bei Inspirationsversuchen hierbei die noch weichen Stimmbänder durch den Luftdruck von oben gegen einander gedrückt, weshalb solche nach Durchschneidung beider Laryngei inff. oder Vagi rasch an Erstickung zu Grunde gehen.

Beim Kaninchen kann man Erweiterung der Nasenlöcher (durch Hebung der Nasenflügel) bei jeder Inspiration und Verengerung (durch Senkung der Nasenflügel) bei jeder Exspiration beobachten. Die erstere geht der thoracalen Inspiration voraus, die zweite erfolgt gleichzeitig mit der Exspiration.

Das Cavum pharyngo-nasale bildet mit dem Kehlkopfe und der Trachea die Athemwege, welche sich oberhalb des Kehlkopfes mit den Speisewegen — Mundhöhle, Oesophagus — kreuzen. Die natürliche Athmung beim gesunden Individuum erfolgt durch die Nase, nicht durch den Mund. Viele Thiere sind überhaupt unfähig, durch den Mund zu athmen; bei Absperrung der Nasenlöcher gehen sie zu Grunde. Kaninchen können auch durch eine Trachealcanüle nicht auf die Dauer athmen, sondern gehen zu Grunde [Billroth[3])].

[1]) A. (A.) P., 1880, S. 4.
[2]) a. a. O., S. 8, Anm.
[3]) Diss., Berlin 1852.

Besondere Athemformen sind: Husten = active Exspirationsanstrengung bei zunächst fest geschlossener Stimmritze; diese wird dann plötzlich geöffnet, wobei die Luft mit Geräusch und einer gewissen Gewalt entweicht, so dass Fremdkörper (Schleim u. s. w.) mitgerissen und herausbefördert werden. Das Husten erfolgt meist reflectorisch durch Reizung der Kehlkopfschleimhaut (z. B. durch irrespirable Gase).

Niesen ist ein ganz entsprechender Vorgang bei Abschluss der Athemwege gegen die Mundhöhle und vorläufigem Schluss der Choanen; mit Oeffnung dieser streicht der Luftstrom durch die Nase und fegt sie aus; auch das Niesen erfolgt reflectorisch auf Reizung der Athemschleimhaut.

Husten soll durch Gehörgangs-, Niesen durch Conjunctivareizung ausnahmsweise hervorgerufen werden können.

Das Gähnen ist eine tiefe Inspiration bei gespannten Stimmbändern, daher mit Schallphänomen, welche reflectorisch von inneren Organen aus, sowie durch psychische Effecte (Langeweile) zu Stande kommt.

Das Seufzen besteht in einer tiefen Inspiration mit darauf folgender geräuschvoller Exspiration bei verengter Stimmritze.

Das Schluchzen besteht aus stossweise unterbrochenen Inspirationen und das Lachen aus stossweise unterbrochenen Exspirationen.

Als geordneter Bewegungscomplex müssen die Athembewegungen durch die Thätigkeit eines **coordinirenden Nervencentrums** zu Stande kommen: „Athemcentrum". Die Nerven der thorakalen Athemmuskeln kommen natürlich aus Vorderhornganglienzellen des Rückenmarkes: „Athemmuskelcentren" (Gad).

Der dritte bis fünfte Cervicalnerv liefert die Fasern zum motorischen Nerven des Zwerchfelles, dem N. phrenicus. Trennt man das Rückenmark zwischen dem Ursprunge der Cervical- und Thorakalnerven durch, so steht die Rippenathmung still, die Zwerchfellathmung bleibt bestehen. Trennt man das ganze Rückenmark vom verlängerten Mark ab, so sistirt Brust- und Zwerchfellathmung, aber die Athembewegungen von Mund und Nase (besonders beim Thier) gehen weiter, weil durch den Facialis als Hirnnerven vermittelt. Trennt man schliesslich das verlängerte Mark vom Gehirn, so hört auch jene „Kopfathmung" auf.

Das Athemcentrum liegt also **im verlängerten Mark** [Legallois[1]) 1812].

---

[1]) Expériences sur les principes de la vie. Paris 1812.

Flourens[1]) glaubte, das Athemcentrum auf eine ganz kleine, eng umschriebene Stelle an der Spitze des Calamus scriptorius localisiren zu können, weil Ausstanzung derselben mit einem Locheisen (oder Stich in dieselbe) sofortigen Tod durch Aufhören der Athmung herbeiführte: „Noeud vital", Lebensknoten. Es zeigt sich aber, dass hierbei Hemmungswirkungen („Choc") im Spiele sind. Auch spätere Versuche, das Athemcentrum zu localisiren, waren nicht glücklich, zumal da man sich zu sehr an die Oberfläche hielt [Alae cinereae, corpp. restiformia, Gierke[2])] oder Bahnen statt gangliöser Substanz traf [Mislawsky, Holm[3])]. Man kann grosse Substanzmengen vom verlängerten Marke vorsichtig entfernen, ohne dass die Athmung aufhört [Gad und Marinescu[4])]. Dies geschicht erst dann, wenn man sehr tief vordringt; wahrscheinlich bildet die Formatio reticularis mit ihrem grossen Reichthum an Ganglienzellen und sich kreuzenden Bahnen das wirkliche doppelseitige übergeordnete Centralorgan für die Athembewegungen. Auf den Grad der vielfach behaupteten Selbstständigkeit der spinalen Centren in Bezug auf das Zustandekommen rhythmischer Athembewegungen [Brown-Séquard, Wertheimer, Langendorff[5])] kann hier nicht näher eingegangen werden.

Unter geeigneten Bedingungen dauert die rhythmische Athemthätigkeit auch an, wenn das Athemcentrum von allen centripetalen Bahnen abgeschnitten. Es muss also ein Reiz an Ort und Stelle einwirken: automatische oder autochthone Erregung des Athemcentrums. Diesen Reiz bildet die „Venosität" des Blutes.

Diese veranlasst das Centrum zur Auslösung von Einathmungsbewegungen durch Vermittlung centrifugaler Bahnen, wodurch „Arterialisation" des Blutes bewirkt wird. Man kann sich vorstellen, dass damit der Reiz für das Centrum nachlässt und die Inspirationsbewegung so lange unterbrochen wird, bis das Blut wieder stärker venös geworden ist; auf diese Weise lässt sich die Möglichkeit rhythmischer Athembewegungen auch ohne complicirte Eigenschaften des Centralorganes erklären.

Die Frage, ob Sauerstoffmangel oder Kohlensäureüberladung des Blutes das Athemcentrum erregt, wird jetzt gewöhnlich dahin beantwortet, dass beide Factoren mitwirken.

Bei der normalen Athmung werden vom Athemcentrum nur Inspirationsbewegungen ausgelöst; die Exspiration ist passiv; für diejenigen Ausnahmsfälle, in welchen längerdauernd active Exspirationen beobachtet werden, dürfte die Annahme eines besonderen, mit dem Inspirationscentrum functionell verknüpften Centrums für active Exspiration zur Erklärung nothwendig sein.

Dass Venosität des Blutes inspirationsanregend wirkt, zeigen die Erscheinungen bei Vorhandensein von Athemhindernissen

---

[1]) Expériences sur le système nerveux etc., Paris 1824.
[2]) A. (A.) P., 1873, S. 583.
[3]) C. m. W., 1885, S. 465. A. p. A., CXXXI, 78.
[4]) A. (A.) P., 1893, S. 175.
[5]) A. (A.) P., 1880, S. 518.

oder in sauerstoffarmer, resp. kohlensäurereicher Luft: die Athemzüge werden tiefer, die Mittellage des Thorax verschiebt sich in inspiratorischem Sinne, die Athemanstrengung wächst; man redet von „**Dyspnoe**" (beschwerlicher Athmung).

Die Athemfrequenz kann bei der Dyspnoe zunehmen, braucht es aber nicht; bei Athemhindernissen (Kehlkopfstenose) nimmt sie sogar ab. Steigerung der Athemtiefe bei wesentlich unveränderter Frequenz ist offenbar das zweckmässigste Mittel zur besseren Lüftung der Lunge und genügenden Sauerstoffzufuhr zu den Geweben durch das Blut: „Lufthunger". Ganz verschieden hiervon ist eine Erscheinung, welche bei Erhöhung der Aussentemperatur auftritt und nicht ganz richtig als Wärmedyspnoe bezeichnet wird: starke Beschleunigung und Vorflachung der Athmung, also vermehrte Frequenz bei verminderter Tiefe: hier handelt es sich um Vergrösserung der Wärmeabgabe durch möglichst häufigen Luftwechsel, ein Mittel der physikalischen Wärmeregulirung (s. später), welches besonders oft beim Hunde (Liegen in der Sonne) zu beobachten ist, wo die Wärmeabgabe durch Verdunstung wegen mangelhafter Ausbildung der Schweissdrüsen fehlt. Die in Rede stehende „Wärme-Tachypnoe" wird direct durch den Einfluss des überwärmten Blutes auf das Athemcentrum erzeugt, wie man durch Einlegen der Carotiden in sogenannte Heizröhren zeigen kann (Fick und Goldstein[1], Gad und Mertschinsky[2]).

Gegenüber der „Dyspnoe" bezeichnet man die normale ruhige Athmung als „Eupnoe" (Rosenthal).

Versieht man durch anhaltende ausgiebige künstliche Athmung (s. u.) das Blut mit einem Ueberschuss von Sauerstoff, so bleiben nach Unterbrechung der künstlichen Athmung eine Zeit lang alle Athembewegungen aus, weil der normale Reiz für das Inspirationscentrum fehlt. Man bezeichnet diesen Zustand als „Apnoe" (Rosenthal).

Ein besonders wichtiger Fall derselben ist die fötale Apnoe: der Fötus empfängt den für seinen Chemismus nöthigen Sauerstoff und gibt seine Kohlensäure ab auf dem Wege des Gasaustausches zwischen fötalem und mütterlichem Blut in der Placenta. So lange dieser andauert, kommt es zu keinen Athembewegungen, auch wenn der Atheminnervations- und -Bewegungsapparat bereits vollkommen ausgebildet und functionsfähig ist. Mit Aufhören des Gasaustausches in der Geburt durch die Loslösung der Placenta in Folge der Uteruscontraction erfolgen durch den Reiz des venös werdenden Blutes die ersten Athembewegungen (Schwartz[3]).

Der Gaswechsel beim Fötus ist übrigens (vgl. schon S. 101) weit weniger intensiv als derjenige im extrauterinen Leben, die Blut-Gasgehaltdifferenz zwischen beiden Blutarten geringer. Da also das Blut im Mittel so venös ist, dass es im

---

[1] A. g. P., V, 38; Verh. math.-phys. Ges., Würzburg, II, 156.
[2] Verh. math.-phys. Ges., Würzburg, N. F., XVI, S. 115.
[3] Arch. f. Gynäkologie, I, 361.

extrauterinen Leben bereits das Inspirationscentrum anregen würde, so muss eine herabgesetzte Erregbarkeit desselben vorliegen. Diese tritt übrigens bei jeder Apnoe ein: die Athmung beginnt erst dann wieder, wenn das venöse Blut bereits viel dunkler ist, als normal.

Auch andauernde venöse Blutbeschaffenheit (resp. Dyspnoe) führt schliesslich zur Erregbarkeitsherabsetzung für das Athemcentrum, welche nur eine Anfangserscheinung der Lähmung — Erstickung - ist, aber unter Umständen längere Zeit andauern und wieder rückgängig gemacht werden kann (Erstickungsnarkosen).

Die Athembewegungen können willkürlich modificirt — beschleunigt, verlangsamt, vertieft, abgeflacht, auch einige Zeit ganz angehalten werden; das Athemcentrum steht also in Verbindung mit der Hirnrinde. [„Corticale Athemcentren" für bestimmte Athemformen: Spencer[1])].

Reflectorisch, durch Vermittlung sensibler Nerven, welche mittelbar oder unmittelbar zum Athemcentrum führen, können, wie schon mehrfach erwähnt, die Athembewegungen mannigfach verändert werden. Besonders gilt dies für die Athemreflexe durch Vermittlung des N. trigeminus, z. B. auf Einwirkung der Dämpfe von Chloroform, Aether, Ammoniak u. s. w., auf die Nasenschleimhaut [Knoll[2]), Gad und Zagari[3]), Rosenberg[4])]. Hierher gehören auch die oben erwähnten Athemformen des Niesens, Hustens u. s. w.

Eine ganz eigenartige Bedeutung, und zwar für die Regulirung der normalen Athmung haben centripetale Fasern des N. vagus.

Die Reizung der centralen Vagusstümpfe vermag je nach der Art und dem Zustand des Versuchsthieres, sowie je nach der Art des Reizes Beschleunigung der Athmung bis zum Stillstand in Inspirationsstellung (Tetanus der Inspirationsmuskeln) oder Verlangsamung bis zum Stillstand in Exspirationsstellung (Hemmung der Athmung) zu erzeugen. Ueber die Bedingungen der Erfolgsform ist viel gestritten worden, doch ist die Art des Reizes offenbar das Wesentliche. Kurzdauernde, Reizwellen erzeugende Einwirkungen erzeugen Inspirationsstillstand oder Athembeschleunigung, besonders bei häufiger Wiederholung (Summation in den Centren); Dauereinwirkungen (Zerrung, Quetschung des Nerven, aufsteigender constanter elektrischer Strom) wirken hemmend [Boruttau[5])].

Die Betheiligung des Vagus an der Regulirung der normalen Athmung erhellt aus Versuchen, in welchen Thieren mit erhaltenen Vagis rhythmisch gewaltsam Luft eingeblasen wird („künstliche Athmung"; wichtiges Laboratoriumshilfsmittel in Versuchen mit Eröffnung des Thorax, Curarisirung etc.). Hier erfolgt

---

[1]) Philos. Transact., CLXXXV. B., 609.
[2]) Ac. W., LXXXVIII, 479; XCII, 309.
[3]) A. (A.) P., 1890, 588; 1891, 37.
[4]) B. klin. W., 1895, S. 14.
[5]) A. g. P., LXI, 39, LXV, 26.

unmittelbar auf jede Einblasung eine „passive" Exspiration, auf jedes Nachlassen eine Inspirationsbewegung von Seiten des Thieres, welches so seinen Athemrhythmus mit demjenigen der künstlichen Einblasung zur Uebereinstimmung bringt. Da dieser Vorgang nicht mehr statt hat, wenn die Vagi durchschnitten sind, so ist er nur so zu erklären:

Jede inspiratorische Lungendehnung wirkt durch Vermittlung der Vagi hemmend, jedes exspiratorische Zusammensinken der Lunge anregend auf das Inspirationscentrum; „Selbststeuerung der Athmung", Hering und Breuer 1868[1]).

Dass die Vagi normal Inspiration vermitteln, ist von Gad in Abrede gestellt vor Allem auf Grund der Erscheinungen, welche man beobachtet, wenn man beide Vagi, ohne sie zu reizen, am besten durch Abkühlung (s. später) ausschaltet (Gad[2], Head[3], Lindhagen[4], Lewandowsky[5])]: Es sind oft nur die inspiratorischen Phasen sofort verlängert, dabei die Mittelstellung des Thorax inspiratorisch verschoben, die Athemanstrengung vermehrt (Vagotomie-Dyspnoe), was Alles durch Fortfall von Hemmung zu erklären ist. Exspiratorische Pausen können auch sofort da sein, und weisen dann wohl auf Ausfall von Inspirationsanregung im oben besprochenen Sinne hin; oft erscheinen sie aber erst allmälig und immer ausgesprochener, weshalb man sie durch eine Ermüdung des nicht mehr durch Vermittlung der Vagi gehemmten Inspirationscentrums erklärt hat.

Andere Folgen der beiderseitigen Vagusdurchschneidung werden später besprochen werden.

Den Tod durch Störung des Gaswechsels bezeichnet man als **Erstickung**. Die Erscheinungen von Seiten des Athemapparates, unter welchen dieser Vorgang abläuft, lassen sich in rascher Folge beim Verblutungstod beobachten [Holovtschiner[6])]. Im Beginn der Blutung tritt dyspnoisch vertiefte Athmung ein, auf welche als Ausdruck verminderter Erregbarkeit des Centrums (s. o.) und Zeichen drohender Lebensgefahr Abflachung folgt; schliesslich werden die Athemzüge selten, können tief sein, sind aber durch Pausen getrennt, welche immer länger werden, bis die Athmung ganz aufhört [„terminaler Typus"; S. Mayer, Högyes[7])].

[1] Ac. W., LVII, 672; LVIII, 909.
[2] A. (A.) P., 1880, S. 1.
[3] J. P., X, 1.
[4] Skand. Arch. f. Physiol., IV, 296.
[5] A. (A.) P., 1895, S. 195.
[6] A. (A.) P., 1886, S. 451; Suppl.-Bd., S. 232.
[7] Arch. f. exp. Path. u. Pharm., VI, 86.

V.
Secretion, Verdauung und Resorption[1]).

Sowohl diejenigen Stoffe, welche der Organismus aufnimmt, als auch diejenigen, welche er abgibt, gehören theils dem gasförmigen, theils dem flüssigen und festen Aggregatzustande an. Nachdem der Gaswechsel im vorigen Abschnitt besprochen worden ist, beschäftigen wir uns mit der Aufnahme und Abgabe flüssiger und fester Stoffe. Die Vorgänge der Aufnahme solcher Stoffe fasst man unter dem Sammelnamen der **Ernährung** zusammen. Die mechanisch aufgenommenen Nahrungsstoffe gelangen in ein Canalsystem, in welchem sie, soweit sie fest sind, gelöst, soweit bereits gelöst, zum Theil chemisch verändert werden, um ihre **„Aufsaugung"**, Verwendung zur Lymph- und Blutbildung, und Zufuhr zu den Geweben zu ermöglichen. Das nicht Verwendbare verlässt den Darmcanal als Koth (**Faeces**). Flüssige Producte des Stoffwechsels werden **„abgesondert"** („secernirt"), zum Theil in das Innere des Darmcanalsystems hinein, wo sie wichtige Aufgaben, eben jene Umformung der aufgenommenen Nahrung zu besorgen haben (Secrete im engeren Sinn), theils an die Oberfläche der äusseren Haut und der Schleimhäute des Athem-, Zeugungs-

---

[1]) Genannt seien: Joh. Müller, De Glandularum secernentium structura etc., Lips. 1830. — R. Heidenhain, Physiologie der Absonderungsvorgänge. Hermann's Handb., IV, 1. Leipz. 1880. — Cl. Bernard, Leçons sur les propriétés physiologiques et les altérations pathologiques des liquides de l'organisme. Paris 1859. — M. Schiff, Leçons sur la physiologie de la digestion, Florence 1868. — In Hermann's Handb. IV, 2. B. Luchsinger und R. Maly, Chemie der Verdauungssäfte und Verdauung; V, 2. Sigm. Mayer, Bewegungen der Verdauungsu. s. w. Apparate; W. v. Wittich, Aufsaugung, Lymphbildung und Assimilation. Leipzig 1880/81. Ferner noch: Gamgee, Physiol. Chemie der Verdauung, übersetzt von Asher und Beyer, Wien 1897, sowie die zu Abschnitt II genannten physiologisch-chemischen Werke.

systems u. s. w., wo sie wichtige physikalische Functionen ausüben (Feuchthaltung, Wärmeregulirung), zum Theil endlich nach aussen entweder zu Zwecken der Fortpflanzung und Ernährung der Nachkommen oder als Auswurfs- oder Endproducte des Stoffwechsels (in diesem Falle zusammen mit den Faeces als Excremente bezeichnet).

Die die Absonderung bewirkenden Organe heissen **Drüsen.** Man kann sie definiren als Lager von Epithelzellen, in welchen nach den neueren, von Heidenhain begründeten Forschungen der eigentliche Absonderungsvorgang stattfindet. Solche Lager können rein flächenhafter Natur sein (Schleimhäute); bei den eigentlichen Drüsen sind sie nach dem Principe der Oberflächenvergrösserung als Hohlorgane angeordnet, indem sie einfache oder sich verzweigende Schläuche bilden (einfache und zusammengesetzte tubulöse Drüsen) oder auch am Ende von als „Ausführungsgänge" dienenden Epithelschläuchen, in Form von Hohlkugeln oder „Bläschen" angeordnet sind (acinöse Drüsen). Stets sind die secernirenden Epithellager reichlich mit Blutgefässen versehen, welche bei den zusammengesetzten Drüsen um die einzelnen Schläuche und Bläschen ein sie dicht umspinnendes Maschenwerk bilden. Denn aus dem Blute, resp. der Lymphe, als den allgemeinen Ernährungsflüssigkeiten der Gewebe, werden auch die Secrete gebildet. Wenngleich hierbei grob-physikalische Vorgänge — Filtration und Diffusion — mitwirken, so ist doch heutzutage festzuhalten, dass die Secrete durch die im Inneren der secernirenden Epithelzellen stattfindenden chemischen und physikalischen Vorgänge, wie in ebensoviel kleinen Laboratorien, erst hergestellt werden. Hierfür spricht: 1. der Gehalt der Secrete an im Blute nicht präformirten Stoffen; 2. die Beeinflussung der Secretionsvorgänge durch die Thätigkeit (besonderer, von den Gefässnerven zu unterscheidender) „secretorischer" Nervenfasern, Ludwig 1851; 3. die Möglichkeiten: a) bei aufgehobener Circulation durch Nervenreizung Secretion zu erzeugen; b) umgekehrt bei verstärkter Circulation durch Gifte die Secretion zu verhindern (Heidenhain).

Die secernirenden Epithelien erleiden ferner bei ihrer Thätigkeit in vielen Fällen histologisch nachweisbare Veränderungen (Heidenhain). Endlich wird bei dem Secretionsvorgange Energie in Form von Wärme frei (Ludwig).

Die Einzelheiten über die Absonderung der einzelnen Verdauungssäfte sollen in Verbindung mit der Besprechung der Verdauungsvorgänge, die Absonderung des flüssigen Excrementes, des Harnes, sowie der sonstigen Secrete unmittelbar nachher behandelt werden.

Der erste Act der **mechanischen Nahrungsaufnahme,** des Essens und Trinkens, die Mundöffnung wird bewirkt durch die Herabzieher des Unterkiefers: M. digastricus, mylo- und geniohyoideus+sterno- und omohyoideus, resp. sternothyreoideus und thyreohyoideus. Bei dem Schliessen des Mundes, resp. Abbeissen eines Stückes fester Nahrung durch die Schneidezähne und dem hierauf folgenden Kauen, d. h. Zerreiben durch die Mahlzähne, wirken ferner die Mm. masseteres, temporales, pterygoidei externi und interni (die Pt. externi verschieben bekanntlich den Unterkiefer wesentlich zur Seite, die Pt. interni nach vorn; die Mechanik des Kiefergelenkes siehe in den anatomischen Büchern). Das Verschieben der Nahrung im Munde besorgen die Wangen- und Lippenmuskeln, sowie die Zunge, welche zu den mannigfaltigsten Form- und Lageveränderungen befähigt ist.

Der Hyoglossus zieht die Zunge nach hinten, der Palato- und Styloglossus desgleichen und nach oben; der Genioglossus drängt die Zunge nach vorn (unter Mitbetheiligung der Quermuskeln Herausstrecken aus dem Munde); Contraction der senkrechten Lingualisfasern plattet wesentlich die Zunge ab (bei Mitwirkung der oberflächlichen Längsfasern Concavwölbung). Contraction der Querfasern verlängert sie (bei Mitwirkung der tiefen Längsfasern Convexwölbung u. s. w.).

Der motorische Zungennerv ist der Hypoglossus; seine einseitige Lähmung erzeugt Seitwärtsbiegung nach der gesunden Seite im eingezogenen, nach der gelähmten im ausgestreckten Zustande [Schiff[1]), aus obiger Skizzirung der Muskelwirkungen ohne Weiteres verständlich]. Die Kaumuskeln versorgt der dritte Trigeminusast, nur der M. buccinatorius wird vom Facialis innervirt (der N. buccinatorius ist sensibel).

Die Aufnahme flüssiger Nahrung geschieht wesentlich durch Saugen, bei welchem ausnahmsweise die Inspiration betheiligt ist (Schlürfen, Luftschlucken), welches in der Hauptsache aber (beim Milchsaugen des Säuglings ausschliesslich) durch Zungenbewegungen bewirkt wird. Normal schon herrscht im geschlossenen Munde, resp. der capillaren Spalte zwischen Zunge und Gaumen ein Minusdruck von 2—4 mm Hg, welcher durch wiederholte Vor- und Rückwärtsbewegung der Zunge mit ventilartiger Wirkung (Bildung eines „vorderen, resp. hinteren Saugraumes") bis auf 300 mm gesteigert werden kann

---

[1] Arch. f. physiol. Heilk., 1851, S. 579.

(also viel höher als der Minusdruck durch forcirte Inspiration, s. früher, S. 111).

Die im Munde zerkaute Nahrung wird zum Bissen geformt und schlüpfrig gemacht durch den **Speichel**. Da derselbe auch chemisch auf einen Theil der Nahrungsstoffe einwirkt, so ist er der erste „Verdauungssaft", und man redet von einer „Mundverdauung". Er bildet eine trübe, fadenziehende Flüssigkeit von alkalischer Reaction und einer Dichte von höchstens 1·009. Er enthält als spärliche Formbestandtheile Mundepithelien und „Schleimkörperchen" (degenerirte Drüsenepithelien) und besteht aus Wasser, mit darin gelösten K- und Na-Salzen, wenig Eiweiss, Mucin, angeblich häufig Rhodan- (CNS-) Verbindungen und endlich dem wirksamen Enzym, dem Ptyalin, s. weiter unten. Er ist ein Gemisch der Secrete wesentlich dreier Drüsen, der Glandula parotis, submaxillaris und sublingualis. Das Parotidensecret, aus dem Ductus Stenonianus auch beim Menschen leicht rein zu gewinnen, ist für sich frei von Schleim: die Parotis ist eine sogenannte Eiweissdrüse (Heidenhain). Auch die Submaxillardrüse des Menschen enthält Theile von gleichem Bau und derselben Function, wie die Parotis, daneben einen schleimbereitenden Antheil, während die Submaxillaris des Hundes eine reine „Schleimdrüse" (Heidenhain) ist. Mikroskopisch untersucht, zeigt jeder Acinus einer solchen zwei Zellformationen: die helleren, mit Fortsätzen versehenen „Schleimzellen" und die dunkleren, eine circuläre Randschicht (Gianuzzi'sche Halbmonde) bildenden „Protoplasmazellen" (Heidenhain).

Bei der Thätigkeit (anhaltende Reizung der secretorischen Nerven, s. u.) beobachtet man Veränderungen an diesen Zellen: die Schleimzellen werden färbbar durch Hämatoxylin, was sie vorher nicht waren, bezogen auf Bildung des specifischen Secretbestandtheiles — hier des Mucins — aus einer Vorstufe, dem Mucigen; hierauf wird der helle Schleimklumpen ausgestossen und der geläufigeren Vorstellung nach geht die Zelle zu Grunde und wird durch Umformung und Neubildung aus den Randzellen („Keimlager") ersetzt. Möglicherweise wird indessen nur der Secretklumpen ausgestossen, und das zurückbleibende Zellprotoplasma mit seinem Kern zeigt die Gestalt eben der halbmondförmigen Randzelle, bis wieder neuer Schleimstoff in ihr entsteht.

Auch die Zellen der Eiweissdrüsen zeigen Veränderungen bei der Thätigkeit: Dunkler-, Körnig- und Kleinwerden; Rundwerden des vorher gezackten Zellkernes (Heidenhain).

Vermehrte Absonderung des Speichels aus der Unterkieferdrüse kann künstlich hervorgerufen werden durch Nervenreizung [C. Ludwig[1], s. oben], und zwar durch

---

[1] Zeitschr. f. ration. Med., N. F., I, 259.

Reizung der **Chorda tympani** (oder des N. lingualis unterhalb ihres Eintrittes) einerseits, durch **Sympathicusreizung** andererseits. Der Speichel kann dabei in einer **Steigröhre**, welche man mit dem Ausführungsgange (D. Whartonianus) verbunden hat, zum Aufsteigen gebracht werden, auch bei ganz niedrigem Blutdrucke (vgl. oben); er **steigt höher, als dem mittleren Blutdrucke überhaupt entspricht, bei Chordareizung ad maximum bis zu über 2°/₄ m = 200 mm** Hg („Secretionsdruck").

Das Secret ist verschieden, je nachdem Chorda oder Sympathicus gereizt werden: der „Chordaspeichel" ist dünnflüssig, arm an gelösten Bestandtheilen, der „Sympathicusspeichel" dickflüssiger und reich an jenen, besonders an Mucin. Bei der Chordareizung findet nun allerdings Erweiterung der Drüsengefässe und Beschleunigung des Blutstromes statt, umgekehrt Vasoconstriction bei der Sympathicusreizung; indessen bleibt bei künstlicher Aufhebung dieser circulatorischen Verschiedenheit der Unterschied in der Beschaffenheit der Secrete bestehen.

<small>Bei längerer Reizung wächst zunächst der Gehalt des Speichels an festen Bestandtheilen, später, mit der „Ermüdung", wächst der Wassergehalt, woraus man geschlossen hat, dass besondere trophische Nervenfasern, welche die Secretbildung beeinflussen, von den eigentlich secretorischen noch zu unterscheiden seien.</small>

Die Submaxillar- und Sublingualdrüsen erhalten ihre Nervenfasern durch Vermittlung der Chorda tympani, deren Fasern weiterhin im N. lingualis und dessen Zweigen (Ggl. submaxillare!) verlaufen, aus dem Facialisstamme, die Parotis durch Vermittlung des N. auriculotemporalis, Ggl. oticum (!), N. petrosus superficialis minor, N. Jacobsonii aus dem Glossopharyngeus. Das **Centrum für die Speichelsecretion liegt im verlängerten Mark**. Reflectorisch wird es durch die centripetalen Mund-, Zungen- und Schlundnerven erregt, ferner **vom Gehirn aus** durch obere Bahnen, resp. durch sensorische Nerven („Wasserzusammenlaufen im Munde" bei Speisengeruch): ferner wird Association der Innervationen der Speichelsecretion und Kaubewegungen angegeben.

Der wirksame Stoff des Speichels, ein als **Ptyalin** (Leuchs 1831) bezeichnetes Enzym, verwandelt, analog der pflanzlichen Diastase, die Polysaccharide, speciell die Stärke, in Dextrine und schliesslich Zucker (Maltose und Glucose): „Saccharification", s. S. 43. Diese Lösung der in der Rechnung aufgenommenen Amylaceen beginnt bereits im Munde, um im Magen fortgesetzt zu werden, wenn schon eine hindernde Wirkung der dort secernirten Salzsäure behauptet, in vitro von einem gewissen Säuregehalte ab auch beobachtet wird.

Der gekaute, geformte und eingespeichelte „Bissen", resp. die mit dem Munde aufgenommene Flüssigkeitsportion wird durch den Vorgang des **„Schlingens"** oder „Schluckens" in den Magen befördert. Dasselbe vollzieht sich in drei Acten [Magendie[1])], von welchen der erste hauptsächlich deshalb die Aufmerksamkeit besonders auf sich lenkt, weil in ihm die Nahrung die Kreuzung der Speisewege und Athemwege passirt: Verfehlen der ersteren und Eintritt von Nahrungstheilen in die Luftwege („Verschlucken") kann tödtlich werden. Der Vorgang erfolgt derart, dass zunächst durch Rück- und Aufwärtsbewegung der Zunge der Bissen hinter die vorderen Gaumenbögen gedrückt wird. Damit er hierauf nicht nach oben in's Cavum nasopharyngeum gerathe, wird dieses durch: 1. active Erhebung des Velum palatinum [Bidder[2]). Fiaux[3]) u. A.]; 2. Zusammenrücken der hinteren Gaumenbögen [Dzondi[4])]; 3. Vortreten der hinteren Schlundwand [Passavant'scher Wulst[5])] und der Tubenwulstfalten [Zaufal[6])] gegen den übrigen Schlundkopf abgesperrt. Durch Contraction der Constrictores pharyng. sup. und med. wird hierauf (zweiter Act) der Bissen abwärts bewegt; damit er hierbei nicht in den Kehlkopf gerathe, wird dieser durch Abwärtsdrücken des Zungengrundes auf die Epiglottis, Wirkung von Muskelfasern, welche diese abwärtsziehen, sowie Aufsteigen des Kehlkopfes selbst (Contraction des Thyreohyoideus bei fixirtem Unterkiefer) verschlossen. Der Bissen, resp. „Schluck" Flüssigkeit kann somit nur in den Oesophagus gelangen: Für **Flüssigkeiten** genügt die Kraft der Schlundkopfschnürer, welche recht bedeutend ist, um sie durch den Oesophagus bis in den Magen zu spritzen, während **feste Nahrung durch eine wellenförmig nach unten fortschreitende („peristaltische") Contraction der Ringmuskeln der Speiseröhre** weiterbewegt wird [Kronecker mit Falk und Meltzer[7])].

Diese Contraction erfolgt mit abnehmender Geschwindigkeit; übrigens ist der oberste Abschnitt der Schlundmusculatur quergestreift, die anderen Theile bestehen aus glatten Muskelzellen. Nach Kronecker und Meltzer sollte das „Hinabspritzen" durch Wirkung des Zungengrundes zu erklären sein, und alles Uebrige, auch die Contraction der Constrictores pharyngis, „Nachschlucken" sein.

[1]) Thèse, Paris 1808.
[2]) Neue Beobachtung. üb. d. Bewegung. d. weichen Gaumens. Dorpat 1838.
[3]) Recherches expérim. sur le mécanisme de la déglutition. Paris 1875.
[4]) Die Functionen des weichen Gaumens. Halle 1831.
[5]) A. p. A., XIII, S. 1.
[6]) Archiv für Ohrenheilkunde, XV, S. 96.
[7]) A. (A.) P., 1880, S. 296, 446; 1881, S. 465; 1883, Suppl., S. 328.

Die motorischen Nerven für den Schlingact sind der N. hypoglossus für die Zunge, Glossopharyngeus und Vagus für Pharynx- und Oesophagusmusculatur; das Reflexcentrum liegt in der Medulla oblongata; die auslösenden centripetalen Bahnen verlaufen in den Nn. laryngei; centrale Recurrensreizung soll einen coordinirten Schluckact auslösen [Lüscher[1])].

Der Glossopharyngeus kann auch hemmend wirken, und zwar reflectorisch: bei einer Schluckserie werden die letzten Stadien („Nachschlucken") jedes einzelnen Schlingactes unterdrückt und kommen erst beim letzten Schluck zur vollen Entwicklung.

Experimentelle Recurrens- resp. Vagusdurchschneidung behindern das Schlucken in höchstem Maasse, sollen auch (durch Ausfall eines Hemmungstonus?) zunächst dauernde Contraction des unteren Oesophagustheiles machen [Cl. Bernard[2], Schiff[3]], welcher später Erschlaffung folgt.

Am Schlusse jeder peristaltischen Schluckwelle öffnet sich die Cardia und lässt die Speisen in den **Magen** eintreten, welchen sie in gefülltem Zustande — während der Verdauung — nach oben zu fest abschliesst. Dasselbe thut nach unten zu der Pylorus. Die Musculatur der Magenwand macht während der Verdauung **Bewegungen,** welche meist wellenförmig abwärtslaufen, doch auch umgekehrt Inhalt vom Pylorus in den Fundus zurück befördern. Durch Magenreizung sowie gewisse Giftwirkungen (Apomorphin z. B. auch in's Blut oder subcutan eingespritzt) erfolgen vielleicht durch „antiperistaltische" Bewegungen des Magens unterstützte Contractionen der Bauchmuskeln [Magendie[4]), Rühle[5]), Schiff[6])], welche unter Oeffnung der Cardia den Mageninhalt herausbefördern: Brechact, coordinirt durch einen in der Nähe des Athemcentrums liegenden Centralapparat [Hermann mit Grimm, Kleimann und Symonowicz[7])].

Im Magen wird die Saccharification der Amylaceen durch den verschluckten Speichel fortgesetzt und Lösung, resp. Umwandlung der Eiweisskörper durch den Magensaft eingeleitet.

Der **Magensaft** bildet eine farblose, sauer reagirende Flüssigkeit von einer Dichte bis zu 1·010, ohne morpho-

---

[1]) C. P., IX, 477.
[2]) C. r. soc. biol., 1850.
[3]) Leçons sur la physiologie de la digestion, I. S. 350; II. S. 377.
[4]) Mémoire sur le vomissement, Paris 1813.
[5]) Cit. in Traube's Beitr. z. exp. Path. u. Physiol., Berlin 1845.
[6]) a. a. O., II. S. 450.
[7]) A. g. P., IV. S. 205; V. S. 280.

logische Bestandtheile, welche beim Menschen 2°/₀₀ **freie Salzsäure** (entdeckt durch Prout 1834) und 3·2°/₀₀ organische Bestandtheile enthält [Bidder und Schmidt[1])], unter diesen zwei Enzyme, ein eiweissverdauendes, das **Pepsin** (Schwann 1836) und ein milchcoagulirendes, das „Labferment". Er wird secernirt durch die „Magensaftdrüsen" im grösseren Theile der Magenschleimhaut, besonders am Fundus, cylindrische, wenig verzweigte Schläuche mit zwei Arten secernirender Epithelzellen, den Haupt- oder adelomorphen Zellen und den grossen Neben-, Beleg- oder delomorphen Zellen, deren erstere das Pepsin, letztere die HCl liefern [Heidenhain[2]), Ebstein und Grätzner[3]), Klemensiewicz[4])]. In der Pylorusgegend existiren daneben Drüsen mit Cylinderepithel, welche nach der älteren Ansicht nur Schleim, nach oben genannten neueren Forschungen Pepsin, aber keine Säure produciren sollen.

Aus der Schleimhaut eines getödteten Thieres lässt sich durch Wasser oder Glycerin ein pepsinhaltiges Extract gewinnen, welches, mit HCl versetzt, zu „künstlichen Verdauungsversuchen" in vitro benützt werden kann; mehr Pepsin erhält man, wenn man gleich mit HCl-haltiger Flüssigkeit extrahirt, woraus man auf das Vorhandensein einer Vorstufe des peptischen Enzyms, eines peptischen „Zymogens", „Pepsinogens" in den Zellen geschlossen hat, welche erst durch die secernirte Salzsäure zu Pepsin wird. Wie die freie Salzsäure aus dem alkalischen Blut, resp. der Lymphe abgeschieden wird, ist noch nicht erklärt. Man hat elektrische Ströme, die chemische Massenwirkung freier Milchsäure, Kohlensäure, dazu ferner die osmotischen Druckunterschiede zwischen Gewebssäften und Mageninhalt und die Dissociation der Chloride herangezogen [Maly[5]), Köppe[6])].

Die Secretion des Magensaftes erfolgt nur auf Reizung der Magenschleimhaut, ja angeblich nur auf Einwirkung ganz bestimmter Stoffe [Schiff's Ladungstheorie[7]), neuere Angabe von Khigine[8])]. Offenbar handelt es sich um einen Reflexvorgang, dessen Centren vielleicht gangliöse Apparate in der Magenwand sind, die aber jedenfalls regulirend durch Hirnnerveneinfluss beherrscht werden.

[1]) Die Verdauungssäfte und der Stoffwechsel. Leipzig und Mitau, 1852.
[2]) Arch. f. mikr. Anat., VI, S. 400.
[3]) A. g. P., VI, S. 1; VIII, S. 122, 617.
[4]) Ac. W., 1875.
[5]) Z. p. C. I. S. 174.
[6]) A. g. P., LXII, 567.
[7]) Leçons sur la physiologie de la digestion. 1867. p. 188 ff.
[8]) Arch. d. sc. biol. de St. Pétersb., III, 461.

Vagusdurchschneidung stört die Magenverdauung [Bernard[1], Krehl[2], Timofeeff[3]], indem die Secretion vermindert und der Saft enzymärmer wird [Pawlow und Schumow-Simanowsky[4]]; doch liegt die Hauptwirkung in der Störung der Magenbewegungen, welche durch Sympathicus und Vagus anregend und hemmend beeinflusst werden[5].

Die „verdauende" Einwirkung des Magensaftes auf die in den Magen gelangte Nahrung hat zur Folge, dass zunächst etwa noch unaufgelöste, aber in Wasser lösliche Stoffe (Zucker, Salze u. s. w.) gelöst werden

Ferner wird unzweifelhaft die im Munde begonnene Saccharification der Amylaceen weitergeführt.

Vor Allem aber wirken die freie Salzsäure und das Pepsin lösend, resp. spaltend auf die Eiweisskörper ein: es entstehen Acidalbumine, Albumosen und Peptone.

Salzsäure allein würde nur Acidalbumine bilden; das Pepsin allein wirkt gar nicht; beide zusammen ergeben das durch die Verdauung bezweckte Resultat, wie durch künstliche Verdauungsexperimente sich leicht zeigen lässt [Brücke's[6] Dreigläserversuch]. Dabei ist für die verschiedenen geronnenen Eiweisskörper, welche gewöhnlich genossen werden, die zur Lösung nöthige Zeit verschieden: am kürzesten für Fibrin, länger für Myosin und besonders für Eieralbumin; ferner variirt auch der günstigste Salzsäuregehalt des Verdauungsgemisches beträchtlich (für Fibrin etwa $= 0.9^0/_{00}$ HCl).

Die Salzsäure kann auch durch andere Säuren, z. B. organische, ersetzt werden, welche indessen in grösserem Mengenverhältniss vorhanden sein müssen, z. B. 8—10mal so viel Milchsäure, wie Salzsäure erforderlich wäre [Meissner[7], Klug[8]].

Die Salzsäure als solche hat indessen noch eine andere wichtige Function, nämlich Fäulniss- resp. abnorme Gährungsvorgänge durch die stets eingebrachten Mikroorganismen zu verhindern: sie wirkt **antiseptisch**, und als solche auch schützend vor der Infection mit pathogenen Mikroben, welche durch einen geringen Gehalt an freier Mineralsäure bereits getödtet werden (Cholera). Dem entsprechend finden sich Producte der Eiweissfäulniss, wie im Darm (s. unten) niemals im Magen; und nur bei Mangel oder Verminderung der HCl-Secretion in Krankheitszuständen findet sich in

---

[1]) Leçons sur la physiol. du système nerveux, 1858, p. 421.
[2]) A. (A.) P., 1892, Suppl., S. 278.
[3]) Russische klin. Wochenschr., Sept. 1889.
[4]) C. P., III, S. 113; A. (A.) P., 1895, S. 53.
[5]) Hierüber siehe: Openchowsky, A. (A.) P., 1889, S. 549; C. P., III. S. 2.
[6]) Ac. W., XLIII, S. 601.
[7]) Zeitsch. f. rat. Med., VII, S. 1.
[8]) A. g. P., LXV, S. 330.

reichlicheren Mengen Milchsäure im Mageninhalt, entstanden durch fermentative Spaltung der genossenen Kohlenhydrate.

Durch die Pepsinverdauung wird auch der Leim in analoger Weise gespalten, wie die Eiweisskörper, indem „Gelatosen" und „Leimpepton" entstehen [Metzler und Eckhard[1]). Dastre[2]]. Die Peptonisirung von Eiweiss, wie von Leim lässt sich auch durch lange Einwirkung von Salzlösungen [Dastre[3]], Säuren, sowie durch Kochen unter Druck (Papin'scher Topf „pour bouillir les os") bewirken; es handelt sich um eine hydrolytische Spaltung, welche es auch ermöglicht, dass aus den Peptonen bei der Resorption wieder Eiweiss aufgebaut wird (s. später).

Die Albuminoïde widerstehen mehr weniger der Verdauung, besonders Keratin und die Pseudonucleïne, während echtes Nucleïn vielleicht und Elastin zum Theil gelöst wird.

Cellulose wird im menschlichen Darmtractus kaum angegriffen; anders bei Thieren (Wiederkäuer, Pelzmotte).

Das Caseïn der aufgenommenen Milch wird im Magen durch das Labferment (s. o.) zur Gerinnung gebracht und hierauf wie die anderen geronnenen Eiweisskörper peptonisirt.

Fette werden nicht angegriffen, wie wohl behauptet worden ist; höchstens handelt es sich um Rücktritt von Pankreassaft aus dem Duodenum bei der Pylorusöffnung [Contejean[4])].

Die vielfach aufgeworfene Frage, warum der Magen „sich nicht selbst verdaut", ist wohl genügend beantwortet durch die Pathologie der Entstehung des „runden Magengeschwüres" (Virchow[5]), bei welcher Circulationsstörung das primäre bildet: bei erhaltener Circulation in den Magen eingebundene Organe werden nicht angegriffen [Viola und Gaspardi[6]], also ist dieser selbst erst recht geschützt, so lange seine Gewebe durch das strömende Blut in alkalischer Reaction erhalten werden.

Die Dauer des Aufenthaltes der Speisen im Magen ist sehr verschieden; jedenfalls treten sie in den Darm über, ehe alles Eiweiss peptonisirt ist. Weil weiterhin die Darmverdauung für sich eine vollständige ist und auch zur Erhaltung des Lebens genügt, wie Versuche mit Totalexstirpation des Magens [Czerny[7])] gezeigt haben, auch die antiseptische Wirkung der HCl durch diejenige der Galle ersetzt werden kann (ein Hund ohne Magen vertrug faules Fleisch [Carvallo und Pachon[8])]), weil endlich die mechanisch-zerkleinernde Thätigkeit

---

[1]) Cannstadt's Jahresb., 1861, I.
[2]) A. d. P. (5), VII, S. 791.
[3]) A. d. P. (5), VI, S. 464, 919; (5), VII, S. 408.
[4]) A. d. P. (5), VI, p. 125.
[5]) A. p. A., V, 281.
[6]) Archives ital. de biol., XII, p. VII.
[7]) Kaiser in Czerny's Beitr. z. operat. Chirurgie. Stuttg. 1878, S. 141.
[8]) A. d. P. (5), VI, p. 106.

des Magens beim Menschen und Fleischfresser kaum in Betracht kommt, muss der Magen hier vor Allem als Behälter aufgefasst werden, welcher es ermöglicht, in grösseren Intervallen sich mit entsprechenden Quanten an Speise und Trank zu versehen. Um dieselben vor dem Faulen zu schützen und für die weitere Umwandlung vorzubereiten, secernirt er eine Flüssigkeit mit eiweissverdauenden und antiseptischen Eigenschaften.

Die Fortführung der **Verdauungsvorgänge** findet im **Darmcanal** statt, wo gleichzeitig auch die „**Aufsaugung**" der gelösten Stoffe durch die Darmwandung hindurch zum Zwecke der Aufnahme in den Stoffwechsel stattfindet. In den obersten Darmabschnitt, das Duodenum, ergiessen sich zwei alkalische Secrete, die Galle und der Pankreassaft („Bauchspeichel"); ferner sondert auch die Darmschleimhaut alkalische Flüssigkeit ab, so dass die saure Reaction des aus dem Magen gekommenen Speisebreies (Chymus) allmälig in eine alkalische übergeführt wird; doch hat man in einem sehr grossen Theil des Darmes (speciell beim Hund) dieselbe noch sauer gefunden.

Der **Pankreassaft** ist eine alkalische Flüssigkeit von der Dichte 1·030, welche reichlich Eiweiss enthält (daher leicht fault!), ferner Salze und endlich drei Enzyme, ein eiweissspaltendes, das **Trypsin** (Corvisart 1857, Kühne), ein saccharificirendes oder diastatisches („Pankreasptyalin") und ein fettspaltendes.

Frisches Pankreas enthält kein Trypsin, an der Luft liegen gelassenes reichlich, so dass dasselbe mit Glycerin und Wasser extrahirt und zu Verdauungsversuchen benützt werden kann. Extract von frischem Pankreas wird wirksam durch Durchleiten von Sauerstoff. In der Drüse wird also ein Zymogen (s. oben, S. 125) gebildet, welches durch Oxydation zum Trypsin wird [Heidenhain[1]), Podolinski[2])]. Bei der secretorischen Thätigkeit zeigen die cylindrischen Epithelzellen der Pankreasschläuche Veränderungen, welche man sogar am lebenden Thier hat verfolgen können [Kühne und Lea[3])].

Nach Herzen[4]) erfolgt die Umwandlung des Pankreaszymogens in Trypsin durch einen Stoff, welchen die Milz liefert.

---

[1] A. g. P., X. S. 557.
[2] Beitr. zur Kenntniss des pankreatischen Eiweissfermentes. Bresl. 1876.
[3] Verh. d. naturh.-medic. Vereines zu Heidelberg. I. Heft 5.
[4] Untersuch. z. Naturlehre des Menschen, XII, S. 76.

Die Secretion des Pankreassaftes wird wahrscheinlich durch in ihm selbst befindliche nervöse Centralapparate angeregt, welche aber unter dem regulirenden Einfluss peripherischer Nerven stehen; der Mechanismus derselben, sowie seine Beziehungen zu anderen Organen sind noch durchaus dunkel. Dasselbe gilt von der Entstehungsweise des experimentellen Diabetes nach Pankreasexstirpation (Lépine[1], v. Mering und Minkowski[2]). Gley[3], Sandmeyer[4], von welchem unten noch die Rede sein wird.

Durch das Trypsin wird im Darme die Spaltung des aufgenommenen Eiweisses vollendet; es entstehen dabei Albumosen und Peptone, ferner Amidosäuren (Leucin und Tyrosin), ja selbst Ammoniak.

Das fettspaltende Enzym des Pankreassaftes macht aus den Fetten einen Theil der Fettsäuren frei. Dieselben verbinden sich mit dem freien Alkali zu Seifen: die Gegenwart dieser Seifen ermöglicht die feinere Vertheilung oder sogenannte „Emulgirung" des Fettes, welche für dessen Aufnahme durch die Darmwand unumgänglich nothwendig ist.

Vollkommen neutrales Oel, mit alkalischer Flüssigkeit noch so lange geschüttelt, bildet keine Emulsion: ist es nur ein wenig „ranzig" (d. h. freie Fettsäure enthaltend), so zerstiebt es beim ersten Schüttelstosse zur „Milch" [Brücke[5])].

Man hat für die Emulgirung und Resorption (s. u.) der Fette die Bewegungen des Darmes mit in Anspruch genommen; dieselben dienen indessen hauptsächlich der Fortbewegung des Inhaltes; das Genauere hierüber siehe weiter unten.

Die Emulgirung der Fette erfolgt bei geeigneter Concentration der Fettsäuren und des Alkali, welche nicht zu langsame und nicht zu schnelle Bildung der trennenden Seifenschichten ermöglicht, auch ohne jeden Bewegungsanstoss durch blosse Veränderungen der Oberflächenspannung und Diffusionsvorgänge [Gad[6], Quincke[7]]. Gallensaure Salze vermögen befördernd auf die Emulgirung einzuwirken.

Das Pankreasptyalin verwandelt etwa noch nicht saccharificirte Amylaceen in Zucker.

Die **Galle** bildet eine tiefgrün bis braun gefärbte, neutrale, bisweilen (der Gallenblase entnommen) alkalische

---

[1] C. R., CX, 742.
[2] Arch. f. exp. Path. u. Pharmakol., XXVI. 371.
[3] C. r. soc. biol. (9), III. p. 225, 270.
[4] Z. B., XXIX, 86.
[5] Ac. W., LXI, 362.
[6] A. (A.) P., 1878. S. 187.
[7] A. g. P., XIX. 129.

fadenziehende Flüssigkeit, welche stark bitter schmeckt. Ihre Dichte schwankt sehr je nach ihrem Gehalte an gelösten Bestandtheilen (1·010—1·040), deren sie ausser Salzen, beigemischtem Mucin, resp. einem mucinähnlichen Körper, enthält: Fette, Seifen, Lecithin, Cholesterin, vor Allem aber die Gallenfarbstoffe — Bilirubin und Biliverdin — und die gallensauren Salze, d. h. die Natronsalze der Glykocholsäure und Taurocholsäure.

Diese bilden eine langsam krystallinisch erstarrende „Schmiere", wenn das entfärbte alkoholische Extract eingedampfter Galle mit Aether versetzt wird: Platner'sche krystallisirte Galle.

Die Galle wird secernirt und gebildet von der **Leber**: die den Ductus hepaticus formirenden Gallencanäle verlaufen mit den „interlobulären" Gefässen rings um die Acini und stehen ihrerseits wieder in Verbindung mit den zwischen den einzelnen Leberzellen verlaufenden Gallencapillaren. Die Beziehungen dieser letzteren zu den Zellen, die Frage, ob sie noch eigene Endothelien haben, ihr Verhältniss zu den Blutcapillaren u. s. w. sind noch sehr streitig.

Auch die Art und Weise der Bildung der Galle ist dunkel: selbst die Frage, ob sie wesentlich aus den Leberarterien [Frerichs[1]), Kottmeyer[2]) u. A.] oder dem Pfortaderblut [Schiff[3]) u. A.] erfolgt, ist nicht definitiv beantwortet; indessen ist die Leberarterie wahrscheinlich nur ernährendes Gefäss für die interlobulären Elemente, während die Galle aus dem durch die Pfortader gelieferten Nährmaterial gebildet wird [Cohnheim und Litten[4])].

Unterbindung beider Gefässe hebt jede Gallensecretion auf. Unterbindung der Ausführungsgänge hat Gallenstauung und Resorption der Gallenbestandtheile in's Blut zur Folge, was sich durch Gelbfärbung von Haut und Schleimhäuten (Icterus) äusserlich anzeigt. Diese Resorption erfolgt bereits unter sehr geringem Drucke, und zwar aus den grösseren Gallengängen durch Vermittlung der Lymphspalten [Heidenhain[5])].

Das Bildungsmaterial der Gallenfarbstoffe ist der Blutfarbstoff (s. S. 26), dasjenige für die anderen Bestandtheile nicht sicher bekannt.

Die in 24 Stunden vom Menschen secernirte Gallenmenge soll etwa ½ Liter betragen. Bei Gallenfistelversuchen an Thieren wurden sehr verschiedene Werthe gefunden. Da die Galle continuirlich secernirt wird, so ist ein Behälter angebracht in Ge-

---

[1]) Klinik der Leberkrankh., Braunschw. 1858.
[2]) Zur Function der Leber, Würzb. 1857.
[3]) Schweizer. Zeitschr. f. Heilk., I, S. 1.
[4]) A. p. A., LXVII, S. 153.
[5]) S. Hermann's Handb., V, 1; S. 276 ff.

stalt der Gallenblase, deren Ein- und Ausführungsgang, der Ductus cysticus, bekanntlich mit dem Ductus hepaticus vereinigt, als Ductus choledochus in das Duodenum mündet. Die Austreibung erfolgt durch glatte Muskelfasern.

In der Gallenblase kann eine Eindickung der Galle durch Wasserresorption seitens der Wandung erfolgen, doch andererseits bei Verschluss des D. cysticus auch eine Wassersecretion in dieselbe hinein: hydrops vesicae felleae.

Nach jeder Mahlzeit ist die Gallensecretion gesteigert (das Maximum mehrere Stunden später); im Hunger ist sie sehr vermindert.

Der **Secretionsdruck** beträgt 200 mm Sodalösung, bedentend mehr als der Pfortaderdruck.

Alle diese Thatsachen sprechen für eine Wirkung nervöser Apparate, welche aber in der Leber selbst zu suchen sind; eine „regulirende Wirkung" peripherischer Nerven ist vielfach behauptet, aber nicht mit Sicherheit nachgewiesen.

Die Galle hemmt im Darme die Weiterwirkung des Pepsins [Cl. Bernard[1]], doch thut nicht das Gleiche etwa in den Magen eingeführte Galle [Dastre[2]), Oddi[3])].

Die gallensauren Salze befördern die Emulgirung der Fette (s. o.), ferner kommt ihnen, analog der Salzsäure des Magens, eine antiseptische Wirkung zu; im Uebrigen aber ist die eigentliche Function der Galle im Darme räthselhaft.

Zu den genannten Flüssigkeiten hinzu kommt das **Secret der tubulo-acinösen Brunner'schen Drüsen des Duodenums und der einfachen Drüsenschläuche oder Lieberkühn'schen Krypten des Dünn- und Dickdarmes, „Darmsaft".** Man hat dasselbe durch Isolirung eines Darmstückes, Verbindung der Schnittenden des Haupttractes, Zunähen des isolirten Stückes an einem Ende und Einnähen des anderen Endes in die Wunde [Thiry'sche Fistel[4])] oder auch Einnähen beider Enden [Vella'sche Fistel[5])] gesammelt, neuerdings auch die Eigenschaften des nach Nervendurchschneidung in vermehrter Quantität secernirten Saftes („paralytische Secretion", entdeckt durch Bernard an den Speicheldrüsen) studirt [L. B. Mendel[6])]. Der Darmsaft reagirt alkalisch, ist arm an gelösten Bestandtheilen, soll aber (wenigstens im Duo-

---

[1]) Leçons sur les propriétés etc.
[2]) C. R., CVI, 217.
[3]) Arch. ital. de biol., IX. 138.
[4]) Ac. W., L. S. 77.
[5]) Moleschott's Untersuch., XIII. S. 40. 1881.
[6]) A. g. P., LXIII. 425.

denum) eiweissspaltendes, sowie auch saccharificirendes Enzym führen. Immerhin wird seine Bedeutung für die Verdauung, ja selbst seine Existenz als normales Secret von Manchen geleugnet und die Drüsen als blosse Einstülpungen zur Vermehrung der resorbirenden Fläche (analog den Zotten, s. u.) gedeutet. Uebrigens finden sich in ihnen überall, am reichlichsten im Dickdarme und Mastdarme (hier beim Kaninchen sogar ausschliesslich), Becherzellen, welche Schleim secerniren.

Zu den Umwandlungen, welche die Nahrung durch die Verdauung erleidet, gesellt sich besonders in den unteren Darmabschnitten eine lebhafte Einwirkung stets vorhandener gährungs- und **fäulnisserregender Spaltpilze**, welche aus Kohlenhydraten Milch- und Buttersäure, aus Fetten durch schrittweise Oxydation flüchtige, niedere Fettsäuren machen und den nicht resorbirten Theil der Eiweissstoffe noch weiter spalten, als es durch die Trypsinwirkung geschieht, derart, dass Ammoniak, Kresole, Indol und Skatol entstehen [Brieger[1])].

Die Darmfäulniss ist für die Erhaltung des Lebens durchaus nicht etwa Bedingung, wie neuere Versuche beweisen [Nuttall und Thierfelder[2]].

Die Gallensäuren werden im Darme zum Theile gespalten, die Cholalsäure als Anhydrid (Dyslysin) ausgeschieden; der Gallenfarbstoff wird zu Hydrobilirubin reducirt, welches den Farbstoff der Fäces bildet.

Der Darmfäulniss verdanken wohl auch die Darmgase — bestehend aus N, CH_4, H_2S u. a. — ihre Entstehung. Pathologisch können sich — ganz abgesehen von verschluckter Luft — durch Gährungsprocesse auch im Magen Gase bilden, selbst NH_3 und der brennbare Wasserstoff [Ang. Ewald[3], Strauss[4]].

Die **Fortbewegung des Darminhaltes** erfolgt durch wellenförmig fortschreitende („peristaltische") Contractionen (ringförmige Einschnürungen) der Darm-Ringmusculatur, neben welchen auch Contractionen der Längsmuskelfasern durch Verkürzung des Darmes und Verlagerung der Darmschlingen wirken.

Dass eine physiologische „Antiperistaltik" existire, ist wiederholt behauptet worden [so neuerdings von Grützner[5]] — Versuche über Aufwärtstreibung von Kohlenpartikeln u. ä.], aber bestritten.

Die peristaltischen Bewegungen zeigen sich mässig lebhaft, wenn die Bauchhöhle unter Berieselung mit warmer physiologischer Kochsalzlösung eröffnet wird; ohne diese Vorsichtsmassregel sind sie sehr verstärkt. Verstärkung erfolgt auch bei der Erstickung, vielen Vergiftungen, Aortencompression [Schiff[6]]. Temperatur-

---

[1] Ber. d. deutschen chem. Ges., X, 1027.
[2] Z. p. C., XXI, 109.
[3] A. (A.) P., 1874. S. 214.
[4] B. klin. W.. 1893. S. 398.
[5] D. m. W., 1894. S. 498.
[6] Lehrb. d. Physiol. des Nervensyst., Lahr 1859, S. 105.

erhöhung — was Alles auf Nervenwirkung hindeutet. Die Centren liegen wohl zunächst in der Darmwand selbst — Meissner'scher (submucöser) und Auerbach'scher (Zwischenmuskel-) Plexus —, doch wirken peripherische Nerven reizend (Vagus) und hemmend (Splanchnicus) ein.

Für die Fortpflanzung der Bewegung von Muskelzelle zu Muskelzelle wird wie für den Ureter (s. u.), für überhaupt alle glattmuskeligen Organe und das Herz (oben S. 71), so auch für die Darmbewegung von Engelmann[1] directe „rein musculäre" Leitung angenommen.

Während des Passirens der **Nahrungsstoffe** durch den Darmcanal geht Hand in Hand mit der Verdauung ihre **Aufnahme durch die Darmwand in das Säftesystem**, die **„Resorption"** oder **„Aufsaugung"**. Das hauptsächliche schnelle Transportmittel für die aufgesogene Nahrung ist nun zwar das Blut, doch steht dieses weder mit Secretionsorganen und anderen thätigen Geweben, noch mit den Resorptionsflächen in unmittelbarem, resp. nur durch die Capillarwand gehindertem Contact, mit Ausnahme weniger Stellen (Nierenglomeruli ziemlich sicher, Gehirngefässe zweifelhaft). Vielmehr liegen zwischen den **Geweben und Gefässen** überall **capilläre Räume**, die **„Lymphspalten"**, welche den **Flüssigkeitsaustausch zwischen Geweben und Blut vermitteln und mit der „Lymphe"** erfüllt sind; aus ihnen sammelt sich diese in dem Lymphgefässsystem, um aus demselben schliesslich direct in das Blut zu gelangen. Genaueres hierüber siehe weiter unten.

Im Magen, hauptsächlich aber im Darme, ist die Aufsaugung der gelösten Nahrung begünstigt durch die **Vergrösserung der Oberfläche**, welche im Dünndarme durch die Zotten zu Stande kommt und nach Heidenhain eine 23fache sein soll.

Im Inneren der Zotten befinden sich Blut- und Lymphgefässschlingen. Dass hier eine rapide Aufnahme von gelöster Substanz stattfindet, ist durch den schnellen Nachweis genossener Stoffe (JK) im Harne, die Vergiftungen u. s. w. ohne Weiteres erkenntlich; wie indessen die Resorptionsvorgänge im Einzelnen sich gestalten, darüber ist keine Einigung erzielt. Es gilt dies schon für die Aufnahme von Wasser und darin gelösten krystalloïden Substanzen, welche man auf dem rein physikalischen Wege der Osmose in die Blutgefässe hat gelangen lassen wollen

Aufnahme in die Lymphgefässe durch Osmose kann weniger in Frage kommen, weil hier der Flüssigkeitsstrom zu langsam ist; der Blutstrom erfüllt die erste Bedingung für den Fortgang der Osmose, die rasche Flüssigkeits-

---

[1] Verh. d. niederl. Akad., 1870/71, Nr. 2.

erneuerung. Denn Osmose findet statt zwischen zwei durch eine Membran getrennten Flüssigkeiten verschiedener Zusammensetzung, resp. Concentration durch Uebergang von „diffusibeln" gelösten Stoffen in der einen, Wasser in der anderen Richtung, bis die Zusammensetzung eine gleiche geworden ist. Massgebend ist nicht die Gewichts- oder Volumconcentration, sondern die Molecülzahl; ihr entspricht der auf die Membran ausgeübte, dem Dampfdruck analoge „osmotische Druck". Aequimoleculare Lösungen sind in diesem Sinne „isotonisch"; stärkere hat man „hypertonisch", weniger concentrirte „hypotonisch" genannt.

Gegen die ausschliessliche Wirkung der Osmose bei der Resorption auch der Krystalloïde sind von Hoppe-Seyler[1]), besonders aber von der Heidenhain'schen Schule[2]) eine Reihe von Einwänden geltend gemacht worden, welche bereits hierfür eine active Betheiligung der Darmepithelzellen wahrscheinlich machen sollen.

So ist neuestens von Heidenhain[3]) hervorgehoben worden, dass die Vorgänge bei Einführung hypertonischer Lösungen modificirt werden durch Zusatz von so wenig Na Fl, dass dadurch keine sichtbare Veränderung, aber eine „Lähmung" der Darmepithelien entstehe.

Uebrigens hat Hamburger[4]) die alleinige Rolle der Osmose vertheidigt durch Versuche über Druckänderungen im Abdomen. Ist der Flüssigkeitsdruck in dem Darme $= 0$, so erfolgt keine Resorption.

Sichergestellt ist die Bedeutung der Epithelien für die Resorption von Eiweiss und Fett. Man hat vielfach Beziehungen ihrer histologischen Eigenschaften zu ihrer Function herzustellen versucht, insbesondere die Streifung des „Basalsaumes" für contractile Gebilde, resp. in's Innere sich fortsetzende Canäle erklärt und darauf weiterspeculirt, doch ohne bis jetzt zu gesicherten Erklärungen der Resorptionsvorgänge gelangt zu sein.

Da alle, auch die in gelöstem Zustande mit der Nahrung aufgenommenen Eiweisskörper durch die Verdauung peptonisirt werden, so läge es nahe, anzunehmen, dass sie hierdurch für die Resorption, und zwar speciell auf physikalischem Wege, geeigneter gemacht werden sollen, zumal da die Peptone leichter diffundiren. Indessen enthalten Chylus, Lymphe und Blut niemals Albumosen und Peptone; es bleibt somit nichts Anderes übrig, als eine Rückverwandlung der Peptone in Eiweiss auf synthetischem Wege innerhalb der Darmepithelzellen anzunehmen, wofür auch die Hofmeister'schen Versuche[5]) und die danach wahrscheinliche Natur der Eiweiss-

---

[1]) Physiol. Chemie, S. 352.
[2]) Röhmann, A. g. P., XLI, 411 ff.; Gumilewski, ibid., XXXIX, 556 ff.
[3]) A. g. P., LVI, S. 579.
[4]) Niederl. Akad., Bericht 1896, IV, Nr. 6.
[5]) Z. p. C., II, 206; IV, 267; VI, 69 ff.; Arch. f. exp. Path. u. Pharmak., XIX, 8 ff.

körper als Anhydride der Peptone sprechen. Dem entsprechend dürfte auch bei der Aufnahme der Peptone die Zellthätigkeit in Betracht zu ziehen sein.

Die Spaltung und der Wiederaufbau der Eiweisskörper ist die einzige Möglichkeit, fremdes Eiweiss zu „assimiliren": Injection von solchem in's Blut führt stets zu seinem Uebergang in den Harn, auch bei Serumeiweiss fremder Thierarten, ja des anderen Geschlechtes derselben Thierart [O. Weiss[1])].

Für das Fett ist die Emulgirung Vorbedingung der Resorbirbarkeit. Man hat die Tropfen durch die Zwischenräume der Epithelzellen oder die hypothetischen Canäle in deren Innerem gehen lassen und die Bewegungen des Darmes, die Contraction der Zottenmusculatur [Brücke[2])], die Galle als ein Membranen durchlässiger machendes Agens [Wistinghausen[3])] dabei helfen lassen: Dass die Galle die Fettresorption befördert, dafür spricht die Verschlechterung der letzteren bei Thieren, deren Galle durch Fisteln nach aussen abgeleitet wurde [Bidder und Schmidt[4]), Röhmann[5])]; doch ist dies vielleicht durch die emulsionsbefördernde Wirkung der Galle genügend erklärt. Gegen alle mechanischen Theorien spricht aber der Umstand, dass die Fette im Chylus viel feiner vertheilt sind, als im Darm (so fein, dass sie auch bei langem Stehen nicht aufsteigen [v. Frey[6])]), sowie das nachgewiesene Auftreten fertiger Glyceride im Chylus nach Fütterung mit freien Fettsäuren [J. Munk[7])]; es bleibt also auch für die Fettresorption nur die Thätigkeit der Epithelzellen übrig.

Ob auch im Mastdarm eine physiologisch bedeutsame Resorption vor sich geht, ist streitig, dass sie stattfinden kann, sicher — Nährklystiere, Vergiftungen durch Klysma —, ebenso wie von allen Schleimhäuten aus (besonders leicht diffusible) Substanzen rasch resorbirt werden: Coniunctiva (Atropinwirkung), Athemwegeschleimhaut, Genitalschleimhäute (Vergiftungen durch Scheiden- und Uterusausspülungen). Auch die Epidermis resorbirt beim Menschen (Bäder, Salbenbestandtheile) und erst recht bei Thieren mit durchdringlicherem Integument.

---

[1]) A. g. P., LXV, 215.
[2]) Vorles. üb. Physiol., Wien 1873, I. S. 344.
[3]) Diss., Dorpat 1851.
[4]) Die Verdauungssäfte und der Stoffwechsel.
[5]) A. g. P., XXIX, 509.
[6]) A. (A.) P., 1881, S. 382.
[7]) A. p. A., LXXX, 10.

Auch für die Froschhautresorption will neuerdings Ruzicka[1]) die Thätigkeit der Epidermiszellen in Anspruch nehmen.

Nach den Mahlzeiten sind die Chylusgefässe mit einer milchweissen, reichlich Fett, Eiweiss und Kohlenhydrat enthaltenden Flüssigkeit prall gefüllt: dieser „Chylus" mischt sich in der „Cysterna chyli" mit dem Inhalte des Lymphgefässsystems, welches seinerseits mit allen Gewebsinterstitien als sogenannten „Lymphspalten" (s. o.) im Zusammenhange steht: es ergiesst sich also ein Gemisch aus frisch aufgenommenem Nährmateriale und Abfuhrproducten (CO_2!) der Gewebe durch den Ductus thoracicus in das Venenblut. Das Transportmittel dieses Gemisches, die „Lymphe", besitzt im Uebrigen die Eigenschaften des Blutplasmas: die nämlichen chemischen Bestandtheile wie dieses, sowie Gerinnungsfähigkeit durch Gehalt an Fibrinogen und Fibrinferment; ausserdem enthält sie kleine farblose Blutzellen (hier Lymphocyten genannt), indem sie deren Bildungsstätten, die Lymphdrüsen (s. u.), passirt und sie in's Blut mitschwemmt. Dass die Lymphe sich vermehrt und schneller abfliesst bei Vermehrung der durch den betreffenden Gefässbezirk fliessenden Blutmenge — Gefässerweiterung, Massage, Muskelarbeit [Ludwig[2])], Durchschneidung vasoconstrictorischer und Reizung vasodilatorischer Nerven —, ist ein weiterer Beweis, dass die Lymphe aus dem Blute stammt, die Lymphflüssigkeit aus den Capillaren in die „Lymphspalten" austritt, um schliesslich, beladen mit Nähr- wie Abfuhrstoffen und jungen Leukocyten, wieder in's Blut zu gelangen; sie ist die „Drainirungsflüssigkeit" der Gewebe.

Wie sie aus dem Blute gebildet wird, resp. aus den Gefässen kommt, ist zur Zeit Object lebhaften Streites, indem neuerdings auch hier die Annahme einer Thätigkeit der Capillarendothelien der früheren Vorstellung einfachen mechanischen Durchtrittes durch Lücken in der Gefässwand gegenübergestellt wird [Heidenhain[3])].

Verfechter der Annahme rein mechanischer Lymphbildung ist W. Cohnstein[4]). Gegenüber der Angabe Heidenhain's, dass mehr Eiweiss, resp. Zucker und Salze in der Lymphe gefunden werden könnten, als im Blute, findet dieser, dass

---

[1]) Wiener med. Blätter, 1895, Nr. 24—33.

[2]) Ludwig, Schweigger-Seidel, Dybkowsky in Ac. L. 1866 und den „Arbeiten der Leipziger physiol. Anstalt".

[3]) A. g. P., XLIX, 209.

[4]) A. p. A., CXXXV, S. 515; A. g. P., LIX, S. 350, 508; LXI, S. 291, LXII, S. 58, LXIII, S. 587.

die Concentrationsmaxima, welche wegen der Langsamkeit des Lymphstromes allein in Betracht kommen, die gleichen sind. Bei Injection hypertonischer Lösungen in's Blut findet nach ihm eine Wasseraufnahme in dasselbe durch Osmose statt, welcher ein Durchtritt des vermehrten, daher unter erhöhtem Drucke stehenden flüssigen Inhaltes nach aussen durch Filtration — sogenannte „Transsudation" — folgt. Ganz dem angeschlossen und gleichfalls für rein mechanische Lymphbildung erklärt hat sich Starling[1].

Dass aus den Lymphspalten und den damit zusammenhängenden „serösen Höhlen" — Pleura-, Peritonealhöhle u. s. w. — auch Eintritt von Stoffen in die direct benachbarten Blutgefässe stattfindet, beweisen die Ergebnisse von Injectionsversuchen leicht nachweislicher Substanzen in die betreffenden Räume, indem jene schneller im Blute erscheinen, als sie durch den Lymphstrom hineingelangen können.

Die Erklärung dieses Eintrittes ist gerade so streitig, wie diejenige der Lymphbildung, indem Cohnstein[2] und Starling[3] die mechanische Erklärung bevorzugen, Heidenhain[4] auch hier Epithelthätigkeit annimmt, Hamburger[5] für die Resorption (also den Eintritt in die Gefässe) zwar die rein mechanische Erklärung, für die Lymphbildung (also den Austritt aus den Gefässen) aber die Secretionstheorie annimmt.

Die recht langsame Strömung der Lymphe, welche ausser durch den Nachschub von Flüssigkeit auch durch die Aspiration des Thorax erhalten wird, wird bei manchen Fischen, Amphibien und Vögeln durch eigene contractile Hohlräume, sogenannte Lymphherzen, befördert, welche selbstständig pulsiren wie das Herz und wie dieses durch hemmende und erregende peripherische Nervenfasern beeinflusst werden [v. Wittich[6]].

Auf dem Wege durch die Lymphbahnen passirt die Lymphe drüsenähnliche („adenoïde") Gebilde, die **„Lymphdrüsen"**, welche, reichlich mit ernährenden Gefässen versehen, aus einem Netzwerk von Bindesubstanz (Reticulum) bestehen, in welches man zahlreiche farblose Zellen eingebettet findet. Es sind dies Leukocyten, welche hier neugebildet und von der Lymphe in's Blut mitgenommen werden. Den Lymphdrüsen analoge Bildungen sind auch die Follikel in den Schleimhäuten, so die solitären Follikel und Peyer'schen Haufen im Darm u. s. w. Die den Lymphdrüsen entstammenden farblosen Zellen dienen offenbar zum Ersatze zu Grunde gegangener Leukocyten des Blutes: die zelligen Elemente desselben sind einem steten Erneuerungsprocesse unterworfen,

---

[1] Arris and Gale Lecture, 1896. (Zusammenfassung.)
[2] C. P., IX, S. 401.
[3] J. P., XVIII, S. 106; XIX, S. 112.
[4] A. g. P., LXII, S. 320.
[5] A. (A.) P., 1895, S. 315, 365; A. p. A., CXL, S. 398; C. P., IX, S. 401.
[6] Hermann's Handb., V, 2. S. 325 ff.

welcher für die rothen Blutzellen übrigens aus der Bildung des Gallenfarbstoffes als Zerfallsproduct des Blutfarbstoffes erhellt. Ferner hat man neuerdings im Blute kreisende, theils pigmentirte, theils farblose amorphe Schollen [Latschenberger[1])] als solche Zerfallsproducte angesehen, welche bereits im Kreislaufe entstehen, jedenfalls aber der Milz zugeführt werden; sei es nun, dass diese nur solche Zerfallsproducte aufnimmt oder die zelligen Elemente erst in ihr zerfallen, jedenfalls dient ein Theil jener (vor Allem Eisenverbindungen) wahrscheinlich als Material für die Neubildung von Blutzellen, für welche man die Milz in Anspruch genommen hat: ihre Malpighischen Follikel gleichen an Bau durchaus den Lymphdrüsen. Ausser diesen ist als drittes blutbildendes Organ das Knochenmark festgestellt, und zwar das sogenannte rothe im Gegensatze zum fetthaltigen gelben. Es enthält gleichfalls ein lymphatisches Netzwerk, in welchem neben farblosen auch kernhaltige rothe Blutzellen zu finden sind, welche sich durch Theilung vermehren [E. Neumann[2]), Bizzozero[3]), Flemming]. Ob rothe Blutzellen aus farblosen entstehen können, wie zuerst v. Recklinghausen[4]) angegeben hat, ist streitig.

Dadurch, dass sie Umsatzproducte ihres Chemismus an Blut und Lymphe abgeben, wirken alle Gewebe verändernd („metakrastisch") auf deren Zusammensetzung. Insofern dies auch Organe thun, welche Flüssigkeiten in den Verdauungstractus, sonstige Körperhöhlen oder nach aussen abgeben, hat man im Gegensatze zu dieser „äusseren" Secretionsthätigkeit derselben von einer **„inneren Secretion"** (Brown-Séquard) gesprochen. Als Beispiel einer solchen muss auch die sogenannte **Glykogenie der Leber** [Cl. Bernard[5])] angesehen werden.

Die ausgeschnittene Leber eines getödteten Thieres enthält Traubenzucker, dessen Menge steigt, je länger man das Organ liegen lässt; sie enthält ferner einen stärkeähnlichen Körper, das Glykogen (s. oben, S. 43), dessen Menge abnimmt, je länger man mit der Verarbeitung zögert. Es bildet sich also nach dem Tode aus dem Leberglykogen Zucker. Da nun das Blut aus den Gefässen

---

[1]) Ac. W., CV, 81.
[2]) Arch. f. Heilkunde, 1869, S. 68.
[3]) Gaz. med. Lombarda, 1868, 9. Jan.
[4]) Arch. f. mikr. Anat., II, 137, 1866.
[5]) Nouvelle fonction du foie, Paris 1853.

lebender Thiere Zucker enthält und das Blut der Lebervenen reicher daran gefunden wurde, als das Pfortaderblut, so schloss seinerzeit Bernard auf eine analoge beständige Bildung von Zucker aus Glykogen in der Leber des lebenden Thieres und Abstrom des gebildeten Zuckers in das Blut, welches nach einer in Frankreich und vielfach auch bei uns verbreiteten Anschauung ihn den Organen, speciell den Muskeln als Brennmaterial zuführen soll (hierüber siehe später).

Die Bildung des Glykogens in der Leber erfolgt ohne Zweifel aus dem ihr vom Pfortadersystem zugeführten Nährmateriale, und zwar sicher aus genossenem Kohlenhydrat [Pavy[1]): Vermehrung des Glykogens nach vermehrter Kohlenhydratfütterung; Hermann und Dock[2]): das Gleiche nach subcutanen Zuckerinjectionen] — Stärke, Rohrzucker, Milchzucker, Glukose und Fruktose —, ferner aus Glycerin (auch demjenigen der Fette) und höchst wahrscheinlich auch aus Eiweisskörpern und Leim [Naunyn[3]), Finn[4]), v. Mering[5]) u. A.]. Hungern bringt das Leberglykogen in wenigen Tagen zum Schwinden.

Die Annahme, dass aus dem Glykogen in der Leber des lebenden Thieres beständig Zucker entstehe und von dem Blute den Geweben zugeführt werde, wird bestritten [Pavy[6]), Meissner und Ritter[7])], besonders deshalb, weil in Leberstücken, welche man rasch womöglich dem lebenden Thiere entnimmt und in siedendes Wasser bringt, kein Zucker gefunden wird. Es würde sich hiernach um ein in der absterbenden Leber, resp. im Blute vorhandenes [v. Wittich[8]), Lépine[9]), Bial[10])], resp. aus zu Grunde gehenden Formelementen sich bildendes [Plósz und Tiegel[11])] Enzym handeln, welches das Glykogen in Zucker spaltet.

Hierzu kommt noch, dass der Zuckergehalt des Blutes sehr gering, schwer sicher zu bestimmen [Schenck[12])] und Vergleiche, wie derjenige zwischen Pfortader- und Lebervenenblut, sehr von operativen Eingriffen, Narkose u. s. w., beeinflusst sind.

---

[1]) Researches on diabetes, London 1862.
[2]) A. g. P., V, 571.
[3]) Arch. f. exp. Path. u Pharmakol., III, 94.
[4]) Verh. d. Würzb. physik.-med. Ges., N. F., XI, H. 1 u. 2.
[5]) A. g. P., XIV, 282.
[6]) a. a. O.
[7]) Zeitschr. f. ration. Med., XXIV, 65.
[8]) A. g. P., VII, 28.
[9]) C. R., CXVI, 123.
[10]) A. g. P., LII, 137; LIII, 156; LIV, 72; LV, 434.
[11]) A. g. P, VII, 391.
[12]) A. g. P., LV, 203.

Jedenfalls wird C- und H-haltiges Brennmaterial den Organen, speciell den Muskeln zum Mindesten neben der Form der Glukose noch im kreisenden Eiweiss, sowie vielleicht als Glykogen der Leukocyten [Salomon[1])] zugeführt und hier zum Theile als Reservematerial in Form des Muskelglykogens aufgespeichert. Dieses letztere schwindet beim Hungern viel später, als das Leberglykogen [Külz[2])].

Neben der hypothetischen Zuckerbildung werden übrigens gerade der Leber, ferner dem Pankreas [Lépine[3]), Kaufmann[4]) u. A.], auch den Nieren, andere „innere Secretionen" zugeschrieben, deren Ausfall auch die Störungen (Diabetes) nach Exstirpation oder Schädigung jener Organe bedingen soll.

Eine besondere Wichtigkeit in dieser Hinsicht scheint ferner gewissen, zum Theil noch sehr räthselhaften, drüsenähnlich gebauten, aber nicht secernirenden Organen (sonst als **Blutgefässdrüsen** bezeichnet) zuzukommen, die deshalb auch als „Drüsen mit blos innerer Secretion", „**rein metakerastische Drüsen**" aufgefasst worden sind. Hierher gehören: die **Milz**, die **Schilddrüse** (Gl. thyreoïdea), die **Brustdrüse** (Thymus) und die **Nebennieren**.

Die **Milz**, deren vermuthliche Mitwirkung bei der Blutbildung bereits besprochen wurde, ist im Uebrigen ein immer noch sehr räthselhaftes Organ. Dies gilt besonders von ihrer durch ihre glatten Muskelfasern bedingten, unter Nerveneinfluss stehenden Contractilität. Die in ihr reichlich enthaltenen Nucleïnbasen, fetten Säuren, Eisenverbindungen rühren wohl von untergegangenen Blutzellen her. Milzexstirpationen hat man ohne dauernde Schädigung des Organismus an Thieren vielfach ausgeführt.

Der Milz nahestehend, in Bezug auf Blutzellenbildung im Embryonalleben, ist die **Thymus**, welcher indessen noch besondere Functionen „innerer Secretion" zugeschrieben worden sind. Das letztere gilt auch für die **Nebennieren**, deren Rinde epithelartige Zelllager und zahlreiche, mit dem abdominalen Nervenplexus wahrscheinlich in Verbindung stehende Ganglienzellen aufweist, deren Function durchaus dunkel ist; aus der Marksubstanz der Nebennieren lässt sich ein Stoff extrahiren, welcher, in's Blut injicirt, gewaltige, aber rasch vorübergehende

---

[1]) D. M. W., 1877, Nr. 8.
[2]) Beitr. z. Kenntniss des Glykogens, Marburg 1890 (Festschr. f. Ludwig).
[3]) C. R., CX, 742.
[4]) C. R., CXVIII, 716.

Blutdrucksteigerung macht [Oliver und Schäfer[1]. Symonowicz und Czybulski[2])], welche auf rein peripherischer Einwirkung auf die Gefässe beruht, dessen chemische Zusammensetzung aber noch nicht sicher festgestellt ist. Da ferner gelungene Nebennierenexstirpationen bedeutende Herabsetzung des Blutdruckes [Symonowicz[3])], sowie schnellere Ermüdbarkeit der Muskeln [Abelous und Biarnès[4])] ergeben haben, so scheint eine Function dieses Organes in „innerer Secretion" eines Stoffes zu bestehen, welcher den Tonus aller Muskelfasern erhält.

Auch der **Schilddrüse** hat man eine „innere" Secretion zugeschrieben: ihre vollständige Entfernung („Thyreoïdektomie") führt zu einer allgemeinen Ernährungsstörung mit Verfall der nervösen und psychischen Functionen („Cachexia strumipriva", auch pathologisch durch Schwund des Organes als sogenanntes „Myxoedem" beobachtet) — [Schiff[5]), Gley[6]), Lanz[7]) u. v. A.] —, welche man auf Ausfall einer Function bezogen hat, welche darin bestehen soll, ein im Blute kreisendes schädliches Stoffwechselproduct unschädlich zu machen (Entgiftungstheorie), sei es durch Production eines „Gegengiftes" — antitoxische innere Secretion, wofür die Besserung der „Cachexia str." durch Injection von Schilddrüsenextract spricht —, sei es direct durch Aufnahme und Umwandlung des schädlichen Stoffes in ihr selbst. Für diese Vorstellung hat man auch den Fund einer organischen Jodverbindung in ihr [„Jodothyrin", Baumann[8])] gedeutet, sowie eine solche Aufnahme und Unschädlichmachung giftiger Stoffwechselproducte auch für die anderen in Rede stehenden drüsenähnlichen Organe behauptet. Dass in Leber und Milz eine Aufnahme und Ablagerung z. B. von aufgenommenem Metall (Cu, Fe) stattfindet, ist sicher nachgewiesen; dasselbe gilt von der Zurückhaltung pathogener Spaltpilze in den Lymphdrüsen, wo sie wahrscheinlich, ebenso wie im kreisenden Blute, sei es durch Aufnahme seitens der Leukocyten

---

[1]) J. P., XVIII, 230.
[2]) Anz. d. Krakauer Akad., Februar—März 1895; Gazeta lekarska, 1895. Nr. 12.
[3]) A. g. P., LXIV, 97.
[4]) A. d. P. (5), V, S. 720.
[5]) Arch. f. exp. Path. u. Pharmakol., XVIII, 25.
[6]) C. rend. soc. biol., 1891; 551, 583, 841, 843.
[7]) C. P., IX. 478, 629.
[8]) Münch. m. W., 1896, S. 1153.

("Phagocytismus", Metschnikoff), sei es durch Production „bacterientödtender" Stoffe unschädlich gemacht werden können.

Die praktischen Seiten der zuletzt besprochenen Dinge, die Gebiete der Organotherapie und Bekämpfung der Infectionskrankheiten durch Serum- etc. Injectionen ruhen, entsprechend dem Dunkel, welches die meisten Vorgänge noch umgibt, auf fast rein empirischer Basis.

Als Auswurfsproducte des Stoffwechsels nach aussen — sogenannte **Excremente** — haben wir nunmehr die **Fäces** und den Harn zu besprechen. Die ersteren, die nicht resorbirten Reste der Darmverdauung, vermengt mit Producten der Darmschleimhaut selbst, bestehen aus unverdaulichen Albuminoïdgebilden (Hornsubstanzen, elastische Fasern), an und für sich verdaulichen, aber nicht verdauten Stoffen (Muskelfasern, Stärke, Fett), Schleim, dem die Farbe gebenden Urobilin (s. o.), Cholesterin, Salzen, Wasser und den den Geruch verursachenden Fäulnissproducten, niederen Fettsäuren, Indol und Skatol [Brieger[1]) -- resp. diesen anhängenden Stoffen, da Baeyer synthetisch geruchloses Indol und Skatol erhielt [2])].

Die Consistenz und Menge der Fäces, welche natürlich von ihrem Wassergehalte abhängig ist, variirt sehr; ihr Mittel hat man zu 130 gr in 24 Stunden angegeben.

Die Fäces treten aus den unteren Abschnitten des Dickdarmes, in dessen „Haustris" sie durch Wasserresorption die nöthige Consistenz und feste Form erhalten haben, und aus der Flexura sigmoïdea in den Mastdarm, wo die tonisch contrahirten beiden Schliessmuskeln, der Sphincter ani ext. und besonders int., ihnen den Ausgang verwehren. Indem ihre sich vermehrende Last sensible Bahnen erregt („Stuhldrang"), erfolgt in regelmässigen Intervallen (alle 24 Stunden normal) ihre Entleerung **(Defäcation)** durch willkürliche Erschlaffung des Sph. internus und Eintritt in den zwischen beiden Sphincteren gelegenen Mastdarmabschnitt, aus welchem sie unter gleichzeitiger Erschlaffung auch des äusseren Schliessmuskels durch Contraction der Musculatur des Zwischenstückes, des Levator ani und durch die Bauchpresse nach aussen befördert werden.

Die Mastdarmmusculatur hat ihr Innervationscentrum im Lendentheile des Rückenmarkes und befindet sich in einem reflectorischen Tonus, d. h. Zustande mittlerer Spannung, welcher willkürlich sowohl gesteigert als vermindert

---

[1]) Ber. d. deutsch. chem. Ges., X, 1027.
[2]) Ber. d. deutsch. chem. Ges., XIII, 2339.

werden kann. Die Bahnen sollen für die Längsmusculatur im Pl. sacralis, für die Ringmusculatur im Pl. hypogastricus des sympathischen Systems (s. später) verlaufen. Lähmung derselben oder des Centralorganes (Rückenmarkserkrankungen) hat Incontinenz der Fäces zur Folge; Durchschneiden der Sphincteren aber nicht oder wenigstens nicht dauernd, indem, sei es ein hochgelegener Sphincter tertius (Nélaton, Hyrtl), sei es der Levator ani vicariirend den Verschluss bewirken.

Das den Haupttheil der N-haltigen Endproducte des Stoffwechsels führende Excret ist der **Harn**. Dieser stellt eine gelbliche, klare, sauer reagirende, bittersalzig schmeckende, aromatisch riechende Flüssigkeit von der Dichte 1·007—1·030 dar, von welcher im Mittel 1·, l in 24 Stunden secernirt werden. Der am Morgen nach dem Aufstehen, sowie nach reichlichen und consistenten Mahlzeiten gelassene Harn ist gegenüber dem sonst, besonders aber dem nach reichlichem Trinken gelassenen Harne relativ reich an gelösten Bestandtheilen.

Als solche, welche zur normalen Zusammensetzung des Harnes gehören, sind zu erwähnen: Natron-, Kali-, Kalk- und Magnesiumsalze der Salzsäure, Kohlensäure, Phosphorsäure und Schwefelsäure; der Harnstoff (circa 2%, gegenüber 1 bis 1·2%, $NaCl$, im Mittel) und die Harnsäure (circa 0·2%); in geringeren Mengen Kreatinin, Hippursäure, die Nucleïnbasen Xanthin und Hypoxanthin, Ammoniak, auch oxalsaures und oxalursaures, endlich die Harnfarbstoffe, Urobilin [Jaffé[1])], Urochrom [Thudichum[2])], Indigroth u. A., gelegentlich Allantoïn, Cystin, Rhodankalium, Zucker, Bernsteinsäure u. A. in Spuren.

Die in 24 Stunden von einem erwachsenen Menschen ausgeschiedene Harnstoffmenge ergibt sich zu 30 bis 35 g (= 14 bis 16 g N), diejenige der Chloride zu 15 bis 18 g.

Der Pflanzenfresserharn, meist durch Niederschlag von Kalksalzen trübe und alkalischer Reaction, enthält statt der Harnsäure Hippursäure, daneben wenig Harnstoff. Amphibien-, Reptilien- und Vogelharn, welche oft mit den Fäces gemischt und stets in Folge geringen Wassergehaltes in Breiform die Cloake verlassen, bestehen aus Harnsäure und harnsauren Salzen neben etwas Harnstoff u. A.

Die Alkalien des normalen menschlichen Harnes reichen nicht aus, alle Säure zu sättigen, daher die saure Reaction, welche gewöhnlich vorhandenem Mononatriumphosphat zugeschrieben wird. Im gelassenen Harn setzt sich dieses mit dem Dinatriumurat zu Dinatriumphosphat und Mononatriumurat um; ist letzteres in grösseren Mengen vorhanden, so fällt es, weil schwerer löslich, und

---

[1]) A. p. A., XLVII, 405.
[2]) British. med. Journ., 1864, S. 409.

dies besonders in der Kälte, beim Erkalten des Harnes aus und bildet das „Ziegelmehlsediment" (Sedimentum lateritium), in kleineren Mengen, mit Schleim vermischt, die „Nubecula". Säurezusatz zum Harn (HCl) fällt die Harnsäure in Form stark gefärbter und unvollkommener Krystalle aus, doch weit unvollständiger und langsamer, als dies aus einer reinen Uratlösung der Fall ist. Wahrscheinlich erhalten andere Harnbestandtheile [Harnstoff, Phosphate, Pigment; Rüdel[1], Smale[2] u. A.] die Harnsäure in Lösung.

Nach den Mahlzeiten sinkt mit steigender Blutalkalescenz die freie Säure des Harnes; ja, er kann vorübergehend schwach alkalisch werden, was natürlich nicht mit der starken Alkalescenz durch pathologische intravesicale ammoniakalische Harngährung verwechselt werden darf (Cystitis). Diese tritt beim Stehenlassen von Harn in der Wärme bald ein, indem der überall vorhandene Mikrococcus ureae hineingelangt und den $\mathring{U}$ zu kohlensaurem Ammoniak spaltet (s. früher, S. 34).

Bei zufälliger Aufnahme aussergewöhnlicher Substanzen (mit der Nahrung, als Arznei, durch Vergiftung) oder absichtlicher Einverleibung solcher im Thierexperimente werden manche vollständig zersetzt und führen keine qualitative Veränderung des Harnes herbei, andere dagegen werden entweder gar nicht oder doch nur so verändert, dass sie zum Auftreten aussergewöhnlicher Harnbestandtheile führen.

Gar nicht verändert erscheinen Wasser, manche sonst recht auffällige physiologische Wirkungen äussernden Stoffe — Salze (KJ, KBr), Alkaloïde —, sowie direct in die Blutbahn gelangtes fremdes Eiweiss (s. o., S. 135); durch Auflösung der eigenen oder fremden Blutzellen im Blut gelöstes Hb erscheint als Methämoglobin, ausnahmsweise auch als Hämatoporphyrin im Harne.

Organische Säuren (Weinsäure, Citronensäure, Milchsäure) werden zu H_2O und CO_2 oxydirt; waren ihre Salze gegeben, so erscheinen die Carbonate des Harnes vermehrt (entsprechend der gesteigerten Blutalkalescenz) und können ihn alkalisch machen. Oxydirt werden kann ferner eingegebenes Benzol zu Phenol [Nencki[3]], Phenol zu Brenzkatechin und Hydrochinon [Nencki und Giacosa[4]].

Viele, besonders aromatische in den Körper eingeführte Substanzen werden mit Stoffwechselproducten zu complicirteren, gepaarten Verbindungen vereinigt: Eingegebene Benzoësäure erscheint mit Glykokoll gepaart als Hippursäure (erstentdeckte thierische Synthese, Wöhler 1824). Auch andere aromatische Substanzen erscheinen, indem sie erst zu Benzoësäure oder deren Substitutionsproducten oxydirt werden, als Hippursäure oder substituirte Hippursäure im Harne (Benzaldehyd, Zimmtsäure als Hippursäure, Salicylsäure als Salicylursäure). Andere aromatische Substanzen werden mit Schwefelsäure, wieder andere mit Glukuronsäure gepaart (s. hierüber oben, S. 41); die ersteren vermehren das Verhältniss der auch normal vorhandenen gebundenen Schwefelsäure zur „freien Schwefelsäure" $\left[\frac{A}{B} \text{Baumann}[5]\right]$. Noch andere Substanzen endlich sollen an

---

[1] Arch. f. exp. Path., XXX, 469.
[2] C. P., IX, 385.
[3] Z. p. C., IV, 325.
[4] Z. p. C., IV, 339.
[5] A. g. P., XIII, 255.

Cysteïn (Mercaptursäure), Carbaminsäure, Sulfaminsäure u. s. w. gepaart erscheinen. Amidosäuren und Ammoniaksalze vermehren die Harnstoffausscheidung.

Die Bildung der Harnbestandtheile erfolgt zum Theil bereits in den Geweben anderer Organe und präexistiren sie in Blut und Lymphe; theils werden sie aber auch erst in der Niere gebildet. Letzteres gilt für manche gepaarte Verbindungen, so für die Hippursäure [Meissner und Shepard[1]), Schmiedeberg und Bunge[2]), Kochs[3])], indem sie im Blute fehlt, bei Ausschaltung der Niere auch sonst nicht erscheint, aber von überlebenden Nieren bei Durchleitung der gelösten Bestandtheile gebildet werden kann, — ebenso für die Hydrochinonätherschwefelsäure, für manche gepaarte Verbindungen aber auch nicht. Als synthetischer Process (aus Milchsäure, resp. Akrylsäure und Harnstoff) wird auch die Harnsäurebildung aufgefasst [Minkowski[4])] und in die Leber verlegt, da nach Leberexstirpation bei Vögeln Milchsäure ausgeschieden wird, während nach Nierenausschaltung sich die Harnsäure im Blute und den Organen anhäuft [Meissner[5]), v. Schröder[6])].

Bei Säugethieren fehlt nun allerdings nicht die Harnsäure im Harn bei Leberschrumpfung, was für eine andere Bildungsstätte sprechen würde: als solche hat man die Milz aufgefasst, in welcher man die der Harnsäure nahestehenden Nucleïnbasen in reichlicher Menge findet und die überlebende Milzpulpe auch Harnsäure in geringen Mengen bildet [Horbaczewski[7])].

Auch die Bildung des Harnstoffes kann als Synthese gelten, wenn man ihn aus kohlensaurem, resp. carbaminsaurem Ammoniak entstehen lässt [Buchheim und Lohrer[8]), Knieriem[9]). Hallervorden[10]), Drechsel[11])], wogegen Andere Entstehung aus Cyansäure angenommen haben [Hoppe-Seyler[12]), Salkowski[13])]. Jedenfalls wird der Harnstoff nicht in der Niere gebildet, denn er ist stets im Blute vorhanden und vermehrt sich in demselben nach Nieren-

---

[1]) Unters. üb. d. Entstehen der Hippursäure im Thierkörper. Hannover 1866.
[2]) Arch. f. exp. Path. u. Pharm., VI. 233.
[3]) A. g. P., XX. 64.
[4]) Arch. f. exp. Path. u. Pharm. XXI. 41.
[5]) Zeitschr. f. rat. Med., XXXI. 144.
[6]) A. (A.) P., 1880. Suppl., S. 113.
[7]) Monatsh. f. Chemie. X, S. 624; XII, S. 221.
[8]) Lohrer, Diss., Dorpat. 1862.
[9]) Z. B., X. 263.
[10]) Arch. f. exp. Path. u. Pharm., X. 124.
[11]) Ac. L., 1875, S. 171; A. (A.) P., 1891. 236.
[12]) Physiol. Chemie, S. 809. 810.
[13]) C. m. W., 1875, S. 913. Z. p. C., I, 26.

exstirpation oder Unterbindung der Nierenarterien [Prévost und Dumas[1]). Meissner[2]), v. Schröder[3])]. Dagegen vermag die Leber, durch welche man kohlensauren Ammoniak künstlich hindurchleitet, daraus Harnstoff zu bilden, nicht so die Muskeln (v. Schröder). Dies würde für die Leber als Ort der Harnstoffbildung sprechen; dagegen steht freilich die neuere Thatsache, dass Ausschaltung der Leber bei Säugethieren durch die Eck'sche Fistel (Communication der Pfortader mit Hohl- oder Nierenvenen) die Harnstoffausscheidung nicht herabsetzt [Hahn, Massen, Nencki und Pawlow[4])]. Möglicherweise existiren mehrere Orte der Harnstoffbildung und Vorstufen des $\overset{*}{U}$ nebeneinander — so das Kreatin in den Muskeln.

Dass die **Harnsecretion** von der Blutcirculation abhängig ist, zeigt die Verminderung oder Stockung derselben bei Circulationsstörungen, Rückenmarksdurchschneidung u. s. w. Sinkt durch letztere der Blutdruck in der Aorta unter 40 mm, so hört sie ganz auf. Bei ihrer Verminderung wird der Harn zugleich concentrirter, während bei reichlichem Trinken grössere Mengen sehr verdünnten Harns ausgeschieden werden; diese Thatsachen, vereint mit der anatomischen Thatsache, dass das Blut in der Niere hintereinander zwei Verzweigungssysteme durchläuft (erstens das Wundernetz der Malpighi'schen Knäuel, zweitens die Capillaren des Labyrinths) weisen bereits darauf hin, dass das Wasser und die gelösten Bestandtheile des Harns gesondert von einander secernirt werden — ersteres in den Malpighi'schen Knäueln, in welchen ein die rein physikalische Filtration begünstigender hoher Druck herrscht und nur das Gefässendothel Blut und Innenraum der Bowman'schen Kapsel trennt, letzteres in den gewundenen Harncanälen, welche mit Epithelzellen verschiedenen Charakters je nach dem Theile des Canalverlaufes (Tub. contorti, abst. u. aufst. Ast der Henle'schen Schleifen, Schaltstück) versehen sind. Jene von Bowman zuerst ausgesprochene Vorstellung ist besonders durch die Beobachtungen Heidenhain's bestätigt: In's Blut injicirtes indigschwefelsaures Natron (blauer Farbstoff) findet sich nie in den Bowman'schen Kapseln, vielmehr kurz nach der Injection in den Epithelzellen der gewundenen Harncanälchen und fernerhin in deren Lumen und in demjenigen der geraden Harncanälchen, aus welchen austretend es den Harn färbt: bei Rückenmarksdurchschnei-

---

[1]) Ann. de chimie et de phys., XXIII, 90; 1823.
[2]) Zeitschr. f. ration. Med., XXXI, 235.
[3]) Arch. f. exp. Path. u. Pharm., XV, 364; XIX, 373.
[4]) Arch. des sc. biol. de St.-Pétersb., I, 401.

dung findet man es auf die gewundenen Harncanälchen beschränkt. Somit erfolgt die Ausscheidung chemischer Verbindungen durch die Thätigkeit der Epithelzellen des Labyrinths, auch unabhängig vom Kreislauf, während das Harnwasser (wenigstens grösstentheils) aus den Malpighi'schen Knäueln in die Bowman'schen Kapseln ausgeschieden wird und auf seinem langen Wege durch's Labyrinth jene Substanzen mitnimmt.

Die Wasserausscheidung erfolgt vermuthlich rein physikalisch; doch ist hiergegen eine ganze Reihe von Thatsachen angeführt worden: Verschluss der Nierenvene vermindert die Harnsecretion trotz steigenden arteriellen Druckes [H. Meyer[1]). Frerichs[2)], was aber auf Compression der inneren Glomerulusschlingen durch die äusseren zurückgeführt werden könnte. Dagegen macht kurzdauernde Zuklemmung der Nierenarterie längerdauernde Störung der Harnsecretion [Overbeck[3)]. Strychnin erhöht den Blutdruck durch allgemeinen Gefässkrampf, gleichzeitig stockt aber die Harnsecretion [Grützner[4)]; ferner erfolgt die harntreibende Wirkung der Digitalis erst bei der auf die Contraction folgenden Erschlaffung der Gefässe. Ebenso macht Vasomotoren-Durchschneidung Harnvermehrung, nicht aber Vasoconstrictorenreizung [Bernard[5), Eckhard[6)]. Deshalb ist zum Mindesten die Blutstromgeschwindigkeit und nicht der Blutdruck das Massgebende [Heidenhain[7)]. Da ferner der Gehalt des Blutes an gewissen Stoffen, z. Th. präexistirenden Harnbestandtheilen, wie U („harnfähige Stoffe", aber auch anderen („harntreibende Arzneimittel", „Diuretica") die absolute Harnmenge vermehrt, so hat man, wie für Resorption, Lymphbildung u. s. w., auch für die Harn-Wassersecretion die Endothelzellenthätigkeit zu Hilfe genommen.

Die Ludwig'sche Anschauung[8)] liess seinerzeit den Harn fertig mit allen Bestandtheilen, aber sehr verdünnt in den Glomerulis einfach physikalisch durchgepresst werden, um dann durch Wasserresorption in den Harncanälchen eingeengt zu werden. Die obenerwähnten Beobachtungen haben der bereits vorher von Bowman ausgesprochenen Anschauung wieder zu ihrem Rechte verholfen[9)].

Ob, abgesehen von den Gefässnervenfasern, welche die Niere auch noch durch andere Bahnen als den Splanchnicus erhält, noch **Nerveneinflüsse auf die Harnsecretion** bestehen, ist nicht sicher. Trennung des Plexus renalis kann Albuminurie machen.

[1)] Archiv f. physiolog. Heilkunde, III, 116.
[2)] Die Bright'sche Nierenkrankheit, Braunschweig 1851, S. 276.
[3)] Ac. W., XLVII, 199.
[4)] A. g. P. XI, 383.
[5)] Leçons sur les propriétés des liquides etc.
[6)] Beiträge zur A. u. Ph., IV, 164.
[7)] Hermann's Handb., V, 1. S. 330.
[8)] Wagner's Handwörterbuch der Physiol., II, 637; Lehrb. der Physiol., 1. Aufl., II, 274.
[9)] Neuerdings bekämpft Tammann (Zeitschr. für physikalische Chemie, XX, 180) die Vorstellung, dass in den Glomerulis nur Wasserfiltration stattfinde, aus theoretischen Gründen; wahrscheinlich mit Recht.

Der im Nierenbecken sich sammelnde Harn gelangt von hier aus in den Ureter: bei Verschluss desselben kann er einen Druck („maximaler Secretionsdruck") erreichen von 40 bis 64 mm *Hg* [M. Herrmann[1]), Heidenhain[2])] bei mittlerem arteriellen Blutdruck. Durch peristaltische Contractionen des **Ureters** wird der Harn in die Blase weitergeführt.

Die Fortpflanzung der Uretercontractionen ist eine sehr langsame, 20—30 mm per Sec.; sie erfolgt auch nach Separation aller Nervenverbindungen; ausserdem soll der obere Theil des Ureters gar keine Ganglienzellen erhalten, was Alles für „directe musculäre Leitung" spricht (Engelmann).

Die **Harnblase**, ein an Muskelfasern reiches Hohlorgan, fasst 1½—2 l. Dem in sie eingetretenen Harn wird der Rückweg durch die schiefe Durchbohrung der Wand seitens der Ureteren verschlossen, welche ventilartig functionirt. Der Abfluss in die Harnröhre wird, so lange nicht ein gewisser Füllungsgrad erreicht ist, durch die tonische Contraction der Blasensphincteren (int. am Blasenhals und ext. in der Prostata) verhindert. Diese Muskeln unterstehen dem Willen, insofern ihr Tonus sowohl gesteigert werden kann — bei Erregung sensibler Nerven durch zunehmende Füllung, resp. Spannung der Blase, „Harndrang" —, als auch vermindert werden kann: Harnlassen bei gefüllter Blase, aber auch bei nur geringem Inhalt. Der Austritt des Harnes wird bewirkt durch die Contraction der Blasen-Ring- und hauptsächlich -Längsmuskelfasern (Detrusor urinae). Diese sowohl, als der Tonus der Sphincteren an und für sich erfolgt reflectorisch; das Centrum liegt im Lendenmark; wird dasselbe isolirt, so genügen geringe Reize zur reflectorischen Harnentleerung [Goltz[3])]; wird es zerstört, so kann unwillkürlicher tropfenweiser Abgang des Harns, sog. Incontinentia urinae die Folge sein (Myelitis), braucht aber im Experiment wenigstens dauernd nicht einzutreten [Ewald und Goltz[4])]. Die Nervenbahnen für die Blasenmusculatur verlaufen nicht nur vom Rückenmark her kommend im Pl. sacralis, sondern auch im sympathischen Pl. hypogastricus, wo wahrscheinlich auch Ganglienzellen mitspielen [Sokownin[5]), H. Nussbaum[6])].

---

[1]) Ac. W., XXXVI, 349; XLV. 345.
[2]) Hermann's Handb., V. 1. S. 326.
[3]) A. g. P., VIII. 481.
[4]) A. g. P., LXIII. 362.
[5]) Kasaner Univ.-Nachr., 1877.
[6]) Arbb. Warschauer med. Labor., V. 120; 1879.

Der Blasentonus wechselt sehr mit mancherlei Bedingungen: Kälte z. B. steigert ihn, im Schlafe ist er herabgesetzt. Die Austreibung der letzten in der Harnröhre befindlichen Flüssigkeitsportion beim Harnlassen erfolgt durch Contractionen des M. bulbocavernosus.

Von der Haut wird zeitweise und bei verschiedenen Thieren in sehr verschiedenem Maasse und Umfange eine als **„Schweiss"** bezeichnete Flüssigkeit ausgeschieden, deren Zweck Beförderung der Wärmeabgabe durch Verdunstung ist (siehe später, S. 178). Da Schweiss in grösseren Mengen zu sammeln schwierig ist, so weiss man über seine Zusammensetzung und Reaction wenig Genaues: frisch secernirt, reagirt er alkalisch, enthält Harnstoff, Cholesterin, Fette und Salze; er zersetzt sich leicht und schnell, reagirt dann sauer und enthält flüchtige Fettsäuren, welche den charakteristischen Geruch bedingen.

Organe der Schweisssecretion sind die knäuelförmig endenden Schweissdrüsen in der Haut, an den Volar- und Plantarflächen und im Gesichte beim Menschen und mehreren Säugethieren reichlich vorhanden, bei ersterem indessen über den ganzen Körper verbreitet. Die Thätigkeit derselben kann veranlasst werden vor Allem durch Hitze, ferner durch Muskelanstrengung, reichliches Trinken, Dyspnoe, gewisse Arzneistoffe, resp. Gifte („Diaphoretica", Pilocarpin), endlich psychische Einflüsse (Angstschweiss).

Die trockene heisse Haut des Fiebernden einerseits, der „kalte" Schweiss bei blasser anämischer Haut andererseits (Angst, Erstickung, Agonie) beweisen die Unabhängigkeit der Schweisssecretion von der Gefässweite und deren Innervation; durch Reizung peripherischer Nervenstümpfe lässt sich auch an abgeschnittenen Gliedmassen Schweisssecretion hervorrufen [Goltz[1], Kendall und Luchsinger[2]]; es existiren also besondere Schweissnervenfasern; diese verlaufen ähnlich den Gefässnerven, indem sie aus dem Rückenmark in den sympathischen Grenzstrang eintreten und von dort aus erst zu den grossen Nervenstämmen laufen. Untergeordnete „Schweisscentren", reflectorisch, z. B. durch die Hitze erregbar, liegen im Rückenmark, übergeordnete, wie die Wirkung psychischer Einflüsse beweist, im Gehirn.

Entsprechend der Beobachtung von Dupuy[3], dass bei Durchschneidung des Halssympathicus zugleich mit der einseitigen Hyperämie des Kopfes auch Schwitzen eintritt, schrieb man früher der Circulation den Haupteinfluss bei der

---

[1] A. g. P., XI, 71.
[2] A. g. P., XIII, 212.
[3] Journal de méd., XXXVII, 1816.

Schweisssecretion zu und betrachtete auch diese als einen blossen Filtrationsprocess. Neuere Versuche [Schweisssecretion nach Umschnürung von Gliedern mit durchschnittenen Nerven. Levy-Dorn[1)], zeigen, dass die Circulation ein secundärer, doch kaum ganz zu vernachlässigender Factor ist. Die schweisstreibenden Gifte, Pilocarpin und Muscarin, wirken sowohl auf das Centrum, als auch (ersichtlich bei durchschnittenen Nerven) peripherisch [Luchsinger[2)]; ob auf die Nervenendigungen oder auf die Drüsenzellen selbst, ist nicht sichergestellt. Atropin lähmt die Schweisssecretion vollständig.

Kleine acinöse, in die Haarbälge mündende Drüsen überall in der Haut, grössere desgleichen an den Augenlidern (Meibom'sche Drüsen) und dem Präputium, Knäueldrüsen im äusseren Gehörgang und andere mehr liefern fettige, der Geschmeidigkeit des Integuments dienende Secrete: Hauttalg, resp. Sebum praeputiale, Ohrenschmalz u. s. w. Wie in dem analogen Wollfett der Thiere, herrschen hier Fettsäure-Cholesterinester vor.

Den früher besprochenen schleimsecernirenden Speicheldrüsen, resp. Theilen von solchen schliessen sich kleine acinöse Drüsen vieler Schleimhäute (Mund-, Respirations-, Genitalschleimhaut) an, welche ebenso wie die daselbst stets vorhandenen einzelnen Schleim- („Becher")zellen schleimiges, der Feucht- und Schlüpfrighaltung dienendes Secret liefern.

Für den Augapfel dient dem letztgenannten Zwecke ein besonders geartetes Secret, die Thränen; Näheres über diese siehe später bei der Besprechung des Gesichtssinnes. Ebenso sollen die Keimdrüsensecrete und die Milch mit der Zeugungsphysiologie abgehandelt werden.

[1)] Zeitschr. f. klin. Med., XXI, 81; XXIII, 309.
[2)] A. g. P., XV, 482.

VI.

Stoffwechsel und Ernährung[1]).

Wie schon früher erwähnt, ist es möglich, über den gesammten Stoffwechsel eines Menschen oder Thieres eine Uebersicht zu erhalten, indem man sowohl sämmtliche Einnahmen, als sämmtliche Ausgaben nach Menge und Zusammensetzung genau bestimmt, sowie am Anfange und zu Ende des Versuches das Körpergewicht notirt. Die Bestimmungen der gasförmigen Einnahmen und Ausgaben erfolgen durch die früher besprochenen Respirationsapparate, diejenigen der festen und flüssigen Stoffe durch Wägung und quantitative Analyse auf die wichtigsten Bestandtheile (gewöhnlich C, H und N). Ein „Stoffwechselversuch" muss sich auf eine nicht zu kurze Zeit erstrecken und es muss ihm, da jede Aenderung der Ernährung, des Thätigkeitszustandes und der umgebenden Temperatur sofort modificirend einwirkt, eine „Vorbereitungszeit" vorausgehen, wenn der Stoffwechsel unter bestimmten Bedingungen untersucht werden soll.

Für manche Zwecke kann die Bestimmung der respiratorischen Einnahmen und Ausgaben auch entbehrt werden, indem (im Gegensatz zum C und H) aller in der Nahrung aufgenommene Stickstoff ausschliesslich in Harn und Excrementen ausgeschieden wird, bei gleichbleibendem Körpergewicht („Stoffwechselgleichgewicht"), also ebensoviel N in jenen erscheint, wie in der Nahrung aufgenommen wurde („**Stickstoffgleichgewicht**").

Die gegentheilige Annahme eines „Stickstoffdeficits", d. h. Ausscheidung in der Nahrung aufgenommenen Stickstoffes durch die Athmung

---

[1]) Monographien: C. v. Voit. Stoffwechsel und Ernährung in Hermann's Handbuch der Physiologie. VI. 1. — J. König. Chemische Zusammensetzung der menschlichen Nahrungs- und Genussmittel. 2. Aufl., Berlin 1882.

[Regnault und Reiset[1], Boussingault[2], Valentin[3], Stohmann[4] u. A.], zählt kaum noch Anhänger.

Wird weniger Stickstoff ausgeschieden, als aufgenommen, so wird auf einen „Ansatz" von N-haltiger Materie, also Eiweiss („Fleisch"; Voit) in den Geweben geschlossen, welcher eine Körpergewichtszunahme entsprechen muss. Ist diese Zunahme grösser, als sie dem aus dem zurückgehaltenen N berechneten (wasserhaltigen) Eiweiss („Fleisch") entsprechen würde; resp. zeigt der Respirationsversuch, dass entsprechend mehr C und H zurückgehalten worden ist, so nimmt man einen Ansatz von „Fett" an. Das Gleiche ist der Fall, wenn bei Stickstoffgleichgewicht Vermehrung des Körpergewichtes statt hat; angesetzte N-freie Materie ist als „Fett" zu verrechnen.

Wird mehr Stickstoff ausgeschieden, als aufgenommen, so redet man von Zersetzung von Körpereiweiss; ist der Körpergewichtsverlust aber grösser, als dem aus dem N-Verlust berechneten „Fleische" entspricht; resp. findet sich im Respirationsversuch ein grösserer C- und H-Verlust, als jenem entspricht, so muss neben dem Eiweiss „Fett" zersetzt sein. Ebenso wird Körpergewichtsverlust bei Stickstoffgleichgewicht als „Fett" zu verrechnen sein.

Um den **Einfluss der Ernährungsweise auf den Stoffwechsel** systematisch zu studiren, womit zugleich die Grundlagen einer rationellen Ernährungslehre zu finden waren, haben Bischoff, Voit und Pettenkofer[5]) den Stoffwechsel vor Allem des Fleischfressers (Hundes), sowie auch des Menschen untersucht: 1. im Hungerzustande, 2. bei Fütterung mit wesentlich nur eiweisshaltiger Nahrung, 3. bei Darreichung von N-freien Stoffen (Fett, resp. Kohlenhydrate) allein, 4. endlich bei Darreichung von Eiweiss und Fett oder Kohlenhydraten; ausserdem noch die Bedeutung anderer Nahrungsstoffe, von denen im Folgenden genauer die Rede sein wird.

Wird ein Mensch oder Thier ohne Nahrung gelassen, so dauert das Leben, somit der Stoffwechsel längere

---

[1]) Ann. de chim. et de phys. (3), XXVII. 32; 1849.
[2]) Ibid., LXI, 113, 128; 1839; (3), XI, 443 u. s. f.
[3]) Wagner's Handwörterb. d. Physiol., I. 396; 1842.
[4]) Z. B., VI. 204.
[5]) Bischoff und Voit, Die Gesetze der Ernährung des Fleischfressers, Leipz. und Heidelb. 1860. Pettenkofer und Voit, Ann. Ch. u. Pharm., 1862, 2. Suppl., S. 1, 52, 361. Z. B., I, S. 283, II, S. 537, III. S. 380; sowie manches Andere.

oder kürzere Zeit fort, indem unter fortdauernder Aufnahme von Sauerstoff nach wie vor Kohlensäure, Wasser und N-haltige Zerfallsproducte der Eiweisskörper ausgeschieden werden: da kein Ersatz des C, H und N stattfindet, nimmt das Körpergewicht ab, die Organe unterliegen dem Schwunde (siehe S. 5) so lange, bis die Möglichkeit des Weiterlebens aus inneren Gründen aufhört: der Mensch oder das Thier „verhungert", findet den Tod durch „Inanition".

Die Zeitdauer der Inanition bis zu diesem Ausgang ist von zahlreichen Factoren abhängig. Kleinere und jüngere Thiere unterliegen schneller als grössere und ältere, in Folge ihres schon bei der Besprechung der Respirationsversuche (S. 99) erwähnten relativ intensiveren Gesammtstoffwechsels. Bedeutend beeinflusst wird die Inanitionsdauer durch die Grösse des vorhandenen Vorrathes an Reservestoffen: fettreiche gemästete Individuen halten länger aus, als magere, fettarme. Die Winterschläfer haben vor Beginn des Winterschlafes bedeutende Mengen Fett und Eiweiss aufgespeichert; dieser Vorrath, vereint mit dem stark herabgesetzten Stoff- und Kraftwechsel, erklärt die lange Dauer des Hungerns ohne tödtlichen Ausgang: beim Aufwachen am Schlusse des Winters sind die Thiere allerdings stark abgemagert.

Was die absoluten Werthe betrifft, so treffen wir natürlich bei den Kaltblütern auf die grössten: Möglichkeit, Monate und Jahre zu hungern (Frösche, Schlangen). Bei den Warmblütern sind die grössten Zahlen: für den Hund 60 Tage bis zum Hungertode [Falck[1]], für den Menschen 30—40 Tage ohne tödtlichen Ausgang (etwas zweifelhaft, es handelt sich um „Hungerkünstler", wie Tanner, Succi u. s. w.: in einem Falle von Oesophagusverschluss 16 Tage bis zum Tode [Schultzen[2]]; Geisteskranke bis zu 42 Hungertagen beobachtet).

Sehr beschleunigt wird der Hungertod, wenn ausser der festen Nahrung auch das Wasser entzogen wird.

Der zeitliche Verlauf des Stoffverbrauches beim Hungern ist derart, dass bei nicht fetten Individuen die N-Ausscheidung in den ersten Tagen schnell sinkt, bis zu einem Werthe, welcher langsam abnehmend bis wenige Tage vor dem Tode sich erhält: in die letzte Zeit fällt ein erneutes schnelles Sinken. Dieses rührt offenbar von dem bereits beginnenden Versagen der Thätigkeit der Organe her: das Absinken in den ersten Tagen kann durch den Verbrauch in den

---

[1] F. A. Falck. Beiträge etc., 1875.
[2] A. A. P., 1863, S. 31.

Körpersäften vorhandenen Vorrathseiweisses, welches leichter zersetzlich sein soll, als dasjenige der Organe, erklärt werden (Voit, das Genauere siehe weiter unten), oder durch eine Einstellung des Organismus auf sparsamere Zersetzung bei mangelndem Wiederersatz; in der That vermeiden auch hungernde Individuen jede überflüssige, den Stoffverbrauch steigernde (siehe unten) Anstrengung.

Complicirter ist der Hergang bei fetten Individuen, indem die N-Ausscheidung gleichmässiger absinkt, ja von dem Anfangswerthe aus sogar steigen kann: das Fett als leicht verbrennlicher Reservestoff schützt Eiweiss vor der Zersetzung; indessen scheinen hier besondere Umstände die Vorgänge noch zu verwickeln.

Der schliessliche Verlust des Körpergewichtes verhungerter Thiere kann die Hälfte des anfänglichen erreichen; daran sind aber die verschiedenen Organe in ganz verschiedenem Maasse betheiligt [Chossat[1]), Bidder und Schmidt[2]), Voit[3]) u. A.]: den grössten Verlust — über 90% — erleidet das Fettgewebe, danach den grössten die Verdauungs- und blutbildenden Drüsen (50—70%); etwa 40—45% verlieren Herz- und Körpermusculatur, weniger Haut und Lungen, Knochen (17%), Sinnesorgane, und fast gar nichts das Nervensystem, welches also gewissermassen auf Kosten der anderen Organe bis zum Ende functionirt.

Durch **Darreichung von Eiweisskörpern allein** können Thiere ernährt, am Leben erhalten werden, vorausgesetzt, dass Wasser und die nöthigen Mineralstoffe (siehe unten) zugegeben werden, und dass die Eiweissmenge nicht unter einen bestimmten, von Art, Dimensionen, Gewicht, Lebensweise und Gesundheitszustand des Thieres abhängigen Werth heruntergeht („Erhaltungseiweiss").

Oberhalb dieser Grenze kann ein Thier, speciell ein Fleischfresser, bei Darreichung sehr verschiedener Eiweissmengen im Stickstoffgleichgewicht erhalten werden, wenn man jenes Quantum Tag für Tag constant hält: findet eine Verminderung der dargereichten Eiweissmenge statt, so wird zunächst noch annähernd so viel N ausgeschieden, wie vorher, also mehr als eingenommen wird; hierdurch muss natürlich das Körpergewicht, d. h. sein Eiweissbestand sinken; diese Mehrausscheidung an N und Abnahme des Körpergewichtes wird aber bald immer kleiner, bis schliesslich wieder Stickstoffgleichgewicht und Constanz des Körpergewichtes

---

[1]) Mémoires de l'acad. des sc., VIII, 438, 1843.
[2]) Die Verdauungssäfte und der Stoffwechsel. S. 327.
[3]) Z. B., II. 351.

statt hat; umgekehrt steigt die Stickstoffausscheidung, also Eiweisszersetzung nicht sofort mit Steigerung der täglichen Eiweissration, sondern es findet Mehreinnahme von N, also Aufspeicherung von Eiweiss („Fleischansatz") statt, in allmählich abnehmendem Maasse, bis schliesslich bei höherem, nunmehr constant bleibendem Körpergewichte wieder Stickstoffgleichgewicht eintritt.

Man hat dies so aufzufassen, dass die Grösse der Eiweisszersetzung nicht einfach von der Zufuhr, sondern auch vom Bestande abhängig ist (Bischoff und Voit): der zeitliche Verlauf der Aenderungen der N-Ausscheidung einerseits und des Körpergewichtes andererseits bei Aenderung der Zufuhr zeigt, dass die Zellen ihren Bestand an „thätigem", beim Stoffwechsel mitwirkendem Eiweiss der Zufuhr an (sei es Zersetzungs-, sei es Ersatz-) Material anpassen, wozu einige Zeit erforderlich ist.

Die vermehrte Zersetzung bei gesteigerter Eiweisszufuhr zeigt sich auch in der Steigerung des Gaswechsels; indessen wird gewöhnlich angegeben, dass bei grosser Eiweisszufuhr die CO_2-Production u. s. w. nicht der Verbrennung des ganzen C und H im zersetzten Eiweiss entspreche, und dass hier bei N-Gleichgewicht das Körpergewicht steige: es muss also Fett angesetzt werden, welches nur aus Eiweiss gebildet sein könnte.

Die obere Grenze für Steigerung der Eiweisszufuhr ergibt sich durch die Möglichkeit, das gereichte Nährmaterial (Fleisch) noch zu verdauen und auszunützen; Fleischfresser leisten hierin viel mehr, als der Mensch [ein 35 kg schwerer Hund Voit's vermochte noch mit 2500 g Fleisch täglich im N-Gleichgewicht zu bleiben; M. Rubner — Selbstversuch[1]) — zersetzte bei 72 kg Körpergewicht 1435 g Fleisch fast vollständig].

Albumosen und Pepton sollen Eiweiss als Nährstoff vollständig ersetzen können [Plósz, Adamkiewicz, Politzer[2])]; nicht aber kann dies der Leim. Mit Leim (mit oder ohne Zusatz von Kohlenhydrat, resp. Fett) gefütterte Thiere verhungern. Dagegen soll der Leim die Fähigkeit besitzen, die zum Leben nothwendig zureichende Eiweissmenge zu vermindern, „eiweisssparend zu wirken", wie wir es unten an den Kohlenhydraten und Fetten sehen werden. Ob auch noch einfacher constituirte N-haltige Verbindungen (Amidosäuren, Asparagin) dies vermögen, ist streitig.

Fette und Kohlenhydrate allein vermögen ein Thier nicht am Leben zu erhalten [Frerichs[3]) u. v. A.]; die Eiweisszersetzung, kenntlich an der Stickstoffausgabe, verläuft bei solcher Fütterung wie beim Hunger; der C-Verlust und die Abnahme des Körpergewichtes kann bei Fettfütterung aber kleiner sein, als der

---

[1]) Z. B., XV, 122.
[2]) A. g. P., XXXVII, 301.
[3]) A. A. P., 1848, S. 478, 481.

Abnahme des Eiweisses entspräche, was als Fettansatz bei beständigem Eiweissverlust gedeutet wird [Voit[1]].

Zusatz von Fetten und Kohlenhydraten zu Eiweiss hat die Wirkung, dass zur Erhaltung des Stickstoffgleichgewichtes bei einem und demselben Eiweissbestande im Körper eine geringere Zufuhr von Eiweiss genügt, als ohne Darreichung von Fett und Kohlenhydrat. Diese wirken „eiweisssparend". Sie vermögen ferner bei gleichzeitiger genügender Eiweisszufuhr nicht nur die Mehrausgabe an C gegenüber der Eiweisszersetzung, d. h. also den Körperfettverlust bei Hunger zu verhindern, sondern auch den C-Bestand des Körpers bei vorhandenem Stickstoffgleichgewicht zu erhöhen — Fettansatz.

Die **Beeinflussung des respiratorischen Quotienten** $\frac{CO_2}{O_2}$ durch die Ernährungsweise ergibt sich aus der Zusammensetzung der Nahrung: In den Kohlenhydraten ist, der Zusammensetzung des Wassers entsprechend viel Sauerstoff im Verhältniss zu den H-Atomen bereits im Molecül vorhanden; bei vorwiegender Kohlenhydratnahrung bleibt daher der aufgenommene O_2 fast ganz für die Oxydation der C-Atome verfügbar und der respiratorische Quotient wird deshalb am grössten, dem Werthe Eins am nächsten sein. Umgekehrt enthalten die Fette in jedem hochatomigen Fettsäureradical nur zwei Atome Sauerstoff; bei vorwiegender Fettnahrung muss ein grosser Theil des aufgenommenen O_2 zur Oxydation der vielen H-Atome dienen, der Bruch $\frac{CO_2}{O_2}$ also am kleinsten sein; nach den Resultaten der Respirationsversuche sinkt er thatsächlich in diesem Falle bis 0·7. Solche niedrigen Werthe findet man auch meist im Hungerzustande, wo das als Reservestoff dienende Körperfett verbrannt wird. Die Grösse des respiratorischen Quotienten bei vorwiegender Eiweiss- resp. gemischter Nahrung liegt zwischen den soeben erwähnten Grenzwerthen.

Der C-, H-, N- und O-Umsatz wird nicht nur durch die Art und Menge der gereichten „Hauptnährstoffe" beeinflusst, sondern auch durch zahlreiche andere Factoren, von welchen zunächst die Zufuhr von Wasser und Salzen erwähnt sei: Vermehrter Wasser- sowie Kochsalzgenuss steigert sowohl die Menge, als auch den Harnstoffgehalt des Harnes; von anderen Neutralsalzen wird theils Vermehrung, theils Verminderung der N-Ausscheidung angegeben.

---

[1] Z. B.. V. 329, 383, 431; IX. 435.

Alkohol steigert speciell den respiratorischen Stoffwechsel recht bedeutend [Zuntz[1]) u. A.]. Die Wirkung der Antipyretica, der arsenigen Säure, der Alkaloïde (Kaffee etc.), des Hg u. s. w. auf den Stoffwechsel ist viel umstritten. Bei der Phosphorvergiftung ist der Eiweisszerfall gesteigert, der Gaswechsel dagegen vermindert [Storch[2]), Bauer[3]) u. A.].

Von weiteren Einflüssen auf die Grösse des Stoffwechsels wurde bei der Besprechung der Messung des Gaswechsels bereits erwähnt, dass **kleine und jüngere Thiere einen intensiveren Gaswechsel haben als grössere und ältere, das weibliche Geschlecht zur Pubertätszeit einen geringeren als das männliche.**

Die sogenannten „Kaltblüter" (siehe später, auf S. 173) haben einen viel trägeren, geringeren Stoffwechsel, als die „warmblütigen Thiere". Die Grundlage der Unterscheidung dieser beiden Classen besteht aber in dem Verhalten des Stoffwechsels gegenüber Aenderungen der umgebenden **Temperatur**. Vorläufig sei bemerkt, dass **beim Warmblüter der Gaswechsel mit steigender Temperatur sich vermindert und mit sinkender Temperatur grösser wird** (Autoren siehe unten), **der Stickstoffumsatz dagegen durch Temperaturwechsel angeblich nicht verändert wird** [v. Liebermeister[4]), Senator[5]), Voit[6])].

Ganz besondere Wirkungen haben Veränderungen der Körpertemperatur selbst beim Warmblüter, speciell der mit einer bedeutenden Steigerung des Eiweisszerfalles[7]), wie auch des Gaswechsels[8]) verbundene pathologische Zustand des „Fiebers" (siehe unten, S. 179).

Verminderung des Sauerstoffgehaltes, resp. Luftverdünnung, welche bis zu tiefer, das Leben gefährdender Grenze den respiratorischen Gaswechsel kaum verändert, steigert die N-Abgabe beträchtlich [Fränkel und Geppert[9])].

Muskelarbeit steigert, wie schon früher erwähnt wurde, den Gaswechsel, also die Oxydation C- und H-haltiger Complexe

---

[1]) A. (A.) P., 1887, S. 178.
[2]) Diss., Kopenhagen 1865.
[3]) Z. B., VII. 63; XIV. 527.
[4]) Deutsch. Arch. f. klin. Med., X. 90.
[5]) A. p. A., XLV, 363.
[6]) Hermann's Handbuch, VI. 1. S. 218.
[7]) Naunyn, Berl. kl. Woch., 1869. Nr. 4; Senator, A. p. A., XLV.
[8]) Liebermeister, Deutsches Arch. f. klin. Med., V. 237; VII. 536; Colasanti, A. g. P., XIV. 125; Leyden u. Fränkel, A. p. A., LXXVI. 136.
[9]) C. R., XCVI, p. 1740.

beträchtlich [Lavoisier und Séguin[1]), Vierordt[2]), Scharling[3]). Pettenkofer und Voit[4])], während sie auf die N-Ausscheidung keinen Einfluss ausübt [Pettenkofer und Voit. Stoffwechselversuche mit und ohne Respirationsapparat am ruhenden und arbeitenden Menschen, resp. Thiere[5])], oder aber, nach älteren und manchen neueren Angaben sie um nur geringe Beträge steigert [Parkes[6]), Playfair[7]), Argutinsky[8]) u. A.].

Während des Schlafes — vollkommene Muskelruhe — ist der respiratorische Gaswechsel am niedrigsten. Eine neuere Untersuchung der täglichen Periode der N-Ausscheidung [Roesemann[9])] zeigt, dass auch für diese Nachts die Minimalwerthe eintreten, während im Uebrigen die Zufuhr sehr massgebend ist — Maxima nach den Mahlzeiten (schon von Feder, Oppenheim u. A. angegeben). Das Absinken des Gesammtstoffwechsels im Schlafe entspricht der Thatsache, dass alle äusseren Einwirkungen, Licht, Kälte, Wind und sonstige „Hautreize", in ihrer Eigenschaft als Reize im weitesten Sinne, den Stoffwechsel als elementare Lebenserscheinung steigern (siehe S. 10); ihr Wegfall, resp. die verminderte Erregbarkeit der Centren im Schlaf (davon später) muss ihn also vermindern.

Dass vermehrte Thätigkeit der Organe mit vermehrtem Stoffumsatz — zunächst also O-Aufnahme und CO_2-Abgabe — verbunden ist, weist darauf hin, dass die Stoffwechselvorgänge (Spaltungs- und Oxydationsprocesse) eben in den Geweben stattfinden; vor der Einführung der vollkommenen Methoden für Respirationsversuche und Blutgasanalysen verlegte man jene in die Lungen, resp. in's Blut, ohne sich dabei über die Art und Bedeutung des Zersetzungs- resp. Brennmateriales, noch über die Natur der chemischen Vorgänge klar zu sein. Liebig[10]) nahm eine Zersetzung des Körpereiweisses durch die Muskelarbeit und proportional ihrer Grösse an, weshalb er das zum Ersatz in der Nahrung einzuführende Eiweiss als „plastischen" und einzig „dynamogenen" Nährstoff bezeichnete; die stickstofffreien Verbindungen, Fette und Kohlenhydrate sollten, indem sie oxydirt würden und das Eiweiss vor der Ver-

---

[1]) Mémoires de l'acad. des sc., 1789, p. 185.
[2]) Arch. f. physiol Heilkunde, III, 536; 1844.
[3]) Ann. Ch. u. Ph., XLV, 214; 1843.
[4]) Z. B., II, 538.
[5]) a. a. O., S. 459.
[6]) Proceedings Roy. Soc., XX, 402.
[7]) On the food of man etc., Edinb. 1865.
[8]) A. g. P., XLVI, 552.
[9]) A. g. P., LXV, 343.
[10]) Die organische Chemie in ihrer Anwendung auf Physiologie und Pathologie, 1842.

brennung schützten, nur Wärmeerzeugung bewirken: „respiratorische", rein „thermogene" Nährstoffe.

Gegen Liebig's Anschauung, dass nur Körpereiweiss zu Grunde gehen solle, sprachen die sich häufenden Beobachtungen, dass die N-Ausscheidung mit der Eiweisszufuhr steigt (vgl. oben). Man suchte sie zunächst damit zu erklären, dass alles Eiweiss, welches über das Maass des zum Ersatze nothwendigen hinaus gereicht werde, sofort, gewissermassen als überflüssig, im Blute verbrannt werde: Theorie von der Luxusconsumption [C. G. Lehmann[1]), Frerichs[2]), Bidder und Schmidt[3])].

Diese Theorie musste stürzen und mit ihr die Liebig'sche Grundanschauung durch den Nachweis, dass bei der Muskelthätigkeit gegenüber der Ruhe wesentlich nur die Oxydation C- und H-haltiger Complexe, nicht aber die Stickstoffausscheidung vermehrt ist (siehe oben), dass ferner bei gemischter Nahrung und Arbeitsleistung die Verbrennungswärme des zersetzten Eiweisses nicht entfernt das Wärmeäquivalent der geleisteten Arbeit erreicht [Fick und Wislicenus' Faulhornbesteigung[4])]. So viel steht fest, dass Kohlenhydrate und Fette so gut wie Eiweiss „dynamogene" Nährstoffe sein **können**, dass indessen eine gewisse Eiweissmenge unter allen Umständen zersetzt wird und zur Erhaltung des Bestandes neu zugeführt werden muss: **„Erhaltungseiweiss".**

Dass es sich hierbei um „organisirtes Eiweiss" der Zellen handelt, wird von Voit bestritten, vielmehr nur ein Zerfall von gelöstem, in den Säften „circulirendem Eiweiss" unter der Wirkung der Zellthätigkeit zugegeben. Beim Hunger soll Organeiweiss gewissermassen „abschmelzen" und als circulirendes Eiweiss in den Stoffwechsel eingeführt werden [Voit[5])].

Bei der Stickstoffausscheidung würde es sich im Sinne der bereits früher erwähnten und bei der Besprechung der chemischen Vorgänge im Muskel ausführlicher zu entwickelnden Vorstellung vom Bau des „lebendigen Eiweissmoleculs" um die Abstossung nicht mehr regenerationsfähiger N-haltiger Reste handeln, während der eigentliche Stoff- und Kraftwechsel sich an die intramoleculare Oxydation und „Regenerirung" des

---

[1]) Wagner's Handwörterb. d. Physiol., II, 18. Art. „Harn".
[2]) A. A. P., 1848. S. 469.
[3]) Die Verdauungssäfte u. s. w., S. 348.
[4]) Vierteljahrsschr. der Züricher naturf. Ges., X, 317; 1865.
[5]) Z. B., V, 344, 444, 450; II, 323; X, 223.

Molecüls durch Aufnahme von intramolecularem Sauerstoff und verbrennlichen Seitenketten — Kohlenhydrat- und Fettgruppen — knüpfen würde.

Gerade der Hauptbegründer dieser Vorstellung, Pflüger[1], ist neuerdings dazu zurückgekehrt, ausschliesslich der Eiweissnahrung dynamogene Bedeutung zuzuschreiben und die Voit-Pettenkofer'sche Vorstellung der eiweisssparenden Wirkung der Fette und Kohlenhydrate, sowie die Lehre vom Organ- und circulirenden Eiweiss zu bekämpfen, theils auf Grund des Nachweises von Fehlern in den Arbeiten jener Autoren, theils auf Grund neuer eigener Versuche am arbeitleistenden, mit reiner Eiweissnahrung gefütterten Fleischfresser. Es leuchtet ein, dass die hier auf's Neue aufgeworfene Frage nach der Quelle der Muskelkraft nur dahin verstanden werden kann, welcher der drei Nährstoffe im Stoffwechsel zuerst angegriffen wird, und dass die Beantwortung dieser Frage noch eine bedeutende Vervollkommnung der Versuchstechnik erfordern dürfte.

Vom Standpunkte der „Regenerationstheorie", sowie des Gesetzes der Erhaltung der Energie erscheint denn auch das Ergebniss natürlich, welches Rubner[2] in Stoffwechselversuchen mit gleichzeitiger Bestimmung der von dem Thiere freigemachten Gesammtenergie in Form von Wärme erhalten hat (siehe unten, S. 175 f.): Wenn nur das zum Leben nothwendige Mindestmaass an Eiweiss gereicht wird, so können die Hauptnährstoffe einander **nach dem Verhältniss ihrer Verbrennungswärmen** vertreten; ein bestimmtes Gewicht Fett hat für die Energieproduction mehr als den doppelten Werth, wie das gleiche Gewicht Eiweiss oder Kohlenhydrat (das Genauere siehe unten). Verlangt doch das Gesetz der Erhaltung der Energie, dass der „Stoffwechselbilanz" eine ebenso genau stimmende „Energiebilanz" entspreche: insofern die Gesammtenergie als Wärme berechnet ist, haben in der That Rubner u. A.[3] bereits derartige Energiebilanzen aufgestellt, von denen unten auf S. 181 ein Beispiel gegeben ist, während die Tabelle S. 169 die Stoffwechselbilanz (ohne Wärmebilanz) eines auf N-Gleichgewicht befindlichen Menschen zeigt.

Stoffwechsel- resp. Respirationsversuche mit gleichzeitiger möglichst genauer Bestimmung der geleisteten mechanischen Arbeit sind ebenfalls unternommen worden [Zuntz und Katzenstein[4]]. Die Ermittlung aller stofflichen Einnahmen und Ausgaben einerseits, sowohl der mechanischen Arbeitsleistung, als auch der Wärmeproduction andererseits, Alles für denselben Zeitraum, dürfte den Weg bilden, die Frage nach der Quelle der Muskelkraft definitiv zu lösen; man sieht

---

[1] A. g. P., L. 89; LII, 1, 239; LIV, 333.
[2] Z. B., XIX, 313; XXI, 250, 337.
[3] Schätzungsweise bereits Helmholtz (s. unten).
[4] A. (A.) P., 1890, 367.

aber, dass es sich, wie schon oben angedeutet, hier um bedeutende technische Schwierigkeiten handelt.

Ein vielumstrittenes Gebiet der Stoffwechsellehre ist die **Fettbildung im Thierkörper**. Dass zugeführtes Fett, welches wegen genügender anderweitiger Versorgung des Organismus nicht verbrannt wird, als Fett abgelagert wird, steht fest. Selbst fremde, dem Thierkörper sonst nicht eigene Fette lassen sich, wenn dargereicht, gelegentlich im abgelagerten Fett nachweisen [Leinöl, Lebedeff[1])]. Dies gilt indessen nicht allgemein, da z. B. das Körperfett eines mit dem erst bei höherer Temperatur schmelzenden Hammelfett gefütterten Hundes nicht etwa jenen Schmelzpunkt annimmt. Auch freie Fettsäuren, sowie Seifen [J. Munk[2]), Radziejewski[3])] wirken fettbildend, indem das dazu nöthige Glycerin offenbar vom Organismus anderweitig gebildet wird.

Auch dass aus Kohlenhydraten Fett gebildet wird (ein Reductionsprocess!), kann kaum mehr in Abrede gestellt werden: die Biene liefert, nur mit Zucker gefüttert, Wachs. Die „Fettmästung" der Pflanzenfresser — Mastschweine, Strassburger Gänse — erfolgt wesentlich durch reichliche Kohlenhydratfütterung, neben welcher so wenig Eiweiss aufgenommen wird, dass die Annahme, das sämmtliche angesetzte Fett entstehe aus „erspartem" Eiweiss (siehe unten), gezwungen erscheint.

Die Fettbildung aus Eiweisskörpern wird ziemlich allgemein angenommen, speciell auf Grund der Stoffwechselversuche, in welchen Fettmengen bei vorwiegender Eiweissnahrung als angesetzt sich berechneten, zu deren Erklärung der Kohlenhydrat- und Fettgehalt der Nahrung nicht ausreichte [Voit und Pettenkofer[4]), Henneberg[5])].

Neuerdings ist Pflüger[6]) auch der Annahme der Fettbildung aus Eiweiss entgegengetreten, wie übrigens viele Autoren. Im Folgenden seien einige Beobachtungen, welche für dieselbe zu sprechen scheinen, nebst Gegengründen angeführt: Auf einem Blutkuchen gezüchtete Fliegenmaden nehmen einen starken Fettgehalt an [Fr. Hofmann[7]); hier wirken aber reducirende Bacterien auf dem faulenden Nährmaterial mit. Bei Wasserleichen, Leichnamen in Gräbern, welche in wenig porösem, feuchtem Terrain liegen, bildet sich mit der Zeit an Stelle des Muskel-

---

[1]) C. m. W., 1882, S. 129.
[2]) A. p. A., LXXX, 28 ff.
[3]) A. p. A., XLIII, 268.
[4]) Z. B., V, 106; VI, 371; VII, 489.
[5]) Landwirthsch. Versuchsstationen, X, 457; 1868.
[6]) A. g. P., LI, 229.
[7]) Z. B., VIII, 159.

fleisches eine wachsartige, schmelzbare Masse, das Leichenwachs (Adipocire). Pflüger nimmt hier Transport des Fettes aus anderen Organen an. Endlich wird besonderer Werth gelegt auf die pathologische „fettige Degeneration", bei welcher Fetttröpfchen an Stelle des zerfallenden Zellprotoplasmas auftreten [„fettige Metamorphose", Virchow[1])]. Zum Studium derselben besonders viel benützt hat man die acute Phosphorvergiftung, bei welcher die lebenswichtigsten Organe — Herz, Leber, Nieren — im höchsten Grade „verfettet" gefunden werden (G. Lewin, Naunyn, Bauer u. A.). Während besonders für die Leber Manche dem Fetttransport aus anderen Organen („Fettinfiltration", Virchow) hier die Hauptrolle zuschreiben [Perls[2])], ist andererseits durch H. Leo[3]) in Parallelanalysen vergifteter und unvergifteter Frösche in toto eine Zunahme des Gesammtätherextractes durch den Phosphor gefunden worden. Unsicher werden alle diese Versuche durch die Einmischung des Cholesterins und der fettsäurehaltigen complicirten Verbindungen — Lecithine, Lecithalbumine[4]). Auch theoretisch-chemische Gründe (Ergebnisse künstlicher Eiweissspaltungsversuche von Drechsel u. A.) sind gegen die Möglichkeit aufgeführt worden, dass der ganze oder nahezu der ganze C und H des Eiweisses als Fett abgespalten werde.

Zum Ersatze des mit der Exspirationsluft, dem Harn, Schweiss, den Fäces u. s. w. vom Körper abgegebenen Wassers, welches nur zum Theil durch Oxydation in den festen Nährstoffen enthaltener H-Atome entsteht, ist Aufnahme einer entsprechenden Wassermenge nothwendig, welche theils rein, theils in Speisen und Getränken genossen wird. Natürlich muss das aufgenommene und abgegebene Wasser in toto, wie sein H- und O-Antheil in den Stoffwechselversuchen, resp. -Bilanzen, mit berechnet werden.

Es versteht sich von selbst, dass nicht nur C, H, O, N, sondern auch die übrigen, den Körper zusammensetzenden Elemente einem Stoffwechsel unterliegen: so natürlich der ja in Eiweisskörpern enthaltene S und P, das Ca (Knochensubstanz!), das Fe (Blut), die Alkalimetalle, das Cl u. s. w. Indessen sind für diese Elemente die Grösse der Aufnahme und Abgabe und die Schicksale auf ihrem Wege durch den Körper weniger erforscht, als für die Organogene.

Das Bedürfniss an alkalischen Erden ist in der Wachsthumsperiode grösser als im späteren Leben, weil hier speciell Kalk in den Knochen zum Ansatz gelangt: Durch Kalkmangel in der Nahrung ist es gelungen, bei Thieren experimentelle „Rhachitis" zu erzeugen [E. Voit[5], A. Baginsky[6]) u. A.], während bei dem Vorkommen dieser Krankheit trotz genügender Kalkzufuhr offenbar noch unbekannte Factoren mitspielen.

---

[1]) A. p. A., I, 94.
[2]) C. m. W., 1873, S. 801.
[3]) Z. p. C., IX, 469.
[4]) Vgl. Stolnikow, A. (A.) P., 1887, Suppl., I.
[5]) Z. B., XVI, 55.
[6]) A. p. A., LXXXVII, 301.

Gleichfalls am grössten in der Wachsthumsperiode ist die Aufnahme an Eisen, doch nicht in dem Maasse, wie beim Kalk, zumal der Säugling die Haupteisenmenge bereits besitzt (relativ grösster Hämoglobingehalt des Blutes, siehe S. 52!). Der Eisenstoffwechsel ist neuerdings besonders durch W. S. Hall[1], Lapicque[2] u. A. untersucht worden, mit besonderer Berücksichtigung der Ablagerung, welche bei übermässiger Zufuhr oder Zerstörung vieler Erythrocyten in nicht organisch gebundener Form (Oxydhydrat, Lapicque) in Leber und Milz statthat — analog auch bei anderen Schwermetallen, die z. Th. wieder besondere Prädilectionsstellen haben: Näheres in toxikologischen Büchern.

Besondere Bedeutung hat ohne Zweifel auch die Aufnahme und Abgabe der Chloride und Phosphate der Alkalimetalle. Die Menge der täglich im Harn abgegebenen Chloride entspricht rund 15 g $NaCl$; vermindert ist der Chlorstoffwechsel im Fieber und bei allen schweren, mit allgemeiner Ernährungsstörung verbundenen Krankheiten. Dass gerade das Chlorid des Natriums in grossen Mengen aufgenommen wird — „Kochsalz" —, hat man auf ein Compensationsbedürfniss gegenüber den in der Pflanzennahrung enthaltenen, das Chlor durch grössere Basicität bindenden und als schädlich (Herzgifte) zu eliminirenden Kalisalzen zurückgeführt [Bunge[3], Salzhunger der pflanzenfressenden Thiere; ethnologische Erfahrungen; indessen ist gerade auf Grund solcher neuerdings der in Rede stehenden Theorie widersprochen worden; Lapicque[4]].

Bei der Ernährung spielt das Kochsalz übrigens sicher eine Hauptrolle durch seinen Geschmack; es ist zugleich „Nahrungs-" und „Genussmittel", zwei Begriffe, auf welche nunmehr eingegangen werden wird.

Zur Aufnahme von Wasser und fester Nahrung werden wir veranlasst durch die Gefühle des Durstes und Hungers: der erstere besteht in der Empfindung einer durch den allgemeinen Wassermangel mitbedingten Trockenheit der Pharynx- und Mundschleimhaut, der letztere in einem sehr schwer zu beschreibenden Gefühl der Leere, auch des Drückenden, Nagenden, welches von den Einen in den Magen, von den Anderen in Oesophagus und Pharynx verlegt wird.

Die Stillung dieser Gefühle erfolgt durch die Aufnahme der Speisen und Getränke, welche ein- oder meist mehrmals am Tage („Mahlzeiten") stattzufinden pflegt.

Zur rationellen „**Ernährung**" gehört die Darreichung sämmtlicher nöthigen **Nährstoffe**, d. h. derjenigen chemischen Verbindungen, welche geeignet sind, das am Körper Verlorene zu ersetzen, also: 1. der anorganischen Nährstoffe —

---

[1] A. (A.) P., 1896. S. 49.
[2] C. r. soc. biol., 1889.
[3] Z. B., IX. 104; X. 111.
[4] L'Anthropologie. 1895, p. 35.

Wasser und Salze —, 2. der organischen Nährstoffe — Eiweisskörper, Kohlenhydrate und Fette (letztere können durch Eiweiss vertreten werden, siehe oben). Diese Nährstoffe müssen an und für sich durch die Verdauungssäfte löslich sein (die Cellulose ist deshalb ein für den Menschen werthloses Kohlenhydrat) und in Gemischen thierischer oder pflanzlicher Provenienz gereicht werden, deren Beschaffenheit ihre „Verdaulichkeit" und Resorbirbarkeit (siehe unten) möglichst steigert: solche Gemische werden dargestellt durch dasjenige, was wir **„Nahrungsmittel"** nennen: Getreide, Fleisch, Eier u. s. w.

Der Mensch unterzieht viele dieser Nahrungsmittel vor der Aufnahme noch einer besonderen Bearbeitung — Kochen, Braten, Backen —, welche einerseits Vorwegnahme eines Theiles der Verdauungsarbeit durch Lösung ungelöster Nährstoffe, andererseits Angenehmer- und damit „Bekömmlicher"-machen der Nahrungsmittel durch Erzeugung flüchtiger, riechender und schmeckender Stoffe, sowie durch Zusatz von „Genussmitteln" (siehe unten) — Gewürzen — bezweckt. Die so vorgerichteten Gemenge nennen wir **„Speisen"**.

Aus der Stoffwechsellehre folgt ohne Weiteres, dass die derart zubereiteten Nährstoffe schliesslich in genügender Menge und richtigem Mengenverhältniss gereicht werden müssen, damit dasjenige zu Stande komme, was man als **„Nahrung"** oder **„Kost"** bezeichnet.

Es ist deshalb unumgänglich nothwendig, zu wissen, welches der Gehalt der gebräuchlichen Nahrungsmittel an den einzelnen Nährstoffen, sowie auch an den Elementen, speciell C und N, ist; eine derartige Zusammenstellung, zusammen mit einigen Bemerkungen über die Bedeutung der Zusammensetzung und Zubereitung der Hauptnahrungsmittel, findet sich am Schlusse dieses Abschnittes, S. 170 71.

Der Bedarf an Nährstoffen ist natürlich von mehreren Factoren abhängig: Grösse, Gewicht, Kräftezustand des zu Ernährenden, Grösse der zu leistenden Arbeit. Relativ wenig Einfluss scheint das Klima zu haben[1]), während im Allgemeinen die kalte Jahreszeit den Bedarf (entsprechend den Ausgaben, siehe oben S. 157) steigert.

---

[1]) Vgl. Eijkmann, A. p. A., CXXX, 105.

Als **Kostmaass** für einen kräftigen Handarbeiter bei mittlerer Arbeit ist von Voit[1]) verlangt worden: **118 g Eiweiss, 56 g Fett, 500 g Kohlenhydrat.**

Die Bedeutung der zu leistenden Arbeit für das Kostmaass ist besonders zu berücksichtigen bei der Armee-Ernährung:

Es finden sich nach Voit in der Nahrung des deutschen Soldaten

	Eiweiss	Fett	Kohlenhydrat
in der Garnison	117	26	547
auf dem Marsch	143	36	595
im Krieg	151	46	522
bei ausserordentlicher Leistung	191	63	607

Die Nahrung der nicht ausschliesslich Handarbeit leistenden „höheren Stände" ist im Allgemeinen reicher an Eiweiss und Fett und ärmer an Kohlenhydraten, was mit der Bevorzugung des Fleisches gegenüber den Vegetabilien zusammenhängt:

Kost nach Forster[2])

	Eiweiss	Fett	Kohlenhydrat	N	C
Junger Arzt	127	89	362	20	297
Anderer junger Arzt	134	102	292	21	280

Um in ausschliesslich oder vorwiegend vegetabilischer Nahrung das nöthige Eiweiss zu geniessen, ist eine so grosse Menge jener nöthig, dass dem Menschen einerseits ihr Volumen ausserordentlich lästig wird, andererseits aber in ihr eine übergrosse Menge Kohlenhydrat theils durch die Verdauungsarbeit bewältigt werden muss, theils als unverdaulich (Cellulose) die Menge der Fäces vermehrt. Ganz anders verhält sich natürlich das pflanzenfressende Thier, dessen Verdauungsapparat entsprechend eingerichtet ist.

Es geniessen:

	Eiweiss	Fett	Kohlenhydrat
1. Italienische Ziegelarbeiter [Ranke[3])], mit 1000 g Mais, 178 g Käse täglich	167	117	675
2. Irische Arbeiter [Payen[4])], vorwiegend von Kartoffeln lebend	116	25	1328

---

[1]) Herm. Handb. VI. 1. S. 520; Z. B., XII, 1; Unters. der Kost in einigen öff. Anstalten, 1877.
[2]) Z. B.. II. 488.
[3]) Z. B.. XIII. 130.
[4]) Précis des substances alimentaires. Paris 1854.

Man sieht also, dass für den Menschen der gemischten Nahrung gegenüber die exclusiv vegetabilische Kost (Vegetarianismus!) durchaus unrationell ist: ein wichtiges ökonomisches Princip, welchem leider die Thatsache gegenübersteht, dass bei der Masse des Volkes fast überall auf der Erde die pflanzlichen Nahrungsmittel vorwiegen (Kartoffel, Mais in Europa: Reis bei den asiatischen Völkern).

In neuester Zeit findet die Frage nach dem Grössenwerthe des „Erhaltungseiweisses" besondere Beachtung: Da dieser indessen durchaus von Dimensionen, Kräftezustand und der geforderten Leistung des betreffenden Individuums abhängt, so haben Minimalzahlen, wie sie neuerdings für durch Krankheit heruntergekommene, wenig leistungsfähige Individuen oder elend ernährte weibliche Arbeiter angegeben werden[1]), höchstens den theoretischen Werth, eine untere Grenze des Stoffwechsels feststellen zu helfen; im Uebrigen vergleiche die Anmerkung über die untere Grenze der Wärmeproduction im nächsten Abschnitt.

Im Kindesalter ist, den vermehrten Ausgaben entsprechend, der Bedarf an den Hauptnährstoffen relativ grösser, als beim Erwachsenen und nimmt mit fortschreitendem Wachsthum immer langsamer zu.

Camerer[2]) fand in der täglichen Nahrung:

	Alter	Körpergewicht kg	Eiweiss	Fett total in Gramm	Kohlenh.	Eiweiss	Fett pro kg Körpergewicht	Kohlenh.
bei Mädchen	1½ J.	8·95	47·1	43·3	95·9	4·4	4·0	8·9
„ „	3 „	12·61	44·8	41·5	102·7	3·4	3·1	7·7
„ Knaben	4 „	17·43	63·7	45·8	197·3	3·5	2·5	11·0
„ Mädchen	8½ „	21·76	61·3	47·0	207·7	2·7	2·1	9·2
„ „	10¼ „	23·86	67·5	45·7	268·6	2·9	2·0	11·5

Der tägliche Bedarf eines Menschen an Wasser ist nicht bestimmt anzugeben, weil er mit den die Wasserabgabe beeinflussenden Factoren — Umgebungstemperatur, Muskelanstrengung — in weiten Grenzen schwankt. Ein Theil des nöthigen Wassers wird in den Speisen aufgenommen; je „trockener" diese sind, um so mehr muss durch Trinken nachgeholfen werden.

Gewohnheit (besonders in Hinblick auf die Wasseraufnahme mit den alkoholischen Getränken, siehe unten) beeinflusst auch sehr die

---

[1]) Vgl. Lapicque. C. r. soc. biol., 1893, p. 251; Hirschfeld. Berl. kl. W., 1893, S. 324; Oliver, Lancet, 1895. S. 1629.
[2]) Z. B., XVI, 25.

Wasseraufnahme, ebenso wie diejenige von Kochsalz, dessen Minimalbedarf auch kaum anzugeben ist.

Das letztere gilt auch für den Kalkbedarf, während der Eisenbedarf auf 0·14—0·16 mg pro Tag und Kilogramm Körpergewicht geschätzt wird [v. Hösslin[1])].

Die Brauchbarkeit einer Nahrung wird bemessen: 1. nach ihrer Verdaulichkeit, 2. nach ihrer Ausnützung, 3. nach ihrer Bekömmlichkeit. Für die sogenannte **„Verdaulichkeit"** gilt als Maass die Zeit, welche zur vollständigen Lösung ihrer Nährstoffe (Peptonisirung der Eiweisskörper u. s. w.) im Verdauungsapparate nöthig ist. Diese hängt natürlich vor Allem von der Art und Zubereitung der Nahrungsmittel ab, doch ist auch der Zustand der Verdauungsorgane massgebend.

Die **„Ausnützung"** gibt den Procentsatz an, welcher von den gesammten Nährstoffen in einem Nahrungsmittel, oder einem bestimmten solchen, resorbirt wird: sie ist um so besser, je geringer der in den Fäces entleerte „unausgenützte" Rest an Nährstoffen ist.

Die **„Bekömmlichkeit"** ist etwas von den beiden soeben besprochenen Begriffen insofern zu Trennendes, als eine Speise verdaut und ausgenützt werden kann, aber deshalb, weil sie dem Consumenten nicht schmeckt, oder auch nach dem Genuss, jedenfalls also durch Vermittlung des Nervensystems eine Herabsetzung der Leistungsfähigkeit der Verdauungsorgane, resp. des Allgemeinbefindens erzeugen kann: von einer „Nahrung" muss verlangt werden, dass nur solche Dinge gereicht werden, welche jenes nicht thun, deren Genuss mit angenehmen Empfindungen verbunden sei und keine üblen Folgen nach sich ziehe, welche mit einem Worte „bekömmlich" seien.

Hierher gehört auch die Nothwendigkeit der Abwechslung in den Speisen und der Gehalt an Bestandtheilen, welche nicht zu den Nährstoffen gehören, sondern durch ihren Geruch und Geschmack angenehm, „appetiterregend" zu wirken bestimmt sind.

Es sterben nicht nur Thiere, welchen mineralfreies, sonst aber richtig zusammengesetztes Futter gereicht wird (Salzhunger, Magendie, Liebig u. v. A.), sondern auch solche, in deren Futter keine Abwechslung gemacht und denen extractfreies, nicht riechendes und schmeckendes Futter (ausgelaugter Faserstoff, Panum u. A.)

---

[1]) Z. B. XVIII, 612.

gegeben wird; sie verweigern bald dessen Aufnahme und verhungern thatsächlich. Auch die schlimme Wirkung der eintönigen Gefangenenkost gehört hierher.

Jene, als Gewürze bezeichneten Speisenbestandtheile, zu welchen auch Kochsalz und Zucker zu rechnen, obwohl diese gleichzeitig Nährstoffe sind, bilden mit anderen Stoffen, welche wir in verschiedener Form ausschliesslich wegen ihrer das Nervensystem theils erregenden, theils lähmenden („narkotischen") Wirkung aufnehmen, die Classe der **„Genussmittel"**.

Hierher gehören die Extractivstoffe des Fleisches in Bouillon und Fleischextract, der Alkohol in den spirituösen Getränken — Wein, Bier, Branntwein u. s. w.

Nahrungsmittel sind Bouillon und Fleischextract nicht, da sie zu geringe Mengen der Nährstoffe enthalten, welche nicht in Betracht kommen können. Der Alkohol wirkt trotz seiner hohen Verbrennungswärme, welche im Körper durch seine Oxydation thatsächlich frei wird, kaum „eiweisssparend", da er durch seine Einwirkung auf's Nervensystem die Wärmeabgabe so erhöht, dass eher Sinken der Körpertemperatur zu Stande kommt. Er ist also kein Nährstoff.

Hierher gehören auch die pflanzlichen Alkaloïde, welche wir in den verschiedensten Formen aufnehmen: Caffeïn im Kaffee und Thee; Theobromin in Cacao und Chocolade; Cocaïn in den Cocablättern (Bethelkauen der Brasilianer); Nicotin im Tabak; Alkaloïde des Opiums und der Cannabis indica (Haschisch). Auf die Bedeutung der Genussmittel und die schlimmen Folgen ihres Missbrauches kann näher hier nicht eingegangen werden.

Stoffwechselbilanz

eines kräftigen Mannes von 69·5 Kg. Körpergewicht, bei reichlicher gemischter Nahrung und möglichster Ruhe [Pettenkofer und Voit[1]].

Einnahmen:		H_2O	C	H	N	O	Asche
Fleisch	139·7	79·5	31·3	4·3	8·50	12·9	3·2
Eierweiss	41·5	32·2	5·0	0·7	1·35	2·0	0·3
Brot	450·0	208·6	109·6	15·6	5·77	100·5	9·9
Milch	500·0	435·4	35·2	5·6	3·15	17·0	3·6
Bier	1025·0	961·2	25·6	4·3	0·67	30·6	2·7
Schmalz	70·0	0	53·5	8·3	0	8·1	0
Butter	30·0	2·1	22·0	3·1	0·03	2·8	0
Stärkemehl	70·0	11·0	26·1	3·9	0	29·0	0
Zucker	17·0	0	7·2	1·1	0	8·7	0
Kochsalz	4·2	.					4·2
Wasser	286·3	286·3					.
Sauerstoff	709·0	.	.	.	.	709·0	.
Summa	3342·7	2016·3	315·5	46·9	19·47	920·6	23·9
		= 224·0 H		224·0			
		+1792·3 O		270·9		1792·3	
Ausgaben:						2712·9	
Harn	1343·1	1278·6	12·60	2·75	17·35	13·71	18·1
Koth	114·5	82·9	14·50	2·17	2·12	7·19	5·9
Athmung	1739·7	828·0	248·60	0	0	663·10	0
Summa	3197·3	2189·5	275·70	4·92	19·47	684·00	24·0
		= 243·3 H		243·3			
		+1946·2 O		248·22		1946·20	
						2630·20	
Differenz +	145·4		+39·8	+22·7	0	+82·7	— 0·1

Daraus berechnet sich:

	aufgenommen	zerstört	angesetzt
Eiweiss	137	137	0 (N-Gleichgewicht)
Fett	117	52	65
Kohlenhydrate	352	352	0

---

[1] Z. B., II, 466.

Procentische Zusammensetzung einiger wichtigen Nahrungs- und Genussmittel.

Substanz	Autor	Wasser	Trocken-substanz	Eiweiss	N	Fett	Lösl. Kohlen-hydrate	Holz-faser	Asche
Rohes Rindfleisch, mager	König	76·71	23·29	20·78		1·5			1·18
" " mittel	"	72·25	27·75	20·91		5·19	0·48		1·17
" " fett	"	55·12	44·88	17·19		26·38			1·08
Gekochtes Rindfleisch	Renk	75·8	24·2	21·8		0·9			
Gebratenes	Rubner	58·57	41·43		4·89	6·78			
Rohes Hühnerfleisch, mager	Moleschott	76·22	23·78	19·72		1·42			1·37
Hasenfleisch	König u. Farwick	74·16	25·84	23·34		1·13			1·18
Hühnereier, minus Schale	Voit	73·9	26·1	14·1	2·19	10·9			
Kuhmilch	König Mittel aus 377 Anal.	87·42	12·58	3·41		3·65	4·81		6·71
Kuhbutter	König Mittel aus 123 Anal.	14·49	85·51	0·71		83·27	0·58		0·95
Schweizerkäse	Engling u. Klenze	34·48	65·52	27·80		29·76	2·13		5·55
Stracchinokäse	König	39·21	60·79	23·92		33·67			3·80
Schweinespeck	Rubner					92·2			
Feines Weizenmehl	König	13·34	86·66	10·18		0·94	74·75	0·31	0·48
Hafergrütze	"	13·16	86·84	12·00		5·34	64·40	2·71	1·99
Weissbrot	Renk	28·0	72·0	9·6		1·0	60·0		
Schwarzbrot	Voit	36·71	63·29	8·5	1·3		52·5		
Gekochte Kartoffeln, minus Schalen	Rubner	74·6	25·4	2·18	0·35		22·25	0·75	0·58

— 171 —

Rohe Linsen	König	12·34	87·66	25·70	53·46	3·57	3·04
Möhren	Böhmer	88·84	11·16	0·98	1·58	0·98	0·73
Spinat	„	84·88	15·12	3·18	0·10	0·93	2·39
Kopfsalat	König	94·33	5·67	1·41	·	0·73	1·03
Kirschen, frisch	„	79·82	20·18	0·67	12·0	6·07	0·73
Aepfel, frisch	„	84·79	15·21	0·36	12·54	1·51	0·49
Suppe, Mittel aus 10 Sorten	Renk	91·6	8·4	1·1	5·7	·	·
Mehlspeise, Mittel aus 7 Sort.	„	55·8	44·2	8·7	28·9	·	·
Süsse Chocolade	König	1·55	98·45	5·06	63·81	1·15	2·15

		Alkohol (Gewichts-procente)	Extract	Zucker		
Pilsener Bier	Schwackhöfer	3·81	4·95			
Münchener Sommerbier	König	3·95	5·78			
Ale	„	4·89	6·03			
Weisser Rheinwein	„	9·25	0·455	0·68		
Franziös. Rothwein	„	9·1	2·341	0·84		
Tokajer	Hassall	12·04	7·22	·		
Sherry	Groaven	16·98	4·88	5·14		
Französ. Cognac	„	47·3	·	1·74		
Amerikan. Whisky	„	52·2	·	·		

Bemerkungen:

Beim Kochen des Fleisches werden der Leim und die Extractivstoffe, sowie das wasserlösliche Albumin in die „Brühe" übergeführt, wenn es mit kaltem Wasser angesetzt wird; das Albumin gerinnt in der siedenden Brühe und wird als Schaum abgeschöpft. Das so ausgekochte Fleisch ist natürlich in seiner „Nahrhaftigkeit" kaum alterirt, aber geschmacklos; die riechenden und schmeckenden Substanzen befinden sich in der „Bouillon". Bei sofortigem Ansetzen des Fleisches mit siedendem Wasser gerinnt das Albumin in jenem und hält auch Extractivstoffe zurück, so dass das Fleisch wohlschmeckender, die Brühe aber schlechter wird.

Beim Braten, d. h. Erhitzen mit wenig Flüssigkeit, resp. Fett, behält das Fleisch seine löslichen, riechenden und schmeckenden Bestandtheile, ja es entstehen deren an der Oberfläche noch neue von eigenartigem Charakter.

Beim Brotbacken ist zu unterscheiden: 1. die Herstellung des Teiges, für welche der „Kleber" in den aus Getreide hergestellten Mehlen unerlässlich ist; Leguminosen geben keinen Teig, da ihr hoher Eiweissgehalt nicht die Form des Klebers hat; 2. die Auflockerung des Teiges durch CO_2, welche entweder durch Verzuckerung eines Theiles der Stärke und alkoholische Gährung (siehe S. 40) durch zugesetzte Hefe erzeugt oder künstlich hineingebracht wird; z. B. durch Zusatz doppeltkohlensaurer Salze, deren locker gebundene CO_2 beim Erwärmen im Beginne der dritten Operation entweicht; 3. diese, das Backen, verändert die moleculare Structur des Teiges unter Verminderung des Wassergehaltes und erzeugt die, in frischem Zustande angenehm schmeckende Stoffe enthaltende Rinde.

Durch natürliche Gährung [Wein aus Traubenmost, Bier aus Gerstenmalzlösung („Würze")] erzeugte alkoholische Getränke enthalten höchstens 12% Alkohol, weil durch einen höheren Alkoholgehalt der Lebensprocess der Hefezellen inhibirt wird. Stärkere Spirituosen erzeugt man durch Destillation der schwächer alkoholhaltigen Flüssigkeiten (Cognac aus Wein, Branntwein aus Korn- oder Kartoffel-„Maische"), resp. Zusatz von Alkohol zu jenen (Sherry, Portwein).

VII.
Thierische Wärme[1]).

Die Körperoberfläche, besonders aber das Körperinnere aller Thiere, besitzt eine höhere Temperatur als diejenige ihrer Umgebung, wofern diese innerhalb gewisser Grenzen bleibt und die Thiere längere Zeit in ihr sich aufhalten. Dies ist ein streng-physikalischer Beweis dafür, dass der thierische Organismus beständig Energie in Form von **Wärme** freimacht und als solche nach aussen abgibt.

Indessen muss man die Thiere nach ihrem thermischen Verhalten in zwei grosse Gruppen theilen: bei der einen finden wir, unabhängig von der Aussentemperatur, **eine fast constante relativ hohe Körpertemperatur**: „Warmblüter", „**Homoiothermen**", „gleichwarme Thiere"; bei der anderen **schwankt die Körpertemperatur mit der Aussentemperatur**, indem sie diese immer nur um ein Geringes übertrifft: „Kaltblüter", „**Poikilothermen**", „wechselwarme Thiere".

Die **Körpertemperatur des Menschen,** welche man mit dem Thermometer (klinische „Maximumthermometer", vgl. die physikalischen Lehrbücher) misst, entweder in einem leicht zugänglichen Hohlorgan (Mastdarm, Scheide, Mundhöhle) oder in der durch Anlagerung des Armes geschlossenen Achselhöhle, beträgt im Mittel **37·2°**. Kleinere Säugethiere — Kaninchen, Hund — haben etwas höhere Körpertemperaturen, Vögel 40—45°. Durch in die Blutgefässe gebrachte Thermometer hat man bei Thieren auch die Wärme des Blutes gemessen, sowie durch die thermoelektrische Methode auch die Temperaturen verschiedener Organe, von denen besonders diejenige der Muskeln und Drüsen im thätigen Zustande

---

[1]) Specialwerke: Gavarret. Physique médicale de la chaleur, Paris 1855. — Cl. Bernard. Leçons sur la chaleur animale, Paris 1876. — J. Rosenthal, Thierische Wärme, in Hermann's Handbuch der Physiologie. IV. 2. Leipzig 1882.

die Wärme des Blutes übertreffen kann: diese sind eben die Orte der Wärmeproduction.

Natürlich ist die Haut stets kühler als das Körperinnere, beim bekleideten Menschen besonders an den blossbleibenden Körpertheilen.

Die Körpertemperatur zeigt tägliche Schwankungen, deren Minimum in die frühen Morgenstunden, deren Maximum gegen Abend fällt. Sie kann ausserdem durch Genuss heisser Speisen oder Getränke auf kurze Zeit etwas erhöht, umgekehrt durch kalten Trunk etwas erniedrigt werden. Muskelbewegung, jede Mahlzeit, geistige Anstrengung, resp. psychische Erregung erhöhen zeitweilig die Körpertemperatur — Alles Einflüsse, welche bei pathologisch gestörter Wärmeregulirung, im „Fieber" (siehe unten), besonders hervortreten.

Die Menge der von einem Thiere in gewisser Zeit producirten Wärme misst man, wie überhaupt Wärmemengen, durch ein **„Calorimeter"**: den einfachen Wassercalorimetern, bei welchen die Erwärmung eines die Wärmequelle umgebenden, nach aussen durch schlechte Wärmeleiter geschützten Wassermantels gemessen wird [Crawford[1]), Dulong und Despretz[2]), Favre und Silbermann[3])], zieht man heutzutage sogenannte Differentialcalorimeter vor [d'Arsonval[4]), Rosenthal[5])], bestehend aus zwei Luftmänteln, von denen der eine das Thier enthält, der andere leer ist (oder eine bekannte Wärmequelle umgibt) und deren Inhalt auf die beiden Schenkel eines Manometers wirkt: aus der Bewegung der Manometerflüssigkeit ist auf eine grössere oder geringere Wärmeproduction seitens des Thieres zu schliessen; die Aichung erfolgt empirisch. Eine für Thierversuche ganz besonders zweckmässige selbstregistrirende Modification des Differentialcalorimeters hat Rubner[6]) angegeben.

Auch Thierkammern mit einfacher umgebender Luftspirale [Richet[7])], die Erwärmung des Badewassers, in welches der Körper oder ein Glied taucht, und andere Vorrichtungen mehr sind für calorimetrische Versuche angewendet worden, die aber wohl nicht auf grosse Genauigkeit Anspruch machen.

Calorimetrische Versuche an Thieren haben ergeben, dass, sowohl auf die Einheit des Körpergewichtes, als auch auf diejenige der

---
[1]) Experiments and Observations on animal heat, London 1779.
[2]) C. R., XVIII. 327; Ann. d. chim. et d. phys. (2), XXVI. p. 337.
[3]) Ann. d. chim. et de phys. (3). XXIV. 357.
[4]) C. R., Bd. C, S. 400.
[5]) A. (A.) P., 1889. S. 1.
[6]) Festschr. f. Ludwig; Z. B., XXX. 91.
[7]) C. R.. Bd. C. S. 1021. 1602.

Körperoberfläche bezogen, die Wärmeproduction bei verschiedenen Thierarten verschieden ist, und dass bei derselben Thierart **kleine Individuen verhältnissmässig mehr Wärme produciren als grosse**: rechnet man die Wärmemengen auf die **Oberflächeneinheit** um, so erhält man nahezu **gleiche Werthe**: so erhielt Rubner[1]) für den Hund als Mittel 1140 Calorien pro Quadratmeter Körperoberfläche in 24 Stunden. Für den Menschen liegen genügend sichere Calorimeterversuche nicht vor[2]); doch berechnet sich aus einer auf andere Weise gewonnenen Zahl (siehe unten) eine Wärmeproduction von 1160 Calorien pro Quadratmeter und 24 Stunden.

Die Abhängigkeit der Wärmeproduction von der Körperoberfläche entspricht der analogen Abhängigkeit der Grösse des Gaswechsels (siehe S. 99) und beweist, dass die thierische Wärme durch die Oxydation in den Geweben (die „langsame Verbrennung" Lavoisier's) entsteht.

Ihre **Menge muss** deshalb auch **der „Verbrennungswärme" des** unter Oxydation **zersetzten Körper-**, resp. **Nahrungsmaterials entsprechen.** Indessen wäre es nicht ganz richtig, aus der Menge des aufgenommenen O_2, resp. der gebildeten CO_2 und H_2O die gebildete Wärme berechnen zu wollen, weil die Verbrennungswärme des Eiweisses und Fettes kleiner ist, als diejenige der Summe der darin enthaltenen C- und H-Atome im freien Zustande wäre, beim Eiweiss für die „physiologische Verbrennung" um so kleiner, als dessen N in Form des Harnstoffes (resp. der Harnsäure) ausgeschieden wird, welcher noch eine gehörige Menge potentieller Energie in Form von Verbrennungswärme besitzt. Kennt man indessen durch Stoffwechselversuche die in der Zeiteinheit zersetzte Eiweiss- und Fett-(resp. Kohlenhydrat-)menge, so kann man die Gesammtenergieproduction in Form von Wärme angeben, wenn man durch Verbrennung in einem Calorimeter die Verbrennungswärme von Fett, sowie diejenige von Eiweiss minus derjenigen der entsprechenden Harnstoffmenge ermittelt: auf diese Weise können sich gleichzeitige Stoffwechsel- und Calorimeter-Thierversuche gegenseitig controliren [Stoffwechselcalorimeter, Rubner[3]), Rosen-

---

[1]) Z. B., XXV. S. 400.

[2]) Die neuesten, anscheinend richtigen von Lichatschew. Diss., Petersburg 1893.

[3]) Z. B., XXX. S. 73.

thal[1]). Ferner muss, wenn Stoffwechselgleichgewicht herrscht, die Gesammtenergieproduction, als Wärme (in Calorien) ausgedrückt, genau der Verbrennungswärme der aufgenommenen Nahrung gleich sein.

Verbrennungswärmen von Nahrungsstoffen sind zuerst von Frankland, ferner von Stohmann[2]), Danilewsky[3]) und Rubner[4]) genau ermittelt worden.

Als **Verbrennungswärme des Eiweisses** bei Abspaltung von Harnstoff rechnet man nach Rubner **4·1 (grosse) Calorien** pro Gramm, etwa **eben so gross** (4·1 Cal. pro Gramm) ist diejenige der **Kohlenhydrate**, dagegen über doppelt so gross — **9 Calorien pro Gramm** — die **Verbrennungswärme der** (wenig O im Molecül enthaltenden) **Fette**. Nach diesen Verbrennungswärmen berechnet sich die „**Wärmeeinnahme**" **pro 24 Stunden** unter Zugrundelegung der dem mittleren Bedürfniss **eines Erwachsenen** entsprechenden Nahrungsaufnahme (siehe S. 165) auf etwa **3000 Calorien**. Als annähernd = 3000 Calorien (2700) wurde auch die tägliche Wärmeproduction eines Menschen aus der Grösse des Gaswechsels unter Zugrundelegung einer dem oben erwähnten Fehler entsprechenden Correctur geschätzt von Helmholtz[5]).

Da der Gesammt**energie**einnahme aber die Gesammt**energie**ausgabe gleich sein muss, so wird weniger Wärme abgegeben werden, als der berechneten Einnahme entspricht, wenn durch Muskelthätigkeit äussere Arbeit geleistet wird: das Wärmeäquivalent dieser Arbeit plus der als solche abgegebenen Wärme muss gleich sein der aufgenommenen Energie als Wärme berechnet.

Arbeit geleistet wird nicht nur beim Heben von Lasten, Heben des eigenen Körpers beim Steigen, sowie Fortbewegung desselben auf horizontaler Bahn, sondern auch beim Berg- oder Treppeabsteigen, indem die hemmende Thätigkeit der Beinmuskeln den scheinbaren Energiegewinn durch die Schwerewirkung bedeutend übercompensirt (Ermüdung beim Bergabsteigen!).

Bei vollständiger Körperruhe wird fast alle Energie als Wärme abgegeben: die im Körperinnern sich vollziehenden mechanischen Bewegungen werden durch Reibung gänzlich in Wärme verwandelt, so die gesammte Herzarbeit (siehe S. 82) durch die Reibung des Blutes in den Gefässen, die Thätigkeit der glatten Muskeln des Intestinaltractus u. s. w.

---

[1]) Ac. B., 1892, 363.
[2]) Landwirthschaftl. Jahrbücher. XIII, 513.
[3]) C. m. W., 1881. S. 486; C. B., II, 374.
[4]) Z. B., XIX, 313; XXI, 250, 337.
[5]) Im encyklopäd. Wörterb. der med. Wiss., Berlin 1846. S. 502.

Der dem Minimum des Stoffwechsels bei absoluter Muskelruhe entsprechende Energieumsatz soll für den Menschen = 1750 Cal. in 24 Stunden sein (24 bis 25 Cal. pro kg Körpergewicht), Johansson[1]); für pathologische Zustände (Katalepsie) hat Tigerstedt[2] denselben Werth. Richet noch niedrigere Zahlen angegeben.

Directe Stätten der Wärmeproduction sind alle Gewebe, und zwar Sitz einer um so lebhafteren, je intensiver in ihnen die Oxydationsprocesse verlaufen; vor Allem kommen also in Betracht die Drüsen und die Muskeln; beide produciren im thätigen Zustande mehr Wärme als im ruhenden (Helmholtz, Ludwig, Chauveau u. v. A.). Auch durch die lockere Bindung des O an das Hämoglobin in der Lunge wird Wärme frei, und zwar reichlich [Berthelot[3]], während das Entweichen der Kohlensäure aus dem Blute ebendaselbst unter Wärmebindung vor sich geht. Den Temperaturausgleich zwischen den Organen im Innern des Körpers besorgt vor Allem das Blut, dessen Temperatur eben die mittlere Körpertemperatur darstellt.

Die **Abgabe von Wärme** erfolgt: 1. durch die Erwärmung der eingeathmeten Luft und aufgenommenen Nahrung, deren Aequivalent in dem Wärmeüberschuss der Exspirationsluft und der Excremente gegeben ist (je 2·6% der Gesammtwärmeabgabe nach Helmholtz), 2. in der Verdunstungswärme des von der Lunge in Dampfform ausgeschiedenen Wassers (14·7% nach Helmholtz), 3. in dem Wärmeverlust durch Leitung, Strahlung und Verdunstung von der Haut (80·1% nach Helmholtz).

Die Erhaltung der Körpertemperatur der Warmblüter auf einer und derselben Höhe bei den bedeutenden Schwankungen der Aussentemperatur bezeichnet man als die **Wärmeregulirung**; sie erfolgt erstens durch Veränderung der Wärme**production**, also des Stoffumsatzes, welcher diese bedingt: — sogenannte „**chemische** Wärmeregulirung" —, zweitens und hauptsächlich durch Veränderung der Wärme**abgabe** speciell durch Leitung, Strahlung und Verdunstung: — „**physikalische** Wärmeregulirung". Die chemische Wärmeregulirung gibt sich zu erkennen in der Steigerung des Stoffwechsels, speciell des Gaswechsels mit fallender Temperatur (siehe S. 99) und umgekehrt.

[1] Nordiskt med. Arkiv Festband. N° 22. 1897.
[2] Ibid., N° 37.
[3] C. R., CIX. 776.

Die Reaction der CO_2-Ausscheidung auf Temperaturveränderungen ist eine sehr prompte, bereits in kurzem Intervall eintretende [Respirationsversuche an Mäusen, Pembrey[1]].

Während nach Pflüger[2] Stoffumsatz und Wärmeproduction der Homoiothermen bei Steigung der Aussentemperatur über Körpertemperatur gleichmässig abnehmen und bei Sinken derselben unter Körpertemperatur gleichmässig abnehmen sollten, fanden neuere Autoren durch Calorimeterversuche ein Minimum der Wärmeproduction [15° Rosenthal[3], 20—25° Ansiaux[4]], oberhalb wie unterhalb dessen die Wärmebildung steigt.

Unterstützt wird die Wärmeproduction bei kalter Aussentemperatur durch Muskelthätigkeit (der thätige Muskel producirt ja mehr Wärme als der ruhende, siehe oben und später), welche durch das Kältegefühl der Haut reflectorisch hervorgerufen (Zittern, Zähneklappern), theilweise auch „instinctiv" vorgenommen wird (Armebewegen, Umherlaufen u. s. w. im kalten Raume).

Die „physikalische Wärmeregulirung", d. h. die Veränderung der Wärmeausgabe findet zunächst statt durch reflectorische Hautgefässerweiterung in der Wärme und Hautgefässverengerung in der Kälte. Im ersteren Falle kann durch die rothe blutreichere Haut mehr Wärme durch Leitung und Strahlung entweichen, im letzteren Falle ist die Wärmeabgabe durch die nunmehr blasse und blutarme Haut vermindert.

Das Strahlungsvermögen der Haut als solches wird bei der Wärmeregulirung kaum verändert [Bolometerversuche von Stewart[5]].

Bei Geschöpfen mit reichlichen Schweissdrüsen, so also beim Menschen, spielt ferner die reflectorische Anregung der Schweisssecretion durch Hitze und die durch die Verdunstung des Schweisses hervorgerufene Wärmeabgabe eine wichtige Rolle.

Bei nichtschwitzenden Thieren (Hund) tritt grossentheils die durch Vermehrung der Wärmeausgabe mit der Exspirationsluft wirkende „Wärmetachypnoe" (siehe S. 115) an die Stelle der Schweissfunction.

Der Mensch unterstützt die natürlichen Mittel der Wärmeregulirung noch durch die künstlichen der **Kleidung,** sowie der **geschlossenen Wohnräume** und deren eventueller **Heizung.** Nur durch diese wird er befähigt, sich den

---

[1] J. P., XV, 401.
[2] A. g. P., XII., 282, 333.
[3] A. (A.) P., 1889, 1.
[4] Bull. de l'acad. roy. de Belgique (3), XVII, 555.
[5] Studies physiol. labor. Owen's College, Manchester, I, 101.

verschiedenen Klimaten „anzupassen" und fast überall auf der Erdoberfläche wohnen zu können.

Die Kleidung wirkt wesentlich durch die zwischen ihr und der Haut befindliche und die in ihren Poren enthaltene Luft als schlechten Wärmeleiter; Volumen und Beschaffenheit der Poren, sowie ihr Verhalten gegenüber Feuchtigkeit sind die Hauptkriterien für die Bedeutung der Kleiderstoffe. Ueber dieses Thema[1]), sowie über Wohnräume, Heizung und Ventilation enthalten Ausführliches die Lehrbücher der Hygiene.

Ueber das Verhalten lebender Wesen in sehr hohen und sehr niedrigen Temperaturen im Allgemeinen ist in der allgemeinen Physiologie (S. 9 und 10) die Rede gewesen. Der Fähigkeit der Poikilothermen gegenüber, starke Erniedrigungen der Körpertemperatur zu überleben, sterben Warmblüter, wenn ihre Körpertemperatur unter etwa 18° sinkt — „**Erfrieren**". Dies findet auch in normaler mittlerer Umgebungstemperatur statt, wenn die physikalische Wärmeregulirung durch die Haut ausgeschaltet wird: tödtliche Wirkung des Ueberfirnissens, sowie ausgedehnter Verbrennungen.

Durch langsame Abkühlung des Körpers bis in die Nähe jener Grenztemperatur können Warmblüter längere Zeit lebend in einem schlafähnlichen Zustand erhalten werden, in welchem alle Functionen herabgesetzt sind [Berieselung des Peritoneums mit kalter verdünnter Kochsalzlösung, Wegener, O. Israel[2])]. Dieser entspricht dem natürlicherweise periodisch eintretenden Zustand, in welchem gewisse Thiere die kalte Jahreszeit verbringen; sogenannter „**Winterschlaf**"[3]), aus welchem Erwecken durch Berührung, resp. Erwärmung möglich ist: das letztere gilt auch für jenen „künstlichen Winterschlaf", wenn die Temperatur nicht zu sehr herabgesetzt war. Der Wiederbeginn, resp. die Zunahme der Functionen erfolgt in beiden Fällen langsam und allmählich.

Pathologische Steigerung der Körpertemperatur wird als **Fieber** bezeichnet, bei welchem nachgewiesenermassen Stoffumsatz und Wärmeproduction gesteigert ist; die Wärmeabgabe ist im Froststadium sicher vermindert, die chemische wie physikalische Wärmeregulirung jedenfalls dauernd gestört. Die Ursache dieser (in den Einzelheiten, auf welche hier nicht eingegangen werden kann, noch sehr streitigen) Störung dürfte in einer Affection des Central-

---

[1]) Vgl. Reichenbach. Hygien. Rundschau. 1894. Nr. 23 und 24.
[2]) A. (A.) P., 1877. S. 443.
[3]) Literatur siehe bei Rosenthal. Herm. Handb., H. 2. S. 448. 449.

nervensystems zu suchen sein, welche durch die fiebererzeugenden Stoffe (z. B. bacterielle Gifte) hervorgerufen wird.

Dass die Wärmeregulirung unter der Herrschaft des Centralnervensystems steht, ist experimentell sicher nachgewiesen; weniger durch Durchschneidungs-, Reizversuche und pathologische Beobachtungen am Rückenmark, bei welchen rein vasomotorische Einflüsse kaum auszuschalten sind, als durch die Thatsache, dass Verletzungen basaler Hirntheile [Oblongata, Pons; Schreiber[1]), Wood[2]); — mediale Stellen des corpus striatum: Aronsohn und Sachs[3]); — Thalamus opticus und andere Theile; Ott[4]), Richet[5]) u. A.] starke mit Stoffwechselstörungen verbundene Temperaturerhöhungen bewirken.

[1]) A. g. P., VIII, 576.
[2]) „Fever", Washington 1880.
[3]) D. M. W., 1884; A. g. P., XXXVII, 232.
[4]) Journ. of nervous and ment. diseases, XI, 2.
[5]) C. R., XCVIII, 827.

Wärmebilanzversuch von Rubner[1].

Ein kleiner Hund von etwa 5 kg Körpergewicht erhielt 12 Tage hindurch täglich 80 g Fleisch und 30 g Speck und befand sich in dieser Zeit annähernd im N-Gleichgewicht (es wurden im Harn abgegeben 30 g N; ausserdem 16·8 g trockener Koth). Ein in der ersten Zeit erfolgter Fettansatz wurde in der späteren Zeit durch entsprechende Abgabe ausgeglichen.

Das Fleisch enthielt 24·7 % Trockensubstanz,
also 80 g = ... 19·76 g Trockensubstanz
davon abzuziehen Fettgehalt . . . . . . 0·71 „
bleiben . . . . 19·05 g Trockensubstanz
also für 12 Tage „trockenes Fleisch" . . 228·00 „

Der Speck enthielt 92·2 % Fett, also 30 g = 27·66 g Fett
dazu aus dem Fleische . . . . 0·71 „
reines Fett . . . . 28·37 g
also für 12 Tage . . . . 340·40 „

Die Verbrennungswärme, gemessen im Thompson-Calorimeter, beträgt für 1 g „trockenes Fleisch" . . . . . . 4·0 Cal.
„ 1 „ Fett . . . . 9·423 „
somit nahm der Hund in der Nahrung auf („Bruttowärme")
in 228·0 g trockenem Fleisch . . . 1222 Cal.
„ 340·4 „ Fett . . . . 3207 „
zusammen . 4429 Cal.

Davon sind abzuziehen:
die Verbrennungswärme des Harns mit . . 223·5
„ „ „ Kothes „ . 81·7, zus. 305·2 Cal.
bleibt als („Netto"-) **Verbrennungswärme der Kost 4123·8** Cal.

Der Calorimeterversuch ergab als **Gesammtwärmeproduction des Thieres** in den 12 Tagen: **3958** Cal., so dass also 96 %, wiedergefunden wurden. d. h. in Anbetracht der noch unvollkommenen Methode **stimmt** die Bilanz.

---

[1] Z. B. XXX. 137.

VIII.

Muskeln[1]).

Die Organe der Bewegung im Körper des Menschen und der höheren Thiere sind vornehmlich die **Muskeln**. Alle Arten von Muskelelementen — „willkürliche" quergestreifte Muskelfasern, Herzmuskelfasern und sogenannte glatte Muskelzellen — haben die gemeinsame Fähigkeit, auf einen „Reiz" (im engeren Sinne des Wortes, siehe S. 10) hin ihre Gestalt derart zu ändern, dass sie kürzer und dicker werden: **„Zusammenziehung"** oder **„Contraction"**. Das Freiwerden von Energie in Form mechanischer Kraft, welches dieser Gestaltänderung zu Grunde liegt, dauert je nach der Art der Muskelelemente längere oder kürzere Zeit an: mit dem Nachlassen, resp. Aufhören dieser Kraftentwicklung — sogenannte **„Erschlaffung"** — können sie durch äussere Kräfte in ihre frühere Gestalt zurückgebracht werden.

Die als **„Muskelreize"** wirkenden Vorgänge können mechanische, thermische, chemische oder elektrische Einwirkungen auf den Muskel selbst sein; der „physiologische" Muskelreiz im lebenden Organismus besteht in der Einwirkung des thätigen Nerven auf den Muskel durch Vermittlung der motorischen Nervenendapparate; die hier stattfindenden Vorgänge sind ebensowenig aufgeklärt, wie das Wesen der Muskelcontraction selbst.

Das **Volumen des contrahirten Muskels** ist das gleiche, wie im unthätigen Zustande, wie durch eigene Versuche festgestellt ist [R. Ewald[2])].

---

[1]) Näheres in: J. Marey, Du mouvement dans les fonctions de la vie. Paris 1868. L. Hermann, Allgemeine Muskelphysik; O. Nasse, Chemie und Stoffwechsel der Muskeln; Th. W. Engelmann, Protoplasma- und Flimmerbewegung. Alles in Hermann's Handbuch der Physiologie, I. 1; Leipzig 1879; ferner ebenda Sigm. Mayer über die glatten Muskeln in V. 2; Leipzig 1881. W. Biedermann, Elektrophysiologie, Jena 1895. Abschnitt A bis C.

[2]) A. g. P., XLI. 215.

Der **Verlauf der Zusammenziehung und Wiedererschlaffung** des quergestreiften Muskels auf einen kurzdauernden, ihn selbst oder seinen Nerven treffenden Reiz hin (Inductionsschlag) ist ein meist sehr rascher: **„Zuckung"**. Er wurde am ausgeschnittenen „über-

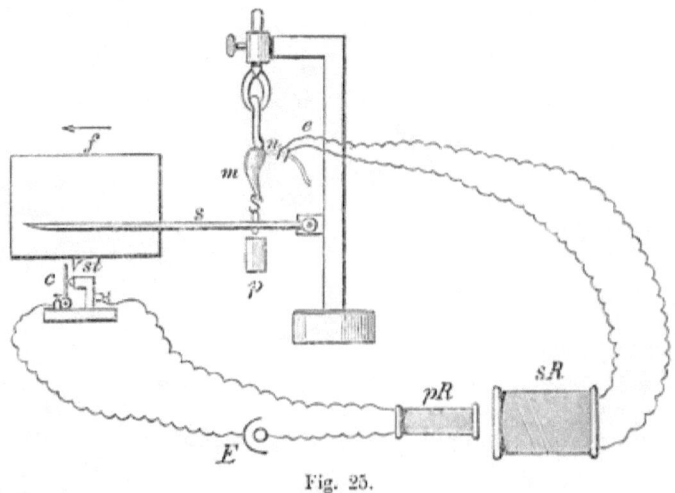

Fig. 25.

lebenden" Extremitätenmuskel des Frosches durch die graphische Methode zuerst genauer untersucht von Helmholtz[1]), 1850.

Dieser construirte das erste „Myographion"; eine solche Vorrichtung (Fig. 25) besteht im Allgemeinen aus einem Schreibhebel s,

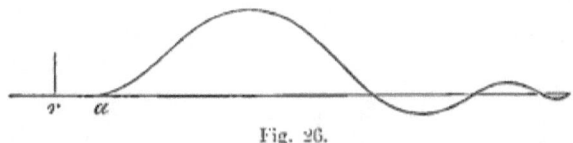

Fig. 26.

an welchem der am oberen Ende fixirte Muskel m mit seinem unteren Ende unweit der Achse angreift; der Muskel wird durch ein Gewicht p „belastet". Wird der Muskel direct oder vom Nerven n aus durch einen einzelnen Inductionsschlag gereizt, so schreibt die Spitze des Hebels auf einer horizontal sich vorbeibewegenden Schreibfläche f die Curve des zeitlichen Verlaufes der Muskelzuckung, das „Myogramm" (Fig. 26) auf. Erfolgt die Auslösung des Inductionsschlages durch die

---

[1]) A. A. P., 1850, S. 276; 1852, S. 199.

Bewegung der Schreibfläche selbst, indem ein daran angebrachter Stift *st* einen in den primären Kreis der Inductionsvorrichtung eingeschalteten Contact *c* öffnet (in Fig. 25 ist *E* die Stromquelle, *pR* die primäre, *sR* die secundäre Rolle, *e* sind die dem Nerv anliegenden Elektroden), so lässt sich auf der Curve der Reizmoment markiren, indem man die Schreibfläche ein zweites Mal langsam auf ihrer Bahn bewegt; die bei Oeffnung des (inzwischen wieder geschlossenen) Contactes erfolgende Zuckung markirt sich als senkrechter Strich, dessen Lage den Reizmoment angibt.

Man sieht an dem so vervollständigten Myogramm sofort, dass die Zuckung erst eine messbare Zeit nach dem Reiz beginnt — **„Stadium der latenten Reizung"**, *ra* —, dass die Curve erst mehr, dann weniger steil aufsteigt — **„Stadium der steigenden Energie"** — bis zu einem Maximum **(Gipfel)**, dann erst weniger, dann mehr steil zur Abscissenachse absinkt — **„Stadium der sinkenden Energie"**. Durch gleichzeitige Registrirung der Zeit (Schwingungen einer Stimmgabel von bekannter Schwingungszahl, siehe die Fig. 37) lässt sich die Dauer des Latenzstadiums sowohl, als der ganzen Zuckung und jeder ihrer beiden Phasen genau messen. Die so erhaltenen Werthe variiren je nach der Art des Muskels sowohl, als auch bei demselben Muskel je nach den Versuchsbedingungen: Reizstärke, Belastung, Ermüdung u. s. w.

Die für den stark belasteten Froschgastroknemius zu $1/100$ Secunde von Helmholtz gefundene Latenzdauer lässt sich durch geeignete leichte Schreibhebel und geringe Belastung bis unter $4/1000$ Secunden herabdrücken [Tigerstedt[1]), Gad[2], Burdon Sanderson[3]) u. A.]. Die zur Verkürzung führenden Processe in den Muskelelementen beginnen offenbar noch früher, zumal da, wie sich an partiell gereizten parallelfaserigen Muskeln zeigen lässt, die zunächst contrahirten Theile auf die anderen anfangs dehnend einwirken [Münzer[4]), Cowl[5]]; die Frage nach der Existenz und absoluten Grösse des mechanischen Latenzstadiums für das Muskelelement lässt sich kaum experimentell lösen.

Das Latenzstadium des direct gereizten Gesammtmuskels nimmt übrigens mit wachsender Reizstärke bis zu seinem minimalen Betrage ab; es wird durch Erwärmung verkürzt und durch Abkühlung verlängert [Yeo und Cash[6]), Tigerstedt[7])]. Ueber die Latenzdauer bei indirecter Reizung siehe weiter unten.

---

[1]) A. (A.) P., 1885, Suppl., S. 111.
[2]) A. (A.) P., 1879, S. 250.
[3]) C. P., IV, 185; J. P., XI. p. XIV.
[4]) A. g. P., XLVI, 249.
[5]) A. (A.) P., 1889, 563.
[6]) Proceed. Roy. Soc., XXXIII, 462.
[7]) a. a. O.

Die Gesammtzuckungsdauer ist in hohem Maasse abhängig von der Thierart: die schnellzuckenden, resp. vibrirenden Insectenflugmuskeln einerseits und die langsam sich contrahirenden Schildkrötenmuskeln andererseits bilden hier Extreme; ferner haben functionell verschiedene Muskeln desselben Thieres verschiedene Zuckungsdauer und -Form [Cash[1]]; endlich finden sich in einem und demselben Muskel Repräsentanten zweier, zuerst von Ranvier[2] unterschiedenen Fasergattungen [Grützner[3]], nämlich der „flinken" weissen und der „trägen" rothen Muskelfasern.

Für die Beurtheilung der Arbeitsleistung (siehe unten) ist neben dem zeitlichen Verlauf vor Allem die absolute **Höhe der Muskelzuckung** von Bedeutung: sie ist vor Allem von der Reizstärke in der Weise abhängig, dass gewisse Reizstärken noch unwirksam („subminimal") bleiben; von derjenigen Reizstärke, welche eben merkliche Zusammenziehung veranlasst („**Reizschwelle**"), ab wächst dann die Zuckungshöhe mit der Reizstärke bis zu einem Maximum, über welches hinaus weitere Reizverstärkung keine weitere Vergrösserung der Hubhöhe bewirkt („supramaximale" Reize).

Die **Temperatur** wirkt auf Zuckungsdauer und -Höhe im Allgemeinen derart ein, dass ihre Steigerung die Zuckung vergrössert und ihre Dauer verkürzt, ihr Absinken umgekehrt die Zuckung erniedrigt und verlängert.

Von diesen Veränderungen der Dauer werden beide Schenkel, vor Allem der aufsteigende, betroffen, während die später zu besprechende Ermüdung vor Allem den absteigenden Schenkel verlängert.

Gad und Heymans[4] fanden ein relatives Minimum der Hubhöhe bei 19° und deuteten diesen Befund im Sinne einer später kurz zu erwähnenden Theorie.

Von grosser Bedeutung für die Zuckungshöhe und -Form ist die Grösse und Art und Weise der **Belastung** des Muskels. Von der Grösse, welche sie beim sogenannten unbelasteten Muskel hat, welcher, am oberen Ende vertical aufgehängt, nur das Gewicht seiner eigenen Theilchen hebt und durch dieses bei der Erschlaffung wieder gedehnt wird, nimmt die Hubhöhe mit steigender Belastung anfangs merklich zu, dann aber ab, bis zu demjenigen Gewicht, welches der Muskel nicht mehr zu heben vermag. In diesem letzten Fall der verhinderten Längenänderung äussert sich die mechanische Energie lediglich in Form der Spannungsvermehrung (siehe unten).

[1] A. (A.) P., 1880, Suppl., S. 147.
[2] A. d. P. (2), I. p. 5.
[3] A. g. P., XLVII, 125, XLVIII, 354.
[4] A. (A.) P., 1890, Suppl., S. 59.

Von Bedeutung ist die Belastungsgrösse auch für die nunmehr zu besprechenden Erscheinungen der **Summation** und **Verschmelzung** von mehreren Einzelcontractionen.

Erfolgt nach der Reizung eines Muskels, wie sie oben beschrieben wurde, ein zweiter Einzelreiz, so wird nichts an dem sonstigen Zuckungsverlaufe geändert, wenn jener zweite Reiz noch in das

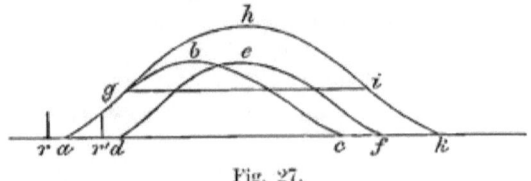
Fig. 27.

Latenzstadium hereinfällt; erfolgt er dagegen später, so „superponirt" sich eine (bei gleicher Reizstärke der durch den ersten Reiz hervorgerufenen entsprechende) Zuckungscurve auf die erste [Helmholtz[1])]: ist (Fig. 27) $a\ b\ c$ der Verlauf der durch den

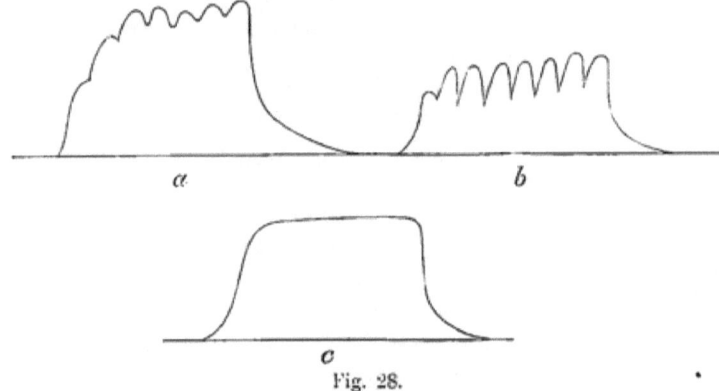
Fig. 28.

ersten Reiz, $d\ e\ f$ derjenige der durch den zweiten Reiz allein hervorgerufenen Zuckung, so ist $a\ g\ h\ i\ k$ die Superpositionscurve.

Auf diese Weise kann die Hubhöhe bedeutend über diejenige einer maximalen Einzelzuckung gesteigert werden, am meisten, wenn die zweite superponirte Curve gerade zur Zeit des Maximums der ersten beginnt. Noch grösser kann die Hubhöhe werden durch Aufeinanderfolgen weiterer

[1]) Ac. Berl. Mon., 1854. 328.

Reize in kurzem Intervall: indessen hat in diesem Fall die „Summirbarkeit" bald ihre Grenze und man erhält im weiteren Verlaufe entweder bei geringerer Reizfrequenz eine mehr weniger horizontale Reihenfolge von Zacken (Fig. 28, *a b*) oder bei schneller sich folgenden Reizen eine durch „Verschmelzung" der Einzelzuckungen zur dauernden Contraction entstanden gedachte, mehr weniger horizontale gerade Linie, von welcher aus der Abfall zur Abscissenachse, der Erschlaffung entsprechend, mit Aufhören der Reize erfolgt (Fig. 28, *c*). Jenen Zustand der Dauercontraction bezeichnet man als **„Tetanus"**.

Bereits bei Superposition zweier Zuckungen liegt das Maximum einem früheren Zeitpunkte entsprechend, als dem Gipfel der zweiten Zuckung für sich allein entsprechen würde; diese „Verfrühung der Gipfelzeit" nimmt mit der Anzahl der zu summirenden Curven zu [v. Kries[1]]; hiedurch wächst auch die Steilheit des Anstieges, während die Gesammthöhe immer weniger zunimmt. Die Entstehung eines „vollkommenen Tetanus" oder einer discontinuirlichen Contraction („unvollkommener Tetanus") ist in hohem Maasse von der Reizfrequenz abhängig —; wie die Reizstärke in dieser Hinsicht mitwirkt, ist streitig, indem einerseits Vollkommenerwerden [Grützner[2]], andererseits Unvollkommenerwerden [durch Beschleunigung der Einzelerschlaffungen, Kohnstamm[3]] mit wachsender Reizstärke behauptet wird. Auch der Verlauf des Reizes selbst ist natürlich von Bedeutung (v. Kries u. A.). Auf weitere Einzelheiten dieses schwierigen und in vielen Punkten noch unklaren Gebietes kann hier nicht eingegangen werden; erwähnt sei nur, dass im Gegensatze zum belasteten Muskel die Verkürzungsgrösse des unbelasteten Muskels für maximale Einzelzuckung und Tetanus die gleiche ist; das Gleiche lässt sich am belasteten Muskel durch „Unterstützung" in aufeinanderfolgenden Zuckungen erzielen [v. Frey[4]] und v. Kries[5]].

Durch wiederholt aufeinanderfolgende Reize, deren jeder für sich zu schwach ist, um den Muskel zur Zusammenziehung zu veranlassen, soll diese zu Stande kommen können [Richet[6]], ein Vorgang, welcher der später zu besprechenden Summation der Reize im Centralnervensystem analog wäre.

Der durch frequent intermittirende künstliche Reizung hervorgerufene Tetanus, sowie auch jede natürliche, vom Centralnervensystem aus in Gang gesetzte Thätigkeit der willkürlichen Muskeln ist in Wirklichkeit **discontinuirlich;** die Discontinuität der inneren Kräfte äussert sich nur nicht in sichtbaren Schwankungen der Muskellänge.

---

[1] A. (A.) P., 1888, 538; Ber. naturf. Ges. Freiburg 1886. II.
[2] A. g. P., XLI. 277.
[3] A. (A.) P., 1893. 125.
[4] Festschr. f. Ludwig, S. 55; 1886; A. (A.) P., 1887. S. 195.
[5] A. (A.) P., 1880. S. 348.
[6] Travaux du lab. de Marey, 1877. p. 97.

Die Discontinuität ist zu entnehmen: 1. directer Aufzeichnung der Oscillationen, resp. Dickenschwankungen durch federnde Plättchen [Helmholtz[1]). Kronecker und Stanley Hall[2]), v. Kries[3]) u. m. A.], 2. der Erscheinung des sogenannten Muskeltones oder besser **Muskelgeräusches** [Wollaston[4])], welches unter geeigneten Umständen am thätigen Muskel vernehmbar ist; bei künstlichen intermittirenden Reizen entspricht seine Schwingungszahl deren Frequenz (Helmholtz) bis zu einer gewissen oberen Grenze [beim Warmblütermuskel höher als beim Kaltblütermuskel. Wedensky[5])]; bei der natürlichen Thätigkeit hört man ein tiefes, dumpfes Geräusch, in welchem höchstens ein „Oberton" der eigentlichen Schwingungsfrequenz stecken kann, welche bedeutend niedriger, als diejenige der tiefsten hörbaren Töne gefunden wurde durch Methoden 1 und 3; diese dritte besteht in der Registrirung der elektromotorischen Veränderungen des Muskels während seiner Thätigkeit; mittelbar bildet auch der durch diese hervorgerufene „secundäre Tetanus" einen Beweis für die Discontinuität (siehe später). Die Oscillationsfrequenz im willkürlichen Tetanus ist durch die oben erwähnten Methoden gefunden zu 8—12 pro Secunde, speciell auch für den Menschen, doch soll durch besondere Art der Innervation auch über höhere Reizfrequenzen verfügt werden können [v. Kries[6])].

Während des Actes der Zusammenziehung leistet der zuckende, resp. tetanisirte belastete Muskel mechanische **Arbeit**, deren Grösse nach bekanntem Gesetze dem Producte aus gehobenem Gewichte und Hubhöhe — $p \cdot h$ — entspricht. Während der Dauer des Tetanus, wo die Last andauernd gehoben gehalten wird, findet keine mechanische Arbeitsleistung statt. Lässt man den Muskel mit unveränderter Belastung erschlaffen, so wird die gesammte Arbeit in Wärme verwandelt durch die innere Reibung des Muskels, welchen die Last wieder ausdehnt. Man kann ihn aber **nutzbare** Arbeit leisten lassen, wenn man bei Erreichung des Maximums einen Theil der Last durch eine Sperrvorrichtung festhält: durch geeignete Verbindung zweier solcher mit einem Rade lässt sich dieser Vorgang bei vielen aufeinanderfolgenden Zuckungen wiederholen und so ein Gewicht durch einen ausgeschnittenen Froschmuschel meterhoch heben [Arbeitssammler von Fick[7])].

Der „Last" im oben gebrauchten Sinne entspricht die „Spannung" des Muskels als eines elastischen Körpers (siehe unten), entsprechend wie bei einer

---

[1]) Wissenschaftl. Abhandlungen, II, 929.
[2]) A. (A.) P., 1879, Suppl., S. 10.
[3]) A. (A.) P., 1886, Suppl., S. 1.
[4]) Philos. Transact., 1810.
[5]) A. (A.) P., 1883. S. 317; A. d. P. (5), III, 58, 253.
[6]) a. a. O.
[7]) Unters. physiol. Labor., Zürich 1869, S. 5.

„gespannten" Feder oder einem Kautschukband, in Gewichtseinheiten ausgedrückt. Bei der Zuckung mitgenommene träge Massen („Schwungmassen") vermehren im Verlaufe der Zuckung die Spannung und Arbeitsleistung ganz beträchtlich und machen jene schnellend, schleudernd (Fick, Schenck[1]), „Schleuderzuckungen"]. Um den Fall, dass die nutzbare Arbeit = $p \cdot h$ werde, möglichst zu realisiren, kann man den Schreibhebel s möglichst leicht, den Hebelarm der Last möglichst klein machen, indem man das Gewicht p an einem um die Achse a geschlungenen Faden anhängt (Fick), eventuell unter Zwischenschaltung

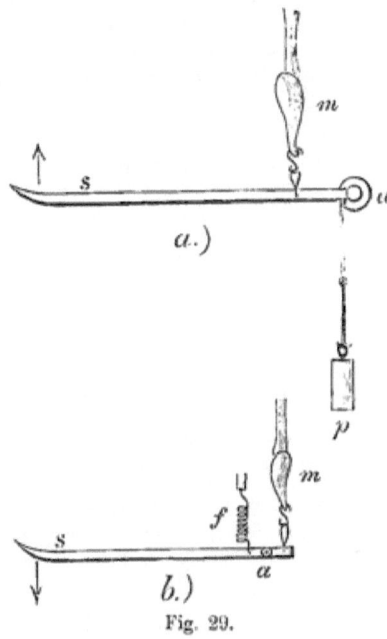

Fig. 29.

eines elastischen Bandes (Grützner): isotonische Myographie — Fig. 29 a — Fick, Gad[2]).

Bei völligem Mangel der Belastung leistet ein Muskel natürlich auch keine nutzbare Arbeit, und ebensowenig, wenn man die Last so gross macht, dass er sie nicht mehr heben kann.

Verhindert man die Verkürzung des Muskels, indem man beide Enden fixirt, ohne ihn zu dehnen, so findet bei nun folgender Reizung statt der Längenänderung nur Spannungsänderung — erst Zu-, dann Abnahme der Spannung — statt; man kann deren zeitlichen Verlauf durch eine dynamographische

---

[1] A. g. P., I., 166.
[2] Gad und Heymans, Lehrb. d. Physiol., S. 11.

Vorrichtung registriren, welche zweckmässig aus einem zweiarmigen Schreibhebel s — Fig. 29 b — besteht, an dessen einem, äusserst kurzen Arme der Muskel m angreift, während auf den anderen in die Schreibspitze auslaufenden eine Feder f in entgegengesetzter Richtung des Muskelzuges wirkt: man kann durch diese Feder dem Muskel auch eine bestimmte „Anfangsspannung", von Null ab wachsend, ertheilen. Die Spannungsänderungen während der Thätigkeit werden durch den Schreibhebel in genügendem Massstabe registrirt, während der Muskel sich in einem kaum in Betracht kommenden Grade verkürzt: „isometrische Myographie; Fick, Gad[1]). Die Aichung erfolgt empirisch.

Fig. 30 zeigt ein Paar zu einander gehörige, unter gleichen sonstigen Versuchsbedingungen mit den erwähnten Vorrichtungen erhaltene Myogramme: a ist die Längencurve (isotonisches Myogramm), b die Spannungscurve (isometrisches Myogramm).

Von grosser Bedeutung für die Muskeldynamik ist die nähere Untersuchung der **elastischen Eigenschaften des Muskels**, wobei auch die verkürzenden Kräfte als

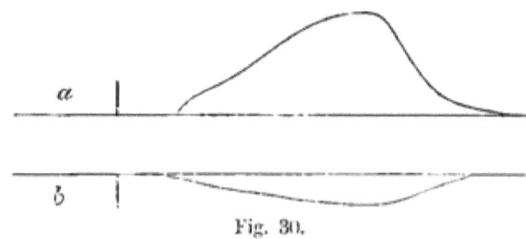

Fig. 30.

„elastische" in die Betrachtung eingeführt werden können, wie bei der entspannten, sich zusammenziehenden Feder, oder dem expandirenden Gas. Wie hier ein Uebergang aus einer Form in die andere, resp. einem Volumen in das andere stattfindet, so stellt man sich vor, dass dem Muskel im erregten, thätigen Zustande (z. B. maximalem Tetanus) eine andere Form zukommt, als im ruhenden [Ed. Weber[2])].

Belastende Gewichte **dehnen** in beiden Fällen den Muskel aus, verlängern ihn, weil er „elastisch" ist, und wenn man die Lasten als Abscissen, die Muskellängen als Ordinaten in ein Netz einträgt, so erhält man die **„Dehnungscurven"** des Muskels für den ruhenden und den thätigen Zustand[3]). Diese unterscheiden sich voneinander, indem die erstere anfangs convex zur Abscissenachse, dann der Horizontalen asymptotisch sich nähernd,

---

[1] a. a. O., S. 14.
[2] Wagner's Handwörterb. d. Physiol., III, 2, S. 100 ff.
[3] Vgl. Hermann in A. A. P., 1861, S. 383.

verläuft, die letztere mehr geradlinig steiler abfällt: siehe Fig. 31, wo AB die Länge des unbelasteten ruhenden, $A\beta$ des unbelasteten contrahirten Muskels darstellt; man sieht, dass bereits durch eine geringe Last der ruhende Muskel stark gedehnt wird — Länge $A_1 B_1$ —, durch Verdopplung der Last weit geringere Längenzunahme erfährt — Länge $A_2 B_2$ — und so weiter bis $A_n B_n$. Der thätige Muskel erfährt dagegen mit zunehmender Belastung weit gleichmässigere Längenzunahmen: Längen $A\beta_1$ bis $A\beta_n$. Wird der zuvor ruhende, durch eine bestimmte Last gedehnte Muskel in den thätigen Zustand übergeführt, so vermindert sich seine Länge um die Ordinatendifferenz der zwei entsprechenden Punkte

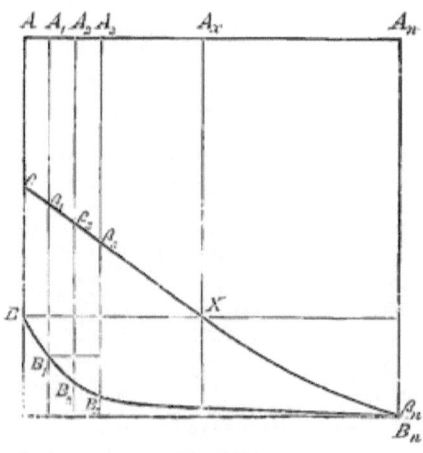

Fig. 31.

der beiden Dehnungscurven: Verkürzung von Länge $A_2 B_2$ auf $A_2 \beta_2$, z. B. für Last 2, — vorausgesetzt, dass die dieser Last entsprechende Spannung während der Contraction dauernd dieselbe bleibt („isotonisches Verfahren", siehe oben). Das Product, resp. Rechteck aus der Hubhöhe = Ordinatendifferenz ($B_2 \beta_2$ in unserem Falle) und der Last = Abscisse ($A A_2$ in unserem Falle) ist die geleistete Arbeit. Man sieht ohne Weiteres, dass sie gleich Null wird: erstens bei Mangel jeglicher Last (Verkürzung von Länge AB auf $A\beta$), zweitens bei derjenigen Belastung, welche der Muskel eben nicht mehr zu heben vermag $A A_n$: hier schneiden sich die beiden Dehnungscurven (oder verlaufen miteinander weiter). Die Werthe der bei der

Zusammenziehung geleisteten Arbeit nehmen, wie man durch Bildung der entsprechenden Rechtecke sicht, mit der Belastung zu von Null bis zu einem Maximum, um dann (minder steil) wieder bis Null abzusinken.

Die gesammte während der Zusammenziehung geleistete Arbeit ist gleich dem Product aus Hubhöhe mal (Last + halbem Gewichte des Muskels); diejenige Arbeit indessen, welche der Muskel durch Hebung seiner eigenen Masse im Durchschnitt auf die halbe Hubhöhe leistet, wird nicht nutzbar; daher die nutzbare Arbeit (Nutzeffect) = Hubhöhe mal Last. Da es gewicht- resp. masselose Muskeln nicht giebt, so ist auch der theoretische Fall des unbelasteten Muskels bei verticaler Aufhängung nie realisirt.

Die Dehnungscurven veranschaulichen auch die Vorgänge bei dem sogenannten „Ueberlastungsverfahren": man dehnt den Muskel durch ein bestimmtes Gewicht, etwa AA_1, unterstützt dann den Schreibhebel, so dass weitere Dehnung des Muskels nicht möglich, und hängt hierauf ein weiteres Gewicht an — etwa $A_1 A_2$ —, die „Ueberlastung". Reizt man jetzt den Muskel, so muss seine Spannung von der Anfangsspannung AA_1 zur Gesammtspannung AA_2 wachsen, ehe er sich verkürzen kann; bei der Verkürzung leistet er dann die Arbeit AA_2 mal $(A_1 B_1 - A_2 \beta_2)$. Macht man die „Last" gleich Null (durch Unterstützung des Schreibhebels vor dem Anbringen „überlastender" Gewichte), so erhält der Muskel Spannung überhaupt erst gleichzeitig mit dem Beginne der Verkürzung: man sieht ohne Weiteres, dass durch die vorherige Dehnung die Muskelspannung bedeutend weiter getrieben werden kann, als bei blosser „Ueberlastung"; das Maximum der Spannung im letzteren Falle, oder diejenige „Ueberlastung", welche der „unbelastete" Muskel eben nicht mehr heben kann — der Abscissenwerth der durch B gelegten Geraden bis zu ihrem Schnittpunkte mit der Dehnungscurve des thätigen Muskels, also BX —, ist die „absolute Kraft" des Muskels; mit anderen Worten:

Die **„absolute Kraft"** oder „Verkürzungskraft" des unbelasteten Muskels misst man durch dasjenige Gewicht, welches gleichzeitig mit der Reizung beginnend, jener entgegenzuwirken, die Verkürzung gerade eben verhindert.

Die für die absolute Muskelkraft angegebenen Grössenwerthe sind je nach dem Objecte und der Bestimmungsmethode recht verschieden. Beim Menschen hat man die Kraft der Wadenmuskeln, wenn man sich auf die Zehen erhebt (Weber'scher Versuch, neuerdings vielumstritten), diejenige der Armbenger und der Kaumuskeln zu messen versucht. Man hat so bis 10 kg pro Quadratcentimeter gefunden, gegen 3 kg pro Quadratcentimeter für tetanisirte Froschmuskeln (Rosenthal).

Je mehr sich der Muskel verkürzt, desto geringer wird seine Kraft, resp. das Gewicht, welches genügt, ihn an weiterer Verkürzung zu verhindern: Verknüpft man das untere Ende eines vertical aufgehängten Muskels mit einem auf einer Unterlage befindlichen, aus mehreren Theilen bestehenden

Gewichte von der Grösse, dass der nicht über seine natürliche Länge hinaus angespannte Muskel es eben nicht mehr heben kann, wenn er tetanisirt wird, welches also seiner absoluten Kraft entspricht, und senkt seinen oberen Befestigungspunkt während des Tetanus nacheinander um je einen bestimmten Betrag, so kann man von den Theilen des Gewichtes immer mehr wegnehmen, ohne dass der Muskel das noch übrige zu heben vermag: Schwann'scher Versuch[1]).

Man kann auf diese Weise also das Stück BX der Dehnungscurve des thätigen Muskels construiren. Um übrigens diese sowohl, als auch die Dehnungscurve des ruhenden Muskels direct mit einem Zuge zeichnen zu können, ist von Blix[2]) ein recht einfacher Apparat angegeben worden, auf den aber hier nicht eingegangen werden kann.

Dass das Muskelgewebe als solches wirklich **direct erregbar** ist, lässt sich in einwandsfreier Weise durch Application des Reizes auf nervenlose Muskelpartien [Endstücke

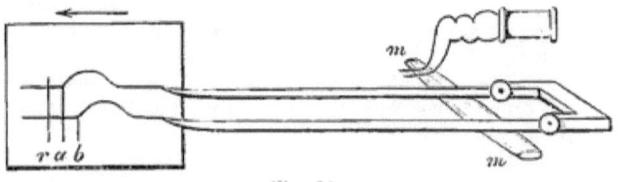

Fig. 32.

des Froschsartorius, Kühne[3])] zeigen. Durch Vergiftung des Versuchsthieres mit Curare, welches die motorischen Nervenendapparate lähmt (siehe später), lassen sich Muskeln so zurichten, dass jeder Reiz nur direct und ohne Vermittlung intramusculärer Nervenstücke wirkt. Reizt man einen curarisirten, parallelfaserigen Muskel nun an einem äussersten Ende durch einen Inductionsschlag und registrirt den zeitlichen Verlauf der Verdickung durch zwei in verschiedenen Entfernungen von der Reizstelle dem Muskel mm aufliegende Fühlhebel (Fig. 32), welche auf dieselbe Schreibfläche zeichnen, so zeigt sich, dass die Verdickung an der entfernteren Stelle später beginnt, ihr Maximum erreicht und aufhört, als an der näheren (in Fig. 32 ist r der Reizmoment, a der Beginn der Ver-

---

[1]) Müller's Handb. d. Physiol., II, 59; 1837; siehe auch Hermann. A. g. P., IV, 195.
[2]) Upsala läkareförenings förhandl., IX, 555; XV, 471.
[3]) A. A. P., 1859, S. 564.

dickung der näheren, b der entfernteren Muskelstelle). Die **Contraction pflanzt sich** also vom Orte der Reizung aus **wellenförmig fort:** „Contractionswelle"; bei Reizung vom Nerven aus, so auch bei der natürlichen Thätigkeit erfolgt diese Fortpflanzung in jeder Muskelfaser vom Nervenendapparat (Doyère'scher Hügel, Endplatte) nach beiden Enden zu. Durch gleichzeitige Registrirung einer chronographischen Curve und Ausmessung des Werthes $a\ b$ einerseits und der Distanz der Fühlhebel andererseits lässt sich nach dem oben beschriebenen Verfahren (resp. Modificationen derselben) die Fortpflanzungsgeschwindigkeit der Contractionswelle messen [Aeby[1], v. Bezold[2], Marey[3], Bernstein[4])].

Sie wird für den Froschmuskel zu etwa 3 m in der Secunde angegeben, doch schwankt sie wohl je nach Art und Zustand des Muskels und Art des Reizes bei demselben Individuum und erst recht bei verschiedenen Thierarten: Kaltblüter, Warmblüter und Insecten; das Gleiche gilt für die Länge der Contractionswelle, welche sich aus deren Dauer und Fortpflanzungsgeschwindigkeit ergibt: 20—40 cm beim Frosch, also vielmal länger als der Muskel, gegenüber den kurzen „fixirten Contractionswellen" an Insectenmuskelfasern [Rollett[5])].

Die Fortpflanzungsgeschwindigkeit der Contraction ist identisch mit derjenigen der Erregung und derjenigen des „phasischen Actionsstromes" (siehe später). Die letzte wurde am lebenden Menschen von Hermann[6]) zu 10—13 m in der Secunde bestimmt.

Der wellenförmig fortschreitenden Contraction gegenüber kann die Zusammenziehung auch auf den Ort des Reizes beschränkt bleiben, was bei absterbenden Muskeln durch die lange Dauer der Contraction besonders auffällig ist [„idiomusculärer" Wulst von Schiff[7]), welcher diese Contractionsform als einzige Folge wirklich directer Muskelerregung fälschlich ansah]. Auch am lebenden Menschen lässt sich solche locale Contraction durch die hierfür besonders geeignete **mechanische Reizung** erhalten [E. Weber, Funke, Kühne, L. Auerbach[8])]. Doch kann letztere (Schlag,

---

[1]) A. A. P., 1860, S. 253; Untersuchungen über die Fortpflanzungsgeschw. etc., Braunschweig 1862.

[2]) Untersuchungen über die elektr. Erregung der Muskeln und Nerven, Leipzig 1861, S. 156.

[3]) Gaz. hebdom., 1867, Nr. 48.

[4]) Untersuchungen über den Erregungsvorgang etc., Heidelb. 1871, S. 79.

[5]) Ac. W. Denkschr., LVIII; C. B., XI, Nr. 5 und 6.

[6]) A. g. P., XVI, 410; XXIV, 294.

[7]) Unters. zur Naturlehre des Menschen, V, S. 181.

[8]) Jahresber. der schles. Ges. f. vaterl. Cultur. naturw.-med. Abtheilung, 1861, Heft 3.

Zerrung, Quetschung, Schnitt) auch sich fortpflanzende Contraction bewirken. **Chemische Reizung** bewirkt man durch Alkali, concentrirte Salzlösung, viele Gase und Dämpfe, — übrigens lauter Agentien, welche den Muskel schädigen (siehe unten). Ob **thermische Muskelreizung** überhaupt möglich, ist **zweifelhaft**; höhere Temperaturen tödten den Muskel unter der Contractionserscheinung der „Wärmestarre" (etwa bei 40° eintretend).

Die geeignetsten Einwirkungen zum Studium der Erfolge künstlicher Muskelreizung sind die **elektrischen**. Leitet man einen **constanten Kettenstrom** durch einen Muskel, so erhält man Zuckungen nur bei Schliessung

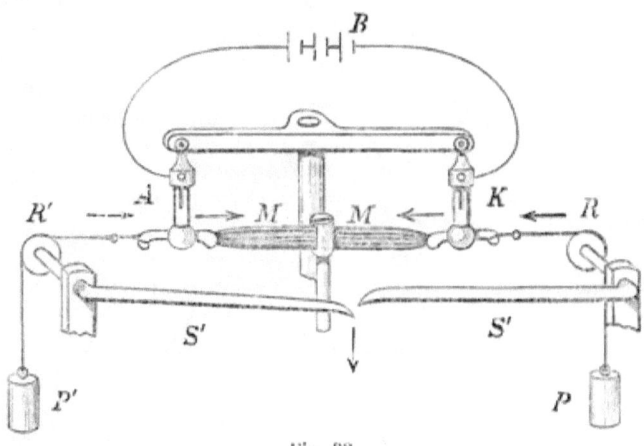

Fig. 33.

und Oeffnung des Stromes. Die **Schliessungszuckung pflanzt sich dabei von der Kathode** oder Austrittsstelle des Stromes aus dem Muskel, die **Oeffnungszuckung von der Anode** oder Eintrittsstelle des Stromes in den Muskel aus **wellenförmig fort** [v. Bezold[1]), Engelmann[2])]. Deutlich veranschaulichen lässt sich dieses „Zuckungsgesetz" vermittelst des Doppelmyographen von Hering[3]) (Fig. 33). Ein curarisirter parallelfaseriger Muskel MM ist in seiner Mitte durch sanfte Einklemmung fixirt, so dass die Fortpflanzung der Erregung aus einer Hälfte in die andere nicht gehindert ist. Jede von beiden ist

---

[1]) a. a. O., S. 235.
[2]) Jenaische Zeitschr. f. Med. u. Nat., III, 445; IV, 295; A. g. P., III, 263.
[3]) Ac. W., LXXIX, 237; Biedermann, ibid., S. 289.

mittelst eines Gewichtes P, resp. P^1 angespannt durch Vermittlung von Fäden, welche über Rollen $R R_1$ laufen; durch die Drehung der Rollen bewegt jede Hälfte einen an der Rollenachse sitzenden Schreibhebel S^1 bei der Zuckung[1]). Durch pendelartig aufgehängte unpolarisirbare Elektroden (siehe später) AK kann der Strom einer Batterie B den beiden Muskelenden zugeleitet werden: im Momente der Schliessung verzeichnet die mit der Kathode verbundene Muskelhälfte ihre Zuckung früher als die mit der Anode verbundene, bei der Oeffnung tritt das Umgekehrte ein. Deutlich beim absterbenden, die Erregung nicht mehr leitenden, nachweisbar auch beim frischen Muskel ist eine **locale Contraction an der Kathode** während der **Dauer** des Stromes[2]); dieselbe kann die gesammte Muskellänge während der Stromdauer um einen gewissen Betrag verkürzt erhalten [Wundt[3])].

Dieser kathodischen Dauercontraction wird (hauptsächlich auf Grund von Beobachtungen an tonisch contrahirten Muschelmuskeln, Holothurien u. s. w.) eine anodische Dauererschlaffung gegenübergestellt [Biedermann[4])], ja (auf Grund von Beobachtungen am Schneckenherzen) auch der Contractionswelle von der Kathode aus bei Schliessung entsprechend, eine „anodische Erschlaffungswelle" angegeben.

Während der Stromesdauer herrscht (Prüfung durch Inductionsschläge!) in der Nähe der Kathode verminderte, in der Nähe der Anode vermehrte Erregbarkeit („Elektrotonus"; weit deutlicher noch am Nerven, siehe später); v. Bezold[5]). Nach Oeffnung des Stromes kehrt sich dieses Verhältniss um.

Der letztere Vorgang sowohl, als auch die Anodenöffnungszuckung, sowie eine endlich noch angegebene Kathodenöffnungserschlaffung können entweder durch einen dem Reizstrom entgegengesetzten polarisatorischen Nachstrom erklärt werden, oder durch eine innere Gegenwirkung im Sinne der Zerfalls- und Restitutionsprocesse; Näheres später in der Nerven- und Elektrophysiologie.

Jedenfalls ist die theoretische Grundlage der elektrischen Muskelerregung danach zu formuliren, dass die **locale** Erregung und Hemmung, resp. Erregbarkeitserhöhung und -verminderung

---

[1]) Im Schema, Fig. 33, ist die Darstellung so, als bewegten sich beide Hebel nach unten; im Original sind für dieselben zwei besondere Rollen so angeordnet, dass der eine Hebel auf-, der andere abwärts geht.

[2]) Biedermann, Fürst, Schillbach, Lüderitz; S. Biedermann. Elektrophysiologie. Jena 1895. S. 185—215.

[3]) Die Lehre von der Muskelbewegung. Braunschw. 1858. S. 122.

[4]) A. g. P., XLVI. 398; Ac. W., LXXXIX. 19.

[5]) a. a. O., S. 211.

sich an die Stromes**dauer**, die **Fortleitung** der Erregung an die Stromes**schwankung** knüpft [Biedermann¹)].

Kurzdauernde Ströme, z. B. Inductionsschläge, wirken nur durch die Schliessung, resp. im Momente ihres Entstehens, an ihrer Kathode erregend [v. Bezold²)].

Eine Muskel**querschnitts**stelle, sowie jedes abgetödtete oder völlig **abgestorbene** Muskelstück nimmt an der Erregung **nicht** theil: liegt an demselben eine Kathode, resp. Anode, so fällt im ersteren Falle die Schliessungs-, im letzteren die Oeffnungszuckung aus: „polares Versagen", Biedermann³). Während des Absterbens nimmt die Fähigkeit der Erregungsleitung immer mehr ab, um so deutlicher werden die localen Dauerwirkungen: idiomusculärer Wulst an der Kathode, — bis zum schliesslichen Eintritt völliger Unerregbarkeit.

Auf diese Erscheinungen, complicirt durch die später zu besprechenden Verhältnisse der Stromvertheilung im lebenden Körper bei Aufsetzen der Elektroden auf die Haut, müssen die unter der Bezeichnung der „Entartungsreaction" zusammengefassten pathologischen elektrischen Muskelreizerfolge der Elektrodiagnostiker zurückgeführt werden können — ein von den Physiologen bisher wenig beachtetes Gebiet. Die Reactionsfähigkeit auf kurzdauernde Reize — Inductionsströme („Faradisirung") — sinkt bei degenerirenden Muskeln am ersten, da ja an die Stromesschwankung sich die Leitungsfähigkeit knüpft (siehe oben). Auf Störungen in der Leitung beruht wohl auch das „galvanische Wogen" von starken Strömen durchflossener Muskeln [Kühne⁴), Hermann⁵)], ebenso wie das „Flimmern" des sterbenden Herzmuskels.

Durch Schliessung eines Stromes von gleicher „Dichte" (Elektricitätsmenge pro Querschnittseinheit an der Ein- und Austrittsstelle) erhält man einen stärkeren Erfolg, wenn man ihn auf den motorischen Nerven, als wenn man ihn auf den Muskel selbst applicirt: „Der **Muskel** ist **indirect erregbarer als direct**" [Remak⁶), Bernard⁷), Rosenthal⁸)]. Auch Erregbarkeitsverschiedenheiten functionell verschiedener Muskelfasern, Muskeln und Muskelgruppen werden angegeben: hierauf wird das Ritter-Rollett'sche Phänomen⁹) bezogen, welches

---

¹) Elektrophysiologie. S. 268.
²) a. a. O., S. 235.
³) Ac. W., LXXX, 367.
⁴) A. A. P., 1860, 542.
⁵) A. g. P., XXXIX, 603.
⁶) Ueber methodische Elektrisirung gelähmter Muskeln. Berlin 1856.
⁷) C. r. soc. biol., 1857.
⁸) Untersuchungen zur Naturl. des Menschen, III. 185.
⁹) Ac. W. LXX, 7; LXXI, 33; LXXII. 349.

darin besteht, dass bei Reizung der Extremitätennerven die Beugemuskeln auf schwächere Reize bereits reagiren, als die Streckmuskeln.

Ob übrigens hierbei specifische Eigenschaften der Nervenfasern (Rollett). oder der Muskeln selbst (Grützner), oder Mitwirkung von Hemmungsnerven (Hermann) das Wesentliche ausmachen, ist noch unentschieden.

Bei längere Zeit fortgesetzter Muskelthätigkeit erwächst dem Organismus durch Vermittlung im Muskel endender sensibler Nervenfasern (siehe in der Sinnesphysiologie unter „Muskelgefühl") die unangenehme Empfindung der „**Ermüdung**", als Anzeige einer als Muskelermüdung im engeren Sinne zu bezeichnenden verminderten Leistungsfähigkeit dieser Organe, welche bei weiterdauernder Inanspruchnahme bis zur Aufhebung der Leistungsfähigkeit — „Erschöpfung" — sich steigern kann. Auch am ausgeschnittenen Kaltblütermuskel, welchen man durch indirecte oder directe Reizung in Thätigkeit versetzt, zeigt sich diese verminderte Leistungsfähigkeit. Sie findet ihren Ausdruck: 1. in Abnahme der Hubhöhe bei gleichbleibender Reizstärke; 2. in Verlängerung des Zuckungsverlaufes, und zwar sowohl des ansteigenden, ganz besonders aber auch des absteigenden Schenkels; 3. im Unvollkommenwerden der Erschlaffung, so dass ein immer grösserer Rest von Contraction [„Contractur", Tiegel[1])] übrig bleibt; 4. endlich in einer Verlängerung des Latenzstadiums, — sämmtliche Erscheinungen mit Fortschreiten der Ermüdung zunehmend.

Der Verlauf dieser Zunahme ist vielfach untersucht worden; für die Hubhöhen ist die „Ermüdungscurve" beim Kaltblüter [Kronecker[2] u. A.] und Warmblüter [Mosso[3] und Maggiora[4], Lombard[5] — „Ergograph"] abhängig u. A. von den Lasten, also der Arbeit, beim Tetanus ferner von der Reizfrequenz, bei willkürlicher Innervation von der Willensenergie.

Beim normal ernährten Muskel des lebenden Organismus (wofern er nicht durch besondere Misshandlung dauernd geschädigt wurde) stets, aber auch beim ausgeschnittenen Kaltblütermuskel bis zu einem gewissen Grade sieht man Wiederherstellung der Leistungsfähigkeit — „Erholung" — eintreten, wenn nach Ermüdung durch längerdauernde Thätigkeit eine kürzere oder längere „Ruhepause" gemacht wird.

---

[1] A. g. P., XIII, 71.
[2] Ac. L., 1871, S. 718.
[3] A. (A.) P., 1890, S. 89.
[4] A. (A.) P., 1890, S. 191, 342.
[5] Arch. ital. de biol., XIII. 371.

Von dem Grade der Ermüdung und der Länge der Ruhepause hängt beim ausgeschnittenen Kaltblütermuskel die Vollständigkeit der Erholung ab: Je länger die Ruhepause, um so langsamer sinkt bei Wiederholung der Reizungen die Hubhöhe und um so mehr zieht sich die Zuckung, speciell der absteigende Schenkel in die Länge, was bei ungenügender Erholung weniger der Fall ist — „anpassende und nicht anpassende Erholung" [Rollett[1])].

Dass die schliesslich immer geringer werdende Erholungsfähigkeit des ausgeschnittenen Kaltblütermuskels von der mangelnden Dauerversorgung mit Nähr-(„Brenn-")material herrührt, erscheint selbstverständlich; ob und wie die verminderte Leistungsfähigkeit, speciell auch die Verlangsamung des Erschlaffungsstadiums mit einer hypothetischen Anhäufung von Umsatzproducten („Ermüdungsstoffen") zusammenhängt, ist noch sehr dunkel; im Uebrigen sei auf die weiter unten stehenden Ausführungen über den Stoffwechsel des Muskels und die Theorien der Muskelcontraction verwiesen.

Löst man einen Muskel aus seinem Zusammenhange mit dem übrigen Organismus heraus, so verliert er mit der Zeit seine Fähigkeit, auf Reizung hin sich zusammenzuziehen, sowie seine sonstigen, noch zu besprechenden Lebenseigenschaften. Dies erfolgt beim Warmblütermuskel in wenigen Stunden, beim Kaltblütermuskel dauert das Ueberleben viel längere Zeit, besonders bei niedriger Temperatur [bis über 10 Tage für den Froschmuskel bei 0°, du Bois-Reymond[2])]: mit steigender Temperatur beschleunigt sich der Verlauf des **„Absterbens"**. Das Sinken der Erregbarkeit erfolgt ceteris paribus anfangs am schnellsten, dann immer langsamer. In gleicher Weise, wie durch das „Ausschneiden", also die Trennung vom übrigen Körper, erfolgt „Absterben" der Muskeln auch beim Tode des Gesammtorganismus.

In beiden Fällen tritt mit dem Verluste der Erregbarkeit ein mit Verkürzung verbundener Zustand der Steifigkeit, **„Starre"**, des Muskels ein: die ganze Leiche wird in Folge dessen starr, passive Bewegung der gelenkig verbundenen Theile bedeutend erschwert: „Todtenstarre", Rigor mortis. Diese löst sich nach einer gewissen Zeit von selbst, auch ohne Mitwirkung der Fäulniss [Hermann und Bierfreund[2])].

Erregbarkeitsverlust und Todtenstarre treten bei functionell verschiedenen Muskelfasern (weisse und rothe, letztere erstarren später) und Muskelgruppen (Extensoren verlieren ihre Erregbarkeit früher als Flexoren, siehe unten) verschieden schnell ein; nach dem Tode des Warmblüters erstarren die Muskeln in einer bestimmten, im Allgemeinen von dem Kopfe bis zu den unteren Extremi-

---

[1]) A. g. P., LXIV, 507.
[2]) Ac. Berl. Monatsber., 1859, S. 298.
[3]) A. g. P., LXIII, 195.

täten fortschreitenden Reihenfolge Nysten'sche Reihe)¹. Heftige Muskelcontractionen unmittelbar vor dem Tode („Krämpfe") beschleunigen den Eintritt der Starre: sie kann [bei Rückenmarksläsionen, Falk²)] so schnell eintreten, dass die Glieder in derjenigen Stellung verharren, welche sie gerade unmittelbar vor dem Tode hatten („kataleptische Starre", Rossbach³) u. A.].

Alle schädigenden, abtödtenden Einwirkungen bringen den Muskel in einen der Todtenstarre ähnlichen Zustand: Temperaturerhöhung: — bei 39—40° für den Kaltblütermuskel, bei 45—50° für den Warmblütermuskel tritt **„Wärmestarre"** ein, wie schon oben erwähnt —: dem Muskelplasma nicht „isotonische", sonst scheinbar indifferente Flüssigkeiten, insbesondere destillirtes Wasser — **„Wasserstarre"** —; endlich flüssige oder gasförmige „Gifte": Säuren, Chloroform, Ammoniak u. s. w., meistens nach vorherigen Erregungswirkungen (siehe oben).

Die mit allen diesen Erstarrungsarten verknüpfte Verkürzung geschieht mit einer gewissen Kraftentwicklung, welche aber geringer ist, als beim Tetanus; die Lösung der Starre hat indessen mit der Wiedererschlaffung nach der Thätigkeit kaum Aehnlichkeit. Die Behauptungen der Wiederherstellung der Erregbarkeit todtenstarrer [Brown-Séquard⁴) u. Heubel⁵)] und beginnend wasserstarrer Muskeln [Biedermann⁶)] sind vielfach bestritten.

Der starre Muskel ist weisslich-trübe, weniger dehnbar als der lebende; das in ihm enthaltene Eiweiss ist grösstentheils geronnen („Myosin") gegenüber der flüssigen Form des lebenden Plasmas; Näheres siehe unten.

Das Absterben des ausgeschnittenen sowohl, wie des Leichenmuskels ist offenbar die Folge des Aufhörens der Zufuhr von Nahrungsstoffen und Abfuhr von Stoffwechselproducten, welche, speciell für die Gase O_2 resp. CO_2, hauptsächlich durch den Blutkreislauf bedingt ist: dementsprechend kann auch der sonst im Zusammenhange mit dem übrigen Körper gelassene Muskel zum Verluste der Erregbarkeit (zunächst wiederherstellbar, dann dauernd) gebracht werden durch Unterbindung der zuführenden Arterien („Stenson's Versuch").

Für die noch zu besprechende Vermehrung des chemischen Umsatzes bei der Thätigkeit spricht die Gefässerweiterung und Vermehrung der Blutstromstärke im thätigen Muskel [Ludwig und Czelkow⁷), Chauveau und Kaufmann⁸) u. A.].

---

[1] Recherches de physiologie et de chimie pathologique etc., Paris 1811.
[2] Deutsche militärärztl. Zeitschr., 1873, Heft 11 und 12.
[3] A. p. A., LI. 558.
[4] C. R., XXXII. 855, 897; Journal de la physiol., I, 106.
[5] A. g. P., LXV, 462.
[6] Ac. W., XCII. S. 142.
[7] Ac. W., XLV, 171; Zeitschr. f. ration. Med. (3). XVII, 106.
[8] C. R., CIV. 1352.

Nicht nur vom Gefässsystem, sondern auch **vom Nervensystem abhängig** ist das „Leben" des Muskels — wie aller Organe, siehe später zur Frage über die Existenz „trophischer" Nervenfasern. Durchschneidung oder Entartung (durch centrale Läsionen) der einen Muskel versorgenden Nerven führt langsam zum Verluste der Functionsfähigkeit auf einem von dem bisher besprochenen relativ schnellen Absterben grundverschiedenen Wege, nämlich durch allmählichen Schwund der specifischen Elemente, der Muskelfasern — **„Entartung", „Degeneration"** —, bis schliesslich nur das interstitielle Bindegewebe übrigbleibt.

Ueber die dabei eintretenden, insbesondere elektrischen Erregbarkeitsänderungen wurde schon oben kurz gesprochen. Einen gewissen Zusammenhang mit den Erscheinungen beim schnellen Absterben scheinen Erregungserscheinungen bei gestörter Leitung — Flimmern — zu einer gewissen Periode des Degenerationsverlaufes zu beweisen; doch ist hierbei und noch mehr bei den sogenannten „Contracturen" in neuropathologischen Fällen die Mitwirkung von Vorgängen im Nervensystem ebenso wahrscheinlich, wie es umgekehrt bewiesen ist, dass das Nervensystem den Eintritt der Todtenstarre beschleunigt, Nervendurchschneidung ihn dagegen verlangsamt [Hermann und v. Eiselsberg[1]) u. A.].

Nichtgebrauch von Muskeln, z. B. durch Abhandenkommen ihrer willkürlichen Innervationsfähigkeit bei ganzen Geschlechtern und Racen — Ohrmuschelmuskeln u. s. w. —, **führt nicht zu deren Entartung, wohl aber gewinnen durch häufigen Gebrauch — „Uebung" — Muskeln an Grösse und Kraft**: — bei Athleten z. B. bis zu einem weit über das normale hinausgehenden Maasse: „functionelle Hypertrophie".

Wo die allgemeine oder locale (Herzmuskel) Ernährung auf die Dauer sich dem durch vermehrte Ansprüche gesteigerten Stoffwechsel nicht gewachsen zeigt oder zeigen kann, folgt freilich auf jene „functionelle Hypertrophie" die „secundäre" Degeneration und Atrophie.

Auf chemische Processe als Grundlage der Muskelthätigkeit weist die Fundamentalerscheinung der Erwärmung des thätigen Muskels hin [Helmholtz, 1848 [2])].

Dieser Forscher wies sie am ausgeschnittenen Froschmuskel durch die thermoelektrische Methode zuerst einwandfrei nach; das Verfahren wurde weiterhin durch Heidenhain[3]) und Fick[4]) vervollkommnet.

---

[1]) A. g. P., XXII, 37. XXIV, 229.
[2]) A. A. P., 1848. S. 144.
[3]) Mechanische Leistung, Wärmeentwicklung und Stoffumsatz bei der Muskelthätigkeit; Leipzig 1864.
[4]) A. g. P., XVI, 59.

Nach dem Vorgange des zuletztgenannten Forschers schiebt man die geeignet (schneidenförmig) angeordnete eine Löthstellenreihe einer Thermosäule (jedes einzelne Thermoelement" hat zwei Löthstellen!) aus Eisen und Neusilber zwischen die einander genau anliegenden Adductormuskeln beider Oberschenkel eines Frosches, welche in geeigneter Weise zur Aufhängung und Verbindung mit myographischen Vorrichtungen hergerichtet und vom Nerven aus oder direct gereizt werden. Die Erwärmung wird gemessen durch die Ausschläge eines mit der Thermosäule verbundenen empfindlichen Thermomultiplicators.

Am Säugethiere, resp. lebenden Menschen war schon früher und ist noch nach Helmholtz versucht worden, durch feine auf die Haut applicirte Thermometer sowohl, als durch eingestochene Thermonadeln eine Wärmeproduction bei der Muskelthätigkeit nachzuweisen, auf welche Beobachtungen von Aerzten über allgemeine Körpertemperaturerhöhung bei Starrkrampf (traumatischen Tetanus) schon längst hindeuteten [vgl. auch Billroth und Fick¹)]; alle Beobachtungen am Warmblüter sind indessen mit der Fehlerquelle behaftet, welche in dem vermehrten Blutzufluss zum thätigen Organe liegt. Meade Smith²) suchte sie zu eliminiren, indem er die Temperatur des aus dem Muskel kommenden Venenblutes mit derjenigen des Arterienblutes durch in die Gefässe eingebrachte feine Thermometer verglich; er fand das Venenblut bei der Thätigkeit deutlich wärmer, ganz ebenso, wie dies auch bei der Drüsenthätigkeit beobachtet wurde. Zur Messung der producirten Wärmemenge wurde dieses Verfahren gleichfalls benützt.

Durch Steigerung der Widerstände — gleich Vermehrung der „Spannung" — wird die Wärmeproduction bei gleicher Reizstärke gesteigert, Heidenhain³), Fick⁴); indessen ist diese Zunahme langsamer als diejenige der durch die Ueberwindung der Widerstände geleisteten Arbeit: der Muskel besitzt also die zweckmässige Einrichtung, mit steigender Inanspruchnahme sparsamer zu arbeiten: Dasselbe haben Untersuchungen ergeben, in welchen die Wärmeproduction verglichen wurde, wenn einerseits die bei der Verkürzung geleistete Arbeit durch die Erschlaffung annullirt wird, andererseits durch Entlastung des Muskels auf der Höhe der Zuckung (Arbeitssammler, Hakenvorrichtung) sie nutzbar gemacht wird (siehe oben): Die Gesammtwärmeproduction im ersteren Falle muss nach dem Gesetze der Erhaltung der Kraft gleich der Summe der Wärmeproduction + dem Wärmeäquivalent der geleisteten Arbeit im zweiten Falle sein [Fick⁵)]; thatsächlich sind nach diesem Princip auch Werthe für das mechanische Wärmeäquivalent erhalten worden, welche von dem durch exact

---

[1] Vierteljahrsschr. der Züricher naturforsch. Ges., VIII, 427.
[2] A. (A.) P., 1881, S. 105.
[3] a. a. O., S. 88.
[4] a. a. O.
[5] Untersuch. Züricher physiol. Labor., 1869, S. 1.

physikalische Methoden gefundenen nicht allzu weit abweichen [Danilewsky[1]]. **Das Verhältniss nun des Wärmewerthes der nutzbar werdenden Arbeit bei der Muskelthätigkeit zur gesammten Energieproduction, als Wärme berechnet, steigt mit zunehmender Inanspruchnahme; für den Froschmuskel = 1:5** (Helmholtz) oder 1:4 angegeben, soll es bis 1:3, ja selbst **1:2 gesteigert werden können** [Danilewsky[2]] — **ein Nutzeffect, wie ihn keine von Menschenhand construirte Dampfmaschine erreicht.**

Bei (annähernd isotonisch verlaufenden) Einzelzuckungen mit gleichbleibender Belastung steigt mit wachsender Reizstärke die Wärmeproduction schneller als die Hubhöhe (und die dieser proportionale Arbeitsleistung), resp. sie nimmt weiter zu, wenn die Hubhöhe das Maximum erreicht hat; Nawalichin[3]). Bei verhinderter Verkürzung (Isometrie) ist die Wärmeproduction an und für sich grösser; dass sie, ebenso wie dies für die Spannungsvermehrung nachgewiesen ist [Kohnstamm[4]], mit wachsender Reizstärke proportional derselben über das isotonische Maximum hinaus ansteige, hat sich wider Erwarten nicht bestätigen lassen [Störring[5]].

Während der Dauer tetanischer Verkürzung findet beständige Wärmeproduction statt (Heidenhain).

Die Grösse derselben steigt mit der Frequenz der Reize, so lange diese eine Vermehrung des Verkürzungsgrades bedingt; unvollkommener Tetanus, resp. Einzelzuckungen bei niedrigen Frequenzen ergeben grössere Wärmemengen, als der vollkommene Tetanus; der Grund hierfür dürfte auch ohne Hinzunahme später zu erwähnender weiterer Hypothesen aus dem oben Erwähnten verständlich sein.

Uebrigens ist die Wärmeproduction nicht nur vom zeitlichen Verlauf von Zuckung und Tetanus, soweit äusserliche Unterschiede hervortreten, sondern auch vom Verlauf des Reizes in einer noch nicht genügend aufgeklärten Weise abhängig (Metzner[6]) — verschieden, je nachdem vom Nerven aus oder direct gereizt wird.

Wie andere elastische Körper — Kautschuk — erwärmt sich der Muskel, wenn er gedehnt wird, und kühlt sich ab, wenn er wieder entspannt wird [Schmulewitsch[7], Danilewsky[8]].

Auf der Erwärmung durch die Dehnung — und Erschütterung — beruht die Rückverwandlung der Arbeit in Wärme bei der Wiedererschlaffung des

---

[1] A. g. P., XXI, 109.
[2] In Fick's „Myotherm. Untersuchungen", Wiesbaden. 1889. S. 188.
[3] A. g. P., XIV, 293.
[4] A. (A.) P., 1893, S. 49.
[5] A. (A.) P., 1895, S. 499.
[6] A. (A.) P., 1893; Suppl., 74.
[7] C. m. W., 1867, S. 83.
[8] A. g. P., XXI, 109.

belasteten Muskels (siehe oben). Mit der Abkühlung durch Entspannung ist die eigenthümliche Erscheinung der „negativen Wärmeschwankung" (Abkühlung des thätigen Muskels vor oder statt der Erwärmung. Solger. Meyerstein und Thiry u. A.) in Verbindung gebracht werden [Danilewsky, Blix¹)], während Andere (Heidenhain, Störring) sie als Folgen von Versuchsfehlern bezeichnen. Diese Frage bedarf noch der Aufklärung.

Ausgeschnittene Froschmuskeln zeigen **Wärmebildung während der Ausbildung der Wärmestarre [Fick und Dybkowsky²)] und der Todtenstarre [Schiffer³)]**. Hauptsächlich hierauf sind die schon in früheren Zeiten beobachteten Temperatursteigerungen ganzer Organismen nach dem Tode zurückzuführen, wie sie besonders deutlich eben nach vorhergegangenen Krämpfen resp. Muskeltetanus (Wundstarrkrampf, Strychninvergiftung) beobachtet werden können.

Die Muskelkraft hat ihren Ursprung in **chemischen Vorgängen im Muskel**. Solche finden beständig auch in der Ruhe, während der Thätigkeit indessen in erhöhtem Maasse statt. Die chemische Untersuchung des Muskelfleisches weist darin ausser dem Wasser und den Salzen (besonders Kalisalze) nach: Eigentliche Eiweisskörper (im lebenden Muskel in gelöstem Zustande) — Myosinogen, Paramyosinogen, Myo-Albumin und Globulin (siehe S. 22); Albuminoïde (leimgebende Substanz des Sarkolemms und interstitiellen Bindegewebes); Fett (im normalen Zustande nur interstitiell); an Kohlenhydraten: Glykogen, Bernard⁴), Nasse⁵), und Dextrin, Limpricht⁶) [gewöhnlich $^1/_2$—1%, bis zu 3% im Pferdefleisch, Niebel⁷)], postmortal daraus entstandenen Zucker [Meissner⁸), Nasse⁹), Panormoff¹⁰), Boruttau¹¹))]. Ferner finden sich die Fleisch- resp. Nucleïnbasen: Kreatin, Xanthin und Hypoxanthin; Fleischmilchsäure, flüchtige Fettsäuren, Inosinsäure; endlich noch Farbstoffe (Hämoglobin) und Inosit¹²).

---

[1] Z. B., XXI, 190.
[2] Unters. physiol. Labor. Zürich, 1869. S. 17.
[3] C. m. W., 1867, 849; 1868, 442.
[4] C. R., XLVIII, 673.
[5] A. g. P., II, 97.
[6] Ann. d. Chemie, CXXXIII, 293.
[7] Vierteljahrsschr. f. Nahrungsmittelchemie, VI, 442.
[8] Nachr. d. Göttinger Ges. d. W., 1861, Nr. 15, 1862, Nr. 10.
[9] a. a. O. und A. g. P., XIV, 473.
[10] Z. p. C., XVII, 596.
[11] Z. p. C., XVIII, 313.
[12] Der Inosit ist ein früher zu den Kohlenhydraten gerechneter süssschmeckender, krystallisirender Körper von der Formel $C_6H_{12}O_6$. Nach den

Für einen Stoffumsatz bei der Thätigkeit ausgeschnittener Muskeln werden als älteste Beobachtungen gewöhnlich angeführt: Vermehrung des Alkoholextractes und Verminderung des Wasserextractes [Helmholtz[1])], sowie Umwandlung der alkalischen Reaction in saure [du Bois-Reymond[2])]. Wie Versuche zeigten an ausgeschnittenen Kaltblütermuskeln sowohl, wie an Warmblütern, in welchen einerseits ausgeruhtes, andererseits längere Zeit tetanisirtes Material analysirt wurde, beruhen diese Erscheinungen grösstentheils auf Verminderung des Glykogengehaltes [Weiss[3]), Molinari[4]), Manché[5]), Morat und Dufourt[6])] und Vermehrung des Gehaltes an Milchsäure und Extractivstoffen.

Der Zusammenhang dieses letzteren Vorganges mit dem Kohlenhydratverbrauch, sowie überhaupt die Bildung fixer Säuren mit der Thätigkeit wird übrigens geleugnet [Heffter[7])].

Tiefere Einsicht in die der Thätigkeit des Muskels zu Grunde liegenden chemischen Processe gewährt die Untersuchung seines Gaswechsels. Schon in der Ruhe verbraucht der Muskel Sauerstoff und gibt Kohlensäure ab; dies ist am ausgeschnittenen Kaltblütermuskel bereits vor langer Zeit nachgewiesen [G. Liebig[8])], von Hermann[9]) aber auf Fäulnissvorgänge bezogen worden; neuerdings hat Tissot[10]) auch an aseptisch gehaltenen ruhenden Muskeln das Gleiche gefunden. Deutlicher zeigt sich der Gaswechsel des ruhenden Muskels, wie jeden anderen Organes, im lebenden Warmblüter durch die Umwandlung des zuströmenden

Untersuchungen von Maquenne (C. R., CIV, 225) hat er indessen die ringförmige Structur eines „Hexaoxybenzols"

$$\begin{array}{cc} C\ HOH & \\ HOH\ C & C\ HOH \\ HOH\ C & C\ HOH \\ & C\ HOH \end{array}$$

Seine physiologische Bedeutung ist noch gänzlich unbekannt.

[1]) A. A. P., 1845, S. 72.
[2]) Ac. Berl. Monatsber., 1859, S. 288.
[3]) Ac. W., LXIV, 64.
[4]) Annali di chim., IX, 351.
[5]) Z. B., XXV, 163.
[6]) A. d. P. (5), IV, 457.
[7]) Arch. f. exp. Path. u. Pharm., XXXI, 225.
[8]) A. A. P., 1850, 393.
[9]) Untersuchungen über den Stoffwechsel der Muskeln, ausgehend vom Gaswechsel derselben; Berlin 1867.
[10]) A. d. P. (5), VI, 838.

arteriellen Blutes in venöses Blut. Durch vergleichende Gasanalysen an Blutproben aus den zu- und abführenden Gefässen während der Ruhe einerseits und Tetanisation andererseits wurde nun erwiesen, dass während der Thätigkeit der Sauerstoffverbrauch und die Kohlensäureabgabe stark vermehrt sind [Versuche von Ludwig mit Czelkow und Schmidt[1]) am lebenden Thier, von M. v. Frey[2]) an künstlich durchbluteten Extremitäten].

Nachdem ferner die Stoffwechsel- und Respirationsversuche von Pettenkofer und Voit (siehe oben, S. 158-159), sowie Fick und Wislicenus' Faulhornbesteigung (siehe ebenda) gezeigt haben, dass Muskelarbeit den Gesammtgaswechsel bedeutend, nicht wesentlich aber die Stickstoffausscheidung steigert, muss daran festgehalten werden, dass die **Quelle der Muskelkraft** in der Verbrennungswärme C- und H-haltiger (kohlenhydrat- und fettähnlicher) Atomcomplexe zu suchen ist: wenn nichtsdestoweniger noch darüber gestritten wird, ob ausschliesslich das Eiweiss „dynamogen" (im Sinne der alten Liebig'schen Anschauungen) sei [Pflüger[3])] oder ob der Blutzucker die ausschliessliche Quelle der Muskelkraft sei [Seegen[4])], so kann dies nur insoweit noch Sinn haben, als es sich darum handelt, was gegebenen Falles zuerst angegriffen wird, da doch einerseits Kohlenhydrat bei der Thätigkeit verschwindet, andererseits auch der kohlenhydratfreie Muskel offenbar auf Kosten der Eiweisskörper Arbeit leisten kann: Den Schlüssel zu der eigentlichen Beschaffenheit der „inogenen Substanz" (Hermann), resp. des kraftliefernden Vorganges geben die Beobachtung Hermann's[5]), dass auch im Vacuum der keinen auspumpbaren Sauerstoff enthaltende, ausgeschnittene Kaltblütermuskel noch zucken kann, sowie die Bestimmungen des Verhältnisses des aufgenommenen O_2 und der abgegebenen CO_2 — des respiratorischen Quotienten des Muskels — in der Ruhe einerseits und während der Arbeit andererseits [Ludwig und Schmidt, Chauveau und Kaufmann[6])], indem sie zeigen, dass in der Ruhe Sauerstoff intramolecular gebunden wird und bei der Arbeit eine Spaltung — Abspaltung von CO_2 — stattfindet: Es handelt sich also um

---

[1]) Ac. W., XLV, 171; Arbeiten der physiol. Anst. Leipzig, III, 1.
[2]) A. (A.) P., 1885, 533.
[3]) A. g. P., L, 98, 330, 396.
[4]) ibid., S. 319, 385.
[5]) a. a. O.
[6]) C. R., CIII, 974, 1057, 1153.

die S. 8 in der allgemeinen Physiologie behandelte Vorstellung von dem Chemismus des „lebendigen Eiweissmolecüls", welches nach der Abspaltung der verbrannten „Seitenketten" durch Aufnahme neuen, intramolecularen Sauerstoffes (Athmung) und neuer verbrennlicher Seitenketten (Kohlenhydrat, Fett) regenerirbar ist, aber ebensogut in seiner Function durch ein anderes ihm gleichendes ersetzt werden kann (schliesslich einmal muss: Begriff der Abnützung und des Erhaltungseiweisses, S. 159), oder von jenem die Seitenketten übertragen erhalten könnte.

Auch bei der Erstarrung des absterbenden Muskels wird die Reaction sauer [du Bois-Reymond[1])]; es wird nach dem Tode Glykogen zersetzt [besonders rasch im Herzmuskel, Boruttau[2])], Milchsäure gebildet, Kohlensäure abgegeben [Hermann[3])]: Dazu die bereits erwähnte Verkürzungskraft und Wärmebildung, sowie noch andere Thatsachen führten endlich dazu, den natürlichen Contractionsprocess und die Erstarrung als verwandte, auf einer Gerinnung von Eiweiss beruhende Vorgänge anzusprechen (Hermann): Sprechen hiergegen schon manche Gründe (Geschwindigkeitsunterschied, verschiedene Bedeutung der Säurebildung [siehe oben] in beiden Fällen), so muss betont werden, dass für andere **„Theorien der Muskelcontraction"** [z. B. die pyroelektrische, G. E. Müller[4]), Riecke[5])] erst recht die genügende Grundlage fehlt. Recht wenig Sicheres ist in dieser Richtung den Ergebnissen mikroskopischer Beobachtung „contrahirter" und schlaffer Muskelfasern zu entnehmen: Festgestellt ist nur, dass der Unterschied zwischen den „anisotropen" (doppeltbrechenden) und den „isotropen" Schichten der quergestreiften Muskelfaser nicht aufgehoben wird, und dass beide sich verkürzen und verdicken; die feineren Einzelheiten der mikroskopischen Bilder scheinen je nach den Thierarten [Insectenmuskeln, Rollett[6]), Krebsmuskeln, Rutherford[7])] verschieden zu sein: als regelmässiges Vorkommen ist eine Volumenvermehrung der anisotropen Substanz zu

---

[1]) De fibrae muscularis reactione. Berl. 1859; Ac. Berl. Monatsber., 1859. S. 288.

[2]) a. a. O.

[3]) a. a. O.

[4]) Theorie der Muskelcontraction. 1; Leipzig 1891.

[5]) Wiedemann's Annal. d. Physik. XLIX. 430.

[6]) Ac. W., Denkschriften LVIII. 1891.

[7]) J. P., XXI.

Kosten der isotropen zu nennen, welche als „Quellung" (Wasseraufnahme) gedeutet wird [Engelmann[1])].

Die weitgehende Unveränderlichkeit der optischen Constanten der Muskelfaser [Brücke[2], Hermann[3]] ist früher durch Annahme kleinerer unveränderlicher Elemente der anisotropen Schicht — „Disdiaklasten" — erklärt worden, welche bei der Contraction ihre Lage zueinander ändern sollten (Brücke).

Die Annahme von Spaltungs- und Restitutionsprocessen im Muskel ist theoretisch weiter verwendet worden, um durch erstere den Contractions-, durch letztere den Erschlaffungsprocess zu erklären. Fick hat, gestützt auf Beobachtungen, welche für eine von Dehnung und Erschütterung unabhängige Wärmeproduction bei der Erschlaffung sprechen, eine schrittweise Oxydation der „Brennstoffe" im Muskel angenommen, deren erste Stufe die Contraction, deren zweite die Erschlaffung bedingen solle[4]; aus seinen Beobachtungen über den Einfluss der Temperatur auf die Zuckungscurve (siehe oben, S. 185) hat nun Gad[5] auf eine Interferenz der beiden Processe geschlossen, welche von ihm und Kohnstamm, sowie von Schenck in verschiedener Weise zur Erklärung vieler Details aus der Muskeldynamik herangezogen worden ist.

Uebereinstimmend wird von den Verfechtern zweier Muskelprocesse oder zweier Classen von solchen die Verlängerung der Erschlaffungsdauer, resp. das Unvollkommenerwerden der Erschlaffung bei der Ermüdung auf eine Verzögerung, resp. Verminderung der „zweiten Processe" bezogen; indessen dürfte es, wie Rollett (siehe oben S. 199) mit Recht betont, zur Zeit nicht möglich sein, hierüber etwas Genaueres auszusagen, weil alle bisherigen Vermuthungen über das Wesen der Muskelcontraction noch zu hypothetisch sind; nicht einmal der Streit, ob im Muskel chemische Spannkraft direct in mechanische Arbeit, oder aber, wie in der Dampfmaschine, zuerst in Wärme verwandelt werde, kann als entschieden angesehen werden[6]).

Die Physiologie der mit glatten Muskeln ausgerüsteten Organe, speciell die Eigenschaften ihrer Elemente, der **„glatten Muskelfasern"** oder „Muskelzellen", beginnen erst in neuester Zeit Objecte eingehender Untersuchungen zu werden. Die betreffenden Organe — Darmcanal, Ureter, Blase — besitzen meist ein longitudinales und ein circuläres Mukelzellensystem, ferner zahlreiche Elemente des Nervensystems in ihren Wandungen, derart, dass die Ergebnisse mit ihnen angestellter Versuche durch zahlreiche Factoren beeinflusst sind; auch Versuche an herausgeschnittenen Längsmuskel-

---

[1]) A. g. P., VII, 174, XI, 432, XVIII, 1.
[2]) Ac. W., Denkschr., XV, 1857.
[3]) A. g. P., XXII, 240.
[4]) Mechan. Arb. u. Wärmebildung bei der Muskelthät., S. 197.
[5]) A. (A.) P., 1890, Suppl., S. 59; Ac. Berl., XX, 275.
[6]) Vgl. Engelmann, Ueber den Ursprung der Muskelkraft, Leipzig 1892, und Fick, A. g. P., LIII, 611.

streifen [Bottazzi¹)], resp. am M. retractor penis [Sertoli²)] sind in Hinsicht auf den letztgenannten Punkt noch complicirt.

Auf künstliche, d. h. elektrische (directe oder indirecte) Reizung hin erhält man eine Verkürzung der glatten Muskeln, deren zeitlicher Verlauf durch die graphische Registrirung [Sertoli, Bottazzi, P. Schultz³)] sich gegenüber der „Zuckung" der quergestreiften Muskeln als sehr langsam erweist: Dauer bis zu mehreren Secunden, mit besonders langer Ausdehnung des absteigenden Curvenschenkels; langes Latenzstadium — 0·4 bis 0·8 Secunden.

Bei Application des constanten Stromes gilt das polare Erregungsgesetz; Inductionsschläge sind, einzeln angewendet, nicht immer wirksam; dagegen ist Superposition durch Reizwiederholung und tetanusartiger Contractionsverlauf bei relativ geringer Reizfrequenz erzielbar. Sehr abhängig ist die Erregbarkeit von der Temperatur; plötzliche starke Temperatursteigerung wirkt (gegenüber den quergestreiften Muskeln) als Reiz. Verlauf und Grösse der Contractionen sind je nach der functionellen Stellung und Thierart sehr verschieden; die Kraftleistung kann eine sehr bedeutende sein, z. B. beim Uterus [Schatz⁴)].

Die glatten Muskeln befinden sich im lebenden Thier, wie auch ausgeschnitten im Beginn des Ueberlebens in einem dauernden Contractionszustand („Tonus"), welcher von äusseren Bedingungen, besonders der Temperatur, stark beeinflusst wird.

Abkühlung erhöht im Allgemeinen, Erwärmung vermindert den Tonus; grossen Einfluss üben Gifte (Salze, Alkaloïde u. s. w.) auf ihn aus. Gewisse tonisch contrahirte Muskeln (Krebsscheere) können durch Reizung ihrer Nerven unter bestimmten Bedingungen zum Erschlaffen gebracht werden [Pawlow⁵), Biedermann⁶), Piotrowsky⁷)]. Wie weit es sich bei diesen Erscheinungen um Functionen musculärer Elemente einerseits und nervöser andererseits handelt, ist noch durchaus nicht aufgeklärt; dasselbe gilt für die neuerdings beobachteten „spontanen" langsamen Schwankungen des Tonus, während die rein myogene Natur energisch in Anspruch genommen wird für zwei andere Eigenschaften:

Die glatten Muskeln reagiren oft auf Dauerreize durch rhythmische Contractionen, auch können solche ohne erkennbare Reizwirkung („spontan") lange dauernd vorhanden sein. Sowohl bei diesen Zusammenziehungen, als auch bei künstlicher

---

¹) Sullo sviluppo embrionale della funzione motoria ecc., Florenz 1897; auch Arch. ital. de biol., XXVI, 443.
²) Arch. ital. de biol., III, 78.
³) A. (A.) P., 1897, S. 1.
⁴) Wiener med. Bl., 1895, S. 407.
⁵) A. g. P., XXXVII, 6.
⁶) Ae. W., XCV, 7; XCVII, 49.
⁷) J. P., XIV, 163.

Reizung pflanzt sich die Contraction wellenförmig von Muskelzelle zu Muskelzelle fort, mit sehr geringer Geschwindigkeit (20—30 mm in der Secunde), welche für die rein musculäre Leitung ohne Mitwirkung nervöser Elemente in's Feld geführt wird [Engelmann[1])]; Peristaltik der glatten Muskelschläuche — Oesophagus, Darm, Ureter.

In allen zuletzt genannten Beziehungen verhält sich, wie man sieht, das glatte Muskelgewebe dem Herzen analog, dessen quergestreifte, netzartig zusammenhängende Elemente jenem näher stehen, als den willkürlichen Muskeln (langsame Fortpflanzung der Contraction am Herzen, messbar durch die Actionsströme, siehe später. Noch deutlicher zeigt die Analogie das embryonale Herz (Bottazzi, a. a. O.). Auch die oben genannten „Tonusschwankungen" wurden zuerst an den Vorhöfen des Schildkrötenherzens beobachtet [Fano[2]]. Rhythmische Contractionen auf Einzel- oder Dauerreize können unter bestimmten Umständen übrigens auch an quergestreiften Muskeln vorkommen [Schoenlein[3]), Biedermann[4])].

Willkürliche Muskeln, Herz, glattmuskelige Organe bilden eine absteigende Stufenleiter der physiologischen Differenzirung „lebendiger Substanz" für die Bewegungsfunction: noch tiefer stehen die „myoïden" Organe mancher niederen Thiere.

Bewegung protoplasmatischer Substanz als solcher ist bei Zellen sehr allgemein verbreitet. Als besonders wichtig sei erinnert an die „amöboïde Bewegung" — Ausstrecken und Einziehen von Pseudopodien — bei den Amöben (Rösel v. Rosenhof, 1755), Rhizopoden u. s. w., den farblosen Blutzellen [Wharton Jones, 1846] und analogen Gebilden, die Protoplasmaströmungen und Brown'sche Molecularbewegung in pflanzlichen (Tradescantia virginica), aber auch thierischen Zellen.

Für diese Formen der Bewegung als einer „elementaren Lebenserscheinung" (S. 4) gilt natürlich die Bedeutung der elementaren Lebensbedingungen und Reize; Wegen der hierhergehörigen Erscheinungen des Chemotropismus, Thermotropismus, der Einwirkungen des Lichtes und der polaren Wirkung elektrischer Ströme (Kühne, Verworn, Ludloff) muss auf die Speciallitteratur verwiesen werden. Nur daran sei noch besonders erinnert, dass z. B. das Aussenden und Einziehen von Pseudopodien seitens einer Amöbe nicht mit der Erschlaffung und Contraction eines (eben besonders differenzirten!) Muskelelementes in Parallele gestellt werden darf.

---

[1]) A. g. P., LXI. S. 275.
[2]) Festschrift für C. Ludwig, 1886, S. 287.
[3]) A. (A.) P., 1882, S. 369.
[4]) Ae. W., LXXXVII, 115.

Eine wichtige Differenzirung einzelner Zelltheile für Bewegungszwecke ganz bestimmter Art beobachten wir bei den **Flimmerzellen.**

Viele einzellige Organismen, die Epithelien bestimmter Schleimhäute höherstehender Thiere und andere besitzen an ihrer freien Oberfläche sogenannte Flimmerhaare oder Cilien, welche im Leben in schnell hin und her schwingender Bewegung begriffen sind und in jenem Falle der Locomotion, bei den Epithelien der Entfernung oder Beförderung von Secreten in einer bestimmten Richtung dienen. Die Intensität der Flimmerbewegung ist abhängig von der Temperatur (Erwärmung beschleunigt sie, Abkühlung kann sie sistiren), sowie von der Concentration und Beschaffenheit der bespülenden Flüssigkeit. Bei den Flimmerepithelien pflanzen sich die Bewegungsphasen wellenförmig von Zelle zu Zelle in einer bestimmten Richtung fort; dieser Process, wie die Bewegung selbst, ist unabhängig vom Nervensystem.

Man hat die Fortpflanzungsgeschwindigkeit der Flimmerbewegung zu 0·5 mm in der Secunde, die Zahl der Schläge jeder Cilie zu 6—8 pro Secunde angegeben [Engelmann[1])]; man hat auch die durch die Flimmerbewegung entwickelte Kraft (Hinaufkriechen eines Froschdarmes an einer Glasfläche; Drehbewegung einer dem Flimmerepithel aufliegenden Walze) zu messen versucht und recht bedeutend gefunden [6·8 gm Arbeit pro Minute und Quadratcentimeter Fläche, Bowditch[2])].

Zu den Flimmerzellen sind auch die **Spermatozoën** zu rechnen, deren Schwanzstück, einer kräftigen Cilie entsprechend, ihrer Fortbewegung dient.

Flimmerzellen wie Spermatozoën werden durch höhere Temperaturen (45°) analog den Muskelelementen dauernd functionsunfähig — „wärmestarr". Schädlich sollen Säuren, günstig Alkalien wirken (Virchow, von Anderen vielfach anders angegeben und gedeutet).

---

[1]) Siehe Hermann's Handbuch, I, 1, S. 392.
[2]) Boston med. and surgical Journ., 1876, 10. August.

IX.

Locomotion[1]).

Die Organe der **Locomotion** sind die Skeletmuskeln. Sie wirken an den Knochen wie motorische Kräfte an Hebeln oder „kinematischen Elementen". Denn die Knochen sind miteinander mehr oder weniger beweglich verbunden. Die unbeweglichste Verbindungsform (nach der Naht) ist die Symphyse; bei ihr herrscht stabiles Gleichgewicht, denn die Theile rücken, auseinandergezogen, durch die Elasticität der Zwischensubstanz wieder zusammen. Die Beweglichkeit ist um so grösser, je länger und schmäler das Zwischenstück ist: daher ist die Beweglichkeit der Brustwirbelsäule (relativ breite und niedrige Zwischenwirbelscheiben) geringer als diejenige der Halswirbelsäule (geringere Breite der Zwischenwirbelscheiben) und der Lendenwirbelsäule (hohe Zwischenwirbelscheiben). Mehr oder weniger beweglich je nach Umständen sind die **Gelenke**; bei ihnen herrscht, abgesehen von Schwere und Muskelzug, indifferentes Gleichgewicht.

Die Beweglichkeit richtet sich nach der **Achsenzahl**, dem oder den Oeffnungswinkeln der gekrümmten überknorpelten Gelenkflächen und der Existenz und Stärke der Hemmungsapparate.

Die einachsigen Gelenke sind die einzigen, welche Bewegung nur in einem bestimmten Sinne gestalten, also (übrigens nur durch Mitwirkung der Haftapparate) „zwangläufig" sind. Hierher gehören: das Scharniergelenk (Ginglymus), wo die Gelenkflächen wesentlich einfache Cylindermantelflächen sind (Beispiel die Interphalangealgelenke), sowie das Schraubengelenk, welches mit der

---

[1]) Specialwerke: Wilhelm und Eduard Weber. Mechanik der menschlichen Gehwerkzeuge. Göttingen 1836. — G. B. Duchenne (de Boulogne). Physiologie des mouvements. Paris 1867; neuere Uebersetzung von Wernicke. Leipzig 1882. — A. Fick. Specielle Bewegungslehre in Hermann's Handbuch der Physiologie I. 2. Leipzig 1879. — E. J. Marey. Le mouvement. Paris 1894.

Rotation gleichzeitig eine seitliche Verschiebung bewirkt (Ellenbogengelenk). Ganz besondere Verhältnisse bietet das von den Gebr. Weber[1]) genauer untersuchte Kniegelenk als „Spiralgelenk".

Zweiachsig sind das Knopf- und das Sattelgelenk. Die Gelenkflächen des ersteren haben zwei zu einander senkrecht, in demselben Sinne verlaufende, aber verschieden grosse Krümmungen. Die Flächen des Sattelgelenkes (1. Carpometacarpalgelenk) lassen sich nach neueren Untersuchungen [R. du Bois-Reymond[2])] auffassen als Flächen aus der Innenseite von Ringen kreisförmigen Querschnittes; und zwar haben die den beiden aufeinanderschleifenden Flächen entsprechenden (ineinandergreifend gedachten) Ringe verschiedene Dicke und verschiedenen Durchmesser. Ueberhaupt sei daran erinnert, dass aufeinanderschleifende Gelenkflächen meist weder congruent noch geometrisch genau gekrümmt sind.

In den zweiachsigen Gelenken ist Drehung in zwei aufeinander senkrecht stehenden Ebenen, aber keine Rotation (oder wenig, so im Sattelgelenk nach obigen Untersuchungen) möglich. Diese erfolgt dagegen frei in dem vielachsigen Kugelgelenke oder der Arthrodie (Nuss- oder Universalgelenk der Mechaniker).

Das **Haften** der Gelenkflächen wird bewirkt: zunächst durch den äusseren Luftdruck, indem in dem capillaren, von der Synovia ausgefüllten Gelenkspalt ein Vacuum anzunehmen ist: Weber's Versuch, 1835, Anbohrung des Acetabulum von der Rückseite[3]). Der Druck, welcher das Bein im Hüftgelenk befestigt, berechnet sich so aus den Dimensionen der Pfanne auf 22 kg, derjenige für den Arm im Schultergelenk auf 10 kg.

Angesichts der leichten Distendirbarkeit kleiner Gelenke, sowie aus theoretischen Gründen ist die Wirksamkeit des Luftdruckes öfters bestritten worden, wohl mit Unrecht.

Das Haften der Gelenke unterstützen ferner die Verstärkungsbänder (Ligamenta accessoria).

Die **Hemmung** der Gelenkdrehungen erfolgt: erstens durch Anschläge (Olekranon am Ellenbogen), „absolute Hemmung" und zweitens durch Hemmungsbänder, welche oft zugleich Verstärkungsbänder sind und als innere (Lig. teres im Hüftgelenk, Ligg. cruciata im Kniegelenk) und äussere (Lig. ileofemorale) unterschieden werden können; „relative Hemmung".

---

[1]) Mechanik der menschl. Gehwerkzeuge, S. 161—202.
[2]) A. (A.) P., 1895, S. 433.
[3]) a. a. O., S. 147 ff.

Die **Wirkungsweise der Muskeln auf die Knochen** hängt ab von der Grösse und Gestalt der Muskeln (für die Kraftleistung massgebend ist der **„physiologische"**, senkrecht zur Faserrichtung gedachte, nicht der „anatomische", senkrecht zur Längsachse des Muskels gelegte Querschnitt; die Wirkung gefiederter oder sonst complicirt gestalteter Muskeln wird nach dem Satz vom Parallelogramm der Kräfte berechnet), ferner von dem Orte und der Art ihres Ursprunges und Ansatzes.

Man unterscheidet ein- und zweigelenkige Muskeln, je nachdem sie von einem zu einem anderen mit diesem gelenkig verbundenen Knochen gehen oder, zwei Gelenke übersetzend, einen den Ursprungs- und Ansatzknochen verbindenden dritten Knochen überspringen. Der eingelenkige Muskel bewegt beide Knochen, welche er verbindet, gegeneinander; wird der eine festgehalten, so wirkt er auf den freien mit seiner ganzen Kraft.

Ist der eine Knochen nicht fixirt, so dreht ihn der eingelenkige Muskel um das betreffende Gelenk, welches er selbst nicht überspringt, im entgegengesetzten Sinne, als in dem Gelenke, welches zwischen seinen Insertionspunkten liegt [O. Fischer[1]].

Der zweigelenkige Muskel wirkt bei fixirtem einen Gelenk mit seiner ganzen Kraft drehend auf das andere, ersetzt also zwei gleich grosse Muskeln, welche während der Ruhezeit das Doppelte an Stoff verbrauchen würden. Beugt er ein Gelenk und streckt er das andere, so kann er als elastischer Verbindungsstrang von variabler Spannung wirken.

Liegt (bei ein- oder zweiachsigen Gelenken) die Muskelzugrichtung nicht in der Drehungsebene, wirken ferner auf einen in einem Gelenk beweglichen Knochen mehrere Muskeln nebeneinander, so ist als Grundlage aller Berechnungen der Satz vom Parallelogramm der Kräfte zu nehmen, nach welchem jede Kraft in zwei Componenten sich zerlegen lässt u. s. f. und aus zwei und mehr Kräften die Resultirende erhalten wird.

Für eine bestimmte Gleichgewichtslage eines Knochens, bei welcher nach dem Archimedischen Hebelgesetz die Drehmomente oder statischen Momente, d. h. die Producte der Kräfte oder Kraftcomponenten mit den entsprechenden mathematischen Hebelarmen, zusammen gleich Null sein müssen, wenn ihnen für entgegengesetzte Drehrichtungen entgegengesetzte Vorzeichen gegeben werden, lassen sich für jeden Muskel nach dem Gesetz vom

---

[1] Ac. L., Abhandl., XXII, 55.

Parallelogramm der Kräfte **die Drehmomente** in der einen, resp. anderen Richtung für drei aufeinander senkrechte Drehungsebenen angeben. So hat man z. B. bei einer bestimmten Stellung etwa des Oberschenkels für jeden an diesem angreifenden Muskel das Moment der Adduction resp. Abduction, der Flexion resp. Extension, der Rotation nach aussen resp. innen berechnet und erkannt, welchen Muskeln unter allen gleichgespannten das überwiegende Moment für die betreffende Femurstellung zukommt (E. Fick).

Ebenso lässt sich berechnen, wie stark die einzelnen Muskeln auf einen Knochen zu wirken haben, um eine bestimmte **Bewegung** desselben zu erzeugen, indem man annimmt, dass das Moment der betreffenden Kraftrichtung nur möglichst wenig zu überwiegen habe: Princip der geringsten Anstrengung.

Einen gewissen Grad der Zusammenziehung besitzen die Skeletmuskeln wohl stets im Leben (**„Tonus"**, derselbe ist reflectorischer Natur); er vermindert sich im Schlafe und schwindet in ganz tiefer Narkose (mit den Reflexen). Natürlich ist er mit einem beständigen Stoffverbrauch nebst Wärmeproduction verbunden [Rieger[1]].

Er genügt aber nicht zur Erhaltung des Gleichgewichtes in den anderen „Ruhelagen": **Stehen und Sitzen.**

Zum Verständniss des Mechanismus derselben hat man von der Lage des Schwerpunktes der einzelnen Körperabtheilungen auszugehen. Das Lot aus dem Schwerpunkt des Kopfes fällt vor die Transversalachse der Nickbewegung. Es muss also durch dauernde Anspannung der Nackenmusculatur das Gegengewicht gehalten werden („Einnicken" beim Schlafen im Sitzen). Das Lot aus dem gemeinsamen Schwerpunkt von Kopf, Rumpf und Oberextremitäten geht hinter der Verbindungslinie der Hüftgelenke vorbei. Das Hintenüberfallen wird indessen verhindert durch die Ligg. ileofemoralia, welche keine Ueberstreckung der Hüftgelenke gestatten.

Das seitliche Umkippen wird durch die Spannung der im Inneren der Hüftgelenke befindlichen Ligg. teret. verhindert, welche um so grösser ist, als die Oberschenkel in der Ruhelage durch das überwiegende Moment (siehe oben) der Glutäalmusculatur auswärtsgerollt sind. Das Lot aus dem gemeinsamen Schwerpunkt von

---

[1] Verh. d. Würzb. phys.-med. Ges., XXVI. 123.

Oberkörper und Oberschenkel fällt hinter die Kniegelenksachsen; zum Umkippen nach hinten würde indessen stärkste Aussenrotation der Femora nöthig sein, weil wegen der kegelförmigen Gelenkfläche ihrer Kondylen Beugung im Kniegelenk bei festgehaltenem Unterschenkel nur mit Aussenrotation im Hüftgelenk möglich; diese wird nun durch das Ligg. ileofemorale verhindert, welches so auch im Kniegelenk das Gleichgewicht erhält. Unterstützend kommt hinzu die Spannung des M. tensor fasciae latae, resp. dieser selbst. Das Vornüberfallen in den **Talocruralgelenken** hindert der Winkel, welchen die Achsen der beiden Gelenke mit einander bilden, sowie eine gewisse Spannung der Wadenmusculatur. Im Allgemeinen ist nach der soeben wiedergegebenen Anschauung [Theorie von H. Meyer[1]] **für das aufrechte Stehen ein sehr geringer Aufwand an Muskelkraft nöthig.**

Er ist vielleicht grösser beim **Sitzen**, wo der Oberkörper in der Hüftlinie schaukelt und Rücken- und Hüftmusculatur wohl zur Erhaltung des Gleichgewichtes nicht entbehrt werden können (Nothwendigkeit des Anlehnens bei längerem Sitzen).

Die Besprechung der **Locomotionsarten** des Menschen beginnen wir mit der Beschreibung des gewöhnlichen langsamen **Gehens**. Dasselbe besteht in einem **abwechselnden Vorwärtsstemmen des Oberkörpers in horizontaler Richtung durch die beiden Beine.** Während der Thätigkeitsdauer jedes Beines wird das andere im Bogen durch die Luft nach vorn geführt und der Fuss aufgesetzt, um die Wirkung der Schwerkraft auf den Körper unschädlich zu machen: **das Gehen ist ein beständig verhindertes Fallen.**

Die Bewegung des durch die Luft geführten Beines (Hangbein) ist von den Gebr. Weber auf Grund ihrer classischen Versuche[2] als einfache Pendelschwingung um das Hüftgelenk als Aufhängungspunkt aufgefasst und diese Anschauung zur Grundlage einer Theorie des Gehens gemacht worden. Wir werden sehen, dass in Wirklichkeit in Folge zahlreicher mitwirkender anderer Factoren die Giltigkeit jener Anschauung von der einfachen Pendelschwingung zum Theil zweifelhaft wird.

Das eben aufgesetzte Bein steht **vor dem Beginn seiner Thätigkeit senkrecht und leicht gebeugt, den Körper tragend (Stützbein);** während seiner Thätigkeit wird es **gestreckt** und geht in schräge Lage über; die Streckung wird schliesslich unterstützt durch das „Abwickeln" der Fusssohle

---

[1] A. A. P., 1853, S. 9.
[2] a. a. O., S. 18, 47 ff, 249 ff.

vom Boden, beginnend mit der Ferse, bis schliesslich nur noch die Zehen auf dem Boden aufsitzen; das andere Bein hat unterdessen seine „Schwingung" vollendet und ist auf den Boden aufgesetzt, während der andere Fuss gleichfalls noch aufsitzt: beim „langsamen" Gehen existirt also zwischen den Phasen, während welcher jedesmal der eine Fuss aufsitzt, der andere durch die Luft schwingt, eine Zwischenzeit, in welcher **beide** Füsse auf dem Boden befindlich sind, so dass sich die Phasenfolge durch das [auch durch graphische Registrirung (Marey) bestätigte] Schema Fig. 34 A darstellen lässt, wo die Bögen das in der Luft Schweben, die Geraden das Aufsitzen, oben des rechten, unten des linken Fusses bezeichnen.

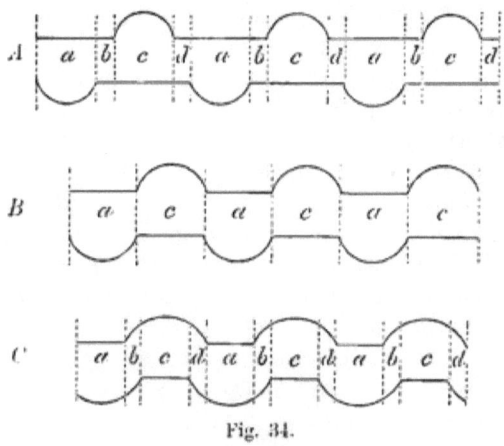

Fig. 34.

Wie aus der eben gegebenen Darstellung ohne Weiteres hervorgeht, bilden die beiden Beine in dem Augenblick, wo das eine gerade seine Thätigkeit beginnt und das andere vom Boden sich abhebt, ein rechtwinkliges Dreieck, in welchem das letztere die Hypotenuse, das erstere (Stützbein) die eine (verticale) Kathete und die horizontale Grade der „Gangrichtung" auf dem Boden die andere Kathete darstellt: Die Grösse dieser letzten ist die „Schrittlänge" und man sieht ohne Weiteres, dass sie ceteris paribus um so grösser sein wird, je länger die Beine: grosse Menschen machen lange, kleine Menschen kurze Schritte. Was die **Geschwindigkeit des Gehens** betrifft, so würde dieselbe theoretisch entweder durch Schrittverlängerung auch ohne Vermehrung ihrer Zahl in der Zeiteinheit, oder durch dieses letztere Mittel auch ohne Verlängerung erreicht werden können. Nun fanden aber die Gebr. Weber[1]) durch Versuche, in welchen sie eine Bahn von bekannter Länge mit verschiedenen Geschwindigkeiten durchmessen liessen und sowohl die Schrittzahl, als die gebrauchte Zeit genau bestimmten, dass bei Beschleunigung des Gehens stets gleichzeitig die Schrittlänge zu- und die Schrittdauer abnimmt (d. h. also, dass die Zahl der Schritte in der Zeiteinheit vermehrt wird).

Nach neueren graphischen Versuchen (Marey) gilt dieses „Fundamentalgesetz" nur bis zu einer gewissen Grenze der Schrittlänge, über welche hinaus die Schrittdauer wieder zunimmt; es ist dies die Grenze der Zweckmässigkeit des Gehens und Laufens (siehe unten).

Der Grund für diese Erscheinung ist zunächst darin zu suchen, dass, wenn man die Zeit des „Schwingens" des aufgehobenen Beines mit den Gebr. Weber als constant annimmt — $= \frac{1}{2}$ Pendelschwingung $=$ circa $\frac{1}{2}$ Secunde für ein Bein mittlerer Länge —, die oben erwähnte Periode, in welcher beide Füsse den Boden berühren, immer mehr verkürzt wird, bis sie bei schnellem Gehen ganz verschwindet und der eine Fuss gerade abgehoben, wenn der andere aufgesetzt wird: Schema Fig. 34 B. Hierzu kommt indessen noch folgender Umstand: um bei unveränderter Beinlänge (gestrecktes Bein als Hypotenuse!) eine grössere Schrittlänge (die eine Kathete!) zu erzielen, muss nothwendig das Hangbein beim Aufsetzen sowohl (andere Kathete!), als während des „Schwingens" stärker gebeugt werden — der Körper wird um so tiefer getragen, je schneller man geht! —, daher schwingt es auch schneller, als kürzeres Pendel im Sinne der Weber'schen Theorie, wahrscheinlich auch, weil die den Beugemuskeln entgegenwirkenden Oberschenkelstrecker ihm eine active Beschleunigung ertheilen.

Gleichzeitig mit dem Tiefertragen erfährt der Oberkörper auch eine um so stärkere Neigung vorwärts, je schneller man geht. Dieselbe wirkt der Tendenz desselben, rückwärts umzukippen, entgegen, die in Folge des Vorwärtsstemmens seines unteren Endes durch das active Bein vorhanden sein muss; vergleiche das Schräghalten eines Gegenstandes, welchen man etwa auf der Fingerspitze balancirend bewegt!

Die beim gewöhnlichen Gehen zu erzielende Geschwindigkeit ist begrenzt und übersteigt im günstigsten Falle kaum $2\frac{1}{2}$ m in der Secunde. Eine höhere Geschwindigkeit

[1]) a. a. O., S. 259 ff.

erzielt man beim **Laufen** (Eillauf). Hier erhält der Oberkörper durch eine schnellere und kräftigere Streckbewegung des activen Beines eine Horizontalbeschleunigung, welche ihn befähigt, ohne Unterstützung eine Strecke weit vorwärts zu „fliegen": es wird der Fuss des betreffenden Beines nämlich „abgewickelt" und verlässt den Boden, ehe das andere seine Schwingung vollendet hat und zum Auffangen des Körpers aufgesetzt wird. Zwischen je zwei Perioden, wo je der eine Fuss aufsitzt und der andere in der Luft sich befindet, hat man also einen Zeitraum, wo beide Füsse in der Luft sich befinden: Schema Fig. 34 C. Beim Laufen wechselt die Schrittdauer, resp. die Schrittzahl in der Zeiteinheit weniger als beim Gehen; die Schrittdauer ist am grössten bei mittlerer Länge der Schritte und nimmt etwas ab sowohl bei kleinerer, als auch bei grösserer Schrittlänge. Durch bedeutende Verlängerung der Laufschritte lassen sich Geschwindigkeiten bis zu $6^{1}/_{2}$ m in der Secunde erreichen, wegen des dazu nöthigen Kraftaufwandes natürlich nur auf kurze Zeit.

Zur Lösung einer der wichtigsten praktischen Fragen, nämlich nach dem **Kraftaufwand** bei den verschiedenen Locomotionsarten, ist eine genaue Kenntniss der **Bahnen** nöthig, **welche die wichtigsten Punkte des Körpers im Raume beschreiben,** sowie der Thätigkeit der einzelnen betheiligten Muskeln und Muskelgruppen[1]). Die Erkenntniss der allerwichtigsten Thatsachen dieses Gebietes gelang den Gebr. Weber seinerzeit durch die blosse Betrachtung; ihre geometrischen Skizzen der aufeinanderfolgenden Phasen des Gehens und Laufens haben (wir übergehen Versuche von lediglich historischer Bedeutung) grösstentheils Bestätigung, sowie die nöthige Erweiterung gefunden durch die Ergebnisse der modernen Momentphotographie (Muybridge, Marey, Anschütz).

Die Aufnahme rasch aufeinanderfolgender Stellungen eines sich bewegenden Gegenstandes in gleichen Zeitintervallen (Serienphotographie, Chronophotographie) kann auf getrennten Platten erfolgen, deren jede ein Bild erhält, so dass sämmtliche Bilder durch stroboskopische Vorrichtungen wieder zum Gesammteindruck vereinigt werden können (Anschütz, Marey, Edison, Lumière); den vorliegenden Zwecken dient jedoch besser die Aufnahme sämmtlicher Phasen auf einer feststehenden Platte (Marey). Da aber hier einzelne Theile sich decken

---

[1]) Angaben qualitativer Art über die Wirkung zahlreicher Muskeln des Kopfes, Rumpfes und der Extremitäten finden sich auf Grund elektrischer Reizversuche zusammengestellt bei Duchenne (siehe die Literatur am Anfange dieses Abschnittes).

und die Zahl der aufnehmbaren Phasen begrenzt, also die Bahncurven nicht genügend genau bestimmt sind, so hat man auf ein Bild aller Körpertheile verzichtet und nur bestimmte Punkte und Linien aufgenommen; Marey[1]) kleidet die Versuchsindividuen schwarz mit aufgenähten weissen Streifen — längs Arm, Bein, Oberkörper — und Punkten — an den Gelenken — und lässt sie vor einem schwarzen Hintergrund sich bewegen. Auf diese Weise erhält er brauchbare geometrische Phasenbilder.

Vollkommenes auf diesem Gebiete leisteten neuerdings W. Braune und O. Fischer[2]). Ihre im Dunkeln gehende Versuchsperson wurde von vier Richtungen aus gleichzeitig aufgenommen: von links und rechts in senkrechter Projection auf die Gangebene, sowie schräg von vorn links und von vorn rechts; hieraus lässt sich die Lage jedes aufgenommenen Punktes im Raume nach drei senkrecht zu einander stehenden Raumcoordinaten genau berechnen[3]). Die Linien und Punkte wurden markirt durch an den Gliedern der Versuchsperson fixirte Geissler'sche Röhren, welche für jede Phase aufleuchteten. Aus der Lage der Lichtpunkte wurde nach Messungen erst die Lage der Gelenksmittelpunkte für jede Phase berechnet.

Die auffälligste, lange bekannte passive Bewegung eines Körpertheiles beim Gehen ist das Auf- und Abschwanken des Scheitelpunktes (entsprechend des ganzen Oberkörpers) bei jedem einzelnen Schritte, so dass, von der Seite gesehen, bei jedem Doppelschritte eine Wellenlinie mit zwei Bergen und zwei Thälern beschrieben wird. Die Grösse der Verticalexcursion beträgt übrigens bei langsamem Gehen höchstens 4—5 cm (Gebr. Weber), bei schnellem Gehen und Laufen weniger.

Zu den Verticaloscillationen gesellen sich nun seitliche Schwankungen der wichtigen Punkte am Körper, sowie ungleichmässig schnelle Vorwärtsbewegung, so dass im Raume äusserst complicirte Curven beschrieben werden, wie die Ergebnisse der Versuche von Braune und Fischer zeigen. Von vorn gesehen beschreibt nach diesen der Scheitelpunkt bei jedem Doppelschritt die zierliche, in sich zurücklaufende, lemniscatenartige Curve s, Fig. 35, natürliche Grösse; dementsprechend beschreiben die beiden Schultergelenksmittelpunkte die Curven sml und smr, die beiden Hüftgelenksmittelpunkte hml und hmr, sowie die Mitten der Verbindungslinien beider Hüften, resp. Schultern die symmetrischen Curven slm und hlm. Die verticalen Striche l, r entsprechen dem Aufsetzen des linken resp. rechten Fusses. Wie man bei genauerer Betrachtung erkennt, oscilliren während der Bewegung des Ganzen die Enden der Schulter- resp. Hüftlinie um die Mitten als Drehpunkte, und zwar beschreiben sie während jeden Doppelschrittes drei Schwingungen.

Die Anwendung der besprochenen Versuchsergebnisse auf die Dynamik des Gehens ist bisher noch nicht publicirt; statt dessen sollen hier die approximativen Berechnungen Marey's[4]) erwähnt werden. Marey setzt die Gesammtarbeit zusammen aus der bei den Verticaloscillationen vergeudeten Arbeit, der für die horizontale Fortbewegung des Körpers berechneten Arbeit

---

[1]) C. R., XCVI, 1827.
[2]) Ac. L., Abh., XXI, 153.
[3]) O. Fischer hat darnach auch ein Modell construirt; A. (A.) P., 1895. S. 257.
[4]) C. R., CI, 905, 910.

und der bei den Schwingungen des Hangbeines geleisteten Beinmuskelarbeit: Für das gewöhnliche Gehen berechnet er erstere $= 2 \times p \cdot h = 2 \cdot 0{\cdot}04$ m $\cdot$ 75 kg $= 6$ kgm; die Horizontalarbeit als lebendige Kraft aus dem Quadrat der Differenz der Geschwindigkeitsminima und -maxima, multiplicirt mit dem Körpergewicht, dividirt durch $2\,g$ zu $2{\cdot}5$ kgm; endlich die Schwingungsarbeit zu $0{\cdot}3$ kgm,

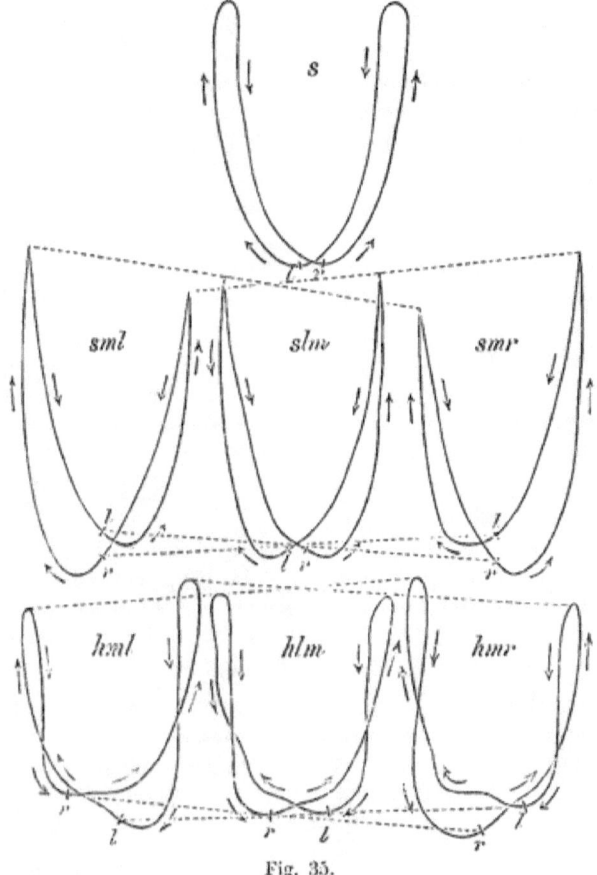

Fig. 35.

alle drei Werthe für jeden Schritt; zusammen $8{\cdot}8$ oder ca. 9 kgm pro Schritt; bei 80 Schritten in der Minute 720 kgm pro Minute $= 12$ kgm pro Secunde als Leistung bei gewöhnlichem Gehen ohne Belastung. Sehr hohe Werthe berechnet Marey auf analoge Weise für schnelles Laufen.

Eine besondere Locomotionsform, welche der Ueberwindung von Hindernissen gilt, bildet der **Sprung**. Hier wird mit oder ohne vorhergehenden „Anlauf" durch die plötzlich in kräftige Thätigkeit versetzten Strecker eines oder beider Beine dem Körper eine bedeutende Beschleunigung aufwärts und mehr oder weniger horizontal vorwärts (Hoch- und Weitsprung) ertheilt, derart, dass er durch die Luft fliegt, indem sein Schwerpunkt eine parabelartige (ballistische) Curve beschreibt. Bei der Ankunft am Ziele dienen die vorgestreckten Unterextremitäten durch die willkürlich veränderliche elastische Spannung der Muskeln zum „Auffangen", gewissermassen als Stossfedern. Die Arbeitsleistung beim Hochsprung kann direct als Product von Sprunghöhe mal Körpergewicht bestimmt werden; die Sprunghöhe ist nicht der Maximalanstrengung, sondern dem Product aus mittlerer Anstrengung und Gesammtdauer proportional, wie besondere dynamometrische Versuche (Abspringen von einer Plattform, welche eine selbstregistrirende Federwage enthält) gezeigt haben [Marey und Demeny[1])].

Aus einzelnen Sprüngen zusammengesetzt kann man sich eine besondere Locomotionsform denken, welche die Gebr. Weber als „Sprunglauf" im Gegensatz zum „Eillauf" bezeichnet haben; dementsprechend gestaltet sich seine Theorie.

Besonders hingewiesen sei noch auf die den verschiedenen Locomotionsformen gemeinsamen „Balancirbewegungen" der Arme, welche der Bewegungsrichtung des Beines der betreffenden Seite gegen den Oberkörper stets entgegengesetzt sind. Sie unterstützen die Erhaltung des Gleichgewichtes bei der Locomotion, natürlich unter Arbeitsleistung, welche bei genauen Bestimmungen wird mit in Rechnung gezogen werden müssen.

Beim **Schwimmen** im Wasser dienen die in drei Tempis ausgeführten Bewegungen: 1. der Vorwärtsbewegung des Körpers durch Rückwärtsstemmen gegen das Wasser (Rudern), 2. der Unterstützung des Auftriebes, resp. Aufwärtsbewegung des Körpers durch Abwärtsdrücken gegen das Wasser, 3. der Rückkehr in die Anfangsstellung bei möglichst geringem Wasserwiderstande. Eine genauere Analyse der Bewegungen beim Schwimmen, den Turnübungen, dem Radfahren u. s. w. steht noch aus und würde jedenfalls bei Anwendung der modernen Behelfe interessante und praktische Aufschlüsse geben.

Ein äusserst ergebnissreiches Gebiet, auf welchem bereits viel gearbeitet worden ist, bildet die Locomotion der Thiere. Die

---

[1]) C. R. XCVII. 782. 820; CI. 489.

mannigfachen Formen der Locomotion der Landthiere aller Classen, der Wasserthiere, endlich der Flug der Vögel und Insecten bilden den Gegenstand einer Specialliteratur, auf welche der sich dafür Interessirende hier nur verwiesen werden kann [1]).

[1]) J. Marey. La machine animale. Paris 1873. Derselbe. Le vol des oiseaux. Paris 1889. — H. Strasser. Ueber den Flug der Vögel. Jena 1885. Derselbe. Zur Lehre von der Ortsbewegung der Fische. Stuttgart 1882. — H. Corblin, Recherches expérimentales sur la locomotion du poisson, A. d. P., 1888. p. 145. — J. Demoor. Recherches expérimentales sur la marche des insectes et des arachnides. A. d. B., X. 567.

X.
Nervenfasern[1]).

Das Nervensystem dient dazu, eine Vermittelung zwischen den Organen des Körpers unter sich, sowie mit der den äusseren Einwirkungen ausgesetzten Oberfläche zu bilden, welche von den Ernährungsbeziehungen (Blut- und Lymphstrom etc.) sich dadurch unterscheidet, dass sie Vorgänge in dem einen Organ mit weit grösserer Geschwindigkeit denn jene als „Reiz" in einem entfernten anderen Organ wirken lässt, so dass hier andersgeartete Vorgänge „ausgelöst" werden (siehe S. 10). Man hat das Nervensystem deshalb mit einem Telegraphennetz verglichen. Seine Anordnung im Allgemeinen ist bekanntlich derart, dass centrale Apparate einerseits mit den motorischen, secretorischen u. s. w. Organen, andererseits mit an den Oberflächen gelegenen „Aufnahmeapparaten" — den Sinnesorganen u. s. w. — durch die Fasern der „peripherischen Nerven" in Verbindung stehen. Wir beginnen mit der Besprechung der **Nervenfasern**, deren Function die Uebertragung eines „Impulses" von dem „**Organe der Erregung**" aus nach dem „**Erfolgsorgan**" ist, woselbst dieser Impuls eben als „Reiz" einen neuen Vorgang „auslöst". Diese Function der „Leitung" ist allen Arten von Nervenfasern gemeinsam, welches auch ihre histologischen Unterschiede (markhaltige und marklose u. s. w.) sein mögen; die „functionelle Verschiedenheit" von Nervenfasern hängt nur ab von der Art der Erregungs- und Erfolgsorgane, mit welchen sie anatomisch verbunden sind: „**centripetale**" Nervenfasern, welche die Erregung von peripherischen

---

[1]) Näheres: L. Hermann, Allgemeine Nervenphysiologie, in Hermann's Handbuch. II. 1. Leipzig 1879. — W. Biedermann, Elektrophysiologie. Jena 1895, Abschnitt G und H.

Aufnahmeapparaten nach den Centralorganen, und **„centrifugale"** Nervenfasern, welche die Erregung von den Centralorganen nach peripherischen Erfolgsorganen leiten; endlich **intercentrale Fasern**, welche innerhalb des Centralnervensystems zwischen dessen cellulären Apparaten die Verbindung herstellen[1]); ferner reden wir je nach dem peripherischen Endorgane von **„motorischen, secretorischen, vasomotorischen, hemmenden"**, sowie **„sensorischen"** und **„sensibeln"** Nervenfasern. Der natürliche physiologische Vorgang in dem normalen Ausgangsorgane der Erregung einer Nervenfaser wird als der **„adäquate Reiz"** für dieselbe bezeichnet; aber auch andere, im Verlaufe der Nervenfaser abnormerweise auf sie einwirkenden Vorgänge — wie wir sehen werden, mechanische, chemische, thermische und elektrische „Reize" — lösen im Erfolgsorgane einen **principiell stets gleichartigen**, von der Natur eben dieses Erfolgsorganes abhängigen Vorgang aus. Mit Bezug auf die Nervenfaser, welche mit dem betreffenden Erfolgsorgane functionell verknüpft ist, bezeichnet man jenen Vorgang — speciell bei den Sinnesnerven — als ihre **„specifische Energie"** [Johannes Müller[2])].

Nach Obigem leuchtet ein, dass Durchschneidung des N. opticus die Empfindung eines Lichtblitzes hervorruft, dass Amputirte bei Einwirkungen auf die centralen Nervenstümpfe in den Amputationsstümpfen die Empfindungen resp. Schmerzen in die nicht mehr vorhandenen Glieder verlegen u. A. m.

Der Erfolg eines adäquaten oder inadäquaten („künstlichen") Nervenreizes **bleibt aus**, wenn der Nerv zwischen Reizstelle und Erfolgsorgan **durchschnitten** oder aber nur unterbunden, zerquetscht, durch chemische oder thermische Einwirkung derart **geschädigt** ist, dass seine innere **Structur** dauernd **verändert** ist: die Function der Nervenleitung ist abhängig von der erhaltenen Continuität der normalen Structur.

Derjenige histologische Theil der Nervenfaser, welcher bei dieser Continuität specieller in Betracht zu kommen scheint, ist der Achsencylinder, welcher ganz allgemein als das eigentliche leitende Element angesehen wird.

---

[1]) Die Beleuchtung dieser Verhältnisse durch die moderne „Neuronenlehre" kann erst später gegeben werden.

[2]) Handb. der Physiologie des Menschen. II. 250. Coblenz 1840.

— 226 —

Da functionell verschiedene Nervenfasern zu einem Bündel vereinigt sind und in diesem nur eine Art von ihnen oder ein bestimmter, z. B. zu einer besonderen Muskelgruppe führender Theil allein in Thätigkeit sein kann, während die anderen in Ruhe sind, so gilt das **Gesetz der isolirten Leitung** in jeder einzelnen Nervenfaser. Wo Theilungen einer solchen vorkommen (meist nur innerhalb der Erfolgsorgane), da pflanzt sich natürlich die Erregung von dem Faserstamme aus in jedem der Zweige fort.

Welche Bedeutung die Scheidenbildungen für die isolirte Leitung haben, in welcher Beziehung die fibrilläre Structur des Achsencylinders (Schiefferdecker, v. Kupffer, Apáthy u. A.) zur Leitungsfunction steht, ob insbesondere bei den Verzweigungen der Nervenfasern die einzelnen Achsencylinderfibrillen sich gleichfalls verzweigen oder nur, vorher nebeneinander verlaufend, auseinanderbiegen u. s. w. — das sind Alles mehr weniger offene Fragen.

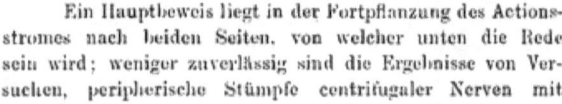

Fig. 36.

Da nach ihrer functionellen Verknüpfung im Körper jede Nervenfaser die Erregung nur in einer Richtung zu leiten hat, so wäre es denkbar, dass sie es eben in der anderen Richtung nicht könnte. Experimentell ist indessen für die peripherischen Nervenfasern das **doppelsinnige Leitungsvermögen** als sicher nachgewiesen zu betrachten.

Ein Hauptbeweis liegt in der Fortpflanzung des Actionsstromes nach beiden Seiten, von welcher unten die Rede sein wird; weniger zuverlässig sind die Ergebnisse von Versuchen, peripherische Stümpfe centrifugaler Nerven mit centralen Stümpfen centripetaler Nerven oder umgekehrt zur Verheilung zu bringen [Bidder[1]), Philipeaux und Vulpian[2]), P. Bert's Rattenschwanzversuch[3]), widerlegt durch Koch's[4])]. Beweisender sind Versuche an sich verzweigenden Nervenfasern: Kühne's „Zweizipfelversuch"[5]) besteht darin, dass das obere breite Ende eines Froschsartorius in zwei Zipfel zerschlitzt wird, in welche dann oft je ein Zweig einer und derselben, mehr in der Mitte sich theilenden motorischen, also centrifugalen Nervenfaser (resp. mehrerer) hineinreicht und Muskelfasern innervirt: wird in solchem Falle vermittelst Durchschneidung des einen Zipfels (Schnittrichtung s, Fig. 36) der eine Faserzweig gereizt, so zuckt im nämlichen Moment der andere Zipfel, was nur dann möglich ist, wenn im ersteren centrifugalen Faserzweig die Erregung bis zur Theilungsstelle centripetal, und von dort erst centrifugal in den anderen Faserzweig

---

[1]) A. A. P., 1865, 246.
[2]) C. R., LI, 363; LVI, 54.
[3]) Journal de l'anat. et de la physiol., 1864, p. 62; C. R., LXXXIV, 173.
[4]) C. B., VII, 253.
[5]) A. A. P., 1859, S. 595.

sich fortgepflanzt hat. Noch schlagendere entsprechende Versuche wurden von Babuchin[1]) an den beiden starken, einzigen, sich vielfach verzweigenden Nervenfasern angestellt, welche beiderseits die elektrischen Organe von Malapterurus (siehe unten) versorgen.

Die **Fortpflanzungsgeschwindigkeit der Erregung im Nerven** ist zuerst durch Helmholtz[2]) gemessen und für den motorischen Froschnerven zu 27 m, für den motorischen Nerven am lebenden Menschen zu 34 m in der Secunde angegeben worden. Das Princip der meist angewendeten Messungsmethode besteht darin, dass abwechselnd an zwei vom Muskel verschieden entfernten Nervenstellen ein künstlicher Reiz — elektrischer Inductionsstrom — applicirt, der Zeitunterschied zwischen dem Beginne des Reizerfolges — hier also der Muskelcontraction — im einen und im anderen Falle gemessen und damit die Entfernung beider Reizstellen von einander dividirt wird: Weg durch Zeit = Geschwindigkeit. Am einfachsten geschieht die Bestimmung jenes Zeitunterschiedes direct nach der

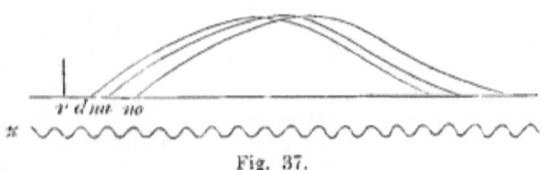

Fig. 37.

myographischen Methode (siehe Seite 183): In Fig. 37 ist r der Reizmoment, nu der Beginn der bei Reizung des Nerven unten am Muskel, no derjenige der bei Reizung einer oberhalb gelegenen Stelle erhaltenen Zuckung: die Differenz der beiden Latenzstadien, also das Stück von nu bis no, entspricht der Fortpflanzungszeit [zu bestimmen mit Hilfe der Zeitcurve z (Stimmgabel) unterhalb der Myogramme].

d bedeutet den Zuckungsbeginn bei directer Totalreizung des Muskels; das Latenzstadium ist hier noch verkürzt um die Zeit, welche die Vorgänge im motorischen Endorgane brauchen; hierüber siehe weiter unten.

Seine ersten Bestimmungen der Fortpflanzungsgeschwindigkeit führte Helmholtz[3]) nach der Pouillet'schen zeitmessenden Methode aus: genau gleichzeitig mit der Nervenreizung wird ein Stromkreis geschlossen, in welchen ein Galvanometer eingeschaltet ist. Durch den Beginn der Zuckung öffnet der Muskel selbst diesen Stromkreis wieder: die jeweilige Grösse des Galvanometerausschlages

---

[1]) A. (A.) P., 1877, S. 66.

[2]) Ac. Berl. Monatsber., 1850, S. 14; A. A. P., 1850, S. 71, 276, 1852, S. 199; Helmholtz und Baxt, Ac. Berl. Monatsber., 1867, S. 228, 1870, S. 184.

[3]) a. a. O.

entspricht der Dauer der Schliessungen des Stromes, d. h. also der Latenzzeiten, so dass, wenn die Constanten bekannt, sich die Fortpflanzungszeit leicht berechnen lässt.

Versuche, am lebenden Menschen die Fortpflanzungsgeschwindigkeit der Erregung in den sensibeln Nerven zu messen (durch Benützung der Bestimmung der „Reactionszeit" — siehe später —, sowie anderer Methoden), haben wenig übereinstimmende Werthe ergeben (Helmholtz, Schelske, de Jager, Oehl u. v. A.), welche aber innerhalb derselben Grössenordnung liegen.

Von der Bestimmung der Leitungsgeschwindigkeit in Gestalt der Fortpflanzungsgeschwindigkeit der Actionsströme wird weiter unten die Rede sein.

Bei Versuchen am Froschnerven findet man oft genug verhältnissmässig niedrige Werthe für die Leitungsgeschwindigkeit, woran schlechter Zustand der Thiere, niedrige Temperatur der Umgebung u. A. Theil haben können.

Die Grösse der Nervenleitungsgeschwindigkeit wird beeinflusst von der **Temperatur**, indem sie mit steigender Temperatur zu-, mit sinkender abnimmt (Helmholtz), ferner wohl auch von der Thierart.

Wenigstens wurden für marklose Nerven wirbelloser Thiere stets niedrige Werthe gefunden [Scheerennerv des Hummers 6 - 12 m. Fredericq und Vandervelde[1], Mantelnerven von Eledone und Octopus $^{1}/_{2}$—5 m. v. Uexküll[2], S. Fuchs[3], Boruttau[4]].

Dass die Leitungsgeschwindigkeit von der Reizstärke abhänge, wurde sonst geleugnet (Lautenbach, Rosenthal), sie scheint aber in der That mit steigender Reizstärke zuzunehmen (Helmholtz und Baxt, S. Fuchs, a. a. O.). Auch ob Unterschiede längs einer und derselben normalen Nervenfaser vorhanden sind, ist streitig; wahrscheinlich ist aber Constanz der Geschwindigkeit.

Von den verschiedenen, oben erwähnten inadäquaten Nervenreizen eignet sich für die Untersuchung in hervorragendem Masse die **elektrische Reizung**. Die Application elektrischer Ströme auf den Nerven hat ergeben, dass unter normalen Verhältnissen nicht das continuirliche Fliessen, sondern die **Schwankungen der Stromdichte** (Oeffnung oder Schliessung, Intensitätsänderung, Querschnittänderung der berührenden Elektroden u. s. w.) **den motorischen Nerven erregen**, und zwar **um so stärker, je steiler**, d. h. grösser in der Zeiteinheit diese Schwankungen sind [du Bois-Reymond's[5] allgemeines Erregungsgesetz].

Centripetale Nervenfasern zeigen oft auch während der Dauer eines durch sie hindurchgeschickten constanten Kettenstromes „Reizerfolge":

---

[1] C. R., XCI, 239; Bull. de l'Ac. roy. de Belg. (2), XLVII, Nr. 6.
[2] Z. B., XXX, 317.
[3] Ac. W., CIII, 207.
[4] A. g. P., LXVI, 285.
[5] Untersuchungen über thier. Elektr., I, 258.

sensible Nerven. Volta: pressorische Fasern, Grützner[1], respiratorische Vagusfasern. Langendorff und Oldag[2]. Unter besonderen Umständen — starke Abkühlung (bei manchen Thierarten angeblich auch ohne solche) — kann auch constante elektrische Durchströmung eines motorischen Nerven Dauercontraction des Muskels zur Folge haben [Pflüger, Eckhard, v. Frey[3] u. A.]. Ob deshalb auch für den Nerven das oben erwähnte Erregungsgesetz keine allgemeine Giltigkeit habe (Biedermann), oder ob es sich um Eigenheiten der Erfolgsorgane handelt, scheint noch nicht genügend aufgeklärt.

Zur Untersuchung des Einflusses der Schwankungssteilheit auf den Reizerfolg hat man Apparate zur Erzeugung linearer Stromschwankungen construirt: v. Fleischl's Orthorheonom[4]; das Federrheonom von v. Kries[5]. Je langsamer eine derartige Schwankung verläuft, um so grösser muss die Maximalintensität sein, wenn derselbe Reizerfolg erzielt werden soll. [Näheres bei v. Kries[6].]

Zu den meisten Nervenreizversuchen benützt man deshalb die schnell entstehenden und vergehenden **Inductionsströme**, welche bei der Schliessung und Oeffnung eines die „primäre Spirale" durchlaufenden Kettenstromes die mit einer Nervenstrecke zum Kreis geschlossene, der primären parallel gewickelte „secundäre Spirale" durchfliessen.

Diese letztere muss wegen des **grossen Leitungswiderstandes** der thierischen Gewebe aus sehr zahlreichen Windungen dünnen Drahtes bestehen, welche gleichfalls grossen Leitungswiderstand besitzen und Inductions„schläge" von hoher elektromotorischer Kraft bewirken, zu deren weiterer Steigerung ein Bündel von einander isolirter weicher Eisendrähte in die primäre Spirale eingeschoben ist. Die Abstufung der Kraft der Inductionsschläge erfolgt gewöhnlich durch Veränderung der Entfernung zwischen den beiden Rollen (die Wirkung ist am grössten, wenn dieselben übereinander geschoben sind: „Rollenabstand Null") — du Bois-Reymond's Schlitteninductorium[7] — oder auch durch Drehung der secundären Rolle um eine verticale Achse (bei senkrechter Stellung der Rollen zu einander ist die Wirkung gleich Null) — Bowditch —. Der einfachen Angabe des „Rollenabstandes" ist die Aichung nach Stromstärken [Fick, Kronecker[8]) vorzuziehen.

Die durch Schliessen und Oeffnen des primären Stromes entstehenden entgegengesetzt gerichteten Inductionsschläge haben einen sehr verschiedenen zeitlichen Verlauf, indem die Entstehung des Schliessungsinductionsschlages

---

[1] A. g. P., XVII, 238.
[2] A. g. P., LIX, 206.
[3] A. (A.) P., 1883, S. 43.
[4] Ac. W., LXXVI.
[5] A. (A.) P., 1884, 337.
[6] Verh. der naturforsch. Ges., Freiburg, VIII, 265.
[7] Untersuch. üb. thier. Elektricität. II. 1. S. 393.
[8] Fick, Unters. Züricher Labor., S. 38; Kronecker, Ac. L., 1871. S. 699.

durch den im primären Kreis gleichzeitig entstehenden entgegengesetzt gerichteten Extrastrom stark verzögert wird; da bei der Oeffnung ein Extrastrom im primären Kreise nicht zu Stande kommt, so verläuft der Oeffnungsinductionsschlag viel steiler und wirkt deshalb (siehe oben) stärker erregend, als der Schliessungsschlag. Dieser Unterschied lässt sich annähernd ausgleichen, indem man, statt den primären Strom zu schliessen und zu öffnen, eine gutleitende Nebenschliessung wegräumt und wieder herstellt: der bei der Wiederherstellung entstehende, dem primären Strom gleichgerichtete Extrastrom gleicht sich durch die Nebenschliessung aus und verzögert den „Oeffnungsinductionsschlag" dermassen, dass dieser sogar etwas weniger steil verläuft, als der „Schliessungsschlag". Natürlich werden durch die geringere absolute Grösse der primären Stromschwankung beide Inductionsschläge geschwächt. Auch der zur Erzeugung von Inductionsreizen in rascher Folge dienende selbstthätige elektromagnetische Unterbrecher des primären Stromes — „Wagner'sche Hammer" — kann so modificirt werden, dass er, statt den primären Strom zu schliessen und zu öffnen, eine gutleitende Nebenschliessung wegräumt und herstellt [Helmholtz'sche Vorrichtung [1])]. Analoge Vorrichtungen sind auch an anderen Unterbrechern üblich, welche gleichmässiger functioniren, als der Wagner'sche Hammer: Bernstein's[2]) akustischer Unterbrecher. Um indessen einen vollständigen Ausgleich der in beiden Richtungen verlaufenden Reizströme zu haben, muss man sie paarweise alterniren lassen: derartige Ströme liefert auch der allerälteste Apparat für elektrische Reizversuche, die Stöhrer'sche elektromagnetische Rotationsmaschine [Grützner[3])]. Die Magnetinduction ermöglicht auch leicht die Erzeugung vollständig congruenter, speciell im Sinne einer Sinuscurve verlaufender Wechselströme [Sinusinductor von Kohlrausch, Voltaïsation sinusoïdale von d'Arsonval[4])], welche für manche Zwecke von Vortheil sind.

Der Erfolg elektrischer Nervenreizung ist um so stärker, je näher die Stromrichtung mit der Längsrichtung der Nervenfasern übereinstimmt: genau **quere Durchströmung** muss als **unwirksam** angesehen werden [Galvani, Hitzig[5]) und Filehne[6]), A. Fick jun.[7]), Hermann mit Albrecht, Mayer und Giuffré[8]); allerdings haben Tschirjew[9]) und Gad das Gegentheil behauptet]. Jedenfalls ist der Leitungswiderstand des **lebenden** Nerven bei querer Durchströmung 5—6mal so gross wie bei der Durchströmung in der Längsrichtung [Hermann[10])]; Erwärmung, Absterben, alle Schädigungen

---

[1]) Siehe du Bois-Reymond. Ges. Abh. zur Muskel- u. Nervenphysik, I, 228.
[2]) Untersuchungen über den Erregungsvorgang etc., Heidelberg 1871, S. 98.
[3]) A. g. P., XLI, 256.
[4]) C. r. soc. biol., 1891, p. 530.
[5]) A. g. P., VII, 263.
[6]) A. g. P., VIII, 71.
[7]) Verh. d. Würzb. physik.-med. Ges., N. F., IX, 228.
[8]) A. g. P., XXI, 462.
[9]) A. (A.) P., 1877, 369.
[10]) A. g. P., V, 223.

vermindern diesen Unterschied, welcher auf Polarisation an inneren Grenzflächen zurückgeführt wird. (Näheres weiter unten.)

Bei der Durchströmung einer Nervenstrecke sind die Ein- und die Austrittsstellen des Stromes nicht gleichwerthig, vielmehr gilt auch hier das vom Muskel her erinnerliche Gesetz, dass **bei der Schliessung** resp. Verstärkung **von der Kathode, bei der Oeffnung** resp. Schwächung **von der Anode Erregung ausgeht.** Die Erkennung dieses Verhaltens bei der Einwirkung eines constanten Stromes auf einen Nerven ist indessen dadurch erschwert, dass während der Dauer seines Fliessens (sowie auch nach seiner Oeffnung) **Veränderungen der Erregbarkeit an beiden Elektroden** stattfinden, welche, anders als beim Muskel, nicht nur innerhalb der durchströmten

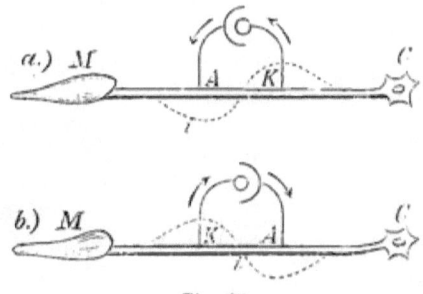

Fig. 38.
a) aufsteigender. b) absteigender Elektrotonus.

Strecke (intrapolar), sondern auch weithin ausserhalb derselben — „extrapolar" — sich ausdehnen: „**Physiologischer Elektrotonus**" [Eckhard[1]). Pflüger[2])].

Zu beiden Seiten der **Anode** herrscht **verminderte** Erregbarkeit, „Anelektrotonus", zu beiden Seiten der **Kathode gesteigerte** Erregbarkeit, „Katelektrotonus", so dass also die intrapolare Strecke in einen stärker und einen schwächer erregbaren Theil gespalten wird; der Grenzpunkt, wo normale Erregbarkeit herrscht, heisst „**Indifferenzpunkt**". Prüft man die Erregbarkeit durch die Muskelzuckung (Eintreten oder Ausbleiben, Höhe derselben) als Reagens, indem man am motorischen Nerven zwischen der durchströmten Strecke und dem Muskel M (Fig. 38) durch eine

---

[1]) Zeitschr. f. ration. Med. (2). III, 198; Beiträge z. Anat. u. Physiol., I, 23.
[2]) Untersuchungen über die Physiologie des Elektrotonus, Berlin 1859.

kurze Nervenstrecke einen Inductionsschlag schickt, so bleibt die Zuckung aus oder erscheint geschwächt, wenn der „elektrotonisirende" Strom im Nerven in der Richtung vom Muskel nach dem Centrum zu („aufsteigend") fliesst: aufsteigender Anelektrotonus; Fig. 38 a; — die Zuckung erscheint verstärkt, wenn der elektrotonisirende Strom im Nerven umgekehrt (absteigend) gerichtet ist; Fig. 38 b (der Verlauf der Erregbarkeit ist durch die punktirte Curve angedeutet, welche zu beiden Seiten der Anode unterhalb des normal überall gleich erregbar gedachten Nerven als Abscissenachse verläuft, zu beiden Seiten der Kathode oberhalb; i ist der Indifferenzpunkt, in Fig. 38 a versehentlich falsch angegeben). Die Zuckung ist bei absteigendem Strome dagegen geschwächt, wenn der Inductionsreiz oberhalb der durchströmten Strecke, zwischen dieser und dem Centrum angebracht wird, wegen des die Erregbarkeit herabsetzenden Einflusses der benachbarten Anode. Erfolgt die oben erwähnte „suprapolare" Reizung des motorischen Nerven bei aufsteigendem Strome, so kommt die erregbarkeitssteigernde Wirkung der benachbarten Kathode deshalb **nicht zur Geltung**, weil die physiologische **Leitungsfähigkeit der anelektrotonischen Strecke**, welche die Erregung weiterhin auf ihrem Wege zum Muskel durchlaufen muss, **herabgesetzt ist**: der physiologische Elektrotonus betrifft zugleich mit der Anspruchsfähigkeit für äussere inadäquate Reize auch die Fähigkeit, die Erregung zu leiten. Inwieweit diese beiden Eigenschaften sich trennen lassen oder ob sie miteinander eins sind, kann erst später besprochen werden. Jedenfalls also ist die **Leitungsfähigkeit gesteigert an der Kathode, vermindert an der Anode; auch die Leitungsgeschwindigkeit ist hier verkleinert [v. Bezold[1]], dort vergrössert [Rutherford[2]]**.

Für die Grösse der Ausbreitung dieser Aenderungen der Erregbarkeit und Leitungsfähigkeit ist vor Allem die Stärke des elektrotonisirenden Stromes massgebend; bei Steigerung dieser findet gleichzeitig mit dem Weitergreifen der extrapolaren Ausbreitung eine Verschiebung des Indifferenzpunktes nach der Kathode zu statt, so dass der anelektrotonische Antheil der intrapolaren Strecke immer mehr überwiegt: in Fig. 39 bedeuten A und K Anode und Kathode, die Curven die Vertheilung der Erregbarkeit längs des Nerven als Abscissenachse: Verlauf unterhalb = Erregbarkeitsverminderung, oberhalb = Erregbarkeitssteigerung, wie für die Punktcurven in Fig. 38. i^1 ist die Lage des Indifferenzpunktes für schwache Ströme (Erregbarkeitscurve *schw*), i^2 für mittelstarke (Curve *m*) und i^3 für starke Ströme (Curve *st*).

[1] Untersuchungen über die elektrische Erregung der Nerven und Muskeln, Leipzig 1861, S. 109.

[2] Journ. of anat. and physiol. (2), 1, 87.

Was den zeitlichen Verlauf der Erregbarkeit-änderungen im Elektrotonus betrifft, so sei hier nur so viel bemerkt, dass dieselben unmittelbar an den beiden Elektroden selbst jedenfalls sofort bei der Stromschliessung entstehen; ihre volle Entwicklung, sowie intra- und extrapolare Ausbreitung dürfte aber aus später zu erörternden Gründen messbare Zeit erfordern, und zwar für den Katelektrotonus schneller erfolgen, als für den Anelektrotonus, welcher noch in Zunahme begriffen ist, während der Katelektrotonus sein Maximum längst erreicht hat (Pflüger). [Momentane Etablirung der Erregbarkeitsänderungen auch an entfernten Stellen ist behauptet worden von Grünhagen[1]), sowie Hermann mit Baranowsky und Garré[2]); doch widerspricht dem neuerdings wieder Asher[3]).]

Die bis jetzt genannten Thatsachen, sowie die Annahme, dass bei gleicher Stromstärke die **Schliessungserregung durch die Kathode grösser ist, als die Oeffnungserregung an der Anode** — resp. dass für die erstere geringere Stromstärken nothwendig sind („die Reizschwelle niedriger ist"), als für die letztere — erklären nunmehr vollständig das **Verhalten der Muskelzuckungen bei Oeffnung und Schliessung** eines im

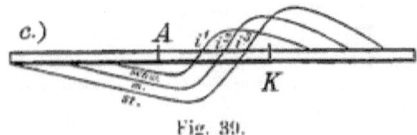

Fig. 39.

motorischen Nerven auf- resp. absteigend gerichteten constanten Stromes, wie es Pflüger[4]) für den ausgeschnittenen Froschnerven in der Form seines **„Zuckungsgesetzes"** kurz zusammengefasst hat:

Stromstärke	Aufsteigender Strom		Absteigender Strom	
	Schliessung	Oeffnung	Schliessung	Oeffnung
schwach	Zuckung	Ruhe	Zuckung	Ruhe
mittelstark	Zuckung	Zuckung	Zuckung	Zuckung
stark	Ruhe	Zuckung	Zuckung	Ruhe (schw. Zuckung)

Bei schwachen Strömen genügt eben die „Anodenöffnung" noch nicht zur wirksamen Erregung, wohl aber die „Kathodenschliessung", indem diese an und für sich stärker erregt; bei mittelstarken Strömen

---

[1]) A. g. P., IV. 547.
[2]) A. g. P., XXI, 443, 449.
[3]) Z. B., XXXII. 473.
[4]) a. a. O., S. 454.

findet deshalb in beiden Fällen Zuckung statt, und zwar sowohl bei auf- als auch bei absteigendem Strome, weil die elektrotonischen Veränderungen der Erregbarkeit und Leitungsfähigkeit noch nicht genügend entwickelt sind. Tritt letzteres in Folge weiterer Verstärkung des Stromes ein, so wird bei aufsteigendem Strom die Schliessungszuckung ausbleiben, weil die von der Kathode ausgehende Erregung das wenig erregbare, resp. leitungsfähige Gebiet der Anode durchlaufen muss, um zum Muskel zu gelangen. Bei starkem absteigenden Strom wird umgekehrt die Anodenöffnungserregung wirkungslos, weil die Leitungsfähigkeit der ganzen intrapolaren Strecke bei starker Durchströmung sich als herabgesetzt erweist.

Für den letztgenannten Fall ist ferner noch zu beachten, dass nach der Oeffnung eines elektrotonisirenden Stromes die Erregbarkeitsverhältnisse sich auf eine Zeit lang umkehren, ehe sie wieder normal werden; d. h. es herrscht erhöhte Erregbarkeit in der Nähe der Anode, verminderte in der Nähe der Kathode. Diese letztere, resp. die mit ihr verbundene Herabsetzung der Leitungsfähigkeit soll schon während der Durchströmungsdauer [einige Zeit nach der Schliessung, Werigo[1])] auftreten — wodurch dann die obenerwähnte Leitungsunfähigkeit der ganzen intrapolaren Strecke erklärt wäre — und kann bei genügender Stromstärke nach der Oeffnung dauernd zurückbleiben, so dass der Kathode eine schädigende, ligaturartige Wirkung zukäme (Hermann).

Die im „Zuckungsgesetz" zum Ausdruck kommende Beziehung zwischen Erregbarkeitsänderung und Erregung hat Pflüger[2]) in der Form ausgedrückt, dass „Erregung stattfindet durch Entstehen des Katelektrotonus und Verschwinden des Anelektrotonus", nicht aber in den beiden entgegengesetzten Fällen.

Da der Elektrotonus sich um so weiter ausbreiten kann, je grösser die intrapolare Strecke ist, so folgt aus obigem Satze, dass auch die Erregungsgrösse mit der Länge der durchflossenen Strecke zunehmen muss; dem ist thatsächlich so, wenn man die elektromotorische Kraft des Reizstromes in gleichem Maasse steigert, wie der Widerstand durch die Verlängerung der Nervenstrecke zunimmt, so dass also die Intensität, von deren Schwankung ja die Erregungsgrösse abhängt, gleich bleibt (du Bois-Reymond, Marcuse, Tschirjew u A.).

Das „Zuckungsgesetz" bestätigt sich auch bei Anwendung nicht elektrischer Reize auf den von einem constanten Strome durchflossenen motorischen Nerven (mechanische und chemische Reizung — Kochsalztropfen —, Pflüger; Näheres siehe unten).

---

[1]) A. g. P., XXXI, 417; Effecte der Nervenreizung u. s. w., Berlin 1890.
[2]) a. a. O., S. 456.

Für die Untersuchung der Erregbarkeitsänderungen in der intrapolaren Strecke müssen sogar nichtelektrische Reize verwendet werden, weil sonst Reizstrom und polarisirender Strom sich ineinander verzweigen würden.

Die elektrotonischen Erregbarkeitsänderungen, sowie ein dem Zuckungsgesetz entsprechendes Verhalten der Reizerfolge bei Schliessung und Oeffnung eines durch eine Nervenstrecke geleiteten auf-, resp. absteigenden constanten Stromes sind ferner nachgewiesen auch am sensibeln Nerven [durch Reflexzuckungen, siehe später, Hällsten[1])], am Vagus in seiner Eigenschaft als Hemmungsnerv des Herzens [Donders[2])], am secretorischen Nerven [Biedermann[3]), durch Beobachtung der „Secretionsströme" — siehe später — der Froschzunge bei Reizung des N. glossopharyngeus] und noch an anderen.

Die Untersuchung des physiologischen Elektrotonus an dem in situ (also mehr weniger tief in umgebenden Geweben) befindlichen Nerven des lebenden Thieres oder Menschen führt zu scheinbar den am ausgeschnittenen Froschnerven erhaltenen widersprechenden Ergebnissen [Eulenburg[4]), Erb[5]), Samt[6])] deshalb, weil der constante Strom selbst in den Geweben sich ausbreitet und nicht lediglich den Nerven durchströmt: die Aenderungen der Erregbarkeit richten sich nicht einfach nach der Lage der auf die Haut äusserlich aufgesetzten Elektroden, sondern nach den Ein- und Austrittsstellen der Stromfäden an der Grenze von Nerv und umliegenden Geweben, den sogenannten **„virtuellen Elektroden"** [Helmholtz, Erb, de Watteville[7])].

Wie aus dem Schema, Fig. 40, ersichtlich ist, liegen an der abgekehrten Seite des Nerven in weiterer Umgebung der Kathode K virtuelle Anoden $a a a$, welche hier verminderte Erregbarkeit bedingen, und in weiterer Umgebung der Anode A virtuelle Kathoden $k k k$, welche die Erregbarkeit erhöhen. Diese virtuellen Elektroden sind auch von Bedeutung für den motorischen Erfolg beim Schliessen und Oeffnen, indem wegen der grösseren Stromdichte auf der zugekehrten Seite des Nerven bei Steigerung der Stromstärke erst Kathodenschliessungszuckung, dann Anodenöffnungszuckung erfolgt (vgl. oben, S. 233), bei weiterer Steigerung aber in Folge der eben angegebenen Lage der virtuellen Elektroden noch sogenannte Anodenschliessungszuckung und endlich Kathodenöffnungszuckung beobachtet wird: Zuckungsgesetz der Elektrodiagnostiker für den

---

[1]) A. (A.) P., 1880, S. 112; 1888, S. 163.
[2]) A. g. P., V, 1.
[3]) A. g P., LIV, 241.
[4]) Deutsch. Arch. f. klin. Med., III. 117, 513.
[5]) ibid., S. 238.
[6]) Diss., Berlin 1868.
[7]) Thèse. Londres 1883; Waller & de W., on the influence etc., London 1882.

gesunden Nerven; die Abweichungen bei Erkrankung und Degeneration (siehe unten) haben bis jetzt von Seiten der Physiologen wenig Beachtung gefunden (vgl. das beim Muskel auf S. 197 Gesagte).

Die Gesetze der polaren Erregung höherer Sinnesnerven sind zwar mehrfach untersucht worden — „elektrischer Geschmack", sauer an der Anode, alkalisch an der Kathode; Pfaff, Ritter, v. Vintschgau[2]) u. A.; Erklärungsversuche von Laserstein[2]) und Hermann[3]); Lichtempfindungen bei Durchströmung der Augen. Ritter, Purkinje, Brenner, Helmholtz[4]); Gehörsempfindungen bei Durchströmung des Kopfes, Brenner[5]) u. A. — indessen können sie noch nicht als genügend sichergestellt, resp. erklärt gelten.

Auf den Elektrotonus sind noch einige Erfolge der Nervenreizung zurückzuführen, welche nur unter bestimmten Bedingungen beobachtet werden.

Hierher gehört zunächst die Erscheinung des Ritter'schen Oeffnungstetanus (1798): Wird nach längerer Durchströmung

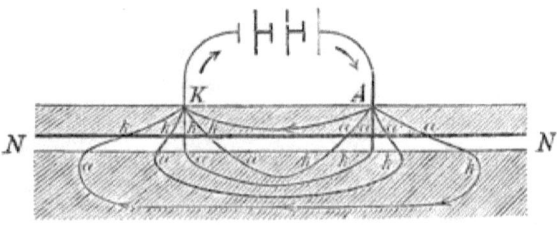

Fig. 40.

eines motorischen Nerven durch einen constanten Strom dieser geöffnet, so verfällt der Muskel in Dauercontraction — „Tetanus", siehe S. 187 —, welche längere Zeit anhält. Handelte es sich um einen aufsteigenden Strom, so verschwindet der Tetanus sofort, wenn der Nerv in der intrapolaren Strecke (unterhalb des „Indifferenzpunktes"!) oder näher nach dem Muskel zu durchschnitten wird: es handelt sich also um die Wirkung eines in dem vorher anelektrotonischen Gebiete vorhandenen Zustandes [Pflüger[6])].

Wie zuerst von Engelmann[7]) ausgesprochen wurde, handelt es sich um die oben erwähnte, nach der Oeffnung eintretende, sogenannte secundäre Erregbarkeitssteigerung an der Anode, welche im Nerven beständig vorhandene, an und für

---

[1]) Siehe auch bei Rosenthal, A. A. P., 1860.
[2]) A. g. P., XLIX, 519.
[3]) ibid., S. 533.
[4]) Physiologische Optik, II. Aufl., S. 243 ff.
[5]) Unters. u. Beob. auf d. Gebiete der Elektrotherapie, II; 1869.
[6]) A. A. P., 1859, S. 133.
[7]) A. g. P., III, 403.

sich aber nicht wirksame Reize wirksam macht. Hierfür spricht zunächst, dass der Oeffnungstetanus um so leichter eintritt, einerseits je stärker der Strom, andererseits je mehr durch aussergewöhnliche Einwirkungen — Vertrocknung, Kälte — die Erregbarkeit des Nerven gesteigert, resp. dieser in einen latenten Erregungszustand versetzt ist (das Genauere siehe unten). Ferner beginnt der Ritter'sche Tetanus stets erst eine gewisse Zeit nach der Oeffnung, während die echte Oeffnungszuckung ein normales Latenzstadium hat; durch Kochsalz- resp. Alkoholbehandlung lässt sich aber bei so schwachen Strömen, dass sie noch keine Oeffnungszuckung geben würden, dennoch eine solche hervorrufen, die aber stark verspätet und von tetanusartigem Charakter ist; steigert man jetzt die Stromstärke, so erscheint bei der Oeffnung erst die echte Oeffnungszuckung und dann jene verspätete tetanische, die also von der Anodenöffnungserregung selbst nicht herrühren kann; ebenso der Ritter'sche Tetanus [Biedermann[1])].

Auch die oben, S. 229, erwähnten Schliessungstetani dürften durch Wirksamwerden latenter Erregung durch den Katelektrotonus zu erklären sein. Sowohl der Schliessungstetanus als der Oeffnungstetanus ist discontinuirlicher, dabei oft unregelmässiger Beschaffenheit, welche ebenfalls für einen sogenannten latenten, d. h. doch wohl auf chemischen Processen beruhenden Erregungszustand spricht, da die Erfolge chemischer Reizung analoger Natur sind (siehe unten).

Wird ein Nerv durchschnitten, so zeigt sich in einer gewissen Nähe des Querschnittes die Erregbarkeit gesteigert [Heidenhain[2])]. Auch diese Erregbarkeitssteigerung ist durch den Katelektrotonus zu erklären, in welchen die gereizte Nervenstelle bei Schliessung des Reizkreises durch den im Nerven vom Querschnitt zur Längsoberfläche verlaufenden eigenen Strom versetzt wird; Näheres im nächsten Abschnitt. Am Querschnitt selbst ist die Erregbarkeit, wie beim Muskel (S. 197) durch das Absterben vernichtet.

Die Erregbarkeitssteigerung in der Nähe des Querschnittes war die Hauptursache für die Beobachtungen einer vom centralen Ende des ausgeschnittenen Frosch-Ischiadicus nach der Kniekehle zu abnehmenden Erregbarkeit, welche für „lawinenartiges Anschwellen der Erregung auf ihrem Wege im Nerven" [Pflüger[3])] gedeutet wurde. Auch andere später an diesem Objecte und auch anderen Nerven gemachte Beobachtungen über Erregbarkeitsunterschiede an verschiedenen Nervenstellen, insbesondere bei Reizung mit verschieden gerichteten Strömen [Hermann[4]), Fleischl[5]), Grützner[6]) u. A.] mögen theils auf unvermeidliche Läsionen bei der Präparation, theils auf Widerstandsunterschiede in Folge anatomischer Differenzen zu beziehen sein; Für mechanische Reizung ist am motorischen Froschnerven überall gleiche Erregbarkeit angegeben worden [Tiger-

---

[1]) „Elektrophysiologie", S. 583 ff.
[2]) Studien des physiol. Inst. Breslau. I. 1; Leipzig 1861.
[3]) Elektrotonus, S. 140 ff.
[4]) A. g. P., VII. 361.
[5]) Ac. W., LXXII, 393; LXXIV, 403.
[6]) A. g. P., XXVIII, 130.

stedt[1]); für den unversehrten, sich nicht verzweigenden Säugethiernerven trifft sie auch für jede Art elektrischer Reizung zu [O. Weiss[2])]; es gilt also der Satz:

Der unversehrte Nerv zeigt in seinem Verlaufe, soweit keine anatomischen Unterschiede bestehen, auch keine Erregbarkeitsunterschiede, woraus (vgl. übrigens unten, S. 246) zu schliessen ist, dass die Erregung selbst auf ihrem Wege im Nerven weder zu- noch abnimmt.

Besonders einfach in Bezug auf ihre polaren Unterschiede zeigt sich die erregende Wirkung sehr schnell verlaufender Stromschwankungen, speciell der Inductionsschläge auf den Nerven. Diese erregen, bis zu einer gewissen Stärke wenigstens, nur an ihrer Kathode und durch ihr Entstehen (den aufsteigenden Theil der Schwankungscurve); ihre Anode kann anelektrotonisirende, die Erregbarkeit herabsetzende Wirkung zeigen.

Hiermit im Zusammenhang stehen die von Fick[3]) am Nervmuskelpräparat vom Frosch zuerst beobachteten Erscheinungen der „supramaximalen Zuckung" und der „Lücke". Reizt man nämlich mit absteigenden Stromstössen von zunehmender Stärke, so wird ein Maximum der Zuckungshöhe erreicht, welches bei weiterer Verstärkung zunächst nicht überschritten wird; erst von einer gewissen Stärke an treten höhere, die sogenannten supramaximalen Zuckungen ein, welche durch Summation des nunmehr wirksam gewordenen „Anodenöffnungsreizes" zu dem „Kathodenschliessungsreiz" erklärt werden [Mareš[4])]; bei Reizung mit aufsteigenden Stromstössen — deren Anode also dem Muskel zunächst liegt — von zunehmender Stärke erfolgt nach Erreichung des Maximums Absinken der Zuckungshöhe meist bis zur Annullirung — die Lücke — und weiterhin Wiederauftreten der Zuckungen, bis zur Steigerung bis zu „supramaximalen" Höhen; das erstere Phänomen ist durch Wirksamwerden des Anelektrotonus, das zweite durch dasjenige des Anodenöffnungsreizes wie oben zu erklären [Tigerstedt[5])].

Auch elektrostatische Ladung oder Entladung nur **eines** dem Nerven genäherten oder anliegenden Leiters kann erregend wirken, wenn die Potentialänderung gross genug ist (die Electricität unter hoher Spannung ein- oder ausströmt): Nervenerregung durch elektrostatische Maschinen („Franklinisation"), durch Condensatorentladungen [Hoorweg, Cybulski und Zanietowski[6])]. Dieser Vorgang ist als Fehler-

---

[1]) Studien über mechanische Nervenreizung. in Acta Soc. Fennicae, XI; Helsingfors 1880.
[2]) Noch unpublicirte Untersuchung.
[3]) Verh. d. Würzb. med.-physik. Ges., N. F., II, 150.
[4]) Ber. der böhm. Gesellsch. d. Wissensch., 1891.
[5]) Mittheil. d. physiol. Labor. d. carolin. Inst., Stockholm. III. 1884.
[6]) A. g. P., LVI, 45.

quelle von grosser praktischer Wichtigkeit für die physiologische Methodik, weil danach auch bei offenem Inductionskreis, resp. Verbindung nur eines näheren Poles desselben mit einer erregbaren Nervenstelle stärkere Stromschwankungen im primären Kreise Erregung veranlassen können, wenn der andere (entfernte) Pol oder das Erfolgsorgan zur Erde abgeleitet ist: unipolare Abgleichungen; du Bois-Reymond[1]) u. v. A.

Da bei genügenden Spannungen für diese „Abgleichung" zur Erde die stets vorhandene Luftfeuchtigkeit und Nähe grösserer Leiter genügt, so schützt hier auch die sorgfältigste Isolation nicht vor Täuschungen; bei blossen Reizversuchen kann man sich durch Ableitung der dem Erfolgsorgane näheren Elektroden zur Erde schützen [Engelmann und Place[2]), Zahn[3])]; bei Untersuchung der elektrischen Eigenschaften des Nerven, wo dieser durch zwei weitere Elektroden zu einem empfindlichen Galvanometer abgeleitet ist, hilft nur Beschränkung auf schwache Reizströme [Hermann, Hering[4])].

Eine weitere Fehlerquelle kann, um von gewöhnlichen „Stromschleifen" ganz zu schweigen, die elektrische Reizung undurchschnittener Nerven bilden, wenn Centralapparat und Peripherie noch ausserdem durch thierische Gewebe verbunden sind; hier verzweigt sich der Strom, den Kirchhoff'schen Gesetzen entsprechend; ein Antheil durchfliesst die intrapolare Strecke, ein anderer aber die extrapolaren Strecken und die verbindenden Gewebe, somit meist auch das Erfolgsorgan und kann dieses reizen oder sonstwie zu Täuschungen Anlass geben[5]): „falsche Nervenreizung", Rosenthal[6]). Aus analogen Gründen ist auch die sogenannte unipolare Reizmethode, bei welcher nur eine (spitze) Elektrode dem Nerven oder überhaupt der zu reizenden Stelle angelegt wird, die andere von grossem Querschnitt, also geringer Stromdichte — „indifferente Elektrode" — der äusseren Körperoberfläche, nur mit Vorsicht für physiologische Zwecke verwendbar.

Mechanische Reizung eines Nerven kann um so leichter stattfinden, je plötzlicher die mechanische Einwirkung ist (Analogie zum elektrischen Erregungsgesetz): einzelner Schlag [Nervenhämmer von Tigerstedt[7]) u. A.], plötzliche Drucksteigerung („Quetschung") einerseits und Entlastung [v. Uexküll[8])] andererseits, ein den Nerven als Ganzes erschütternder Stoss [v. Uexküll[9])];

---

[1]) Unters. üb. thier. Elektr., II, 1, S. 496 ff.
[2]) Onderzoekingen physiol. Lab., Utrecht, I, 277.
[3]) A. g. P., I, 255.
[4]) Ac. W., LXXXIX, 219.
[5]) Vgl. das oben, S. 235, über „virtuelle Elektroden" Gesagte.
[6]) A. (A.) P., 1881, S. 62.
[7]) a. a. O., sowie Zeitschr. f. Instrumentenk., 1884, S. 77, u. Festschr. f. Ludwig, 1886, S. 82.
[8]) Z. B., XXXI, 148.
[9]) Z. B., XXXII, 438.

alle diese „mechanischen Einzelreize" lösen einzelne Muskelzuckungen aus, ebenso wie ein elektrischer Einzelreiz. Indem man sie derart wählt, resp. abstuft, dass sie den Nerven nicht oder wenig schädigen, kann man durch rasch aufeinanderfolgende Wiederholung derselben „Tetanus" des Muskels erzeugen, ebenso, wie mit einer raschen Folge von elektrischen Stromstössen: Tetanomotor von Heidenhain, schwingende Stimmgabel von Langendorff, „Neurokinet" von v. Uexküll.

Langsam eintretende mechanische Einwirkungen — Dehnung, Compression — verändern die Erregbarkeit der Nerven, indem sie diese bei zunehmender Stärke erst steigern, dann herabsetzen bis zur schliesslichen Vernichtung.

Für erregenden Einfluss mechanischer Dauereinwirkungen auf centripetale Nervenfasern hat man die Versuche an den Athemfasern des Vagus, sowie die „Parästhesien" — Kribbelgefühle — beim „Einschlafen der Glieder" bei Druck auf die Nervenstämme angeführt. In Bezug auf jenes Gebiet vgl. indessen das auf S. 229 Gesagte; die Parästhesien könnten auch von „latenter Erregung" (siehe oben) herrühren, welche durch die erregbarkeitssteigende Wirkung des Druckes wirksam werden. Freilich ist die Leitung für peripherische Eindrücke — auf die Tastorgane — durch den Druck gleichzeitig schon oder noch herabgesetzt; siehe unten über Trennung von Erregbarkeit und Leitungsfähigkeit.

Was **thermische Einwirkungen** betrifft, so sollen durch hohe Temperaturen (über 35°) sensible Nerven regelmässig, motorische aber nicht erregt werden [Grützner[1])]; ältere Versuche mit extremen Temperaturen sind nicht massgebend, weil hier — Glüheisen, Festfrieren der Nerven — mechanische und chemische Einflüsse mitwirken. Dafür, dass auch Kälte die sensibeln Nervenfasern erregen könne, führt man die Angabe von E. H. Weber[2]) an, dass Eintauchen des Ellenbogens in Eiswasser Schmerzempfindung (nachher „Einschlafen", siehe oben) im Verbreitungsgebiet des Ulnaris bewirke.

Die Erregbarkeit des Nerven, kenntlich an der Grösse des Reizerfolges, wird durch die Erwärmung sowohl [Rosenthal[3]), Afanasieff[4])], als auch durch Abkühlung [Grützner und Efron[5])] zunächst gesteigert, weiterhin — über + 30° und unter + 15° — vermindert bis zum Verschwinden; bei Rückkehr zur normalen Temperatur

---

[1]) A. g. P., XVII. 215.
[2]) Wagner's Handwörterb., III. 2. S. 496, 578. A. A. P., 1847, S. 342, 1849, S. 273.
[3]) Allg. med. Centralzeitung. 1859. Nr. 96.
[4]) A. A. P., 1865, S. 691.
[5]) A. g. P., XXXVI. 467.

kann sie zurückkehren, wofern der Nerv nicht längere Zeit über 50° erhitzt, resp. durch Hartfrieren und gleichzeitige mechanische Läsion geschädigt wird. Durch Abkühlung nur einer beschränkten, zwischen Reizstelle und Erfolgsorgan gelegenen Nervenstelle lässt sich diese temporär leitungsunfähig machen; Versuche von Gad u. A. am Vagus, von Marckwald am Phrenicus, von Howell an Gefässnerven u. s. w.

Als **„Chemische Reize"** wirken auf den Nerven vor Allem diejenigen Substanzen, welche ihm Wasser entziehen: Die einfache Vertrocknung an der Luft führt zu heftiger Erregung, beim motorischen Nerven an Zuckungen und Tetanus kenntlich [Kölliker[1])], nach vorausgehender Erregbarkeitssteigerung [Harless[2])]. Concentrirte Neutralsalz-, Harnstofflösungen, Glycerin u. a., auf den Nerven applicirt, wirken erregend; der durch sie hervorgerufene motorische Erfolg ist ein unregelmässiger Tetanus, weil sie allmählich von Faser zu Faser im Nerven vordringen. Auf die Erregung folgt Vernichtung der Erregbarkeit, wie solche auch durch Säuren, Alkalien, Alkohol, Aether, Chloroform hervorgebracht wird; bei rechtzeitiger Abspülung, resp. Abdunsten der flüchtigen Gifte kann Restitution eintreten [Bernstein[3]), Mommsen[4]), Waller[5]) u. A.].

Ammoniak soll sensible Nervenfasern heftig erregen, motorische aber, ohne Zuckungen zu veranlassen, dauernd unerregbar machen; offenbar beruht der Unterschied hier auf dem Verhalten der Erfolgsorgane, indem nicht alle gleichmässig auf den „Rhythmus" (siehe später) des im Nerven eingeleiteten Vorganges zu reagiren vermögen (Gad). Die Vertrocknung muss bei Nervenversuchen sorgfältig ausgeschlossen werden, sei es durch Einbetten des Nerven in die feuchten Gewebe, sei es durch Bepinseln mit „indifferenten" Flüssigkeiten — isotonische Kochsalzlösung, siehe S. 19 — oder Aufbewahren in Oel oder Quecksilber, je nach den Umständen.

Destillirtes Wasser vernichtet langsam die Nervenerregbarkeit, ohne zu reizen, anders als beim Muskel (S. 209).

Aus dem lebenden oder eben getödteten Thiere **herausgeschnittene Nerven** behalten eine Zeit lang ihre Leistungsfähigkeit, sie **„überleben"**, wie der Muskel. Dies lässt sich bei künstlicher Reizung erkennen, wenn das Erfolgs-

---

[1]) Verh. d. Würzb. med.-physik. Ges., VII. 145.
[2]) Zeitschr. f. ration. Med. (3), VII, 219.
[3]) Untersuchungen zur Naturlehre des Menschen. X. 280.
[4]) A. p. A., LXXXIII. 243.
[5]) J. P., XVIII, proceed. physiol. Soc., p. XIV.

organ mit herausgeschnitten wurde und „überlebend" seine Functionsfähigkeit bewahrt: „Nervmuskelpräparat". Nun erlischt aber die Muskelerregbarkeit beim Kaltblüter mit der Zeit, beim Warmblüter verhältnissmässig schnell nach dem Tode (siehe S. 199); aus der nunmehr eintretenden Erfolglosigkeit der Nervenreizung darf aber nicht auf gleichzeitiges Aufhören der Nervenfunction geschlossen werden: am wenigsten darf man dies beim Warmblüter thun, wo die Contraction des Muskels bei Reizung seines Nerven („indirecter Reizung") ausbleibt, während er noch auf ihn selbst treffende („directe") Reize reagirt. Vielmehr muss aus der Thatsache, dass die einzigen am Nerven selbst erkennbaren Zeichen der Thätigkeit, nämlich die bald zu besprechenden elektrischen „Actionsströme" noch durch Stunden, ja Tage später zu beobachten sind (Valentin, Hermann, Fredericq u. A.), geschlossen werden, dass erst das Erfolgsorgan, und zwar als hinfälligster Theil der motorische Nervenendapparat zuerst, der Muskel selbst zu zweit, abstirbt, während der Nerv länger überlebt. Genau das Gleiche gilt auch für den Kaltblüter [Boruttau[1])] und bei anderen als musculären Endapparaten, speciell den schnell absterbenden Centralorganen ist der Gegensatz hinsichtlich der Dauer des Ueberlebens zwischen Nerv und Erfolgsorgan noch grösser.

Im Uebrigen ist diese beim Nerven, wie bei allen Organen, durch viele Factoren beeinflusst: Temperatur, vorheriger Ernährungszustand des Thieres u. s. w.

Das schliessliche Absterben des ausgeschnittenen Nerven ist von einer makroskopisch sichtbaren, der Todtenstarre des Muskels analogen Veränderung nicht begleitet. Dagegen beginnt am Querschnitt sofort nach seiner Herstellung ein Zerfall der Nervenfasern — die „traumatische Degeneration", Schiff[2]) —, welcher indessen nach der Beobachtung von Engelmann[3]) nur bis zu der nächstgelegenen Ranvier'schen Einschnürung gehen soll, d. h. sich auf den betreffenden, einer Zelle äquivalenten Abschnitt beschränkt.

Auf diese Beschränkung wird auch das nach einiger Zeit eintretende Abnehmen der zwischen Längsoberfläche und Querschnitt wirksamen elektromotorischen Kraft (siehe nächsten Abschnitt) zurückgeführt. Der betreffende Abschnitt wird natürlich unerregbar und unfähig, die Erregung zu leiten.

Die früher allgemein angenommene Angabe, dass beim Absterben die Erregbarkeitsabnahme nicht an allen Punkten des Nerven gleichmässig eintrete

---

[1]) A. g. P., LVIII, 1.
[2]) Lehrbuch der Muskel- und Nervenphysiologie, Lahr 1859, S. 117.
[3]) A. g. P., XIII, 474.

und gleichmässig ihren Verlauf nehme, sondern dass sie vom Centrum nach der Peripherie hin fortschreite — sogenanntes Ritter-Valli'sches Gesetz¹) —, wird jetzt (zum Mindesten für den ausgeschnittenen Nerven) vielfach für unrichtig erklärt oder auf das gleichzeitige, resp. frühere (siehe unten Schwinden der Leitungsfähigkeit zurückgeführt [du Bois-Reymond²), Mommsen²), Szpilmann und Luchsinger⁴) u. A.].

Wird ein **Nerv im lebenden Thiere durchschnitten**, so stirbt nur der eine Abschnitt ab, beim Warmblüter schneller als beim Kaltblüter, unter anfänglicher Zunahme und darauffolgender Abnahme der Erregbarkeit bis auf Null und unter vollständigem Schwund der Fasern, so dass nur das Neurilemm bleibt und der Nerv zu einem dünnen grauen Strang wird, „paralytische Degeneration": Joh. Müller⁵) u. v. A. Welcher Abschnitt degenerirt, hängt von der Lage der Ganglienzellen ab, aus welchen die Nervenfasern entspringen: Nach Durchschneidung der grossen Nervenstämme degenerirt nur der peripherische Abschnitt, nicht der centrale; das Gleiche gilt für die vorderen Rückenmarkswurzeln; bei Durchschneidung der hinteren Rückenmarkswurzeln dagegen degenerirt nur deren centraler Stumpf, und nicht der peripherische [Waller⁶)]; die motorischen Fasern der Spinalnerven haben also ihr **„Ernährungscentrum"** im Rückenmark, die sensibeln dagegen in den Spinalganglien.

Manche sensible Fasern sollen nach Durchschneidung der Nervenstämme nur in deren centralem Abschnitt degeneriren, so dass sie ihre Ernährungscentren in peripherischen Endapparaten hätten; solche Endapparate mit dem Werthe von Ganglienzellen wären die Tastkörperchen, welche, älteren Angaben entgegen, nicht degeneriren sollen [F. Krause⁷)]. Auch innerhalb der Centralorgane degeneriren die Nervenfasern bei Abtrennung, resp. Zerstörung der Ganglienzellen, welche die trophischen Centren bilden; eine Thatsache von fundamentaler Wichtigkeit für die Methodik der Untersuchung des Verlaufes centraler Bahnen und ihrer Verknüpfungen mit den ganglösen Apparaten, von welcher auch seit Budge und Waller (1852) der ausgiebigste Gebrauch gemacht wird; Näheres in dem betreffenden Abschnitt, auf welchen auch verwiesen sei hinsichtlich der Auffassung von Ganglienzelle, Nervenfaser und „Endbäumchen" als anatomischer Einheit, welche deren trophischem und functionellem Zusammenhang zu Grunde liegen soll (Neuronentheorie).

---

¹) cit. bei du Bois-Reymond, Unters. üb. thier. Elektr., I, 331 ff.
²) a. a. O.
³) A. p. A., LXXXIII, 243.
⁴) A. g. P., XXIV, 347.
⁵) J. Müller's Handb. d. Physiol., I, S. 552, 4. Aufl., Cobl. 1864.
⁶) Philos. Transact., 1850, II, 423; A. A. P., 1852, S. 392.
⁷) A. (A.) P., 1887, S. 370.

Im Verlaufe einiger Zeit heilen im **lebenden** Thier durchschnittene Nerven wieder zusammen und gewinnen ihre Functionsfähigkeit wieder — „**Regeneration**" —; Cruikshank 1776[1]), Fontana[2]) u. v. A. Dies geschieht selbst dann, wenn die Nervenstümpfe stark verlagert sind, so dass die Lücke klafft; zur Erreichung dauernder Continuitätstrennung eines Nerven muss daher ein grösseres Stück aus seiner Länge herausgeschnitten, „resecirt" werden. Die Regeneration erfolgt unter dem Einflusse des Ernährungscentrums, durch Hineinwachsen der von diesem entspringenden Achsencylinder des „centralen" Stumpfes in den degenerirten peripherischen. Was die Wiederherstellung der Function betrifft, so ist angegeben worden, dass die Leitungsfähigkeit für die centralen Impulse früher da sei, als die locale Erregbarkeit für inadäquate Reize [Erb[3]), Ziemssen und Weiss[4])].

Die vollständige Regeneration erfordert im Allgemeinen Wochen und Monate; doch sieht man nach Nervendurchschneidungen die Sensibilität in dem betreffenden Innervationsgebiet oft so schnell zurückkehren, dass dies nur durch Betheiligung der Fasern benachbarter Nerven — „collaterale Innervation". Analogie zum „Collateralkreislauf" — erklärt werden kann; dass im Gefolge der Verletzung überhaupt Anästhesie eintritt, wird durch Hemmungswirkungen („Choc") erklärt [Vanlair[5])]. Dunkel ist auch der Mechanismus der nach Durchschneidung motorischer Nerven bisweilen auftretenden Muskelbewegungen bei Reizung vasomotorischer Nerven — „pseudomotorische Wirkung" —; so wirkt der Lingualis auf die Zunge nach Hypoglossusdurchschneidung, aber nur bei Erhaltung der Chorda tympani [Philipeaux und Vulpian[6])]. Man hat verstärkte Lymphbildung zur Erklärung herbeigezogen [Heidenhain[7])].

Zur Ergründung des **Wesens der Vorgänge im Nerven**, welche seine **Thätigkeit** ausmachen, muss nach erkennbaren Veränderungen desselben im thätigen Zustande, resp. durch diesen gesucht werden. Grobmechanische Erscheinungen — in dem Sinne etwa, wie man früher die Nerven als Stränge auffasste, die sich als Ganzes bewegen sollten, wie Glockenzüge, oder als Röhren, in welchen das hypothetische „Nervenfluidum" fliessen sollte —, sind gänzlich auszuschliessen. Auch eine irgendwie nachweisbare Erwärmung des Nerven bei der Thätigkeit findet nach den neuen

---

[1]) Medical facts and observations, VII, Nr. 14; Phil. Trans., 1795, S. 177.
[2]) Abhandlung über das Viperngift; Uebersetzung, Berlin 1787, S. 350.
[3]) Verh. des naturh.-med. Vereines, Heidelberg, IV, 116.
[4]) Deutsch. Arch. f. klin. Med., IV, 579.
[5]) Archives de biol., VII, 433.
[6]) C. R., LVI, 1009; LXXVI, 146.
[7]) A. (A.) P., 1883. Suppl., S. 133; auch Marcacci, in Sperimentale, LII, 270.

sorgfältigen Untersuchungen (Widerstandsmethode) von Rolleston[1]) u. A. nicht statt (eine solche war früher von Einigen gelegentlich behauptet, von Anderen aber nicht bestätigt worden). Zweifelhaft sind ferner alle Angaben über **chemische** Veränderungen des Nerven durch die Thätigkeit, speciell Aenderungen der Reaction (Säuerung wie beim thätigen Muskel, Funke): zum grössten Theil an Partien des Centralnervensystems angestellt, dürften die betreffenden Versuche für die Nervenfasern an sich, speciell für den functionell allein in Betracht kommenden Achsencylinder nichts beweisen. Andere Angaben, über einen Gaswechsel des Nerven (Valentin), sind auf Absterben und Fäulniss zu beziehen. Jedenfalls sind die Bestandtheile der Nervenfaser von so zusammengesetzter und leicht veränderlicher Beschaffenheit, dass unsere Kenntnisse von der Chemie des lebenden Nerven auch nur im Ruhezustande gleich Null sind. Für den Stoffumsatz bei der Thätigkeit muss eines als erwiesen gelten, dass er, wenn überhaupt je nachweisbar, ausserordentlich geringfügig sein muss: denn **der Nerv ermüdet** selbst durch stundenlange Thätigkeit **nicht,** und zwar auch der ausgeschnittene, bei welchem Zufuhr neuen Verbrauchsmaterials und Abfuhr von Abfallstoffen ausgeschlossen ist. Wird nämlich zwischen Reizstelle und Erfolgsorgan der Uebertragung der Erregung ein temporäres Hinderniss gesetzt [constanter Strom, welcher die durchströmte Strecke leitungsunfähig macht, Wedenski[2]), Maschek[3]); Curare — in Warmblüterversuchen —, welches die motorischen Nervenendapparate lähmt, Bowditch[4]), Szana[5])] und wird nun während des Bestehens dieses Hindernisses ununterbrochen gereizt, so tritt nach Wegräumung des Hindernisses (Oeffnung des Stromes, Erholung von der Curarewirkung) voller Reizerfolg ein, auch wenn die „Blockirung" und Reizung stundenlang gedauert hatte (bis zu 12 Stunden, Maschek).

Auch das ungeschwächte Andauern der Actionsströme des Nerven (siehe nächsten Abschnitt) bei stundenlanger Reizung ist angegeben und für seine Unermüdbarkeit gedeutet worden [Edes[6])].

Nachdem sich also durch Versuche in den bisher besprochenen Richtungen gar keine Erscheinungen der Thätigkeit am Nerven selbst

---

[1] J. P., XI, 208.
[2] C. m. W., 1884, Nr. 5.
[3] Ac. W., XCV, S. 109.
[4] A. (A.) P., 1890, S. 505.
[5] Ibid., 1891, S. 315.
[6] J. P., XIII, 431.

mit Sicherheit haben nachweisen lassen, werden wir im nächsten Abschnitte solche kennen lernen in den, allerdings nur mit besonders empfindlichen Hilfsmitteln erkennbaren elektrischen Actionsphänomenen. Diese sind es auch, welche in das Wesen der Nerventhätigkeit den tiefsten Einblick gestatten, welchen zu gewinnen heutzutage überhaupt möglich ist. Nur der eine Punkt dürfte aus dem Inhalte dieses Abschnittes bereits mit Sicherheit hervorgehen, dass nämlich bei der **Nervenleitung** es sich um einen **Process** handelt, welcher **einer Welle zu vergleichen** ist, indem ein Theilchen gewissermassen von der einen Seite her einen Anstoss empfängt und auf das benachbarte Theilchen der anderen Seite weiter überträgt, selbst aber in den vorherigen Ruhezustand zurückkehrt: nur so ist die Uebertragung einer geringen Energiemenge auf so weite Ferne mit doch immerhin bedeutender Geschwindigkeit denkbar. Die „Erregungswelle" des Nerven ist ferner analog dem Leitungsvorgange in der Muskelfaser, welcher sich von ihr dadurch unterscheidet, dass er an jeder Stelle, welche er passirt, den Vorgang der Zusammenziehung und Erschlaffung normal nach sich zieht, so dass auch dieser die Form einer Welle annimmt („Contractionswelle", siehe S. 194).

An die Vorstellung von der Erregungswelle knüpft sich die Frage, ob bei gleichzeitiger Application zweier oder mehrerer Reize auf einen Nerven Verstärkung der Wirkung durch Superposition der Wellen, resp. Schwächung durch Interferenz stattfinden kann. Solche Erscheinungen sind oft genug behauptet worden; soweit indessen die betreffenden Versuche mit elektrischer Reizung angestellt wurden (Valentin, Grünhagen), lassen sich die Resultate einfacher durch die Gesetze des Elektrotonus erklären (Sewall[1], Werigo[2]). Immerhin werden analoge Erscheinungen auch bei nicht elektrischer Reizung angegeben [Kaiser[3]]; ferner sind gewisse Beobachtungen von Wedenski[4] kaum anders als durch Interferenzwirkung zu erklären.

Streitig ist auch die Frage, ob die fortgeleitete Erregung im Sinne des Anstosses, welchen ein Nerventheilchen oder -Querschnitt von dem benachbarten empfängt, zu identificiren ist mit dem Zustande, in welchen der erste Querschnitt durch das Ausgangsorgan der Erregung, resp. ein beliebiges Nerventheilchen durch inadäquate Reizung von aussen her versetzt wird: Gegen diese Identificirung und für die sogenannte **Trennung der Erregbarkeit und Leitungsfähigkeit** hat man die Ergebnisse gewisser Versuche angeführt, in welchen ein Theil des Nerven in einer „Gaskammer" mit CO_2 resp. Alkoholdampf sich befand und sowohl durch innerhalb jener, als auch durch ausserhalb,

---

[1] J. P., III. 347.
[2] Die Effecte der Nervenreizung mit unterbroch. Strömen. Berlin 1890.
[3] Z. B., XXVIII, 417.
[4] C. R., CXVII. 240.

und zwar centralwärts angebrachte Elektroden gereizt werden konnte: aus dem Unwirksamwerden des einen, resp. anderen Reizes für die Auslösung von Muskelzuckungen schloss man auf eine frühere Aufhebung der Leitungsfähigkeit gegenüber der localen Erregbarkeit, resp. umgekehrt, je nach dem Agens in der Gaskammer (Grünhagen[1], Szpilmann und Luchsinger[2], Gad und Sawyer[3], Piotrowsky[4] u. A.]. Die eigentliche Bedeutung dieser Erscheinungen, wie unsere Stellung zu der erwähnten Frage, kann erst im nächsten Abschnitte angedeutet werden.

Die zur Uebertragung der Erregung vom motorischen Nerven auf die Muskelfaser dienenden **Vorgänge im Endorgane** (Doyère'scher Hügel, Endplatte, Endgeweih von Kühne) erfordern eine im Verhältniss zur Nervenleitungsgeschwindigkeit beträchtliche Zeitdauer [Bernstein[5]), Boruttau[6]) u. A.], welche durch die myographische Methode (vgl. schon oben, S. 227) sich zu etwa 0·003 Secunde bei Kalt-, zu 0·0015 Secunde bei Warmblütern ergibt (Asher). Die Natur der betreffenden Vorgänge ist nicht aufgeklärt.

Man hat besonders die anatomischen Entdeckungen über den Bau der Endapparate für eine Auslösung auf elektrischem Wege zu verwerthen gesucht: „Entladungshypothese" von Kühne[7]) und Kritik derselben durch du Bois-Reymond[8]). Die lange Dauer des oben erwähnten Zeitraumes erschwert entschieden diese Deutung. Vielleicht sind Untersuchungen der analogen Verhältnisse der „elektrischen Organe" (siehe nächsten Abschnitt) berufen, hier Aufklärung zu schaffen.

Besonders bemerkenswerth ist die **Hinfälligkeit der motorischen Endapparate**; sie erweisen sich als abgestorben zu einer Zeit, wo sowohl am Muskel, besonders aber auch am Nerven noch Thätigkeitserscheinungen zu beobachten sind (siehe S. 242); das amerikanische Pfeilgift **Curare** lähmt sie, ohne den Nerven noch den Muskel functionsunfähig zu machen (Kölliker, Bernard u. v. A.; siehe die toxikologische Literatur).

Die Erregbarkeitsänderungen durch den Elektrotonus sollen sich nach Kühne bis auf die motorischen Endapparate erstrecken; dass von ihnen ausser dem erregenden auch ein hemmender Einfluss auf die Muskelfasern ausgehen kann, ist durch Wedensky u. a. sichergestellt.

---

[1] A. g. P., VI. S. 180.
[2] Ibid., XXIV. 347.
[3] A. (A.) P., 1888, 395.
[4] Ibid., 1893, 205.
[5] A. (A.) P., 1882. S. 329.
[6] Ibid., 1892. S. 454.
[7] A. p. A., XXIX. 446.
[8] Ac. Berl. Monatsber., 1874. S. 519; Ges. Abh. zur Muskel- und Nervenphysik, II. 698.

XI.

Thierische Elektricität.[1]

An Muskeln, Nerven, Drüsen und Schleimhäuten lassen sich mit geeigneten Mitteln **elektrische Erscheinungen** erkennen, unter denen besonders die mit der Thätigkeit der betreffenden Organe verbundenen von grosser Wichtigkeit sind für die Erforschung dieser Thätigkeit, speciell aber der Leitungsvorgänge in den „erregbaren" Gebilden.

Da die **elektromotorischen Kräfte** in den thierischen Geweben im Vergleiche zu denjenigen unserer künstlichen Stromquellen **sehr klein** sind (abgesehen von den unten zu besprechenden elektrischen Organen der Zitterfische), und da die Intensität der durch leitende Verbindung zweier Punkte eines Organes zu erhaltenden Ströme in Folge des ausserordentlich hohen Leitungswiderstandes der thierischen Gewebe erst recht winzig ist, so werden zur Untersuchung der thierisch-elektrischen Erscheinungen die **empfindlichsten Anzeige- resp. Messapparate für Spannungen und Stromstärken nöthig**, von denen ausserdem noch verlangt wird, dass sie dem zeitlichen Verlaufe jener Erscheinungen entweder direct treu zu folgen im Stande sind, oder aber (bei schnellen Vorgängen) wenigstens eine indirecte Ermittlung des zeitlichen Verlaufes — experimentell oder durch Rechnung — ermöglichen.

Meist benützt man für elektrophysiologische Versuche ein empfindliches Galvanometer mit Spiegelablesung; das Princip dieser, sowie die allgemeine Anordnung der Theile sind in den schematischen Figuren 41 a und b angedeutet. Ww sind die Drahtwindungen, welche dem Magneten m in seiner Ruhelage (Fig. 41 a), somit also dem magnetischen Meridian — vgl. die Windrose in der Figur — parallel gerichtet sein müssen. Steigerung der Empfindlichkeit wird erreicht durch theilweise Compensirung der Richtkraft des Erdmagnetismus

---

[1] Siehe L. Hermann, Allgemeine Muskelphysik, in seinem Handbuche I, 1, und Allgemeine Nervenphysiologie, ebenda, II, 1, Leipzig 1879; W. Biedermann, Elektrophysiologie, Jena 1895.

vermittelst des Astasirungsmagneten, welcher entweder mit m zu einem „astatischen" Nadelpaar fest verbunden oder wie hier seitlich angebracht sein kann — Richtmagnet, Rm, Hauy'scher Stab —, derart, dass sein magnetischer Nordpol Nm dem Erdnordpol, sein Südpol Sm dem Erdsüdpol zugekehrt ist, er also auf m entgegengesetzt richtend einwirkt, wie der Erdmagnetismus.

Auf den mit dem beweglichen Magneten m fest verbundenen Spiegel sp ist das Fernrohr F gerichtet, derart, dass in der Ruhelage die optische Achse desselben in einer auf der Spiegelfläche senkrechten Ebene liegt. Senkrecht dazu, also parallel dem Spiegel, ist an dem Fernrohre die Scala $sk\ sk$ in derartiger Höhe angebracht, dass, wie man sieht, in der Ruhelage das Spiegelbild der Scalenmitte im Fernrohre sichtbar werden muss. Wird durch Aufhebung einer gutleitenden Nebenschliessung $Nschl$ der Strom von einem thierischen Gewebe durch die Windungen geschickt, so erfolgt Ablenkung des Magneten um einen gewissen Winkel; es

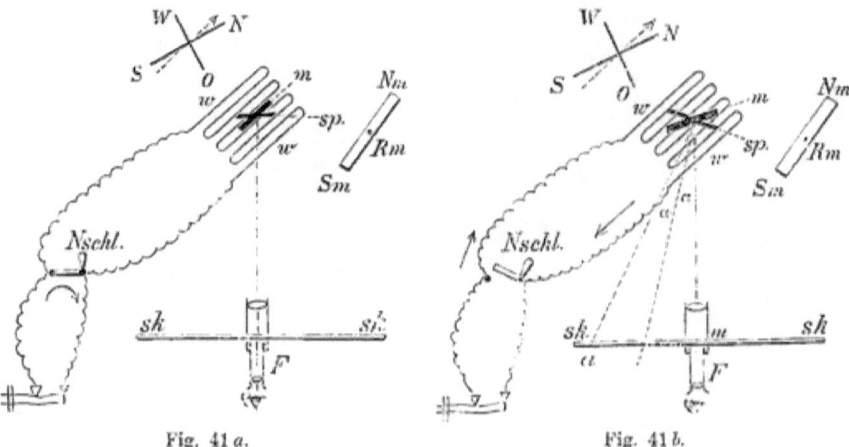

Fig. 41 a.   Fig. 41 b.

erscheint ein Punkt a (Fig. 41 b) der Scala im Gesichtsfeld, dessen Entfernung von der Scalenmitte am der Tangente des doppelten Ablenkungswinkels (Drehwinkels, Einfallswinkels) proportional ist; ist die Entfernung des Fernrohres vom Galvanometer verhältnissmässig gross und der Ablenkungswinkel verhältnissmässig klein, so kann sein Scalenwerth direct für ihn eingesetzt werden.

Das äussere Ansehen einer für Muskel- und Nervenströme geeigneten astatisch-aperiodischen Spiegelboussole ist nach einem von Hermann[1]) angegebenen Modell in Fig. 42 dargestellt. Der aus einem ganz leichten stählernen Ring bestehende bewegliche Magnet befindet sich hier im Inneren der Rolle W mit 20—40.000 Windungen feinen isolirten Kupferdrahtes; er ist von diesen geschieden durch eine dicke kupferne Hülse, den sogenannten Dämpfer, welcher die Trägheitsschwingungen des Magneten hemmt, indem eben diese in der Metallmasse Ströme im Sinne des Lenz'schen Gesetzes induciren. Um diese „Dämpfung"

---

[1]) A. g. P., XXI. 480.

möglichst vollständig zu machen, ist hier noch ein Kupferstopfen innerhalb des Lumens des Magnetringes vorhanden, dessen Griff aussen bei D sichtbar ist. Ein

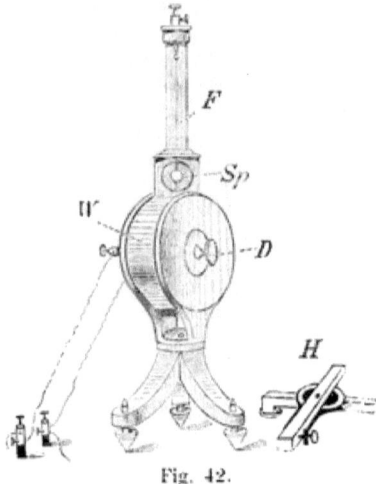

Stäbchen innerhalb eines die Dämpferhülse und Windungen oben durchsetzenden Canales verbindet den Magnet mit dem Spiegel Sp; beide zusammen sind vermittelst des feinen Coconfadens F an einem „Torsionskopf" aufgehängt, welcher das obere Ende einer den Faden schützenden Glasröhre abschliesst. Die Steigerung der Empfindlichkeit durch theilweise Compensirung des Erdmagnetismus (Astasie), sowie gleichzeitig vollkommene Aufhebung der Trägheitsschwingungen (Aperiodisirung) wird erreicht durch den Hany'schen Stab H (siehe oben), welcher in seiner Entfernung von der Boussole verschiebbar und um seine Mitte mit feiner Einstellung horizontal drehbar eingerichtet ist, um die niemals fehlenden Aenderungen

Fig. 42.

des Erdmagnetismus zu corrigiren, eventuell auch ablenkende Ströme compensiren zu können.

Wegen der Theorie und Behandlung der aperiodischen Boussolen kann im

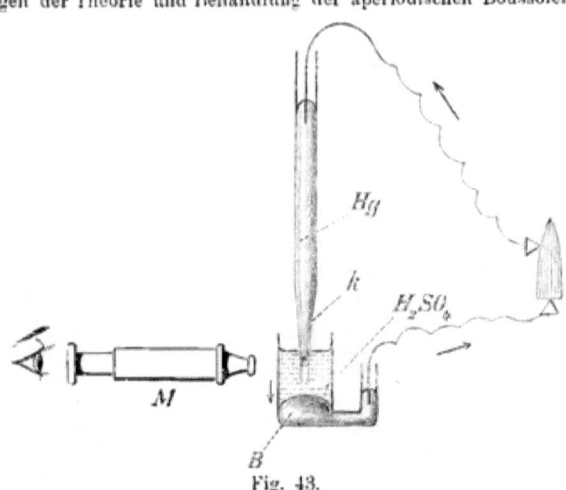

Fig. 43.

Uebrigen auf die ausführlichen Abhandlungen von du Bois-Reymond[1]) ver-

---

[1]) In dessen „Gesamm. Abhandl. z. Nerven- und Muskelphysik", I, S. 284. 368 u. s. w.

wiesen werden. Von astatischen, aber nicht schwingungsfreien Instrumenten kommen heutzutage für thierisch-elektrische Untersuchungen wohl nur die Thomson-Galvanometer in Betracht, deren Empfindlichkeit diejenige der gewöhnlichen Spiegelboussolen bedeutend übertrifft. Indessen vermögen sie dem zeitlichen Verlaufe der Erscheinungen nicht direct zu folgen, während die aperiodische Boussole bei langsamem Verlaufe dies ohne Weiteres thut. Ein Instrument, welches schnellen Oscillationen, wie den phasischen Actionsströmen (siehe unten) treu folgte und zu deren directen Registrirung geeignet wäre, gibt es bis jetzt nicht.

Man hat für die letztgenannten Zwecke ein anderes Instrument mehrfach verwendet, welches wesentlich die elektromotorische Kraft anzeigt und misst, nämlich das Lippmann'sche Capillarelektrometer. Es besteht (Fig. 43) aus einer an dem einen Ende zur offenen Capillare k ausgezogenen, mit Quecksilber gefüllten Glasröhre; die Capillare taucht in ein Gefäss mit verdünnter Schwefelsäure, derart, dass diese ihren unteren Theil bis zum Quecksilbermeniscus gleichfalls anfüllt. Unterhalb der verdünnten Schwefelsäure befindet sich das „Basisquecksilber" B, welches zur Verbindung mit der einen Stelle des zu untersuchenden Körpers dient, während die andere mit dem Quecksilber in der Glasröhre verbunden wird. Wirkt zwischen den beiden Stellen eine elektromotorische Kraft, so bewegt sich der Quecksilbermeniscus in der Capillare um ein von der Grösse jener Kraft abhängiges Stück in der Richtung, in welcher man sich den Strom in dem das Capillarelektrometer enthaltenden Schliessungsbogen verlaufend denken würde (siehe die Pfeile in der Figur). Die Bewegung kann mit dem Mikroskope M beobachtet oder aber vergrössert an die Wand projicirt werden; bei schnellen Oscillationen hat man sie photographisch registrirt (Marey, Sanderson und Page u. A.).

Die Grösse der Ausschläge misst die elektromotorische Kraft, unabhängig vom Widerstande, dagegen beeinflusst dieser die Geschwindigkeit der Bewegung; überhaupt bleibt diese hinter schnell ablaufenden Vorgängen, wie den Actionsströmen, umsomehr zurück, je empfindlicher das Instrument[1]).

Zur Ableitung von thierischen Geweben müssen zur Vermeidung der störend sich einmischenden Polarisation sogenannte „unpolarisirbare", dabei gleichartige Elektroden verwendet werden: Amalgamirtes Zink in Zinksulfatlösung, Zwischenschaltung von mit verdünnter Kochsalzlösung geknetetem Thon o. ä. zwischen die ätzende Zinklösung und die Gewebe, du Bois-Reymond; mit Chlorsilber überzogene Silberdrähte unter Einschaltung verdünnter Kochsalzlösung, d'Arsonval. Auch für die Zuleitung der Reizströme bei feineren Versuchen sind solche Elektroden nöthig.

Die zuerst sicher festgestellten und genau untersuchten thierischelektrischen Erscheinungen betreffen einen abnormen Zustand, nämlich das Verhalten quer durchschnittener Muskeln und Nerven [Matteucci[2]), du Bois-Reymond[3])]: Werden an einem solchen Objecte die Querschnittsfläche einerseits und

---

[1]) Siehe Burch's Zusammenstellung: „Theory and Practice of Capillary Electrometer", London 1896.
[2]) Siehe du Bois-Reymond: Unters. über thier. Elektr., I. 108—128.
[3]) Ebenda. S. 491 ff., 515 ff.; II. 251 ff.

die unversehrte Oberfläche andererseits durch einen Schliessungsbogen verbunden, so fliesst in diesem ein Strom von der Oberfläche („Längsschnitt") zum Querschnitt, im Muskel und Nerven selbst vom Querschnitt zur Oberfläche. Der **Querschnitt** verhält sich „negativ" zum **Längsschnitt** im Sinne des Verhaltens von Zinkpol zu Kupferpol im galvanischen Elemente.

Untersucht man genauer das Verhalten eines von zwei Querschnitten begrenzten parallelfaserigen Muskelstückes („Muskelcylinder"), so ergibt sich auf dessen Oberfläche eine derartige Vertheilung der Spannungen, dass jeder von dem mittleren (von beiden Querschnitten gleichweit entfernten) Umfange oder sogenannten „Aequator" ($\bar{A}\bar{A}$, Fig. 44) weiter entfernte Punkt negativ ist gegen jeden dem Aequator näheren Längsschnittpunkt, aber weniger stark, als ein auf dem Querschnitt gelegener Punkt („schwache Längsschnittströme"); dasselbe

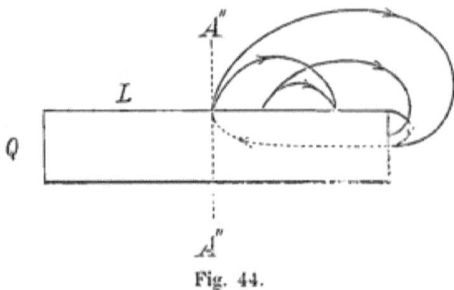

Fig. 44.

gilt für den Nerven. Bei genügend dicken Muskelstücken lässt sich ferner erkennen, dass jeder von der Achse entferntere Querschnittspunkt negativ ist gegen jeden dieser näheren, bezw. in ihr selbst liegenden Querschnittpunkt. Wird der Querschnitt schräg zur Faserrichtung eines Muskels angelegt, so erfolgt eine Verschiebung der Orte stärksten Potentialunterschiedes nach den stumpfen Schnittecken zu; die in Folge dessen hier zu erhaltenden besonders kräftigen Ströme („Neigungsströme") werden auf eine kettenartige Hintereinanderschaltung der von den einzelnen Primitivfasern gelieferten Ströme zurückgeführt.

Zwischen zwei Längsschnittpunkten eines Muskelcylinders, welche vom „Aequator" gleichweit entfernt sind, sowie zwischen den beiden Querschnitten eines Muskelcylinders besteht kein Potentialunterschied; dagegen wird für Nervenstücke aus lauter rein centripetalen resp. centrifugalen Fasern angegeben, dass zwischen zwei Querschnitten ein Strom nachweisbar sei, welcher beim centrifugalen Nerven in diesem selbst vom peripherischen zum centralen Querschnitt fliesse, beim centripetalen umgekehrt vom centralen zum peripherischen, also entgegengesetzt der gewöhnlichen Richtung der physiologischen Wirkung [„axialer Nervenstrom", du Bois-Reymond, Mendelssohn[1])].

---

[1]) A. (A.) P., 1885. S. 381.

Die elektromotorische Kraft des Längsquerschnittstromes beträgt am Muskel 0·035—0·075 derjenigen eines Daniell-Elementes, am Nerven meist 0·02; bei marklosen Mollusken- und Crustaceennerven 0·03—0·05 Daniell.

Schädigende thermische und chemische Einwirkungen vermögen den Längsquerschnittstrom zu vermindern, aufzuheben, resp. unter Umständen ihm umgekehrte Richtung zu geben (du Bois-Reymond).

Mit dem Absterben der Muskel- resp. Nervenfasern vermindert sich auch die Kraft des Längsquerschnittstromes; sie lässt sich durch Anlegen neuer, mehr nach der Mitte zu gelegener Querschnitte wiederholt verstärken (Engelmann, Head, Kühne u. A.).

Kurzschluss des eigenen Längsquerschnittstromes vermag den Muskel resp. Nerven selbst zu erregen [Erfahrungen von Kühne[1], Hering[2], Knoll[3] u. A.]. Auch kann der Nerv desselben oder eines anderen Präparates erregt werden, wenn man durch ihn einen Muskelstrom schliesst: Zuckung ohne Metalle, erste Beobachtung einer wirklich thierisch-elektrischen Erscheinung, Galvani.

Am völlig unversehrten Muskel resp. Nerven fehlt im Ruhezustande jedes Anzeichen elektromotorischer Kräfte.

Insbesondere tritt zwischen den Muskelbäuchen und den Sehnen oder Aponeurosen, welche als Ableitungsorte des „natürlichen Muskelquerschnittes" aufgefasst worden sind, kein Strom auf, wenn nicht durch die Präparation irgend eine Schädigung stattgefunden hat. Wirkliche „Ruheströme" lassen sich an Neuroepithellagern ableiten (innere Netzhautfläche und äussere Bulbusfläche, äussere Netzhautfläche oder Oberfläche des N. opticus), sowie insbesondere von Schleimhäuten: Froschzunge, Magenschleimhaut u. A.

Bei der Thätigkeit der Muskeln und Nerven spielen sich in ihnen **elektrische Vorgänge** ab, welche **auch an ihrer unversehrten Oberfläche** mit geeigneten Hilfsmitteln, resp. unter geeigneten Umständen deutlich **erkannt** werden können; da sie ausserdem schädigenden Einflüssen viel stärker unterliegen, als die Längsquerschnittsströme, so sind sie von jenen vor der Hand principiell zu sondern; man fasst alles Hierhergehörige unter der Bezeichnung der **„Actionsströme"** zusammen [Hermann[4])]. Das Auftreten elektrischer Thätigkeitserscheinungen galt früher allerdings für untrennbar von dem Vorhandensein (der „Präexistenz") elektromotorischer Kräfte im Muskel, resp. Nerven deshalb, weil die zuerst entdeckte derartige Erscheinung in einer Abnahme (der elektromotorischen Kraft) des zwischen Längs-

---

[1]) Unters. physiol. Inst., Heidelberg, III, 2, 1879.
[2]) Ac. W., LXXXV, 237.
[3]) Ibid., S. 282.
[4]) Untersuchungen zur Physiologie der Muskeln und Nerven, III, S. 61, 1868; A. g. P., XVI, 193.

und Querschnitt abzuleitenden Stromes besteht, welche dann erfolgt, wenn der Muskel[1]) resp. Nerv dadurch in Thätigkeit versetzt wird, dass ausserhalb der abgeleiteten Strecke ihm „tetanisirende" Stromstösse in rascher Folge zugeführt werden: diese Kraftabnahme, deren Grösse von derjenigen eben des Längsquerschnittstromes abhängig ist (ihr proportional ist), nannte man die **„negative Schwankung"** des Muskel- resp. Nervenstromes bei der Thätigkeit [du Bois-Reymond[2])]. Dass sie wirklich Ausdruck der Thätigkeit ist, folgt daraus, dass sie beim Muskel vor Allem auch bei **indirecter elektrischer Reizung** vom Nerven aus, ferner an beiden Objecten bei **nicht elektrischer, ja bei adäquater Reizung** — Strychninkrampf, Schnitt, mechanische Tetanisation, chemische Reizung — nachweisbar ist [du Bois-Reymond[3])].

Neuere Angaben über diesen Gegenstand siehe bei Steinach[4]). Fuchs[5]) u. A. Actionsströme bei adäquater Reizung sind auch die auf Lichteinfall erfolgenden Aenderungen des elektrischen Verhaltens der zuvor im Dunkeln gehaltenen Netzhaut (siehe oben): photoelektrische Schwankungen, Holmgren[6]), Kühne und Steiner[7]).

Wird ein ausgeschnittener parallelfaseriger Muskel derart abgeleitet, dass kein Strom vorhanden ist (Unversehrtheit oder Ableitung symmetrisch zum „Aequator") und an dem einen Ende tetanisirt, so tritt während der Dauer der Reizung ein schwacher Strom auf, welcher im Muskel nach der Reizstelle hin gerichtet ist. Wird dagegen von zwei Punkten eines stromlosen resp. unversehrten **Nerven** abgeleitet, so ist bei Tetanisation einer ausserhalb gelegenen Nervenstrecke mit dem Galvanometer keinerlei elektrische Erscheinung an ihm wahrzunehmen.

Dass auch in diesem Falle eine solche vorhanden ist, wie sie sich gestaltet und welches überhaupt die Beziehung zwischen Thätigkeitserscheinungen und Längsquerschnittstrom ist, hat sich erst im Laufe von Versuchen ergeben, den **zeitlichen Verlauf der Thätigkeitserscheinung,** welche jeder **einzelne Reiz** hervorruft,

---

[1]) Derselbe muss für solche Versuche mit directer Reizung curarisirt sein, damit nicht zugleich die intramusculären Nerven mitgereizt werden.

[2]) Unters. über thier. Elektr., II, 1, S. 1 ff., S. 390 ff.

[3]) Ibid., S. 50 ff., S. 473 ff.

[4]) A. g. P., LV, 487. LXIII, 495.

[5]) A. g. P., LIX, 468.

[6]) Unters. physiol. Inst., Heidelberg, III, 278.

[7]) Ibid., S. 327.

zu ermitteln, resp. die Frage zu beantworten, ob die negative Schwankung beim Tetanisiren mit einer Reihe von schnell aufeinander folgenden Stromstössen continuirlicher oder discontinuirlicher Beschaffenheit ist: — eine Frage, über welche das Galvanometer wegen seiner Unfähigkeit, rasch verlaufenden Strömen zu folgen, allein für sich keine Antwort geben kann. Hierfür erwiesen sich zwei Kunstgriffe als nöthig, nämlich, dass man erstens nach dem Reiz in einem bestimmten messbaren und willkürlich abzuändernden Intervall den „Boussolkreis" mit dem Präparate darin nur auf ganz kurze Zeit schliesst und so nacheinander aus dem Verlaufe der Thätigkeitserscheinung kleine Theilchen (im Idealfalle sogenannte „Differentiale") herausschneidet und aus den Grössen der

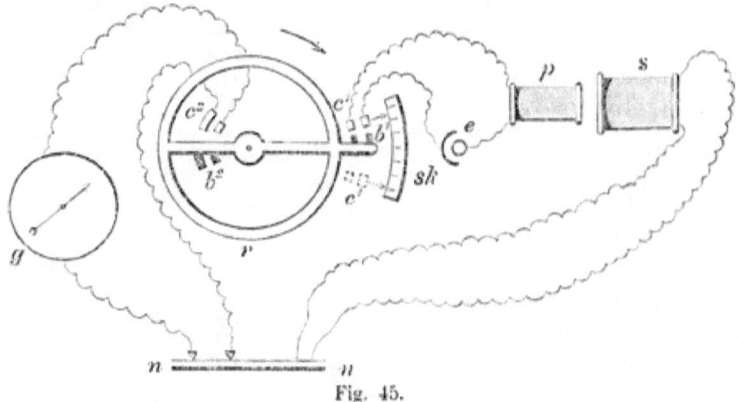

Fig. 45.

einzelnen Ablenkungen die Curve jenes Verlaufes wieder zusammensetzen kann, und dass man zweitens, um genügend grosse Ablenkungen zu erhalten, resp. um den Verlauf auch bei wiederholter Reizung zu erkennen, die Reizung in gleichen Zwischenräumen oft wiederholt und nach jeder solchen (innerhalb jedes Intervalls) in gleichem, von Ablesung zu Ablesung vergrösserbarem zeitlichen Abstande den Boussolkreis schliessen lässt („Repetitionsmethode"): Man erreicht dies vermittelst des zuerst von Bernstein[1]) construirten, von Anderen später modificirten „Differentialrheotoms".

Die allgemeine Einrichtung eines solchen Instrumentes und die Versuchsanordnung bei seiner Verwendung zeigt Fig. 45. Das Metallrad r, welches durch einen geeigneten Motor in gleichmässiger Umdrehung (5—20 Touren in der

---

[1]) Ac. Berl. Monatsb., 1867. S. 444. A. g. P., 1, 173; Untersuchungen über den Erregungsvorgang im Nerven- und Muskelsystem. Heidelberg 1871.

Secunde) erhalten wird, trägt an einer Speiche, sowie an einem diametral gegenüberliegenden Speichenfortsatz ausserhalb der Peripherie je ein Paar unter sich leitend zusammenhängender Bürsten oder Schleifstifte, welche dazu dienen, einmal während jeder Umdrehung je ein Paar feststehender Contactflächen leitend zu verbinden, deren eines zur Erzeugung des Reizes, das andere zur Ableitung nach der Boussole dient. Diese Contactflächenpaare oder kurz „Contacte" sind als Quecksilbernäpfchen oder Kupferbänke ausgeführt und gegen einander verstellbar, indem der eine oder der andere um die Drehungsachse des Rheotomrades drehbar und in jeder Stellung fixirbar ist. In dem Schema Fig. 45 ist es der „Reizcontact" c^1, welcher längs der Scala sk sich verschieben lässt, an der man die Grösse der Drehung in Tausendstel des Rheotomumfanges ablesen kann. Jedesmal, wenn das Bürstenpaar b^1 über c^1 schleift, wird der Strom im primären Kreise (Stromquelle e und primäre Rolle p) auf ganz kurze Zeit geöffnet und geschlossen; in der secundären Rolle s entsteht dabei ein Doppelinductionsschlag, welcher bei der Schnelligkeit des Ablaufes auf das Präparat (Nerv nn) wie ein Einzelreiz wirkt[1]). Steht c^1 dem Boussolcontact c^2 diametral gegenüber (punktirte Stellung in der Figur), so dass die Bürsten b^2 zur selben Zeit auf c^2 schleifen, wie b^1 auf c^1, so wird gleichzeitig mit der Reizung eine von der Reizstelle entfernt liegende Strecke zum Galvanometer g abgeleitet (die Ableitungsdauer lässt sich durch Verstellbarkeit der Bänke resp. Näpfe des Boussolcontactes gegen einander variiren); wird nun aber c^1[2]) verschoben, in dem Sinne, dass immer längere Zeit zwischen Reiz und Boussolschluss vergeht, und bei jeder „Schieberstellung" abgelesen, so erhält man nacheinander die den einzelnen „Zeitdifferentialen" entsprechenden Ablenkungen.

Auf diese Weise findet man, dass vom Momente jedes Einzelreizes bis zum ersten Auftreten einer Ablenkung ein Zeitraum vergeht, welcher der Entfernung zwischen der Reizstelle und der dieser näherliegenden („proximalen") Ableitungselektrode proportional ist: **der Actionsstrom pflanzt sich mit gleichmässiger Geschwindigkeit vom Orte der Reizung aus in der Nervenwie auch Muskelfaser fort und besitzt kein „Latenzstadium".** Was den Sinn der Ablenkungen und den zeitlichen Verlauf dieser selbst betrifft, so gilt zunächst für den Nerven und den direct gereizten, curarisirten, parallelfaserigen Muskel Folgendes: Liegt nur die proximale Elektrode der unversehrten Oberfläche an, die von der Reizstelle entferntere „distale" dagegen am künstlichen Querschnitte, so treten nur Ablenkungen im Sinne einer Negativität des Längsschnittes gegen die Querschnittselektrode[3]) (d. h. der Actionsstrom fliesst im

---

[1]) Es existirt auch eine Construction, welche nur mit Oeffnungsschlägen zu reizen erlaubt.

[2]) Oder aber (Hermann'sche Construction) c^2.

[3]) Resp. einer Verminderung der zwischen beiden dauernd vorhandenen elektromotorischen Kraft des Längsquerschnittstromes („negative Schwankung").

Organe von der ersteren zur letzteren, „atterminal", Hermann) auf, welche rasch zunehmen bis zu einem Maximum und minder schnell wieder abnehmen, so dass man eine von der Abscissenachse[1]) steil sich entfernende und nach Erreichung des Maximums weniger steil zu ihr zurückkehrende Curve hat (Fig. 47 b).

Die Dauer dieses Vorganges ist völlig unabhängig von der Länge der abgeleiteten Strecke, woraus (in Verbindung mit der Abhängigkeit seines Beginnes von der Entfernung zwischen Längsschnittelektrode und Reizstelle) folgt, dass es sich um einen **wellenförmig** von der Reizstelle aus sich fortpflanzenden Vorgang handelt, welcher darin besteht, dass jede Längsschnittstelle gegen die benachbarten Stellen auf einen kurzen Zeitraum negativ (im Sinne des Zinkpoles zum Kupferpole im galvanischen Elemente) wird, der Querschnitt an ihm aber nicht theilnimmt [der Vorgang „erlischt" daselbst[2])]. Die **Fortpflanzungsgeschwindigkeit** dieser „Negativitätswelle" fand Bernstein[3]) beim Muskel gleich derjenigen der „Contractionswelle" (siehe S. 194), welcher sie aber zeitlich vorausläuft, da sie ja kein Latenzstadium hat; beim Nerven fand er sie gleich der von Helmholtz nach der myographischen Methode gefundenen Fortpflanzungsgeschwindigkeit der Erregung (27—29 m in der Secunde).

Die Dauer der Negativitätswelle ist theilweise streitig, jedenfalls beim Muskel und Nerven verschieden und von vielen Factoren abhängig, wahrscheinlich von der Art des Reizes, vor Allem aber von der Temperatur, indem Wärme sie verkürzt, Kälte sie in die Länge zieht (Bernstein, Hermann).

Leitet man beim Rheotomversuche von zwei Punkten der unversehrten Längsoberfläche des Nerven oder parallelfaserigen Muskels ab, so ist zu erwarten, dass beide an dem Vorgange des Negativwerdens nacheinander theilnehmen, was sich dadurch ausdrücken muss, dass die Ablenkungen die Form eines Wechselstromes, einer „doppelsinnigen Schwankung" annehmen, indem während des Ablaufes der Welle über die proximale Elektrode diese negativ (in dem bekannten Sinne) gegen die distale, während des Ablaufes der Welle über die distale diese hingegen negativ gegen die proximale, die letztere somit

---

[1]) Welche hier der elektromotorischen Kraft des Längsquerschnittstromes, nicht Null entspricht.

[2]) Vgl. unten S. 263 über den „Incrementsatz".

[3]) a. a. O.

positiv gegen jene wird: im Schema Fig. 46 sind rr die Reizelektroden, p ist die proximale, d die distale Ableitungselektrode. Mit Nw ist die Negativitätswelle gemeint im Sinne der Curve der Negativitäten derjenigen Punkte des Nerven, welche der Vorgang in einem gegebenen Augenblicke umfasst; der kleine Pfeil bezeichnet die Fortpflanzungsrichtung des Vorganges. Offenbar muss bei seinem Ablaufe über p ein im Nerven jener Richtung gleichläufiger (Pfeil 1), bei seinem Ablaufe über d ein gegenläufiger (Pfeil 2) Strom den Boussolkreis durchlaufen.

Dieser Vorgang wurde für den parallelfaserigen Muskel bereits von Bernstein[1]) festgestellt; für den Nerven gelang sein Nachweis erst viel später [und zunächst nur durch künstliche Verlangsamung mittelst Abkühlung], Hermann[2]), welcher dieses ganze Gebiet sehr genau bearbeitet[3]) und die elektrischen Erfolge des Einzelreizes als „phasische" Actionsströme bezeichnet hat (ein- und zweiphasischer Actionsstrom) gegenüber der Gesammtwirkung einer Reihe solcher Reizerfolge bei frequenter Reizung, als „tetanischem Actionsstrom".

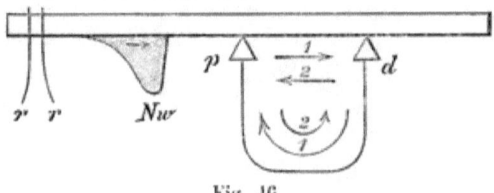

Fig. 46.

Nimmt die Negativitätswelle bei ihrem Ablaufe an Grösse nicht ab, so müssen auch die ihren Ablauf über die beiden Elektroden ausdrückenden entgegengesetzt gerichteten „Phasen" gleiche Grösse haben (die Curven den gleichen Flächeninhalt einschliessen); bei vielen rasch aufeinanderfolgenden Reizen werden daher die negativen und positiven Phasen auf das Galvanometer, welches ihrem raschen Ablaufe ja nicht folgen kann, gleich stark einwirken, so dass es in Ruhe bleibt: so erklärt es sich, weshalb man am Nerven, in welchem die mit der Erregungswelle zu identificirende Negativität unter normalen Bedingungen an Grösse weder zu- noch abnimmt (siehe S. 238), bei stromloser Ableitung zum Galvanometer ohne Rheotom keinerlei Actionsstrom beobachtet, während die Wirkung der ausschliesslich negativen Phasen bei Längsquerschnittsableitung sich zur Erzeugung der „negativen Schwankung" summirt. Am ausgeschnittenen Muskel dagegen nimmt die Negativitätswelle bei ihrem

---

[1]) a. a. O.
[2]) A. g. P., XVIII, 574; XXIV, 246.
[3]) Siehe bereits A. g. P., XVI, 191, 418 und a. a. O.

Ablaufe über die Faser an Grösse ab (die zweite Phase ist kleiner als die erste), woraus sich die schwache negative Ablenkung bei dauerndem Boussolschluss und Tetanisation (siehe oben) erklärt.

Hermann bezeichnet diese Erscheinung deshalb als „decrementiellen" (tetanischen) Actionsstrom. Auch bei indirecter Reizung vom Nerven aus und Ableitung von der Muskelmitte (resp. in der Nähe des Nerveneintrittes und der meisten Endorgane) und vom Muskelende erhält man einen solchen, resp. bei der Rheotomuntersuchung einen „zweiphasischen Actionsstrom" mit kleinerer zweiter („abterminaler") Phase. Der Rheotomversuch lässt sich mit Anwendung geeigneter Elektroden auch an den Vorderarmmuskeln des lebenden Menschen unter Reizung des Plexus brachialis anstellen [Hermann[1]]. Man erhält einen zweiphasischen Actionsstrom mit Phasen von gleichem Flächeninhalte, ohne Rheotom dagegen gar keine Ablenkung, woraus folgt, dass die Negativität resp. Erregungswelle im normal ernährten Muskel sich fortpflanzt, ohne an Grösse abzunehmen. Die Geschwindigkeit dieser Fortpflanzung beträgt 10—13 m in der Secunde.

Aus einer geringeren Höhe (des Maximums) der zweiten Phase gegenüber der ersten folgt allein noch nicht eine Abnahme der Welle bei ihrem Ablaufe. Jener Höhenunterschied muss vielmehr jedesmal schon zu Stande kommen, wenn der Abstand der beiden ableitenden Elektroden geringer als die Länge der Welle ist, so dass diese die distale bereits ergreift, ehe sie an der proximalen abgelaufen ist. Es kommt dann zur theilweisen Superposition der beiden Phasen, welche bewirkt, dass in der Curve des zweiphasischen Stromes die erste Phase kürzer und höher, die zweite länger und niedriger ist (Fig. 47a). Durch Uebereinanderzeichnen der Curve des zweiphasischen und derjenigen des bei Längsquerschnittableitung erhaltenen einphasischen Actionsstromes und Subtraction der Ordinaten lässt sich die zweite Phase für sich construiren und erkennen, ob ein „Decrement" vorhanden oder nicht (Hermann); in Fig. 47c ergibt sich so die zweite Phase der ersten genau gleich; sie beginnt zur Zeit des Maximums der ersten; würde sie, wie dies bei kurzer abgeleiteter Strecke vorkommt, noch früher beginnen, so würde auch die erste Phase durch die Superposition niedriger werden.

Die Actionsstromcurven, wie Fig. 47, lassen sich übrigens direct erhalten, indem man während der Rotation des Rheotoms den einen der Contacte im Sinne zunehmenden Intervalls zwischen Reiz und Boussolschluss langsam und mit gleichmässiger Geschwindigkeit verschiebt: der natürliche Vorgang spielt sich dann verlangsamt ab, so dass ihm das Galvanometer zu folgen vermag, und der zeitliche Verlauf der Ablenkung des letzteren wird photographisch (siehe S. 13) registrirt; Hermann[2]. Matthias[3] Boruttau[4]. Man hat (für Muskelströme) auch die Bewegung des Capillarelektrometers registrirt, welches die Einzelphasen wiedergibt, dessen besondere Eigenschaften aber die complicirte Deutung resp. Umrechnung der erhaltenen Curven verlangen [vergl. Hermann[5] über Burdon Sanderson's hierhergehörige Versuche]. Zweckmässig und in den

[1] A. g. P., XVI, 410; XXIV, 294.
[2] A. g. P., XLIX, 539.
[3] A. g. P., LIII, 70.
[4] A. g. P., LXIII, 158.
[5] A. g. P., LXIII, 440.

Versuchsergebnissen mit dem Rheotomverfahren übereinstimmend ist dagegen die Anwendung dieses Instrumentes für die Untersuchung der Actionsströme des Herzens [Marey. Page und Burdon Sanderson[1]. v. Kries[2] u. A.]. Die wellenartige Fortpflanzung ist hier nämlich eine sehr langsame (ebenso wie für die Contraction, Engelmann), so dass zwei entgegengesetzte Phasen bei Ableitung zweier Punkte der unversehrten Ventrikeloberfläche mit den einfachsten Mitteln zu erkennen sind; wird an dem einen das Gewebe abgetödtet, so fällt die betreffende Phase weg. Die Fortpflanzungsrichtung geht bei künstlicher Reizung eines etwa durch die Stannius'sche Ligatur stillgestellten Ventrikels von der Reizstelle aus; bei der natürlichen Ventrikelsystole geht sie von der Basis nach der Spitze (anscheinend mit Ausnahmen). Auch bei Ableitung von

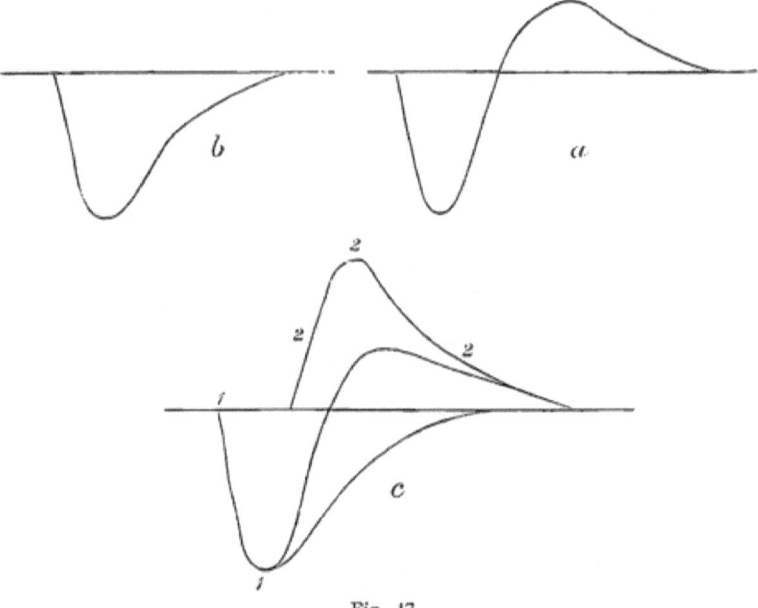

Fig. 47.

der unversehrten äusseren Oberfläche des lebenden Thieres und Menschen lassen sich von den Actionsströmen des Herzens herrührende Ablenkungen erhalten [Waller[3]].

Auch die Registrirung der Muskel-Actionsströme bei centraler Innervation (im Strychnintetanus) ist bis jetzt nur mit dem Capillarelektrometer möglich; so wurden Frequenzen beobachtet, welche denjenigen der Contractionsschwankungen bei willkürlicher Thätigkeit durchaus entsprechen [Lovén[4]), Delsaux, Burdon

---

[1] J. P., II, 384.
[2] A. (A.) P., 1895, 130.
[3] Philos. Transact., CLXXX, B, 169; 1889.
[4] A. (A.) P., 1883, S. 584.

Sanderson]. Wahrgenommen werden können alle Actionsströme mit dem Telephon [Bernstein und Schoenlein[1]), Wedensky[2]], welches in dieser Beziehung noch empfindlicher ist, als das nunmehr noch zu besprechende „physiologische Rheoskop".

Bringt man den Nerven eines zweiten Nervmuskelpräparates auf die Oberfläche eines Muskels und lässt diesen (durch Reizung seines Nerven) zucken, so erfolgt jedesmal auch eine Zuckung des zweiten („secundären") Muskels, welche davon herrührt, dass der zweite („secundäre") Nerv durch den Actionsstrom des ersten („primären") Muskels gereizt wird: Diese **„secundäre Zuckung"** ist länger bekannt [Matteucci, 1842[3]] als die „negative Schwankung" und war somit die erste Beobachtung, welche für eine elektromotorische Veränderung bei der Muskelthätigkeit sprach (Becquerel, Vergleich mit dem Schlage der elektrischen Fische).

Speciell bei indirecter Erregung des primären Muskels gelingt die secundäre Zuckung bei allen Arten der Lagerung des secundären Nerven (quer, geschlängelt, nur Querschnittsfläche berührend u. s. w.). Am directgereizten, curarisirten, parallelfaserigen Muskel lässt sich indessen ihr Ausbleiben bei querer Lagerung des Nerven unter gewissen Umständen beobachten [Boruttau[4])] und damit beweisen, dass sie von der Erzeugung eines Potentialunterschiedes an verschiedenen Punkten des Nerven durch die primäre Negativitätswelle herrührt.

Tetanisirt man das primäre Präparat durch frequente Inductionsschläge, so geräth auch das secundäre in Dauercontraction, indem die frequenten Actionsströme des primären Muskels den secundären Nerven „tetanisiren"; dieser „secundäre Tetanus", ebenso wie die Rheotomanalyse der tetanischen Actionsströme sind Beweise für die discontinuirliche Beschaffenheit des Muskeltetanus. Andere als elektrische Tetanisirung des primären Präparates ist übrigens nicht recht geeignet, secundären Tetanus hervorzurufen; bei chemischer Reizung (Kochsalztetanus) mag dies von ungleichzeitiger resp. ungleichmässiger Erregung der primären Muskelfasern herrühren [Kühne[5])]; beim willkürlichen und Strychnintetanus muss ein besonderer, weniger steiler, daher unwirksamer Verlauf der Actionsströme angenommen werden, da die Frequenz für sich zur Erzeugung von secundärem Tetanus hinreichen würde [v. Kries[6])]. Solche Annahmen sind auch nöthig, um zu erklären, dass im lebenden Körper keine Erregung von Muskel zu Nerv, resp. von Muskel zu Muskel [auch solche ist experimentell möglich, Kühne[7])] übertragen wird.

---

[1]) Sitzungsber. der naturforsch. Gesellsch. in Halle, 1881; Unters. physiol. Labor., Halle, II, 189.

[2]) A. (A.) P., 1883, S. 313; C. m. W., 1883, S. 465.

[3]) C. R., XV, 797.

[4]) A. g. P., LXV, 20.

[5]) Unters. physiol. Inst., Heidelberg, III, S. 2 ff.

[6]) A. (A.) P., 1886, Suppl. 1.

[7]) a. a. O. und Z. B., XXIV, 383; XXVI, 203.

Wenn der Nerv eines secundären Präparates einem Nerven angelegt und dieser gereizt wird, so erfolgt Erregung des secundären durch den Actionsstrom des primären Nerven (also bei grösseren Entfernungen zwischen Reiz- und Anliegestelle) für gewöhnlich niemals; nur bei besonderer Empfindlichkeit (Kaltfrösche) und bestimmter Versuchsanordnung soll eine derartige „secundäre Zuckung vom Nerven aus" zu erhalten sein [Hering[1])]. Ganz gewöhnlich ist dagegen eine scheinbare „secundäre Erregung" bei geringeren Entfernungen zwischen Reiz- und Anliegestelle; dieselbe rührt aber nicht vom Actionsstrom, sondern von den nunmehr zu besprechenden elektrotonischen Strömen her (du Bois-Reymond).

Wenn durch eine beliebige Strecke eines Nerven ein constanter Kettenstrom fliesst, so lassen sich von ausserhalb derselben (extrapolar) gelegenen Nervenstrecken Ströme ableiten, welche jenem Strome (im Nerven, wie auch im äusseren Schliessungsbogen) gleichgerichtet und während seiner ganzen Dauer vorhanden sind [du Bois-

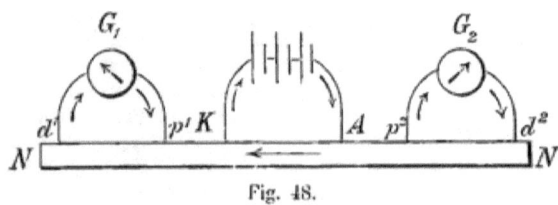

Fig. 48.

Reymond[2])]. Diese „elektrotonischen Ströme" sind der galvanische Ausdruck der S. 231 ff. besprochenen, als „physiologischer Elektrotonus" bezeichneten, speciell extrapolar sich ausbreitenden Erregbarkeitsänderungen.

Ist (Fig. 48) A die Anode, K die Kathode des „elektrotonisirenden" Stromes, so erkennt man, dass bei Ableitung auf der Kathodenseite die proximale Elektrode p^1 negativ im bekannten Sinne gegen die distale d^1 — katelektrotonischer Strom —, auf der Anodenseite dagegen die proximale Elektrode p^2 positiv gegen die distale d^2 sein muss — anelektrotonischer Strom; die entsprechend eingeschalteten Galvanometer G_1 und G_2 erfahren Ablenkungen in entgegengesetzter Richtung.

Ist im ableitenden Bogen bereits ein Längsquerschnitt- oder „schwacher Längsschnittstrom" vorhanden, so addiren sich die elektrotonischen Ströme einfach algebraisch zu demselben.

---
[1]) Ac. W., LXXXV, 237.
[2]) Unters. über thier. Elektr., II. 1, S. 289.

Wie bei den Erregbarkeitsänderungen, so hängt auch bei den elektrotonischen Strömen deren Stärke von der Intensität des elektrotonisirenden Stromes, der Länge der durchströmten Strecke und vor Allem der Entfernung der abgeleiteten von der durchströmten Strecke ab; mit Zunahme dieses Abstandes nimmt die Grösse der Ablenkungen ab (Gegensatz zum Actionsstrom!).

Die anelektrotonische Ablenkung ist stets grösser als die katelektrotonische, ja die letztere kann ganz fehlen (für den Muschelnerven von Biedermann als Regel angegeben, bei anderen marklosen, sowie beim markhaltigen Nerven jedenfalls Ausnahme). Der zeitliche Verlauf der Ströme ist jedenfalls derart, dass der katelektrotonische Strom früher (nach Schliessung des polarisirenden) ein Maximum erreicht, als der anelektrotonische, und dann schneller absinkt. Auch die Fortpflanzungsgeschwindigkeit von den Elektroden aus dürfte für den anelektrotonischen Strom geringer als für den katelektrotonischen, jedenfalls aber geringer als diejenige der „Negativitätswelle" (s. o.) sein — Rheotomversuche von Bernstein[1], Boruttau[2].

Von grosser theoretischer Bedeutung ist die gegenseitige Beeinflussung der Actions- und elektrotonischen Ströme bei gleichzeitiger Reizung und Polarisirung eines Nerven. Findet letztere zwischen Reiz- und Ableitungsstrecke statt und beobachtet man die negative Schwankung des Demarcationsstromes bei tetanisirender Reizung, so zeigt sich diese im Katelektrotonus verstärkt, im Anelektrotonus geschwächt, genau wie die Muskelzuckung; ferner aber — besonders deutlich, wenn das eine Nervenende tetanisch gereizt, das andere constant durchströmt und eine dritte Strecke in der Mitte abgeleitet wird — beobachtet man, dass die elektrotonischen Ablenkungen, genau wie der Längsquerschnittstrom, während der Tetanisation eine Abnahme — „negative Schwankung" — erfahren [Bernstein[3]]; der elektrotonisirende Strom selbst wird gleichzeitig verstärkt [Hermann[4]]. Deuten diese Erscheinungen sowie gewisse andere auf eine Verminderung des Elektrotonus (resp. der „Polarisirbarkeit", siehe später) des Nerven durch die Erregung hin, so ist andererseits durch das Verhalten der phasischen Actionsströme im Elektrotonus (extrapolare Zunahme der zweiten Phase im Anelektrotonus, Abnahme im Katelektrotonus) u. s. w. festgestellt, dass die Erregungs- resp. Negativitätswelle im Nerven zunimmt, wenn sie zu „positiveren", und abnimmt, wenn sie zu „negativeren" Stellen fortschreitet: Satz vom „polarisatorischen Increment der Erregung", Hermann[5], durch welchen eine rein physikalische Erklärung der Erregbarkeitsänderungen im Elektrotonus ermöglicht und der innige Zusammenhang zwischen diesen und den elektrotonischen Strömen erwiesen ist.

Ein constanter Strom, welcher durch eine Nervenstrecke geleitet wird, erfährt während der Dauer seines Fliessens eine Schwächung, welche nicht auf Widerstands-

---

[1] A. (A.) P., 1886. S. 197.
[2] A. g. P., LVIII, 42.
[3] Moleschott's Unters. z. Naturl. d. Menschen. X. S. 348; A. A. P., 1866. S. 614.
[4] A. g. P., VI. 560; VII. 323.
[5] A. g. P., VI. 359; VII. 350.

zunahme im gewöhnlichen Sinne beruht, sondern auf einer entgegengerichteten elektromotorischen Kraft: „interpolarer Elektrotonus" [Hermann[1]]. Diese tritt für sich allein hervor nach der Oeffnung des Stromes, indem sich dann ein diesem entgegengesetzter „Nachstrom" ableiten lässt [du Bois-Reymond[2]].

Von extrapolaren Strecken erhält man nach Oeffnung des elektrotonisirenden Stromes Nachströme, welche auf der Anodenseite diesem entgegengesetzt, auf der Kathodenseite auf einen ganz kurzen Zeitraum gleichfalls entgegengesetzt, dann aber gleichgerichtet sind [Hermann[3]].

Den eben besprochenen analoge Erscheinungen zeigt auch der Muskel, nur dass hier extrapolare Wirkungen zurücktreten (Spuren von elektrotonischen Strömen während der Durchströmung durch einen constanten Strom sind von Hermann u. A. angegeben): nach Oeffnung eines ihn durchsetzenden Kettenstromes erhält man bei Ableitung von der ganzen durchströmt gewesenen Strecke je nach dessen Dauer und Stärke einen entgegengesetzt resp. gleichgerichteten Nachstrom, die sogenannte „negative und positive Polarisation" von du Bois-Reymond[4]; der letztere ist von Hermann[5] als Actionsstrom durch die Oeffnungserregung erklärt worden; Hering[6] fand bei localer Ableitung an der Anode nach schwächerer Durchströmung einen entgegengesetzt, nach stärkerer einen gleichgerichteten Nachstrom, an der Kathode meist nur einen entgegengesetzten; über sein Erklärungsprincip siehe weiter unten.

Die sämmtlichen nach Aufhören galvanischer Durchströmung an Nerven und Muskeln auftretenden Erscheinungen, welche man als „secundär-elektromotorische" zusammenfassend bezeichnet, sind jedenfalls von Bedeutung für die **Theorie** der thierisch-elektrischen Kräfte überhaupt, auf welche nunmehr kurz eingegangen werden soll.

Ausgehend von der streng gesetzmässigen Vertheilung der Spannungen an regelmässigen, künstlich zugerichteten Muskel- und Nervenstücken, welche Spannungen er für präexistirend ansah und als deren „Bewegungserscheinungen" er negative Schwankung und Elektrotonus auffasste, suchte seinerzeit du Bois-Reymond[7] eine gemeinschaftliche Erklärung aller dieser Phänomene in der Annahme, dass die Nerven- und Muskelfasern aus Molecülen bestünden, deren jedes Sitz einer elektromotorischen Kraft sei, welche sein eines Ende negativ, sein anderes positiv mache (analog der Faraday'schen Theorie des

---

[1] A. g. P., XXXVIII, 153.
[2] Unters. über thier. Elektr., II, 2. S. 377.
[3] Unters. z. Physiol. d. Muskeln u. Nerven, III, 71; A. g. P., XXXIII, 135.
[4] Ac. Berl. Sitzungsber., 1883, S. 343; 1889, S. 1131.
[5] A. g. P., XXXIII, 103.
[6] Ac. W., LXXVIII, 415. 446; A. g. P., LVIII, 133.
[7] Unters. über thier. Elektr., I, S. 553 ff., und im II. Band der „Gesamm. Abh.".

Magnetismus): je zwei solche Molecüle sollten, mit den negativen Enden von einander abgekehrt, verbunden, ein „peripolar-elektrisches Doppelmolecül" bilden, und die Zusammensetzung der „ruhenden Muskel- resp. Nervenfasern" aus lauter solchen erklärte die Negativität des Querschnittes gegen die Längsoberfläche (den „Ruhestrom") und die Vertheilung der Spannungen bis in alle Einzelheiten[1]). Theilweise Aufhebung der peripolaren Anordnung bei der Thätigkeit wurde zur Erklärung der negativen Schwankung, „säulenartige" Gleichrichtung der „dipolaren" Einzelmolecüle zur Erklärung des Elektrotonus angenommen.

Diese „Moleculartheorie" muss, in der ursprünglichen Fassung wenigstens, als unhaltbar angesehen werden, nachdem die Stromlosigkeit unversehrter Muskeln (und Nerven) absolut feststeht [Hermann[2]), Engelmann (für den Herzmuskel[3]), Biedermann] und die „Präexistenz" elektromotorischer Kräfte im Muskel und Nerven auch durch complicirte Hilfshypothesen („parelektronomische" Schicht dipolarer Molecüle an den „natürlichen Querschnitten") sich nicht mehr stützen liess.

Nachdem die Aufstellung chemischer Theorien der elektrophysiologischen Phänomene (Säure-Alkalikette von Ranke u. A.) bereits früher versucht worden war, führte Hermann[4]) 1868 diese Erscheinungen, der Moleculartheorie entgegentretend, auf chemische Umsetzungsprocesse im Muskel und Nerven zurück, indem er annahm, dass jede Stelle eines solchen, an welcher Zersetzung in stärkerem Maasse stattfindet, sich negativ verhält gegen solche Stellen, wo Zersetzung schwächer oder gar nicht vor sich geht oder Restitutionsprocesse überwiegen: „Alterationstheorie". Deshalb verhält sich der absterbende Querschnitt negativ gegen die unversehrte Oberfläche — „Demarcationsstrom" —, jede erregte Stelle negativ gegen ihre nicht erregte Umgebung — „Actionsstrom".

Die Zurückführung des Längsquerschnittsstromes auf einen Zersetzungsprocess hat mehrfache Stützen gefunden, z. B. in der Beobachtung, dass am Nerven jener auf die Dauer des Absterbens beschränkt ist, mit der Begrenzung dieses Absterbens (S. 242) aufhört und durch Anlegung eines neuen Querschnittes wieder in voller Stärke hervorgerufen werden kann [Engelmann, Head[5]) u. A.].

---

[1]) Vgl. auch Helmholtz, Ann. d. Physik, LXXXIX. 211. 353.
[2]) Untersuchungen zur Physiol. d. Muskeln und Nerven. III. Berlin 1868 A. g. P., III, 1; IV, 149.
[3]) Engelmann, Onderzoek. physiol. Lab. Utrecht (3), III, 101; A. g. P., XV, 116.
[4]) a. a. O. II. und III; Vierteljahrsschr. der Züricher naturf. Ges., 1878, 1.
[5]) A. g. P., XI., 207.

Die Alterationstheorie ist von Hering[1]) weiter ausgesponnen worden, indem dieser jede Einzelerscheinung auf ein undefinirtes „chemisches Geschehen" im Sinne der Dissimilationsprocesse („absteigende Veränderung") und Assimilationsprocesse („aufsteigende Veränderung") zurückzuführen sucht (siehe S. 8). Ueberwiegen („Allonomie", Störung des „autonomen Gleichgewichtes") der ersteren soll sich durch Negativität, Ueberwiegen der letzteren durch Positivität der betreffenden Stelle gegen die Umgebung anzeigen.

Auf diese Weise erklärt Hering (wie schon früher Hermann es versucht hatte) auch den Elektrotonus (von dessen elektrischen Aeusserungen Biedermann nur die anelektrotonische für physiologisch hält), sowie sämmtliche secundärelektromotorischen Erscheinungen, einschliesslich der entgegengesetzten Nachströme.

Ferner erklärt er die „positive Nachschwankung", welche am Nerven bisweilen der negativen Schwankung bei tetanischer Reizung folgt, durch den Restitutionsprocess. In diesem Sinne wollen auch Gaskell[2]) und Fano[3]) eine positive Schwankung des am einseitig verletzten Herzen abzuleitenden Demarcationsstromes während der Vagusreizung, sowie Reid gewisse Beobachtungen an der Iris erklärt wissen.

Hierzu muss indessen bemerkt werden, dass am Muskel möglicherweise alle Erscheinungen dadurch complicirt sein können, dass neben der Negativitätswelle, welche der Contractionswelle vorausläuft (Bernstein) und als reiner Leitungsprocess — siehe unten — jene erst auslöst, noch ein elektrischer Ausdruck der Contraction selbst auftreten könnte. Eine solche Zweitheilung des galvanischen Phänomens der Muskelthätigkeit, welche auf gewisse Eigenthümlichkeiten der Erscheinungsweise des phasischen Actionsstromes, in Verbindung mit der Einwirkung der Dehnung und Verkürzungshinderung des Muskels sich stützt, ist schon früher [Meissner und Cohn[4]), Holmgren[5]] und neuerdings durch Schenck[6]) vertheidigt worden. Allerdings sind die hierhergehörigen Beobachtungen theilweise durch Verwendung unregelmässig gebauter Muskeln [Gastroknemius, siehe darüber du Bois-Reymond[7])] complicirt; aber dass auch diese bei richtiger Versuchsanordnung an der Bedeutung der Grunderscheinungen nichts zu ändern braucht, zeigen z. B. Hermann's Versuche am Gastroknemius[8]).

Die Alterationstheorie für sich allein vermag die Ausbreitung sowie wellenförmige Fortpflanzung elektrischer Zustandsänderungen an Muskeln und Nerven nicht zu erklären. Hierfür hat sich vielmehr die Annahme von Polarisationsvorgängen im Inneren dieser Organe als fruchtbar erwiesen. Nachdem Peltier eine „innere

---

[1]) „Lotos", N. F., IX. S. 60 ff.
[2]) Festschr. f. Ludwig. 1877. S. 14.
[3]) Di alcuni rapporti fra le proprietà contrratili e le elettriche ecc.. Mantova 1887.
[4]) Zeitschr. f. ration. Med. (3), XV. 27.
[5]) C. m. W.. 1864, S. 291; A. A. P., 1871, S. 237.
[6]) A. g. P.. LXIII. 317.
[7]) A. A. P.. 1863. S. 529; 1871. S. 562.
[8]) A. g. P.. XVI. 238.

Polarisation" feucht durchtränkter poröser Nichtleiter angegeben hatte, hat du Bois-Reymond[1]) diese genauer untersucht und die negative Nachwirkung der Durchströmung von Muskeln und Nerven durch sie erklärt. Ferner hatte Matteucci[2]) gezeigt, dass die elektrotonischen Erscheinungen an feucht umhüllten Drähten gleichfalls auftreten und sie auf polarisirende Vorgänge zurückgeführt; diese Erscheinungen an „Kernleitern" wurden von Hermann[3]) genauer untersucht und das Stattfinden von Polarisation an der Grenze von „Kern" und „Hülle" als ihre einzige Bedingung erkannt. Nachdem eine solche Grenzpolarisation auch zwischen zwei Elektrolyten durch du Bois-Reymond[4]) angegeben war und ihre Anwendung auf Kernleiter aus zwei Elektrolyten durch Hermann und E. H. Weber[5]) eine theoretische Bearbeitung erfahren hatte, erschien die Erklärung zunächst der elektrotonischen Erscheinungen am Nerven durch dieselbe gesichert. Aber auch wellenförmiges Fortschreiten eines solchen Polarisationsvorganges an Kernleitern wurde von Hermann und Samways[6]) constatirt, ferner die Erscheinung der phasischen Actionsströme, sowie deren Veränderungen im Elektrotonus u. s. w. an geeigneten derartigen Modellen durch Boruttau[7]) reproducirt.

Eine Erklärung der wellenförmig sich fortpflanzenden, sowie der dauernd sich ausbreitenden elektrischen Erscheinungen an einem Kernleiter lässt sich

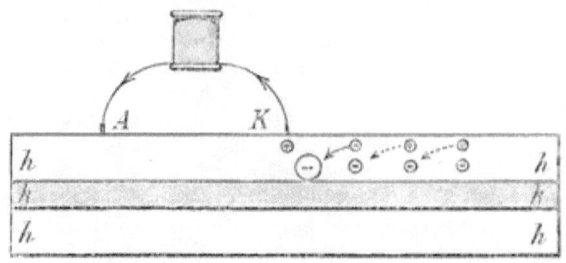

Fig. 49.

folgendermassen versuchen [Boruttau[8])]: Es sei $hhhh$ die Hülle, kk der Kerndraht des Kernleiters im Längsschnitt (Fig. 49), A die Anode, K die Kathode

---

[1]) Unters. über thier. Elektricität, I, 376; II, 2, 377.
[2]) C. R., LVI, 760; LXV, 151, 194, 884; LXVI, 589.
[3]) A. g. P., V, 264; VI, 312; VII, 301.
[4]) Ac. Berl. Monatsber., 1856, S. 395.
[5]) Borchardt's Journ. für Mathematik, LXXVI, 1.
[6]) A. g. P., XXXV, 1.
[7]) A. g. P., LVIII, 1; LIX, 49; LXIII, 158.
[8]) A. g. P., LXIII, 145.

eines momentan zugeleiteten Stromes, so nimmt dieser im Momente der Zuleitung den nächsten Weg zwischen den Elektroden und dem Kerndraht; dabei wird die Elektrolyse der zwischenliegenden Flüssigkeit eingeleitet; es geht, wenn wir den Vorgang an der Kathode in's Auge fassen, das Kation oder elektropositive, z. B. Wasserstoffatom nach der Kathode, während das Anion oder das elektronegative, z. B. Sauerstoffatom von dem Kerndraht angezogen wird und dessen Oberfläche an der betreffenden Stelle derart verändert, dass sie gegen das benachbarte unveränderte Drahtstück elektromotorisch wirksam wird. Der durch die Gegenwart des beide Stellen berührenden Elektrolyten ermöglichte locale Strom (dessen Verlauf in Fig. 49 der ausgezogene kleine Pfeil angibt) bewirkt Elektrolyse des nächsten noch unzersetzten Elektrolytmoleculs, so dass dessen elektropositiver Bestandtheil von dem freien elektronegativen, die Veranlassung zu dem localen Strom bildenden Ion angezogen wird und durch Vereinigung mit demselben die zunächst der Kathode entstandene locale elektromotorische Kraft vernichtet. Dafür gibt das zuletzt freigewordene Ion Veranlassung zu einer solchen, deren Folge die Zerlegung des nunmehr benachbarten dritten Elektrolytmoleculs sein wird u. s. w.; es ist ohne Weiteres verständlich, wie, von der Kathode aus wellenförmig ablaufend, ein Punkt nach dem anderen für einen kurzen Zeitraum gegen seine Umgebung negativ elektrisch wird, vorausgesetzt, dass die Einwirkung des zugeleiteten Stromes eine kurzdauernde war; dauert dieselbe längere Zeit an, so werden die jedesmal durch den localen Process secundär gebundenen Ionen von Neuem getrennt; es wandern die Kationen nach der Kathode, resp. die Anionen nach der Anode; es bedecken sich die extrapolaren Strecken des Kerndrahtes mit zunehmender Entfernung von der durchströmten Strecke in abnehmendem Maasse mit negativ elektrischen Theilchen auf der Kathodenseite, mit positiv elektrischen auf der Anodenseite, wodurch die elektrotonischen Ströme bei Anlegung ableitender Bögen sich ohne Weiteres erklären [Hermann[1])]. Ist auch der Kern ein Elektrolyt, so müssen analoge Vorgänge wohl auch in diesem angenommen werden. Freilich ist die experimentell ermittelte Polarisation an der Grenze zweier Elektrolyten unendlich viel kleiner als die Gegenkraft bei der Querdurchströmung (vgl. S. 231) lebender Muskeln und Nerven, welche diejenige zwischen Metallen und Elektrolyten beinahe erreicht [Hermann[2])]. Ferner könnte gegen die polarisatorische Theorie des Elektrotonus und der Negativitätswelle die Wirkung narkotischer, speciell flüchtiger (Aether, Chloroform) Gifte angeführt werden, welche die Nervenleitung resp. deren galvanischen Ausdruck vorübergehend aufhebt (Bernstein, Mommsen, Waller) und die elektrotonischen Erscheinungen temporär modificirt [Waller[3])]; doch spricht dies höchstens für eine besondere „Labilität" der chemischen Bestandtheile der Nerven und Muskeln, von deren Zustand die Polarisirbarkeit als physikalisch-chemischer Process natürlich abhängen muss. Jedenfalls kann nur ein solcher physikalisch-chemischer Process die Ausbreitung und wellenförmige Fortpflanzung der elektrischen Erscheinungen resp. den Leitungsprocess selbst im Muskel und Nerv erklären, wie hier nochmals betont sei. Dass die Leitung von der localen Ausbreitung zu unterscheiden ist, erhellt aus der oben gegebenen theoretischen

---

[1]) A. g. P., V. 270.
[2]) Nachr. d. Götting. Gesellsch. d. Wissensch., 1887, S. 326; A. g. P., XLII, 1.
[3]) Brain 1896; Philos. Transact., CLXXXVIII, B, 1.

Darstellung und stimmt zu den früher (S. 247) genannten Versuchen über Trennung von Erregbarkeit und Leitungsfähigkeit.

Dass es auch am Muskel die (der Contractionswelle voranlaufende) Negativitätswelle ist, welche erst an jedem von der Reizstelle entfernten Punkte den Contractionsvorgang auslöst, zeigt sich auch in der von Bernstein[1] entdeckten, von Engelmann, Werigo, v. Kries u. A. untersuchten Erscheinung der „Anfangszuckung"; bei sehr hohen Reizfrequenzen erhält man sowohl bei Application auf den Nerven, wie auch direct auf den Muskel nur **eine** Zuckung beim Beginne der Reizung, aber keinen (ausgebildeten) Tetanus: die Negativitätswellen, deren Dauer nicht unter ein gewisses Minimum sinken (resp. deren Steilheit nicht ein gewisses Maximum übersteigen kann), decken sich bis nahe an ihre Gipfel, so dass sie nicht mehr einzeln reizauslösend wirken können, während der steile Anstieg der ersten Negativitätswelle eben die Anfangszuckung bedingt (Bernstein).

Dass rein locale chemische Veränderungen zu elektromotorischen Erscheinungen Anlass geben können, zeigt sich übrigens noch an anderen Geweben, als den Muskeln und Nerven: so rufen die in Drüsenepithelien beständig anzunehmenden Vorgänge die **Haut- und Schleimhautströme** [du Bois-Reymond; Rosenthal und Roeber; Engelmann[2]): Froschhaut; Hermann[3]), Biedermann[4]): Froschzunge, Darm- und Cloakenschleimhaut; Rosenthal, Bohlen[5]): Magenschleimhaut], sowie die durch directe oder indirecte Reizung der betreffenden Organe eingeleiteten Secretionsvorgänge die sogenannten **Secretionsströme** (Näheres bei denselben Autoren) hervor.

Die Einzelheiten dieses Gebietes sind zum Theile noch streitig; die „Ruheströme" gehen meistens von der freien Haut- resp. Schleimhautfläche durch ihr Inneres nach der Rückseite: „einsteigender Strom"; die Secretionsströme sind theils negative Schwankungen desselben („aussteigende Ströme"), theils auch positive oder endlich combinirte Phänomene.

Dagegen müssen den Actionsströmen der Muskeln und Nerven gleichgestellt werden die sogenannten Entladungen der Organe der elektrischen Fische[6]). Die Platten, aus welchen dieselben zusammengesetzt sind, müssen als rudimentäre Muskel- (Torpedo, Gymnotus) resp. Drüsenelemente (Malapterurus) aufgefasst werden, mit ausserordentlich entwickeltem Endorgane der betreffenden Faser-

---

[1]) Untersuchungen über den Erregungsvorgang u. s. w., S. 100 ff.
[2]) A. g. P., VI. 146.
[3]) A. g. P., XVIII, 460; XXVII, 280; LVIII, 242.
[4]) A. g. P., LIV, 209.
[5]) A. g. P., LVIII, 97.
[6]) Näheres findet sich sehr ausführlich nebst Literaturangaben in Biedermann's „Elektrophysiologie", Abschn. K.

verzweigung der „elektrischen Nerven" (diese sind Spinal- resp. Cerebralnerven und vermitteln willkürliche, reflectorische, sowie auf ihre inadäquate Reizung erfolgende „Entladungen"). Die als „einphasische Actionsströme" aufzufassenden Thätigkeitsäusserungen der einzelnen Platten summiren sich durch deren säulenartige Anordnung zu „Einzelschlägen" von beträchtlicher elektromotorischer Kraft; indem diese ausserdem auf verschiedenen Wegen in rasch aufeinander folgender Reihe auftreten können (intermittirende Entladung, Marey, Gotch, Schoenlein), können auf Menschen und Thiere, welche durch geeignete Berührung eventuell unter Vermittlung des Wassers einen Schliessungsbogen für die Organe bilden, lebhafte physiologische Wirkungen ausgeübt werden: auf diese Weise dient die thierische Elektricitätsentwicklung den elektrischen Fischen als Schutz- und Angriffswaffe.

XII.

Centralnervensystem, Hirnnerven und Sympathicus.[1])

Die als **Centralnervensystem** bezeichneten Organe, Gehirn und Rückenmark, lassen bereits bei makroskopischer Untersuchung die Partien unterscheiden, welche wesentlich aus leitenden Theilen (markhaltige Nervenfasern) bestehen: sogenannte weisse Substanz, und diejenigen Partien, welche im eigentlichen Sinne des Wortes die Centralorgane sind: die sogenannte graue Substanz, in welcher wir ausser Nervenfasern und der eigenthümlichen, weder in ihren anatomischen noch functionellen Beziehungen zu den nervösen Elementen genügend erforschten „Stützsubstanz" oder Neuroglia vor Allem die **Nervenzellen** (Ganglienzellen, Ganglienkugeln) vorfinden. Die **Anordnung der grauen Substanz** ist bekanntlich eine verschiedenartige, theils in grösseren zusammenhängenden Lagern, theils in isolirten kleineren Bezirken, sogenannten Kernen; theils finden wir sie an der Oberfläche der Organe: sogenannte graue Rinde des Gross- und Kleinhirns, theils im Innern, die Hirnventrikel und den Centralcanal des Rückenmarks umlagernd: sogenanntes centrales Höhlengrau. Diesen beiden Formationen, wie auch Abschnitten von ihnen kommt eine verschiedene functionelle Bedeutung zu; dementsprechend hat man die Elemente der zwischenliegenden weissen Substanz (soweit sie sich nicht ausserhalb der Centralorgane fortsetzen) eingetheilt in homodesmotische Fasern, welche Bezirke der grauen

---

[1]) Eine zusammenfassende Darstellung dieses Gebietes aus neuester Zeit existirt nicht. Angesichts ihrer Fortschritte müssen die älteren Werke von Longet, Bernard, Schiff, ja selbst Eckhard's Darstellung in Hermann's Handbuch der Physiologie, II, 2. Leipzig 1879. mehr als historisch gelten. Auf die Specialwerke über die Grosshirnrinde und die psychischen Erscheinungen wird an den betreffenden Stellen hingewiesen werden.

Substanz von gleicher functioneller Bedeutung miteinander verbinden, und in **heterodesmotische Fasern**, welche Bezirke verschiedener functioneller Bedeutung miteinander verbinden.

Den Nervencentren kommen als **allgemeine Functionen** zu die **Aufnahme von Erregungen** von der Peripherie her durch die centripetalen Nerven, die **Aussendung von Erregungen** nach peripherischen Erfolgsorganen durch die centrifugalen Nerven und die **Uebertragung von Erregungsvorgängen** von centripetalen auf centrifugale Bahnen. Erfolgt diese letztere in der Weise, dass auf die Reizung der peripherischen Aufnahmsapparate für die centripetale Bahn die Action des motorischen, secretorischen u. s. w. Erfolgsorganes der centrifugalen Bahn unmittelbar und in einer bei derselben Art der Reizung stets gleichen und unveränderlichen Weise folgt, so reden wir von einem **Reflex**, speciell bei motorischem Erfolge von Reflexbewegungen im Gegensatze zu denjenigen motorischen Thätigkeitsäusserungen, welche zu den Einwirkungen der Aussenwelt in einer verwickelteren und mehr wechselnden Beziehung stehen, und welche, wenn an uns selbst, mit unserem Bewusstsein erfolgen, d. h. mit den unerklärten „psychischen" Vorgängen des Empfindens und Wollens untrennbar verbunden sind; — den **willkürlichen** Bewegungen.

Diese Definition der Reflexe, als ohne Betheiligung des Bewusstseins stattfindender Vorgänge rührt von Descartes her (s. Eckhard in Hermann's Handbuch, II, 1, S. 26.)

Unsere Unterscheidung willkürlicher und reflectorischer Thätigkeitsäusserungen an anderen Individuen, als an uns selbst, insbesondere an Thieren, basirt, wie ganz besonders hervorgehoben werden muss, lediglich auf Analogieschlüssen. In vielen Fällen (um so häufiger, je tiefer man in der Thierreihe hinabgeht) ist die Unterscheidung beider Arten von Vorgängen schwierig oder unmöglich.

Manche motorische und andere Thätigkeitsäusserungen erfolgen ohne nachweisbare Erregung centripetaler Bahnen von peripherischen Aufnahmeapparaten aus, sowie ohne Betheiligung des Bewusstseins; man hat hier von einer „**automatischen**" Erregung der betreffenden Centren gesprochen, welche durch den Zustand der ihnen zugeführten Ernährungssäfte oder Aehnliches erregt würden, und eine automatisch-tonische und automatisch-rhythmische Innervation unterschieden, je nachdem eine dauernde oder rhythmische (Athmung) Erregung der centrifugalen Bahnen erfolge.

Insofern der Reiz hier an Ort und Stelle wirkt (und nicht durch centripetale Bahnen zugeleitet wird), hat Gad die Bezeichnung: „autochthone" Erregung vorgeschlagen (s. S. 114).

Als Sitz der soeben besprochenen Functionen der Centren gelten die Nervenzellen, ohne dass man indessen von dem Wesen der ihnen zu Grunde liegenden Vorgänge etwas Sicheres weiss. Einen wichtigen Schritt in dieser Richtung bedeuten immerhin die neueren histologischen Entdeckungen von Golgi, Ramón y Cajal, Kölliker, Retzius, Waldeyer u. s. w.[1]), welche auf den anatomischen und physiologischen Zusammenhang zwischen „Centren" und „Bahnen" ein ganz neues Licht geworfen haben und speciell die im vorigen Abschnitte besprochene trophische Abhängigkeit der Nervenfasern von den Centralorganen, Spinalganglien u. s. w., geradezu selbstverständlich erscheinen lassen. Nach den Untersuchungen der genannten Forscher besteht das gesammte — Central- und peripherische — Nervensystem aus zahlreichen von einander anatomisch und nutritiv unabhängigen **histologischen Einheiten, „Neuronen"**, deren jede aus der **Nervenzelle** sammt ihren „Protoplasmafortsätzen" oder „Dendriten", ferner dem „Achsencylinderfortsatz" in seiner gesammten und stets vorhandenen Fortsetzung als **Nervenfaser**[2]) und endlich deren Zweigen und Endausbreitungen besteht, welche theils peripherischen Erfolgsorganen anliegen (motorische Endapparate der Muskelfaser), theils als feines **„Endbäumchen"** andere Nervenzellen „korbartig umfassen". Dadurch, dass deren Dendriten und die Zweige der Endbäumchen durcheinanderlaufen, wurde in den mit früheren Methoden erhaltenen mikroskopischen Bildern ein zusammenhängendes Netzwerk in der grauen Substanz vorgetäuscht. Dieses „Gerlach'sche Fasernetz" existirt in Wirklichkeit nicht, vielmehr erfolgen die functionellen Beziehungen eines „Neurons" zum anderen, d. h. die Uebertragung der Er-

---

[1]) Wegen der Literatur siehe Waldeyer. Ueber einige neuere Forschungen im Gebiete der Anatomie des Centralnervensystems. D. M. W., 1891. Nr. 44 ff.; ferner neuere Arbeiten desselben Forschers, Kölliker's u. A., sowie auch Obersteiner. Arbeiten aus dem Institut für Anatomie und Physiologie des Centralnervensystems, und. Anleitung beim Studium des Baues der nervösen Centralorgane. III. Aufl., Wien 1896.

[2]) Oder einer Mehrheit dieser Achsencylinderfortsätze, dort, wo echte bipolare Ganglienzellen existiren.

regung, sowie auch die Beziehungen zu anderen Elementen nur auf dem Wege der Berührung **(Contiguität)**, **nicht der Continuität**. Wie wir uns diese Vorgänge zu denken haben, wissen wir nicht, jedenfalls unterscheiden sie sich aber von der Erregungsleitung in der Continuität des Neurons durch den verhältnissmässig grossen Zeitverlust, wie wir ihn für die Peripherie als Latenzzeit der motorischen Nervenendapparate bereits S. 247 kennen gelernt haben und für die Centren unten in der Reflexzeit u. s. w. wiederfinden werden, zum Wenigsten als Antheil der betreffenden Zeiträume.

Die im vorigen Abschnitt behandelten Erscheinungen der para**lytischen Nervendegeneration finden ihre Erklärung darin, dass stets der von der Nervenzelle abgetrennte Theil des Neurons abstirbt**, so gut wie ein vom Kern abgetrenntes Stück Protoplasma irgend einer Zelle (vgl. S. 3); bei den sensibeln Wurzel- und Nervenfasern liegen eben die Nervenzellen, von welchen sie „entspringen", im Spinalganglion.

Die Kerne der Schwann'schen Scheiden der peripherischen Nervenfasern sind für die Ernährung des Achsencylinders ohne Bedeutung, wie schon daraus ersichtlich, dass sie genetisch secundäre Bildungen sind. Ueberhaupt ist die Entwicklungsgeschichte der Elemente des Nervensystems für die Neuronenlehre die beste Stütze.

Die Behauptung, dass der Nervenzelle überhaupt nur eine nutritive Rolle, aber gar keine Bedeutung für die Entstehung und Leitung von Erregungsprocessen zukomme (Nansen, Morat), erscheint ebenso gewagt, wie die Ansicht mehrerer Forscher, welche die Dendriten für functionell belanglos halten.

Eine **nutritive Abhängigkeit** eines Neurons vom anderen (über ihre functionellen Beziehungen siehe unten) ist im Allgemeinen nicht zu erkennen; wohl aber hängt die normale Ernährung anderer Gewebe von der Integrität der mit ihnen functionell verknüpften Neuronen ab: zu den Erscheinungen der Muskelatrophie nach Nervendurchschneidung oder -Degeneration (S. 201) kommen hier noch zahlreiche andere, theils experimentelle, theils klinische Beobachtungen, welche dazu geführt haben, von **„trophischen Nerven"** zu reden; ob es sich hierbei aber wirklich um eine besondere, den motorischen, secretorischen u. s. w. gleichgeordnete Kategorie von Fasern handelt, oder ob es sich um eine dauernde, nur nicht bis zum specifischen „Reizerfolg" gehende innervatorische Beeinflussung des Stoffwechsels der betreffenden Organe handelt; welche Rolle ferner die sensibeln Nervenfasern und Vasomotoren dabei spielen, darüber wird noch gestritten.

Von experimentellen Beobachtungen kommen vor Allem diejenigen über die Folgen der 1824 von Magendie zuerst ausgeführten intracraniellen Trigeminusdurchschneidung in Betracht: Entzündung der Hornhaut, von Snellen[1] auf Verlust der Sensibilität zurückgeführt, zu welcher aber nach Büttner[2], Meissner[3], Schiff[4] u. A. noch eine durch den Wegfall des Nerveneinflusses bedingte geringere Widerstandsfähigkeit gegen Schädigungen (Versuche mit Schutzvorrichtungen) hinzukommen sollte; ferner Geschwürsbildungen auf der Mundhöhlenschleimhaut und den Lippen, möglicherweise erst als Folge veränderter Kieferstellung und abnormen Zahnwachsthums[5]. Ferner gehören hierher Angaben über die Beeinflussung der Knochen durch Extremitätennervendurchschneidung, über die Atrophie des Hodens nach Durchschneidung des N. spermaticus, diejenige der Glandula submaxillaris nach Durchschneidung der Drüsennerven, endlich alle klinischen Beobachtungen über Hautaffectionen, Decubitus, Gangrän bei Gelähmten, wo jedenfalls dem Verluste der Sensibilität eine wichtige Rolle zukommt[6].

Die Thätigkeit des Centralnervensystems ist im Allgemeinen an die **functionellen Beziehungen zwischen mehreren Neuronen** ge-

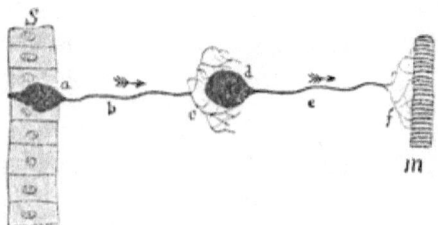

Fig. 50.

knüpft: Wir können uns den Aufbau und die Function eines „einfachsten Nervensystems" nach dem Schema Fig. 50 vorstellen, indem eine „Sinnesepithelzelle" a in ihrer Eigenschaft als modificirte Ganglienzelle in eine centripetale Nervenfaser b ausläuft, deren Endbäumchen c die centrale Nervenzelle d umfasst: der Axencylinderfortsatz dieser hinwiederum wird zur centrifugalen — moto-

[1] De vi nervorum in inflammationem. Diss. Utrecht 1857.
[2] Zeitschr. f. ration. Med. (3), XV, 254.
[3] ibid. (3) XXIX, 96.
[4] ibid. (3) XXIX, 217.
[5] Die Versuche sind sämmtlich an Thieren angestellt; am Menschen hat neuerdings F. Krause den Trigeminus mit Ggl. Gasseri resecirt ohne jede consecutive Ernährungsstörung.
[6] Wegen der Literatur und zur Beurtheilung der verschiedenen Ansichten sei noch hingewiesen auf: Sigm. Mayer in Hermann's Handbuch, II. 1, S. 201—216, und Morat, Revue scientifique, 10 oct. 1895, 15 et 22 févr. 1896

rischen — Nervenfaser *e*, deren Endverzweigungen *f* der Muskelfaser *m* die Erregung übermitteln. Mit einer ähnlichen Anordnung haben wir es z. B. bei den unten zu besprechenden „kurzen Reflexbögen" für den einfachsten Fall der spinalen Reflexthätigkeit zu thun. Meistens indessen sind zwischen den peripherischen Aufnahme- und Erfolgsapparaten Neuronen in noch grösserer Anzahl (als „Neuronen erster, zweiter, dritter u. s. w. Ordnung") eingeschaltet; hierzu kommt noch die äusserst wichtige Thatsache, dass die Nervenfasern[1]) innerhalb des Centralnervensystems sich verzweigen, **„Collateralen"** bilden, deren Endbäumchen jedes an die Nervenzelle eines besonderen Neurons nächster Ordnung herantreten. Hierdurch, sowie durch die Existenz von einer Körperhälfte zur anderen hinüberlaufenden Neuronenantheile (**„Commissurfasern"**) ist die Möglichkeit gegeben, dass Erregungsvorgänge auf dem Wege von einem Aufnahmsapparat durch das Centralnervensystem hindurch zu einem peripherischen Erfolgsapparat, oder auch im Centralnervensystem selbst entstandene Vorgänge verschiedene „Bahnen" durchlaufen können, welche von Neuronen der verschiedensten Anzahl und Stellung im Systeme gebildet sein können. Wenn wir nun finden, dass unter bestimmten Umständen die eine, unter anderen regelmässig die andere dieser „Bahnen" in Erregung geräth, unter Ausschluss sämmtlicher übrigen, so müssen wir annehmen, dass durch die wiederholte Thätigkeit ein gewisser Widerstand der betreffenden Elemente gegen den Thätigkeitsvorgang oder seine Uebertragung von einem zum anderen verkleinert worden ist, sei es im Lebenslaufe des Einzelindividuums (Uebung, Erlernung), sei es im Verlaufe phylogenetischer Entwicklung, so dass die Bevorzugung bestimmter Bahnen als angeboren auftritt. Thatsache ist, dass das Eintreten eines peripherischen Erfolges erleichtert werden kann sowohl durch genügend schnell und häufig nacheinander wiederholte Zuführung eines Reizes zu einem Centrum durch die **gleiche** Bahn (**„Summation"**), als auch durch vorherige Erregung auf einem **anderen** Wege, als er zur Erzielung des Erfolges beabsichtigt wurde (**„Bahnung"**, Exner). Andererseits bietet allein die Annahme des gleichzeitigen Beschreitens mehrerer

---

[1]) Speciell nachgewiesen für die sensibeln.

verschiedener Bahnen durch die von demselben Centrum ausgehende Erregung die **Möglichkeit**, nicht nur die coordinirten (reflectorischen und willkürlichen) Bewegungen, sondern auch zahlreiche **andere Erscheinungen**, insbesondere der psychischen Sphäre, zu erklären.

Als **„Bahnen"** im weiteren Sinne bezeichnet man übrigens ganze Züge oder Bündel functionell einander gleich- oder nahestehender Nervenfasern innerhalb des Centralnervensystems, welche nach den älteren Vorstellungen die Nervenzellengebiete (Rindentheile, Kerne) „mit einander verbinden". Reizversuche mit Beobachtung der Reizeffecte einerseits und Zerstörungs-, resp. Durchschneidungsversuche mit Beobachtung der „Ausfallserscheinungen" andererseits bilden die einfachsten Methoden, ihre Bedeutung festzustellen: zur Verfolgung ihres Verlaufs bedarf es natürlich der histologischen Untersuchung. Ihre specielle Anwendung auf die Beobachtung der Degenerationen nach experimentellen oder pathologischen Läsionen (s. oben S. 243), der embryonalen Entwicklung der Faserzüge (Flechsig) und der Entwicklungshemmungen bei Läsionen im Embryonalzustande (Gudden) hat zur Erweiterung der Kenntnisse in der Physiologie des Centralnervensystems in neuerer Zeit hauptsächlich beigetragen.

Dass das **Rückenmark Erregungsvorgänge** vom Gehirn nach der Peripherie hin **zu leiten hat,** zeigt sich darin, dass seine Quertrennung beim Warmblüter alle willkürlichen Bewegungen derjenigen Muskeln aufhebt, welche von unterhalb der Durchtrennungsstelle entspringenden Rückenmarksnerven versorgt werden; ebenso beweist die gleichzeitig eintretende Empfindungslosigkeit (Anästhesie) der betreffenden Körpertheile seine Leitungsfunction nach dem Gehirne zu. In früheren Zeiten hielt man die Leitung nach Art derjenigen in den peripherischen Nerven für die einzige Function des Rückenmarks. Indessen zeigen die zweckmässigen Bewegungen geköpfter Frösche, sowie zahlreiche Reflexerscheinungen auch an Warmblütern ohne Weiteres seine wichtige und complicirte **Rolle als selbständiges Centralorgan.**

Der Eintritt der centripetalen peripherischen Nervenfasern in das Rückenmark und der Austritt der centrifugalen aus demselben erfolgt (im Gegensatz zu ihrem gemeinschaftlichen Verlaufe in den „gemischten" Nervenstämmen) getrennt, derart, dass die **vorderen Wurzeln wesentlich die motorischen, die hinteren die sensibeln Fasern enthalten;** sogenannter Bell'scher Lehrsatz.

Ch. Bell fand im Jahre 1811, dass beim eben getödteten Thier nur Reizung der vorderen Wurzeln Bewegungen auslöste, nicht aber der hinteren, und dass Durchschneidung der letzteren im lebenden Thiere die Beweglichkeit nicht aufhob. Die Durchschneidungs- und Reizversuche an den Wurzeln wurden später von Magendie[1] [von 1822 an] und Joh. Müller[2] [1831] vervollständigt. Letzterer führte am Frosche den besonders schlagenden Versuch aus, auf der einen Seite nur die vorderen, auf der anderen nur die hinteren Wurzeln zu durchschneiden: das so zugerichtete Thier ist gegen jede Reizung [Kneifen, Betupfen mit Säure] der letztgenannten Körperhälfte völlig unempfindlich, während die erstgenannte nur motorisch gelähmt ist: jede an dieser motorisch gelähmten Seite angebrachte sensible Reizung wird durch Abwehrbewegungen mit den Extremitäten der anderen (unempfindlichen, aber nicht motorisch gelähmten) Seite beantwortet.

Uebrigens sind nach Durchschneidung nur der hinteren Wurzeln motorische Störungen insbesondere bei Warmblütern zu constatiren (Panizza, Schiff u. A.), welche auf mangelnder Orientirung in Folge des Sensibilitätsverlustes [siehe später über den „Muskelsinn"] beruhen und in Ungeschicklichkeit (Ataxie), Erschwerung bis zu völliger Parese der Bewegungen sich äussern. Näheres bei Baldi[3], Mott und Sherrington[4], Bickel[5].

Beim Säugethier ist Durchschneidung einer vorderen Wurzel schmerzhaft [Longet, Bernard[6]]; auf Reizung ist nur der peripherische Stumpf empfindlich [Magendie[7]]. Es biegen, wie auch Degenerationsversuche zeigen, sensible Fasern in die motorische Bahn rückwärts um [„Sensibilité récurrente"], theils in der Nähe der peripherischen Endausbreitung, theils schon an der Vereinigungsstelle der beiden Wurzeln, letztere vielleicht für die Sensibilität der Rückenmarkshäute bestimmt.

Eine weitere Abweichung vom Bell'schen Satze besteht darin, dass durch die hinteren Wurzeln gefässerweiternde Nervenfasern, ja selbst Motoren, welche zum Theil durch Vermittlung des Sympathicus zu den Baucheingeweiden laufen [Steinach[8]], austreten sollen.

Die sensibeln Fasern durchlaufen in den hinteren Wurzeln die Spinalganglien, mit deren Nervenzellen sie

---

[1] Abhandlungen im Journal de physiol. expér., I, II, III.
[2] Handbuch der Physiol., I, S. 558.
[3] Lo Sperimentale, 1885, S. 265.
[4] Proceed. Roy. Soc., LVII. 345. 481.
[5] A. g. P., LXVII. 299.
[6] Leçons sur la physiol. du syst. nerveux, 1858. I, S. 20—112.
[7] a. a. O.
[8] A. g. P., LX. 493.

in der bereits besprochenen Weise **anatomisch und trophisch zusammenhängen**.

Dass die Leitung in den Spinalganglien eine Verzögerung erfahre, ist von Gad und Joseph[1]) angegeben worden, nachdem früher Exner[2]) vermittelst der Rheotommethode für den Actionsstrom eine solche nicht gefunden hatte.

Die motorischen Wurzelfasern entspringen aus Nervenzellen in der grauen Substanz des Rückenmarks, vor Allem der **Vorderhörner** [Deiters' „motorische Vorderhornzellen"] und **Seitenhörner**.

Auf einer Uebertragung der Erregung von sensibeln Fasern auf diese Zellen innerhalb des Rückenmarks beruhen alle **spinalen Reflexe**. Diese müssen in **geordnete** und **ungeordnete** eingetheilt werden. Die ersteren ähneln durch ihre **Complicirtheit und Zweckmässigkeit** den willkürlichen Bewegungen; man kann sie an Kaltblütern — geköpften Fröschen, abgetrennten Hinterenden von Salamandern, Aalen [Pflüger[3])], geköpften Schlangen [Luchsinger[4])] gut beobachten. Der **geköpfte Frosch** macht auf jede mechanische **Hautreizung** hin eine durchaus zweckmässige **Abwehrbewegung**, ja selbst wohl geordnete, wenn auch etwas schleppende und ungeschickte Springversuche. Auf Betupfen einer Hautstelle mit Säure macht er Wischbewegungen, indem er die richtigen Pfoten in richtiger Weise bewegt und die betupfte Stelle erreicht. Aalstücke, geköpfte Schlangen machen auf einseitige Reizung ausweichende, resp. schlängelnde Abwehrbewegungen.

Die Zweckmässigkeit und Complicirtheit der Bewegungen geköpfter Thiere hat dazu verleitet, dem Rückenmarke psychische Functionen zuzuschreiben [„Rückenmarksseele", Pflüger[5]), Auerbach[6]) u. A.]; hiergegen[7]) spricht schon die mechanische Regelmässigkeit **ihres Eintritts und die Abhängigkeit ihrer Ausbreitung von dem Orte und der Stärke der Reizung**: Bei Reizung sensibler Nerven treten, so lange sie schwach ist, die Reflexbewegungen

---

[1]) A. (A.) P., 1889, S. 199.
[2]) A. (A.) P., 1877, S. 567.
[3]) Ueber die sensorischen Functionen des Rückenmarks. Berlin 1853.
[4]) A. g. P. XXIII, 308.
[5]) a. a. O.
[6]) Günzburg's med. Zeitschr., IV, 1853.
[7]) Vgl. Goltz, Beiträge zur Lehre von den Functionen der Nervencentren des Frosches, Berlin 1869, S. 127 f., sowie schon Lotze, Göttinger gelehrte Anz., 1853, S. 1748 ff.

nur an Muskeln der gereizten Seite auf, und zwar zunächst nur an solchen, deren motorische Nerven in der Höhe der gereizten sensibeln aus dem Rückenmark entspringen. Bei Verstärkung der Reizung breiten sich die Reflexbewegungen auch auf die andere Seite aus, aber nur auf Muskeln, welche den auf der gereizten Seite bereits in Thätigkeit versetzten entsprechen (Reflexionssymmetrie), ferner breiten sie sich auch in der Richtung der Rückenmarksachse aus, zuerst aber immer aufwärts nach der Oblongata zu.

Die Prüfung der Reflexerregbarkeit durch Abstufung der Reize wurde von Türck[1] u. A. durch Eintauchen der Extremitäten des Frosches in Säure verschiedener Concentration und Vergleichung der Zeitdauer bis zum Eintreten des Reflexes unternommen; statt dessen wendete Stirling[2] die elektrische Hautreizung an, welche genauer abstufbar ist und ein genaueres Studium der Summationserscheinungen (vgl. oben) ermöglichte, welche bei jeder Prüfung der Reflexerregbarkeit in Betracht kommen: Reize, welche einzeln keine Wirkung hervorbringen, rufen die Reflexbewegung hervor, wenn sie in genügend kurzen Intervallen eine gewisse Anzahl von Malen wiederholt werden; bei gleichbleibender Reizstärke wächst der Effect mit deren Frequenz, um bei 16 ein Maximum zu erreichen; es ist dies der eigene „Rhythmus" der motorischen Nervenzellen, welchen diese jedem reflectorischen [und auch willkürlichen; vgl. übrigens S. 188] Tetanus ertheilen, welches auch die Reizfrequenz sein mag, wie denn auch die Zuckungsform reflectorisch ausgelöster Einzelzuckungen von denjenigen bei inadäquater Reizung des Muskels oder motorischen Nerven sich wesentlich unterscheidet (vgl. Wundt[3]; das Analoge für den Actionsstrom wurde bereits erwähnt].

So viel ist ohne Weiteres ersichtlich, dass **einfache Reflexzuckungen** zwar durch **Uebertragung der Erregung von den erregten sensibeln Fasern auf im Niveau ihres Eintritts befindliche motorische Vorderhornzellen erklärt werden können ("kurze Reflexbögen"), für die Ausbreitung der Reflexe dagegen die Vielfachheit der Bahnen herangezogen werden muss, welche auf der Collateralenbildung und der Zwischenschaltung insbesondere in der Achsenrichtung verlaufender Neuronen** [Genaueres siehe unten] beruht („lange Reflexbögen"). Das zweckmässige Zusammenwirken (die Synergie) der Muskeln und die zeitliche Aufeinanderfolge ihrer Bewegungen bei den geordneten Reflexen erfordert die Zuhilfenahme der Vorstellung von Vorgängen, wie die oben besprochene „Bahnung" und ererbte „Verwandtschaft" zwischen Nervenzellen, wie die

---

[1] Wiener Zeitschr. d. Gesellsch. d. Aerzte. 1851
[2] Ac. L., 1874. S. 372.
[3] Untersuchung zur Mechanik der Nerven und Nervencentren. II. 1876.

„Ladung" derselben bei der Summation der Reize — derart, dass man zur Annahme complicirter „Apparate" innerhalb des Rückenmarks für die verschiedenen Arten coordinirter Reflexe gelangt; von der Localisation einer Reihe solcher „Reflexcentren" für wichtige Functionen, über welche wir insbesondere durch Versuche an Warmblütern orientirt sind, wird unten noch die Rede sein.

Derselbe Muskel oder dieselbe Muskelgruppe kann von verschiedenen Spinalwurzeln, somit auch von verschiedenen motorischen Vorderhornzellengruppen aus in Thätigkeit versetzt werden, doch functionirt dabei immer nur ein aliquoter Theil der Muskelfasern (Spannungsmessungen von Gad[1]). Was im Uebrigen die Configuration der Coordinationscentren und die Betheiligung der oben angedeuteten Vorgänge betrifft, so ist dieses ein Gebiet voll offener Fragen und reiner Hypothesen[2]).

Den geordneten Reflexen stehen die unzweckmässigen, ungeordneten Reflexbewegungen oder sogenannten **Reflexkrämpfe** gegenüber, wie sie insbesondere nach Einwirkung gewisser Gifte, speciell des **Strychnins**, auf das Centralnervensystem zur Beobachtung gelangen. Man kann annehmen, dass in diesem Falle der „Widerstand" für die Ausbreitung der Erregung auf nicht „gebahnten", resp. normal bevorzugten Wegen in der grauen Substanz vermindert sei (Bernstein, Exner).

Hierauf weisen die Bestimmungen der Reflexerregbarkeit durch abgestufte Reize (s. o.), ja schon die blosse Thatsache hin, dass minimale Berührungsreize „Streckkrämpfe" durch simultane Contraction aller Muskeln hervorrufen, ferner die Verkürzung der nunmehr zu definirenden „Reflexzeit".

Mittelst der myographischen Methode hat Helmholtz[3]) gefunden, dass die Zeit, welche vom Momente der Reizung eines sensibeln Nerven (centrales Ende eines Froschischiadicus) bis zum Beginne der Reflexzuckung vergeht, um ein Vielfaches länger ist, als der für die Fortpflanzung in der sensibeln Nervenstrecke und dem motorischen Nerven, sowie die Vorgänge im Nervenendorgan und Muskel zusammen nöthige Zeitraum. Zieht man diesen letzteren von der Gesammtzeit ab, so erhält man die Zeitgrösse, welche die Uebertragung im Centralorgan beansprucht: reducirte Reflexzeit (Exner) oder kurz **Reflexzeit**.

---

[1]) A. (A.) P. 1880, S. 563.

[2]) Man vergleiche Abschnitt II von Exner's „Entwurf einer physiologischen Erklärung der psychischen Erscheinungen", I. Bd., Wien 1894.

[3]) Ac. Berl. 1854, S. 332.

Dieselbe nimmt ab mit wachsender Reizstärke [Rosenthal[1], Exner[2]; dieser Autor fand für den Augenlidreflex die reducirten Werthe von 0·0471 und 0·055 Secunden für einen stärkeren und einen schwächeren Reiz]. Sie ist grösser für Reflexzuckungen der anderen, als der gereizten Seite. Zeit der Querleitung [Rosenthal. Wundt].

Gesteigert wird die Reflexerregbarkeit [ausser durch die Gifte Strychnin, Brucin, Coffeïn u. a.] durch gesteigerte Venosität des Blutes: „Erstickungskrämpfe", indem durch die CO_2 im Ueberschuss gleichzeitig Erregung stattfindet; ferner durch mangelnde Blutzufuhr: umgekehrt setzt sauerstoffreiches Blut [Apnoe, s. S. 115] die Reflexerregbarkeit herab; diese Sätze gelten übrigens ganz allgemein für die Erregbarkeit der Centren, wie sich bei der Besprechung der Kopfmark- und Hirnfunctionen noch zeigen wird.

Herabsetzung der **spinalen** Reflexerregbarkeit beobachtet man ferner bei **tiefer** Narkose durch Chloroform, Chloral, Aether, Morphium u. s. w., endlich auch durch längere Einwirkung von Kälte.

Dass man **durch den Willen Reflexe** [Blinzeln u. s. w.] bis zu einem gewissen Grade **unterdrücken** kann, ist eine alltägliche Erfahrung; complicirtere Bewegungsvorgänge, z. B. bei der Locomotion, sind theils reflectorischer Beschaffenheit, theils werden sie unter dem Einflusse von Sinnesempfindungen vom Gehirn aus „regulirt"[3]. An Kaltblütern kann man ohne Weiteres sehen, dass nach der Enthirnung die spinale Reflexerregbarkeit steigt (Brown-Séquard), was auf den Fortfall von zugeleiteten hemmenden Einflüssen bezogen werden muss. Durch Reizversuche an den Lobis opticis im Mittelhirne des Frosches, bei welchen die Reflexerregbarkeit nach der Türck'schen Methode gemessen wurde, glaubte Setschenow[4] den Ausgangsort dieses hemmenden Einflusses localisirt zu haben, „Reflexhemmungscentrum". Dem gegenüber ist darauf hingewiesen worden, dass auch Reizung anderer Theile des Centralnervensystems, oder peripherischer Nerven in

---

[1] ibid. 1873. S. 104; 1875. S. 419.
[2] A. g. P. VIII. S. 526.
[3] Man lese das Capitel über „Sensomobilität". S. 124 ff. in Exner's „Entwurf" u. s. w.
[4] Physiologische Studien über den Hemmungsmechanismus u. s. w., Berlin 1863; Zeitschr. f. rat. Med. (3). XXII. 6, u. a. m.

gleicher Weise wirken kann [Herzen[1], Lewisson[2], Goltz[3], Freusberg[4])], ebenso wie eine schmerzhafte Empfindung unter der Einwirkung eines Hautreizes vermindert, ja durch einen anderen stärkeren Schmerz ausgelöscht werden kann.

Bei den Setschenow'schen Versuchen soll es sich übrigens auch mehr um eine Verzögerung, als um eine Schwächung oder Aufhebung der Reflexe handeln [Cyon[5]].

Jedenfalls muss daran festgehalten werden, dass die Fortleitung und der Erfolg des in einem centralen Apparate vorhandenen Erregungszustandes durch eine andere dort anlangende Erregung aufgehoben oder vermindert werden kann: **centrale Hemmung**. In dieser Weise hemmend wirken insbesondere auch Verletzungen des Centralnervensystems: Rückenmarksdurchschneidung bei Warmblütern erzeugt schon dieserhalb einen unmittelbar auf sie folgenden Ausfall aller, auch der automatischen und reflectorischen Functionen des abgetrennten Abschnitts, dessen theilweises Vorübergehen abgewartet werden muss, um die Functionen der hier vorhandenen selbstständigen Centren zu studiren. Ja, jede heftige Reizung oder Verletzung, sei es peripherischer, sei es centraler Theile des Nervensystems, kann eine tödtliche Hemmung lebenswichtiger Bewegungsfunctionen [Herz, Athmung], unter Umständen mit blitzartiger Plötzlichkeit, hervorrufen. Man fasst diese Erscheinungen wohl unter der Bezeichnung „**Choc**" zusammen.[6]

Werden an einem senkrecht aufgehängten geköpften Frosch auf der einen Seite die hinteren Wurzeln oder auch der ganze Pl. ischiadicus durchschnitten, so hängt das betreffende Bein schlaffer herab, als dasjenige der anderen Seite [Brondgeest[7]]: es muss also vorher ein reflectorisch ausgelöster dauernder Contractionszustand („Tonus") der Beuger vorhanden gewesen sein. Als Ausgangsorgan könnten die sensibeln Nervenendigungen der Haut functioniren [Cohnstein[8]]; da der Versuch aber auch nach dem

---

[1] Expériences sur les centres modérateurs. Turin 1864.
[2] A. (A.) P. 1869, S. 255.
[3] Beiträge zur Lehre von den Functionen der Nervencentren des Frosches; Berlin 1869.
[4] A. g P. X. 174.
[5] Festschrift für Ludwig. 1879. S. 96.
[6] Vgl. über denselben Roger, A. d. P. (5). V, 576, 691.
[7] Diss. Utrecht, 1860.
[8] A. A. P., 1863, S. 168.

Enthäuten gelingen soll [Mommsen[1])], so sind es wohl Spannungs-, resp. Lagerungsverhältnisse, welche durch die Vermittlung sensibler Muskel- und Sehnennerven bald die eine, bald die andere Muskelgruppe in **reflectorischem Tonus** erhalten [Tschirjew[2])].

Der Muskeltonus ist also nicht automatisch, wie man früher glaubte (Joh. Müller u. A.), noch betrifft er alle Körpermuskeln gleichzeitig, wenigstens nie in gleichem Grade. Die schon vorhandene Muskelspannung erklärt wahrscheinlich auch die Beobachtungen Cyon's[3]), nach welchen Durchschneidung der hinteren Wurzeln die Erregbarkeit der vorderen (gemessen durch die Reizschwelle der Muskelzuckung) zu erhöhen scheint[4]).

Das Vorhandensein von Endigungen sensibler Nerven, speciell in den Sehnen, wird meistens auch herangezogen zur Erklärung der „**Sehnenreflexe**" [Kniephänomen von Westphal[5]): Klopfen auf die Patellarsehne (des einen über das andere geschlagenen Beines) löst eine Zuckung des Quadriceps aus; Achillessehnenreflex u. s. w.]; indessen ist dies Gebiet in vielen Punkten noch streitig.

Was die eben schon erwähnte **Localisation spinaler Centren** anbetrifft, so liegen reflexvermittelnde Apparate für die Muskelbewegung, die Gefässverengerung und -Erweiterung, sowie die Schweisssecretion in jeder Körpergegend, resp. Extremität in oder etwas über der Höhe des Austritts der betreffenden Nervenfasern aus dem Rückenmark; Centren für die Musculatur der Blase und des Afters, sowie für die genitalen Functionen liegen im Lendenmark, resp. Sacralmark [Budge[6]), Giannuzzi[7]), Masius[8]), Goltz[9]), Quincke und Kirchhoff[10])]. Wie weit dieselben automatisch-tonisch, wie weit reflectorisch thätig sind und wie weit sie vom Willen und von psychischen Zuständen beeinflusst sind, ist zum Theil bereits besprochen, zum Theil später noch zu erwähnen.

Bewegungen, welche nur reflectorisch, aber nicht willkürlich zu Stande kommen, können auch nicht durch den Willen „gehemmt", unterdrückt werden: Ejaculation.

[1]) A. p. A., Cl, 22.
[2]) Arch. f. Psychiatrie, VIII. 708; A. (A.) P., 1879. S. 78.
[3]) Ac. L., 1865, S. 85.
[4]) Vgl. auch H. E. Hering, A g. P., LXVIII. 1.
[5]) Arch. f. Psychiatrie, V, 792.
[6]) Zeitschr. f. rat. Med., 3. (XXI), 1. 174. XXIII. 78; A. g. P., II. 511.
[7]) Journ. de la physiol., VI. 22.
[8]) Bull. de l'acad. roy. de Belg., 1868. S. 491.
[9]) A. g. P., VIII. 481.
[10]) Arch. f. Psychiatrie, XV. 607.

Charakteristisch für die Selbstständigkeit der spinalen Centren für die Genitalfunctionen sind die berühmten Versuche von Goltz[1], in welchen eine Hündin mit abgetrenntem Lendenmark, belegt, trächtig wurde und ohne Kunsthilfe lebendige Junge gebar.

Die spinalen Muskel-, Gefäss- und Secretionscentren unterliegen den erregenden und hemmenden Einflüssen (vgl. oben) der „übergeordneten" Apparate im Kopfmark und Gehirn.

Das Unternehmen, die „Bahnen" für diese Einwirkungen, sowie für die „Verbindung" der Nervenzellen im Rückenmarke unter einander (vgl. oben), kurz die Leitungsfunctionen des Rückenmarks durch Reizversuche zu ermitteln, stösst auf unerwartete Schwierigkeiten.

Elektrische Reizung des Rückenmarks oder von Theilen desselben (mit Ausnahme der Nervenwurzeln) bleibt nämlich meist ohne motorische Erfolge [van Deen[2], Schiff[3] u. A.], eine Thatsache, welche dazu verführt hat, den Rückenmarksbahnen Leitungsfähigkeit für Bewegung und Empfindung vermittelnde Vorgänge ohne Erregbarkeit zuzuschreiben [„kinesodische und ästhesodische Substanz" von Schiff; vgl. das früher über die Trennung von Erregbarkeit und Leitungsfähigkeit in der Nervenfaser Gesagte] — welche wahrscheinlich aber nur auf der Mitreizung von Hemmungsbahnen beruht. Vasomotorische Erfolge sind ohne Weiteres zu erhalten: jede directe Totalreizung des (durchschnittenen) Rückenmarks bewirkt Blutdrucksteigerung durch Verengerung der unterhalb gelegenen Arterien [Ludwig und Thiry[4])]. Auch motorische Erfolge sind durch directe Reizung, speciell der isolirten Vorderstränge beim Frosch [Fick und Engelken[5])]. durch punktförmige, resp. unipolare Reizung [Sirotinin[6]) u. A.] u. s. w. erhalten worden. Es verhält sich dabei das Rückenmark in Bezug auf die Stromrichtung (Zuckungsgesetz) und die Wirkung des Querschnitts wie ein Nerv [Biedermann[7])]; doch erfolgen die Muskelcontractionen im eigenen Rhythmus der Centralorgane (vgl. oben S. 280; ein Beweis dafür, dass sie

---

[1] A. g. P., IX. 552.

[2] Nederl. Tijdschr. v. Geneeskunde. III, 393; Unters. zur Naturlehre des Menschen, VII. 380.

[3] Lehrb. d. Physiol., Lahr, 1858; A. g. P., XXVIII. 537; XXIX, 537; XXX, 199.

[4] Ac. W., XLIX, 421.

[5] A. A. P., 1867. S. 198; A. g. P., II. 414.

[6] A. (A.) P., 1887, 154.

[7] Ac. W., LXXXVII, 210.

sämmtlich von spinalen Nervenzellen ausgehen und dass keine Bahnen direct vom Gehirn zu den Muskeln existiren, siehe unten), mit langer Latenzzeit und unter Auftreten der centralen Summationserscheinungen (vgl. oben).

Die Ermittlung der Bahnen widerstand anfangs auch den Durchschneidungs- und Exstirpationsversuchen (auf die Theorien und polemischen Erörterungen von Brown-Séquard, Schiff, van Deen, Stilling kann hier nicht näher eingegangen werden). Erst der exacteren Handhabung dieser Methoden durch die Ludwigsche Schule [Dittmar, Miescher, Nawrocki, Woroschiloff[1])],

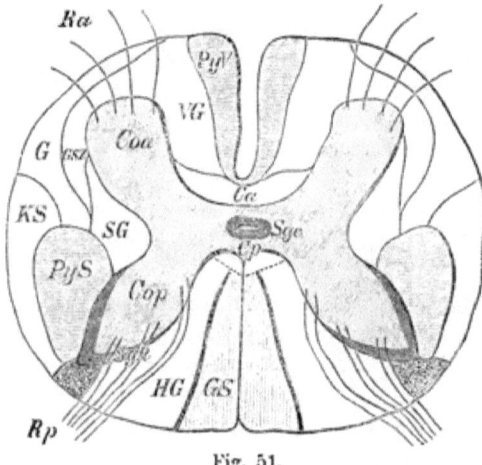

Fig. 51.

Schema der weissen Stränge des Rückenmarks. *PyV* Pyramidenvorderstrang, *VG* Vorderstranggrundbündel; *Ca* vord. Commissur; *Ra* vord. Wurzeln. *PyS* Pyramidenseitenstrang, *KS* Kleinhirnseitenstrang, *G* Gower's Bündel, *GSZ* Grenzzwischenschicht, *SG* Seitenstranggrundbüschel, *GS* Goll'scher Strang, *HG* Hinterstranggrundbündel. *Coa* Vorderhorn, *Cop* Hinterhorn; *Cp* hintere Commissur; *Sgc* Subst. gelatinosa centralis, *SgR* Subst. gelat. Rolando. *Rp* hintere Wurzeln.

sowie den histologischen Untersuchungen unter Heranziehung der Degenerationsmethode, der Entwicklung und Entwicklungshemmung der Fasersysteme — siehe oben S. 277 — verdanken wir die jetzigen besseren Kenntnisse; im neuen Lichte der Neuronenlehre sind sie freilich noch lückenhaft genug.

---

[1]) Sämmtlich in den Arbeiten aus der physiologischen Anstalt in Leipzig, 1870—1874.

Die **centrifugalen Impulse** vom Gehirn für die **willkürlichen Bewegungen** werden geleitet durch die **Pyramidenbahnen** (Flechsig): Pyramidenvorderstrangbahn PyV, Fig. 51 und 53, und Pyramidenseitenstrangbahn PyS. Diese werden gebildet von Achsencylinderfortsätzen von Nervenzellen der Grosshirnrinde, welche schliesslich in die Vorder-, resp. Seitenhörner der grauen Substanz des Rückenmarks eintreten und mit ihren Endkörben die motorischen Zellen (n^2 bis n^4, Fig. 53) umgeben, nachdem sie vorher sämmtlich von der Seite ihres Ursprungs auf die andere übergetreten sind [contralaterale Lähmungen nach Hirnläsionen, siehe unten]: diese „**Kreuzung**" findet bei den Pyramidenseitenstrangfasern bereits im verlängerten Mark statt, Pyramidenkreuzung, siehe unten, — bei den Pyramidenvorderstrangfasern erfolgt sie (wenigstens zum Theil) erst im Rückenmark durch Vermittlung der vorderen oder weissen Commissur Ca, Fig. 51.

Die **sensibeln Fasern** p, Fig. 52, theilen sich, durch die hinteren Wurzeln r in's Rückenmark eingetreten, ganz allgemein in je einen vertical aufsteigenden a und einen vertical absteigenden Ast d, welche beide in **den weissen Hintersträngen** verlaufen, zunächst in den Burdach'schen Strängen oder Hinterstranggrundbündeln (HG, Fig. 51); die aufsteigenden Aeste verlaufen indessen zum Theil in den **Goll'schen Strängen** (GS) als **directe Bahnen zum Kopfmark** und Hirnstamm, zu dessen Kernen sie in Beziehung treten und so **bewusste Empfindungen** vermitteln können (Näheres weiter unten). Aufsteigende wie auch absteigende Aeste geben horizontale Seitenzweige — „**Collateralen**", Ramón y Cajal — ab, und diese

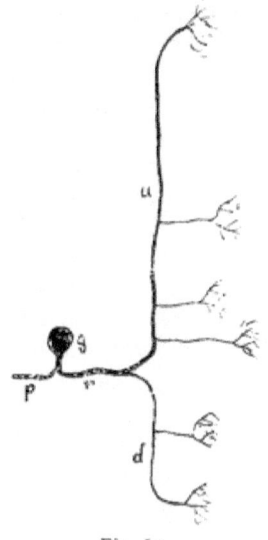

Fig. 52.
Schematische Darstellung des Verlaufes der hinteren Wurzelfasern. Nach Obersteiner. p periphere sensible Nervenfaser. g Spinalganglienzelle. r Wurzelfaser, die sich in den aufsteigenden (a) und den absteigenden (d) Ast mit ihren Collateralen und Endbäumchen theilt.

erst sind es, welche in die grauen Hinterhörner eintreten[1]) und innerhalb der grauen Substanz weiter verlaufend mit ihren Endbäumchen umspinnen: entweder direct motorische Vorder- oder Seitenhornzellen [wodurch die „kurzen Reflexbögen" zu Stande kommen] oder aber die Nervenzellen der sogenannten Clarke'schen Säulen oder Stilling'schen Kerne, deren Achsencylinderfortsätze als markhaltige Nervenfasern in den Seitensträngen aufwärts verlaufen (Kölliker) bis zum Kleinhirn, **„Kleinhirnseitenstrangbahnen"** (Flechsig, Foville), KS, Figur 51 und 54. Endlich treten Collateralen, sowohl der auf- und absteigenden Aeste von sensibeln Wurzelfasern, als auch der von den Clarke'schen Säulen entspringenden Fasern mit ihren Endbäumchen, an kleinere Nervenzellen des Rückenmarksgraues heran, welche als **„Schaltzellen"** bezeichnet werden können. Die von diesen ausgehenden Nervenfasern verlaufen in den **Vorder- und Seitenstrangresten** oder -Grundbündeln (SG und VG, Fig. 51), theils derselben Seite, theils auch nach Kreuzung innerhalb der grauen Substanz — graue hintere Commissur, Cp — in denjenigen der anderen Seite, indem sie wiederum auf- und absteigende Aeste bilden, deren Verzweigungen in die graue Substanz **wieder eintreten** und mit ihren Endbäumchen auf motorische Nervenzellen höherer oder tieferer Niveaus wirken können: diese **„Schaltneuronen"** dienen also zur Herstellung von **Verbindungen innerhalb des Rückenmarks** wesentlich in axialer Richtung — lange Reflexbögen, complicirtere Apparate für coordinirte Bewegungen, vgl. oben. Jedenfalls existiren auch für rein transversale derartige Verbindungen Schaltneuronen von geringerer, horizontaler Ausdehnung (Nervenzellen des „zweiten Golgi'schen Typus"). Dass die Vorder- und Seitenstrang-Grundbündel wesentlich aus Nervenfasern für Verbindungen innerhalb des Rückenmarks bestehen, zeigt sich schon darin, dass sie von oben nach unten an Mächtigkeit nicht abnehmen, während der Querschnitt der Leitungsbündel zum Kopfmark und Hirn [Pyramidenbahnen, Kleinhirnseitenstrangbahnen und Goll'sche Stränge] im Wesentlichen nach unten zu kleiner wird

---

[1]) In Fig. 51, welche die Vertheilung der Bahnen in einem Querschnitte des Rückenmarks nach älterer Manier schematisch darstellt, scheinen die sensibeln Wurzelfasern direct einzutreten, was dem Thatsächlichen nicht entspricht.

bis zum Verschwinden oder, richtiger gesagt, von unten nach oben wächst — indessen nicht in demselben Maasse, als die Zahl der Wurzelfasern zunimmt: der Querschnitt dieser aller zusammen ist z. B. bei einer Schlange mehr als **elfmal** grösser als der Querschnitt des Rückenmarks selbst in seinen oberen Theilen [Volkmann[1])]; diese **Reduction der Leitungswege** ist aus dem oben S. 276 Gesagten wohl ohne Weiteres verständlich. Auch dass der Querschnitt des Rückenmarks dort am grössten ist, wo die meisten Wurzelfasern aus- und eintreten [Cervical- und Lumbalanschwellung], bedarf hiernach keiner weiteren Erörterung.

Die Folgen particeller Rückenmarksdurchschneidungen erklären sich unschwer aus dem soeben dargestellten Faserverlaufe. Halbseitige Durchschneidung hat motorische Lähmung auf der verletzten Seite [die Pyramidenbahnen haben sich bereits oberhalb gekreuzt] und Herabsetzung des Empfindungsvermögens auf der gesunden Seite [sensible Bahnen kreuzen sich zum Theil im Niveau, siehe oben] zur Folge, ausserdem aber noch abnorme Erhöhung der Empfindlichkeit (Hyperästhesie) auf der verletzten Seite [Fodera[2]), Brown-Séquard[3]), Schiff[4]) u. A.], welche wohl als Reizerscheinung aufzufassen ist. Durchschneidung der Seitenstränge allein macht vollständige sensible Lähmung [Aufhebung der Leitung in den Kleinhirnseitenstrangbahnen und zahlreichen „Schaltneuronen", siehe oben] und theilweise motorische [Ludwig's Schule, Ott[5]), N. Weiss[6]), Schiff u. A.]. Die Angaben, dass auch abwechselnde Halbschnitte auf beiden Seiten, resp. vorn und hinten weder die Motilität noch die Sensibilität vollständig aufheben, müssen auf einen „geschlängelten" Verlauf gewisser Bahnen als Ganzes zurückzuführen sein.

Ueber den Verlauf der functionell verschiedengestellten Fasern innerhalb des Rückenmarks [Athemfasern, vasomotorische Fasern; Gefühls-, Temperatureindrücke und Schmerz vermittelnde Bahnen] existiren Angaben, auf welche bei der noch herrschenden Schwierigkeit und Unsicherheit auf diesem Gebiete hier nicht näher einzugehen ist.

---

[1]) Wagner's Handwörterbuch der Physiologie, II. 482.
[2]) Magendie's Journal de physiol., III, 191, 200.
[3]) C. R., 1850, S. 700, 1855, S. 118; Recherches expérim. sur la transmission etc., Paris 1855.
[4]) In seinem Lehrbuch der Physiologie, Lahr 1858.
[5]) Contributions to the physiol etc. of nerv. syst., 1880.
[6]) Ac. W. LXXX, 340.

Die als **Hirnstamm** bezeichneten Theile des Centralnervensystems — verlängertes Mark („Kopfmark"), Brücke, Hirnschenkel, Bindearme u. s. w. — enthalten die Fortsetzungen der Rückenmarksbahnen zum Grosshirn und Kleinhirn, die „grauen Kerne" der Mehrzahl der Hirnnerven, welche in ihrer anatomischen und functionellen Stellung durchaus den Spinalnerven analog sind, endlich weitere Anhäufungen von Nervenzellen, deren Verknüpfungen und Functionen zum Theil noch unaufgeklärt sind.

Diese „Aufsplitterung" der grauen Substanz (gegenüber der säulenartigen Continuität im Rückenmark) beginnt im verlängerten Mark, während gleichzeitig der Centralcanal sich zur Rautengrube öffnet. Hierdurch weichen die weissen Hinterstränge lateral ab, während ebenso die den grauen Hinterhörnern entsprechenden Bildungen, Nervenkerne u. s. w. immer mehr lateralwärts, die den Vorderhörnern entsprechenden medianwärts zu liegen kommen. Indem die Nervenzellen dieser letzteren durch die hier vielfach durcheinander und zur anderen Seite hinüberziehenden Nervenfasern (siehe unten) mehr auseinandergedrängt werden, entsteht ferner die sogenannte Formatio reticularis des Kopfmarks. In den Hintersträngen treten die Nuclei funiculi gracilis (Fortsetzung des Goll'schen Stranges) und funiculi cuneati (Fortsetzung des Hinterstranggrundbündels, Burdach'scher Strang) auf, in der vorderen Hälfte des Kopfmarks die durch die olivenförmigen Prominenzen an der Aussenfläche gekennzeichneten unteren Olivenkerne.

Im Hirnstamm findet **Kreuzung der Bahnen** statt, soweit solche nicht schon im Rückenmark erfolgte. Von den Pyramidenbahnen (siehe oben) bilden die Seitenstrangantheile die Pyramidenkreuzung (Decussatio pyramidum, *Dpy*, Fig. 53), während die Vorderstrangantheile schon in der vorderen Rückenmarkscommissur sich gekreuzt haben.

Das Zahlenverhältniss der Fasern in diesen beiden Antheilen wechselt ausserordentlich; die Pyramidenvorderstrangbahnen können auch ganz fehlen. Möglicherweise erfahren manche Fasern auch eine zweimalige Kreuzung, wie in der Figur angedeutet ist.

Von centripetalen Rückenmarksbahnen verlaufen die Kleinhirnseitenstrangbahnen ohne Kreuzung durch das Corpus restiforme (*Crst*, Fig. 54) direct zum Kleinhirn; zu ihnen gesellen sich hier von den Hinterstrangkernen ausgehende gleichfalls

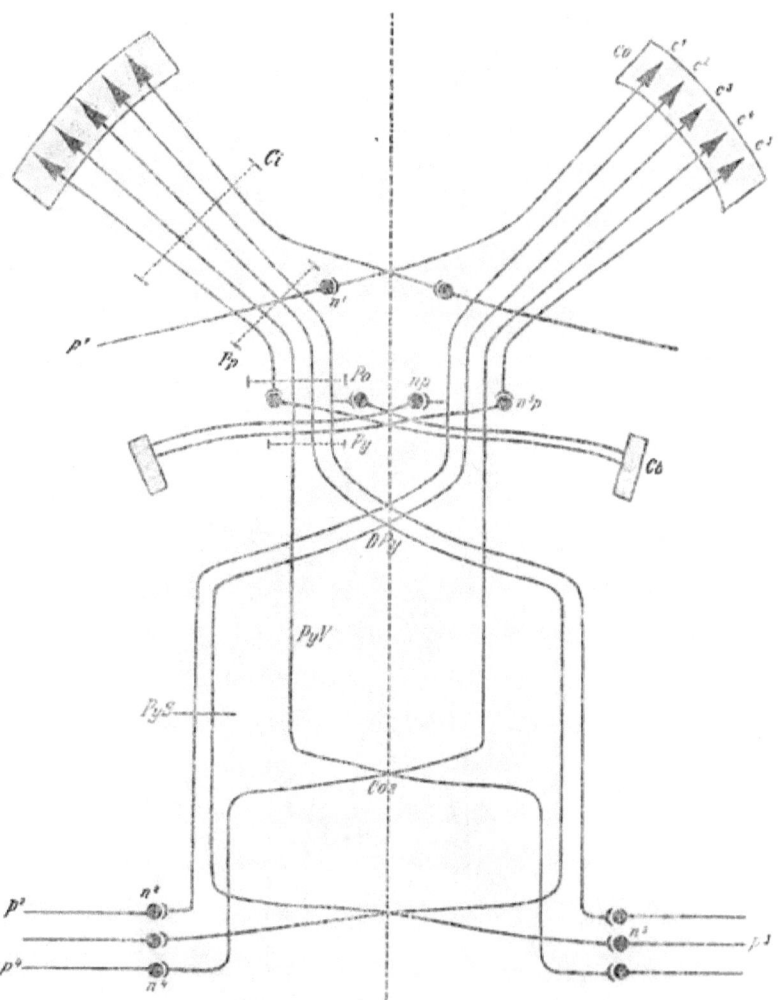

Fig. 53.
Schema der Pyramidenbahnen, nach Obersteiner.
Co Grosshirnrinde. c^1 bis c^5 Pyramidenzellen. Ci innere Kapsel. Pp Hirnschenkelfuss. Po Brücke. Py Pyramide. DPy Pyramidenkreuzung. PyV Pyramidenvorderstrang. PyS Pyramidenseitenstrang. Coa vordere Commissur. Cb Kleinhirn. n^1 Kern eines (motorischen) Hirnnerven. p^1 peripherisches Ende dieses Nerven. np und n^1p Brückenkerne. n^2, n^3, n^4 Vorderhornzellen. p^2, p^3, p^4 peripherische motorische Rückenmarksnerven.

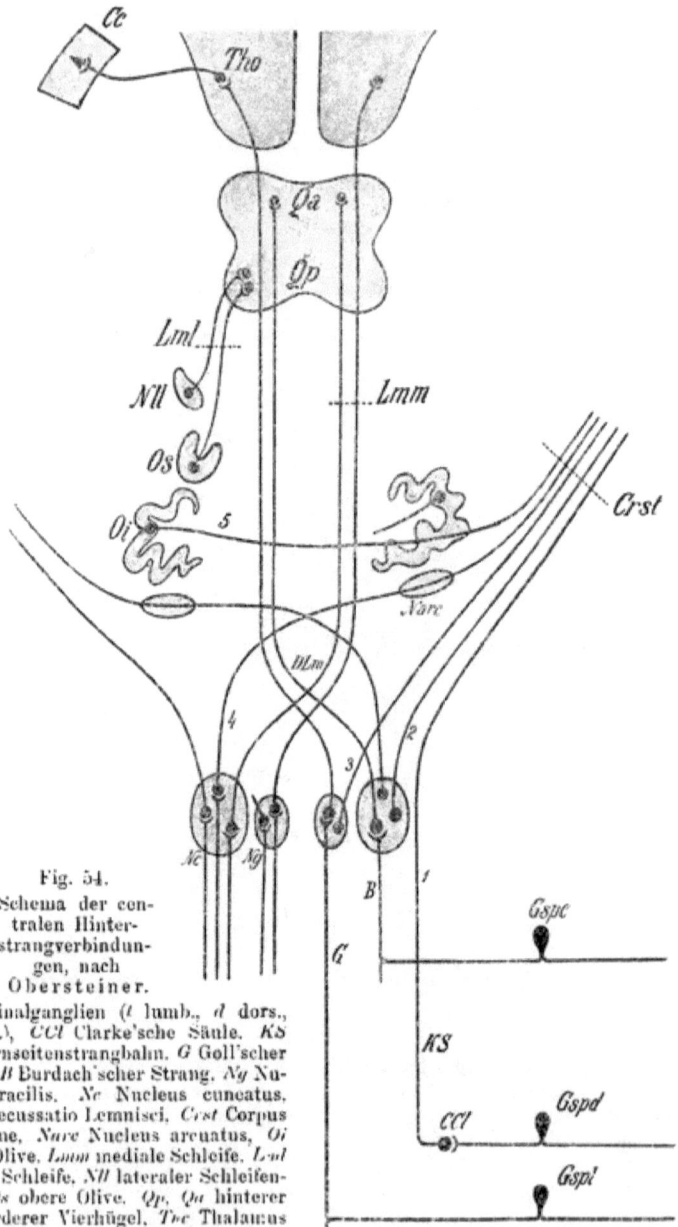

Fig. 54.
Schema der centralen Hinterstrangverbindungen, nach Obersteiner.

Gsp Spinalganglien (*l* lumb., *d* dors., *c* cervic.), *CCl* Clarke'sche Säule. *KS* Kleinhirnseitenstrangbahn. *G* Goll'scher Strang. *B* Burdach'scher Strang. *Ng* Nucleus gracilis. *Nc* Nucleus cuneatus. *DLm* Decussatio Lemnisci, *Crst* Corpus restiforme. *Narc* Nucleus arcuatus, *Oi* untere Olive. *Lmm* mediale Schleife. *Lml* laterale Schleife. *Nll* lateraler Schleifenkern. *Os* obere Olive. *Qp*, *Qa* hinterer und vorderer Vierhügel. *Tho* Thalamus opticus. *Cc* Grosshirnrinde.

zum Kleinhirn laufende Bahnen. Andere Fasern, welche sensible Impulse von den nämlichen Hinterstrangkernen nach den Grosshirnganglien (und weiter zur Hirnrinde) vermitteln, kreuzen sich gleichfalls vor dem Centralcanal, aber hinter den Pyramiden, sogenannte Schleifenkreuzung (Decussatio lemnisci, *DLm*), um dann als medialer Antheil der „Schleife" zur Hirnschenkelhaube und den Vierhügeln hinaufzusteigen. In den Hirnschenkeln (Pedunculi cerebri) ist nämlich die Faservertheilung im Grossen und Ganzen derartig, dass die centrifugalen Bahnen im „Hirnschenkelfuss" (Pes pedunculi) und die centripetalen Bahnen in der „Hirnschenkelhaube" (Tegmentum pedunculi) verlaufen. Diejenigen Bahnen beiderlei Art, welche directe „Verbindungen" mit der Hirnrinde bilden, verlaufen weiter nach dieser letzteren zu zwischen Thalamus opticus und nucleus lentiformis in dem hinteren Drittel der „inneren Kapsel" (Capsula interna), und zwar die Pyramidenbahnen in dessen vorderer, die sensibeln Bahnen in dessen hinterer Hälfte.

Zu den Fortsetzungen spinaler Bahnen, d. h. also Neuronen, welche mit denjenigen der Spinalnerven functionell verknüpft sind, kommen im Hirnstamme noch die Bahnen der **Hirnnerven**. Es dürfte deshalb hier am Platze sein, über diese letzteren das Nöthige zu erledigen.

Als „Wurzeln" der Hirnnerven bezeichnet man bekanntlich nicht nur ihre Antheile innerhalb der Hirnhäute, unmittelbar nach dem Austritt aus dem Gehirn („äussere Wurzeln"), sondern auch ihre Fasern innerhalb der Centralorgane bis zur grauen Substanz („innere Wurzeln"); auch bei den mit den Hirnnerven verknüpften Ansammlungen dieser letzteren, den sogenannten Kernen, muss unterschieden werden, ob sie wesentlich aus Ganglienzellen bestehen, aus welchen centrifugale Hirnnervenfasern als deren Achsencylinderfortsätze entspringen („Ursprungskerne"), oder ob sie die Nervenzellen intracentraler Neuronen enthalten, an welche die Endbäumchen centripetaler Hirnnervenfasern (deren Zellen in ausserhalb gelegenen Ganglien zu suchen sind) herantreten („Endkerne").

Der N. hypoglossus (*XII*) ist rein motorisch; sein Ursprungskern (*N XII*, Fig. 55) liegt im ventralen Theile des Kopfmarks vor dem Centralcanal resp. am Boden des vierten Ventrikels und entspricht in seinem Hauptantheil den medialen Vorderhornpartien des Rückenmarks. Die centralen Bahnen, welche von der Hirnrinde (Näheres unten) an ihn herankommen, verlaufen durchaus analog den Pyramidenbahnen (siehe oben) und kreuzen sich in der Rhaphe.

Da der Hypoglossus die Zungenfleischmuskeln (Mm. hypoglossus, styloglossus, genioglossus, longitudinalis und transversus linguae), ferner den Geniohyoïdeus und Thyreohyoïdeus innervirt, so stört seine Lähmung die Functionen des Kauens

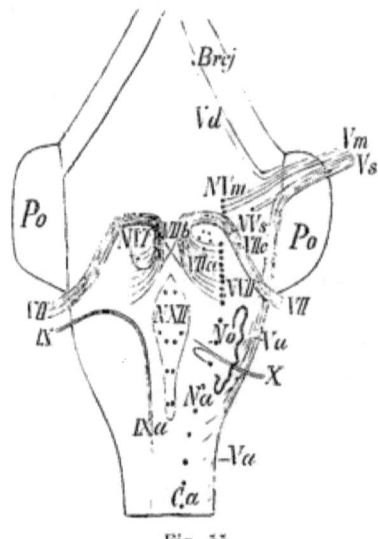

Fig. 55.

Schematischer Basalschnitt der Medulla oblongata, nach Obersteiner.
Po Brückenarme. *Brej* Bindearme, *Va* aufsteigende, *Vd* absteigende, *Vm* motorische, *Vs* sensible Trigeminuswurzel, *NVm* motorischer, *NVs* sensibler Trigeminuskern, *NVII* Facialiskern, *VIIa, b, c* Facialiswurzel, *VII* Austrittsstelle des N facialis. *NVI* Abducenskern. *IXa* aufsteigende Glossopharyngeuswurzel. *IX* ihre Austrittsstelle, *No* Nucleus olivaris, *X X.* vagus resp. glossopharyngeus, *Na* nucleus ambiguus. *Ca* Vorderhorn des Rückenmarks. *Ca, Na, NVII, NVm* bilden die Säule der motorischen Ursprungskerne.

(Verschieben des Bissens durch die Zunge), Schlingens, vor Allem des Sprechens. Wird bei einseitiger Hypoglossuslähmung die Zunge herausgestreckt, so weicht sie mit der Spitze nach der kranken Seite ab, weil ihr hinterer Theil, an welchem der M. genioglossus u. s. w. zu ziehen haben, dort zurückbleibt.

Auch der N. accessorius (XI) ist rein motorisch und gibt dem zum grösseren Theil sensibeln N. vagus nach seinem

Austritt motorische Fasern ab. Seine Ursprungszellen liegen in dem Vorderhorn des Halsrückenmarks, von welchen die Nervenfasern zum Theil emporsteigen, um in vielen Wurzeln übereinander an der Seite des Marks auszutreten und zunächst einen gemeinschaftlichen Stamm zu bilden mit denjenigen des N. vagus (X), welche höher oben austreten (zwischen Olive und Corpus restiforme) und durch ihr Ganglion ihre grösstentheils sensible Beschaffenheit anzeigen. Der Endkern für diese sensibeln Fasern (sensibler oder dorsaler Vaguskern) liegt am Boden der Rautengrube. Ursprungszellen für motorische Vagusfasern, soweit diese nicht vom Accessorius herstammen, sind im sogenannten Nucleus ambiguus (Na, Fig. 55) zu suchen, aus welchem auch motorische Glossopharyngeusfasern entspringen (siehe unten).

Die centralen Verknüpfungen des Vagus-Accessorius müssen, entsprechend der Mannigfaltigkeit seiner nunmehr zu besprechenden Functionen, sehr verwickelte sein: von seiner Betheiligung an genauer zu definirenden „bulbären Centren" wird unten noch die Rede sein.

Dem N. accessorius gehört die motorische Innervation der Nacken- und Halsmuskeln. Der N. vagus liefert in seinem R. pharyngeus motorische Fasern für die Innervation des Schlundkopfes (zusammen mit dem N. glossopharyngeus) und im Laryngeus inferior (s. Recurrens vagi) motorische Fasern für den Oesophagus. Er beherrscht deshalb den Schluckact (siehe S. 123). Der Oesophagus erhält vom Vagus auch sensible Fasern; ebenso fällt dem Vagus die gesammte motorische und sensible Innervation des Kehlkopfes zu. Der R. laryngeus inferior liefert dabei die motorischen Fasern für sämmtliche Kehlkopfmuskeln ausser dem M. cricothyreoïdeus, welcher sie vom R. laryngeus superior erhält; dieser letztere führt jedenfalls den Hauptantheil der sensibeln Kehlkopffasern [1]).

Sensible Fasern erhält der äussere Gehörgang und das Trommelfell durch den R. auricularis vagi.

Die visceralen Vagusäste gehen zum Herzen, zu den Lungen, dem Magen, der Leber und den Gedärmen. Ueber ihre Functionen (Hemmung der Herzbewegungen, reflectorische Be-

---

[1]) Auf die umfangreiche Literatur über die Kehlkopfnerven, die Detailfragen nach der Existenz eines N. laryngeus medius, nach dem Ursprung der Fasern aus den Vagus- oder Accessoriuswurzeln kann hier nicht eingegangen werden.

einflussung der Athembewegungen, Herzaction und Gefässweite, motorische Innervation der Bronchialmusculatur, Regulirung der Magenbewegungen) ist in den betreffenden Abschnitten bereits die Rede gewesen. Dass die Lähmung eines Nerven, welcher so viele und lebenswichtige Functionen beherrscht, das Leben gefährden muss, erscheint naheliegend. Durchschneidung nur des einen Vagusstammes am Halse wird indessen von den meisten Thieren ohne wesentlichen Schaden vertragen, erst Durchschneidung beider Vagi führt unter allen Umständen früher oder später zum Tode.

Dass ganz junge Thiere in Folge dieser Operation sofort ersticken, beruht auf den nämlichen Umständen, wie bei der blossen Durchschneidung der Nn. laryngei inferiores (siehe S. 112). Erwachsene Thiere erliegen in den nächsten Tagen nach der beiderseitigen Vagotomie einer Lungenentzündung, welche auf das Eindringen von „Fremdkörpern" — Mundschleim, Speisentheilchen — durch die gelähmte Glottis zurückzuführen ist (Traube[1] u. A.]. Schliesst man die Kehlkopf- und Schlucklähmung ganz oder theilweise aus, indem man den rechten Vagus unterhalb des Recurrensabganges und nur den linken oben am Halse, oder auch beide unterhalb des Zwerchfelles durchschneidet [Schiff u. A.], so erfolgt der Tod später wesentlich in Folge der Magen- u. s. w. Störungen durch Inanition[2]).

Der N. glossopharyngeus (*IX*) ist ein gemischter Nerv; der Ursprungskern seiner motorischen Fasern ist der schon genannte Nucleus ambiguus; seine sensibeln und Sinnesfasern (Ganglion petrosum!) endigen theils an Zellgruppen oberhalb und durchaus analog dem dorsalen Vaguskern, theils gehen sie bis in die grauen Hinterhörner des Halsmarks hinunter (absteigende Glossopharyngeuswurzel. *IX a*, Fig. 55). Er besorgt in Gemeinschaft mit dem Vagus die motorische Innervation der Schlundkopfschnürer, gibt den Mm. levator palati, azygos uvulae und stylopharyngeus motorische Aeste, beherrscht aber insbesondere die Sensibilität des Pharynx und ist Geschmacksnerv, indem er mit Sinneszellen der Zungen- und Gaumenschleimhaut in nachgewiesener Verbindung steht und seine Durchschneidung vornehmlich die bitteren Geschmacksempfindungen aufhebt [Panizza[3])]; Näheres im nächsten Abschnitt.

Dicht nebeneinander treten am lateralen Theile des unteren Brückenrandes heraus der rein sensorische VIII. Hirnnerv (sogenannter Acusticus) und der rein motorische Facialis (*VII*). Der erstere lässt schon äusserlich seine Trennung in 1. eine laterale

---

[1]) Gesamm. Beitr. z. Physiol. und Pathol., Berlin 1871. I. S. 1.
[2]) Vergl. Boruttau, A. g. P., LXI, 39; LXV, 26.
[3]) Ricerche sperimentali sopra i nervi; Pavia 1834.

Wurzel erkennen, deren Fasern von der Schnecke des Gehörorganes herkommen (ramus cochlearis), dortselbst ihre Nervenzellen haben und der Vermittlung der Gehörseindrücke dienen, und 2. eine mediale Wurzel, deren Fasern vom Vestibularapparat herkommen (ramus vestibularis), dort ihre Nervenzellen haben und wahrscheinlich der Uebermittlung von Bewegungsempfindungen dienen, welche für Erhaltung des Körpergleichgewichts und Orientirung im Raum verwendet werden (Näheres später).

Die acustischen Wurzelfasern finden ihren Endkern lateralwärts vom Corpus restiforme (Nucleus lateralis s. accessorius mit dem äusserlich erkennbaren tuberculum acusticum); weiter centralwärts verlaufen die Bahnen theils um das corpus restiforme herum als striae medullares s. acusticae auf dem Boden der Rautengrube, um sich in der Rhaphe zu kreuzen und dann in der Hirnschenkelhaube aufzusteigen, theils machen sie den Weg als corpus trapezoïdes in die Brücke und nach der anderen Seite, wo sie zu der sogenannten oberen Olive in Beziehung treten, vor Allem aber (als Reihe hintereinander geschalteter Neuronen) durch die sogenannte laterale Schleife ($Lm\,l$, Fig. 54) weiter nach den Vierhügeln, sowie durch das corpus geniculatum mediale und den hintersten Theil der inneren Kapsel nach der Hirnrinde zu verfolgen sind (siehe unten). Die Vestibularfasern treten in den lateralwärts am Boden des vierten Ventrikels gelegenen grosszelligen, aus mehreren Abtheilungen (Deiters, Bechterew) bestehenden Kern ein, welcher weiterhin vor Allem mit dem Kleinhirn in Verbindung steht.

Der N. facialis (*VII*) entspringt aus einem Kern in der Formatio reticularis, cerebralwärts vom Nucleus ambiguus; seine Wurzelfasern machen im Boden der Rautengrube einen Umweg um den Abducenskern herum (siehe Fig. 55), ehe sie austreten. Seine centralen Verbindungen folgen nach Kreuzung in der Rhaphe dem Laufe der Pyramidenbahnen. Auf seinem Wege durch den Canalis Fallopiae gibt er motorische, vasoregulatorische und secretorische Aeste ab, welche zum Theil mit dem Trigeminus in Verbindung treten: den N. petrosus superficialis maior s. Vidianus mit motorischen (oder nur vasomotorischen) Fasern für das Gaumensegel, den N. stapedius für den gleichnamigen Muskel, den N. petrosus superficialis minor mit secretorischen Fasern für die Gl. parotis (durch Ggl. oticum und N. auriculotemporalis verlaufend), welche er selbst wieder erst durch Vermittlung des N. tympanicus Jacobsonii vom Glossopharyngeus erhält: endlich die Chorda tympani, welche sich dem R. lingualis trigemini anschliesst, secretorische und gefässhemmende Fasern für die Submaxillardrüse führt, aber auch centripetale, über welche Näheres unten. Durch sein Verbreitungsgebiet ausserhalb (Gesichtsmusculatur) ist er wesentlich mimischer Nerv, ferner beim Kauen und Sprechen betheiligt (Innervation des hinteren Biventerbauches und M. stylohyoïdeus). Durch die Nasenflügelinnervation beherrscht er bei Thieren (Pferd, Kaninchen) die Nasenathmung (siehe S. 112). Seine einseitige Lähmung lässt das Gesicht nach der gesunden Seite verzogen erscheinen, macht das Schliessen des betreffenden Auges, Pfeifen, Lachen u. s. w. unmöglich und stört das Kauen und Sprechen beträchtlich.

Auch Verstärkung der Schalleindrücke durch Lähmung des M. stapedius (vgl. später über dessen Function) wird angegeben. Doppelseitige Facialislähmung macht den Gesichtsausdruck starr, wie eine Maske, kann bei Pferden durch die Athmungsbehinderung tödten; dauernde Lähmung des Nerven (Degenerationsfälle) führt natürlich zur Atrophie der Gesichtsmuskeln; nie aber sind trotz der Behinderung des Lidschlusses Augenentzündungen dabei beobachtet (Bernard. vgl. S. 275).

Durch Anastomosen mit dem Trigeminus, im Gesichte gewinnt der N. facialis „recurrirende Sensibilität" (siehe oben); centripetale. wahrscheinlich Geschmacksfasern. peripherisch sich mit dem Lingualis verzweigend, führt die Chorda: sie gehen zum Ganglion geniculi (analog einem Spinalganglion) und von da als N. Wrisbergi s. portio intermedia (zwischen VII und VIII) zu einem Endkern, welcher als Theil des dorsalen Glossopharyngeuskernes angesehen werden kann.

Einem Spinalnerven analog, zeigt der N. trigeminus (V) bei seinem Austritt aus dem lateralen Theil der Brücke zwei Wurzeln, die kleinere vordere motorische und die grössere hintere mit dem Ganglion Gasseri (analog einem Spinalganglion) verbundene sensible Wurzel. Die Fasern der letzteren endigen theils in der Ebene des Austritts in einem mehr centralwärts gelegenen „sensibeln Trigeminuskern" (N V's. Fig. 55), theils steigen sie als „spinale Trigeminuswurzel" (V'a) herab bis in's Halsmark, um vermuthlich an Zellen der Substantia gelatinosa Rolando zu endigen. nach Abgabe von Collateralen (Ramón y Cajal), welche an Ursprungszellen des N. hypoglossus. facialis und andere herantreten und an der Bildung der Formatio reticularis sich betheiligen. Der sensible Kern steht (ungekreuzt) mit dem Kleinhirn in Verbindung (Edinger). Die Fasern der motorischen Wurzel kommen zum Theil von einem mehr medianwärts liegenden Ursprungskern (Nucleus masticatorius, Kaumuskelkern, NVm, Fig. 55), zum Theil aus Nervenzellen der sogenannten Substantia ferruginea (Locus caeruleus am Boden der Rautengrube) derselben und der anderen Seite, zum Theil endlich als sogenannte absteigende oder cerebrale Trigeminuswurzel (Vd) direct von grossen, runden, blasigen Nervenzellen, welche am äusseren Rand des centralen Höhlengraues bis zu den Vierhügeln hinauf zu verfolgen sind, deren Verbindungen weiter centralwärts aber noch unsicher sind.

Der Trigeminus beherrscht die Empfindung am Kopfe mit Ausnahme der bereits erwähnten, vom Vagus und Glossopharyngeus versorgten Partien. Vom sympathischen System (vgl. unten und S 83) bezieht er vasomotorische Fasern für die Coniunctiva und Iris; von demselben vasodilatatorische und secretorische, sowie vom Facialis und Glossopharyngeus Secretionsfasern für die Speicheldrüsen (Verlauf siehe oben). Auch die Schweisssecretion im Gesicht soll er beherrschen; dasselbe galt bisher von der Thränensecretion, für welche indessen nach Goldzieher[1]) und Jendrassik[2]) die Fasern wie die oben genannten vom Facialis herkommen sollen. Motorisch innervirt sein dritter Ast die Kaumuskeln (Mm. masseter, temporalis, pterygoïdei, mylohyoïdeus, vorderer Biventerbauch), ferner (durch vom Ggl. oticum abzweigende Fasern) den Tensor palati und den Tensor tympani.

Ueber die Folgen seiner intracraniellen Durchschneidung siehe oben.

Von den Augenmuskelnerven hat der N. abducens (VI) seinen Ursprungskern in der dorsalen Haubengegend, um welchen die innere Facialiswurzel herumzieht (siehe oben). Kreuzung seiner Wurzelfasern findet **nicht** statt, dagegen dürften Verbindungen seines Kernes mit dem Grosshirn vorliegen, welche in der Rhaphe sich kreuzend im Allgemeinen den Pyramidenbahnen sich anschliessen. Er versieht den M. rectus lateralis.

Bedeutend weiter nach vorn zu als alle bisher behandelten Hirnnerven entspringen der N. oculomotorius (III) und N. trochlearis (IV) aus Kernen in der Vierhügelgegend unter dem

---

[1]) Revue générale d'ophthalmologie. 1894, Nr. 1.

[2]) Revue neurologique, 1894, Nr. 7.

Aquaeductus Sylvii, und zwar der Oculomotorius beiderseits theils gekreuzt, theils ungekreuzt aus einem „Lateralkern", dessen distale Fortsetzung eben den Trochleariskern bildet — ferner aber aus einem unpaarigen mehr dorsalwärts in der Medianebene gelegenen grosszelligen Kern und beiderseitig sich anschliessenden Complexen kleiner Nervenzellen. Um zu ihren Austrittsstellen am vorderen Brückenrande zu gelangen, verlaufen die Wurzelfasern beider Nerven spinalwärts, diejenigen des Oculomotorius zwischen und im Innern der Hirnstiele nach unten, diejenigen des Trochlearis erst nach oben, das Dach des Aq. Sylvii (velum medullare anticum) mitbildend und sich daselbst vollständig kreuzend, dann aussen um die Hirnstiele herum nach unten. Von centralen Verbindungen der Kerne des Oculomotorius und Trochlearis sind solche mit den Vierhügeln sicher, solche mit den grossen Ganglien und der Hirnrinde natürlich vorhanden, aber nicht genau bekannt. Der N. trochlearis innervirt den M. obliquus sup., der N. oculomotorius ausser den Mm. rectus sup., inf., medialis und obliquus inf. noch den M. levator palpebrae superioris, sowie die inneren Augenmuskeln M. ciliaris (Accommodationsmuskel, siehe später) und Sphincter iridis (der Dilatator wird vom Sympathicus versorgt) durch die kurze Wurzel des Ggl. ciliare und die nervi ciliares.

Lähmung des Oculomotorius muss wegen Ueberwiegens des R. lateralis Schielen nach aussen, ferner aber Accommodationslähmung, Pupillenstarre und endlich „Herabfallen" des oberen Augenlides (Ptosis) erzeugen. Letztere kommt bei gewissen Hirnaffectionen auch allein vor, ein Zeichen, dass die centralen Bahnen des Levatorastes getrennt verlaufen.

Ueber den Lidreflex siehe unten, über die Pupillarreaction sowie die „Associationen" der Augenmuskelactionen und ihren Mechanismus später beim Gesichtssinn.

Der Sehnerv, N. opticus (*II*) entwickelt sich zusammen mit seinem Aufnahmeapparat, der Netzhaut, als Theil des Vorderhirns; die den Spinalnerven mit sammt ihren Zellen entsprechenden Neuronen befinden sich in toto in der Netzhaut (siehe später). Die Opticusfasern mit ihren ebendort befindlichen Ursprungszellen haben den Charakter intracentraler Neuronen, insbesondere deren grosse Feinheit der Fasern [jeder Opticus enthält beim Menschen circa 438.000 Nervenfasern, Salzer[1]]. Ihre Kreuzung im Chiasma, der Schleifenkreuzung der sensibeln Fasern analog, ist beim Menschen eine theilweise, derart, dass die von den lateralen Netzhauthälften

---

[1] Ac. W. LXXXI. 7.

herkommenden auf die andere Seite gehen, die von den medialen herkommenden ungekreuzt bleiben.

Die theilweise Streitigkeit dieses Gegenstandes mag mit individuellen Schwankungen zusammenhängen; in der Thierreihe gibt es Fälle sowohl von vollständiger, als auch ganz fehlender Kreuzung der Opticusfasern. An der Bildung der centralwärts vom Chiasma gelegenen Tractus optici betheiligen sich auch Fasern, welche einfach von dem einen Tractus nach dem anderen und in diesem hirnwärts zurücklaufen — sogenannte Gudden'sche und Meynert'sche Commissuren —; dieselben stehen durch Vermittlung des corpus geniculatum mediale mit dem centralen Hörapparat in Verbindung und haben mit dem Gesichtssinne nichts zu schaffen.

Die eigentlichen Opticusfasern finden zum Theil einen Endkern (oder vielmehr ein „subcorticales" Centrum, siehe unten) im corpus geniculatum laterale, von wo weitere Neuronen nach dem optischen Rindenfelde (siehe unten) gehen; — zum Theil enden sie im Pulvinar thalami optici und vor Allem in den Vierhügeln, welche Verbindungen complicirter Art (siehe unten) mit den Augenmuskelcentren, der Hirnrinde und vielen anderen Theilen des Centralnervensystems vermitteln.

Als Riechnerv, N. olfactorius (I), im Sinne eines peripherischen Nerven dürfen nur die Filamenta olfactoria bezeichnet werden, deren Fasern von den Riechzellen in der Regio olfactoria der Nasenschleimhaut entspringen und in den Bulbus olfactorius eintreten. Dieser und der Tractus olfactorius sind Hirntheile, und zwar beim Menschen (gegenüber anderen Säugethieren) stark verkümmert. In den sogenannten Glomerulis des Bulbus olf. kommen die Endbäumchen der Filamenta in Beziehung zu Verzweigungen von Neuronen zweiter Ordnung, welche theils nach der Rindensubstanz des (hohlen) Tractus olf. verlaufen, die der Grosshirnrinde analog ist, theils direct nach Partien dieser letzteren (siehe unten), theils endlich nach dem Thalamus opticus. Auch Verbindungen zwischen Tractusrinde und Grosshirnrinde sind nachgewiesen, und Kreuzungen der Fasern, resp. Verbindungen der beiderseitigen centralen Riechapparate werden vermittelt durch die vordere Commissur des Grosshirns.

Die Vereinigung der Ursprungs- resp. Endkerne der meisten Hirnnerven und die gleichzeitigen Verbindungen mit den spinalen Centren machen den Hirnstamm, insbesondere das **Kopfmark** zum Sitze der Centralapparate für das geordnete Fortbestehen der lebenswichtigsten Functionen, weshalb auch die Lebensgefährlichkeit von Verletzungen der Medulla oblongata verhältnissmässig früh die

Aufmerksamkeit der Forscher auf sich lenkte. Diejenige Gegend, wo Ausgangszellen für Bahnen zu den spinalen „Athemmuskelcentren" (siehe S. 113), sowie die motorischen Vagus- und Facialiskerne (für die Kehlkopf- und Nasenathmung, siehe S. 112) untereinander und zu Endkernen sensibler Trigeminus- und centripetaler Vagusfasern in Beziehung treten — die Formatio reticularis — ist als (doppelseitiges) „Athemcentrum" anzusehen (vgl. S. 114). Warum seine „autochthone" Erregung durch den Reiz des venösen Blutes bereits an und für sich rhythmisch ist, darüber herrscht, wie über alle andere physiologische Rhythmik, noch Dunkel. Jedenfalls aber ist die Athemrhythmik durch den Willen bis zu einem gewissen Grade modificirbar und durch psychische Einwirkungen beeinflusst, was durch corticale Verbindungen des Athemcentrums zu erklären ist (siehe S. 116). Solche sind wegen der psychischen Beeinflussung der Gefässweite (siehe S. 85) auch anzunehmen zu Partien im Kopfmark, lateralwärts vom Athemcentrum (abgetrennte Vorderhornreste, „Seitenstrangkern"), welche durch Verbindung mit den spinalen Gefässcentren deren „übergeordnetes Centrum", den Apparat für complicirtere Gefässreflexe, darstellen. Dieses „bulbäre Gefässcentrum" und das „Athemcentrum" stehen auch untereinander in engen Beziehungen, indem sie durch die nämlichen Einflüsse gleichzeitig Erregung resp Hemmung erfahren, resp. den centrifugalen Bahnen mittheilen. Unter solchen erregenden Einwirkungen sind ausser den psychischen und thermischen, sowie gewissen Giften, besonders die Dyspnoë und die ihr gleichzusetzende Anämie[1], zu erwähnen: Bei der dyspnoischen Athmung, resp. im Beginne der Erstickungserscheinungen (siehe S. 117), steigt der arterielle Blutdruck durch allgemeine Gefässverengerung gewaltig an. Im weiteren Verlaufe der Erstickung resp. tödtlichen Blutung, oder wenn man durch Unterbindung beider Carotiden und Artt. vertebrales den Blutzufluss vom Gehirn absperrt [Kussmaul-Tenner'scher Versuch[2]], treten ferner allgemeine Muskelkrämpfe auf, weshalb man von einem „Krampfcentrum" im Kopfmark geredet hat. Offenbar handelt es sich

---

[1] Das Agens ist wohl in beiden Fällen theils vom Blute herzugeführt, theils durch den Stoffwechsel an Ort und Stelle erzeugt, die CO_2, nach neueren Untersuchungen des chemischen Reizmittel zufolge für die Nervensubstanz vgl. Treves und Daddi, Accad. di Torino 1896/97, S. 155, und Waller, Animal Electricity, London 1897.

[2] Unters. z. Naturlehre des Menschen, III, 1.

hierbei nur darum, dass einerseits das Kopfmark die schon beim Rückenmark erwähnte Erregbarkeit der Centralorgane durch Gaswechselstörungen u. s. w. in besonders ausgeprägter Weise zeigt, andererseits die Reflexapparate für complicirtere Muskelactionen erst hier oben zu suchen sind. Für den reflectorischen Lidschluss auf Reizung der Conjunctiva, das Kauen, Schlucken, die Speichelsecretion, das Stimmgeben, Husten, Niesen folgt das schon unter Annahme „kurzer Reflexbögen" aus der Lage der Ursprungs- und Endkerne der betheiligten Nervenfasern und ist zum Theil experimentell (durch Reizversuche) nachgewiesen.

Ein Einstich in den Boden des vierten Ventrikels in der Medianlinie bewirkt vorübergehende Zuckerausscheidung im Harn: „Piqûre diabétique", Cl. Bernard[1]). Der Mechanismus dieser Störung, wie überhaupt der verschiedenen Arten von „Glykosurie" und „Diabetes" ist ungeachtet zahlreicher Arbeiten noch nicht genügend aufgeklärt. Uebrigens bewirken auch andere Einflüsse auf das Nervensystem [Durchschneidungs- und Reizversuche, selbst blosse Fesselung der Thiere, Eckhard, Külz u. A.] Zuckerausscheidung im Harn.

Indessen sind bei höherstehenden Thieren die **Coordinationsapparate,** in welche wir die verwickelteren Beziehungen zwischen den Sinneseindrücken und Bewegungserscheinungen (vgl. oben S. 279) zu verlegen haben, auch soweit „Bewusstsein" resp. „Willkür" noch nicht in Betracht kommen, weiter centralwärts zu suchen: im Kleinhirn und den „Basalganglien" — Vierhügel, Thalami optici, Corpora striata.

Die Beziehungen des ganzen Hirnstamms zur Locomotion zeigen sich schon darin, dass insbesondere einseitige Verletzungen oder Zerstörungen seiner Antheile Störungen des Körpergleichgewichts und in vielen Fällen andauernde abnorme Körperbewegungen hervorrufen: Zwangshaltungen und Zwangsbewegungen. Hierher gehören Drehungen um die Längsachse des Körpers, wie man sie nach Verletzung eines crus cerebelli ad pontem wahrnimmt [Pourfour du Petit, Serres und Magendie[2])]. „Reitbahnbewegungen" und „Uhrzeigerdrehung" (Drehkrankheit der Schafe) nach Verletzungen der Corpp. quadrigemina und Thalami opt.; wohl auch die Laufbewegungen (des Kaninchens) nach vorn auf Zerstörung einer circumscripten Stelle im Corpus striatum [Nodus cursorius von Nothnagel[3])].

---

[1]) C. R., XXXI. 574; 1850.
[2]) Magendie's Journal de physiol., III. 114; IV. 399.
[3]) A. p. A., LVII. 184. 209.

Ihr Zustandekommen ist grösstentheils dunkel; soviel ist sicher, dass sowohl Reiz- als auch Ausfallwirkungen dabei eine Rolle spielen, und dass diese sicher nicht ausschliesslich motorische Bahnen betreffen (Schiff), dass vielmehr gerade die Läsion sensibler Apparate von wesentlicher Bedeutung ist, indem die abnorme Reizung oder Unterbrechung von Bahnen des Tast-, Druck-, Muskelgefühls u. s. w. Empfindungen abnormer Körperstellungen bedingt, welche das Thier durch motorische Innervation im Sinne der Zwangsbewegungen zu verbessern sucht.

Man hat diese Zustände verglichen mit demjenigen des durch passive Rotation hervorgerufenen „Drehschwindels", in dessen höchsten Graden (beim Thierexperiment) Bewegungen im der Rotation entgegengesetzten Sinne ausgeführt werden [Purkinje, Breuer[1])]: besteht doch auch beim Menschen nach Aufhören der Drehbewegung (Tanzen, Carousselfahren) eine Tendenz zu solchen Bewegungen gleichzeitig mit dem Eindrucke, dass die Aussenwelt thatsächlich in der ursprünglichen entgegengesetzten Richtung rotire (Bewegungs-„Nachbild", siehe später). Während der Drehbewegungen findet auch Rückwärtsschielen, sowie ruckweises Vorrücken der Augäpfel in der Drehrichtung und langsames Wiederzurückgehen (Augenzucken, „Nystagmus", von νυστάζω, ich nicke) statt, ein Hinweis auf den Zusammenhang der Augenmuskelcoordination mit der Erhaltung des Gleichgewichts und der Locomotion.

Analoge Erscheinungen stellen sich auch bei Querdurchströmung des Kopfes durch einen constanten Strom ein [galvanischer Schwindel, Purkinje, Hitzig[2])]: scheinbare Drehung der Aussenwelt und Nystagmus nach der Kathodenseite, bei Thieren Gegendrehbewegungen nach der Anodenseite.

Hauptangriffspunkt scheint in diesem Falle das **Kleinhirn** zu sein, dessen Erkrankungen und Verletzungen Schwindelzustände hervorrufen können. Dass dieses Organ coordinatorische Functionen habe, würde auch gut zu der grossen Zahl centripetaler Bahnen stimmen, welche in dasselbe hineinführen [Kleinhirnseitenstrangbahnen, Neuronen aus den Hinterstrang- und den Olivenkernen, sowie den Endkernen des N. vestibularis[3]) durch das corp. restiforme, siehe S. 297; Verbindungen mit den Basalganglien und

---

[1]) Wiener med. Jahrbücher, 1874, S. 72.

[2]) A. A. P., 1871, S. 716, 771; Berliner klin. W., 1872, Nr. 42.

[3]) Ueber die Beziehungen des Vestibularapparates zum Körpergleichgewicht wird später noch geredet werden.

der Grosshirnrinde der anderen Seite durch den Brückenarm (crus cerebelli ad pontem) und Bindearm] und schliesslich in seiner Rinde sich in einen scheinbaren Filz auflösen; daneben führen aber auch centrifugale Bahnen (von den Purkinje'schen Zellen stammend, unter Einschaltung aus dem Corpus dentatum u. s. w. entspringender Neuronen) aus ihm heraus und mögen durch Beziehungen zu den Hirnstamm- und Basalganglien auf Bewegungen coordinirend einwirken. Dass das Kleinhirn nur die Muskelspannung erhöhe (Schiff, Luciani), scheint eben so unrichtig, wie die allzu einseitige Betonung seiner Beziehungen zum Muskelgefühl [Lussana und Morganti[1]]. Eingriffe am Kleinhirn machen keine Schmerzempfindungen. Seine totale Abtragung an Thieren oder pathologische Defecte (mehrfach am Menschen beobachtet, Longet u. A.) machen die Bewegungen unsicher und wankend, mit Neigung zum Vornüberfallen, sollen ferner „trophische" Störungen im Gefolge haben [Luciani[2]]. Partielle Abtragungen sollen nach Ferrier[3]) Zwangsbewegungen, localisirte Reizversuche distincte Bewegungen ergeben, während von Anderen solche Ergebnisse durchaus nicht regelmässig erhalten wurden.

Ebenso mangelhaft wie beim Kleinhirn sind auch unsere Kenntnisse von den Functionen der „**Grosshirnganglien**": Die Vierhügel enthalten kraft ihrer Verbindungen mit den Nn. opticus und oculomotorius das Reflexcentrum für die Pupillenverengerung auf Lichteinfall (Näheres, sowie über Pupillenerweiterungscentren hier und im Halsmark siehe später); auch Coordinationsapparate für die Augenmuskeln dürften in die Vierhügelgegend zu verlegen sein.

Das Corpus striatum (mit seinen verschiedenen Abschnitten: nucleus caudatus und lentiformis etc.) und der Thalamus opticus vermitteln in nicht näher bekannter Weise jedenfalls sehr zahlreiche und complicirte Vorgänge, wenn man nach der Zahl der mit ihnen verbundenen Nervenfasern, peripheriewärts wie auch rindenwärts, schliessen darf. Die letztgenannten (Fasern zwischen den grossen Ganglien und der Rinde) bilden einen Hauptantheil der **weissen Markmasse der Grosshirnhemisphären** (sogenanntes Centrum semiovale Vieusseni) und werden zusammen

---

[1]) Gaz. medica italo-lombarda. 1851—1853. 1863; Journal de la physiologie, V, 418.

[2]) Il Cerveletto; Firenze, 1891.

[3]) Die Functionen des Gehirns, 1879; Proceed. Roy. Soc., LIV, 476.

mit den von der Hirnrinde direct nach den Hirnstielen und weiter verlaufenden Faserzügen als Stabkranzfaserung bezeichnet. Ausser ihnen verlaufen in der weissen Markmasse auch Fasern, welche die beiden Hemisphären verbinden, unter Bildung der verschiedenen Commissuren, insbesondere der grossen Commissur oder des **Balkens** (Corpus callosum), welcher beim Menschen am höchsten ausgebildet ist — ferner Fasern, welche in der nämlichen Hemisphäre verschiedene Rindentheile miteinander verbinden, die sogenannten „Associationsfasern", vgl. unten.

Was die histologischen Beziehungen der Markfasern zur Hirnrinde betrifft, so kann als sicher gelten, dass die letzten Endverzweigungen centripetaler Neuronen in der alleräussersten (moleculären) Rindenschicht zu Dendriten centrifugaler Neuronen in Beziehung treten, unter welchen sich die Pyramidenzellen befinden, deren Achsencylinderfortsätze ihrerseits wieder weit in die Markstrahlung verfolgt werden können [1]).

Die **Grosshirnrinde** ist der Sitz von Vorgängen, an welche sich zum Mindesten der grösste Theil der psychischen Erscheinungen — des „Seelenlebens" — knüpft [2]).

Ueber die Art dieses Zusammenhanges gehen die einzelnen Richtungen der Psychologie auseinander, indem die rein metaphysische Richtung — das eine Extrem — die völlige Trennung des Körperlichen und Geistigen verficht, die rein materialistische Richtung — das andere Extrem — die psychischen Erscheinungen mit den materiellen Vorgängen im Gehirn ohne Weiteres identificirt. Dazwischen liegen Anschauungen wie diejenige vom „Parallelismus" der materiellen und psychischen Erscheinungen. Es kann um so weniger Sache der Physiologie sein, zu dieser Frage Stellung zu nehmen, als es sich hier ganz offenbar bereits um die Grenze des unserer Erkenntniss Zugänglichen handelt; soweit innerhalb dieser Grenze eine „Erklärung" der psychischen Vorgänge angestrebt werden mag, kann dies allerdings nur auf der materiellen Grundlage der Nerven-Anatomie und -Physiologie geschehen. Indessen auch die Abgrenzung des Psychischen stösst

---

[1]) Darunter mögen auch solche sein, welche weiterhin in den „Pyramidenbahnen" verlaufen; diese haben aber ihren Namen von den „Pyramiden" des verlängerten Werkes, woselbst ihre Kreuzung stattfindet, nicht etwa von den Pyramidenzellen, wie angesichts der Fig. 54 besonders betont sei.

[2]) Die Physiologie der Grosshirnrinde ist von Exner behandelt in Hermann's Handbuch der Physiol. II, 2, Leipzig 1879. Hingewiesen sei auch auf desselben Autors „Entwurf zu einer physiologischen Erklärung der psychischen Erscheinungen", I, Wien 1894. Ferner seien erwähnt: Th. Ziehen, Leitfaden der physiologischen Psychologie, 2. Aufl., Jena 1894; W. Wundt, Grundriss der Psychologie, Leipzig 1896, sowie noch A. Höfler, Psychologie, Wien und Prag 1897.

auf Schwierigkeiten, und zwar umsomehr, je tiefer man in der Thierreihe herabsteigt: diejenige Anschauung, welche die „Rückenmarksseele" verwirft, die complicirten Reactionen von Wirbelthieren ohne Grosshirn, ja selbst von normalen Arthropoden u. s. w. alles Psychischen entkleidet und den letzteren Begriff auf das Vorhandensein des „associativen Gedächtnisses" beschränkt (Loeb), steht in offenem Gegensatz zu der Annahme psychischer Erscheinungen selbst bei Protisten und ihrer Definition durch die „Continuität der chemischen Reactionen" in einem Riesenmolekül (Pflüger) derart, dass jede gewöhnliche Reaction in der anorganischen Welt schon ein momentanes Aufleuchten von Bewusstsein darstelle (Pfeffer).

Die relative Grösse und morphologische Entwicklung des Grosshirns entspricht in der Wirbelreihe so ziemlich dem Grade der Intelligenz. Auch bei den verschiedenen Menschenrassen zeigt das Gewicht des Grosshirns, resp. des ganzen Gehirns, da das Grosshirn hier den Haupttheil ausmacht, in seinem Verhältniss zum Gesammtkörpergewicht Unterschiede, welche mit den geistigen Fähigkeiten in Zusammenhang gebracht worden sind. Ja selbst individuelle Verschiedenheiten sind so gedeutet worden [ausnahmsweise hohe Hirngewichte hervorragender Mathematiker, Dichter u. s. w.[1])]. Am ehesten ist hier noch auf den Windungsreichthum und die Tiefe der Furchen Gewicht zu legen, welche mit der relativen Ausdehnung und Entwicklung eben gerade der Rindensubstanz enger zusammenhängt (Oberflächenvermehrung!). Das durchschnittliche Hirngewicht eines Erwachsenen kann zu 1200—1400 g gesetzt werden (etwa $\frac{1}{30}-\frac{1}{40}$ des Körpergewichts), beim weiblichen Geschlecht etwas niedriger als beim männlichen.

Angeborene Entwicklungshemmung der Hirnrinde (durch abnorme Schädelbildungen, Mikrocephalie u. ä.) ist mit Blödsinn (Idiotismus) verbunden; auch die Erscheinungen bei Fällen von Hirnverletzungen und -Defecten (schon die Bewusstlosigkeit bei Hirnerschütterung, „Hirndruck" und Hirnanämie), sowie Obductionsbefunde bei manchen Geisteskrankheiten (progressive Paralyse) sprechen für die psychischen Functionen der Hirnrinde.

Als Blödsinn oder „Stumpfsinn" muss auch der Zustand warmblütiger Thiere bezeichnet werden, welche man nach Exstirpation beider Grosshirnhälften hat am Leben

---

[1]) Vgl. Burdach, Bau und Leben des Gehirns, Leipzig 1822; Rud. Wagner, Vorstudien zu einer wissensch. Morphologie u. Physiol. des Gehirns als Seelenorgan; Hermann Wagner, Diss. Gött; Cassel 1864.

erhalten können [vgl. die Schilderungen des Verhaltens enthirnter Hühner und Tauben durch Flourens[1], Brücke[2], Mc. Kendrick[3] u. A.; Goltz' „Hund ohne Grosshirn"[4])].

Schläfrigkeit dominirt im Verhalten solcher Thiere. Von einem „Gemüthsleben" ist nicht mehr die Rede, so sehr auch die Reactionsfähigkeit auf Sinnesreize (tactile, selbst acustische und optische Eindrücke) erhalten sein kann und so vortrefflich selbst complicirte Bewegungscomplexe noch ausgeführt werden und das Gleichgewicht erhalten bleibt. Mögen jene Bewegungen zum Theil auch als „willkürlich" imponiren, so ist doch selbst ihr triebmässiger („instinctiver"), geschweige denn bewusster Charakter auf's Aeusserste beschränkt: Grosshirnlose Tauben verhungern, wenn ihnen nicht das Futter künstlich tief in den Rachen gestopft wird; Goltz' Hunde ohne Grosshirn frassen zwar das dargereichte Futter, waren aber weit davon entfernt, nach solchem suchen oder betteln zu gehen.

Die Grundlage für eine physiologische Analyse der psychischen Rindenfunctionen (soweit eine solche angestrebt werden kann, vgl. oben) bildet zunächst die aus Thatsachen der Sinnesphysiologie (nächste Abschnitte) sich ergebende Folgerung, dass die durch eine bestimmte sensible oder sensorische Nervenfaser vermittelte Empfindung in ihrer Qualität verschieden ist von der durch jede andere Nervenfaser vermittelten Empfindung (erweitertes Gesetz von den specifischen Energien). Es sind stets mehrere solcher primären Empfindungen oder Empfindungselemente, welche zur „secundären Empfindung" und zum „Empfindungscomplex" zusammentreten: dieser wird zur „Wahrnehmung", indem das „Bewusstsein" ihn in Theilempfindungen auflöst und mit Erinnerungsbildern in Verbindung bringt [associirt[5])]. Die hierbei in Betracht kommenden Grunderscheinungen der **Aufmerksamkeit** und des **Gedächtnisses** hat man durch den früher erwähnten physiologischen Begriff der „Bahnung" einer Erklärung näher zu bringen gesucht: Einerseits mag eine Nervenzelle leichter eine motorische Reaction veranlassen oder aber anderen Nervenzellen ihre Erregung mittheilen, wenn ihr von der Hirnrinde her bereits Erregung zufliesst („attentionelle Bahnung"); andererseits muss als Eigenschaft der

---

[1] Recherches sur les propriétés et les fonctions du syst. nerveux, II. éd., Paris 1842.

[2] Vorlesungen über Physiologie, II. Band.

[3] Observations etc. on corpp. striata and cerebral hemispheres of pigeons; Edinburgh 1873.

[4] A. g. P. LI. S. 570.

[5] So führt der Complex der Gesichtsempfindungen des Rothen, Runden, Glänzenden, associirt mit den „Erinnerungsbildern" des Durststillenden und Süssschmeckenden zur Wahrnehmung der „Kirsche".

centripetalen und Associationsneuronen der Hirnrinde angenommen werden, dass sie durch einmaligen Durchgang der Erregung dauernd verändert werden: der psychische Ausdruck der Einwirkung dieser Veränderung auf das erneute Ablaufen der Erregung ist eben die „Erinnerung". Die „attentionelle Bahnung" vermag nun, auch ohne dass durch äussere Reize unmittelbar Empfindungen erzeugt wurden, das Ablaufen von Erregungen in Associationsneuronen auszulösen: Diese bewusste Verknüpfung von Erinnerungsbildern führt zur „Vorstellung" des Gegenstandes, dessen Gegenwart die betreffenden Empfindungen erzeugen würde¹).

Steigt in pathologischen Zuständen die Erregbarkeit der Centralorgane so weit, dass Effecte, wie sie die centripetale Reizung hervorbringen würde, durch blosse attentionelle Bahnung, oder selbst ohne diese eintreten, so haben wir es mit „Sinnestäuschungen" oder „Hallucinationen" zu thun. Hat eine wirklich vorhandene Reizung durch krankhaft gesteigerte Erregbarkeit associirter Bezirke oder der Associationsbahnen selbst abnorme Effecte, so reden wir von „Illusionen".

Dass einmalige Erregungen dauernde Veränderungen in den Centralorganen setzen müssen, zeigt sich auch darin, dass die Empfindung auf eine Reizung hin nicht sofort in's Bewusstsein zu treten braucht, sondern erst später als „Erinnerungsbild" dies thut²); wieweit solche „unbewusste Empfindungen", „unbewusste Wahrnehmungen", „dunkle Vorstellungen" zu den psychischen Vorgängen gerechnet werden dürfen, darüber herrscht in der Psychologie keine Einigkeit. Jedenfalls dürfte es nicht zulässig sein, sie sämmtlich zu den „subcorticalen" Vorgängen (siehe unten) zu rechnen, also in die peripherisch von der Rinde gelegenen („subcorticalen") Centren — grosse Ganglien — zu verlegen, da die Verknüpfung der Einzelempfindungen offenbar vor dem in's Bewusstseintreten stattfindet und ihr anatomisches Substrat zum grösseren Theil in der Rinde haben dürfte.

Die allgemeine Vorstellung des Raumes erhalten wir durch Verbindungen der centripetalen Rindenelemente mit den Coordinationsapparaten, vor Allem demjenigen für die Augenmuskeln, indem die Empfindung der coordinirten Bewegungen, welche etwa zur „Fixation" des Reizes nöthig sind, den Empfindungen (vor Allem des Gesichtssinnes) ihr „Localzeichen" gibt [Lotze³)].

---

¹) Z. B. führt die Wachrufung der Erinnerungsbilder des Rothen, Runden, Glänzenden, Durststillenden, Süssschmeckenden eben zur Vorstellung der „Kirsche".

²) Wenn uns z. B. „einfällt", dass wir vorhin, „ohne es zu merken", an irgend etwas oder irgend einer Person, etwa einem Freunde, der uns grüsste, vorübergegangen sind.

³) Medicinische Psychologie; siehe ferner Exner, a. a. O., S. 243.

Die **Coordination** der Bewegungen ihrerseits findet nun, wie zum Theil schon besprochen, in Organen peripherisch von der Rinde statt („subcortical"); die willkürlichen Impulse von der Rinde lösen stets coordinirte Bewegungscomplexe, nie die Action eines einzelnen Muskels aus; sie arbeiten „auf den Effect", ohne dass wir uns der ausgeführten Einzelactionen bewusst werden. Indessen ist die Coordination durch den Willen modificirbar; insbesondere finden von Haus aus durch Uebergreifen der Erregung innerhalb der Coordinationsapparate oder bereits in der Rinde nicht intendirte, unzweckmässige, sogenannte **Mitbewegungen** statt, z. B. Bewegungen der Gesichtsmuskeln beim Schreiben; Mitbeugen anderer Finger beim Beugen eines bestimmten u. s. w.: Diese können insbesondere bei häufiger Wiederholung des Willensimpulses (Einübung) ausgeschlossen werden („attentionelle Hemmung"), wodurch die coordinirten Bewegungen bestimmter abgegrenzt und zweckmässiger werden. Hierauf beruht die Erlernung z. B. des Clavierspielens, alle körperliche Gewandtheit und der militärische Drill.

Analoge Verhältnisse finden wir auch bei den Empfindungen, indem gleichfalls durch Uebergreifen der Erregung noch in subcorticalen oder gar peripherischen Regionen die „Localisation" leidet: **Mitempfindungen, „Irradiation"** (z. B. von Zahnschmerzen, wenn die gesunde Umgebung des kranken Zahnes gleichfalls schmerzhaft ist). Auch diese lassen sich durch Willkür hemmen resp. beschränken (Verkleinerung der Empfindungskreise durch Uebung, siehe nächsten Abschnitt).

Der Beeinflussung durch die Willkür unterliegen endlich die Verknüpfungen aller centripetalen Elemente mit Apparaten, welche speciell das Bewusstwerden der durch gewisse Bahnen zugeleiteten Erregungen vermitteln und als Centren für die **„Allgemeingefühle"** Schmerz, Wollust, Hunger, Durst u. s. w., auch als „Lust- und Unlustcentren"[1]) bezeichnet werden können. Diese stehen ferner in engen Beziehungen zu den Coordinationsapparaten für mehr weniger complicirte Bewegungen oder, allgemeiner gesagt, Handlungen, welche als zweckmässige Reactionen auf die Erregungen jener Centren phylogenetisch sich herausgebildet haben: Abwehrbewegungen,

---

[1]) Vgl. Exner, a. a. O., S. 205 ff.

Actionen zur Erlangung von Nahrung, zur Fortpflanzung u. s. w. Diese Handlungen, welche als von **"Trieben"** geleitet oder **"instinctiv"** bezeichnet werden, spielen im Leben der Thiere offenbar die Hauptrolle; beim Menschen sind sie eben auch durch Willensimpulse zu hemmen resp. zu modificiren, resp. die Wirkungen der in jenen Centren gesetzten Erregungszustände oder **Affecte** (Lust, Unlust, Freude, Schmerz, Trauer, Zorn, „Mitleid") können unterdrückt, diese selbst gedämpft werden. Einflüsse dieser Art von anderer Seite, insbesondere auf die heranwachsenden, „bildungsfähigen" Individuen bilden den Inhalt der „Erziehung", vereint mit der Bahnung der Associationsfasern als Grundlage des „Lernens", der Aneignung von Vorstellungen, „Begriffen" und „Kenntnissen" [1]) — Dinge, über welche sonst auf die psychologischen Bücher verwiesen werden muss, ebenso wie über die Vorgänge des **„Denkens"** und **„Wollens"**, über welche selbst hier nur Folgendes bemerkt sei: Das Denken kann als eine gesetzmässig (Logik!) erfolgende Auslösung einer Vorstellung durch die andere bezeichnet werden, für welche charakteristisch ist, dass auf die Wahrnehmung von Veränderungen in der Aussenwelt stets die Vorstellung von Vorgängen folgt, welche diese Veränderung bewirken („Ursachen") u. s. w. Dieses „causale Denken" (auf welchem alle empirische Wissenschaft beruht) findet seine Grenze, und das darüber Hinausliegende wird ersetzt durch die Annahme eines „Willens": Wille der Gottheit, „Spontaneität" in der Natur, eigener „Wille": denn dass auch die scheinbar „willkürlichen" Handlungen causal abhängig sind, wird durch ihre Einschränkung in besonderen Zuständen — Schlaf, Narkose, Hypnose, siehe unten; Geisteskrankheiten — deutlich genug; nur ist die Zahl der Associationsbahnen und der das schliessliche Zustandekommen der Willküracte beeinflussenden Reize und Zustände so unendlich gross, dass wir den Eindruck des „freien Willens" für dieselben empfangen.

Diese Darstellung entspringt aus der materialistischen Betrachtungsweise, welche für physiologische „Erklärungsversuche", wie schon erwähnt, die einzig weiterführende ist; die metaphysische Psychologie hindert natürlich nichts an der Annahme eines absolut freien Willens, während für die vermittelnde Lehre vom Parallelismus der psychischen und physischen Vorgänge gerade in der Collision des causalen Denkens mit der Annahme eines freien Willens die Schwierigkeit liegt [2].

---

[1]) Bis zu einem gewissen Grade sind auch unsere bildungsfähigen („domesticirbaren") „Haus"-Thiere solcher Vervollkommnung ihres relativ unentwickelten psychischen Lebens fähig, wie bekannt.

[2]) Vgl. Exner, a. a. O., S. 371 ff.

Der Umstand, dass der histologische Aufbau der Grosshirnrinde in allen ihren Partien im Wesentlichen der gleiche ist, spricht schon dafür, dass eine **Localisation** ihrer psychischen Functionen — etwa in dem Sinne, wie sie von der unwissenschaftlichen „Schädellehre" (Phrenologie) Gall's angegeben wurde — im Allgemeinen nicht zu erwarten ist. Ferner hat man in zahlreichen Fällen Verletzungen und Defecte der Rinde ohne psychische Störungen, ohne Beeinträchtigung der Intelligenz beobachtet. Indessen haben localisirte elektrische Reizversuche [Fritsch und Hitzig[1]) u. v. A.], sowie positive Beobachtungen von Ausfallserscheinungen nach Exstirpation von Rindentheilen an Thieren, H. Munk[2]), oder nach localisirten pathologischen Läsionen beim Menschen[3]) den sicheren Nachweis gebracht, dass verschiedene, gegeneinander übrigens nicht scharf abgegrenzte Rindengebiete zu bestimmten Bewegungs- und Sinnesfunctionen in Beziehung stehen. Es sind das die Gebiete, in welche diejenigen Stabkranzfasern „ausstrahlen", welche, sei es indirect durch Vermittlung der grossen Ganglien, sei es direct durch den Hirnstamm zu den Nervenkernen in diesem letzteren oder zu den spinalen „Centren" verlaufen, deren Beziehung zu den nämlichen Functionen feststeht und im Einzelnen schon besprochen wurde. Dieser Faserverlauf bis zur Hirnrinde ist durch histologische resp. Degenerationsbeobachtungen derart festgestellt, dass diese und die oberwähnten Untersuchungen sich gegenseitig ergänzen. Dass es sich aber in der Rinde nicht um „Centren" in demselben einfachen Sinne wie im übrigen Centralnervensystem handelt, darauf weist die nicht scharfe Abgrenzung, die Variabilität der Befunde und die Thatsache der ganzen oder theilweisen Wiederherstellung durch Defecte beeinträchtigter Functionen in vielen Fällen deutlich genug hin: es stehen eben alle Theile (centrifugal aus der Rinde austretende Neuronen, wie centripetal in sie hineinragende) in der Rinde zu einander in unübersehbar complicirter Verbindung durch die zahlreichen in ihr selbst (oder im weissen Mark von einer Rindenpartie zur anderen, siehe oben) verlaufenden Neuronen oder Associationsbahnen im weitesten Sinne des

---

[1]) A. A. P., 1870, S. 300, u. v. A.; siehe besonders: Hitzig, Untersuchungen über das Gehirn, Berlin 1874.

[2]) A. (A.) P., 1877, S. 599, 602; 1878, S. 162, 547.

[3]) Siehe besonders die Zusammenstellungen von Exner, Untersuchungen über die Localisation etc. in der Grosshirnrinde des Menschen, Wien 1881.

Wortes[1]. Es sei dieses Alles besonders betont im Interesse richtiger Schätzung der auch für die chirurgische Verwerthung bedeutungsvollen Einzelangaben, sowie der Abbildungen, von welchen hier zur Illustration des nun Folgenden eine schematische Darstellung möglichst vieler „Rindenfelder" nach Debove und Achard wiedergegeben sei (Fig. 56 und 57).

Durch elektrische Reizung der Hirnrinde rings um den Sulcus cruciatus beim Hunde, resp. der dieser äquivalenten Parietalgegend beim Affen, lassen sich Bewegungen bestimmter Muskelgruppen (vordere, hintere Extremität, Gesichtsmuskeln) der anderen Seite hervorrufen. Exstirpationsversuche an den betreffenden Rindentheilen und Fälle von pathologischen Läsionen haben ergeben, dass durch den Ausfall die willkürlichen Bewegungen der betreffenden Muskelgruppen aufgehoben oder beeinträchtigt werden. Diese „motorischen Rindenfelder" liegen beim Menschen in den Centralwindungen neben der Rolando'schen Furche, diejenigen für die Gesichts-, insbesondere Kau- und Sprechmusculatur in der dritten Stirnwindung und tiefer in der sogenannten Insel (Insula Reilii, unter dem von den zwei Aesten der Fossa Sylvii begrenzten Operculum): Schon lange vor den Fritsch-Hitzig'schen Reizversuchen war constatirt worden, dass bei Fällen von Sprachstörung („Aphasie") beim Menschen sich diese Partien bei der späteren Obduction als lädirt erwiesen [Bouillaud, Dax, Broca[2]]: es sind dies die Fälle von Coordinationsstörung des Sprechmuskelapparates, in welchem Worte wohl gehört und richtig verstanden, aber nicht ausgesprochen werden können — „motorische Aphasie" — denen andererseits auch gewisse Fälle analog sind, in welchen Beeinträchtigung der Fähigkeit zu schreiben, durch Coordinationsstörung hervorgerufen, vorhanden ist — „Agraphie" — und in welchen auch bestimmte Rindenstellen lädirt sind: diesen Formen stehen, insbesondere nach den ausführlichen Untersuchungen von Wernicke[3] über diesen Gegenstand Fälle gegenüber, in welchen von den Kranken Worte zwar ausgesprochen, Gegenstände richtig benannt werden, gehörte Worte aber nicht verstanden werden — „amnestische Aphasie", weil

---

[1] Näher auf die „Localisationsfrage", insbesondere den Standpunkt der Gegner der Localisation (Goltz, Brown-Séquard) einzugehen, erscheint in diesem Sinne kaum nöthig.

[2] Bull. de la Soc. anat. de Paris, August 1861.

[3] S. dessen Lehrb. d. Gehirnkrankh., Berlin 1883.

die acustischen „Erinnerungsbilder" verloren gegangen sind, und weiterhin solche, wo Geschriebenes oder Gedrucktes nicht mehr gelesen — „Alexie" — überhaupt gesehene Dinge nicht mehr erkannt werden, weil die optischen Erinnerungsbilder abhanden gekommen: in zahlreichen Fällen der ersteren Art — „Worttaubheit" — fand man Rindenläsionen am Schläfenlappen, in solchen der letzteren Art — „Seelenblindheit" — Läsionen des Occipitallappens. Beides steht im Einklang mit den Ergebnissen von Exstirpationsversuchen H. Munk's und anderer

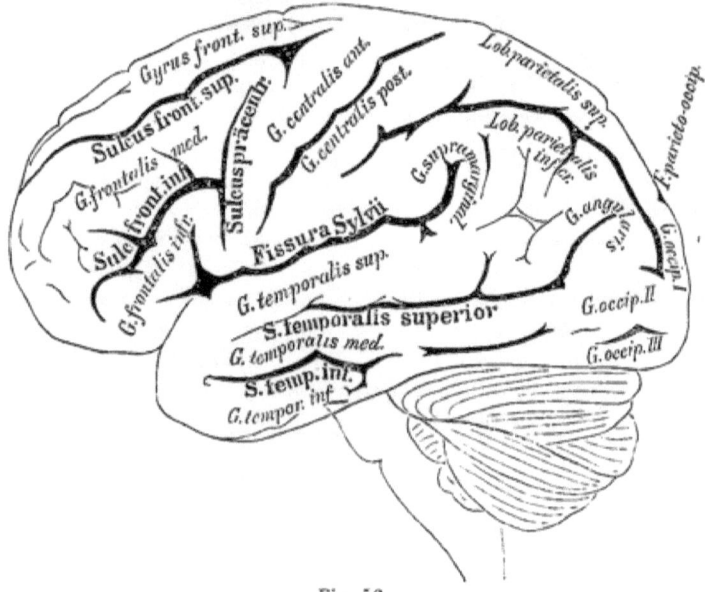

Fig. 56.
Furchen und Windungen der äusseren Grosshirnoberfläche.

Autoren, dass Thiere nach Rindenwegnahme im Occipitallappen zwar Lichtempfindung behalten und Hindernissen ausweichen, Gegenstände aber und Personen, welche ihnen früher wohlbekannt waren, nicht mehr erkennen, dass sie nach Exstirpationen von Theilen des Schläfenlappens zwar noch reflexartig auf Schallphänomene reagiren, Laute und Worte aber nicht mehr wie im normalen Zustande „verstehen". Auch für die übrigen Sinne werden in entsprechender Weise Rindenfelder angegeben: für die Geruchswahrnehmung im Gyrus hippocampi, für die Geschmacksempfindung im Gyrus uncinatus. Die Sensibilität der verschiedenen Körpertheile für Tast-, Druck- und Temperaturempfindungen soll von der Integrität der nämlichen Rindenbezirke abhängen, welche für deren willkürliche Bewegung als motorische Rindenfelder angegeben sind.

Was die Reizversuche anbetrifft, so erfolgen die betreffenden Bewegungen auch, wenn nach Wegnahme des betreffenden Rindentheiles die Elektroden direct auf die weisse Markmasse aufgesetzt werden, ja sie sollen dann schon bei geringerer Reizstärke anftreten [Hermann[1]) u. A.]; diese Thatsache, der zweifelhafte Erfolg

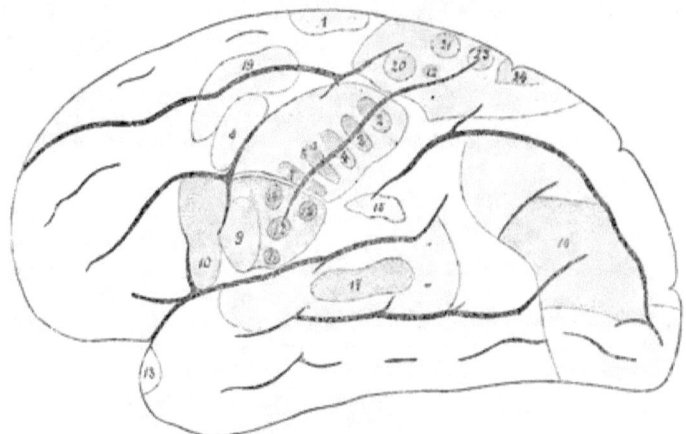

Fig. 57.
Corticale Localisation nach Debove und Achard.
1 Rumpf, 2 Schulter, 3 Ellbogen, 4 Handgelenk, 5 die drei letzten Finger, 6 Zeigefinger, 7 Daumen, 8 Agraphie, 9 Larynx, 10 motorische Aphasie, 11 Zunge, 12 Mund, 13 unterer Facialis, 14 oberer Facialis, 15 Augenmuskeln, 16 Sehen, 17 Hören, 18 Schmecken, 19 conjugirte Bewegungen am Kopfe und Augen, 20 Hüftgelenk, 21 Knie, 22 Sprunggelenk, 23 grosse Zehe, 24 kleine Zehen.

nicht elektrischer Reize, sowie die Angabe von Hitzig, dass bei Anwendung des constanten Stromes die Anode wirksamer sei als die Kathode, ist für die Anschauung verwerthet worden, dass die Reizerfolge nur von Stromschleifen auf die Stabkranzfasern herrühren. Dagegen spricht die Angabe, dass die Zeit bis zum Zuckungsbeginn bei Reizung auf der Rindenoberfläche grösser ist, als in der Tiefe [François-Frank und Pitres[2]), sowie A.], doch für die Betheiligung von Nervenzellen. Narkotische Gifte können die Rindenreizung unwirksam machen (Hitzig), die Markreizung dabei aber nicht beeinflussen [Bubnoff und Heidenhain[3])].

[1]) A. g. P., X, 77.
[2]) Travaux du labor. de Marey. 1878/79, S. 441.
[3]) A. g. P., XXVI, 137.

Zu starke oder zu lange andauernde Reizung kann Anfälle von ausgebreiteten klonischen Krämpfen hervorrufen, welche den epileptischen gleichzustellen sind; in der That hat man in Fällen von epileptiformen Krämpfen beim Menschen Rindenläsionen gefunden („Rindenepilepsie"). Als abnorme Erfolge sind auch angebliche Beeinflussungen von Darmbewegungen, Secretionen, Körpertemperatur durch Rindenreizung gedeutet werden.

Genauere Localisationen innerhalb der sensorischen Rindenfelder sind auch angegeben worden, aber von dem auseinandergesetzten Standpunkt aus von zweifelhaftem Werth; so darf die Rinde an einer Stelle des Occipitallappens auch nicht einfach als „corticale Projection"[1]) der Netzhaut (Munk) angesehen werden, als ob die „Erinnerungsbilder" für die einzelnen Punkte flächenhaft nebeneinander geordnet wären. Dagegen ergibt es sich aus der partiellen Kreuzung der Sehnervenfasern und ihrer oben auseinandergesetzten Art und Weise, dass „Rindenblindheit" bei einseitiger Occipitalläsion nur die eine Hälfte des Gesichtsfeldes betrifft: corticale „Hemianopsie" (vgl. später beim Gesichtssinn).

Bei Sprachstörungen des Menschen ist es meist die linke Hemisphäre, an welcher Rindenläsionen gefunden wurden: der besonderen Ausbildung der ganzen rechten Körperseite beim Arbeiten, Schreiben u. s. w. muss wegen der Kreuzung der Bahnen eine besondere Ausbildung (siehe oben) der linksseitigen Hirnrinde zu Grunde liegen und dieser entspricht auch diejenige der linken dritten Stirnwindung etc. für das Sprachvermögen. In der That hat man in Fällen von Aphasie bei „Linkshändern" die rechte Seite lädirt gefunden. Dass die Rindenvorgänge auf nur einer Seite zu symmetrischen Muskelactionen, wie beim Sprechen, in Beziehung stehen, wird offenbar durch das Commissurfasersystem ermöglicht, welches beim Menschen und den ihm am nächsten stehenden Thieren ja am höchsten entwickelt ist (auch in den Reizversuchen wurde gelegentlich Mitbetheiligung auch der gleichseitigen Muskelgruppe an dem motorischen Erfolg gesehen). Auf vicariirendes Eintreten der betreffenden Rindenfelder der anderen Seite beruht daher gewiss auch, wenigstens zum Theil die Wiederherstellung der Function bei solchen Störungen, wie der Aphasie.

Darauf, dass die den psychischen Erscheinungen zu Grunde liegenden Vorgänge in der Hirnrinde mit Zeitaufwand verbunden sind, weist schon die alte Erfahrung der Astronomen hin, dass Zeitpunkte, wie der Durchgang eines Sternes durch einen Meridian, von verschiedenen Beobachtern verschieden angegeben resp (bei Anwendung der graphischen Methode) markirt werden derart, dass zwischen den Angaben zweier bestimmter Beobachter für jeden Zeitpunkt eine constante Differenz sich herausstellt: die sogenannte „persönliche Gleichung" (Bessel).

Lässt man Jemanden auf ein verabredetes (optisches, acustisches o. a.) „Signal" hin eine gleichfalls verabredete

---

[1]) Der Ausdruck „Projection" hat besonders durch Meynert in der Physiologie des Centralnervensystems viel Anwendung gefunden, ist aber im Licht der neueren Forschung nicht mehr haltbar.

„Reaction" (Bewegung u. s. w.) so schnell er kann ausführen, so lässt sich zwischen dem Sinneseindruck und der Reaction ein innerhalb gewisser Grenzen schwankender Zeitraum nachweisen und messen, welchen man die **„Reactionszeit"** nennt [Exner[1]), Donders[2]), Wundt[3]), v. Kries und Auerbach[4]) u. v. A.].

Man bestimmt die Reactionszeit nach der graphischen Methode, indem sowohl der Reizmoment, als auch die Bewegungsreaction etwa durch elektromagnetische Vorrichtungen auf einer sich bewegenden Schreibfläche markirt werden, auf welcher zugleich eine chronographische Stimmgabel schreibt. Für optische, acustische Signale sowohl, als für acustische Reactionen (Aussprechen von Worten) müssen Hilfsvorrichtungen herangezogen werden, wie das Durchreissen eines Drahtes durch einen Schuss, das Aufleuchten einer Geissler'schen Röhre einerseits, phonautographische Aufzeichnung der Stimmschwingungen (siehe später) andererseits. Oder aber man benützt die Pouillet'sche zeitmessende Methode (siehe S. 227) oder endlich ein Uhrwerk, welches auf Zifferblättern mit schnellrotirenden Zeigern die Zeit in Tausendstel- und Hundertstel-Secunden angibt, indem dasselbe durch die Reizgebung elektromagnetisch ausgelöst, resp. mit dem Zählwerk in Verbindung gesetzt und durch die Reaction wieder stillgestellt, resp. das Zählwerk ausgeschaltet wird: Chronoskop von Hipp.

Die absoluten Werthe für die Reactionszeit in dem angegebenen Sinne variiren mit der Individualität und der Art des Reizes unter sonst normalen Bedingungen etwa zwischen ein und zwei Zehntel-Secunden (0·1 bis 0·2 Sec.), sie sind am kürzesten für Tastreize, länger bei Schall- und am längsten bei optischen Eindrücken. In diesen Werthen ist offenbar die Zeit für die Leitung in den sensibeln und motorischen Nerven, sowie die Latenzzeit des Muskels und Endorganes enthalten, daher hat man sie auch zur Messung der Leitungsgeschwindigkeit im sensibeln Nerven benützt, indem man den (Berührungs-)Reiz das eine Mal entfernter, das andere Mal näher dem Centralnervensystem anbrachte und die Differenz der Reactionszeiten durch die Wegdifferenz dividirte (vgl. S. 227). Ferner muss offenbar der Reiz eine gewisse Zeit dauern, um überhaupt auf das Sinnesorgan zu wirken; über diese „Präsentationszeit" existiren je nach den Umständen verschiedene Werthangaben (Helmholtz, Exner u. A.). Denkt man sich die bisher genannten Werthe von der Gesammt-Reactionszeit subtrahirt, so bliebe die für die

---

[1]) A. g. P., VII, 601; VIII, 526.
[2]) A. A. P., 1868, S. 657; siehe auch de Jager, Diss. Utrecht, 1865.
[3]) Philosoph. Studien, I.
[4]) A. (A.) P., 1877, S. 297.

centralen Processe nöthige Zeit übrig; für ihre Beurtheilung sind indessen weitere Thatsachen von Bedeutung: einmal die wichtige Rolle der **Aufmerksamkeit**, durch deren „Austrengung" die Reactionszeit verkürzt, durch deren Ablenkung sie bedeutend verlängert wird; dann aber der wichtige Umstand, dass die Zeit viel länger wird, wenn von mehreren Reizen verschiedener Qualität (verschiedenfarbiges Licht) nur auf einen bestimmten reagirt werden soll, oder gar wenn auf verschiedene Reize durch verschiedene für jeden bestimmte Reactionen zu antworten ist. Man kann aus denselben schliessen, dass bei den gewöhnlichen, kürzesten Reactionszeiten es sich im Moment der Reaction noch gar nicht um ein volles Eingetretensein der durch die Sinneseindrücke erzeugten Empfindungen in das Bewusstsein handelt, vielmehr um ein durch die „attentionelle Bahnung" begünstigtes „reflexartiges Losschlagen geladener Nervenzellcomplexe[1]) — wenn auch die Zeitdauer wegen der Zwischenschaltung von weit mehr Neuronen grösser ist, als bei der früher besprochenen einfachen „Reflexzeit". Für jene complicirteren Fälle mögen Zeitantheile in Betracht kommen, welche man unterschieden und gesondert zu bestimmen gesucht hat: die **Wahrnehmungs- oder Perceptionszeit** für einfache Reizqualitäten, die **Apperceptions-, Erkennungs- oder Unterscheidungszeit**, wenn auf verschiedene Reize verschieden zu reagiren ist. Dass in letzterem Falle die nöthige Zeit verlängert ist, weist in Verbindung mit der Thatsache, dass dieselbe je nach der Art der Reaction verschieden ausfällt, auf einen gesonderten Zeitantheil für die Vorbereitungen zu ihrer Ausführung hin: **Ueberlegungs- resp. Wahlzeit**, „**Entschlusszeit**". Die Zeitdauer wird endlich überhaupt um so länger, je complicirter die gestellte Aufgabe ist: an Messungen derart fehlt es nicht, ohne dass indessen für eine Erklärung der Vorgänge damit bis jetzt viel gewonnen wäre.

Der oben erwähnten Thatsache, dass jeder Eindruck eine gewisse Zeit andauern muss, um wahrgenommen zu werden, entspricht diejenige andere, dass zwischen zwei Sinneseindrücken eine gewisse Zeit vergehen muss, damit sie getrennt wahrgenommen werden. Diese „kleinste Differenz" ist verschieden, je nachdem beide Eindrücke den gleichen oder verschiedene Sinne, und im ersteren Falle, welchen Sinn sie betreffen [Werthe siehe bei Exner[2])]. Auch die Genauigkeit der Schätzung von Zeitintervallen hängt hiermit zusammen („Zeitsinn").

---

[1]) Vgl. Exner, „Entwurf" u. s. w., S. 156.
[2]) Zusammengestellt in Hermann's Handb., II, 2. S. 263 ff.

Excitirende resp. narkotische Gifte beeinflussen wesentlich die Dauer der Reactionszeit; Kaffeegenuss verkürzt sie, Alkohol bewirkt in kleinen Dosen anfangs das Gleiche, später, resp. in grossen Dosen, verlängert er die Reactionszeit; das letztere macht auch Morphium [v. Vintschgau und Dietl[1]].

Eine Herabsetzung der Functionen der Hirnrinde ist es, welche dem bei allen Thieren periodisch eintretenden Zustande des **Schlafes** zu Grunde liegt. In ihm finden keine Willküractionen statt, die Körpermusculatur ist erschlafft; die Reflexerregbarkeit ist aber erhalten, und wir müssen annehmen, dass die Sinnesorgane ihre Erregungen den subcorticalen Theilen des Centralnervensystems mittheilen, sie treten aber wegen der herabgesetzten Rindenfunctionen nicht als Empfindungen in's Bewusstsein, wofern die Sinnesreize nicht eine gewisse Intensität überschreiten, welche dann den Schlaf unterbricht. Diese zum „Aufwecken" nothwendige Intensität ist zu den verschiedenen Zeiten einer normalen Schlafperiode verschieden; nach Versuchen von Kohlschütter[2]) mit nach der mechanischen Energie abgestuften Schallreizen (Fechner's acustisches Pendel) steigt danach die „**Tiefe des Schlafes**" während der ersten Stunde einer achtstündigen Schlafperiode bis zu einem Maximum an, von welchem der weitere Curvenverlauf erst schnell, dann immer langsamer absinkt, bis schliesslich das Erwachen „von selbst", d. h. durch die immer vorhandenen normalen Sinnesreize eintritt; dass zur Erhaltung des wachen Zustandes solche nöthig sind, der Eintritt des Schlafes durch ihre Abhaltung begünstigt wird [Strümpell's Krankenfall[3])], sind Thatsachen, deren Verwerthung für die Erklärung (der Ursachen) des Schlafes aber noch aussteht: für diese muss eine „Ermüdung" des Centralnervensystems, resp. eine Rückwirkung der allgemeinen Muskelermüdung auf dieses angenommen werden, nach welcher im Schlafe durch die Herabsetzung der Thätigkeit des Muskel-, wie auch Nervensystems „Erholung" stattfindet (vgl. S. 198). Das Wesen dieser Vorgänge ist indessen durchaus unbekannt, und von den zahlreichen bisher aufgestellten „Theorien des Schlafes" [Anhäufung von „Ermüdungsstoffen", Herabsetzung der Oxydationsprocesse u. s. w. u. s. w.[4])] hat wohl kaum irgend eine

[1]) A. g. P., 316. XVI.
[2]) Diss. Leipzig. 1862.
[3]) A. g. P., XV. 573.
[4]) Siehe die in Hermann's Handb., II, 2, insbesondere S. 299, von Exner angeführte Literatur.

grösseren Werth als eben denjenigen einer unbewiesenen und unwiderlegten Hypothese.

Daran, dass ein anämischer Zustand der Hirnrinde im Schlaf vorliegt, darf wohl nicht gezweifelt werden; möglich ist es, dass dabei die Gefässe an der Basis gleichzeitig überfüllt sind [für den Morphiumschlaf neuerdings angegeben von De Boeck und Verhoogen[1]); durch eine Compression der Stabkranzfasern durch solche Hyperämie und dadurch gestörte Leitung hatte schon Purkinje[2]) den Schlaf zu erklären versucht]. Das Gesicht ist im Schlafe meist leicht geröthet, die Lider sind geschlossen, die Bulbi nach innen und oben gekehrt, die Pupillen verengt. Puls- und Athemfrequenz sind vermindert, die Exspirationsdauer gegenüber der Inspirationsdauer verlängert, der Athemrhythmus neigt zur Gruppenbildung [Mosso[3])].

Der Gaswechsel resp. Gesammtstoffwechsel ist im Schlaf bedeutend herabgesetzt.

Träume sind Hallucinationen (vgl. oben S. 309) resp. Associationsvorgänge im Schlafe, welche beweisen, dass die Thätigkeit der Hirnrinde doch nicht ganz aufgehoben ist, vielmehr ausser Connex mit den Einwirkungen der Aussenwelt weitergeht — Anknüpfung der Träume an vorher Erlebtes — oder selbst auf solche hin ihren besonderen Ablauf nimmt — nachweisbarer Einfluss von äusseren Eindrücken [Berührungen, Temperaturwechsel (Entblössung), acustischen Reizen (Donner o. ä.)] auf den Verlauf des Traumes. Auch unmittelbar vor dem Einschlafen treten vorübergehende Hallucinationen auf [„hypnagogische Hallucinationen", Hoppe[4])].

Dem Schlaf mehr oder weniger nahe stehen die Zustände, welche durch Einverleibung „narkotischer" Mittel erzeugt werden, sowie auch die durch eigenartige Einwirkungen auf die Sinne, insbesondere von Seite einer anderen Person, zu Stande kommenden Erscheinungen des „Hypnotismus" und verwandter Zustände. Näher auf dieselben einzugehen, liegt hier um so weniger Veranlassung vor, als jene Dinge in die Pharmakologie gehören, die letztgenannten Zustände aber (Hypnotismus) entschieden eher dem Gebiet der Psychopathologie, als der normalen Physiologie zugehören dürften[5]).

Das **sympathische Nervensystem** besteht aus zahlreichen Neuronen, welche vor Allem der Innervation der Eingeweide resp. Organe mit glatten Muskelfasern („Muskelzellen", siehe S. 208) dienen, an dem Aufbau des Centralnervensystems sich betheiligen, resp. mit ihm zusammenhängen, daneben aber **eine gewisse functionelle Selbst-**

---

[1]) Travaux de l'Institut Solvay, Bruxelles 1890.
[2]) Wagner's Handwörterb. d. Physiol., Art. „Schlaf", III, 2, 475.
[3]) Rendic. Accad. d. Lincei. 1884/85, S. 457; Arch. ital. de biol., VII, 48.
[4]) Erklärung der Sinnestäuschungen, Würzburg 1888.
[5]) Verwiesen sei unter vielen Anderen auf: Preyer, der Hypnotismus, Wien 1890; Bernheim, Hypnotisme, suggestion etc., Paris 1890.

ständigkeit bewahrt haben, welche schon anatomisch in ihren Ganglien und geflechtartigen Verbindungen sich ausdrückt. Die vom Centralnervensystem in das sympathische System (resp. umgekehrt) übertretenden Fasern bilden die **Rami communicantes** zwischen den Spinalnervenstämmen (Vereinigungsstellen der beiden Wurzeln) und dem Grenzstrang, sowie am Hals und Kopf die Anastomosen mit Glossopharyngeus, Vagus und Recurrens. Ausser **sensibeln Fasern für die Eingeweide** (in den hinteren Wurzeln verlaufend) finden sich **zwei Arten centrifugaler,** d. h. aus Nervenzellen des Rückenmarks entspringender **markhaltiger Nervenfasern** in den Rami communicantes: solche, welche eine Strecke weit im Grenzstrang verlaufend und dann von ihm abzweigend, direct bis zu den Organen verlaufen, derart, dass die Bahn nur aus einem Neuron besteht, und zwar sind dies die Vasodilatatoren, sowie Fasern, welche die Bewegungen der Eingeweide hemmen; zweitens solche, welche in **Ganglien des sympathischen Systems** endigen, indem sie mit Endbäumchen an dort befindliche Nervenzellen herantreten, von welchen **marklose** (graue, Remak'sche) **Fasern** entspringen, die direct oder indirect (d. h. mehrere solche marklose Neuronen hintereinandergeschaltet) zu den Organen ziehen: diesen Verlauf nehmen alle Vasoconstrictoren und Bahnen für die Ingangsetzung oder Beschleunigung der Eingeweidebewegungen [Gaskell[1]), Kölliker[2])]. Zu diesen letzteren gehören auch die herzbeschleunigenden Nervenfasern (Ggl. cervicale inferius und thoracic. suprem., siehe S. 73), sowie die Fasern für den M. dilatator pupillae (Gangl. cervicale supremum).

Nicotin macht diese indirecten sympathischen Bahnen unwirksam, und zwar durch Einwirkung auf die Zellen der sympathischen Ganglien, wie sich durch locale Application auf diese letzteren zeigen lässt [Langley und Dickinson[3])].

Von den Grenzstrangganglien ohne weitere Unterbrechung bis zu ihren Erfolgsorganen gehen die Fasern für die haaraufrichtenden Muskeln (Mm. arrectores pilorum), sogenannte Pilomotoren [Langley und Sherrington[4])].

Was im Einzelnen die Functionen der sympathischen Fasern und Geflechte betrifft, so ist für die Secretionsfasern der Speicheldrüsen der Verlauf durch die Anastomosen des Sympathicus

---

[1]) J. P., VII, 1.
[2]) Sitzungsber. d. physikal.-med. Ges. Würzburg, 9. Juni 1894.
[3]) J. P., XI, 265.
[4]) ibid., XII, 278.

am Kopf gegeben; über den Verlauf des Gefässnerven ist S. 83—85 das Nöthige gesagt worden. Mit den Vasoconstrictoren zusammen verlaufen die Bewegungsnerven für die Baucheingeweide hauptsächlich in den Nn. splanchnici. Ueber die Beziehungen der Mesenterialganglien und -Geflechte des Pl. hypogastricus u. s. w. zu den einzelnen Organen des Unterleibs und Beckens, soweit sie nicht schon kurz erwähnt, mag auf die neuen sorgfältigen Untersuchungen von Langley und seinen Mitarbeitern verwiesen werden[1]).

Die wichtige Frage, ob die Nervenzellen unabhängig vom Cerebrospinalorgan Reflexe von centripetalen auf centrifugale Eingeweidefasern vermitteln können, dürfte wohl nur für ganz specielle Fälle zu bejahen sein [Langley[2])]; jedenfalls ist jenes der Ort für die Vermittlung der meisten Gefäss- und Eingeweidereflexe; dass diese von der Willkür unabhängig aber psychisch beeinflussbar sind, weist daraufhin, dass ihr Zusammenhang mit der Grosshirnrinde kein directer (etwa durch Pyramidenfasern), sondern ein mittelbarer (Leitung in den Seitensträngen) ist. Auch bewusste Empfindungen von den Vorgängen in unseren Eingeweiden erhalten wir für gewöhnlich nicht, und wenn es der Fall ist — Schmerz- oder „Beklemmungs"-Empfindungen — so sind sie von diffusem Charakter, was auf die Verflechtungen innerhalb des sympathischen Systems zurückzuführen sein dürfte.

Bestehen schon die zu den **Eingeweiden** führenden Bahnen oft aus einer grossen Anzahl hintereinandergereihter, sowie untereinander durch Schaltzellen verbundenen Neuronen, so treten sie in den **Wandungen** der betreffenden Organe erst noch mit **weiteren Neuronengeflechten** in Verbindung, welche vermuthlich erst ihrerseits die Muskelzellen innerviren, resp. sensible Endigungen haben: Plexus myentericus von Auerbach[3]) und submucosus von Meissner[4]).

Auch in den Gefässwandungen finden sich Nervenzellen, welche die Wiederherstellung des Gefässtonus nach experimentellen Splanchnicusdurchschneidungen resp. Rückenmarksexstirpationen (vgl. S. 85) erklären könnten, ebenso wie jene Plexus das Fortbestehen der Eingeweidefunctionen.

Wie weit übrigens die nervösen Elemente für das Zustandekommen der Bewegungen und Hemmungen glattmuskeliger Organe, sowie des Herzens von Bedeutung, resp. überhaupt nothwendig sind, ist zur Zeit noch Gegenstand lebhafter Erörterungen (vgl. S. 70, 71, 133, 148).

Dass das **Wesen der Thätigkeitsvorgänge in den Nervencentren** uns noch **vollständig unbekannt** ist, wurde bereits er-

---

[1]) Langley und Anderson, J. P., XVII, 177; XVIII, 67; XIX, 71.
[2]) ibid., XVI, 410.
[3]) Ueber den Plexus myentericus, Breslau 1862.
[4]) Ztschr. f. rat. Med., N. F., VIII, 364.

wähnt. Was über **chemische Vorgänge** bei der Thätigkeit angegeben worden ist, muss, wie schon S. 245 besprochen, als durchaus unsicher gelten. Dass es sich um äusserst **labil constituirte Verbindungen** handeln muss, welche bei der Thätigkeit gerade der Centralorgane in Betracht kommen, ist sicher; diejenigen Bestandtheile, welche man nach den bisherigen Methoden aus der Substanz derselben hat gewinnen können, gehören ohnehin zu den complicirtesten Verbindungen der physiologischen Chemie: „Protagon", Cerebrine, Lecithin, Nucleoproteïde, einfachere Eiweisskörper, Neurokeratin. Die ferner erhaltenen Stoffe, wie Fette, Cholesterin, Zuckerarten, organische Säuren, Nucleïnbasen, sind wahrscheinlich schon als Spaltungs- resp. Umsatzproducte der im Leben vorhandenen complicirten Verbindungen anzusehen. Mikroskopische Veränderungen der Nervenzellen durch Alter [Hodge[1])], Thätigkeit [Vas, Lambert[2]), Mann[3])], abnorme Zustände, wie Narcose u. s. w. [Demoor und Stefanowka[4])], sind beschrieben und im Sinne gewisser Theorien (Bewegungsvorgänge, „Plasticität" der Neuronen, Demoor u. A.) gedeutet worden, doch ist dieses Gebiet nichts weniger als abgeschlossen. Auch quantitativen Schätzungen ist der Stoff- und Kraftwechsel, welcher der Thätigkeit der nervösen Centralorgane zu Grunde liegt, bis jetzt nicht recht zugänglich geworden [Versuche über die Beeinflussung des Gesammtstoffwechsels beim Menschen durch geistige Arbeit, Temperaturmessungen u. s. w., Mosso[5]) u. A.]. Dafür, dass der **Umsatz ein besonders intensiver** sei, wird gewöhnlich nur die Thatsache in's Feld geführt, dass, wie schon erwähnt, die **Centralorgane gegen Anämie und Dyspnoë besonders empfindlich** sind und dementsprechend auch eine besonders reichliche **Gefässversorgung** haben. So sorgt beim **Gehirn** der **Circulus arteriosus Willisii** für die Erhaltung der Blutzufuhr bei Absperrung der einen oder anderen arteriellen Bahn. In ihren Einzelheiten (Gefässnerveneinflüsse u. s. w.) ist übrigens die Regulirung des Kreislaufs der Centralorgane, speciell des Gehirns, ein zwar viel bearbeitetes, aber durchaus nicht abgeschlossenes Gebiet,

---

[1]) J. P., XVII, 129.
[2]) C. r. soc. biol., 1893, S. 879.
[3]) Journ. Anat. & physiol., XXIX, 100.
[4]) Travaux de l'Inst. Solvay, Bruxelles 1896/97.
[5]) Phil. Transact., CLXXXIII, B, 299; Arch. ital. de biol., XVIII, 277; XXII, 264; Die Temperatur d. Gehirns, Leipzig 1894.

wie schon aus den Bemerkungen S. 87 hervorgeht[1]). Dasselbe gilt auch von den Functionen des Liquor cerebrospinalis, in welchem das Cerebrospinalorgan gewissermassen flottirt und durch dessen Gegenwart es vor Insulten besser geschützt ist. Ueber den **intracraniellen Druck**, die Wirkungen seiner Veränderungen und seine physiologischen Schwankungen siehe S. 87.

Man hat auch der besonders gefässreichen Schilddrüse eine besondere Rolle als Collateralbahn bei der Regulirung des Hirnkreislaufs zugeschrieben (Liebermeister, Meuli, Cyon u. A.).

---

[1]) Vgl. ferner Hürthle, A. g. P., XLIV, 561; XLVII, 1; Roy und Sherrington, J. P., XI, 85; De Boeck und Verhoogen, a. a. O.

XIII.

Niedere Sinne.[1])

Zur Vervollkommnung der Beziehungen zur Aussenwelt ist bei den höher organisirten Thieren, welche ein Nervensystem besitzen, die Einrichtung getroffen, dass die Einwirkungen von aussen besondere **Aufnahmeapparate treffen, mit welchen die centripetalen Nervenfasern verbunden sind, und welche verschieden eingerichtet sind, derart, dass für jede Art die Einwirkung einer bestimmten Energieform zur Erregung besonders geeignet ist und ihren „adäquaten Reiz"** bildet. Man nennt sie die **Sinnesorgane.** Kraft ihrer Verbindungen mit bestimmten Theilen des Centralnervensystems, speciell wohl auch der Hirnrinde, erzeugen auch andersgeartete „inadäquate" Reize, wenn sie die betreffenden Nervenfasern in ihrem Verlauf treffen, Sinnesempfindungen bei demselben Sinnesnerven stets gleicher, bei verschiedenen Sinnesnerven aber grundverschiedener Art, was man als ihre „**specifische Energie**" bezeichnet, wie schon S. 225 erwähnt. Indessen muss solche inadäquate Reizung verhältnissmässig stark sein, **und gar auf die Sinnesorgane selbst wirkende, diesen nicht adäquate Reize führen nur in gewissen Fällen und beschränktem Maasse zu specifischen Sinnesempfindungen.**

In diesem letztgenannten Verhalten der Nervenfasern einerseits und der Aufnahmeapparate andererseits liegt die Andeutung, dass in den letzteren eine Umformung der Energie aus derjenigen des adäquaten Reizes in die allgemein der Nervenerregung angepasste Form (elektrochemische) stattfinde. Dass dabei der „Rhythmus" der Erregung (d. h. also die Form, Dauer und Frequenz der Reiz- resp. Negativitätswellen) in den verschiedenartigen Nervenfasern physiologischer-

---

[1]) Man vergleiche, abgesehen von älteren Monographien: O. Funke, Tastsinn und Gemeingefühle; E. Hering, Temperatursinn; M. v. Vintschgau, Geschmackssinn und Geruchssinn, sämmtlich in Hermann's Handbuch der Physiologie, III. 2. Leipzig 1880; ferner Fick, Lehrbuch der Anat. und Physiol. d. Sinnesorgane, Lahr 1864; Cloquet, Osphresiologie, aus d. Französ., Weimar 1824; Zwaardemaker, Physiol. d. Geruchs, Leipzig 1895.

weise verschieden ist, ist sehr wahrscheinlich; aber nur in dem letzteren Sinne darf zugegeben werden, wenn neuerdings von verschiedener Seite [Grützner[1]), Engelmann[2]) u. A.] gegen das Princip der „Identität der Nervenerregung" Front gemacht wird.

Je nach der Stärke des Reizes und dem Zustande des nervösen Apparates unterscheiden sich gleichartige Empfindungen durch ihre **Intensität**: die zur Erzeugung der minimalen, „eben merklichen" Empfindung nöthige Stärke des Reizes, nennt man die Reizschwelle (Purkinje), welche Bezeichnung, wie wir schon sahen, allgemeine Anwendung bei jeder Art von Reizerfolgen gefunden hat. Schon je nach dem Sinnesorgan, von welchem aus sie hervorgerufen, resp. Theil des Centralorgans, in welchem sie zu Stande kommen, sind die Empfindungen **qualitativ** verschieden; ferner aber darf, wie schon erwähnt, angenommen werden, dass die durch jede einzelne centripetale Nervenfaser vermittelten Empfindungen verschiedener Qualität sind (erweitertes Gesetz der specifischen Sinnesenergien), theils durch die peripherische Verknüpfung mit verschieden gearteten Theilen desselben Aufnahmsapparates (Gehörorgan!), theils sicher durch die Verknüpfungen der Fasern untereinander, wie auch mit motorischen Coordinationsapparaten im Organ des Bewusstseins, durch welche sie, wenn „wahrgenommen", ihre **„Localzeichen"** erhalten (siehe oben S. 309): Diese Localisirung, wie auch das qualitative Unterscheidungsvermögen sind aber bei den verschiedenen Sinnen sehr verschieden ausgebildet; und nur wo sie überhaupt vorhanden sind, darf ein besonderer „Sinn" überhaupt angenommen werden: zu diesen dürfen deshalb die **„Allgemeingefühle"** — Hunger, Durst, Schauder, Kitzel, Wollust u. s. w. — nicht gerechnet werden. Sie entstehen vielmehr, wie ja schon oben auseinandergesetzt, durch Verbindung von Sinnesnervenfasern mit gewissen centralen Apparaten, welche zu Coordinationscentren für bestimmte Handlungen in Beziehung stehen und an welche sich die Hervorrufung nicht nur jener Allgemeingefühle, sondern überhaupt centraler Stimmungen oder „Affecte" knüpft.

Als „Gefühl" im engeren Sinne fasst man aber andererseits mehrere Sinne zusammen, welche einzeln als **Tast-** oder **Drucksinn, Temperatursinn** (Wärme- und Kältesinn) und **Schmerzsinn**

---

[1]) A. g. P., LVIII, 69.
[2]) A. g. P., LXV, 549.

auseinanderzuhalten sind. Welche von den verschiedenen Arten der sogenannten sensibeln Nervenendigungen in der Haut [1. Vater-Pacini'sche Körperchen mit einfacher, knopfförmig endender Nervenfaser in concentrischem Hüllensystem; 2. Meissner'sche „Tastkörperchen" mit verästelter, gewundener Nervenfaser in gallertiger Substanz im Innern einer Hülle; 3. „Tastzellen" resp. Aggregate von solchen (Merkel, Grandry) mit plattenförmigen Nervenendigungen; 4. Krause'sche „Erdkolben" und „freie" Nervenendigungen, verschieden beschrieben] als Aufnahmeapparate jedem von diesen Sinnen entsprechen, darüber existiren Angaben, indessen leider in noch nicht genügender Zahl und von noch nicht hinreichender Sicherheit, um hier angeführt zu werden.

Tastempfindungen werden hervorgerufen durch Berührung der äusseren Haut und einiger angrenzender Schleimhäute mit grösserem oder geringerem Druck. Die Empfindung ist am stärksten im ersten Augenblick der Berührung und lässt mit dem Andauern des Druckes nach (Kleidungsstücke, Verbände!), ferner ist sie bei berührenden Flüssigkeiten (Eintauchen der Hand in Quecksilber) nur an der Grenze zwischen Flüssigkeit und Luft vorhanden, woraus auf ihr Zustandekommen durch seitliche Verschiebungen in den Aufnahmeapparaten geschlossen worden ist [Meissner[1])]. Das Verhältniss der Empfindungsintensitäten zu der Grösse der Druckreize ist von E. H. Weber[2]) einer ausgedehnten Bearbeitung unterzogen worden, unter Anwendung einer vollendeten Methodik: Auflegen von Gewichten mit gleich grossen und gleich hoch temperirten Berührungsflächen auf die zur Ausschliessung des Muskelgefühls (siehe unten) unterstützten Körpertheile. Die Reizschwelle, welche wegen der Kleinheit der Druckreize schwer zu bestimmen ist, variirt jedenfalls an der Haut verschiedener Körpergegenden, für die Stirnhaut wird ein Druck von 2 mg angegeben als nöthig, um eine ebenmerkliche Berührungsempfindung hervorzurufen, für andere Gegenden mehr. Die **Unterschiedsempfindlichkeit** des Drucksinnes ist um so geringer, je grösser der Druckreiz, und zwar soll der ebenmerkliche Zuwachs direct der absoluten Grösse des Druckreizes proportional sein — **Weber'sches Gesetz** — an der Haut der Finger-

---

[1]) Zeitschr. f. ration. Medizin. (3), VII. 92.

[2]) Annotationes anat. et physiolog., Leipzig 1834; Artikel „Tastsinn" in Wagner's Handwörterbuch d. Physiol., III. 2. S. 481. u. m. A.

kuppen z. B. etwa gleich $^1/_{30}$ desselben; d. h. also es wird Steigerung des Drucks von 29 g auf 30 g eben empfunden; bei 290 g müsste auf 300 g gesteigert werden, damit es gemerkt würde, während bei 2·9 g der Zuwachs nur 0·1 g zu betragen hätte.

Dass die Unterschiedsempfindlichkeit mit Zunahme der absoluten Reizstärke abnimmt, gilt sicher auch für andere Sinne. z. B. den Gesichtssinn: Flackern einer Kerze und Zucken einer Bogenlampe u. v. A. Die Giltigkeit des Weber'schen Gesetzes als solches ist indessen sogar schon für den Drucksinn selbst bestritten worden [Delboeuf, Plateau[1]). Hering mit Biedermann und Löwit[2])] und es sind andere Arten der Abhängigkeit zwischen absoluter Reizstärke und Zuwachs aufgestellt worden.

Erst recht viele Einwände sind aber gegen eine Formel gerichtet worden, welche Fechner[3]) aus dem Weber'schen Gesetz abgeleitet und als „psychophysisches Gesetz" bezeichnet hat: danach sollen sich die Empfindungsgrössen zu den Reizgrössen verhalten, wie Logarithmen zu ihren Numeris[4]). Ueber den Haupteinwand Hering's und die Möglichkeit, durch eine neue allgemeine Annahme das Gesetz noch zu stützen, siehe bei Exner[5]); im Uebrigen sei wegen dieser Frage, sowie der sogenannten „Deutungen" des psychophysischen Gesetzes und weiterer Ableitungen aus ihm auf die Literatur für diesen Abschnitt, sowie die im vorigen erwähnten psychologischen Bücher verwiesen.

Um das **Localisationsvermögen** des Tastsinns (den sogenannten Ortssinn der Haut) zu prüfen, setzt man bei geschlossenen Augen der Versuchsperson die zwei Spitzen eines Stellzirkels auf die verschiedenen Hautstellen auf und misst den kürzesten Abstand derselben, welcher nöthig ist, um zwei ge-

---

[1]) Bull. de l'acad. de Belg., XXIII. XXVI. XXXIII. XXXIV.
[2]) Ac. W., LXXII, 310, 342.
[3]) Elemente der Psychophysik, Leipzig 1860.
[4]) Es wird nämlich angenommen, dass den eben merklichen Empfindungszuwachsen gleiche Empfindungen entsprechen (was eben die Frage ist): dann wachsen nach Weber's Gesetz die Empfindungen in arithmetischer Progression, wenn die Reize in geometrischer wachsen. Verhalten sich also die Empfindungen $\frac{E_x}{E_y} = \frac{x}{y}$ und setzen wir die Reizschwelle $= s$, so sind die Reize $R_x = s \cdot k^x$ und $R_y = s \cdot k^y$, wenn wir k für das constante Verhältniss $\frac{R + dR}{R}$, d. h. Reiz + ebenmerklichen Zuwachs zu Reiz, setzen. Nun ist aber $log R_x = log s + x \cdot log k$ und $log R_y = log s + y \cdot log k$. Also ist $x = \frac{log R_x - log s}{log k}$ und $y = \frac{log R_y - log s}{log k}$; somit verhalten sich $\frac{E_x}{E_y} = \frac{log R_x - log s}{log R_y - log s}$, und wenn s sehr klein ist:

$$\text{geradezu } \frac{E_x}{E_y} = \frac{log R_x}{log R_y}.$$

[5]) „Entwurf" u. s. w., S. 176, auch Hermann's Handb., II, 2, S. 211 ff.

sonderte Berührungen empfinden zu lassen (E. H. Weber). Diese Abstände sind an den verschiedenen Körpergegenden sehr verschieden und betragen nach Weber in Pariser Linien (à 2·2 mm):

Zungenspitze	½	Haut über dem hinteren Theil des Jochbeins	10
Volarseite des letzten Fingerglieds	1	Unterer Theil der Stirn	10
Rother Theil der Lippen	2	Hinterer Theil der Ferse	10
Volarseite des zweiten Fingerglieds	2	Behaarter unterer Theil des Hinterhaupts	12
Dorsalseite des dritten Fingerglieds	3	Rücken der Hand	14
Nasenspitze	3	Hals unter der Kinnlade	15
Volarseite der Cap. oss. metacarpi	3	Scheitel	15
Mittellinie des Zungenrückens, 1 Zoll hinter der Spitze	4	Kniescheibe mit Umgebung	16
Zungenrand, 1 Zoll hinter der Spitze	4	Kreuzbein	18
Nicht rother Theil der Lippen	4	Haut über den Glutäen	18
Metacarpus des Daumens	4	Unterarm	18
Plantarseite des letzten Zehenglieds	5	Unterschenkel	18
Rückenseite des zweiten Fingerglieds	5	Fussrücken in der Nähe der Zehen	18
Backen	5	Brustbein	20
Aeussere Oberfläche des Augenlids	5	Nackenhaut	24
Mitte des harten Gaumens	6	Rückenhaut über den fünf oberen Brustwirbeln	24
Haut über dem vorderen Theil des Jochbeins	7	Rückenhaut in der Lenden- und unteren Brustgegend	24
Plantarseite des Mittelfuss hinter dem Hallux	7	Rückenhaut an der Mitte des Halses	30
Dorsalseite des ersten Fingerglieds	7	Rückenhaut an der Mitte des Rückens	30
Dorsalseite der Cap. oss. metacarpi	8	Mitte des Oberarms und Oberschenkels	30
Innere Oberfläche der Lippen	9		

An den Extremitäten sind ferner die betreffenden Entfernungen in der Längsrichtung grösser als in der Querrichtung. Uebung verkleinert sie [Volkmann[1])], Ermüdung vergrössert sie [Griesbach[2])]. Dies weist darauf hin, dass nicht die Einwirkung auf jedes einzelne anatomische Aufnahmeelement gesondert wahrgenommen werden kann, sondern dass sie für eine Anzahl solcher im Bereiche eines Kreises (resp. einer Ellipse) um das betroffene herum gelegener Elemente durch centrale Ausbreitung („Irradiation", siehe oben) mitempfunden wird; jenen Kreis nennt man einen **Empfindungskreis** (E. H. Weber u. A.); und die Grösse der Empfindungskreise an den verschiedenen Hautstellen muss um weniges kleiner sein, als jene Zirkelspitzenabstände.

---
[1]) Ac. L., 1858.
[2]) Arch. f. Hygiene. XXIV. 124.

da ein nicht betroffener Empfindungskreis zwischen den zwei betroffenen liegen muss, wenn zwei Tasteindrücke getrennt empfunden werden sollen: erhält doch die Empfindung jedes einzelnen ihr „Localzeichen" erst durch den Gegensatz zu dem Mangel an Eindrücken im Bereich der Umgebung.

Nach Krause sollen 12 Tastkörperchen im Bereich jedes Empfindungskreises liegen.

Die obengenannte centrale Irradiation hat Bernstein[1]) zum Gegenstand einer besonderen Theorie gemacht, welche auch das psychophysische Gesetz (siehe oben) erklären soll. Zumal sie indessen wegen mancher bedenklichen Voraussetzungen beanstandet worden ist, kann hier nicht näher darauf eingegangen werden.

Durch geeignete Localisirung der Eindrücke (Aufdrücken von Haaren u. A.) ist es indessen neuerdings gelungen, die den einzelnen Aufnahmeelementen entsprechenden Hautpunkte zu unterscheiden von den dazwischenliegenden Stellen, auf welche wirkende Drucke nicht (als solche) empfunden werden: dafür liegen zwischen jenen „**Druckpunkten**" Stellen mit Aufnahmeelementen für den Temperatursinn, und zwar getrennt solche, von denen aus Wärmeempfindung, und solche, von denen aus Kälteempfindung hervorgerufen wird — **Wärmepunkte** und **Kältepunkte** [Blix[2]), Goldscheider[3])]. Die Kältepunkte stehen dabei dichter als die Wärmepunkte, die Druckpunkte dichter als jene beiden, was der Feinheit des Localisationsvermögens entspricht. Die beiden Arten von Aufnahmeelementen des **Temperatursinns** werden offenbar erregt durch Erniedrigung resp. Erhöhung der bei dem jeweiligen Regulirungszustande vorhandenen Hauttemperatur, weshalb alle Temperaturempfindung eine **relative** ist (laues Wasser erscheint der eintauchenden Hand kalt, wenn sie aus heissem, warm, wenn sie aus kaltem Wasser kommt).

Die Unterschiedsempfindlichkeit scheint dabei im Allgemeinen dem Weber'schen Gesetz zu folgen, jedenfalls ist sie am grössten gefunden zwischen 27° und 33° (mittlere Hauttemperatur), danach zwischen 33° und 39° einerseits und 14° und 27° andererseits [Nothnagel[4]) u. A.].

---

[1]) A. g. P., I, 388, und Untersuchungen über den Erregungsvorgang u. s. w., Heidelberg 1871.

[2]) Upsala Läkareförenings förhandlingar, XVIII, 87, 427.

[3]) A. (A.) P., 1885. S. 340 u. Suppl. S. 1; 1886, S. 188 u. Suppl. S. 189; siehe auch Ztschr. f. klin. Med., IX, 174.

[4]) Deutsch. Arch. f. klin. Med., II, 284.

Ueberschreitet die Temperatureinwirkung gewisse obere und untere Grenzen, so tritt die Kälte- resp. Wärmeempfindung zurück hinter der nunmehr auftretenden **Empfindung des Schmerzes**; das Gleiche hat statt bei Verstärkung von Druckwirkungen resp. Affection der Aufnahmeapparate oder Nervenfasern selbst durch Continuitätstrennung. Den Schmerz rechnete man früher zu den Allgemeingefühlen, in welcher Eigenschaft (siehe oben) er als Warner die Sinnesempfindungen begleite, wenn die Einwirkung eine schädigende Stärke annehme, resp. auch ohne Sinnesempfindungen auftrete, wo die Aufnahmeapparate zur Hervorrufung der letzteren zurückträten oder fehlten (Eingeweide): in letzterem Falle sei er auch schlecht localisirt („diffus"), auf der Haut u. s. w. den Sinnesempfindungen entsprechend localisirt. Mit den schon angedeuteten Methoden ist es indessen gelungen, auf der Haut auch besondere **Schmerzpunkte** zu bestimmen, welche besonders gearteten Aufnahmeorgan-Elementen entsprechen müssen [v. Frey[1]]; diese reagiren offenbar auf Einwirkungen mehrerer Energieformen (mechanische, thermische, elektrische), aber nur von gewissen, verhältnissmässig hohen Intensitäten ab.

Die Existenz aller jener besonderen Aufnahmeelemente erklärt auch die Thatsache, dass es Stellen der Körperoberfläche gibt, welchen der eine oder andere der besprochenen „Sinne" fehlt: so wird jede Berührung oder jeder Druck auf die Cornea nicht als solcher, sondern als Schmerz oder etwas Aehnliches empfunden, der Glans penis fehlt die Fähigkeit zur Temperaturempfindung (wenigstens Wärmeempfindung).

Bei rasch aufeinanderfolgenden Berührungen der Haut darf eine (für verschiedene Stellen verschiedene) Frequenz nicht überschritten werden, wenn dieselben noch als getrennt empfunden werden sollen (vgl. oben).

Manche Angaben, wie die einer Doppelempfindung auf einen einfachen Hautreiz (Gad und Goldscheider), der getrennten Empfindung zweier sehr nahen Spitzenberührungen, wenn sie gerade auf Druckpunkte fallen u. A., bedürfen noch der Erklärung resp. Bestätigung, weshalb hier nicht weiter auf sie eingegangen werden kann.

Dass wir von unseren Muskelbewegungen auch ohne Mitwirkung des Gesichts- und Tastsinns Kunde haben, beruht sicher zum Theil auf den mit ihrer „In-

---

[1] Die Gefühle in ihrem Verhältniss zu den Empfindungen. Antrittsvorlesung, Leipzig 1894; Ac. L., 1894, II, 185; 1895, II, 166.

tention" verbundenen psychischen Vorgängen, aber nicht ausschliesslich, da wir bei blosser Intention ohne die Ausführung der Bewegungen dies letztere recht wohl wissen. Es sind vielmehr centripetale Nervenfasern mit besonderen Aufnahmeelementen in den Muskeln anzunehmen (Ch. Bell u. v. A.), welche uns von dem Contractionsvorgang eine wenn auch „dunkle" (siehe oben) Empfindung vermitteln, welche deutlich „unangenehm" werden, mit den „Unlustcentren" Beziehung anknüpfen kann im Falle der Muskelermüdung. Man sucht solche Aufnahmeelemente neuerdings mehrfach in den sogenannten Muskelknospen [v. Ebner, Kerschner, Sherrington u. A], welche besonders zahlreich in der Nähe der Sehnen und Aponeurosen zu finden sind und so zugleich auch (ausser für den Sehnenreflex) für die Auslösung gewisser Dehnungsempfindungen wirken könnten, welche eine weitere Rolle für das Bewusstwerden von activen, aber auch von passiven Bewegungen und Lagen der Körpertheile spielen. Beide Arten von (mehr weniger gut localisirten) Empfindungen — mag man nun von einem **Muskelsinn** oder **Bewegungsgefühl** u. s. w. sprechen — sind von grosser Wichtigkeit für die Coordination der Bewegungen, wie in allgemeinster Hinsicht schon früher (S. 284) betont worden ist: „Ataxie" bei Störungen der centripetalen Leitung (Tabes und andere Krankheiten); wie sie hier mit den Tastempfindungen zusammengehen, so unterstützen sie ohne Zweifel — insbesondere die Empfindungen passiver Bewegungen, Dehnungen, Lagen und Lageänderungen — jene auch wesentlich in Bezug auf das Zustandekommen der Erkennung körperlicher Gegenstände beim Berühren resp. Anfassen, wie im Einzelnen wohl kaum ausgeführt zu werden braucht: welche Bedeutung insbesondere die „Lageempfindungen" für die räumliche Localisation haben, zeigt der bekannte „Versuch des Aristoteles": Berührung eines Gegenstandes mit den sonst abgekehrten, durch Ueberkreuzen der zwei Finger einander zugekehrten Fingerseiten bringt die Täuschung hervor, als sei der Gegenstand doppelt vorhanden.

Auch spielt der Muskelsinn beim Schätzen von Gewichten durch Heben eine Rolle, weshalb oben bei reinen Druckversuchen die Körpertheile unterstützt sein müssen (siehe oben).

Die Aufnahmeelemente für den **Geschmackssinn** sind die in der Zungenschleimhaut, vor Allem in den Spalträumen der Papillae foliatae und circumvallatae, auch auf den P. fungiformes, ferner noch in der Schleimhaut des weichen Gaumens und der Epiglottis vorhandenen „Geschmacksknospen" oder „Schmeckbecher" [Lovén[1]), Schwalbe[2]]. Nur von diesen Orten aus kommen wirkliche Geschmacksempfindungen zu Stande. Der wahrscheinlich alleinige Geschmacksnerv, mit dessen Fasern die den Hohlraum jedes Schmeckbechers unmittelbar umgebenden eigentlichen Sinneszellen verbunden sind, ist der Glossopharyngeus; nach seiner Durchschneidung sollen die Schmeckbecher degeneriren [v. Vintschgau und Hönigschmied[3]); es gibt auch anders lautende Angaben]. Die durch Lingualisäste vermittelte Geschmacksempfindung vorderer Zungentheile kommt, wenigstens zum Theil, wahrscheinlich auch durch Glossopharyngeusfasern zu Stande, welche durch den N. Jacobsonii zum Facialis und von diesem erst durch die Chorda zum dritten Trigeminusast gehen. Eine gewisse Unsicherheit der hierhergehörigen Angaben, Beobachtungen von Geschmacksstörungen bei ganz verschiedenartigen Nervendegenerationen u. s. w. deuten übrigens auf individuelle Unterschiede im Verlauf der Geschmacksfasern hin. Den **adäquaten Reiz** für den Geschmackssinn liefern ausschliesslich flüssige oder gelöste, resp. in der Mundflüssigkeit lösliche Körper (auch Gase), offenbar durch eine chemische Einwirkung auf die Sinneszellen, über deren Wesen wir indessen nicht das Geringste wissen Die Intensität der Geschmacksempfindungen hängt ab von der Art des betreffenden Körpers, der Concentration seiner Lösung und der Temperatur (Kälte setzt sie herab). Begünstigt wird das Schmecken durch Reiben der Zunge gegen andere Theile der Mundhöhle, indem wohl dabei der zu schmeckende Körper besser in die Höhlungen der Schmeckbecher eintritt.

Als vier **Grundqualitäten** des Geschmackssinns, welche unter Vermittlung verschiedener Nervenfasern (durch verschieden geartete Aufnahmeelemente, resp. corticale Verbindungen) zu Stande kommen, nimmt man gewöhnlich an die Empfindungen des Bittern, Süssen, Sauren und Salzigen. Die durch die Anwesenheit gar mancher Stoffe im Munde erzeugten Empfindungen sind aber keine solchen **reinen** Geschmacksempfindungen, vielmehr wirken hier Geruchsempfindungen mit, indem flüchtige Partikel durch den Pharynx und die Choanen zum Geruchs-

---

[1]) Arch. f. mikroskop. Anat., IV, 96.
[2]) ibid., III, 504; IV, 154; VIII, 660.
[3]) A. g. P., XIV, 443.

organ dringen: dies ist der Fall bei jedem gewürzhaften Geschmack, dem „Geschmack" des Weines u. s. w. Ferner werden durch viele Körper sensible Trigeminusenden mit afficirt, so bei den Säuren und den Alkalien, bei welchen dort neben dem sauren, hier neben einem salzigen Charakter ein „brennender" Geschmack ja auch allgemein angegeben wird, der mit steigender Concentration überwiegt und mit beginnender Aetzwirkung seinerseits wieder durch den auftretenden Schmerz zurücktritt. Auch der „herbe" und „zusammenziehende" Geschmack, die Empfindungen des Fettigen, Seifigen u. s. w. im Munde sind durchaus zusammengesetzter Natur.

Ein Zusammenhang der Geschmacksqualität mit der chemischen Zusammensetzung des einwirkenden Körpers ist nur bei den Säuren, Alkalien und Salzen in etwas allgemeinerer Weise zu statuiren; die Zusammensetzung der Bitterstoffe, wie auch der süssschmeckenden Körper, ist dagegen in so weiten Grenzen verschieden, dass man in jener Hinsicht wenig aussagen kann.

Gewisse analog angeordnete, organische Verbindungen zeigen freilich auch Aehnlichkeit des Geschmacks, so die mehrwerthigen Alkohole und Aldehydalkohole vom Glykol und Glycerin an bis zu den Zuckern; viele Verbindungen des Zuckers mit N-haltigen Radicalen (Glukoside) sind hinwiederum in gleicher Weise von bitterem Geschmack.

Von dem „elektrischen Geschmack" bei Aufsetzen der Anode resp. Kathode auf die Zunge ist schon auf S. 236 die Rede gewesen; wie weit es sich hier um inadäquate Reizung oder um adäquate durch Producte der Elektrolyse handelt, darüber wird noch gestritten.

Der Aufnahmeapparat des **Geruchssinns** liegt in der Regio olfactoria, d. h. dem oberen, in der Spalte zwischen dem Septum und den oberen Muscheln gelegenen, kleineren Theile der Nasenschleimhaut. Während der grössere Theil, die Regio respiratoria dieser letzteren (die Schneider'sche Haut), das für die Athemwege typische Flimmerepithel besitzt, finden wir dort specifische, an ihrer Aussenfläche mit den langen, unbeweglichen „Riechhaaren" besetzte Sinnesepithelzellen, zu welchen die Fasern des Olfactorius in Beziehung treten. Dieser peripherische Apparat sowohl wie der zugehörige centrale — Bulbus und Tractus olfactorius, Hirnrinde am Hippocampus — ist, wie schon bei Besprechung des letzteren bemerkt wurde, beim Menschen relativ verkümmert, viel weniger ausgebildet und leistungsfähig als bei anderen Säugethieren, in deren Seelenleben der Geruchssinn im Vergleich mit den übrigen Sinnesorganen eine weit hervorragendere Rolle spielt, als beim Menschen.

Den **adäquaten Reiz** für das Geruchsorgan bilden Gase und Dämpfe, resp. die gasförmigen Partikel flüchtiger Körper, indem sie auf die Aufnahmeelemente auftreffen und dort jedenfalls chemische Processe uns völlig unbekannter Art einleiten. Sie können aus dem durch die Nasenlöcher eintretenden bogenförmig durch die untere Nasenregion ziehenden Inspirationsluftstrome [Experimente von Exner, Paulsen[1]), Zwaardemaker[2]) u. A.] in die Regio olfactoria hineindiffundiren, oder auch von der Mundhöhle durch den Pharynx und die Choanen herkommen (siehe oben über die Mitwirkung von Geruchsempfindungen beim Geschmack). Anfüllung der Nase mit Wasser (in horizontaler Kopflage) soll die Geruchsempfindungen aufheben [E. H. Weber[3])].

Eine scharfe Unterscheidung verschiedener Geruchsqualitäten besitzen wir bis jetzt nicht; wir benennen die Gerüche nach den Gegenständen, welche sie aussenden. Indessen sind unter Zusammenfassung verwandter Gerüche Classificationen mehrfach versucht worden (Haller, Linné, Fröhlich u. A.).

Zwaardemaker[4]) classificirt die Stoffe, soweit als sie reine Geruchsempfindungen erzeugen, in:
    I. ätherische Gerüche,
    II. aromatische Gerüche,
    III. balsamische Gerüche,
    IV. Amber-Moschusgerüche,
    V. Allyl-Kakodylgerüche,
    VI. brenzliche Gerüche,
    VII. Caprylgerüche,
    VIII. widerliche Gerüche,
    IX. ekelhafte Gerüche.

Bei vielen Stoffen kommt aber noch eine Einwirkung auf sensible Trigeminusenden — „scharfe", „stechende" Gerüche — oder auch eine Association mit der Vorstellung ihres Geschmackes — „süsslicher", „saurer" Geruch — dazu.

Den Zusammenhang der riechenden Eigenschaften mit der chemischen Stellung resp. Constitution der Körper beleuchten bis jetzt nur einige Thatsachen: Haycraft's[5]) Reihen riechender Homologen in dem periodischen System der Elemente, die Bedeutung gewisser Atomgruppen bei

---

[1]) Ac. W., LXXXV, 348.
[2]) Physiologie des Geruchs, Leipzig 1895, S. 499 ff.
[3]) A. A. P., 1847, S. 342.
[4]) a. a. O., S. 216.
[5]) Brain, 1888, p. 166.

aromatischen Verbindungen für die Geruchserzeugung (Kampher- und Terpengruppe) u. s. w. Der Zusammenhang mit gewissen physikalischen Eigenschaften (Absorptionsvermögen für Wärme- und Lichtstrahlen) erscheint eben erst dunkel angedeutet.

Ueber die Zahl der specifischen Energieen [Zwaardemaker[1]) versucht nach pathologischen Befunden eine der oben erwähnten Classification der Riechstoffe entsprechende Aufstellung], die Mischung und Compensation von Gerüchen u. s. w. wissen wir Nichts, resp. nur Weniges auf empirischer Basis (Parfüm-Industrie) beruhende.

Die Stoffmengen, welche zur Hervorrufung der specifischen Geruchsempfindungen genügen, sind für viele Körper ausserordentlich klein („odorimetrische" Versuche von H. Fischer, Valentin, Passy, Zwaardemaker u. A.), z. B. für Moschus und Buttersäure etwa ein Millionstel eines Milligramms auf einen Liter Luft [Passy[2])].

Um die Geruchsreize zu Messungen abzustufen, verwendet Zwaardemaker ein aus dem Riechstoff verfertigtes oder mit ihm imbibirtes Rohr, in welches ein anderes zur Nase führendes Rohr concentrisch eingeschoben ist, so dass es die den Geruch aussendende Fläche verdecken, resp. successive entblössen kann („Olfactometer"): die zur Erzeugung der „normalen" Reizschwelle (ebenmerkliche Geruchsempfindung) nöthige Auszugslänge wird als Einheit der Intensität des betreffenden Geruchs („Olfactie") genommen, durch welche die Riechschärfe eines beliebigen Individuums für diesen gemessen und mit welcher diejenigen anderer Gerüche verglichen werden und so einander entsprechende Einheiten für die Geruchsschärfemessung („Olfactometrie") gewonnen werden können[3]).

Veränderungen der Riechschärfe für die verschiedensten Qualitäten kommen durch alle möglichen physiologischen und pathologischen Bedingungen zu Stande. Auch Geruchshallucinationen sind nicht gerade selten, wenn auch sogenannte „Nachgerüche" oft auf wirklichem „Haften" wirksamer Riechstoffe an Kleidern u. s. w. beruhen mögen: gibt es doch wenig absolut geruchlose Dinge. Specifische Gerüche der Secrete und Excrete resp. der Rassen, Geschlechter und Individualitäten sind für den Menschen vielleicht nachweisbar, spielen aber nicht dieselbe Rolle wie im Leben der Thiere, über deren Geruchssinn und seine Bedeutung Vieles beobachtet und noch zu beobachten ist.

---

[1]) a. a. O., S. 261.
[2]) C. R. soc. biol, 1892, p. 240; C. R., CXIV, a. versch. St.
[3]) Zwaardemaker, a. a. O., S. 78—164.

XIV.

Gehörssinn[1]), Stimme und Sprache[2]).

Für die adäquaten Reize des **Gehörssinnes**, nämlich Schwingungen fester, flüssiger oder gasförmiger Körper innerhalb gewisser Frequenzen, welche als Schall empfunden und in der Physik so bezeichnet werden, dient als Aufnahmeapparat ein eigenes Organ im Ohrlabyrinth. Nachdem dieses tief im Innern des Felsenbeines gelegen ist (inneres Ohr), erfolgt die Zuleitung jener Schwingungen für gewöhnlich durch die Vermittlung des äusseren Ohres und Mittelohres, sie kann aber auch durch die Kopfknochen erfolgen (Aufsetzen einer angestrichenen Stimmgabel auf den Schädel oder Halten derselben zwischen den Zähnen).

Die **Ohrmuschel** ist bei den meisten Säugethieren ein wichtiges Aufnahmeorgan für die Schallschwingungen, nach deren Ausgangsort hin sie durch die eigenen Muskeln willkürlich gerichtet werden kann und welche sie durch Reflexion — als „Schalltrichter" — dem äusseren Gehörgange zuführt. Diese Function ist indessen beim Menschen ziemlich verkümmert; zur Bewegung der Ohrmuschel sind die Meisten mangels Uebung nicht fähig; ihr Verlust soll das Hörvermögen kaum beeinträchtigen, höchstens wirkt sie zur Beurtheilung der Schallrichtung vielleicht mit (siehe unten). Der **äussere Gehörgang**, ein in seinem äusseren Drittel knorpeliges, im Uebrigen (beim Erwachsenen) knöchernes, in flachem, nach unten offenem Winkel geknicktes Rohr dient zur Leitung des Schalles in analoger Weise wie ein Sprachrohr (in einem Hause oder von der Commandobrücke in

---

[1]) Es sei hingewiesen auf: H. v. Helmholtz. Lehre von den Tonempfindungen, Braunschweig 1878 (IV. Aufl.); V. Hensen, Physiologie des Gehörs. in Hermann's Handbuch, III, 2, Leipzig 1880.

[2]) Zu erwähnen: C. L. Merkel. Anatomie und Physiologie der menschlichen Stimme und Sprache (Anthropophonik). Leipzig 1857; P. Grützner, Physiologie der Stimme und Sprache, in Hermann's Handbuch. I. 2, Leipzig 1879.

den Maschinenraum eines Schiffes), d. h. durch totale Reflexion der longitudinalen Luftschwingungen an der Innenfläche seiner Wand. Diese treffen so nach einwärts sich fortpflanzend mehr weniger senkrecht auf das **Trommelfell,** welches die Abgrenzung des äusseren Ohrs und Mittelohrs, d. h. der Paukenhöhle, bildet. Es stellt eine im Innenrande des knöchernen Gehörgangs, resp. im Anulus tympanicus (Embryo) ausgespannte Membran dar, welche nach der Paukenhöhle zu eingezogen ist: „Umbo membranae tympani" mit der Spitze des Hammergriffes, welcher ihrem verticalen oberen Radius innen anliegt. Ihr oberster Theil sitzt nicht straff an Knochen („Lücke" im Anulus tympanicus), sondern bildet oberhalb einer Kreisbogensehne als Grenze des eigentlichen Trommelfells die „Membrana flaccida". Eine gespannte Membran, auf welche die longitudinalen Schallschwingungen, d. h. in der Fortpflanzungsrichtung erfolgenden Verdichtungen und Verdünnungen der Luft, auftreffen, wird ganz allgemein durch diese in (zu ihrer Längen- und Breitenausdehnung) transversale Schwingungen versetzt, und zwar innerhalb gewisser Grenzen durch Schwingungen jeder Frequenz und Form (Zusammensetzung aus einfachen pendelartigen Componenten) zum Mitschwingen in derselben Frequenz und Form gebracht: **„erzwungene Schwingungen".** Immerhin ist die Amplitude des Mitschwingens dann am grössten, wenn die Schwingungen die gleiche Frequenz haben, wie sie die Membran, wenn direct angeschlagen, selbst haben würde (ihr „Eigenton"); im Uebrigen ist die Amplitude für die verschiedenen Frequenzen um so gleichmässiger und die Treue der Form des Mitschwingens um so vollkommener, je höher der Eigenton der Membran (je kleiner und straffer gespannt, resp. „starrer" sie ist) und je mehr ein Hinausschwingen über die bei directem Anschlagen erzeugte neue Gleichgewichtslage beschränkt oder verhindert, je „gedämpfter", je besser „aperiodisirt" die Membran ist (gleichfalls durch Starrheit: Telephon- und Phonographenmembranen). Beim Trommelfell wirkt neben der Kleinheit (also Höhe des Eigentons) die trichterförmige Einziehung [Versuche am Monochord mit trichterförmiger Membran und Berechnungen von Helmholtz[1])], sowie die verschiedene Länge der vom Hammerstielradius nach der Peripherie ziehenden „Radialfasern" [Fick[2])] für das gute Mitschwingen bei den ver-

---

[1]) A. g. P., I, 1.
[2]) Physiol. d. Sinne, Jahr 1865.

schiedensten Frequenzen; die Dämpfung wird begünstigt (ausser durch die eigene Starrheit) durch die Gehörknöchelchen resp. deren Achsenbänder [Phonographen mit Schreib- resp. Reproductionshebel, Modell von Hensen[1])], sowie durch das Labyrinthwasser, welchem die Schwingungen eben durch die **Gehörknöchelchen** zugeleitet werden. Diese — Hammer, Ambos und Steigbügel — bilden zusammen einen Winkelhebel, dessen Drehungsachse in der Richtung des vorderen Hammerbandes (lig. mallei anterius; ausser diesem besteht ein laterales und ein Aufhängeband, lig. superius, des Hammers) und des kurzen Fortsatzes des Steigbügels resp. seines Fixationsbandes in der hinteren Paukenhöhle gelegen ist: also gerade senkrecht zur Papierebene mitten durch die gezeichnete Seitenansicht des Gelenkes gehend in Fig. 58. Die beiden Haupttheile des Winkelhebels, Hammer und Ambos, sind

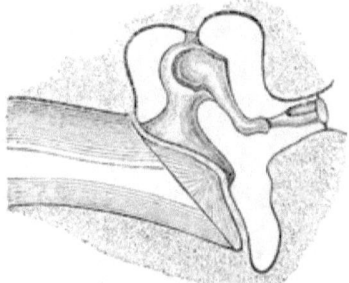

Fig. 58.

dabei durch ein Gelenk mit sperrzahnartiger Vorrichtung [Rinne[2]), Helmholtz[3]) u. A.] gegen einander derart beweglich, dass bei Einwärtsgehen des Trommelfells der Hammer den Ambos mitnimmt und die Platte des an diesen weiter angelenkten Steigbügels in das ovale Fenster eindrückt, bei Auswärtsgehen des Trommelfells und Hammergriffs der Ambos dem Zuge nicht folgt und die Steigbügelplatte aus ihrer Fixation durch die „Membrana anularis" nicht herausgerissen werden kann. Dafür, dass die Einwärtsbewegung nicht in schädlicher Stärke auf das Labyrinth übertragen werde, sorgt einmal der Umstand, dass der lange Ambosfortsatz und Steigbügel einen kürzeren Hebelarm bilden als der Hammergriff, andererseits die Einwirkung spannender

---

[1]) S. Hermann's Handb., III, 2, 46.
[2]) Prager Vierteljahrsschr., 1, 71, 1855.
[3]) a. a. O.

Muskeln auf die Gehörknöchelchen. nämlich des M. tensor tympani (von seinem Knochencanal aus mit rechtwinklig um ihre Rolle biegender Sehne an den Hammerstiel ansetzend) und des M. stapedius, deren Functionen beim Hören im Uebrigen trotz vieler Untersuchungen nicht feststehen: durch Regulirung der Trommelfellspannung sollen der erstere Muskel für das Hören hoher, der letztere Muskel tiefer Töne „accommodiren" [Lucae [1])]. Von grosser Wichtigkeit für diese Regulirung ist jedenfalls aber die **Tuba Eustachii**, indem sie dem Ausgleich von Differenzen zwischen dem Druck in der Paukenhöhle und dem von aussen auf das Trommelfell wirkenden Luftdruck dienen kann: solche Differenzen wirken nach vielen Erfahrungen (Aufenthalt in comprimirter Luft u. s. w.) sehr störend auf die Schallübertragung im Mittelohr. Die Tuba Eustachii, welche einen theils knorpeligen, theils knöchernen Verbindungscanal zwischen Paukenhöhle und Nasopharyngealraum bildet und innen von einer Schleimhaut mit Flimmerepithel bekleidet ist, soll für gewöhnlich geschlossen sein, und die Verschlussvorrichtung ihres Pharyngealostiums soll bedeutenden Druckwerthen widerstehen; sie kann willkürlich geöffnet werden durch Compression der Luft in Mund und Nase, resp. Schluckbewegung bei verschlossenen Mund- und Nasenlöchern: sogenannter Valsalva'scher Versuch.

Auf die Beziehungen zwischen Tuba und Schluckact kann hier nicht näher eingegangen werden. Von Einigen wird behauptet, dass normal synchronisch mit den Athembewegungen Tubaöffnungen auftreten. Bei den Cetaceen steht die Tuba dauernd offen.

Durch die Steigbügelplatte werden die Schallschwingungen zunächst der Flüssigkeit mitgetheilt, welche das **knöcherne Labyrinth** erfüllt und das in diesem eingeschlossene **häutige Labyrinth** — häutiger Schneckencanal, Canalis reuniens, Sacculus (rotundus), Aquaeductus vestibuli, Utriculus und häutige Bogengänge mit ihren Ampullen — umgibt, der sogenannten **Perilymphe**. Diese (welche übrigens durch den Aquaeductus cochleae mit der Cerebrospinalflüssigkeit im Subarachnoïdalraum communicirt, wodurch ihr mittlerer Druck regulirt wird) kann mit ihren Theilchen dem vom ovalen Fenster, resp. der Steigbügelplatte herkommenden Druck ausweichen, indem die Bewegung sich durch die Scala vestibuli in ihr fortpflanzt bis zur Spitze der Schnecke, wo in Gestalt des Helikotrema die Communication mit der Scala tympani vorhanden ist, und durch diese wieder bis

---

[1] Berl. klin. Woch., 1874, Nr. 14.

zur Basis der Schnecke, wo die Scala tympani durch die das runde Fenster ausfüllende **Membrana tympani secundaria** gegen die Paukenhöhle abgeschlossen ist; in der That buchtet sich bei Eindrücken der Steigbügelplatte in's ovale Fenster die Membran des runden Fensters in die Paukenhöhle hinein aus [Mach und Kessel[1])]. Auch die durch Trommelfell und Gehörknöchelchen zugeleiteten **Schallschwingungen pflanzen sich auf diesem Wege in der Perilymphe fort und beeinflussen den zwischen Scala vestibuli und Scala tympani gelegenen häutigen Schneckencanal, in welchem der eigentliche Aufnahmeapparat für den Gehörssinn sich befindet** (wenigstens der wichtigste Antheil desselben), das **Corti'sche Organ**. An seiner Bildung betheiligen

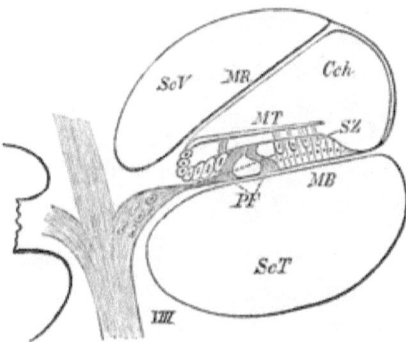

Fig. 59.

sich zunächst die von der Lamina spiralis ossea nach der äusseren Schneckenwand ziehenden Fasern der Lamina spiralis membranacea oder Membrana basilaris *MB*, Fig. 59, welche zusammen mit jener Wand und der Membrana Reisneri *MR* die häutige Schnecke, den Canalis cochleae *Cch* bildet. **Die Breite der Basilarmembran, resp. die Länge ihrer Fasern ist am grössten an der Spitze der Schnecke und am kleinsten an deren Basis**, und diesen Verhältnissen entspricht auch die Grösse der auf ihr ruhenden **Pfeilerzellen** *PF* und die Spannweite der durch sie gebildeten Bögen, welche so einen nach der Spitze zu sich erweiternden, schneckenförmig gewundenen „Tunnel" darstellen, dessen Boden aus immer länger werdenden Faserantheilen der Basilarmembran besteht. Diese trägt nun ausserhalb des Tunnels noch die zwischen

---

[1]) Ac. W., LXIX. 221.

Stützzellen eingelagerten Sinnesepithelzellen *SZ* (beim Menschen nach dem Modiolus zu in einer, nach aussen zu in vier Reihen), deren Haare oder Stäbchen durch die sogenannte Membrana reticularis hindurchgehen und die Membrana tectoria *MT* tragen. Mit ihnen stehen die Nervenfasern des R. cochlearis (VIII) in Verbindung, deren Nervenzellen (denjenigen der Spinalganglien analog) in ihrem Verlaufe eingeschaltet innerhalb des Modiolus Anhäufungen bilden (in der Figur angedeutet). Es ist anzunehmen, dass bei Uebertragung der Schallschwingungen auf die Membrana basilaris die Sinneszellen mit ihren Härchen gegen die Membrana tectoria gedrückt werden und hierdurch Erregung der von ihnen ausgehenden Nervenfasern stattfindet; wie man sich dabei das Zustandekommen specifischer Energieen für die verschiedenen Schwingungsfrequenzen u. s. w. vorstellt und mit den besprochenen anatomischen Einrichtungen in Beziehung setzt, davon wird unten noch die Rede sein.

Zellen mit „Hörhaaren" finden sich übrigens ferner noch im häutigen Vestibularapparat: Cristae und Maculae acusticae des Sacculus, Utriculus und der Ampullen der Bogengänge: hier liegt ihnen eine Gallerte auf, welche Conglomerate von mikroskopischen Krystallen von kohlensaurem Kalk enthält, den sogenannten Gehörsand; bei Fischen und wirbellosen Thieren bilden sie die grossen, festen sogenannten Gehörsteine oder Otolithen. Die Haarzellen des Vestibularapparates sind mit Nervenfasern des R. vestibularis in Verbindung.

Die **Schallempfindungen** theilt man nach ihrer „ästhetischen" Bedeutung gewöhnlich ein in musikalische und unmusikalische; die ersteren werden durch nach ihrer Periodik und Amplitude regelmässige Schwingungen hervorgerufen, welche einfach („pendelartig", „sinusoïdal") oder zusammengesetzt sein können und danach als „Töne" oder „Klänge" unterschieden werden. Die unmusikalischen Schallphänomene oder „Geräusche" beruhen auf mehr weniger unregelmässigen Schwingungen.

In beiden Fällen ist eine gewisse Amplitude nöthig, um ebenmerkliche Gehörsempfindungen hervorzurufen: diese Amplitude für die untere Intensitätsgrenze oder Reizschwelle ist äusserst geringfügig, die Energie der dabei mitschwingenden Mittelohrapparate winzig [$1/454000$ Milligramm-Millimeter pro Secunde für das Trommelfell, nach Wien[1])]. Natürlich ist sie für verschiedene Individuen nicht die

---

[1]) Diss. Berlin 1888; Wiedem. Ann., XXXVI, 834.

gleiche: — insbesondere pathologische Veränderungen beeinflussen die „Hörschärfe". Bei wachsender Intensität der Schallreize — sie wächst mit der Energie, also den Quadraten der Frequenz und Amplitude der Schwingungen — sind die ebenmerklichen Unterschiede den Intensitäten proportional, das Weber'sche Gesetz gilt also auch hier.

Bei regelmässigen Schwingungen bedingt deren **Frequenz** die Empfindung der **Tonhöhe** und die Schwingungsform die Empfindung der **Klangfarbe**. Je grösser die Schwingungszahl, um so „höher" ist der Ton. Die tiefsten musikalischen Töne entsprechen 20—40 Schwingungen in der Secunde: erfolgen sie noch langsamer, so werden die Schwingungen einzeln empfunden, zählbar, und es schwindet der musikalische Charakter. Die Hörbarkeit frequenter Schwingungen der festen, flüssigen und luftförmigen Körper hat ferner eine obere Grenze, welche bis zu 40 000 Schwingungen in der Secunde für den Menschen angegeben wird, offenbar aber individuell verschieden ist. Im Alter soll die Hörfähigkeit für die höchsten Töne nachlassen.

Mit der Empfindung dieser höchsten, hörbaren Töne sind übrigens unangenehme Allgemeingefühle verbunden („Quietschgeräusche"). Es muss angenommen werden, dass bei gewissen Thieren noch grössere Schwingungsfrequenzen Gehörsempfindungen erzeugen, als die obgenannten; hierfür sprechen die Dimensionen der stimmerzeugenden Apparate kleiner Insecten (Bockkäfer), deren Bewegungen wir sehen ohne etwas zu hören, die aber im Uebrigen den hörbar stimmgebenden Apparaten grösserer Arten (Grille u. s. w.) ganz analog sind.

Normal wird der Ton einer Stimmgabel, welcher bei Kopfknochenleitung (Aufsetzen auf den Scheitel) nicht mehr gehört wird, wieder hörbar, wenn man sie vor's Ohr hält: pathologische Beeinträchtigung der Mittelohrfunctionen kehrt das Verhältniss um (Rinne).

Die Fähigkeit der Erkennung der absoluten Tonhöhe eines einzelnen Tones, welche also durch seine Schwingungszahl gegeben ist (das „absolute Gehör"), ist beim Menschen weniger bedeutend, als die Empfindlichkeit für das **Verhältniss** der Schwingungszahlen zweier gleichzeitig oder nacheinander einwirkenden Töne, oder ihr sogenanntes **Intervall** (das „relative Gehör"). Auch können zwei nacheinander erklingende Töne, deren Schwingungszahlen nur wenig von einander verschieden sind, besser unterschieden werden, wenn gleichzeitig mit ihnen ein anderer Ton einwirkt, dessen Schwingungszahl zu derjenigen des einen in einfachem Verhältniss steht, von dem dann der andere abweicht: Empfindlichkeit für die **Reinheit** der Intervalle. Geübte Musiker können die Töne von 1000 und von 1001 Schwingungen noch unterscheiden (Intervall = $^1/_{128}$ [ganzer] Ton).

Um die Tonhöhe erkennen resp. schätzen zu können, muss natürlich eine gewisse Anzahl von Schwingungen stattfinden (vgl. S. 318 über die „Apperceptionszeit"). Uebrigens können die Schwingungen auch unterbrochen sein; bei Paaren von Stössen wird sowohl ein der Frequenz der Stosspaare, als auch ein der Distanz der Paarlinge entsprechender Ton gehört [Savart, Pfaundler[1]), W. Kohlrausch[2])].

Ein **Ton**, z. B. von einem Musikinstrument, hat eine bestimmte „Klangfarbe" (Timbre), insofern die Schwingungsform entweder der einfachen Sinuscurve entspricht (reine, „leere" Töne der Stimmgabeln) oder aber bei aller Regelmässigkeit von ihr abweicht, derart, dass sie durch Superposition mehrerer solcher einfacher Sinusschwingungen von ungleicher Frequenz (und Amplitude) entstanden gedacht werden kann (resp. nach dem Princip der Fourier'schen Reihe in solche sich auflösen lässt). Denn als **Klänge** bezeichnet man die durch die Gleichzeitigkeit mehrerer Töne hervorgerufenen (musikalischen) Schallempfindungen, bei welchen in der That die durch jeden Theil- oder Partialton erzeugten Luftschwingungen sich superponiren; im erstgedachten Falle des einheitlichen, aber in Form eines Superpositionsvorganges schwingenden, tongebenden Körpers (Orgelpfeife, Kehlkopf, Saite u. s. w.) bezeichnet man den am meisten hervortretenden, d. h. der bei der Analyse sich ergebenden Schwingung grösster Amplitude entsprechenden „Theilton" als den „Grundton", die übrigen als die „Obertöne".

Solche Theiltöne vermag das musikalische Ohr sehr wohl zu unterscheiden, und zwar sowohl die Bestandtheile eines Accords, als auch Grundton und Obertöne einer einzelnen gesungenen oder auf einem Instrument hervorgebrachten „Note"; ja, das geübte Ohr des Dirigenten „hört aus der vollen Orchestermusik jedes einzelne Instrument heraus". Diese **Fähigkeit zur Klanganalyse** erklärt sich am einfachsten durch die Annahme, dass die zahlreichen einzelnen Fasern des Hörnerven mit ebensoviel auf verschiedene Schwingungsfrequenzen in gleichem Abstande abgestimmten Aufnahmeapparaten verbunden sind — die durch Helmholtz besonders ausführlich entwickelte „Resonatorentheorie" —; als solche Resonatoren werden jetzt allgemein, entsprechend ihrer saitenartigen Anspannung und verschieden abgestuften Länge (siehe oben), die „Radialfasern" der Basilarmembran aufgefasst.

---

[1]) Ac. W., LXXIV, 561.
[2]) Wiedemann's Annalen d. Phys., X, 1.

Dem würde entsprechen, dass bei Verlust des Hörvermögens ausschliesslich für die tiefen Töne („Basstaubheit") die Spitze der Schnecke, wo jene Radialfasern am längsten sind, pathologisch lädirt gefunden wurde, bei Verlust des Hörvermögens für die hohen Töne („Diskanttaubheit") dagegen die Basis.

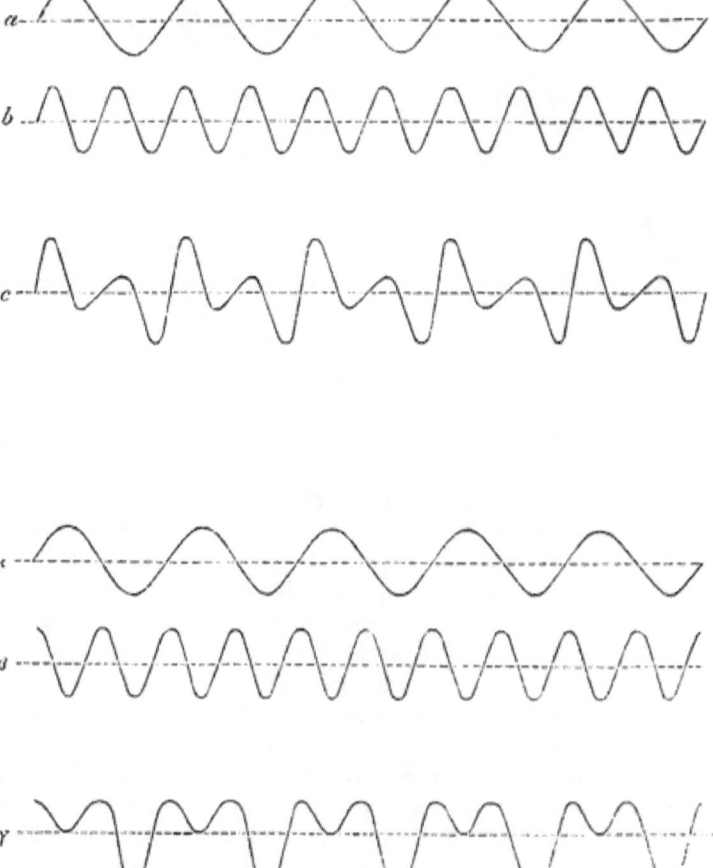

Fig. 60.

Für die Resonatorentheorie würde es sprechen, wenn Verschiedenheiten im Zusammenfallen der Schwingungsphasen der Theiltöne die Klangempfindungen nicht beeinflussten, diese also nur von den Frequenzen und Amplituden der durch „Analyse" sich ergebenden

Theilschwingungen abhängig wären, nicht aber von der Form der durch Superposition entstandenen oder entstanden gedachten Gesammtschwingung: wie verschieden diese sein kann, zeigt Fig. 60, in welcher Schwingungen a und b (von gleicher Amplitude, aber mit Frequenzen $= 1 : 2$) bei c unter Zusammenfallen der Knoten von a mit solchen von b superponirt sind, während γ die Superposition der nämlichen Schwingungen α und β mit „Phasenverschiebung" um eine halbe Wellenlänge von β zur Anschauung bringt. In der That wird Belanglosigkeit der Phasenverhältnisse für die Klangempfindung meistens angegeben und gegentheilige Beobachtungen [Wellensirene von König[1])] bedürfen noch gründlicherer Nachuntersuchung.

Schwierigkeiten für die Resonatorentheorie hat man gefunden in gewissen zum Theil übrigens noch recht streitigen Erscheinungen beim gleichzeitigen Erklingen zweier (resp. mehrerer) Töne. Ist der Unterschied $m-n$ der beiden (an und für sich grossen) Schwingungsfrequenzen nämlich klein, so hört man bekanntlich eben $m-n$ mal in der Zeiteinheit ein Anschwellen und Absinken, resp. Unhörbarwerden des Schallphänomens, die sogenannten Stösse oder Schwebungen, welche nach dem allgemeinen Interferenzprincip ziemlich einfach zu erklären sind [auf die genauere Erforschung ihrer Gesetze durch König[2]), Voigt u. A. kann hier nicht eingegangen werden]. Ist die Differenz $m-n$ dagegen beträchtlicher, so dass sie einer in den Bereich der musikalischen Töne fallenden Schwingungsfrequenz gleicht, so hört man thatsächlich den eben dieser Frequenz entsprechenden Ton — den „Differenzton" (Sorge- oder Tartini'schen Ton). Ausserdem hört man aber auch noch einen Ton, welcher der Frequenz $m+n$ entspricht — den „Summationston" (Helmholtz) —; bedenkt man, dass $2m - (m-n) = m+n$, so lässt dieser sich auch als Differenzton höherer Ordnung (erster Oberton = Octave von m, minus eigentlichem Differenzton) auffassen, wofür die Thatsache spricht, dass er stets leiser gehört wird, als jener andere. Beide entstünden also rein subjectiv, indem die Schwebungen empfunden würden wie Schwingungen (Th. Young): Schwebungs- oder Stosstöne [(König[3])]; Resonatoren für die entsprechenden Schwingungsfrequenzen werden aber nicht zum Tönen gebracht, weil die Gleichgewichtslage des schwingenden Körpers bei den Schwebungen sich nicht ändert;

---

[1]) Wiedemann's Ann. d. Physik, XIV. 369.
[2]) Wiedemann's Ann. d. Physik. XII. 335.
[3]) Poggendorff's Ann. d. Physik, XLVII, 177.

folglich versagt auch die Theorie der Resonatoren im Ohre [König, Preyer[1]) u. A.].

Erst bei viel stärkeren Tönen, also grösseren Schwingungsamplituden, als sie zum Hörbarwerden jener Töne nöthig sind, findet unter Umständen eine Verschiebung der Gleichgewichtslage im Rhythmus der Differenz, resp. Summe statt (mathematische Ableitung aus den Gesetzen der Elasticitätslehre siehe bei Helmholtz, a. a. O.), welche eventuell auf entsprechend abgestimmte Resonatoren wirken könnte, — die sogenannten objectiven Combinationstöne von Helmholtz in erster Linie für die Resonatorentheorie in's Feld geführt.

Bedenkt man ferner die Kleinheit der betreffenden Gebilde im Ohre, welche dem Gebiet der hörbaren Schwingungsfrequenzen mechanisch durchaus nicht entspricht, so muss ihre Auffassung als Resonatoren schlechthin, im gewöhnlichsten Sinne, doch wohl aufgegeben werden. Dass sie den specifischen Energieen der einzelnen Hörnervenfasern für die Empfindung der verschiedenen Tonhöhen materiell zu Grunde liegen, kann immerhin als sicher festgehalten werden, für die Umformung der Schallenergie dürften ausser ihnen aber noch näher aufzuklärende physikalische Eigenschaften der Uebertragungsapparate in Betracht kommen.

Die etwaigen Schwebungen beim gleichartigen Erklingen zweier Töne von verschiedener Schwingungsfrequenz erregen in jedem Menschen Unlustgefühle (Empfindung der „Rauhigkeit"), sie klingen schlecht — „Dissonanz" —, während das gleichzeitige Erklingen zunächst reiner („leerer") Töne von Schwingungsfrequenzen, die in einfachem Verhältniss zu einander stehen, wohlthuend wirkt — „Consonanz": nun bestehen die „Töne" musikalischer Instrumente bereits aus dem Grundton (vgl. oben) und mehr oder weniger, je nach der Klangfarbe verschiedenen und verschieden starken, aber zum Grundton in mehr weniger einfachem Verhältniss der Schwingungszahlen stehenden („harmonischen") Obertönen: die ästhetische Wirkung des gleichzeitigen Erklingens zweier, resp. mehrerer solcher Töne von musikalischen Instrumenten hängt daher von dem Zusammenfallen, resp. von dem mehr weniger einfachen Verhältniss, vor Allem der nächsten Obertöne derselben ab: Schreibt man in acht (resp. zwölf) Horizontalreihen Grundton und die nächsten Obertöne (Octave, Duodecime oder Quinte der Octave, nächsthöhere Octave u. s. w.) für die acht (resp. zwölf) Noten der Dur- (resp. chromatischen) Tonleiter untereinander, derart, dass jeder ganze, resp. halbe Ton in der Reihe

---

[1]) Akustische Untersuchungen. 1879.

der Obertöne seinen Verticalstab hat[1]), so erkennt man im Sinne des obigen Princips sofort den **Grad der Consonanz der verschiedenen Intervalle**: am vollkommensten ist sie für Grundton und Octave, demnächst (abgesehen von höherer Octave, Duodecime u. s. w.) folgen Grundton und Quinte, Quarte (grosse), Sexte und grosse Terz; Secunde und Septime bilden Dissonanzen mit dem Grundton.

Letzteres gilt in den höheren Lagen nicht für reine Töne, weil der Unterschied der Schwingungsfrequenzen zu gross ist, um Schwebungen zu bedingen [Preyer[2])].

Ferner ergibt sich so die Consonanz der grossen Terz mit dem Grundton als vollkommener denn die der kleinen Terz: daher der rauhere, unbefriedigendere Charakter des Mollaccords gegenüber dem „runderen", befriedigenderen Duraccord, weshalb die Molltonarten sich mehr zum Ausdrucke wehmüthiger u. s. w. Stimmungen eignen.

Auf weitere Einzelheiten der hier ihre physiologische Begründung findenden Harmonielehre und sonstigen Theile der Musiktheorie kann natürlich nicht eingegangen werden.

Als **Geräusche** empfinden wir Schwingungen unregelmässiger Art, welche indessen meistens eine gewisse mittlere Frequenz haben, nach welcher man wohl von einer Höhe des Geräusches sprechen kann. Auch die Schwingungsform bei vielen Geräuschen mag etwas Bestimmteres haben, welches sich den Schwingungsformen nähert, welche beim Aussprechen der Vocale auftreten; dem entsprechend bezeichnet man sie auch durch „onomatopoietische" Ausdrücke, wie krachen, schmettern, klirren, donnern brummen u. s. w. Ferner unterscheiden wir aber die Geräusche besonders nach dem gröberen zeitlichen Verlauf ihrer Intensität: z. B. plötzliches Auftreten und rasches Abnehmen beim Knall; mehr weniger häufige Unterbrechungen bei den schnarrenden und schwirrenden Geräuschen u. s. w.

Deutet zwar die Empfindung der Höhe der Geräusche auf Betheiligung der Schnecke, so hat man im Uebrigen als Aufnahmeapparate für die Empfindung von Geräuschen oder überhaupt die allgemeinen Schallempfindungen ausserhalb des musikalischen Gehörs (Empfindung der Intensität und Dauer von Schalleindrücken) wohl die oben bereits erwähnten Sinneszellen im **Vestibularapparat**

---

[1]) Vgl. Hermann, Lehrbuch der Physiol., 11. Aufl., S. 522.
[2]) a. a. O.

angesehen. Indessen neigt man auf Grund zahlreicher, noch nicht abgeschlossener Versuchsergebnisse neuerdings immer mehr dazu, jenen Aufnahmeapparat des r. vestibularis im Besonderen (Utriculus, Bogengänge mit ihren Ampullen) als ein **Sinnesorgan ganz anderer Bestimmung** aufzufassen, **welches nämlich bei der Erhaltung des Gleichgewichts, der Coordination der Bewegungen und der richtigen Orientirung des Körpers im Raume eine Hauptrolle spiele.**

Den ersten Anstoss zu dieser Auffassung gaben Beobachtungen von Flourens[1], dass bei Tauben nach Labyrinthverletzungen Coordinationsstörungen und Zwangsbewegungen auftreten. Goltz[2] sah in den Bogengängen ein Organ für die Wahrnehmung der Körperstellungen, indem er auf ihre Anordnung in drei zu einander senkrechten Ebenen hinwies, welche Cyon[3] später geradezu als Grundlage unserer Vorstellung eines dreidimensionalen Raumes hinstellte.

Mach[4] und Breuer[5] präcisirten die Function der Bogengänge dahin, dass durch sie die Bewegungen des Körpers nach ihrer Richtung erkannt würden, indem die Endolymphe durch Zurückbleiben oder Rückstoss auf die Haare der Sinneszellen in den Ampullen einwirke; sie bewirkten deshalb auch das Zustandekommen des oben (S. 304) besprochenen Drehschwindels. Durch sehr genaue Exstirpations-, Plombirungs- und Reizversuche hat in dieser Richtung Ewald[6] weitergearbeitet; er beobachtete vor Allem dauernde Muskelschwäche nach Labyrinthexstirpationen an Thieren, weshalb er annimmt, dass der Vestibularapparat als Sinnesorgan für die Bewegungsrichtung und -Intensität durch Vermittlung der Centren die Stärke der Bewegungsinnervationen regulire (entsprechend der oben S. 305 erwähnten Anschauung Schiff's über die Kleinhirnfunctionen), sogenannter „statischer Sinn". Man hat auch Ungeschicklichkeit der Bewegungen, Fehlen des Drehschwindels u. s. w. bei Taubstummen zur Stütze dieser Anschauungen herangezogen [James, Kreidl[7], Pollack[8], Bruck[9])]; indessen scheint es, dass beim Menschen die Bogengänge als Orientirungsorgan neben dem Gesichtssinn und Muskelgefühl (siehe früher) höchstens nebenbei in Betracht kommen. Der galvanische Schwindel (siehe oben) bleibt auch bei Thieren trotz

---

[1] Mémoires de l'acad. des sc., IX, 1828; Recherches expérimentales etc., Paris 1842.

[2] A. g. P., III, 172.

[3] C. R., LXXXV, 1284; Thèse, Paris 1878; A. g. P., VIII, 306.

[4] Grundlinien der Lehre von den Bewegungsempfindungen, Leipzig 1875; Beiträge zur Analyse der Empfindungen. Jena 1886.

[5] Allg. Wiener med. Zeitung, 1873. Nr. 48; Wiener med. Jahrbücher, 1874, S. 72; 1875, S. 87; A. g. P., XLIV, 135; XLVIII, 195.

[6] A. g. P., XLI, 463; XLIV, 319; Physiolog. Untersuchungen über das Endorgan des Nervus octavus. Wiesbaden 1892.

[7] A. g. P., LI, 119.

[8] ibid., LIV, 188.

[9] ibid., LIX, 16.

Labyrinthexstirpation bestehen [Hermann und Strehl¹)]. Bei niederen Thieren ohne Bogengänge hat man die Otolithen für die Vermittlung der Bewegungsempfindungen (durch Rückstoss auf die Haarzellen) verantwortlich gemacht; Fano und Masini²) gingen so weit, auch die Schnecke für den Orientirungssinn heranzuziehen und Ewald nahm an, dass die Nervenfasern des R. cochlearis selbst die Schallempfindungen nach ihrer Höhe u. s. w. vermitteln könnten; dies würde den oben (S. 325) besprochenen allgemein giltigen Gesetzen von den specifischen Energieen zuwiderlaufen und ist auch als widerlegt anzusehen, indem das von ihm angegebene Hören labyrinthloser Tauben auf „tactile Schallreaction", d. h. Empfindung der Luftbewegung durch den Tastsinn zurückgeführt werden konnte [Bernstein, Strehl³)]. Jedenfalls bleibt also die Schnecke der Aufnahmeapparat für musikalische Schalleindrücke, während der Vestibularapparat — Sacculus, Utriculus und Bogengänge sich vielleicht in die Vermittlung allgemeiner Schallempfindungen einerseits und Bewegungsrichtungsempfindungen andererseits theilen dürften. Dass die Bogengänge der Wahrnehmung der Schallrichtung dienen könnten, ist auch in's Auge gefasst worden, aber nicht sehr wahrscheinlich wegen ihrer tiefen Lage im Knocheninnern; dazu kommt noch:

Die **Localisation des Schalles** findet in sehr unvollkommener Weise statt, was schon in den Eigenschaften der als Schall empfundenen Schwingungen begründet ist: die Entfernung einer Schallquelle beurtheilen wir hauptsächlich nach der Intensität des Schalles, welche ja mit dem Quadrate der Entfernung abnimmt, ferner auch nach gewissen Aenderungen der Klangfarbe, welche mit zunehmender Entfernung möglicherweise durch Reflexions- und Interferenzvorgänge zu Stande kommen. Die Schallrichtung beurtheilen wir nach der Intensität der Schallempfindung in jedem von beiden Ohren, indem uns der Schall von derjenigen Seite her zu kommen scheint, auf welcher wir ihn stärker empfinden.

Durch die reflectirenden Flächen beider Ohrmuscheln lassen sich zwei sich schneidende Ebenen legen; liegt die Schallquelle im vorderen Schnittwinkel, so trifft sie beide Ohren; liegt sie in einem der seitlichen Schnittwinkel, so trifft sie nur das Ohr der betreffenden Seite [Steinhauser⁴), Thompson⁵)].

Durch Knochenleitung zugeführte Schallschwingungen scheinen im Kopfe selbst zu entstehen, so diejenigen einer auf den Schädel gesetzten Stimmgabel im näheren Ohr, von zwei gleichgestimmten, symmetrisch aufgesetzten Stimmgabeln in der Medianebene (Tarchanoff u. A.).

Zuleitung von Schallschwingungen zu beiden Ohren gleichzeitig verstärkt übrigens die Schallempfindung (binauriculäre Telephone, Stethoskope, Phono-

---

[1] ibid., LXI, 205.
[2] Sperimentale, XLVII, 1893.
[3] a. a. O.
[4] Philosoph. Magaz. (5), VII, 181, 261.
[5] ibid. (5), VIII, 385.

graphen-Hörschläuche u. s. w.). Treffen zwei Töne von nur wenig verschiedener Schwingungszahl die beiden Ohren getrennt, so hört man die Schwebungen, was indessen nicht etwa durch centrale Entstehung dieser letzteren, sondern durch Weiterleitung zum anderen Ohr zu erklären ist. Meist empfinden übrigens beide Ohren denselben Ton nicht gleich hoch und nicht gleich stark.

Wie jeder Sinneseindruck, muss auch ein **Schalleindruck eine gewisse Zeit andauern, um überhaupt wahrgenommen zu werden** (Präsentationszeit, siehe S. 317), und die Empfindung ihrerseits dauert eine gewisse Zeit an, nachdem der Schalleindruck aufgehört: „**Nach-** oder **Abklingen**"; Messungen seiner Dauer von A. M. Mayer[1]), Mach, Exner. Bei längerer Einwirkung, insbesondere hoher Töne, nimmt die Empfindungsintensität ab durch **Ermüdung** des Centralorgans; nach Pausiren wird sie wieder die frühere.

Nicht von ausserhalb erregte, aber objective, sogenannte entotische Geräuschempfindungen können durch die Strömung des Blutes in den Kopfgefässen oder Muskelgeräusche (Zusammenbeissen der Kiefer: Massetertetanus) bedingt sein — brausende Geräusche, oder durch das Pulsiren der Arterien — klopfende Geräusche. Man hört sie besonders deutlich bei verschlossenem Gehörgang, weil dann die Schwingungen, welche durch Knochenleitung dem Ohre mitgetheilt werden, durch Mitschwingen der Luft im Gehörgang verstärkt sind. „Ohrensausen" kann wohl auch durch peripherische directe Erregung der Hörnervenfasern in unbekannter Art entstanden gedacht werden.

Eigentliche Gehörshallucinationen entstehen natürlich central (vgl. S. 309).

Das Gehörorgan dient nicht nur den Beziehungen der höher organisirten Thiere zur Aussenwelt im Allmeinen, sondern insbesondere dem Verkehre der Individuen, vor Allem derselben Art, untereinander, indem es Schallschwingungen aufnimmt, welche von ihnen selbst in besonders dazu differenzirten Organen erzeugt werden und welche man ganz allgemein als **Stimme** bezeichnet; ihre einzelnen Aeusserungen oder Laute haben beim Menschen den höchsten Grad der Vervollkommnung zum Zwecke der gegenseitigen Verständigung, resp. des Ausdrucks der psychischen Vorgänge erhalten in Gestalt der **Sprache**.

Das Stimmorgan der Warmblüter, speciell auch des Menschen, ist der **Kehlkopf**. Er stellt eine Zungenpfeife dar mit mem-

---

[1]) Philosoph. Magaz., XLIX, 352, 428.

branösen Zungen — den Stimmbändern. Diese werden gespannt und entspannt durch die Beweglichkeit des Schildknorpels („Spannknorpels") und Ringknorpels gegeneinander um eine transversale (durch die beiden Gelenke gehende) Achse. Da sie oberhalb dieser Achse von vorn nach hinten verlaufen, so werden sie gespannt bei Senkung des vorderen Schildknorpelrandes gegen den fixirten Ringknorpel, welche Function dem M. cricothyreoïdeus zukommt [dem einzigen Kehlkopfmuskel, welcher vom N. laryngeus superior innervirt wird (siehe S. 295)].

Man hat auch behauptet, dass statt dessen der Ringknorpel vorn gegen den fixirten Schildknorpel aufwärts gedreht würde; die Wirkung wäre die gleiche.

Die hinteren Enden der Stimmbänder befinden sich an den vorderen Ecken (processus vocales) der dreiseitig-pyramidenförmigen Giessbeckenknorpel, welche, auf dem hinteren Theile des Ringknorpels aufsitzend, jeder um eine verticale Achse drehbar sind, derart, dass die processus vocales aneinandergelegt und so die Stimmritze geschlossen, oder dass sie auseinandergezogen und so die Stimmritze geöffnet werden kann („Stellknorpel"): dies geschieht durch Zug an ihren äusseren Ecken (processus musculares), indem der vom Ringknorpel medianwärts hinten herkommende M. cricoarytaenoïdeus posticus sie nach hinten zieht, somit die processus vocales auseinanderdreht und die Stimmritze öffnet: Beiderseitige „Posticuslähmung" führt durch Ueberwiegen der jetzt zu besprechenden Stimmritzenschliesser zu dauerndem Schluss der Stimmritze mit hochgradiger Erstickungsgefahr. [Einseitige Lähmung zeigt Schiefstand der Stimmritze im laryngoskopischen Bilde (siehe unten), hindert aber nicht die Phonation.] Die Schliesser der Stimmritze sind jederseits der M. circoarytaenoïdeus lateralis, welcher, vom Ringkorpel vorn-seitlich herkommend, dem Posticus gerade entgegenwirkt und die Processus vocales. resp. Stimmbandränder aneinanderdrückt. Damit indessen auch der hintere, zwischen den beiden Giessbeckenknorpeln liegende Antheil der Stimmritze schliesse, werden diese durch die Mm. arytaenoïdei proprii obliqui et transversi aneinandergedrückt. Für den vollständigen Schluss, resp. die Regulirung der Spannung der Stimmbänder bei der Phonation sorgt ausser dem M. cricothyreoïdeus ganz besonders noch der M. thyreoarytaenoïdeus, dessen Fasern im Innern der Schleimhautfalte, welche wir als wahres Stimmband bezeichnen, zum grössten Theile von vorn nach hinten laufen (vom Schild- zum Giessbeckenknorpel, wie der Name besagt); es finden sich hier aber auch von oben nach unten gehende Fasern, deren Contraction die Schleimhautfalte dünner macht, ein Vorgang, welcher für die Erklärung der Fistelstimme herangezogen wird (siehe unten).

Vollständige Lähmung der Nn. laryngei inferiores gibt den Stimmbändern jene Mittelstellung zwischen Schluss und Oeffnung der Stimmritze, welche sie bei der Leiche zeigen („Cadaverstellung").

Lähmung des stimmbandspannenden Apparats macht Heiserkeit. Die oben erwähnte blosse Posticuslähmung kommt pathologisch vor; die betreffenden Fasern im N. laryngeus inferior sollen auch zuerst functionsunfähig werden, wenn man ihn abkühlt (vgl. S. 241); man sieht hiebei erst Schlussstellung, dann erst Cadaverstellung des betreffenden Stimmbandes [Gad und Fränkel¹)].

Die besprochenen Muskelfunctionen erhellen schon aus der Untersuchung ausgeschnittener Kehlköpfe. Die Vorgänge im lebenden

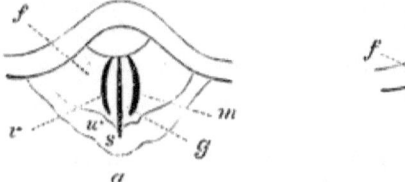

Fig. 61.

g Glottis, *m* Morgagni'sche Tasche, *f* falsche, *r* wahre ²) Stimmbänder, *s* Santorin'scher, *w* Wrisberg'scher Knorpel.

Kehlkopfe lassen sich gut beobachten durch die Methodik des Kehlkopfspiegels („Laryngoskopie"), Garcia, Czermak, — welche für die Physiologie der Stimmbildung sowohl, wie auch für die Pathologie des Kehlkopfs unentbehrlich geworden ist. Ihr Princip besteht höchst einfach in der Betrachtung des Kehlkopfspiegelbildes in einem dem Zäpfchen angelegten, um 45° nach unten gedrehten kleinen Spiegelchen, welches zugleich ein auf geeignete Weise (durchbohrter Reflector vor dem Auge, elektrische Stirnlampe) erzeugtes Lichtstrahlenbündel auf den Kehlkopf richtet und ihn so erleuchtet.

Fig. 61 *b* zeigt das laryngoskopische Bild beim Menschen bei weit geöffneter Stimmritze (Inspirationsstellung) und *a* bei geschlossener Stimmritze und zum Anlauten gespannten Stimmbändern (Phonationsstellung).

¹) C. P., III, 49.
²) Der punktirte Strich in der Figur müsste bis über die M.'sche Tasche reichen.

Die **Töne beim Anblasen einer Zunge oder Zungenpfeife** (Zunge mit Ansatzrohr) entstehen dadurch, dass die Zunge, in Schwingungen versetzt, ihren „Rahmen" abwechselnd verschliesst und der Luft stossweise den Durchtritt gestattet. Während aber bei so erzeugten Schallschwingungen der Luft für „starre" Zungen (Mundharmonika, Harmonium) die Frequenz vom Material abhängig und ferner deren Dicke direct und dem Quadrate der Länge umgekehrt proportional ist, ist die Schwingungsfrequenz bei membranösen Zungen (Kehlkopf), deren Länge und Dicke selbst umgekehrt proportional, ausserdem wächst sie mit zunehmender Spannung der Membran (Alles wie bei den Saiten), welche auch von der Stärke des Anblasens abhängt, so dass mit dieser die Tonhöhe zunimmt[1]).

Das **Anblasen des Kehlkopfes** erfolgt durch den aus der Lunge kommenden Exspirationsluftstrom, es kann aber auch bei der Inspiration erfolgen (regelmässig bei gewissen Lauten mancher Thiere, z. B. dem i im i-a des Esels). Die Stärke des Anblasens kann durch den Seitendruck in der Luftröhre angegeben werden [Manometer an Luftröhrenfistel, Cagniard-Latour[2]), Grützner[3])] und beträgt 14 cm bis 1 m Wasser (vgl. S. 111), je nach der beabsichtigten Tonstärke und -Höhe, da ja die Spannung der Stimmbänder, mit welcher die letztere ansteigt, auch von der Stärke des Anblasens abhängt: die höchsten Töne können nur laut (forte) gesungen werden; im Uebrigen herrscht zwischen den stimmbandspannenden Kehlkopfmuskeln (siehe oben) und den Exspirationsmuskeln ein Antagonismus in dem Sinne, dass für denselben Ton, wenn er lauter angegeben werden soll, die Kehlkopfmuskeln weniger zu spannen haben, weil die Stimmbänder durch das stärkere Anblasen mit Hilfe der Exspirationsmuskeln schon mehr Spannung haben und umgekehrt, wenn er leiser angegeben

---

[1]) Wenn l die Länge, d die Dicke, resp. q den Querschnitt, s die Dichte, E den Elasticitätsmodulus, P die Spannung, g die Fallbeschleunigung, c eine Constante bedeutet, ist die Schwingungszahl n für starre Zungen:

$$n = c \cdot \frac{d}{l^2} \sqrt{\frac{g \cdot E}{s}}$$

für Saiten:

$$n = \frac{1}{l^2} \sqrt{\frac{g \cdot P}{qs}}$$

[2]) Ann. d. sc. natur. (II), 7, p. 190; 8, p. 319.
[3]) Hermann's Handbuch, I, 2, S. 64 ff.

werden soll: dieser Vorgang, welchen man als **Compensation** bezeichnet, erfolgt mit grosser Präcision, wenn man die Sicherheit des „Einsatzes" bei geübten Sängern bedenkt, welche natürlich auch erst durch „Uebung" erreicht wird.

Die „**Lage**" und der „**Umfang**" der menschlichen Stimme, d. h. der Bereich der erzeugbaren Töne, ist abhängig von den absoluten Dimensionen der Stimmbänder, resp. der Grösse des Kehlkopfes: Kinder haben eine hohe Stimmlage mit geringem Umfang; erstere bleibt beim weiblichen Geschlecht und bei Castraten zeitlebens bestehen (unter Zunahme des Umfanges), während beim männlichen Geschlecht durch rasches Wachsthum des Kehlkopfes, insbesondere in Sagittalrichtung, um die Pubertätszeit („Mutiren") die Stimmlage tief wird. Dabei ist bei den Erwachsenen beiderlei Geschlechts die Stimmlage individuell verschieden, so dass man hier wie dort tiefe, mittlere und hohe Stimmlagen unterscheidet, und zwar umfassen nach Joh. Müller:

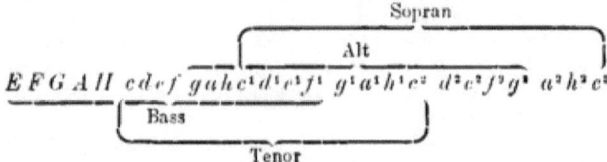

Die Mittellagen bezeichnet man bekanntlich als Bariton, resp. Mezzosopran. Ausnahmsweise kann der Bass bis Contra-F herab- und der Sopran bis a^3 hinaufreichen.

Im Alter verliert die Stimme an Umfang und Wohlklang durch die Verknöcherung der Kehlkopfknorpel und Schwund der Muskeln.

Innerhalb jeder individuellen Stimmlage sind nun aber zwei sogenannte **Register** zu unterscheiden, je nach der Art, resp. dem Zustande, in welchem die Stimmbänder schwingen: bei den tieferen Tönen haben sie volle Dicke und schwingen gewissermassen als Ganzes; bei den höchsten Tönen sind sie durch Contraction der von oben nach unten ziehenden Fasern des M. thyreoarytaenoïdeus (vgl. oben) verdünnt und schwingen wahrscheinlich nur mit ihren Rändern [1], so dass höhere Töne entstehen (wie die Flageolettöne getheilter schwingender Saiten), — die „Fistelstimme", oder das „Falset", oder auch die „Kopfstimme" im Gegen-

---

[1] Zuerst genauer begründet durch Lehfeldt (Diss. Berlin 1835); nach Mandl, Störck und anderen Laryngoskopikern sollen sich die Ränder der Taschenbänder geradezu auf die Stimmbänder auflegen und so deren Ränder allein schwingen lassen.

satz zur Bezeichnung der tieferen Lagen als „Bruststimme": diese Namen kommen daher, dass bei der Fistelstimme sehr wesentlich die Luft im Nasopharyngealraum als „Ansatzrohr", sowie die Kopfknochen mitschwingen, so dass die Stimme „von obenher" zu kommen scheint, während bei der Bruststimme die Resonanz der Lungenluft und des knöchernen Thorax (für die aufgelegte Hand als „Pectoralfremitus" deutlich fühlbar) besonders stark ist.

Die Stärke des Anblasens ist bei der Fistelstimme geringer, der erforderliche Luftstrom aber, da die Stimmritze mehr klafft, reichlicher; sie ist daher weniger „ausgiebig" als die Bruststimme.

Eben wegen der besprochenen Resonanzverhältnisse ist die **Klangfarbe der beiden Register verschieden** — für die Bruststimme „voller", reicher an Obertönen, als bei der Fistelstimme.

Auf die von manchen Physiologen angenommenen weiteren Register, die „Zwischenstimmen", den „Kehlbass" und den „Strohbass", kann hier nicht näher eingegangen werden, auch nicht auf das sogenannte helle und dunkle Timbre, noch auf die plötzlichen Veränderungen (Schreien) und einmaligen oder periodischen Schwankungen (Detoniren, Tremoliren) der Tonhöhe: es muss dieserhalb auf die Fachliteratur — auch über Gesanglehre — verwiesen werden.

Sogenannter „**nasaler**" Klang der Stimme scheint, wie besonders neuerdings durch immer mehr Untersuchungen nahegelegt ist[1], auf Mitschwingen der Luft im Nasopharyngealraum und nicht den Nasenhöhlen zu beruhen. Doch gehört dieses Capitel, ebenso wie die Flüsterstimme und das Bauchreden schon mehr zum Folgenden:

Auf Schwingungen der Luft in der Mundhöhle als „Ansatzrohr" beruht der eine Antheil der Sprachlaute, die **Vocale** oder „Selbstlauter"; ihr Charakter nähert sich mehr demjenigen der Klänge oder Geräusche, je nachdem sie „gesungen" oder mehr weniger laut „gesprochen" oder endlich „geflüstert" werden[2]. **Die verschiedenen Vocale entstehen dadurch, dass der Mundhöhle beim „Aussprechen" eine verschiedene Form gegeben wird:**

Bei A wird die Zunge niedergedrückt und zurückgezogen, so dass die gesammte Mundhöhle geräumig, dabei der Mund weit geöffnet wird; schon etwas weniger weit geöffnet ist der Mund beim Aussprechen des O und noch mehr geschlossen beim U: beim letzteren Vocal hebt sich ausserdem der hintere Theil der Zunge, so dass die Mundhöhle eine Art Flaschenform mit vorderem Bauche und hinterem Halse erhält. Dagegen hebt sich die Zunge vorn beim Aussprechen des E, während gleichzeitig hinten sich der „Kehlraum" erweitert:

---

[1] Vgl. Sänger, A. g. P., LXIII, 301, und LXVI, 467.

[2] Das Wesen des Unterschiedes zwischen Sprechstimme und Singstimme ist nicht genügend sichergestellt. Man hat behauptet, dass im ersteren Falle die Stimmbänder als „aufschlagende", im letzteren als „durchschlagende" Zunge wirken.

dies erfolgt in noch stärkerem Maasse beim *I*, derart, dass die Mundhöhle nunmehr eine Flasche mit hinterem Bauche und vorderem Halse darstellt. Zwischen den einzelnen Vocalen haben wir die sogenannten Umlaute als Uebergänge, derart, dass man Systeme bilden kann, wie etwa:

Die Diphthonge bestehen aus zwei rasch nacheinander und mehr weniger in einander übergehend ausgesprochenen Vocalen.

Was die physikalische **Theorie** des Zustandekommens der Vocale betrifft, so hatte bereits R. Willis[1] angenommen, dass sie aus kurzen „Tonfragmenten" bestehen, deren Höhe (also Schwingungszahl jedes einzelnen Fragmentes) für denselben Vocal stets die gleiche sei, während ihre Dauer und Frequenz des Aufeinanderfolgens von der Höhe abhänge, in welcher der betreffende Vocal gesungen, resp. gesprochen werde. Diese von Helmholtz [als dessen zweite, spätere Theorie[2]] dahingehend näher ausgebildete Vorstellung, dass die **Mundhöhle als ein Resonator von abgestimmter Tonhöhe durch den stimmgebenden, aus dem Kehlkopfe kommenden Exspirationsluftstrom intermittierend angeblasen werde, und dass der Ton der Mundhöhle das Characteristicum („Formant")** des Vocalklanges bilde — die Theorie vom „absoluten Moment" —, ist neuerdings besonders durch Hermann[3] vertheidigt worden gegenüber einer älteren Annahme von Helmholtz[4], welche jetzt besonders von Hensen[5] und Pipping[6] aufrechterhalten wird, dass nämlich das Verhältniss der Partialtöne, die Gesammtform der Schallschwingung und nicht ein feststehender Ton für jeden Vocalklang charakteristisch sei — Theorie vom „relativen Moment" —, und dass die Eigentöne der Mundhöhle ohne wesentlichen Einfluss auf den Vocalcharakter nur gewisse Lagen der Partialtöne verstärkten („Verstärkungsgebiete" statt der

---

[1] Annalen der Physik, XXIV, 397; 1832.
[2] Lehre von den Tonempfindungen, I. Aufl., Braunschweig 1862.
[3] A. g. P., XLVII. 42; XLVIII. 181, 543.
[4] Gelehrte Anzeigen der k. bayer. Akad., 1859. Nr. 67.
[5] Z. B., XXVIII. 39. 227.
[6] ibid., XXVII. 1. 433; XXXI. 524.

„Formanten"). Dass beide Momente mitwirken, hatte Auerbach angegeben.

Auf gewisse theoretische Cardinalfragen, z. B. ob überhaupt ein Resonator durch Vermittlung einer Zungenpfeife intermittirend angeblasen werden kann, welche Bedeutung etwa die Phasenverschiebung für den Vocalcharakter hat u. A., näher einzugehen, ist hier nicht möglich.

Die experimentellen Wege für die Bearbeitung dieses Gebietes bestehen erstens in der Aufzeichnung der Schwingungen und Analyse der Curven, zweitens in Versuchen, die Vocale zu reproduciren. Schwingungscurven der Vocalklänge hat man erhalten durch Betrachtung der König'schen manometrischen Flammenbilder im rotirenden Spiegel[1]), sowie durch Aufzeichnung der einer mit Schreibvorrichtung versehenen Membran aufgezwungenen Schwingungen auf rotirender Walze: Phonautograph von König, Sprachzeichner von Hensen, Phonograph von Edison; vermittelst dieses letzteren Apparates in seiner neuen, verbesserten Gestalt hat besonders Hermann[2]) unter Anwendung des auf lichtempfindliche Fläche wirkenden, von einem mit der Membran verbundenen Spiegel reflectirten Lichtstrahls („Phonophotographie") vorzügliche Curven erhalten.

Der nämliche Apparat reproducirt bekanntlich auch alle in seine Wachswalzen eingegrabenen Schallschwingungen in vollendeter Weise; Vocale ändern ihren Charakter, wenn die Drehgeschwindigkeit bei der Reproduction eine andere ist, als bei der Aufnahme, — ein Argument für das „absolute Moment" (Hermann). Vorzüglich reproducirt auch das Telephon die in ein anderes mit ihm verbundenes hineingesprochenen Vocale, und zwar auch dann, wenn die Ströme des letzteren nicht direct, sondern durch Induction auf den Stromkreis des ersteren wirken (Mithören fremder Gespräche durch Induction in Fernsprechnetzen der Städte).

Auch durch Ausschneiden der phonophotographischen Vocalcurven in vergrössertem Maassstabe in Blech und Einsetzen in die König'sche Wellensirene hat man die Vocale reproducirt.

Synthetisch erhielt man vocalähnliche Klänge aus einfachen Theiltönen durch Zusammenerklingenlassen von Stimmgabeln in geeigneten Abstimmungen und Intensitätsverhältnissen (Apparat von Helmholtz), auch mit Zungenpfeifen oder durch Schwebungen an der Doppelsirene (Hermann).

Von den Vocalen nicht principiell, nur durch ihre Stellung bei der Silbenbildung verschieden, stellen die **Consonanten** oder Mitlauter Geräusche mit mehr oder weniger Klangcharakter dar, welche auf verschiedene Weise in der Mundhöhle gebildet werden, indem Luft durch im wesentlichen einen von drei Engpässen getrieben wird: den Lippen- oder Zahnlippenverschluss, den vorderen Zungenverschluss (Zungenspitze und harter Gaumen), endlich den hinteren Zungenverschluss (Zungenwurzel und weicher Gaumen).

[1]) Annalen der Physik, CXLVI, 161.
[2]) A. g. P., XLV, 582; XLVII, 44, 347; LIII, 1; LVIII, 264.

Durch Stimmgebung in diesen letzteren Fällen kommt das (gewöhnliche, resp. nasalirte, siehe oben) n zu Stande, durch Stimmgebung bei Lippenverschluss das m, bei Einklemmung der Zungenspitze zwischen die Zahnreihe und Durchtreiben der Luft zu beiden Seiten das l: diese drei Mitlauter sind am vocalähnlichsten — „semivocales", liquidae — und zeigen Klangcharakter mit „Formanten" [Hermann und Matthias[1])].

Intermittirendes Durchtreiben von Luft durch einen der drei Verschlüsse haben wir beim (Lippen-, Zungen-, Rachen-) r.

Einmaliges knallartiges Durchtreiben der Luft unter „Sprengung", des respectiven Verschlusses bedingt die „Explosivlaute", nämlich die Mutae und Gutturales, welche, wenn die Sprengung heftig und stimmlos erfolgt, als Tenues, wenn sie leiser und mit Stimme stattfindet, als Mediae unterschieden werden: p und b durch Sprengung des Lippenverschlusses, t und d des vorderen, k und g des hinteren Zungenverschlusses.

Diese Laute werden zu Aspiratae, wenn das Geräusch des durch die eben geöffnete Stimmritze continuirlich streichenden Luftstromes dazu kommt; dieses für sich allein bildet das h (ch, Hamze oder Spiritus asper), und ist in geringerem Maasse beim Anlauten jedes Vocals merklich (Spiritus lenis).

Ein continuirlicher Luftstrom durch das Lippenthor erzeugt das f (scharf, ohne Stimme) und w (schwach, mit Stimme).

Durch das Hindurchpressen der Luft zwischen den (verschieden zu einander gestellten) Zähnen und Lippen, resp. Zungenspitze entstehen endlich die verschiedenen Zischlaute ch, j, s, sch.

Noch nähere Details gehören in die Sprachforschung (Linguistik). Die gegebene Entstehungsweise der Consonanten erhellt aus genauer Beobachtung, sowie Versuche mit aufgestreuten Farbpulvern (Grützner). Die physikalische Theorie der Consonanten liegt noch sehr im Dunkeln.

Bei der Flüstersprache fehlt die Stimmgebung; alle Laute haben klanglosen Geräuschcharakter.

Wegen des Bauchredens, der Thierstimmen — vergleichende Stimmphysiologie — und mehrerer anderer Punkte sei auf die Specialliteratur verwiesen.

---

[1]) A. g. P., LVIII, 255.

XV.

Gesichtssinn[1]).

An das Sinnesorgan, welches uns die **Lichtempfindungen** vermittelt, ist bis weit herab in der Thierreihe die Anforderung gestellt, dass es entsprechend der Verschiedenheit der zu empfindenden Schwingungen, welche von verschiedenen Punkten der Aussenwelt ausgehen (Verschiedenheit nach Wellenlänge, resp. Geschwindigkeit einerseits und Amplitude andererseits), nebeneinander verschiedene Empfindungselemente zu Stande kommen lasse, welche in früher erörterter Weise unter besonderer Mitwirkung der Localzeichen zu einer sehr vollkommenen Vorstellung gewisser Eigenschaften der Dinge in der Aussenwelt führen. Dieser Anforderung ist bei dem „**refractorischen**" **Auge** der Wirbelthiere, Kephalopoden u. A. dadurch genügt, dass auf eine **mosaikartige Anordnung der Aufnahmeelemente** der einzelnen Fasern des N. opticus ein **reelles Bild der** aussenbefindlichen **Gegenstände** entworfen wird durch einen **dioptrischen Apparat,** welcher das Auge im Wesentlichen einer Camera obscura der Photographen gleichen lässt.

Das „facettirte" Auge der Arthropoden zeigt eine grosse Anzahl radial angeordneter optischer Elementarapparate, deren jeder aus einer bestimmten Richtung herkommendes Licht auf den entsprechenden Aufnahmeelementen concentrirt; man hat angenommen, dass so ein „musivisches" Sehen der Gegenstände der Aussenwelt zu Stande kommen solle (Joh. Müller). Jeder dioptrische Elementarapparat liefert zwar von äusseren Objecten nachweisbare Bilder, doch

---

[1]) Genannt seien hier nur: H. v. Helmholtz. Handbuch der physiologischen Optik; in zweiter Auflage vollständig bei Voss, Hamburg 1896; hierin vollständigste Literaturangabe. H. Kaiser. Compendium der physiologischen Optik, Wiesbaden 1873; A. Fick. Dioptrik. Nebenapparate des Auges. Lehre von der Lichtempfindung; W. Kühne. Chemische Vorgänge in der Netzhaut; E. Hering, Raumsinn des Auges, Augenbewegungen; sämmtlich in Hermann's Handb. d. Physiol., Bd. III, Abteil. 1, Leipzig 1879.

ist es unwahrscheinlich, dass diesen als solchen Bedeutung zukomme; auch scheint dieses etwas streitige Gebiet[1]) im ersteren Sinne beleuchtet durch die offenbare Thatsache, dass das Sehvermögen der Arthropoden sehr unvollkommen ist.

Der dioptrische Apparat des Auges besteht in der Hauptsache aus **vier hintereinander liegenden durchsichtigen Medien**, der Hornhaut, dem vorderen Kammerwasser, der Linse und der Glaskörperflüssigkeit, welche gegeneinander im Wesentlichen **kugelschalige Trennungsflächen** besitzen, die auch annähernd centrirt sind, d. h. die Krümmungsmittelpunkte liegen annähernd auf einer geraden Linie — der optischen Achse des Auges, welche vom Hornhautscheitel zum „hinteren Pol" des Augapfels verläuft.

Von einem solchen combinirten System brechender Medien mit centrirten Trennungsflächen wird nun ein von einem Punkte ausgehendes (homocentrisches) Strahlenbündel derartig gebrochen, dass — kleine „Oeffnungswinkel"

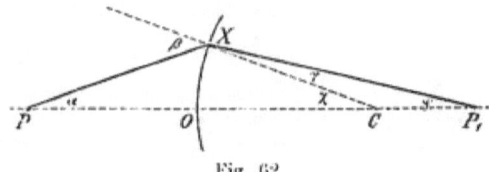

Fig. 62.

(siehe unten) vorausgesetzt — **die Strahlen sich wieder in einem Punkte vereinigen**, dessen Lage sich durch Berechnung und Construction aus den **Gesetzen** ergibt, welche **für ein einfaches System** von nur **zwei** brechenden Medien mit sphärischer Trennungsfläche gelten.

Diese werde in Fig. 62 dargestellt durch OX, mit dem Krümmungsmittelpunkt C. Ist der Punkt P im „ersten Medium" ein leuchtender Punkt (Objectpunkt), so geht der „Hauptstrahl" in der Richtung PC ungebrochen durch die Trennungsfläche; ein anderer Strahl PX wird bei X nach dem Brechungsgesetze gebrochen, wonach $\frac{\sin \beta}{\sin \gamma} = n$, d. h. dem Brechungsindex des „zweiten Mediums" ist, derjenige des ersten gleich 1 angenommen. Der Schnittpunkt des gebrochenen Strahles und des ungebrochenen Hauptstrahles im zweiten Medium, P_1, ist das Abbild von P (Bildpunkt).

Nach dem Satz vom Aussenwinkel sind nun für die Dreiecke PXC, resp. XCP_1:

$$\alpha = \beta - \chi \qquad (1)$$
$$\gamma = \chi - \gamma' \qquad (2)$$

---

[1]) Vgl. Exner, Die Physiologie der facettirten Augen von Krebsen und Insecten. Wien 1891.

Ist nun χ (der halbe „Oeffnungswinkel") sehr klein, ebenso α und folglich die anderen Winkel, so kann man diese selbst für ihre Sinus setzen, und das Brechungsgesetz ergibt $\beta = n \cdot \gamma$. (3)

Setzt man diesen Werth in die mit n multiplicirte Gleichung 2:
$n \varphi = n \chi - n \gamma$, ein und addirt 1., so erhält man:

$$n \varphi = n \chi - \beta$$
$$\alpha = -\chi + \beta$$
$$\overline{\alpha + n \varphi = \chi (n-1)}$$ (4)

Da man für sehr kleine Winkel auch deren Tangente setzen kann und OX, wenn sehr klein, als geradlinig und senkrecht auf PC in O gelten kann, so gewinnt Gl. 4. die Form:

$$\frac{OX}{OP} + \frac{OX}{OP'} \cdot n = \frac{OX}{OC}(n-1),$$ wobei OX herausfällt, und wenn wir für OP (den Objectabstand) p, für OP' (den Bildabstand) p' und OC (den Krümmungsradius) r setzen, so erhalten wir

$$\frac{1}{p} + \frac{n}{p'} = \frac{n-1}{r}$$ (I)

Diese Gleichung nimmt besonders einfache Formen an in denjenigen Fällen wo P resp. P' in unendlicher Entfernung liegen.

Ist $p = \infty$, so wird $p' = \frac{n \cdot r}{n-1} = f' = OF'$, d. h. alle aus unendlicher Entfernung im ersten Medium herkommenden, zueinander (und zum Hauptstrahl) parallelen Strahlen vereinigen sich in dem auf dem Hauptstrahl im zweiten Medium gelegenen Punkte F', welchen man den zweiten Brennpunkt nennt. (Fig. 63 a.)

Ist $p' = \infty$, so wird $p = \frac{r}{n-1} = f = OF$, d. h. alle aus dem Punkte F auf den Hauptstrahl im ersten Medium herkommenden Strahlen werden nach der Brechung im zweiten Medium parallel zum Hauptstrahl und untereinander. Man nennt F den ersten Brennpunkt. (Fig. 63 c.) Selbstverständlich gilt das Entsprechende für Strahlen, welche aus dem zweiten Medium in's erste gelangen.

Die Brennweiten $OF = f$ (erste Brennweite) und $OF' = f'$ (zweite Brennweite) haben in Bezug auf einander entgegengesetzte Vorzeichen. Ferner ergibt sich ohne Weiteres:

$$\frac{f'}{f} = n; \quad r = f' - f;$$

durch Einsetzen dieser beiden Werthe in obige Gleichung I erhält man

$$\frac{1}{p} + \frac{f'}{f \cdot p'} = \frac{\frac{f'}{f} - 1}{f' - f}$$ oder [ganze Gleichung mit $f(f' - f)$ als Nenner versehen]:

$$\frac{f}{p} + \frac{f'}{p'} = 1$$ (II)

womit die Lage des Bildpunktes für jeden Objectpunkt, als sogenannter conjugirter Punkte, deren einer das Abbild des anderen ist, ohne Weiteres sich ergibt: die Ausrechnung, wie die blosse Anschauung lehrt, dass zunächst für jeden auf dem Hauptstrahl jenseits des einen Brennpunktes in endlicher Entfernung liegenden Objectpunkt, der Bildpunkt im anderen Medium jenseits des anderen Brennpunktes, aber auch in endlicher Entfernung liegt (Fig. 63 b.)

— 363 —

Liegt der Objectpunkt zwischen dem ersten Brennpunkte und der Trennungsebene, ist also $p < f$, so wird in Gleichung II das zweite Glied, somit p' negativ, d. h. derart stark divergente Strahlen werden nur weniger divergent gemacht, als ob

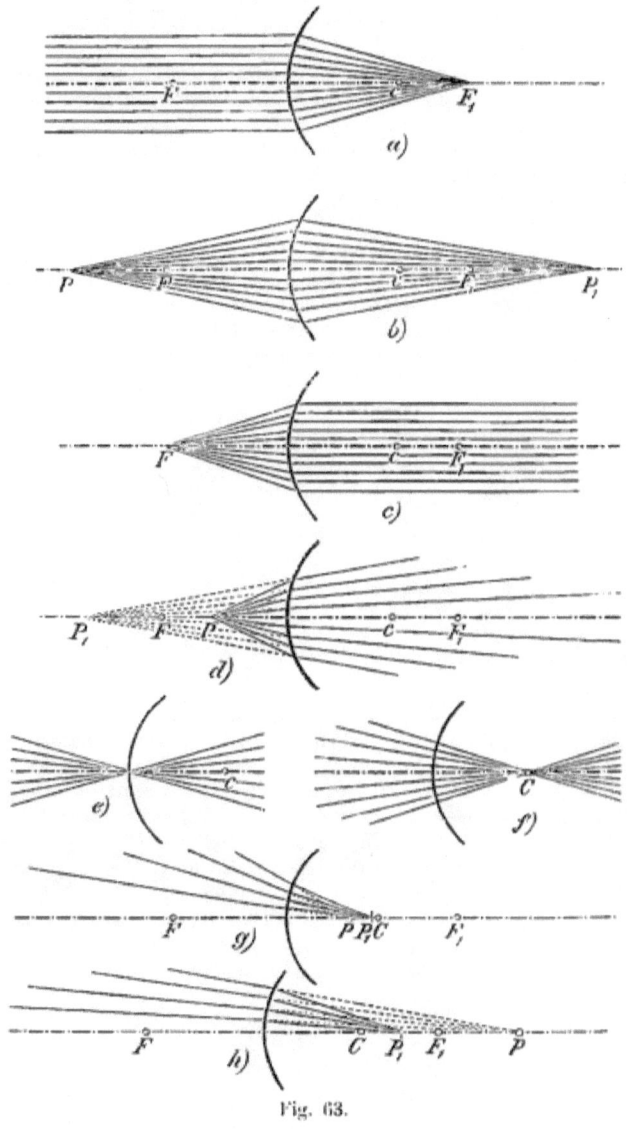

Fig. 63.

sie von einem im ersten Medium jenseits f gelegenen Punkte herkämen, welcher der virtuelle (im Gegensatz zum reellen) Bildpunkt genannt wird. (Fig. 63 d.)

Treffen convergente Strahlen derart auf die Trennungsfläche, dass sie sich in einem Punkte derselben vereinigen, so erhalten sie jenseits eine entsprechende Divergenz, denn für $p = 0$ in II. wird auch $p' = 0$; die Trennungsfläche ist der Ort ihres eigenen Bildes. (Fig. 63 e.)

Convergiren die aus dem ersten Medium kommenden Strahlen in der Weise, dass sie sich (ohne Trennungsfläche) in dem Krümmungsmittelpunkte vereinigen würden, so thun sie dies in der That, denn für $p = -r$ ist nach II $p' = r$ (wenn $r = f'' - f$ eingesetzt wird); derartige Strahlen gehen aber ungebrochen durch die Trennungsfläche, da sie alle **Hauptstrahlen** sind, als deren **Vereinigungspunkt** der Krümmungsmittelpunkt C auch der **Knotenpunkt** heisst. (Fig. 63 f.)

Sind die Strahlen noch mehr convergent, so dass sie sich ohne Trennungsfläche zwischen dem Orte dieser und dem Knotenpunkt treffen würden, ist also $r <$ als $-r$, so muss nach obiger Gleichung auch $p' < r$, aber $> p$ sein, so dass der Bildpunkt P' also zwischen P und C fällt. (Fig. 63 g.) Ist umgekehrt der „virtuelle Objectpunkt" P jenseits F^v, oder zwischen C und F^v gelegen,

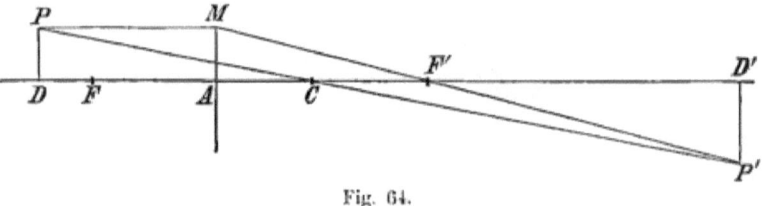

Fig. 64.

p also $> -r$, [entweder $> -f'$, oder $< -f^v$], so liegt der (reelle) Bildpunkt zwischen C und F^v, resp. jenseits F^v, und analog für reelle Object- und virtuelle Bildpunkte.

Auch für alle **Objectpunkte**, welche nicht in der durch den Mittelpunkt der Trennungsfläche und den Knotenpunkt gehenden optischen Achse liegen, sondern seitwärts von ihr, lässt sich der **Bildpunkt mit Leichtigkeit construiren**, wenn man von ihm aus einen ungebrochen verlaufenden Hauptstrahl durch den Knotenpunkt zieht und einen parallel zur optischen Achse verlaufenden, welcher die (bei kleinem Oeffnungswinkel als Ebene zu denkende) Trennungsfläche senkrecht trifft: dieser muss nach seiner Brechung durch den zweiten Brennpunkt gehen; dort, wo er sich mit dem Hauptstrahl trifft, ist der Bildpunkt: in Fig. 64 ist AM die Trennungsfläche, P' der Bildpunkt zum Objectpunkt P, D' der Bildpunkt zu dem auf der optischen Achse gelegenen Objectpunkt D, und $D'P'$ das — in diesem Falle reelle und umgekehrte — Bild von DP. Das **Grössenverhältniss von Bild und Object** $\frac{D'P'}{DP}$ ergibt sich aus der Aehnlichkeit der Dreiecke PDC und $P'D'C = \frac{D'C}{DC} = \frac{p'-r}{-p+r}$ (NB). Im vorliegenden Falle erhalten $D'P'$ und DP natürlich mit Bezug aufeinander umgekehrte Vorzeichen, und absolute Gleichheit ihrer Werthe hat nur dann statt, wenn p sowohl als p' gleich Null sind. Object und Bild also mit der Trennungsfläche und miteinander (vgl. oben) zusammenfallen. In diesem Sinn, nämlich als der Ort gleicher Object- und Bildgrössen, heisst AM, als Ebene gedacht, die Hauptebene, resp. A der Hauptpunkt, und die zu ihr parallelen durch F und F' zu legenden Ebenen die Brennebenen (erste und zweite). C, wie schon erwähnt, der Knotenpunkt.

Haben wir **zwei** (centrirte) brechende Flächen statt einer, so lassen sich Berechnung und Construction des zu einem Object gehörigen Bildes mit Leichtigkeit elementar durchführen (Anwendung auf Linsen, siehe unten). Man findet so, dass ein Strahl, welcher durch den Krümmungsmittelpunkt der einen Fläche gehen würde, von der zweiten derart gebrochen wird, als sei er durch ihren Krümmungsmittelpunkt parallel zur ursprünglichen Richtung gegangen, also parallel mit sich selbst verschoben wird. In diesem Sinn sind also zwei „Knotenpunkte" vorhanden, welchen auch zwei „Hauptpunkte" entsprechen, indem die Rechnung ergibt, dass bei bestimmten endlichen Entfernungen p und p' von den beiden Trennungsflächen die Werthe von Objectgrösse und Bildgrösse gleich werden; die durch diese beiden Punkte senkrecht zur optischen Achse gelegten Ebenen heissen die beiden „Hauptebenen": endlich erhalten wir zwei auf der optischen Achse gelegene Punkte, von denen ausgehende Strahlenbündel nach Brechung durch beide Trennungsflächen parallel werden, die beiden „Hauptbrennpunkte" resp. -Ebenen, für deren Entfernungen von dem respectiven Hauptpunkte resp. der Hauptebene die „Hauptbrennweiten" die Rechnung genau der Gleichung II entsprechend ergibt, dass $\frac{f}{p} + \frac{f'}{p'} = 1$, wenn p und p' die Entfernung des Bildpunktes resp. Objectpunktes von dem respectiven Hauptpunkte ist.

Die elementare successive Berechnung resp. Construction des Strahlenverlaufs und der conjugirten Punkte lässt sich nun auch für **drei und mehr Trennungsflächen** durchführen; doch kommt man hier schneller durch allgemeine Rechnung zum Ziele, wenn man sich der Euler'schen Kettenfunctionen bedient, wie dies von Gauss[1]) entwickelt worden ist. Auf jede Weise findet man, dass für beliebig viele Trennungsflächen zusammen stets nur zwei Knotenpunkte K und K', zwei Hauptpunkte resp. Hauptebenen H und H' und zwei Hauptbrennpunkte resp. Hauptbrennebenen F und F' vorhanden sind, welche die vorerwähnten allgemeinen Eigenschaften besitzen, so dass, wenn ihre Lage bekannt ist, sich die Lage des zu einem Objectpunkt gehörigen Bildpunktes mit Leichtigkeit construiren resp. berechnen lässt, indem man von dem ersteren einen Strahl bis zum ersten Knotenpunkt und dann vom zweiten Knotenpunkt ab parallel mit sich verschoben weiter gehen lässt, einen anderen Strahl parallel zur optischen Achse bis zur zweiten Hauptebene und von hier durch den zweiten Brennpunkt legt; wo die beiden sich schneiden, ist wieder der Bildpunkt. (Fig. 65.)

Die **„optischen Constanten"** lassen sich nun auch **für das menschliche** oder thierische **Auge** bestimmen, und zwar die Brechungsindices für die Augenflüssigkeiten, indem man diese

---

[1]) Dioptrische Untersuchungen, Göttingen (Ges. d. Wissensch.) 1838—1843.

aus Leichenaugen entnimmt, zwischen Glaslinsen bekannter Constanten und Dimensionen in geeigneter Weise einschaltet und die Brennweiten des Systems misst. Die Linse zeigt bekanntlich eine concentrische Schichtung und hat in ihren Schichten verschieden starkes Brechungsvermögen, nach innen zunehmend; bestimmt man ihren „Totalindex", indem man (an der herausgenommenen Linse) ihre Brennweiten (siehe unten) misst, ihre Dimensionen bestimmt (die Dicke direct, die Krümmungsradien am Lebenden nach gleich zu erörternder Methodik), beides in die Gleichungen für den Index einsetzt und danach auflöst, so erhält man einen grösseren Werth, als dem für sich bestimmten Brechungsvermögen sowohl der „Hüllenschichten", als des „Kernes" entsprechen würde, was auch aus einer einfachen Betrachtung a priori hervorgeht und für die Zweckmässigkeit des geschichteten Baues spricht. Die Lage der Trennungsflächen, resp.

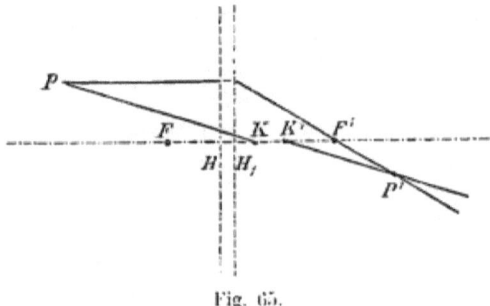

Fig. 65.

ihre Entfernung von einander, kann man (wie für die Dicke der Linse soeben schon angedeutet wurde) direct messen, am besten an gefrorenen Augen, doch auch am lebenden vermittelst geeigneter Methoden (Helmholtz, Donders). Die Grösse der Krümmungsradien endlich hat man mit Hilfe der **Spiegelbilder** ermittelt, welche die drei Trennungsflächen von selbstleuchtenden oder geeignet beleuchteten Gegenständen erscheinen lassen: Von einer seitlich vorgehaltenen Kerzenflamme beobachtet man drei Spiegelbilder, die Sanson-Purkinje'schen Bildchen, von welchen das hellste, aufrechte (links in Fig. 66) mittelgrosse das von der Hornhaut als Convexspiegel gelieferte virtuelle Spiegelbild ist und deshalb nicht nothwendig in den Bereich der Pupille zu fallen braucht: dies thun indessen die beiden anderen, nämlich das lichtschwächste, gleichfalls aufrechte und grösste (Mitte in Fig. 66), als von der vorderen Linsenfläche, gleichfalls als Convexspiegel geliefertes virtuelles Spiegelbild der Flamme, und das dritte, helle, umgekehrte Bild (am meisten rechts in Fig. 66), welches die hintere Linsenfläche als Hohlspiegel liefert. Durch Messung jedes dieser Spiegelbilder liesse sich der Krümmungsradius der zugehörenden brechenden Fläche nach dem allgemeinen Princip finden, dass sich die Grösse eines jeden zur Grösse des betreffenden leuchtenden Gegenstandes verhält wie der halbe Krümmungsradius zum Abstand zwischen Gegenstand und Bild. Die Schwierigkeiten, welche die Grössenmessung der Spiegelbilder bietet (zumal bei den unvermeidlichen Bewegungen des beobachteten, lebenden Auges) hat man überwunden, indem man sie auf Winkelmessung zurückführt: Man verdoppelt das Bild für jede spiegelnde Fläche, indem man zwei leuchtende Punkte oder Flächen (Quadrate) in L und L' (Fig. 67) aufstellt, deren Spiegelbilder (hinter der convex angenommenen Fläche Fl) als in l und l' liegend, für das Auge des Beobachters zur Wahrnehmung gelangen werden; bringt man zwischen dieses und die spiegelnde Fläche eine planparallele Glasplatte, so erscheint die Lage der Spiegelbilder unverändert, wenn die Plattenebenen senkrecht zur gemeinschaftlichen optischen Achse liegen (Lage P, Fig 68); wird die Platte z. B. im horizontalen Meridian gedreht (Lage P'), so erscheinen die Spiegelbilder seitlich verschoben um einen Betrag, welcher sich aus dem Drehungswinkel α leicht berechnet, wenn man noch den Brechungsindex des Glases, somit den entsprechenden Brechungswinkel β, und ausserdem die Dicke der Platte AB kennt, da ja der zuvor senkrecht auftreffende und daher ungebrochen durchgehende Strahl SA aus der Richtung AS parallel mit sich selbst verschoben in die Richtung BS' gelangt. Hat man über einander zwei planparallele Glasplatten P und P' (Fig. 67), welche in demselben Meridian gleichzeitig in entgegengesetzter Richtung

Fig. 66.

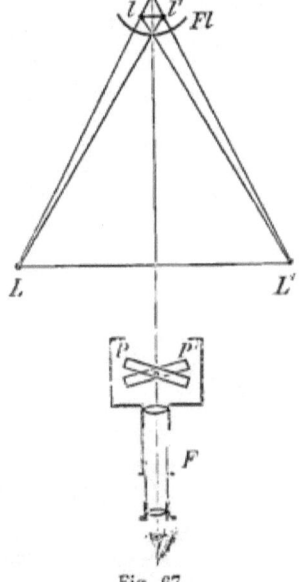

Fig. 67.

um den gleichen Winkel gedreht werden, derart angebracht, dass die Spiegelbilder mit ihrem unteren Theil durch die untere und mit ihrem oberen Theil durch die obere Platte betrachtet werden, so erscheinen bei deren Nullstellung einfach die zwei Spiegelbilder l und $l_{\prime}$ (Fig. 68); bei gekreuzter Stellung (Fig. 67) werden daraus vier, $l\,l_{\prime}$ und $l'\,l_{\prime}'$, und dreht man so lange, bis $l_{\prime}$ und l' über einander fallen, so entspricht der doppelte Drehungswinkel der Entfernung $l\,l_{\prime}$, wie oben entwickelt: Die beiden Platten mit feinen Messvorrichtungen und Beobachtungsfernrohr F bilden das **Ophthalmometer** von Helmholtz, vermittelst dessen von verschiedenen Autoren die Krümmungsradien der brechenden Flächen menschlicher Augen bestimmt und bei verschiedenen Individuen etwas verschieden gefunden worden sind. Für die weitere Darstellung der optischen Eigenschaften des Auges hilft man sich mit Mittelzahlen aus den verschiedenen Angaben, und man nennt das angenommene Auge mit diesen Constanten das **schematische Auge**.

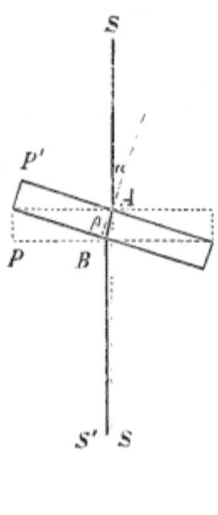

Fig. 68

Man setzt in ihm als Brechungsindex n der Augenflüssigkeit (Humor aqueus und Glaskörper) . . $\frac{103}{77}$

Totalindex (siehe oben) der Linse . . $\frac{16}{11}$

Krümmungsradius der Hornhaut . . 8 mm

„ „ vorderen Linsenfläche . 10 „

„ „ hinteren Linsenfläche . 6 „

Entfernung des vorderen Linsenscheitels vom Hornhautscheitel . . . . 3·6 „

Entfernung des vorderen vom hinteren Linsenscheitel (Linsendicke) . . . . 3·6 „

Erste Brennebene F 12·92 mm vor dem Hornhautscheitel
erste Hauptebene H 1·94 „ hinter „ „
somit erste Hauptbrennweite f 14·86 „
Zweite Hauptebene H' 2·36 „ „ „ „
zweite Brennebene F' 22·23 „ „ „ „

somit zweite Hauptbrennweite f' 19·87 mm

Erster Knotenpunkt K 6·96 „ hinter dem Hornhautscheitel
zweiter   „ K' 7·37 „   „   „   „

Die Entfernung der beiden Hauptebenen, sowie der beiden Knotenpunkte unter einander ist hiernach eine so unbedeutende (je = 0·415 mm), dass man, in der Schematisirung noch weiter gehend, für jedes beider Paare nur eine Ebene, resp. nur einen Punkt annehmen kann, d. h. der dioptrische Apparat des Auges wäre ungefähr äquivalent einem einfachen System mit dem Brechungsindex des zweiten Mediums gleich n (siehe oben), dessen einzige sphärische Trennungsfläche 2·15 mm und deren Krümmungsmittelpunkt (Knotenpunkt, Kreuzungspunkt der Richtungsstrahlen) 7·17 mm hinter dem Hornhautscheitel läge, das sogenante **"reducirte Auge"** von Listing[1]). Schon aus den anatomischen Messungen ergibt sich, dass beim normalen „ruhenden" Auge die zweite Hauptbrennebene mit der Lage der Netzhaut (Fovea centralis, siehe unten) zusammenfällt, unendlich weit entfernte Objecte sich also auf dieser scharf abbilden. Die von in endlichen Entfernungen befindlichen Objectpunkten ausgehenden Strahlen dagegen werden sich hinter der Netzhaut schneiden, und auf dieser entsteht statt des Punktes ein heller Kreis, welcher um so grösser ausfällt, je näher der Objectpunkt am Auge liegt, und dementsprechend unscharf würden sich äussere Gegenstände auf der Netzhaut abbilden und zur Wahrnehmung gelangen, wenn das Auge nicht eine Einrichtung besässe, den dioptrischen Apparat so zu verändern, dass auch die zu endlich entfernten Objectpunkten gehörigen Bildpunkte gerade auf die Netzhaut fallen: eine Ortsveränderung dieser letzteren selbst nach Art der Einstellscheibe resp. Platte in der Camera des Photographen (durch Verlängerung des Bulbus, welche etwa durch den Druck der angespannten Augenmuskeln zu Stande käme) muss ausgeschlossen werden. Es bleibt also nur Veränderung der Lage oder Gestalt des dazu geeigneten Antheils der brechenden Medien, nämlich der Linse. Beides ist in der Thierreihe realisirt; die **"Accommodation"** des menschlichen Auges erfolgt wesentlich durch **Gestaltveränderung der Linse.**

Diese besitzt nämlich **im Ruhezustand** der inneren Augenmuskeln keineswegs diejenige Form, welche sie herausgenommen be-

---
[1]) Beitrag zur physiol. Optik. Göttingen 1845; Artikel „Dioptrik des Auges" in Rud. Wagner's Handwörterb. d. Physiol., IV, S. 451.

sitzen würde, vielmehr ist sie an ihrer vorderen Fläche abgeflacht, ihre Dicke verringert und ihr Umfang vergrössert durch eine in radialer Richtung nach allen Seiten hin bestehende **Anspannung ihrer Kapsel,** welche zu Stande kommt durch Zug der sie mit der Aderhaut und dem Ciliarkörper verbindenden sogenannten Zonula Zinnii, resp. mittelbar durch den intraocularen Druck (über dessen Entstehung und Bedingungen siehe unten), welcher die Augenhäute zur Kugelgestalt aufbläht. **Dieser Spannung** nun **gerade entgegen** wirkt der **M. ciliaris** s. tensor choroïdeae, welcher die Aderhaut nach vorne zieht (durch Contraction seiner meridionalen, in die Ciliarfortsätze einstrahlenden Fasern), resp. ihre Uebergangsstelle in die Iris zum engeren Kreise zusammenzieht (durch Contraction seiner Circulärfasern), wobei also die Zonula und damit die

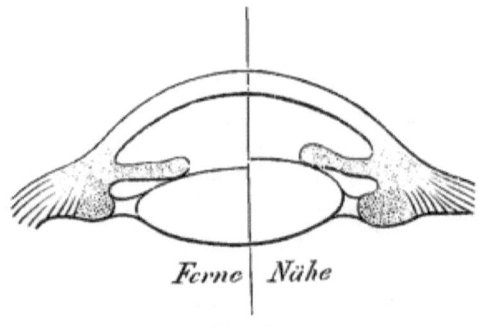

Fig. 69.

Linsenkapsel entspannt wird, und die Linse die ihr kraft ihrer Elasticität zukommende, nach vorn stärker gewölbte Form annimmt (Helmholtz); vgl. die schematische Fig. 69, in welcher links der „ruhende" Zustand des Auges beim Sehen in die Ferne, rechts derjenige der Accommodation für die Nähe dargestellt ist.

Die Vorwölbung der vorderen Linsenfläche beim Accommodiren ist für den von der Seite hereinblickenden Beobachter ohne Weiteres am Vortreten des inneren Irisrandes (Pupillarrandes), oder aber bei seitlichem Lichteinfall an der Verschiebung der auf die Iris durch die Hornhaut als brechende Fläche entworfenen „Brennlinie" erkennbar.

Ein kugeliges Vortreiben nur der Mitte der vorderen Hornhautfläche durch Contraction des Sphincter iridis, wie es von Cramer[1]) zur Grundlage der Accommodation gemacht worden ist, hat bestimmt nicht statt, ebenso wie auch

---

[1]) Accommodation etc., aus d. Holländ., Leer. 1853.

andere hiefür herangezogene Vorgänge [Verschiebung der Linse, Tscherning[1] u. A.] gegenüber dem obigen, besonders durch Helmholtz und Donders sichergestellten Mechanismus für den Menschen nicht messbar in Betracht kommen; dagegen spielen sie bei manchen Thierarten eine Hauptrolle: Bei den Vögeln, den meisten Amphibien und Reptilien ist der Accommodationsmechanismus dem menschlichen analog, während bei den Wasserthieren (Fischen und Kephalopoden), entsprechend den Refractionsverhältnissen des Mediums, in der Ruhe Myopie (siehe unten) herrscht und activ für die Ferne accommodirt wird durch Zurückziehung resp. -Drängung der Linse durch Muskelmechanismen verschiedener Art [Th. Beer[2])].

Dass beim Sehen in die Nähe Muskelanstrengung statt hat, zeigt uns übrigens das bei längerer Dauer derselben eintretende Ermüdungsgefühl.

Die Veränderungen der **optischen Constanten** des Auges **beim Accommodiren** für die Nähe sind natürlich ophthalmometrisch messbar (von den Purkinje-Sanson'schen Bildchen, siehe oben, wird das mittlere kleiner), und zwar wird angegeben:

	für das ruhende Auge (wie oben S. 368)	für das accommodirte Auge
Krümmungsradius der Hornhaut	8 mm	8 mm
„ „ vorderen Linsenfläche	10 „	6 „
Krümmungsradius der hinteren Linsenfläche	6 „	5·5 „
Entfernung der vorderen Linsenfläche vom Hornhautscheitel	3·6 „	3·2 „
Entfernung der hinteren Linsenfläche vom Hornhautscheitel	7·2 „	7·2 „
Differenz = Linsendicke	3·6 „	4·0 „
Erste Brennebene	12·92 „	11·24 „
	vor dem Hornhautscheitel	
erste Hauptebene	1·94 mm	2·03 mm
	hinter dem Hornhautscheitel	
somit erste Hauptbrennweite	14·86 mm	13·27 mm
Zweite Hauptebene	2·36 „	2·49 „
	hinter dem Hornhautscheitel	
zweite Brennebene	22·23 mm	20·25 mm
	hinter dem Hornhautscheitel	
somit zweite Hauptbrennweite	19·87 mm	17·76 mm
Erster Knotenpunkt	6·96 „	6·52 „
zweiter Knotenpunkt	7·37 „	7·97 „
	hinter dem Hornhautscheitel	

---

[1] A. d. P., (5) VI, p. 40; (5) VII, p. 158, 181.
[2] A. g. P., LIII, 175, LVIII, 523; LXVII, 541; LXIX, 507.

Die **Geschwindigkeit der Accommodation** ist gering, die Einstellung für die Nähe = Contraction des Ciliarmuskels erfolgt langsamer (1·6 Secunden) als diejenige für die Ferne = Wiedererschlaffung [0·8 Secunden, Angelucci und Aubert[1]].

Ueber die Innervation und Associationen der Accommodationsbewegung siehe weiter unten.

Blickt man durch zwei feine Löcher, welche in geringerem Abstande, als die Pupillenweite beträgt, durch ein dicht vor's Auge zu haltendes Kartenblatt gestochen sind, auf einen Gegenstand (Nadelspitze), so erscheint er doppelt, wenn der Vereinigungspunkt der aus diesem Abstande kommenden Lichtstrahlen nicht auf die Netzhaut fällt (ohne die beiden feinen Löcher würde er „unscharf" erscheinen durch die „Zerstreuungskreise", vgl. oben), dagegen einfach, sobald auf ihn accommodirt wird und dabei die Strahlen sich auf der Netzhaut schneiden (**Scheiner's Versuch**): die geringste Entfernung des Gegenstandes vom Auge, in welcher dies letztere noch möglich ist, ergibt den sogenannten **Nahepunkt**, die grösste den sogenannten **Fernpunkt**; zu deren Bestimmung — „Optometrie" — eben der Scheiner'sche Versuch mit Vortheil benützt werden kann („Optometer" von Stampfer, Young u. A.); indessen ist diese „Functionsprüfung" des Auges auch durch Aufsuchen der Grenzen der „Erkennbarkeit" geeigneter Leseproben möglich.

Der Fernpunkt des normalen Auges liegt in unendlicher Entfernung, der Nahepunkt, entsprechend der äussersten Grenze der Accommodationsanstrengung, in 12—13 cm Entfernung vor dem Auge: der geometrische Ort sämmtlicher in der Richtung der Blicklinie gelegenen Punkte, welche das normale Auge deutlich zu sehen vermag, die Accommodationslinie oder das „Accommodationsspatium" ist also unendlich gross. Die Veränderung, welche die Linse bei der Accommodation vom Ruhezustande (Fernpunkt) bis zum Nahepunkt erfährt, ist dieselbe, als ob dicht vor sie eine zweite concavconvexe oder überhaupt convexe Linse gesetzt würde, welche aus einer Entfernung von 12—13 cm divergent auftreffende Strahlen parallel macht, resp. umgekehrt parallel auftreffende Strahlen in 12—13 cm Entfernung vereinigt oder eine Brennweite von 12—13 cm hat.

---

[1] A. g. P., XXII, S. 69.

Als „**Linsen**" bezeichnet man bekanntlich allgemein von zwei centrirten sphärischen Flächen begrenzte durchsichtige Körper, deren optische Eigenschaften aus den oben entwickelten allgemeinen Principien sich leicht ergeben; auch hier gilt die Hauptgleichung $\frac{f}{p} + \frac{f'}{p'} = 1$, wobei jeder Werth je nach der Krümmungsrichtung und der Grösse des Krümmungsradius jeder von beiden Flächen, sowie dem Werthe n, positives oder negatives Vorzeichen erhalten kann: Parallel auftreffende Strahlen werden nach dem Durchtritt convergent durch Convexlinsen („Sammellinsen") — als aus Glas bestehend und in Luft befindlich vorausgesetzt —, deren eine Fläche also mindestens nach aussen convex ist, während die andere gleichfalls convex, eben oder concav, aber minder stark als die Convexität der ersteren sein kann (biconvex, planconvex und concavconvex), so dass die Dicke jedenfalls in der Mitte grösser als am Rande ist; solche Linsen entwerfen von einem Gegenstand ein umgekehrtes reelles Bild. Dagegen werden parallel auftreffende Strahlen divergent nach dem Durchtritt durch Concavlinsen („Zerstreuungslinsen"), deren eine Fläche also mindestens nach aussen hin concav sein muss, während die andere gleichfalls concav, eben oder convex, aber weniger als die Concavität der ersteren, sein kann (biconcav, planconcav und convexconcav), so dass also die Dicke jedenfalls am Rande grösser als in der Mitte ist; solche Linsen lassen von einem Gegenstand nur ein virtuelles, aufrechtes Bild erkennen. Als Brennweiten einer Linse misst man für gewöhnlich wohl die Entfernung des Vereinigungspunktes paralleler auftreffender Strahlen (resp. ihrer Rückverlängerungen nach der Divergentmachung) von dem Mittelpunkte der Begrenzungsfläche auf der nämlichen Seite; und da sie für beide Seiten auf diese Weise annähernd gleich gefunden werden, spricht man schlechthin von der „Brennweite" einer Linse, welcher Werth der theoretischen Entfernung der Brennpunkte von ihren resp. Hauptpunkten (siehe oben) um so näher kommt, je symmetrischer die Linse ist: bei Linsen mit gleicher Krümmung beider Flächen sind, wie die Rechnung oder schon einfache Ueberlegung zeigt, beide „Hauptbrennweiten" gleich gross, also gilt: $\frac{1}{p} + \frac{1}{p'} = \frac{1}{F}$.

Um von der Ruhestellung aus auf einen in 25 cm Entfernung vor dem Auge befindlichen Gegenstand zu accommodiren, ist eine Veränderung der Linsenform zu erzielen, welche dem Vorsetzen einer Linse von 25 cm Brennweite entspricht, deren zwei einer einzigen von 12½ cm, also dem Werth der gesammten Accommodation bis zum Nahepunkt entsprechen würden: unter der Voraussetzung, dass die Muskelanstrengung beim Accommodiren dem refractorischen Werthe der Linsenveränderung, ausgedrückt als vorgesetzte Linse, entspricht, gebraucht man als ihr Maass den (jeweiligen) reciproken Werth der Brennweite der letzteren, wobei als Einheit die Linse von 1 m Brennweite angenommen wird: „Dioptrie". Die Accommodationsanstrengung für die Einstellung vom Ruhezustande ($= \infty$) auf 25 cm Entfernung beträgt also, einer Linse von ¼ m Brennweite entsprechend, vier („Meterlinsen" oder Dioptrien, und doppelt so gross, also acht Dioptrien ist die gesammte verfügbare Accommodationskraft oder das **„Accommodationsvermögen"**[1]) des normalen Auges, oder allgemeiner gleich der Differenz: reciproker Werth des Nahepunktabstandes minus reciprokem Werth des Fernpunktabstandes: $A = \frac{1}{N} - \frac{1}{F}$ (Donders); letzterer ist beim normalen Auge $\frac{1}{\infty} = 0$, braucht dies aber nicht immer zu sein, denn die Augen vieler Menschen weichen von dem bisher betrachteten als **„Normalsichtigkeit"** („Emmetropie") bezeichneten Verhalten ab:

Ist die zweite Hauptbrennweite des Auges kleiner als die Entfernung der Netzhaut von dem zweiten Hauptpunkte (resp. der brechenden Fläche der „reducirten Auges"), resp. das Auge für seine Refractionsverhältnisse zu „lang", so können unendlich weite Gegenstände nicht scharf gesehen werden, da sich die von jedem Punkte derselben ausgehenden Strahlen bereits vor der Netzhaut schneiden und, wieder auseinandergehend, auf ihr Zerstreuungskreise bilden. Erst von einer gewissen Nähe der Objectpunkte ab ist jenes der Fall — der Fernpunkt liegt also in endlicher Entfernung; dafür können bei eintretender Accommodation näher vor dem Auge befindliche Gegenstände deutlich gesehen werden, als von Seiten des normalsichtigen Auges — der Nahepunkt liegt also abnorm nahe. Das Accommodationsspatium (siehe oben) ist also bei diesem als **Kurzsichtigkeit** (Myopie) bezeichneten Zustande verringert gegenüber jenem, wo es ja unendlich gross ist; dabei kann aber das Accommodationsvermögen im oben angegebenen Sinne gleich gross sein wie dort, und in diesem Falle kann vollkommen normales Functioniren des dioptrischen Apparates erreicht, die „Refractionsanomalie" vollkommen „corrigirt" werden durch Vorsetzen einer Concavlinse als „Brillenglas", deren negative Brennweite dem Fernpunktabstande gleich ist, so dass dieser also auf ∞, und der Nahepunkt in normale Entfernung hinausgeschoben wird. Der reciproke Werth jener Brennweite oder des Fernpunktabstandes in Meter bildet daher auch den Ausdruck des jeweiligen Grades der Kurzsichtigkeit in Dioptrien.

---

[1]) Der Ausdruck „Accommodationsbreite" ist hier als unsicher vermieden worden, indem er von den verschiedenen Autoren bald im Sinne des „Accommodationsspatiums" als Streckenlänge, bald im Sinne des optischen Werthes der Accommodationskraft gebraucht sich findet.

Ist umgekehrt die zweite Hauptbrennweite des Auges grösser als die Entfernung der Netzhaut von dem zweiten Hauptpunkte, resp. das Auge für seine Refractionsverhältnisse zu „kurz", so können auch unendlich weite Gegenstände nicht scharf gesehen werden, weil die von jedem Punkte derselben ausgehenden Strahlen sich erst hinter der Netzhaut schneiden, auf dieser einen Zerstreuungskreis bilden; nur convergente Strahlen, wie sie von keinem Gegenstande ohne Weiteres ausgesandt werden, würden jenes thun: der Fernpunktabstand ist negativ. Erst durch Anstrengung der Accommodation können unendlich weit entfernte Gegenstände scharf gesehen werden, und weiterhin auch endlich weit entfernte, aber nur bis zu einem grösseren Abstande des Nahepunktes, als beim normalen Auge, weshalb man diese Refractionsanomalie als **Weit-** oder **Uebersichtigkeit** (Hypermetropie) bezeichnet; auch bei ihr kann das Accommodationsvermögen, gemessen als Differenz des reciproken Werthes des Nahepunktabstandes minus demjenigen des (negativen!) Fernpunktabstandes, normale Grösse besitzen. Corrigirt wird sie durch Vorsetzen einer Convexlinse als Brillenglas, deren (positive) Brennweite dem negativen Fernpunktabstande gleich ist, so dass also der Fernpunkt auf ∞ und der Nahepunkt auf normale Distanz herangerückt wird; der reciproke Werth ihrer Brennweite, resp. des negativen Fernpunktabstandes in Meter bildet auch hier wieder den Ausdruck für den Grad der Weitsichtigkeit in Dioptrien.

Mit zunehmendem Alter vermindert sich das Accommodationsvermögen durch Elasticitätsverlust (Starrerwerden) der Linse: der Nahepunkt rückt weiter hinaus, wodurch für das emmetrope Auge Auftreten, resp. für das hypermetrope Verstärkung der Weitsichtigkeit, für das myope Auge Abnahme der Kurzsichtigkeit vorgetäuscht wird; man bezeichnet diesen Zustand als **Alterssichtigkeit** (Presbyopie).

In seiner Ausbildung als dioptrisches System ist das Auge **relativ unvollkommen** (z. B. im Vergleich mit unseren vollkommensten, künstlich angefertigten optischen Apparaten, wie Mikroskopen, Fernrohren und photographischen Objectiven); indessen beschränken sich seine Unvollkommenheiten auf ein für gewöhnlich nicht störendes Maass So sind die sphärischen Trennungsflächen nicht genau centrirt, jedoch mit nur geringen Abweichungen von einer mittleren optischen Achse. Ferner unterliegen Lichtstrahlen, zunächst gleiche Wellenlänge vorausgesetzt, beim Durchgang durch die brechenden Medien des Auges der sphärischen Aberration, indem ja bei nicht ganz kleinem Oeffnungswinkel die durch den Rand einer sphärischen Trennungsfläche gehenden Strahlen stärker gebrochen werden, als die durch die Mitte gehenden, so dass also zunächst bei einem Strahlenbündel, welches von einem in der optischen Achse liegenden Punkte ausgeht, die einen Strahlen einen Zerstreuungskreis auf der Netzhaut bilden, wenn die anderen sich gerade auf ihr vereinigen. Diesem Fehler wirkt ausser der Verkleinerung des Oeffnungswinkels durch die Iris als Blende (siehe unten) auch der Umstand entgegen, dass die brechenden Flächen des Auges im Allgemeinen in der Mitte etwas stärker gekrümmt sind als am Rande, so dass die Randstrahlen also nicht zu stark gebrochen werden, sondern sich ebenso wie die centralen Strahlen auf der Netzhaut schneiden können: das Auge besitzt einen gewissen Grad von „Aplanasie" (von πλανάομαι, ich irre herum, also: Vermeidung der sphärischen Abweichung).

Von besonderer Bedeutung für die Bildschärfe ist fernerhin der Fall der „schiefen Incidenz", indem nämlich die von ausserhalb der optischen Achse gelegenen Punkten herkommenden Strahlen, statt in je einem Punkte, im Verlauf einer vorn und hinten von zwei zu einander senkrecht stehenden „Brennlinien" begrenzten, sogenannten „Brennstrecke" sich vereinigen. Auch dieser Fehler kann durch geeignete Einrichtung bei einem dioptrischen Apparat verringert werden; so ist besonders beim Auge die Fähigkeit, auch seitlich gelegene Gegenstände scharf abzubilden, oder die „Periskopie" in hohem Maasse vorhanden, welche Eigenschaft specieller der Krystalllinse kraft ihres geschichteten Baues zukommt, wie solches auch die Theorie ergibt [Hermann, Peschel[1]), Matthiessen[2]) u. A.].

Die „schiefe Incidenz" auf eine sphärische Trennungsfläche ist nun aber, wie leicht ersichtlich, nur ein besonderer Fall des allgemeinen Vorkommens, dass die brechende Fläche in verschiedenen Ebenen, welche man durch den mittelsten oder Leitstrahl des auffallenden Bündels legen kann, verschieden stark gekrümmt ist, wobei eben niemals eine Vereinigung zu einem Punkte stattfinden kann: daher die Benennung dieser dioptrischen Unvollkommenheiten als **„Astigmatismus"**. Insbesondere werden bei (senkrechtem) Auftreffen eines Strahlenbündels auf eine ellipsoïdische brechende Fläche, welche

---

[1]) A. g. P. XX. S. 338.
[2]) A. g. P. XIX. S. 480.

also in zwei zu einander senkrecht stehenden „Meridianen" die grösste Krümmungsdifferenz zeigt, die durch den Meridian von stärkster Krümmung (kleinstem Krümmungsradius) gehenden Strahlen sich zuerst, und zwar in einer zu ihm senkrechten „Brennlinie" vereinigen, dagegen die durch den Meridian von schwächster Krümmung (grösstem Krümmungsradius) gehenden Strahlen zuletzt, nämlich in einer zu diesem letzteren und der anderen Brennlinie senkrechten, dem erstgedachten Meridian entsprechenden Brennlinie; auf zwischen diesen beiden gedachte Auffangebenen werden in der einen oder anderen Richtung mehr weniger gestreckte Ellipsen, resp. bei Mittelstellung ein „Zerstreuungskreis" entworfen werden. Einen derartigen „regelmässigen Astigmatismus" besitzt in geringem Grade auch das normale Auge, wie daraus ersichtlich ist, dass von einem Stern auf Papier gezeichneter gleich dicker (feiner) Linien die horizontale Linie am schärfsten (dünnsten) erscheint, wenn das Papier dem Auge am nächsten gehalten wird, die verticale, wenn vom Auge am fernsten; in der That besitzt, wie auch die ophthalmometrischen Messungen ergeben, bei den meisten Menschen die **Hornhaut im verticalen Meridian die stärkste Krümmung, im horizontalen die geringste** [Young[1]), Donders[2]), Knapp[3])]; einen genau entgegengesetzten Astigmatismus geringeren Grades besitzt die Linse (Helmholtz), so dass derjenige der Hornhaut zum Theil compensirt wird.

Abnormerweise kann Astigmatismus in störendem Grade vorhanden sein, welcher dann durch sogenannte Cylinderlinsen als Brillengläser corrigirt werden muss, d. h. durchsichtige Körper, welche mindestens eine cylindermantelförmige Begrenzungsfläche besitzen, deren Krümmung derartig ist, dass die in ihrem Meridian verlaufenden Strahlen sich auf der Netzhaut vereinigen, wenn die zu ihm in senkrechter Ebene verlaufenden es ohnehin thun; in demselben Brillenglas können damit natürlich anderweitige cylindrische, resp. sphärische, brechende Flächen vereinigt sein zur Correction gleichzeitig vorhandener anderer Refractionsanomalien.

Stets vorhandene regellose, wenn auch geringe Abweichungen der Krümmungsverhältnisse der Trennungsflächen, resp. der Dichte-

---

[1]) Philos. Transact., 1801. I. S. 39.
[2]) Astigmatismus, Berlin 1862; Poggendorf's Annalen d. Physik. CXX. S. 452. Arch. f. Ophthalmol., VIII. 2. S. 185.
[3]) Arch. f. Ophthalmol., X, 2, S. 83; u. On the anomalies etc., London 1864.

verhältnisse der brechenden Medien des Auges führen zu Unvollkommenheiten der Bildschärfe, welche man als **„unregelmässigen Astigmatismus"** bezeichnet: von fernen, leuchtenden Gegenständen — Sternen, entfernten Laternen — sehen wir statt der „punktförmigen" Bilder gezackte, strahlige oder sonstwie unregelmässige, besonders bei unrichtigem Accommodationszustand; bei richtiger Accommodation wirkt diese Unvollkommenheit in ihrem normal vorhandenen Grad nicht störend, vielmehr würden wir ohne sie aus unten näher ersichtlichen Gründen die so gut wie unendlich weit entfernten Fixsterne überhaupt nicht sehen können. In abnormem Grade vorhanden, kann natürlich auch sie sehr hinderlich werden

Zu den bisher betrachteten Unvollkommenheiten des dioptrischen Apparates kommt nun noch der Umstand hinzu, dass die (verschieden- „farbigen", siehe unten) **Strahlen verschiedener Wellenlänge unter gleichen Verhältnissen verschieden stark gebrochen** werden, die „rothen" von grösster Wellenlänge am wenigsten stark, die „violetten" von kleinster Wellenlänge am stärksten. Dort, wo sich Lichtstrahlen einer bestimmten Farbe in einem Punkt vereinigen, bilden deshalb diejenigen einer anderen Farbe einen Zerstreuungskreis von um so grösserem Durchmesser, je weiter von einander beide im Spectrum liegen; **von einem Punkte ausgehendes weisses Licht wird zerlegt**, derart, dass die **Regenbogenfarben in concentrischer Anordnung** auftreten, das Violett in der Mitte bei geringerer, das Roth bei grösserer Entfernung der auffangenden Fläche; bei in weissem Licht leuchtenden **Flächen oder Gegenständen** decken sich die benachbarten Zerstreuungskreise derartig, dass die complementären Farben (siehe unten) auf einander fallen und einander wieder zu Weiss ergänzen, ausser am äussersten Rande, weshalb auch dem Auge solche Gegenstände oder Flächen **weiss, aber mit farbigen Rändern** erscheinen, insbesondere an der Grenze gegen Schwarz (z. B. bei Abdeckung der einen Pupillenhälfte), und dann, wenn **ungenau accommodirt wird** — mit bläulich-violettem Rande bei zu geringer, mit röthlich-gelbem Rand bei zu starker Accommodationsanstrengung — ebenso wird auch, dem oben Gesagten entsprechend, der **Fern- und Nahepunkt für einfarbiges violettes Licht näher liegen, als für rothes**; auch erscheinen der nöthigen grösseren Accommodationsanstrengung wegen **rothe** (orangefarbene, gelbe) **Gegenstände näher als violette** (blaue, grüne) **Objecte**, bei gleicher wirklicher Entfernung. Indessen ist auch der Grad der **„chromatischen Ab-**

weichung" des Auges für gewöhnlich nicht störend, und es dürfte eine gewisse Art der Anordnung der brechenden Medien nach Art der achromatischen Linsen optischer Instrumente für ihre Geringfügigkeit vielleicht mit in Betracht kommen.

Die zweite Brennweite des „reducirten Auges" beträgt nach den Berechnungen von Helmholtz für Roth 20·52, für Violett 19·14 mm.

Durch Verkleinerung des Oeffnungswinkels oder Abblendung der Randstrahlen werden die herabsetzenden Einflüsse der besprochenen dioptrischen Unvollkommenheiten des Auges auf die Bildschärfe bedeutend gemindert, und zwar erfolgt dies durch die **Iris**, welche eine **Blende** (Diaphragma) von veränderlicher Weite darstellt[1]. Der Durchmesser ihrer als Sehloch oder Pupille bezeichneten Oeffnung wird verkleinert durch die Thätigkeit der circulär angeordneten (glatten) Muskelfasern des M. sphincter pupillae, vergrössert durch den Nachlass dieser und die Thätigkeit der Radialfasern des M. dilatator pupillae. Ersterer wird innervirt vom Oculomotorius aus (vgl. S. 300) letzterer vom sympathischen Systeme auf dem Wege durch die Gefässgeflechte der Art. carotis und ophthalmica, doch zum Theil vielleicht ebenfalls auf demjenigen der Trigeminusbahn (Anastomosen an der Schädelbasis, vgl S. 321).

Reflectorisch erfolgt **Verengerung der Pupille auf Lichteinfall** in's Auge, und zwar um so stärker, je intensiver der Lichtreiz, resp. je grösser die beleuchtete Netzhautfläche ist; die Grösse der Pupille regulirt sich „tonisch" je nach der Beleuchtung, in absoluter Dunkelheit ist sie ad maximum dilatirt. Auch directe Reizung des Opticusstammes macht Pupillenverengerung (Herb. Mayo). Beim Menschen verengert sich bei Lichteinfall in das eine Auge auch die Pupille des anderen Auges in gleichem Maasse, wenn dieses nicht beleuchtet wird („consensuelle" Pupillenreaction); die Pupillen sind deshalb normalerweise stets gleich weit. Das Gleiche gilt für manche Thierarten, während bei anderen die consensuelle Pupillenreaction fehlt [z. B. beim Kaninchen, Steinach[2]]. Das Centrum für den Pupillenreflex ist am Boden des dritten Hirnventrikels, ganz nahe dem Aq. Sylvii zu suchen [Hensen und

---

[1] Dementsprechend bezeichnet man auch die neuerdings in optischen Instrumenten vielfach gebräuchlichen Blenden mit verstellbarer Oeffnung als „Irisblenden".

[2] A. g. P., XLVII, S. 289.

Völkers¹)]; es steht in „Association" zu den Oculomotoriusfasern, welche den Ciliarmuskel und den M. rectus medialis versorgen, wie daraus zu schliessen ist, dass beim Accommodiren für die Nähe (siehe oben), sowie bei Drehung der Augäpfel medianwärts („Convergenz", siehe unten) stets Verengerung der Pupille zu beobachten ist.

Reflectorische Pupillenerweiterung tritt ein bei Reizung sensibler Nerven, besonders Schmerzempfindungen erregender (Bernard u. v. A.), Dyspnoe, Muskelanstrengung u. s. w.; cerebrale Centren hiefür werden in den Vierhügeln und der Oblongata angegeben, nachdem ein Centrum für die pupillenerweiternden Fasern im oberen Rückenmark schon länger bekannt [Centrum ciliospinale, Budge²)].

Für die letztgenannten Einwirkungen, wie für alle sympathischen Innervationsvorgänge (vgl. S. 321), zumal auch Veränderungen der Weite der Irisgefässe hier mitspielen, sind indessen weiter peripherisch gelegene Neuronen in ihrer Bedeutung als Centren heranzuziehen, die man theils im Ggl. ciliare, theils auch in der Iris selbst anzunehmen hätte.

Besonders unsicher in dieser Hinsicht ist die Localisation der Wirkung von Giften, welche theils pupillenerweiternd („Mydriatica", Atropin), theils verengernd („Myotica", Eserin = Physostigmin, Muscarin) wirken; zum Theil mögen sie sowohl central als auch peripherisch angreifen, da sie in den Kreislauf eingeführt und auch local applicirt wirken können.

Für den hineinblickenden Beobachter erscheint die Pupille stets **schwarz**, weil er durch seinen eigenen Körper alle Strahlen, welche den Hintergrund des beobachteten Auges erleuchten könnten, abschneidet. Eine Ausnahme bilden die vom schwarzen Aderhautpigment freien, durchscheinenden Augen der Albinos, deren Hintergrund durch die allseitige Beleuchtung in seiner rothen Farbe erscheint. Beim Menschen kann ein Beobachter, welcher sich dicht neben eine Lichtflamme stellt, die Pupille eines anderen roth erleuchtet sehen, wenn das beobachtete Auge nicht accommodirt, auf seiner Netzhaut also ein heller „Zerstreuungskreis" entworfen wird [Brücke's „Augen-

---

¹) Experimentaluntersuchung über den Mechanismus der Accommodation. Kiel 1868; Arch. f. Ophthalm., XIX, XXIV.

²) Ueber die Bewegungen der Iris. 1855.

leuchten" [1])]. Durch eine total reflectirende Schicht mehrerer Glasplatten, oder besser einen in der Mitte durchbohrten Hohlspiegel, durch welche der Beobachter hindurchblickt, kann ein Augenhintergrund in grösserer Ausdehnung erleuchtet und der Untersuchung zugänglich gemacht werden [„**Augenspiegel**" von Helmholtz [2])], indem entweder der Beobachter, die Krystallinse des zu untersuchenden Auges als Lupe verwendend, ein aufrechtes virtuelles Bild des Augenhintergrundes zu sehen bekommt oder durch eine in passender Entfernung vor jenes gehaltene Convexlinse ein umgekehrtes reelles Bild desselben entwirft und betrachtet; Berücksichtigung resp. Corrigirung etwaiger eigener Refractionsanomalien vorausgesetzt, kann die Brennweite der benützten Linse resp. Messung der Distanzen zur Refractionsbestimmung des beobachteten Auges dienen. Wegen der Technik des Augenspiegels sei im Uebrigen auf die Lehrbücher der Augenheilkunde verwiesen.

Die lichtpercipirenden Elemente der Netzhaut sind die an deren **Aussenseite** gelegenen Stäbchen und Zapfen, welche als „Sinnesepithelzellen" durch ihre Fortsätze zu Schaltneuronen in der Netzhaut selbst — den bipolaren und horizontalen Zellen — in Beziehung stehen, die wiederum die Uebertragung auf die „grossen Ganglienzellen" und deren Hauptfortsätze, die Opticusfasern, vermitteln [3]). An der gemeinschaftlichen Austrittsstelle dieser letzteren, wo die Stäbchen und Zapfen fehlen, findet auch keine Lichtperception statt, wovon man sich überzeugen kann, wenn man [mit nur einem Auge bei Schluss des anderen] einen derart seitlich von einer Marke — grösserer schwarzer Fleck — gelegenen Punkt fixirt, dass das Bild der ersteren gerade auf jene Stelle, den „**blinden Fleck**" fällt: die Marke erscheint verschwunden (Mariotte's Versuch).

Dass der blinde Fleck keinen Ausfall im „Gesichtsfelde" bedeutet, liegt offenbar daran, dass wir durch einen psychischen Vorgang diesen für gewöhnlich ergänzen. Der „scheinbare Durchmesser" des betreffenden Gesichtsfeldtheiles beträgt 7°, seine Form ist etwas unregelmässig, der Verzweigungsweise des Opticus beim „Eintritt" entsprechend. Die Grösse ist übrigens derart, dass bei geeigneter Entfernung man den Kopf einer Person „verschwinden lassen" kann.

[1]) A. A. P., 1847, S. 225, 479.
[2]) Beschreibung eines Augenspiegels u. s. w., Berlin 1851, und Arch. f. physiol. Heilkunde, II, 827.
[3]) Vgl. die histologischen Arbeiten von M. Schultze, Ramón y Cajal u. v. A., insbesondere die Bemerkungen von Kallius, Anatom. Hefte, III, 527.

Dafür, dass thatsächlich die Lichtschwingungen die sämmtlichen Schichten der Netzhaut durchdringen müssen, um zu den percipirenden Elementen zu gelangen, liegt ein Beweis in der Erscheinung der sogenannten Purkinje'schen Aderfigur, d. h. eines sternförmigen Schattens der (vor den Aufnahmeelementen liegenden) Netzhautgefässe, welchen man, weil er beständig vorhanden, für gewöhnlich nicht zu beachten pflegt, aber in der That gewahrt, wenn man Morgens die Augen aufschlägt, oder beim Verfolgen eines bewegten Lichtpunktes mit dem Blicke.

Die Einwirkung des Lichtes auf die **Netzhaut** hat **Veränderungen** in derselben zur Folge: ein sie roth färbender Stoff, der durch Boll[1]) in den Aussengliedern der Stäbchen nachgewiesene „Sehpurpur" [„Rhodopsin", Kühne[2])] wird durch das Licht gebleicht; wie weit dieser Vorgang für den Sehact von Bedeutung sei, ist indessen noch äusserst zweifelhaft.

In vorher im Dunkeln gehaltenen Augen lebender oder todter (ausgeschnittene Augen) Frösche und Kaninchen können nach Art des photographischen Processes durch locale Bleichung des Sehpurpurs Bilder von hellen Gegenständen auf dunkelm Grunde (belenchtete Fenster) weiss auf roth erhalten und durch Alaun haltbar gemacht werden („Optogramme"). Auch kann bei gelbem Natriumlicht der Purpur mit Lösungen gallensaurer Salze extrahirt und getrocknet werden. Der so isolirte Farbstoff ist gegen Oxydationsmittel u. s. w. sehr resistent, wird aber durch chemisch wirksame Lichtstrahlen sofort ausgebleicht; nicht so der in den Zapfen-Innengliedern nachgewiesene gelbe Farbstoff und andere aus der Retina z. B. von Vogelaugen erhaltene, zum Theil körnige Pigmente (Untersuchungen von Kühne u. A.). Der im Lichte ausgebleichte Sehpurpur wird im lebenden Auge wieder regenerirt, möglicherweise von den supraretinalen („Chorioidea"-) Pigmentzellen aus.

Im Lichte schwellen die Pigmentzellen zwischen Aderhaut und Netzhaut an und senden Fortsätze zwischen die Elemente der letzteren [Boll, Angelucci[3])]; auch diese zeigen bei manchen Thieren Bewegungserscheinungen (Verkürzung im Lichte, Ausdehnung im Dunkeln; [Engelmann, v. Genderen[4]), Héger und Pergens[5])], doch ist die Bedeutung dieser Dinge für die Lichtempfindungen nicht genügend aufgeklärt. Von den elektrischen Thätigkeitserscheinungen in der Netzhaut ist schon früher die Rede gewesen (S. 254).

[1]) Ac. Berl. Monatsber. 1876 und 1877; A. (A.) P. 1877. S. 4; Mem. dell' Accad. d. Lincei, 1877.
[2]) Untersuch. aus d. physiol. Inst. Heidelb., Bd. I u. ff.
[3]) A. (A.) P. 1878, S. 352; Ann. d'Ottalmol., X. S. 518.
[4]) Arch. f. Ophthalmol., XXXIII. S. 229.
[5]) Bull. Acad. roy. de Belg., X. S. 167. 781.

An den durch das Auge vermittelten Elementen der Lichtempfindung unterscheiden wir, wie bei jeder Sinnesempfindung, die Intensität, hier = **Helligkeit** und die Qualität, hier = **Farbe**. Fehlen der Lichtempfindung, „absolute Dunkelheit" des ganzen oder eines Theiles des Gesichtsfeldes, nennen wir den Eindruck des „**Schwarzen**". (Näheres unten.)

Die Intensität der Lichtempfindung hängt ab von der einwirkenden Reizstärke = Lichtstärke, im Allgemeinen nach dem Weber'schen Gesetz, siehe S. 327, und dem Zustand der Netzhaut: Näheres über deren Ermüdung, Erholung, den zeitlichen Verlauf ihrer Erregung u. s. w. siehe weiter unten. Die Qualität der Lichtempfindung hängt ab von der Wellenlänge: innerhalb des Gebietes der Wellenlängen, die den unendlich vielen Strahlen zukommen, in welche das Sonnenlicht durch ein Prisma zerlegt wird, erregt indessen nur ein gewisser Antheil die Netzhaut, nämlich die etwa zwischen 710 und 390 Millionstel Millimeter gelegenen Wellenlängen (also da auch die Schwingungszahlen als reciproke Werthe der Wellenlängen sich kaum wie $1:2$ verhalten, ein nicht einmal einer Octave der Schallschwingungen entsprechendes Gebiet), denen die Empfindungen der **Spectralfarben** von Roth bis zu Violett entsprechen. Die nächstgrösseren Wellenlängen („ultrarothe" Strahlen) erzeugen Wärmewirkung, erregen aber trotz genügender Durchlässigkeit der Augenmedien [nachgewiesen durch Franz u. A.] die Netzhaut nicht. Die nächstkleineren Wellenlängen hinter 390 μμ („ultraviolette Strahlen"), ausgezeichnet durch ihre chemische und Fluorescenzwirkung (auf Chininbisulfatlösung auffallend erzeugen sie bekanntlich intensiv blaue Lichtwirkung), erregen als solche die Netzhaut zum Mindesten sehr wenig; ob ihre gelegentliche Sichtbarkeit als „lavendelgraues" Licht auf Fluorescenzwirkung im Auge beruht, ist unsicher; das Gleiche gilt für die Röntgen'schen Strahlen, über deren Wirksamkeit auf die Netzhaut noch gestritten wird.

Ein eigenthümliches **Verhalten** zeigen die **Farbenempfindungen**, wenn **zwei oder mehrere** von derselben Netzhautstelle aus **gleichzeitig hervorgerufen** werden, sei es, dass Strahlen verschiedener Wellenlänge gleichzeitig auf dieselbe einwirken („objective Farbenmischung"), sei es, dass sie nach einander in so rascher Folge auftreffen, dass die durch den ersten Reiz gesetzte Erregung diesen überdauert (Näheres siehe unten) und sich mit der durch den zweiten Reiz bedingten verbindet („subjective Farbenmischung"): **Mischung sämmtlicher Spectralfarben ergibt „Weiss"**, resp. „Grau", d. h. eine weniger intensive, zwischen Weiss und Schwarz liegende Empfindung; und dasselbe wird erzielt durch Mischung eines **Paares von Spectralfarben** bei geeignetem Intensitätsverhältniss, **die man dann „complementär" nennt**. So sind Roth und Grün, Gelb und Violett, Orange und Blau Complementärfarben. Mischung nicht complementärer Paare ergibt eine dazwischen liegende Mischfarbe, aber in um so hellerem („weisslichem") Tone, je näher sie nach den Complementärfarben hin liegen: so ist „Orange" Mischfarbe zwischen Roth und Gelb, Hellgrün zwischen Gelb und Blauviolett („Indigo"). Solche Mischfarben können zu anderen einfachen Spectralfarben oder Mischfarben wieder complementär sein, oder mit ihnen weitere Mischfarben ergeben, wie man ohne Weiteres ersieht: bei Mischung von Roth und Blau erhält man die im Spectrum nicht enthaltenen „Purpurtöne"; diese sind complementär zu gelbgrünen Tönen.

Die objective Farbenmischung erfolgt durch Aufeinanderprojiciren (resp. Betrachten) verschiedener Theile zweier oder mehrerer Spectren (Helmholtz u. A.), die subjective Farbenmischung meist durch den Farbenkreisel, d. h. schnell rotirende Scheiben, in welchen Sectoren (Ausschnitte) verschieden gefärbt sind. Die Breite der einzelnen Sectoren, in Graden des Kreisumfanges ausgedrückt, stellt ceteris paribus die relative Intensität der farbigen Componenten dar, so dass der Farbenkreisel zur Ermittlung sogenannter „Farbengleichungen" dienen kann, welche besagen, dass so und so viel Grade = Intensitätseinheiten der einen Farbe + so und so vielen der anderen die und die Mischfarbe ergeben u. s. w. Freilich erscheint bei Verwendung der mit festen, lichtabsorbirenden Pigmenten bemalten Papierflächen jede Farbe zu dunkel, resp. statt des Weissen Grau, auch bei bester Beleuchtung, weshalb man versucht hat, auch hier Projection mit farbigen Gläsern anzuwenden [Rollett[1])]. Das Lichtverschlucken der Pigmente ist auch die Ursache davon, dass objective Farbenmischung nicht durch farbige Flüssigkeitsschichten oder Gläser erfolgen kann, und Mischung von Pigmenten (Malerfarben) meist nicht die theoretischen Mischfarben ergibt, sondern zu dunkle oder unter Umständen ganz falsche Töne.

Die Ergebnisse der Farbenmischung hat man graphisch darzustellen versucht, sogenannte **Farbentafeln** (Newton, Young, Maxwell); die Contour einer annähernd dreieckigen Fläche entspricht mit ihren einzelnen Punkten den Spectralfarben und Purpurtönen; an den Ecken liegen Roth, Grün und Violett, die Seite zwischen Roth und Grün enthält die gelben, diejenige zwischen Grün und Violett die blauen und diejenige zwischen Violett und Roth die Purpurtöne. Die Mitte entspricht der Empfindung des Weissen; zwei Complementärfarben entsprechen zwei Punkten, welche durch eine durch die Mitte gehende Grade

---

[1]) A. g. P., XLIX, 1.

zu verbinden sind; jeder Punkt der Fläche entspricht einem um so weisslicheren Farbenton. je näher nach der Mitte zu er liegt; denkt man sich in die einzelnen Punkte deren Farbenintensitäten entsprechende Massen hineingelegt. so entspricht die Mischfarbe von zwei oder mehreren Farben stets der Lage des gemeinsamen Schwerpunktes jener Massen. Erzeugten sämmtliche Spectralfarben in uns Empfindungen gleicher relativer Intensität, so würde die Farbentafel kreisförmig ausfallen; die Dreieckform weist bereits auf die nunmehr zu besprechende Theorie der Zusammensetzung der Farbenwahrnehmungen aus drei Grundempfindungen hin.

Dass wir das Spectrum continuirlich sehen und ohne besondere Hilfsmittel das weisse Licht nicht in seine Componenten zerlegen können, weist bereits darauf hin, dass die Zahl der **specifischen Energien der Aufnahmeelemente** (von den Localzeichen zunächst abgesehen) eine viel geringere sein muss, als bei den schallpercipirenden Aufnahmeelementen des Ohres, welche uns die Empfindung der Tonhöhen vermitteln (vgl. vorigen Abschnitt); dafür spricht auch, was wir über den Bau der Netzhaut wissen. Die von Young[1]) aufgestellte und besonders von Helmholtz[2]) vertretene Theorie der Farbenempfindung nimmt nun an, dass drei verschiedene Arten farbenempfindlicher Elemente in der Netzhaut vertreten seien, welche die Grundempfindungen Roth. Grün und Violett vermitteln; bei gleichzeitiger, gleich starker Erregung derselben entstehe die Empfindung „weiss"; im Uebrigen wirke jede Spectralfarbe („einfarbiges" Licht von bestimmter Wellenlänge) mehr weniger erregend auf alle drei Arten von Aufnahmeelementen, nur in verschiedenem Maasse. Nachdem man nun die Strahlungsenergie der Lichtquellen nach absolutem Maass gemessen sich ein für alle Mal gleichbleibend denken, ferner die zur Erzeugung der Weissempfindung nöthig relative „Intensität" jeder von zwei Complementärfarben einerseits, und die zur Erzeugung einer eben merklichen Farbenempfindung nöthige Intensität jeder einzelnen andererseits feststellen kann, ist es möglich, die relativen Erregungs- (Empfindungs-) intensitäten der drei Arten von Aufnahmeelementen als Ordinaten dreier Curven darzustellen, deren Abscissen die Wellenlängen für die Spectralfarben darstellen. Dies ist geschehen in Fig. 70, wo die Curven für die roth-, grün- und violettempfindenden Elemente mit R, G, V bezeichnet, die Wellenlängen in Millionstel Millimeter an der Abscissenachse angegeben und die complementären Farben mit a resp. α, b resp. β, und c resp. γ angedeutet sind: zum

---

[1]) Lectures on natural philosophy, 1807.
[2]) A. a. O.

Gelbgrünen zwischen c und α gibt es eben keine „homogene" Complementärfarbe, sondern nur die nicht spectrale Mischfarbe Purpur.

Die punktirte Curve s veranschaulicht die Gesammtintensität der Erregungen (Ordinatensummen aus den drei Curven) für die einzelnen Spectralfarben bei gleichgedachter Strahlungsintensität und entspricht der Thatsache, dass grünes Licht am leichtesten (z. B. bei kurzer Einwirkungsdauer Weiss grün erscheinend), Roth am schwierigsten. resp. erst bei verhältnissmässig stärkerer Strahlung percipirt wird. vgl. unten.

Da alle objectiven Farbenerscheinungen auf gleichzeitiger Erregung der drei hypothetischen Arten von Aufnahmeelementen beruhen, so würden in die Farbtafel (siehe oben) drei ausserhalb der Figur gelegene Punkte einzutragen sein für die Empfindungen bei eventueller Erregung nur je einer Art und Weiss

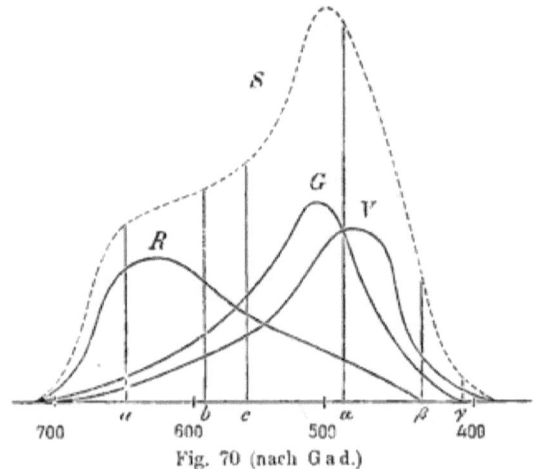

Fig. 70 (nach Gad.)

müsste in den Schwerpunkt des so umschriebenen Dreiecks zu liegen kommen. Die zwischen beiden Figuren liegenden Punkte würden Empfindungen entsprechen, die eventuell rein subjectiv zu Stande kommen können (siehe unten).

Obwohl die Young'sche Theorie die meisten Erscheinungen des Farbensehens vortrefflich erklärt, ist ihr von Hering[1]) eine andere entgegengestellt worden, welche drei Arten von Aufnahmeelementen annimmt, deren jede zwei verschiedene Empfindungen vermittelt, je nachdem durch den optischen Reiz in ihr Dissimilationsprocesse oder Assimilationsprocesse zum Ueberwiegen gebracht werden (vgl. S. 8); bei der ersten sollen diesen beiden Zuständen die Empfindungen Weiss und Schwarz resp. Hell und Dunkel ohne Farbe, bei der zweiten Roth und Grün, bei der dritten Gelb und Blau entsprechen: die

---
[1]) Ac. W., LXVI, LXVII, LXVIII, versch. Abhandl.

Weissempfindung bei Farbenmischung entstünde dadurch, dass Assimilation und Dissimilation in diesen beiden letzteren sich gerade aufheben und nur die dissimilatorische Erregung der Schwarzweisselemente übrig bliebe: es wäre also von **antagonistischen** statt complementären **Farben** zu reden, weil sich ihre Wirkungen gegenseitig aufheben, statt, wie nach der Young'schen Theorie, zu ergänzen.

Dasjenige Gebiet, auf welchem die beiden Theorien vor Allem gegeneinander die Probe zu bestehen haben, bilden die Erscheinungen der **„Farbenblindheit"**. Wie von Dalton, Maxwell und einigen Anderen bereits frühzeitig beschrieben worden und später insbesondere durch Holmgren[1]) genauer untersucht und zur Berücksichtigung für gewisse praktische Gebiete (Verkehrswesen: farbige Signale der Eisenbahnen und Schiffe) betont worden ist, ist bei verhältnissmässig zahlreichen Menschen (angeblich bis zu $2^1/_2°/_0$) das **Farbenunterscheidungsvermögen herabgesetzt**, indem gewisse Farben nicht als solche erkannt werden: am häufigsten fehlt die Empfindung des Roth, dementsprechend, dass die rothempfindlichen Elemente im Sinne der Young'schen Theorie auch normal relativ am wenigsten empfindlich sind (vgl. oben); hierzu gesellt sich in den meisten Fällen auch „Grünblindheit", während Gelb und Blau noch erkannt werden: da dies für Gelb bei Festhalten an Young's Theorie nur durch Hilfshypothesen erklärlich ist, nimmt die Hering'sche Theorie einerseits eine **Rothgrünblindheit**, andererseits eine in der That aber viel seltener vorkommende **Gelbblaublindheit** an; ausserdem kommt gelegentlich auch „**totale Farbenblindheit**" vor, bei welcher überhaupt keine Farben unterschieden, vielmehr Alles „grau in grau", aber doch mit sehr „richtigen" Helligkeitsabstufungen gesehen wird. Diese letzteren Vorkommen zwingen auch bei Festhalten an der Young'schen Theorie zur Annahme **besonderer, farblose Lichtempfindungen vermittelnder Aufnahmeelemente** neben jenen drei Arten: Für das anatomische Substrat dieser farblosen Lichtempfindungen einerseits und der farbigen Lichtempfindungen andererseits hat man nun aus der Thatsache, dass das **Farbenunterscheidungsvermögen von der Netzhautmitte nach der Peripherie hin abnimmt** [und zwar für die verschiedenen Farben in verschiedenem, ihren relativen Empfindungsintensitäten (siehe oben) entsprechendem Maasse, so dass Roth an der

---

[1]) Upsala läkareför. forhandl., versch. Jahrgänge, und De la cécité des couleurs etc., Stockholm 1877.

Peripherie des Gesichtsfeldes kaum mehr erkannt wird] [Purkinje[1]), v. Wittich[2]), Aubert[3]) u. A.], und aus dem Umstande, dass die Anzahl der Zapfen in ihrem Verhältniss zu den Stäbchen von der Netzhautmitte nach der Peripherie gleichfalls abnimmt, geschlossen, dass die **Träger der Farbenempfindungen die Zapfen, die Vermittler der farblosen Lichtempfindung** dagegen die **Stäbchen** seien [M. Schultze[4]), König[5]) und v. Kries[6])].

Dazu würde gut stimmen, dass bei Nachtthieren (Eule, Fledermaus), für welche das Farbensehen ziemlich unnütz wäre, die Zapfen ganz fehlen. v. Kries[7]) schreibt ausschliesslich den Stäbchen die Fähigkeit zur Dunkeladaptation (siehe unten) zu. Dagegen tritt Hering[8]) den in Rede stehenden Annahmen durchaus entgegen, insbesondere auf Grund der mit Hess[9]) gemachten Constatirung, dass bei absoluter Farbenblindheit (siehe oben) die Fovea centralis, welche normal nur Zapfen besitzt, nicht total blind sei.

Damit ein Lichteindruck empfunden werde, muss er, wie jeder Sinneseindruck (siehe S. 318), eine gewisse Zeit andauern; nach dem Aufhören eines solchen dauert die Erregung der Netzhaut noch eine gewisse Zeit an („Abklingen der Erregung"). Deshalb können die aufeinander folgenden Phasen eines geschwinden Bewegungsvorganges nicht getrennt wahrgenommen werden: die Speichen eines Rades verschwimmen zum grauen Schleier (Abwechseln von Hell und Dunkel); hierauf beruht die subjective Farbenmischung — Farbenkreisel (siehe oben), sowie die Reproduction von Bewegungsvorgängen aus ihren als Einzelbilder dargestellten Phasen durch stroboskopische Vorrichtungen — Stampfer's Scheibe, Plateau's Phenakistoskop; Schnellseher, Kinetoskop und Kinematograph (vgl. S. 219). Vollkommenes „**Verschwimmen**" der **Empfindungsbilder** beginnt bei etwa 25 Eindrücken in der Secunde; übrigens hängt der **zeitliche Verlauf der Netzhauterregung** in hohem Maasse von der **Intensität des Eindruckes** und der **Ermüdung** ab. [Versuche von Fick[10]), Exner[11]), C. F.

---

[1]) Beobachtungen u. Versuche z. Physiol. der Sinne, Bd. I.
[2]) Königsb. medic. Jahrbücher, IV. 23.
[3]) Arch. f. Ophthalmol., III, 2. S. 60; Physiol. d. Netzhaut, Breslau 1864/65.
[4]) Sitzungsber. d. niederrhein. Ges. f. Naturk., 1872.
[5]) Ac. Berl. Monatsber., 1894, S. 577.
[6]) Bericht der naturf. Gesellsch. Freiburg, IX, 2; C. P., VIII, 694; X, 472.
[7]) A. a. O.
[8]) Vgl. A. g. P., XLII, 119, 488; XLIII, 264, 329.
[9]) Ibid. LXXI, 105.
[10]) A. A. P., 1863, S. 764.
[11]) Ac. W., LXVI, 59.

Müller[1]. Ricco[2] u. A.]. Die Ermüdung der Netzhaut als solche hat zur Folge, dass z. B. helle Gegenstände bei fortdauerndem Ansehen immer weniger hell erscheinen; ferner, dass beim Uebertritt aus einem hellen in einen relativ dunkeln Raum dort zunächst nichts gesehen wird, indem die vorhandenen Lichteindrücke zur Erregung der ermüdeten Netzhaut nicht genügen; erst allmälig werden Gegenstände erkannt, indem **Erholung** der Netzhaut eintritt; gleichzeitig ist durch Erweiterung der Pupille (siehe oben) für eine grössere Intensität der Eindrücke gesorgt worden, welche Vorgänge man unter der Bezeichnung der **Adaptation** des Auges für's Dunkle zusammenfasst.

Das „Nachklingen" der Netzhauterregung kann bewirken, dass man nach längerem Anblicken eines hellen Gegenstandes ein gleichfalls helles Bild desselben wahrnimmt, wenn man in's Dunkle blickt, — das **„positive" Nachbild**[3]); dagegen beruht es auf Netzhautermüdung, dass man statt desselben umgekehrt ein dunkles — **„negatives" Nachbild** wahrnimmt, wenn man auf eine sehr helle Fläche blickt. War es eine farbige Fläche, welche man längere Zeit angesehen hatte, so nimmt man ein Nachbild in der complementären Farbe wahr, nach der Young'schen Theorie deshalb, weil die die erstere Farbenempfindung vermittelnden Aufnahmeelemente am meisten ermüdet sind (für die Young'sche Theorie spricht auch das Nacheinanderauftreten verschiedenfarbiger Nachbilder sehr heller weisser Objecte), — nach Hering, weil auf die vorwiegende Dissimilation in der betreffenden Elementengruppe überwiegende Assimilation nachfolgt. Man hat die Erscheinung der negativen resp. complementären Nachbilder wohl auch als successiven Contrast bezeichnet, welcher aber wohl unterschieden werden muss von den Erscheinungen des eigentlichen oder simultanen **Contrastes**: dieser besteht darin, dass helle Gegenstände auf dunklem Grunde besonders hell und umgekehrt erscheinen, dass farblose Flächen neben farbigen deren Complementärfarben annehmen, z. B. sieht ein graues Papier-

---

[1] Diss. Zürich 1866 u. Unters. physiol. Lab. Zürich. I. 78.
[2] Annali d'ottalm., V. 387; VI. 547.
[3] Hierher oder zur oben besprochenen „Phasenverschmelzung" kann auch das „Purkinje'sche Phänomen" gerechnet werden: ein im Dunkelraum im Kreise rasch herumgeführter Lichtpunkt (glühende Kohle) erscheint dem Auge als leuchtender Kreis.

stück auf grünem Grunde röthlich, auf rothem grünlich aus; ein vom Mond- und von (gelbrothem) Lampenlicht gleichzeitig beleuchteter Gegenstand wirft zwei Schatten, einen vom Lampenlicht beleuchteten, welcher gelbroth, und einen vom Mondlicht beleuchteten, welcher bläulich erscheint (Goethe).

Für diese Contrasterscheinungen nehmen Einige die psychologische Erklärung als Urtheilstäuschung, Andere [Hering[1)]] eine entgegengesetzte Beeinflussung benachbarter Netzhautstellen an. Zwei analoge Erklärungsweisen bestehen auch für die Erscheinungen der **Irradiation**, — d. h. dass helle Gegenstände auf dunklem Grunde zu gross erscheinen, resp. grösser als gleich grosse dunkle Gegenstände; hier ist eine Miterregung benachbarter Netzhautelemente in der That nicht unwahrscheinlich. Die ganze Reihe wirklicher Urtheilstäuschungen bei Gesichtswahrnehmungen — „optische Täuschungen" — wird erst unten bei Abhandlung des Zustandekommens der Wahrnehmungen durch die Localisation der Lichtempfindungselemente zu erwähnen sein.

Dass rein subjective Gesichtsempfindungen und -Wahrnehmungen auftreten, ist in pathologischen Zuständen häufig: Gesichtshallucinationen und -Illusionen, siehe S. 309.

Objectiv begründete Gesichtsempfindungen können andererseits durch im Auge selbst befindliche Objecte erzeugt werden — **entoptische Erscheinungen**: hierher gehören ausser der bereits erwähnten Purkinje'schen Aderfigur die durch gelegentliche Trübungen resp. bewegte Partikelchen in den brechenden Medien erzeugten Schattenerscheinungen — fixe Trübungen und „fliegende Mücken" (Mouches volantes), letztere besonders deutlich bei Anblicken des hellen Himmels o. Ä. (Einfall parallelstrahligen, die Trübungen scharf projicirenden Lichtes); ferner die gelegentliche Erkennung des Blutzellenstromes in den Capillaren der eigenen Netzhaut, die Haidinger'schen Büschel bei Auftreffen polarisirten Lichtes (vielleicht durch Doppelbrechung in der Netzhaut) und andere zum Theil nicht genügend aufgeklärte Erscheinungen.

Damit äussere Gegenstände auf optischem Wege als solche wahrgenommen werden, ist die **„Localisation"** — in dem früher schon genauer erörterten Sinne — der durch die Abbildung ihrer einzelnen Punkte hervorgerufenen Empfindungselemente nothwendig. Die Wahrnehmung,

---

[1)] Ac. W., LXVIII. 186, 229.

zunächst durch ein Auge, wird um so vollkommener sein, je näher einander die je ein Empfindungselement vermittelnden Aufnahmeelemente oder Elementgruppen der Netzhaut-„Mosaik" stehen, ganz analog der Grösse der „Empfindungskreise" beim Tastsinn der Haut (siehe S. 329). Als solche „Empfindungskreise" der Netzhaut nimmt man wohl, den Messungen der Minimalentfernungen getrennt zu erkennender Gegenstände einerseits und der Grösse der Netzhautelemente andererseits (durch Volkmann, Salzer[1]), Cl. du Bois-Reymond[2]) u. A. entsprechend, den Bereich je eines Zapfens mit umgebenden Stäbchen an: jedenfalls ist der Ort des „schärfsten" Sehens die Fovea centralis retinae, in welcher nur Zapfen dicht beieinander, ohne dazwischenliegende Stäbchen, vorhanden sind.

Hier kommen auf $1/_{100}$ Quadratmillimeter 130—150 Zapfen resp. Empfindungskreise. Der Widerspruch gegen diese Uebereinstimmung, welcher darin liegt, dass Salzer nur den 7. Theil an Fasern im Opticusstamm (vgl. S. 300) fand, als Zapfen in der Netzhaut, ist noch nicht genügend aufgeklärt, ebensowenig wie das Verhältniss der Empfindungskreise resp. Aufnahmeelemente zum Farbensehen (vgl. oben).

Wenn wir einen Punkt scharf anblicken — „fixiren" —, so richten wir es so ein, dass sein Bild in die Fovea centralis fällt; der ihn mit dieser verbindende (durch den Knotenpunkt des reducirten Auges gehende oder Haupt-)Strahl heisst die **Gesichtslinie**; sie fällt nicht zusammen mit der früher erwähnten optischen Achse des Auges, sondern weicht von ihr um $3^{1}/_{2}$—7° nach innen und oben ab (Helmholtz).

Natürlich ist die „**Sehschärfe**" beim Fixiren individuell, je nach Alters- und etwaigen pathologischen Umständen, nicht die gleiche: man drückt sie aus (nach Donders) durch das Verhältniss der Entfernung, in welcher Buchstaben von bestimmter Grösse (Snellen's Schriftproben), bei corrigirter etwaiger Refractionsanomalie, noch erkannt werden, zu der entsprechenden Entfernung bei einem normalen Auge.

Nach der Peripherie der Netzhaut zu werden die Empfindungskreise grösser, die Schärfe der Wahrnehmungen geringer; um diese zu messen, kann man Vorrichtungen benützen, welche, während bei festgestelltem Kopfe ein bestimmter Punkt fixirt wird, es gestatten, Objecte vermittelst Kreisbogenverschiebung in beliebige Lage zu jenem Fixationszeichen zu

---

[1] Ac. W., LXXXI, 7.
[2] Arch. f. Ophthalm., XXXII, 3, S. 1.

bringen: solche **"Perimeter"** [Förster, Aubert[1]) u. A.] dienen vor Allem zur Ermittelung des Umfanges der Ebene, in welche wir sämmtliche dem (zunächst einem) unbewegten Auge gleichzeitig erkennbaren Punkte hineinverlegen ("projiciren"), des — uniocularen — **"Gesichtsfeldes".** Dem Bau und der Anordnung des Auges entsprechend, ist dieses ungefähr kreisförmig, indessen horizontal von grösserer Ausdehnung — einem „Gesichtswinkel" (d. h. Winkel zwischen den äussersten Sehstrahlen) von 135°—145° entsprechend, — als vertical — 100° bis 125°; ferner besteht, insbesondere bei geradeaus gerichtetem Blick (Primärstellung, siehe unten), eine Einschränkung medianwärts, welche von der Nase herrührt.

Pathologisch können natürlich bedeutende Einschränkungen resp. Asymmetrien des Gesichtsfeldes vorkommen, welche die perimetrische Untersuchung nachweist.

Zu unterscheiden von dem „Gesichtsfelde" in dem erörterten Sinne ist — gleichfalls immer zunächst nur für ein einziges Auge betrachtet — der Raum, welcher bei fixirtem Kopfe durch die Zuhilfenahme der Augenbewegungen wahrgenommen werden kann; dieses sogenannte **"Blickfeld"** (Helmholtz) umfasst vertical etwa 200°, horizontal etwa 260°.

Die **Augenbewegungen** erfolgen als Drehungen um einen Punkt, welcher im Innern des Bulbus, hinter dessen Mitte, und zwar etwa 13^1, mm hinter dem Hornhautscheitel liegt (Donders). Die durch diesen Drehpunkt des Bulbus und den Knotenpunkt seines reducirten dioptrischen Systems gehende Grade, die mit der Gesichtslinie (siehe oben) oder Sehachse ungefähr zusammenfällt, nennen wir die **Blicklinie**; die Stellung beider Augen bei gleichzeitiger Fixation vor ihnen liegender unendlich ferner Punkte, in welcher beide Blicklinien in der Horizontalebene und zu einander sowie zur Medianebene des Körpers parallel verlaufen, wird als **Primärstellung** bezeichnet. Von ihr ausgehend kann die Blicklinie jedes Auges nach allen Richtungen hin gedreht werden; nun könnte man sich denken, dass in jeder solchen neuen Stellung noch beliebig Drehung des Bulbus um diese seine Blicklinie möglich wäre, welche Drehung man Raddrehung oder Rollung nennt: es zeigt sich indessen, dass für jede bestimmte Abweichung aus der Primärstellung der Grad der Rollung unveränderlich bestimmt ist (sogenanntes

---
[1]) A. a. O.

Donders'sches Gesetz). Legt man nämlich durch die neue und die ursprüngliche Lage der Blicklinie, welche sich ja im Drehpunkte schneiden, eine Ebene, so kann die Bewegung des Augapfels zum Uebergang aus der ersten Stellung in die zweite stets vollständig ausgedrückt werden durch eine Drehung um die auf dieser Ebene im Drehpunkte senkrecht stehende Grade als Achse (Listing's Bewegungsgesetz), — eine gleichzeitige Drehung um die Blicklinie findet nicht statt. Diejenigen Abweichungen von der Primärlage, welche durch Drehung nur um die verticale Achse des Bulbus, oder nur um seine horizontale, die Drehpunkte beider Bulbi verbindende zu Stande kommen, werden als **Secundärstellungen** bezeichnet, diejenigen, in welchen Drehung um eine andere Achse anzunehmen ist, als **Tertiärstellungen**: dass in diesen letzteren Rollung des Augapfels, und zwar um einen für jede Stellung constanten Winkel statthat, hat man constatiren können: 1. durch Fixation eines horizontalen resp. verticalen Strichs in Primärlage und Beobachtung seines Nachbildes (siehe oben) bei einer bestimmten Abweichung, wobei seine Lage auf der betrachteten Ebene der „Projection" des betreffenden Netzhautmeridians entspricht [Ruete, Donders[1]), Wundt, Helmholtz[2])]; 2. durch Untersuchung der Neigung der Doppelbilder (siehe unten) eines verticalen Stabes in den verschiedenen Augenstellungen [Meissner[3]), v. Recklinghausen[4])]; 3. durch Bestimmung der Lageveränderungen betrachteter Objecte, welche nöthig sind, um sie in jeder Augenstellung im blinden Fleck „verschwinden zu lassen" (siehe oben), Fick[5]), Meissner.

Dabei fand man übrigens beim Sehen mit beiden Augen (siehe unten) mancherlei Abweichungen vom Listing'schen Gesetz vorkommend; ferner findet beim Seitwärtsneigen des Kopfes eine wirkliche compensatorische Raddrehung statt [Nagel[6]) u. A.]: ein Anzeichen des nervösen Zusammenhanges zwischen Augen- und Kopfbewegungen, wie er sich ja auch in den bereits früher (S. 304) besprochenen Erscheinungen des Nystagmus zeigt.

Von den **einzelnen Augenmuskeln** wirken nur der Rectus lateralis und Rectus medialis derart, dass sie für sich allein

---

[1]) Holländische Beiträge zur Heilk., I. 1848.
[2]) Arch. f. Ophthalm., IX.
[3]) Beitr. z. Anat. u. Physiol. des Sehorgans. 1854; Arch. f. Ophthalm., Bd. II; Zeitschr. f. rat. Med. (3), VIII. 1.
[4]) Arch. f. Ophthalm., V. 2, S. 127.
[5]) Unters. z. Naturlehre. V. 193.
[6]) Holl. Beiträge etc. I.

den Bulbus aus der Primärlage in reine Secundärstellungen bringen, indem sie ihn um seine verticale Achse drehen, der Rectus lateralis den Hornhautscheitel schläfenwärts und der Rectus medialis nasenwärts führend. Die Drehungsachse für den Rectus superior und Rectus inferior verläuft dagegen von nasenwärts vorn nach schläfenwärts hinten, so dass also alleinige Wirkung des erstgenannten Muskels (für den Hornhautscheitel) Hebung, verbunden mit Drehung und Rollung nasenwärts, des letzteren Senkung, verbunden mit Drehung nasenwärts und Rollung schläfenwärts zur Folge hätte; ebenso würde der Obliquus superior für sich allein Senkung, verbunden mit Drehung schläfenwärts und Rollung nasenwärts, der Obliquus inferior Hebung verbunden mit Drehung und Rollung schläfenwärts bewirken. Die Stellungsänderungen des Hornhautscheitels resp. eines Nachbildes (vgl. oben), projicirt auf eine Fläche, wie sie für bestimmte resp. gleiche Drehungswinkel jeder der genannten Muskeln hervorbringen würde, sind durch Ruete in einer einfachen Figur zusammenfassend dargestellt worden. Zu reinen Drehungen um die horizontale Verbindungslinie beider Augendrehpunkte müssen also, und zwar für Hebung der Hornhaut der Rectus superior und Obliquus inferior, für Senkung der Rectus inferior und Obliquus superior in geeignetem Verhältniss zusammenwirken.

Gleichzeitige Contraction der vier Recti kann Retraction des Bulbus in der Orbita zuwege bringen; viele Säugethiere und Amphibien besitzen einen eigenen Retractor bulbi (z. B. der Frosch).

Man hat die Wirkungsweise der Augenmuskeln auch durch Modelle veranschaulicht, bei welchen durch Gewichte spannbare Schnüre an die Augen darstellenden Kugeln drehen („Ophthalmotrop" von Ruete, Knapp u. A.).

Das eben genannte Zusammenwirken findet auch statt, wenn die Blickrichtung für beide Augen gehoben resp. gesenkt wird: in der That findet normal **motorische Correspondenz beider Augen** statt, indem beim „Binoculärsehen" unendlich weiter Gegenstände beide Blicklinien parallel laufen, und zwar in der Horizontalebene (Visirebene) entweder parallel zur Medianebene (geradeaus, Primärlage beider Bulbi, siehe oben), oder um gleiche Winkel nach rechts oder links gedreht; ersteres bewirken der rechte Rectus lateralis, zusammenwirkend mit dem linken Rectus medialis, letzteres der linke Rectus lateralis zusammen mit dem rechten Rectus medialis. Wird ein endlich entferntes Object mit beiden Augen fixirt, so schneiden sich beide Blicklinien in diesem Punkte in einem mit zunehmender Nähe des Punktes wachsenden Winkel, welcher den Grad der

„**Convergenz**" markirt: das Convergiren wird bewirkt durch eine gleichzeitige, motorische Innervation beider Recti mediales, zu welcher entsprechende Accommodation und Pupillenverengerung (siehe S. 380), ferner bei Fixation nicht gradeaus liegender Objecte noch die erwähnten, zur binoculären Seitwärtswendung resp. Hebung, Senkung oder zu Tertiärstellungen nöthigen combinirten Innervationen oder Muskelwirkungen theils verstärkend, theils antagonistisch hinzukommen müssen (Hering).

Abweichung von der in dem normalen Associationsverhältniss der Augenmuskelcentren begründeten (siehe S. 300) motorischen Correspondenz beider Augen wird als **Schielen** bezeichnet: Strabismus divergens resp. convergens; Blicken des einen Auges nach oben, des anderen nach unten ist pathologisch selten, lässt sich aber durch einen besonderen Kunstgriff willkürlich vorübergehend bewirken.

Trotzdem wir mit zwei Augen sehen, erscheinen uns doch die Gegenstände meistens einfach; es rührt dies daher, dass die Erregung gewisser zusammengehöriger Punkte der beiden Netzhäute im Bewusstsein an dieselbe Stelle des Raumes verlegt werden, so dass die Gesichtsfelder (siehe oben) beider Augen zum grossen Theil sich decken, so ein „gemeinschaftliches binoculäres Gesichtsfeld" bildend, welches von dem gesammten binoculären Gesichtsfeld wohl zu unterscheiden ist, ebenso dieses wieder von dem „binoculären Blickfeld" (Hinzutreten der Bewegungen, vgl. oben). Die zusammengehörigen Punkte beider Netzhäute bezeichnet man als ihre „**identischen**" oder „**correspondirenden**" **Punkte**.

Werden identischen Netzhautstellen verschiedene Objecte dargeboten, so erscheint dem Bewusstsein abwechselnd das eine und das andere: „Wettstreit der Gesichtsfelder". Verschiedene Helligkeiten können die Erscheinungen des („stereoskopischen", siehe unten) Glanzes bedingen. Zwischen den beiden Augen können Erscheinungen des Contrastes und Nachbilder zu Stande kommen (binoculärer Simultan- und Successivcontrast, vgl. oben). Alle diese Verschmelzungen werden von der einen Schule (Helmholtz), ebenso wie auch das Aufrechtsehen der Gegenstände trotz umgekehrter Netzhautbilder auf einen durch Erfahrung erworbenen psychischen Vorgang zurückgeführt — „empiristische Theorie" —, während Andere (Hering) ihn als angeborene Eigenschaft betrachten — „nativistische Theorie". Für die Rolle der Erfahrung spricht z. B. das Einfachsehenlernen Schielender.

Es correspondiren je die linken und die rechten Netzhauthälften beider Augen (auf die Semidecussation der Opticusfasern, siehe S. 300, zurückgeführt: bei einseitigen Störungen im Bahnverlaufe, oder Läsion eines Occipitallappens „Hemianopsie"), und in jedem Paar je die oberen und unteren „Quadranten". Die horizontalen „Trennungslinien" liegen in der Visirebene, die verticalen aber nicht, den Meridianen entsprechend, parallel, sondern convergiren bis zu 3° nach unten. Die Punkte im Raume, welche beim Sehen mit beiden Augen überhaupt einfach erscheinen, sind für alle Augenstellungen nicht immer dieselben; ihr Gesammtinbegriff für eine bestimmte Stellung wird als der **„Horopter"** für dieselbe bezeichnet.

Man findet ihn als „geometrischen Ort aller Schnittpunkte der von identischen Netzhautstellen herkommenden Richtungsstrahlenpaare" durch Berechnung resp. Construction aus „Linienhoroptern" (Orten der theilweisen Deckung der Projectionen von Netzhautlängs- und Querschnitten, oder aber, Parallelkreisen und Meridianen): unter diesen hat der „Meridianhoropter" oder die „Normalfläche" (v. Recklinghausen) noch die besondere Eigenschaft, dass in ihm alle binoculär gesehenen geraden Linien einfach scheinen.

So ergibt sich für symmetrische Augenstellungen: in der Primärlage und bei Hebung und Senkung der Blicke ohne Convergenz, entsprechend der Schiefe der Trennungslinien (siehe oben), der 1·5 m unter der Augenhöhe liegend gedachte Fussboden als Horopter (Helmholtz); für die übrigen symmetrischen Secundärstellungen setzt er sich aus einem durch die Knotenpunkte beider Augen und einer in der Medianebene auf der Visirebene senkrecht stehenden Graden zusammen; für die symmetrischen Tertiärstellungen beschränkt er sich auf den fixirten Punkt. Dass der blinde Fleck der einen Netzhaut mit einer empfindenden Stelle der anderen correspondirt, mag zu seiner „Ergänzung" durch das Bewusstsein" (siehe oben) wohl beitragen; freilich findet diese auch beim Sehen mit nur einem Auge statt.

Von Gegenständen, welche auf nicht identischen Netzhautstellen sich abbilden, müssen Doppelbilder gesehen werden, gekreuzte, wenn sich die Blicklinien vor, ungekreuzte, wenn sie sich hinter dem fixirten Punkt schneiden. Ueber solche Doppelbilder haben Schielende thatsächlich zu klagen (vgl. übrigens oben); dem Normalen kommen die Doppelbilder, welche von ausserhalb des Horopters gelegenen Punkten resp. Gegenständen, welche nicht fixirt, auf die nicht accommodirt und convergirt wird, gar nicht als solche zu Bewusstsein, resp. sie werden im Bewusstsein „zur Deckung" gebracht, oder aber mit den einfachen Bildern zu einer Gesammtvorstellung vereinigt; dieses letztere hat statt bei allen körperlichen Gegenständen (mit „Tiefendimension"), von deren Oberfläche gar nicht sämmtliche Punkte in den Horopter fallen können, sondern etwelche doppelt und etwelche auf der einen Seite liegende nur von dem einen, etwelche auf der anderen Seite liegende nur von dem anderen Auge gesehen werden müssen: dies bedingt eben den **Eindruck des „Körperlichen"**, „Plastischen", welcher bedeutend schwächer, weil nur durch Augen- und Kopfbewegungen erzielbar, beim Sehen mit einem Auge ist.

Der Eindruck des Körperlichen kann künstlich hervorgerufen werden, wenn zwei Abbildungen desselben Gegenstandes, von zwei etwas auseinanderliegenden, etwa den beiden Augen entsprechenden Standpunkten aus aufgenommen, jede nur mit dem entsprechenden Auge betrachtet werden, so dass statt der Convergenz jedes auf den das Gleiche darstellenden Fleck beider Zeichnungen blickt: Da dies den Meisten nur durch besondere Uebung gelingt, so hat man besondere Apparate construirt, in welchen durch zwei Spiegel (Wheatstone) oder zwei Prismen (Brewster) die Bilder zur Deckung gebracht werden für die unter dem der Bildweite entsprechenden Convergenzgrade hineinblickenden Augen (eventuell unter schwacher Vergrösserung durch Convexlinsenform der Prismen): sogenannte **Stereoskope**.

Dem entsprechend hat man auch stereoskopische Mikroskope und Teleskope construirt. Vertauschung der Abbilder bringt statt des Erhabenen beim Original den Eindruck des Vertieften im Bilde. Apparate mit zur Bildvertauschung angeordneten Prismen oder Spiegeln hat man Pseudoskope genannt (Wheatstone. R. Ewald).

Verschieden starke Lichtreflexion, resp. verschiedene Beleuchtungsintensität zweier auf identischen Netzhautstellen sich abbildenden Flächen verursacht den „stereoskopischen" Glanz, ebenso wie eine und dieselbe Fläche durch verschieden starke Reflexion von ihren verschiedenen, durchscheinend zu denkenden Schichten „glänzend" (nicht spiegelnd) erscheint. Auch verschiedene Färbung kann im Stereoskop ähnliche Effecte hervorbringen.

Das Sehen mit beiden Augen ist ein wichtiges Hilfsmittel für die **Beurtheilung der Entfernung der Gegenstände**, indem wir sie unwillkürlich nach dem Convergenzgrade schätzen; ein viel ungenaueres Urtheil gibt uns bei Betrachtung mit nur einem Auge das Gefühl der Accommodationsanstrengung; hier müssen Augenbewegungen resp. Veränderungen der Kopfstellung zu Hilfe genommen werden, um bis zu einem gewissen Grade das stereoskopische Sehen zu ersetzen. Ist uns die wirkliche Grösse eines Gegenstandes gerade bekannt, so liefert uns der Gesichtswinkel (siehe oben), unter welchem er erscheint, ein Hilfsmittel zur Beurtheilung seiner Entfernung; für gewöhnlich pflegen wir umgekehrt unter Zugrundelegung der aus dem Convergenzgrade u. s. w. herausgefühlten Entfernung auf die **Grösse der Gegenstände** aus dem Gesichtswinkel zu schliessen, unter welchem sie uns erscheinen: die „Abmessung" erfolgt natürlich in Form des schätzungsweisen Vergleiches mit bekannten Grössen. Hierbei erfolgen nun zahlreiche regelmässig wiederkehrende Urtheilstäuschungen aus psychologischen Motiven, sogenannte **„optische Täuschungen"**: z. B. das Grössererscheinen von Sonne und Mond, wenn sie am Horizonte, also in scheinbarer Nähe „vergleichbarer Gegenstände" erscheinen; dementsprechend die scheinbar flache, statt halbkugelige Wölbung des Himmels.

Noch nicht genügend erklärt ist die Thatsache, dass stumpfe Winkel zu klein und spitze zu gross geschätzt werden (Hering), womit zusammenhängt, dass eine Linie jenseits ihrer schiefen Kreuzung mit einem breiten Bande nicht als Fortsetzung des diesseitigen Theiles, sondern parallel mit sich verschoben erscheint, ferner die scheinbare Convergenz paralleler Geraden, welche Systeme von Strichen schneiden, die einander entgegengesetzt schräg gerichtet sind (Zöllner'sche Figur) u. m. A.

Näher auf diese Dinge einzugehen, ist hier nicht möglich; ebenso muss wegen der Lehre von der Perspective (monoculäre, stereographische, Schatten-Perspective) auf die Detailwerke verwiesen werden.

Die kugelige Form des Augapfels wird erhalten durch eine beträchtliche Wandspannung, die man mit geeigneten, den zur Abplattung einer kleinen Fläche nöthigen Druck angebenden Instrumenten [Ophthalmotonometer von Fick[1])] gemessen hat, und welche den Ausdruck eines beträchtlichen Druckes bildet, unter welchem der flüssige Augeninhalt steht — **„intraoculärer Druck"**. Da die Augenflüssigkeit — vorderes Kammerwasser, hinteres Kammerwasser, Glaskörperflüssigkeit —, ein schwach eiweisshaltiges, Zucker und Bernsteinsäure führendes Transsudat, von dem stark gefässhaltigen Ciliarkörper u. s. w. geliefert („secernirt") wird, auch Resorption dahin stattfinden kann, so wird die Grösse des intraoculären Druckes von den **Kreislaufsverhältnissen des Augapfels** stark abhängen. Die Gefässversorgung der Netzhaut erfolgt durch die Art. centralis retinae, der Choroïdea durch die Art. ciliares, deren Systeme um die „Papille" (Sehnerveneintrittsstelle) anastomosiren; der Abfluss erfolgt für die erstere durch die Vena centralis, für letztere durch die Venae vorticosae. Der intra-

---

[1]) A. g. P., XLII, 86.

oculäre Druck steigt und sinkt im Allgemeinen mit dem Blutdruck; pulsatorische und respiratorische Schwankungen fehlen gewöhnlich. Pathologische Steigerung kann zu Gefässverschluss, besonders in der Papille und Netzhautatrophie führen.

Die Augenhöhle kann völlig abgeschlossen werden durch den Schluss der **Lider**: Wirkung des M. orbicularis palpebrarum; Wiedereröffnung des oberen Augenlides durch den M. levator palpebrae sup., des unteren passiv durch die Schwere, ausserdem durch glattfaserige Retractoren. Lidschluss kann erfolgen willkürlich, unwillkürlich beim Einschlafen und reflectorisch auf Berührung oder Lichtreiz (vgl. S. 303), letzterenfalls beim Menschen „consensuell" wie der Pupillenreflex, d. h. auf beiden Augen bei Reizung nur des einen.

In ihrer Wirkung als **Schutzorgan** des Auges werden die Lider unterstützt durch die daran befindlichen Wimpern, sowie durch die zur Feucht- und Reinhaltung der vorderen Augenfläche dienende **Thränenflüssigkeit**. Diese klare, farblose, alkalisch reagirende, Salze (*Na Cl*), etwas Mucin und Eiweiss enthaltende Flüssigkeit wird von der als „Eiweissdrüse" (S. 121) aufgebauten Thränendrüse beständig secernirt — über die Innervation siehe S. 299; sie gelangt durch die capillaren Lidräume, unterstützt durch den Lidschlag, nach dem Thränensee im medialen Augenwinkel, um von hier durch die Thränenröhrchen in den Thränensack als Sammelraum und weiter in den unteren Nasengang abzufliessen; unterstützende resp. ansaugende Muskelkräfte — Erweiterer des Thränensacks — sind behauptet. Ueberfliessen der Thränen über die Lidränder wird durch das fettige Secret der Meibom'schen Drüsen gewöhnlich verhindert, findet aber bei psychisch angeregter („Weinen") vermehrter Secretion doch statt.

XVI.

Zeugung[1]).

Es muss heutzutage als erwiesen gelten, dass eine Entstehung lebender Wesen nur aus unbelebter Materie — **Urzeugung,** Generatio aequivoca — **nicht vorkommt.** Die neueren Forschungen über die niedersten Lebewesen — Protozoen einerseits (z. B. die Infusorien, d. h. „Aufgussthierchen", weil früher durch Urzeugung in Aufgüssen auf organische Substanzen entstanden geglaubt) und Spaltpilze andererseits — haben mit Sicherheit gezeigt, dass auch hier die neuen Individuen als „Zellen" (siehe S. 3) aus schon vorhandenen älteren hervorgehen (im Sinne des omnis cellula e cellula, Virchow), und zwar auf diesen niedersten Organisationsstufen durch einfache **Theilung;** auf etwas höherer Organisationsstufe (mehrzellige Lebewesen) erfolgt Abschnürung besonders gearteter Antheile — Vermehrung durch **Sprossung.** Bei den höchststehenden Thieren und Pflanzen endlich differenziren sich einzelne Zellen des ganzen complexen Organismus zu der Fähigkeit und Bestimmung, vor oder nach ihrer Ausstossung durch fortgesetzte Theilung und Wachsthum zum neuen, dem sich fortpflanzenden durchaus entsprechenden Organismus sich zu entwickeln. Von diesen „**Keimen**" kann entweder jeder einzelne die Fähigkeit zu diesem Entwicklungsprocess besitzen und unter geeigneten Umständen sich zum neuen Organismus entwickeln: Sporen mancher Kryptogamen; Parthenogenese, d. h. Entwicklung von Thierembryonen aus unbefruchteten Eiern (z. B. die Drohnen bei den Bienen) — oder aber es treten **zwei** Keime, von zwei verschiedenen Individuen oder verschieden differenzirten Fortpflanzungsorganen desselben Individuums zusam-

---

[1]) Monographien: Leuckart's Artikel in Wagner's Handwörterbuch der Physiologie, IV, 586. Hensen, Physiologie der Zeugung, in Hermann's Handbuch der Physiologie, VI, 2. Leipzig 1881.

men, nach deren Verschmelzung sich das neue Individuum entwickelt: Conjugation, **geschlechtliche Zeugung.**

Die Keimzelle des weiblichen Geschlechts wird im Thierreich allgemein als Eizelle oder **Ei** bezeichnet. Der männliche Keimstoff oder **Same** (Sperma) hat zum wesentlichen Bestandtheil eigenthümlich modificirte Zellen, die Samenfäden (Spermatozoën). Durch geeignete Vorgänge **(Begattung)** wird dafür gesorgt, dass Eizelle und Samenfäden (letztere in gewaltiger Ueberzahl) mit einander in Berührung kommen; dadurch kann der in Eindringen der letzteren in erstere und Verschmelzung gewisser Formelemente bestehende Vorgang der **Befruchtung** zu Stande kommen, dessen weitere Folge die **Entwicklung** des neuen Individuums ist.

Die Keimzellen beider Geschlechter entwickeln sich in Epithellagern — „Keimlager" —, welche bei den höheren Thieren in drüsenartig gebauten Organen angeordnet sind: diese **„Keimdrüsen"** heissen beim weiblichen Geschlecht bekanntlich Eierstöcke, beim männlichen Hoden.

Die Anatomie dieser Keimdrüsen betreffend, sei hier nur daran erinnert, dass die Eizellen in bläschenartigen Hohlräumen der Eierstöcke sich anlegen — den Graaf'schen Follikeln —, welche mit dem Keimepithellager (Membrana granulosa) ausgekleidet sind, indem dieses an der der Eierstocksoberfläche gegenüberliegenden Seite eine Anhäufung (Discus proligerus) bildet. Zur Zeit der Geschlechtsreife des Weibes (siehe unten) wachsen diese Follikel periodisch zu 10—15 mm grossen, unmittelbar unter der Eierstocksoberfläche gelegenen Blasen aus, welche mit der Flüssigkeit prall gefüllt sind und deren jede schliesslich, wenn die Eizelle gereift ist und sich mit anderen Zellen des Discus proligerus zusammen „löst", nach aussen öffnet und diese letztere entleert.

Die reife menschliche Eizelle (Ovulum) hat 0·15—0·2 mm Durchmesser und ist von der Eihaut („Zona pellucida" im mikroskopischen Bilde) umhüllt. Ihr Inhalt ist wesentlich Bildungsdotter (Protoplasma im engsten Sinne) mit eingestreuten Körnern von sogenanntem Nahrungsdotter (Deutoplasma). Der Zellkern ist gross, bildet ein Bläschen (Keimbläschen, Vesicula germinativa) und zeigt ein Kernkörperchen (Keimfleck, Macula germinativa).

Die **Reifung und Lösung der Eier** erfolgt vom Eintritte der Pubertät — in unseren Breiten durchschnittlich mit Beginn des 15. Lebensjahres, im Süden früher, im Norden später — an in regelmässigen Perioden von durchschnittlich vier Wochen (bei manchen Individuen mehr oder weniger), und gleichzeitig mit ihr tritt jedesmal eine 2—3 Tage dauernde Blutung aus der zuvor aufgelockerten Schleimhaut des Uterus auf, die **Menstruation**.

Die bei jeder „Regel" entleerte Blutmenge soll 100—200 ccm betragen, — gemischt mit schleimigem Secret, welches auch die Gerinnung verlangsamen mag. Ob normal eine Abstossung von Epithel in grösserem Maasse (Decidua menstrualis) stattzufinden braucht, kann bezweifelt werden.

Bei wildlebenden Säugethieren finden die Menstruationen nur zu gewissen Zeiten des Jahres statt, derart, dass die Geburt der Nachkommen in eine günstige Jahreszeit fallen muss. Dass mit den einzelnen Ovulationen und Blutungen hier die Zeiten der geschlechtlichen Erregung — Brunstzeiten — immer zusammenfallen, wird übrigens von Hensen[1]) in Abrede gestellt.

Das gelöste Ei gelangt in den Uterus, indem, bei Säugethieren wenigstens in den meisten Fällen, das Abdominalostium des Eileiters der gleichen Seite sich trichterartig über den Eierstock legt und die Bewegung des Flimmerepithels für die weitere Beförderung sorgt; durch bei der Begattung in die Vagina gelangte und in entgegengesetzter Richtung zu diesem Flimmerstrom sich weiterbewegende Spermatozoën kann noch auf dem Ovarium, unterwegs oder im Uterus die Befruchtung erfolgen (siehe unten).

Beförderung der Eier in die Eileiter durch auf dem Peritoneum sich ausbildendes Flimmerepithel ist beim Frosch durch Thiry[2]) sichergestellt. Solches hat nach O. Becker[3]) auch beim Menschen statt und kann Fälle von „äusserer Ueberwanderung" eines Eies von einem Ovarium in die Tube der anderen Seite erklären.

Während der Schwangerschaft und mehr weniger auch während des Säugens (Lactation) bleibt die Menstruation aus. Auch in den Veränderungen des Eierstocks an den Stellen der geplatzten Follikel hat ein Unterschied statt, je nachdem ob Befruchtung erfolgt ist oder nicht; im ersteren Falle bildet sich ein grosser, graugelber Pfropf an der betreffenden Stelle (Corpus luteum verum), im letzteren nur eine unscheinbare Narbe (Corpus luteum spurium).

Der Zusammenhang dieser letzteren Vorgänge, wie überhaupt der ganze Mechanismus und die Bedeutung der Menstruation ist noch sehr der Aufklärung bedürftig, so viel auch schon darüber geschrieben sein mag.

Die Formelemente des Samens, die Spermatozoën, bilden sich in den gewundenen Canälchen des Hodens aus gewissen Zellen

---

[1]) Hermann's Handb., VI, 2, S. 68.
[2]) Nachr. d. Gesellsch. d. Wiss. zu Göttingen, 1862, S. 171.
[3]) Untersuch. z. Naturlehre, II, 91.

des Keimepithels, den Spermatoblasten, indem deren Kern wesentlich das Material zu dem Kopf, ihr Protoplasma wesentlich zu dem Fortbewegungsorgan, dem sogenannten Schwanz, liefert; wegen der Einzelheiten der Samenfädenbildung (Spermatogenese), welche zum Theil noch streitig sind, muss auf die Specialliteratur[1]) verwiesen werden.

Die Spermatozoën sind suspendirt, resp. bewegen sich in der Samenflüssigkeit, von welcher ein Antheil ebenfalls im Hoden gebildet wird, weitere Antheile auf dem Wege nach aussen dazu kommen: Secrete der Samenblasen, der Vorsteherdrüse und der Cowper'schen Drüsen. Der Gesammtgehalt des Samens an organischen Bestandtheilen kann 15% erreichen, nimmt aber (ebenso wie die Zahl der Formelemente) mit zunehmender Häufigkeit der Entleerung ab. Als Hauptantheil der Spermatozoënköpfe in deren Eigenschaft als Zellkerne sind Nucleïne [Miescher[2])], resp. Nucleoproteïde zu erwähnen; ausserdem enthält das Sperma Lecithin, Cholesterin, einfachere Eiweisskörper (Gerinnbarkeit!), Fette und, aus dem Prostatasecret herrührend, eine eigenthümliche Base, das Spermin, welches nach Schreiner[3]) dem Aethylenimin $C_2H_4 \cdot NH$ isomer, nach Poehl[4]) complicirter zusammengesetzt sein soll, sich auch sonst normal und pathologisch im Körper findet (z. B. im Bronchialsecret der Asthmatiker in Form der Leyden-Charcot'schen Krystalle). Auf Zersetzungsproducte des Spermins wird meist auch der eigenthümliche Geruch des frisch entleerten Samens (vor Zeiten als befruchtendes Princip angesehen, „Aura seminalis") zurückgeführt. 2—3% mineralischer Bestandtheile geben dem Sperma alkalische Reaction, welche für die Erhaltung der Bewegungsfähigkeit der Spermatozoën von Bedeutung ist (vgl. S. 211).

Die **Reifung des Samens** erfolgt beim Menschen vom Eintritt der Pubertät (15. bis 17. Lebensjahr) ab continuirlich, bei nicht domesticirten männlichen Säugethieren und anderen Thierclassen meist zu einer bestimmten, für das Fortkommen der zu zeugenden Nachkommen günstig gelegenen Zeit (Frühjahr) — Brunstzeit —,

---

[1]) Näheres (Hinweis auf v. Ebner, Neumann u. s. w.) siehe in Benda's Arbeiten. A. (A. P., 1886. S. 386; Arch. für mikroskop. Anat., XXX. 49. und Anderes.

[2]) Verh. der naturwiss. Gesellsch. in Basel, VI. 138. 1874; M. und Glaser, Ber. der Berl. Fischereiausstellung, 1880, Schweiz, S. 154.

[3]) Ann. Chem. und Pharm., CXCIV. 68.

[4]) Ber. der deutsch. chem. Gesellsch., XXIV. 359.

entsprechend der Reifung der Eier beim weiblichen Geschlecht (vgl. oben).

Reichliche Nahrung und häufige Entleerung begünstigen die Samenbildung, möglicherweise auch auf das Geschlechtliche gerichtete psychische Vorgänge, obwohl eine Abhängigkeit der Vorgänge im Keimepithel des Hodens vom Nervensystem nicht nachgewiesen ist.

In um so ausgedehnterem Maasse dagegen besteht eine solche für die Vorgänge bei der **Begattung.** Der dazu nöthige Anreiz wird corticalen, resp. subcorticalen Apparaten („Geschlechtstrieb", vgl. S. 311 über instinctive Handlungen), ja schon übergeordneten spinalen Centren („Umklammerungsreflex" decapitirter Froschmännchen im Frühjahr) ertheilt auf centripetalem Wege von den Hoden, resp. gefüllten und prall gespannten Samenblasen aus und kann durch die Geschlechtssphäre betreffende Sinneseindrücke, resp. psychische Vorgänge („erotische Vorstellungen") verstärkt werden. Er führt zunächst zur **Erection des Penis,** welche durch Füllung seiner Corpora cavernosa mit Blut durch arteriellen Zustrom und verhinderten venösen Abstrom zu Stande kommt: letztere könnte durch Contraction der Perinaealmuskeln bedingt [Krause[1])], ersterer durch Erschlaffung der glatten Muskelfasern in den Schwellkörpern begünstigt [Kölliker[2])] werden. Die Nerven, welche diese Vorgänge beherrschen, gehören, wie schon früher (S. 85, 321) erwähnt, zum Sacralgeflecht (Nn. erigentes von Eckhard), doch betheiligt sich auch der Pl. hypogastricus an der Genitalinnervation (Langley, François-Franck, siehe S. 85) und im Lendenmark, bezw. Sacralmark (S. 284) befinden sich auch die Reflexcentren für die Vorgänge bei der Erection und der den Geschlechtsact (Coitus) abschliessenden Ejaculation Die Erection befähigt den Penis zur „Immission" in die Vagina, woselbst mit ihm Bewegungen nach Art des Kolbens einer Spritze ausgeführt werden; durch die dabei stattfindende Reibung an der Vaginalwand (Columnae rugarum) erfolgen Reizungen sensibler Nervenendigungen, welche in ihrer Wirkung auf die Centralorgane sich summiren, sowohl hinsichtlich des dabei eintretenden Allgemeingefühls der Wollust, als auch der Wirkung auf das Reflexcentrum für die **Ejaculation,** welche darin besteht, dass zunächst die glatten Muskeln des Vas deferens, der Samenblase und des Ductus eiaculatorius sich peristaltisch contrahiren und das darin enthaltene Sperma in die Pars prostatica und membranacea

---

[1]) A. A. P., 1837. S. 30.

[2]) Verh. der Würzb. physikal.-med. Gesellsch., II, 188. 1851.

der Harnröhre pressen; von hier aus wird es durch rhythmische Contractionen der Mm. ischiocavernosi und bulbocavernosi mit einer gewissen Kraft aus der Harnröhre herausgeschleudert. Die bei einem Coitus entleerte Spermamenge soll $\frac{1}{2}$—7 ccm betragen. Auch beim Weibe finden bei der Cohabitation Reflexbewegungen statt: Erection der Clitoris, Aufrichten des Uterus, angeblich auch nach unten schnappende Bewegungen unter Oeffnung des äusseren Muttermunds auf der Akme, endlich Secretion aus Schleimhaut- und Bartholinschen Drüsen. Mit erfolgter Ejaculation hört die Erection auf und auf die somatischen (gesteigerte Athem- und Pulsfrequenz etc.) und psychischen Aufregungserscheinungen folgt — beim Manne schneller und anhaltender als beim Weibe — ein depressiver Zustand.

Die beim Zusammentreffen von Ei und Sperma (siehe oben) erfolgende Befruchtung des ersteren — **Empfängniss, Conception** — findet nach Hasler's¹) Statistik beim Menschen am häufigsten statt, wenn die Cohabitation in den ersten 10—14 Tagen nach der Menstruation erfolgte, doch kann sie auch durch später, wie auch vor der betreffenden Ovulation erfolgte Begattung zu Stande kommen, da Ei wie Same ihre Lebensfähigkeit genügend lange bewahren. Ueber die Vorgänge bei der Befruchtung, sowie die Entwicklung des Embryos wird auf die Lehrbücher der Entwicklungsgeschichte verwiesen. Die **Dauer der Schwangerschaft** beim Menschen beträgt 10 Mond- resp. 9 Kalendermonate, nach deren Ablauf die Ausstossung des nun extrauterin lebensfähig gewordenen Fötus aus dem ausserordentlich gewachsenen und an Muskelzellen reichen Uterus, der Vorgang der **Geburt**, stattfindet. Wegen aller denselben betreffenden Einzelheiten, sowie schon hinsichtlich des fötalen und placentaren Kreislaufs sei des Ferneren auf die geburtshilflichen Lehrbücher hingewiesen. Von der Innervation des Uterus und der Unabhängigkeit des Conceptions- und Geburtsvorganges vom Gehirn ist schon früher die Rede gewesen.

Dem Geburtsvorgange folgt innerhalb mehrerer Wochen („Wochenbett") die **Rückbildung des Uterus** zur früheren Gestalt und Grösse unter Abstossung degenerirter Epithellager (Decidua vera) und flüssigen (Wund-)Secrets (Wochenfluss, Lochien).

Das stickstoffhaltige Material bei der Rückbildung des Uterus wird jedenfalls mitverwendet zur Bildung eines

---

¹ Diss. Zürich 1876.

eigenartigen Secrets, welches dazu bestimmt ist, dem Neugeborenen als Nahrung zu dienen — der **Milch**.

Diese bildet eine weisse, undurchsichtige, nur in dünnen Schichten durchscheinende, süsslichschmeckende, schwachriechende Flüssigkeit von der Dichte 1·027—1·033, von meist schwach alkalischer, bisweilen amphoterer Reaction, welche eine Emulsion feiner Fetttröpfchen (Butterkügelchen) darstellt, von denen es zweifelhaft ist, ob jedes von einer äusserst dünnen Hülle („Haptogenmembran", Caseïn?) umgeben und so die Haltbarkeit der Emulsion zu Stande kommt; beim Stehen steigen die Fetttröpfchen in die Höhe, die Rahmschichte bildend; bei mechanischer Einwirkung auf den Rahm fliessen sie zusammen, die Butter bildend. Das Butterfett besteht aus (viel) Oleïn, Palmitin und Stearin, sowie den in geringen Mengen und bestimmtem Verhältniss vorhandenen specifischen „Butterfetten": Butyrin, Capronin, Caprylin, Caprinin, Myristin — lauter Glyceriden (mit je drei Radicalen) der betreffenden Fettsäuren Die Grundflüssigkeit, beim Buttern abgetrennt als „Buttermilch" bezeichnet (nach Coagulation des Caseïns durch Lab bleibt weiterhin die „Molke" zurück), enthält die Eiweisskörper, das Caseïn und (in geringerer Menge) Albumin, Cholesterin und Lecithin, Extractivstoffe (Harnstoff, Hypoxanthin), einen gelben Farbstoff (Luteïn), vor Allem aber noch den Milchzucker und die Salze — Phosphate, Kali-, Kalk-, Eisen- und Mangansalze —, schliesslich gelöste Gase.

Die quantitative Zusammensetzung der Frauenmilch und verschiedener Thiermilcharten gibt folgende Tabelle (Mittelzahlen von König):

	Wasser	Caseïn	Albumin	Fett	Milchzucker	Salze
Frauenmilch . . .	87·09	0·63	1·31	3·90	6·04	0·49
		1·94			
Kuhmilch	87·41	3·01	0·75	3·66	4·82	0·70
		3·76			
Ziegenmilch . . .	86·91	2·87	1·19	4·09	4·45	0·86
		4·06			
Eselsmilch	90·04	0·60	1·55	1·39	6·25	0·31
		2·15			

Beim Kochen der Milch bildet das gerinnende Lactalbumin das Häutchen; das Caseïn gerinnt dabei nicht, in seiner Eigenschaft als Alkalialbuminat, dagegen kann es durch Lab zur Gerinnung gebracht werden („Quark") und wird (mehr oder weniger Butterfett enthaltend), abgepresst und sich selbst überlassen, durch Fäulnissvorgänge (parasitäre Bionten) zum Käse. Beim Stehenlassen der Milch erfolgt durch den Milchsäurebacillus Spaltung des Milchzuckers in Milchsäure (vgl. S. 42), welche das Caseïn fällt (Dickwerden der Milch).

Die Bildung der Milch, deren organische Bestandtheile im Blute grösstentheils nicht präformirt sind, erfolgt in den **Milchdrüsen,** welche bei den verschiedenen Säugethieren in verschiedener Zahl, meist paarweise und an verschiedenen Hautstellen der ventralen Rumpfseite (paarige „Milchleisten") vorhanden sind. Die Fettkügelchen entstehen dabei durch fettige Infiltration aus den Epithelzellen der Milchdrüsen-Acini, welche als solche noch in der unreifen Milch der ersten Tage nach der Geburt (Colostrum) vorhanden sind (Colostrumkügelchen). Die Ausführungsgänge der Milchdrüse sammeln sich zu Milchcysternen (beim Menschen 15—24 wenig erweiterte Gänge in jeder Brustdrüse), welche je in einen feinen Canal der Brustwarze (resp. Zitze) münden, aus welcher durch Saugen (resp. Melken) die Entleerung stattfindet. Die von beiden Brustdrüsen beim menschlichen Weibe in 24 Stunden gelieferte Milchmenge kann 1350 ccm erreichen; sie wird durch häufige Entleerung gesteigert, unterliegt übrigens, sowie auch die Beschaffenheit der Milch, der Beeinflussung nicht nur durch die Ernährung, sondern auch durch das Nervensystem (psychische Einwirkungen).

Eine **Altersgrenze der Zeugungsfähigkeit** ist für das männliche Geschlecht kaum festzusetzen; beim weiblichen Geschlecht fällt sie (für den Menschen) gewöhnlich zwischen das 40. und 50. Lebensjahr: es hören Ovulation und Menstruation auf und es tritt Rückbildung (Schrumpfung, Involution) der inneren Genitalien ein: Menopause, Klimakterium, gleichzeitig tritt eine Annäherung der organischen Functionen (Stoffwechsel, siehe S. 99) an den männlichen Habitus ein, welche schliesslich in deren senile Abnahme übergeht, die mit dem natürlichen Tode endet.

Sachregister.

Abdominaler Athmungstypus 105. 107.
Abducens, Nervus 299.
Abklingen der Netzhauterregung 388.
Absorptionscoefficient 90.
Accelerans 73.
Accessorius, Nervus 294.
Accommodation des Auges 369, des Ohrs 340.
Accommodationsspatium 372.
Accommodationsvermögen 374.
Achromasie des Auges 379.
Achsencylinder 225.
Achter Hirnnerv 296 ff.
Actionsströme der Muskeln und Nerven 253, phasische 257 ff.
Adaptation des Auges 389.
Adäquater Reiz 225.
Aderfigur, Purkinje'sche 382.
Aërotonometer 95.
Aesthesodische Substanz 285.
Aetherschwefelsäuren 32.
Affecte 311.
Albumine 22.
Albuminoïde 28.
Albumosen 29.
Alkohol 172. Wirkung 157.
Allantoïn 36.
Alloxan 35.
Alt 355.
Alterationstheorie 265.
Ambos 339.
Amidocapronsäure, siehe Leucin.
Amidoessigsäure, siehe Glykokoll.
Ammoniak 19.
Amöboïde Bewegung 210.
Amylnitrit 85.
Anfangszuckung 269.
Anisotrope Substanz 207.
Anklingen der Erregung 388.
Anode. Wirkung auf den Muskel 185 f., den Nerven 231 f.
Anspannungszeit des Ventrikels 64.
Antialbumose und Antipepton 29.
Aphasie 313.
Aplanasie des Auges 376.
Apnoe 115.
Apperceptionszeit 318.

Arbeit des Muskels 188, des Herzens 82.
Arbeitssammler 188.
Arsenige Säure. Wirkung 157.
Arterien 74 ff., Puls 77.
Arterielles Blut 50, 94.
Arthrodie 213.
Aspiratae 359.
Aspiration des Thorax 102.
Assimilationsprocesse 8.
Associationsfasern 306.
Astasie 249.
Astigmatismus 376 f.
Ataxie 278.
Atelektase 103.
Athembewegungen 101 ff., Frequenz und Tiefe 111 ff., Innervation 113 f., Selbststeuerung 117.
Athemcentrum 113.
Athemgrösse 111.
Athmung, innere und äussere 88, in verdichteter und verdünnter Luft 100.
Atrien, siehe Vorhöfe.
Atrioventricularklappen 60.
Atropin 74. 380.
Aufmerksamkeit 308.
Auge 360. Circulation 398, reducirtes 369, schematisches 368.
Augenbewegungen 392 ff., Association 395, Correspondenz 394, Innervation 299 f.
Augenleuchten 380.
Augenlider 399.
Augenmuskeln 393.
Augenspiegel 381.
Augenwimpern 399.
Aura seminalis 403.
Ausscheidung, siehe Secretion.
Auslösung 10.
Autochthonie 273.
Automatie 272.

Balken 306.
Bass 355.
Bauchpresse 106.
Bauchreden 359.
Becherzellen 150.
Befruchtung 405.

Begattung 404.
Belegzellen 125.
Benzoësäure 30.
Beschleunigungsnerven, siehe Accelerans.
Bewegungen 212.
Bewegungsgefühl 332.
Bewusstsein 308.
Bier 168.
Bilanz d. Stoffwechsels 169, d. Wärme 181.
Biliprasin 26.
Bilirubin 26.
Biliverdin 26
Binocularsehen 395.
Biuretreaction 21.
Blickfeld 392, 395.
Blicklinie 392.
Blut 47 ff.
Blutdruck. Messung 59, im Herzen 63 f. in den Arterien 75 f., Capillaren 80, Venen 80.
Blutfarbstoff, siehe Hämoglobin.
Blutgase 89 ff.
Blutgerinnung 48, 51 f.
Blutplättchen 51.
Blutstrom. Geschwindigkeitsmessung 79.
Blutvertheilung 87.
Blutzellen 47. Zählung 48
Bogengänge 349.
Brechact 124.
Brennebenen 365.
Brennpunkte 365.
Brennweiten 365
Brenzkatechin 32.
Brillengläser 374 f.
Brod 172.
Brunstzeit 403.
Bruststimme 356.
Butter 406.

Cacao 168.
Caffeïn 168.
Calorimetrie 174.
Capillarelektrometer 250
Capillargefässe. Kreislauf 80.
Caprinsäure 44.
Capronsäure 44.
Capylsäure 44.
Carbamid, siehe Harnstoff
Carbaminsäure 33.
Caseïn 27, 406.
Castratenstimme 355.
Cellulose. Unverdaulichkeit 42.
Centralorgane 271 ff.
Cerebrine 46.
Chlor 18.
Chloride im Blut 19, im Harn 143.
Chocolade 168.
Cholesterin 45.
Choletelin 26.
Cholsäure 30.

Chondrin 28.
Chordae tendineae 61.
Chylus 136.
Chymus = Speisebrei, siehe Magenverdauung.
Ciliarmuskel 370.
Cocaïn 168.
Coïtus 404.
Collagen 28.
Combinationstöne, objective 347.
Commissuren 306.
Compensation beim Intoniren 355.
Complementärfarben 384.
Complementärluft 108.
Conjugation 401.
Consonanten 358 f.
Contractionswelle 194.
Contractur 198.
Contrast 389.
Convergenz 395.
Coronargefässe 69.
Corpus luteum 402.
Correspondenz der Netzhäute 395.
Costaler Athmungstypus 107.
Curare 247.
Curven 13.
Cyan 8.
Cylinderlinsen 377.

Dämpfung, beim Galvanometer 249, beim Trommelfell 338.
Darmbewegungen 132.
Darmgase 132.
Darmsaft 131.
Darmverdauung 128.
Decidua menstrualis 402.
Decrement der Erregungswelle 259.
Defäcation 142.
Degeneration, paralytische 201, traumatische 242.
Dehnungscurven des Muskels 190 f.
Demarcationsstrom 265.
Depressor 85.
Dextrine 43
Diabetes 140.
Diastole 60.
Dicrotie des Pulses 78.
Differentialrheotom 255 f
Differenztöne 346.
Dioptrie 373.
Dioptrik des Auges 360 ff.
Dissonanz 347.
Doppelbilder 396.
Dotter 401.
Drehmomente der Muskeln 215.
Drehpunkt des Auges 392.
Drucksinn 326 f.
Drüsen. Eiweiss- und Schleimdrüsen 121.
Duraccord 348.
Dyspnoe 115.

Ei 401.
Eilauf 219.
Eisen 19. im Blut 53. Tagesbedarf 167.
Eiweisskörper 20 ff.
Ejaculation 404.
Elasticität des Muskels 190 f.
Elektricität, thierische 248 ff.
Elektrische Fische 269.
Elektroden, unpolarisirbare 251.
Elektrotonische Ströme 262.
Elektrotonus, physiologischer 231 f.
Elementarorganismus 2.
Emmetropie 374.
Empfindungen 326.
Empfindungselement 308.
Empfindungskreis 329.
Empiristische Theorie 395.
Endolymphe 349.
Energie. Erhaltung 5. specifische 225. 308. 326.
Entfernung. Schätzung 397.
Entladungshypothese 247.
Entoptische Erscheinungen 390.
Enzyme 29.
Epilepsie 316.
Erbrechen, siehe Brechact.
Erection 404.
Ermüdung und Erholung des Muskels 198. des Nerven 245.
Ernährung 163 ff.
Erregung d. Muskeln 193 ff., d. Nerven 228.
Erregungswelle 194.
Erstickung 117.
Eupnoe 115.
Excremente 119. 142.
Explosivlaute 359.
Exspirationsluft 89.

Facialis 297 f.
Fäces 142.
Falset 355.
Farben 383 f.
Farbenblindheit 387.
Farbenmischung 383 f.
Farbentafel 384.
Fenster, ovales und rundes 340 f.
Fermente 29.
Fettbildung 161.
Fette 43, Emulgirung 129.
Fettresorption 129.
Fibrin 48.
Fibrinferment 51.
Fibrinogen 22. 51.
Fibrinoplastische Substanz 51.
Fieber 179.
Firnissen der Haut 101. 179.
Fistelstimme, siehe Falset.
Fixation 391.
Fleisch 165. Zubereitung 172. als Stoffwechselgrösse 155.

Fleischbrühe 168.
Flimmerbewegung 211.
Fluor 18.
Fötale Apnoe 115.
Formant 357.
Fussgelenk 216.

Gährungsvorgänge 40. 42.
Galaktose 41.
Galle 129. Absonderung 130.
Gallenfarbstoffe 26 f.
Gallensäuren 29 f.
Galvanometer 248 ff.
Ganglienzellen, siehe Nervenzellen.
Gaswechsel 88. Grössenwerthe 99.
Gaumenbewegung. Innervation 296.
Geburt 405.
Gefässnerven 83 ff.
Gefässnervencentren 85. spinale 284. übergeordnetes 302.
Gehen 216.
Gehirn 290 ff., Kreislauf 323.
Gehörgang 337.
Gehörknöchelchen 339.
Gehörshallucinationen 351.
Gelenke 212. Haftmechanismen 213, Hemmung 213.
Genussmittel 168.
Geräusche 348.
Gerinnung der Eiweisskörper 21, des Blutes 51 f., des Muskelplasmas 200, der Milch 406 f.
Geruch 334 ff.
Geschlechtstrieb 404.
Geschmackssinn 332 ff.
Gesichtsfeld, unioculäres 392. binoculäres 395.
Gesichtslinie 391.
Gesichtswinkel 397.
Glaskörper 398.
Gleichgewichtssinn 349.
Gleichung, persönliche 316.
Globuline 22.
Glukoside 334.
Glukuronsäure 40.
Glycerin 39.
Glycerinphosphorsäure 45.
Glykogen 43, der Leber 139, der Muskeln 204 f.
Glykogenie 138 f.
Glykokoll 29.
Grosshirnrinde. Functionen 306 f., Localisation 312 f.

Hämatin 25.
Hämatoïdin 26.
Hämatoporphyrin 26.
Hämautographie 78.
Häminkrystalle 25.
Hämochromogen 25.

— 411 —

Hämodromometer, -dromograph 79.
Hämodynamik 55 ff.
Hämoglobin 23 f.
Hämotachometer 79.
Hallucinationen 309.
Hammer 339.
Haptogenmembran 406.
Harn, Eigenschaften und Bestandtheile 143 f., Absonderung 146 f., Uebergang von Stoffen in ihn 145 f.
Harnblase 148.
Harnfarbstoff 143.
Harnleiter 148.
Harnröhre 148.
Harnsäure 35, Salze 36, Bildung 145.
Harnstoff 33, Bildung 145.
Haschisch 168.
Haut, Gaswechsel 101, Rolle bei der Wärmeregulirung 177.
Helligkeit 383.
Hemmungsnerven 225.
Herz 54, Pumpwirkung 60, Arbeit 82, Ernährung 69, Innervation 70 ff.
Herzstoss 66.
Herztöne 62.
Hinterstränge des Rückenmarks 287.
Hippocampus 314.
Hippursäure 30.
Hirnnerven 293.
Hirnstamm 290.
Hoden 401.
Homoiothermie 173.
Hornhaut, Constanten 368, Verhalten nach Trigeminusdurchschneidung 275.
Hüftgelenk 215.
Hungergefühl 163.
Hungerzustand 153.
Husten 113.
Hydrobilirubin 27.
Hydrochinon 32.
Hypermetropie 375.
Hypnotismus 320.
Hypoglossus 293.
Hypoxanthin 36.

Icterus 130.
Identische Netzhautstellen 395.
Incrementsatz 263.
Indol 32.
Indoxylschwefelsäure 32.
Inductionsströme 229.
Inogene Substanz 206.
Inosit 204.
Insectenmuskeln 185.
Inspiration 104 ff.
Intercostalmuskeln 106.
Interferenz der Erregungen 246.
Iris 379.
Irradiation 390.
Isocyansäure 34.

Isolirte Leitung in den Nervenfasern 226.
Isometrische Muskelzuckung 190.
Isotonische Muskelzuckung 189.
Isotonische Salzlösungen 19.

Jacobson'scher Nerv 122.

Kälte 10, Einfluss auf Leben 179, Haut 85, Wärmeabgabe 90, Muskelzuckung 185, Nervenleitung 228, 240 f.
Käse 407.
Käsestoff 27.
Kalisalze 19, 51.
Kalk 19, Bedarf 162.
Kaltblüter 173.
Kardiographie, Kardiogramm, siehe Herzstoss.
Kartoffeln 166.
Kehlkopf 351 f., Athembewegungen 112, Muskeln 352.
Kehlkopfnerven 295.
Kehlkopfspiegel 353.
Keim 400.
Keimepitheliager 401.
Keratin 28.
Kernleiter 267 f.
Kiemen 101.
Kieselsäure 18.
Kindesalter 11, Gaswechsel 99, Stoffumsatz 166.
Kinesodische Substanz 285.
Klänge 344.
Klangfarbe 344.
Kleber 172.
Kleinhirn 304 f.
Kleinhirnseitenstrangbahn 288.
Knall 348.
Kniegelenk 213, 216.
Knochen 212.
Knochenleitung des Schalls 337.
Knochenmark, Blutbildungsstätte 138.
Knorpel 28.
Knotenpunkte 364 f.
Kohlenhydrate 37 ff., Einfluss auf den Stoffwechsel 155, den respiratorischen Quotienten 157.
Kohlenoxyd 100.
Kohlenoxydhämoglobin 25, 91.
Kohlensäure 18, in der Atmosphäre 88, im Blute 91, Production 7, als Nervenreiz 302.
Kopf, Fixation beim aufrechten Stehen 215.
Kopfmark 301.
Kopfstimme, siehe Falset.
Kostmaass 165.
Kraft, absolute des Muskels 192, elektromotorische thierischer Gewebe 253.
Kreatin 34, im Muskel 204.
Kreatinin 35, im Harn 143.

Kreislauf 54 ff.
Kreuzung der Leitungsbahnen 290 f., der Opticusfasern 300.
Kugelgelenk 213.
Kymographion 59.

Labdrüsen 125.
Labferment 27. 125.
Labyrinth, Bedeutung für das Hören 340 f., für die Erhaltung des Gleichgewichtes 349.
Lackfarbigmachen des Blutes 50.
Längsschnitt 252.
Laryngoskop, siehe Kehlkopfspiegel.
Latenzstadium der Muskelzuckung 184, der Vaguswirkung 72, der motorischen Nervenendigungen 247.
Laufen 219.
Leben, Theorien 7 f.
Lebensalter 11, Einfluss auf den Gaswechsel 99.
Leber, Secretionsthätigkeit 130, Glykogenie 138.
Lecithin 45.
Leichenwachs 162.
Leim 28, Verdauungsproducte 127.
Leitung der Erregung im Muskel 194, Geschwindigkeit 194, im Nerven 224, doppelsinnige 226, Geschwindigkeit 227, Theorie 267 f.
Leitungswiderstand 229.
Leucine 30.
Leukocyten 47.
Lichtempfindung 360.
Lidreflex 399.
Lingualis 244.
Linienhoropter 396.
Lippenlaute 358.
Localisirung beim Tastsinn 328, beim Gehör 350, beim Gesichtssinn 393.
Localzeichen 309.
Lochien 405.
Locomotion 212 ff.
Luftdruck, Wirkung auf die Gelenke 213, auf die Athmung 100.
Luftstrom in der Nase 335.
Lungen, Elasticität 101 f.
Lungenentzündung nach Vagotomie 293.
Lungenkatheter 95.
Lungenkreislauf 81.
Lymphe 136, Bildung 136 f.
Lymphdrüsen 137.
Lymphgefässe 136.
Lymphherzen 137.
Lymphzellen 136.

Magenbewegungen 124, Innervation 126.
Magensaft 124 f., Secretion 125.
Magenverdauung 126 f.
Magnesium 19.

Malapterurus 269.
Maltose 41.
Mannit 39.
Manometrie 59.
Marklose Nerven 228.
Mastdarm 142.
Maximumthermometer 173.
Medianebene 392.
Medulla oblongata, siehe Kopfmark.
Mehl 172.
Membranschwingungen 338.
Membranöse Zungen 354.
Menstruation 402.
Meridianhoropter 396.
Metalle 19.
Methämoglobin 25.
Mikroskopie 16.
Milch 406, Secretion 407, als Nahrungsmittel 170.
Milchsäure 42.
Milchzucker 41.
Milz 140.
Mischfarben 384.
Mitbewegungen 310.
Mitempfindungen 310.
Molecularbewegung 210.
Moleculartheorie 265.
Molke 406.
Mollaccord 348.
Mouches volantes 390.
Mucin 28.
Mundverdauung 121.
Murexidprobe 36.
Muskeln, Thätigkeit 182, Reizung 194 ff., Chemie 204, elektrische Erscheinungen 252 ff., Wärmebildung 203. Theorie der Contraction 207, Quelle der Muskelkraft 206.
Muskelgeräusch 188.
Muskelsinn 332.
Mutiren 355.
Mydriatica 380.
Myographie 183, isometrische 190, isotonische 189.
Myopie 374.
Myosin 200.
Myosinogen 22.
Myotica 380.

Nachbilder 389, positive 389, negative 389.
Nachströme 264.
Nährstoffe 163.
Näseln 356.
Nahrung 164.
Nahrungsmittel 164.
Nasenathmung 112.
Nativistische Theorie 395.
Natronsalze 19.
Nebennieren 140 f.

Negative Schwankung 254.
Negativitätswelle 257.
Nerven, Function 224. Reizung 228 ff.. Chemie 245, elektrische Erscheinungen 252 ff., Wärmebildung 244 f., Theorie 267 f.
Nervenzellen 273.
Netzhaut, Erregungsverlauf 388. Ermüdung und Erholung 388 f., identische Punkte 395, elektrische Erscheinungen 254, Veränderungen durch Licht 382.
Neuroglia 271.
Neuronenlehre 273 ff.
Nicotin 74.
Niere, Secretion 146, Theorie 147.
Nucleïne 27. Nucleïnsäure 27.
Nucleoalbumine 27.
Nucleoproteïde 27.
Nutzeffect 112, 192.

Oberflächenvergrösserung 49.
Oculomotorius 299 f.
Oeffnungserregung 195.
Oelsäure 44.
Oesophagus 123.
Ohr 336 ff.
Ohrensausen 351.
Ohrmuschel 336.
Olein 44.
Olfactorius 301.
Oliven, untere 290, obere 297.
Ophthalmometer 368.
Opticus 300.
Optogramm 382.
Optometer 372.
Organeiweiss 159.
Ortssinn der Haut 328.
Otolithen 324.
Ovarien 401.
Oxalsäure 35.
Oxydationsvorgänge 7.
Oxyhämoglobin 24.
Ozon 18.

Palmitinsäure 44.
Pankreas 128, Secret 128. Diabetes nach Exstirpation 129.
Papillen der Zungenschleimhaut 332.
Paraglobulin 22.
Parallelogramm der Kräfte, resp. Bewegungen 215.
Paraoxybenzoësäure 31.
Parotis 121.
Partialtöne 344.
Partiardruck, resp. -Spannung 100.
Pendelschwingung 216.
Penis 404.
Pepsin 125, Pepsinzellen 125.
Peptone 29.
Perilymphe 340.

Periskopie des Auges 376.
Peristaltik 132.
Perspective 398.
Perspiration 101.
Pflanzenreich 6.
Pfortader 55.
Phasendifferenz 346.
Phasische Actionsströme 259 f.
Phenol 31.
Phenolätherschwefelsäuren 32.
Phonautograph 358.
Phonograph 358.
Phonophotographie 358.
Phosphor in Eiweisskörpern 27.
Phosphorsäure 19.
Photoelektrische Schwankungen 254.
Phrenicus 113.
Phrenologie 312.
Pilocarpin 149.
Piqûre diabétique 302.
Placenta, Gasaustausch 115.
Plasma des Blutes 47, des Muskels 204.
Pleura 102.
Pleuraspalte, Minusdruck darin 102.
Pneumatometrie 111.
Pneumograph 107.
Poikilothermie 173.
Polarisationserscheinungen, elektrische, thierischer Gewebe 266 ff.
Präexistenzlehre 265.
Primärstellung 392.
Protagon 46.
Protoplasma 3. -Bewegung 210.
Pseudoskop 397.
Psychologie 306.
Psychophysisches Gesetz 328.
Ptyalin 122.
Pubertät 401.
Puls 77, Frequenz 61, Form 77 f.
Pupille 379 f.
Pylorusdrüsen 125.
Pyramidenbahnen 287, Kreuzung 290.
Pyrogallol 89.

Querleitungszeit 282.
Querschnitt 252.
Querwiderstand der Muskeln und Nerven 230.
Quotient, respiratorischer 99.

Raddrehung, siehe Rollung.
Raumsinn 332.
Reactionszeit 317.
Reflexe, geordnete 279 f., ungeordnete 281.
Reflexcentren, spinale 284, bulbäre 303.
Reflexhemmung 282.
Reflexzeit 281.
Regeneration 244.
Register 355.
Reiz 10.

Reizschwelle 326.
Reserveluft 108.
Residualluft 110.
Resonatorentheorie 344.
Respirationsluft 108.
Respirationsversuche 95, Apparate 96 ff.
Rhodansalze 121.
Rhodopsin, siehe Sehpurpur 382.
Riechstoffe, Classification 335.
Rindenfelder 313 ff.
Rohrzucker 41.
Rollung 332.
Rückenmark, centrale Functionen 277, Leitungsbahnen 285 ff.
Rückenmarksnerven, Bell'sches Gesetz 278.
Rückenmarksseele 279.

Saccharification 43, 122.
Salicylsäure 144.
Salzhunger 167.
Salzsäure, im Magensaft 125.
Samen, siehe Sperma.
Sarkosin 34.
Sattelgelenk 213.
Sauerstoff 6, 7, Verbrauch 97.
Schallleitung 337.
Schattenfigur 382.
Scheide 404.
Schielen 395.
Schilddrüse, Functionen 141, Exstirpation 141.
Schlaf 319.
Schlambeizger 101.
Schleimdrüsen 121.
Schluckact 123.
Schmeckbecher 333.
Schmerzsinn 331.
Schnecke 341.
Schritte 217.
Schwangerschaft 405.
Schwefel 18.
Schwefelsäure 18.
Schweiss 149, Secretion 149 f.
Schwerpunkt 215.
Secretionen 118.
Secretionsnerven 119.
Secretionsströme 269.
Secundärstellungen 393.
Seele 306.
Sehen 383 ff.
Sehpurpur 382.
Selbststeuerung der Athmung 117.
Sensibilité récurrente 278.
Serum 48, Albumin, Globulin 22.
Seufzen 113.
Singstimme 356.
Sinnesorgane 325.
Sopran 355.
Spectrum der Blutfarbstoffe 24 ff.

Speichel 121, Absonderung 121.
Sperma 401.
Spermatozoen 403.
Sphincteren 143.
Sphygmograph 78.
Spirometrie 107 f.
Splanchnicus 84.
Sporen 400.
Sprache 356.
Springen 221.
Sprunglauf 222.
Stäbchen 388.
Stärke 42 f.
Stearinsäure 44.
Steigbügel 339.
Stickoxyd 25.
Stickstoff 100, Ausscheidung 152 f., -Deficit 151, -Gleichgewicht 151.
Stimmbänder 353.
Stimme 351, Umfang 355.
Stoffwechsel 4, Versuche 151 ff., Theorien 158 ff., Beziehungen zum Energiewechsel 5.
Stoffwechselgleichgewicht 5.
Stromuhr 79.
Strychnin 281.
Sublingualdrüse 122.
Submaxillardrüse 122.
Substanz, lebendige 8.
Summationstöne 346.
Sympathicus 320 ff.
Symphysen 212.
Systole 60.

Talgdrüsen 150.
Tastsinn 327.
Taurin 30.
Telephon 358.
Temperatur des Körpers 173.
Temperatursinn 330.
Tetanomotor 240.
Tetanus des Muskels 187 f.
Thalamus opticus 303.
Theobromin 168.
Thermoelektrische Methode 201 f.
Thermometer 173.
Thränensecretion 399.
Todtenstarre 199.
Tonhöhe 343.
Torpedo 269.
Transsudation 137.
Träume 320.
Traubenzucker 39.
Trennungslinien 396.
Trigeminus 298 f.
Trommelfell 338.
Tuba Eustachii 340.
Tyrosin 30 f.

Ueberlastung 192.
Uebung 310.
Unipolare Abgleichungen 239.
Unterschiedsempfindlichkeit 327.
Uramidosäuren 34.
Ureïde 35.
Ureteren 148.
Urobilin 27.
Urzeugung 400.
Uterus 405, Kraft 209.

Vagina, siehe Scheide.
Vagus 295, Beziehung zum Herzen 72, zu den Lungen 116, zum Magen 126, Durchschneidung 296.
Venen 80.
Ventilation der Lungen 110.
Verbrennungswärmen 160, 175 f.
Verdauung 118 ff.
Verhungern 153.
Vertrocknung des Nerven 241.
Vierhügel 303.
Vitalcapacität 108.
Vocale 356 f.
Vorhöfe 61.
Vorstellung 309.

Wachsthum 5.
Wärme, thierische 173 ff.
Wärmeregulirung, physikalische 177, chemische 177.
Wärmestarre 200.
Wahrnehmung 308.
Wahrnehmungszeit 318.

Warmblüter 173.
Wasseraufnahme 163.
Wassergehalt des Organismus 18.
Wasserstarre 200.
Wasserstoff 18.
Wein 172.
Weiss 384.
Wellenlänge 383.
Wellen, Traube-Hering'sche 77.
Wettstreit der Gesichtsfelder 395.
Willkürbewegungen 272, 311.
Wollfett 45.
Wollust 326.
Wurzeln der Hirnnerven 293.

Xanthin 36.

Zapfen 388.
Zeitmessungen 317.
Zelle 2.
Zerstreuungskreis 369.
Zeugung 400 ff.
Zirkelspitzen 328.
Zischlaute 359.
Zuckerarten 38 ff.
Zuckerstich, siehe Piqûre diabétique.
Zuckung des Muskels 183, secundäre 261.
Zuckungsgesetz 233.
Zungenbewegungen 120.
Zungenpfeifen 352.
Zwangsbewegungen 303 f.
Zwerchfell 104.
Zymogen 125.

Autorenregister.

Abelous 141.
Achard 313.
Adamkiewicz 155.
Aeby 194.
Afanasieff 240.
Albrecht 230.
Altmann 27.
Anderson 322.
Andral 99, 101.
Angelucci 372. 382.
v. Anrep 74.
Anschütz 219.
Ansiaux 178.
Apáthy 226.
Argutinsky 158.
Aronson 180.
d'Arsonval 174. 230. 251.
Arthus 51.
Asher 118, 233, 247.
Asp 84.
Aubert 47. 372. 388, 392.
Auerbach 133. 194. 279. 317. 322, 358.

Babuchin 227.
Baeyer 32, 142.
Baginsky 162.
Baldi 278.
v. Baranowsky 233.
v. Basch 76.
Bauer 157. 162.
Baumann 8, 19. 31, 32. 141. 144.
Baxt 68. 227, 228.
Bayliss 84.
Bechterew 297.
Becker 402.
Becquerel 261.
Beer 371.
Bell. Ch. 278. 332.
Benda 403.
Berg 101.
Bernard, Claude 12, 43. 83, 84. 89. 96, 118. 124. 126, 131, 138. 147. 173, 197. 204. 247, 271, 278, 298, 303.
Bernheim 320.
Bernstein 69. 78. 103, 194. 230, 241, 247, 255, 257, 258. 259, 261, 263, 266, 268, 269. 281. 330.

Bert 88. 90, 94, 97. 100. 111, 226.
Berthelot 177.
Berthollet 96.
Bessel 316.
Beyer 84.
Beyer 118.
v. Bezold 69, 71, 73. 84, 194. 195, 196, 197. 232.
Bial 139.
Biarnès 94, 141.
Bickel 278.
Bidder 70, 123, 125, 135. 154, 159. 226.
Biedermann 72, 182, 195, 196, 197, 200, 209. 210. 224, 229. 235. 237. 248, 263, 265, 266, 269. 285, 328.
Bierfreund 199.
Billroth 112, 202.
Bischoff 152, 155.
Bizzozero 51. 138.
Blix 193, 204. 330.
Böhm 43.
Bohlen 269.
Bohr 79.
Boll 382.
Boruttau 116, 204. 207, 228 242, 247, 259, 261, 263, 267. 296.
Bottazzi 209, 210.
Bouillaud 313.
Boussingault 152.
Boveri 3.
Bowditch 84, 211, 229. 245.
Bowman 146, 147.
Bradford 84
Brandt 3.
Braune 220.
Brenner 236.
Breuer 117. 304, 349.
Brewster 397.
Brieger 32, 35, 132. 142.
Broca 313.
Brondgeest 283.
Brown-Séquard 97, 114, 138. 200, 282, 286. 289.
Bruck 349
Brücke 50. 126, 129. 135. 208, 308, 381.
Brunner 89.
Bubnoff 315.

Buchheim 145.
Budge 72. 83, 243, 284, 380.
Büttner 275.
Buisson 78.
Bunge 18. 26, 51, 52, 145, 163.
Bunsen 89, 90.
Burch 251.
Burdach 307.
Burdon Sanderson 184, 251, 259, 260.

Camerer 166.
Carvallo 127
Cash 184. 185.
Chauveau 65, 66, 79, 95, 177. 200, 206.
Chittenden 29
Chossat 154.
Cloquet 325.
Coats 68.
Cohn 266.
Cohnheim 69, 130.
Cohnstein, J. 52, 101, 283.
Cohnstein, W. 136, 137.
Colasanti, 157.
Contejean 127.
Corblin 223.
Corvisart 128.
Cowl 52, 60, 184.
Cramer 370.
Crawford 174.
Cremer 40.
Cruikshank 244.
Cybulski 79, 141, 238.
Cyon 12, 73, 84, 85, 283, 284. 324. 349.
Czermak 72, 78, 353.
Czerny 127.

Daddi 302.
Dalton 90. 387.
Danilewsky 176, 203, 204.
Dastre 84, 127, 131.
Davy 110.
Dax 313.
Dean 84.
De Boeck 320, 324.
Debove 313.
van Deen 285, 286.
Deiters 297.
Delboeuf 328.
Delsaux 260.
Demeny 222.
Demoor 3. 223, 323.
Descartes 272.
Despretz 174.
Diakonow 45.
Dickinson 321.
Dietl 319.
Dittmar 286.
Dock 139.
Dogiel, A. 70.
Dogiel, L. 62, 79.

Donaldson 82.
Donders 16, 72. 102, 111. 235, 317. 366.
371, 374. 377, 392. 393.
Drechsel 35, 145, 162.
du Bois-Reymond, Cl. 391.
du Bois-Reymond, E. 199, 205. 207. 228,
229, 230. 234, 239, 243, 247, 250. 251.
252. 253. 254. 262, 264. 266. 267. 269.
du Bois-Reymond, R. 391.
Duchenne 212, 219.
Dufourt 205.
Dulong 174.
Dumas 146.
Dupuy 149.
Dybkowsky 136, 204.
Dzondi 123.

v. Ebner 332, 403
Ebstein 125.
Eckhard 69, 85, 127, 147. 229. 231. 271.
272. 303.
Edes 245.
Edgren 78.
Efron 240.
Eijkmann 164.
Einbrodt 77.
Einthoven 67.
v. Eiselsberg 201.
Engelken 285.
Engelmann 70, 71. 148, 182, 195, 208,
210, 211, 236, 239, 253, 260, 265. 269.
326. 382.
Erb 235, 244.
Eulenburg 235.
Ewald, Aug. 94, 132, 148.
Ewald, Rich. 85, 111, 182, 349, 350, 397.
Exner 279, 281, 282. 306, 309, 310, 311,
312, 317, 318, 319, 328. 335, 351, 361.
388.

Faivre 76.
Falck 123, 153, 200.
Fano 210, 266, 350.
Favre 174.
Fechner 319.
Feder 158.
Feis 54.
Fernet 91, 92.
Ferrier 305.
Fiaux 123.
Fick, A. 8, 59, 79. 82. 115, 159. 188,
189, 190, 201, 202, 204, 206, 208, 210,
229. 238. 285, 325, 338, 360, 388, 393,
398.
Fick, E. 215
Filehne 230.
Finn 139.
Fischer, E. 35, 39.
Fischer, H. 336.
Fischer, O. 214, 220.

Flechsig 277, 288.
Fleischl 50, 229, 237.
Flemming 138.
Flourens 114, 308, 349.
Fodera 289.
Förster 392.
Forster 165.
Foville 288.
Fränkel 157, 353.
Fraum 41.
François-Franck 84, 85, 315.
Frank 67, 68.
Frankland 176.
Fredericq 12, 60, 67, 77, 78, 101, 228, 242.
Frerichs 130, 147, 155, 159.
Freund 52.
Freusberg 283.
v. Frey 16, 52, 68, 69, 78, 95, 135, 187, 206, 229, 331.
Fritsch 312.
Fröhlich 335.
Fuchs 228, 254.
Fürst 196.
Funke 194, 245, 325.

Gad 60, 63, 109, 110, 112, 113, 114, 115, 116, 117, 129, 184, 185, 189, 190, 208, 230, 241, 247, 273, 279, 281, 331, 353.
Galvani 230.
Gamgee 118.
Garcia 353.
Garré 233.
Gaskell 69, 72, 266, 321.
Gaspardi 127.
Gaule 65.
Gauss 365.
Gautier 35.
Gavarret 99, 101, 173.
Geissler 93.
Geluk 67.
v. Genderen 382.
Geppert 157.
Gergens 85.
Gerhardt, D. 67.
Giacosa 144.
Gianuzzi 73, 121, 284.
Gierke 114.
Giuffrè 230.
Glaser 403.
Gley 70, 129, 141.
Gmelin 26.
Goethe 390.
Goldscheider 330, 331.
Goldstein 115.
Goldzieher 299.
Golgi 273.
Goltz 54, 65, 74, 85, 148, 149, 279, 283, 284, 285, 308, 349.

Gotch 270.
Graham 20.
Grandry 327.
Grashey 78.
Gréhant 82, 93, 110.
Griesbach 329.
Griessmayer 43.
Grimm 124.
Grübler 20.
Grünhagen 233, 246, 247.
Grützner 125, 132, 147, 185, 187, 189, 198, 230, 237, 240, 326, 337, 359.
Gscheidlen 12, 86.
Gudden 277.
Gürber 20.
Gumilewski 134.

Hällsten 235.
Hahn 146.
Haldane 91, 97.
Hales 59, 76.
Hall, Stanley 188.
Hall, W. S. 163.
Haller 335.
Hallervorden 145.
Halliburton 18, 22, 52.
Hamberger 106.
Hamburger 134, 137.
Hammarsten 18, 22.
Harless 241.
Haro 56.
Harvey 54.
Hasler 405.
Haycraft 335.
Hayem 51.
Head 117, 253, 265.
Hedin 52.
Heffter 42, 205.
Héger 382.
Heidenhain 49, 71, 118, 119, 121, 125, 128, 130, 133, 134, 136, 137, 146, 147, 148, 201, 202, 203, 204, 237, 240, 244, 315.
Helmholtz 92, 160, 176, 177, 183, 184, 185, 188, 201, 203, 205, 227, 228, 230, 235, 257, 281, 317, 337, 338, 339, 346, 347, 357, 358, 360, 366, 368, 370, 371, 377, 379, 381, 385, 390, 392, 393, 395, 396.
Hempel 89.
Henle 107.
Henneberg 161.
Hénocque 23, 50.
Hensen 43, 337, 339, 357, 358, 379, 399, 402.
Hering, Eduard 31.
Hering, Ewald 8, 10, 77, 109, 111, 117, 195, 239, 253, 262, 264, 266, 325, 328, 360, 386, 388, 390, 395, 396.
Hering, H. E. 284.

Hermann. L. 8, 70. 86, 95. 103. 110,
  124, 139. 182, 190, 193, 194. 197. 198.
  199, 201, 205, 206, 207, 208. 224, 230,
  233, 234, 236, 237, 239, 242. 248. 249.
  253, 256, 257, 258, 259, 263, 264, 265,
  266, 267, 268, 269, 315, 348. 350. 357.
  358. 359. 376.
Herrmann, M. 148.
Herter 32.
Hertwig, O. 3.
Hertwig, R. 3.
Herzen 128. 283.
Hess 388.
Heubel 200.
Hewlett 20.
Heymans 70, 185, 189.
Hill 86.
Hirschfeld 166.
Hitzig 230. 304, 312, 315.
Hodge 323.
Höfler 306.
Högyes 117.
Hönigschmied 333.
v. Hösslin 167.
Hoffa 71.
Hofmann, Fr. 161.
Hofmeister 20, 134.
Hoffmann 43.
Holm 114.
Holmgren 254, 266, 387.
Holovtschiner 117.
Hoppe 320.
Hoppe-Seyler 8, 18, 23, 25, 26, 27, 52,
  92, 94, 97, 134, 145.
Horbaczewski 36, 145.
Hornberg 238.
Hough 72.
Howell 82, 241.
Hüfner 23. 50. 94.
Hürthle 16, 45, 60, 63, 64, 66, 67. 78,
  324.
Hunt 85.
Huppert 51.
Hutchinson 107.
Hyrtl 143.

Israel, O. 179.

Jacobson 59.
Jaffé 27, 32, 143.
de Jager 77, 228, 317.
James 349.
Jendrassik 299.
Johansson 82, 84, 177.
Jolyet 84.
Jones, Wharton 210.
Joseph 279.

Kahlbaum 93.
Kaiser, H. 127, 360.

Kaiser, K. 70, 246.
Kallius 381.
Katzenstein 160.
Kaufmann 95, 140, 200, 206.
Keller 103.
Kendall 149.
Kerschner 332.
Kessel 341.
Khigine 125.
Kirchhoff 284.
Kleimann 124.
Klemensiewicz 125.
Klug 126.
Knapp 377, 394.
Knieriem 145.
Knoll 76. 107, 109, 116, 253.
Kobert 111.
Kochs 10. 145, 226.
Kölliker 241, 247, 273, 288, 321. 404.
König, A. 346, 347, 388.
König, J. 151, 406.
Köppe 19. 125.
Kohlrausch 230, 344.
Kohnstamm 187, 203, 208.
Kossel 27, 93.
Kottmeyer 130.
Krause. F. 275.
Krause, W. 243, 330, 404.
Krehl 68, 126.
Kreidl 349.
v. Kries 57, 80, 187, 188, 229, 260, 261,
  269, 317, 388.
Kronecker 68, 69, 71, 79, 123, 188, 198,
  229.
Kühne 22, 29, 128, 193, 194, 197, 210,
  226, 247, 253, 254, 261, 360. 382.
Külz 41, 140, 303.
v. Kupffer 226.
Kussmaul 302.

Laënnec 62.
Laffont 84.
Lambert 323.
Landois 54, 78.
Landwehr 28.
Langendorff 12, 68, 70, 114, 229, 240.
Langley 83. 84, 321, 322.
Lanz 141.
Lapicque 163, 166.
Laplace 95.
Laserstein 236.
Latschenberger 138.
Lautenbach 228.
Laves 97.
Lavoisier 88, 95, 96, 158.
Lea 128.
Lebedeff 161.
Le Bel 38.
Leeuwenhoek 80.
Legallois 113.

Lehfeldt 355.
Lehmann 159.
Leo 162.
Lépine 129, 139, 140.
Leuchs 122.
Leuckart 400.
Levy-Dorn 150.
Lewandowsky 117.
Lewin, G. 162.
Lewy, B. 56.
Lewisson 283.
Leyden 157.
Lichatscheff 175.
v. Liebermeister 157, 324.
Liebig, G. 95, 205.
Liebig, J. 33, 158, 167.
Liebreich 46.
Lilienfeld 27, 51, 52.
Limpricht 204.
Lindhagen 117.
Linné 335.
Lintner 41.
Listing 369.
Litten 130.
Loeb 307.
Löwit 328.
Loewy 100.
Lohrer 145.
Lombard 198.
Longet 271, 278, 305.
Lortet 79.
Lotze 1, 279. 309.
Lovén 260, 333.
Lucae 340.
Luchsinger 118, 149, 150, 243, 247. 279.
Luciani 71. 305.
Ludloff 210.
Ludwig. C. 12, 59, 62, 66, 68, 70, 71, 79, 80, 84. 85. 92, 93, 95, 119. 121. 147. 177, 200, 206, 285, 286, 289.
Lüderitz 196.
Lüscher 124.
Lussana 305.

Mach 341, 349, 351.
Mac Kendrick 308.
Magendie 123, 124, 167, 275, 278, 303.
Maggiora 198.
Magnus 92.
Malpighi 80.
Maly 26, 27. 118, 125.
Manca 50.
Manché 205.
Mandl 355.
Mann 323.
Maquenne 205.
Marcacci 244.
Marckwald 241.
Marcuse 234.
Mareš 238.

Marey 15, 16. 47, 60, 65, 66, 70, 77, 78, 107, 109, 111, 182, 210, 217, 218, 219, 220, 221, 222. 223, 251, 260, 270.
Marinescu 114.
Mariotte 381.
de Martigny 92.
Martin. N. 68, 69, 84.
Martius 67.
Maschek 245.
Masini 350.
Masius 284.
Massen 146.
Mathieu 94.
Matteucci 251, 261, 267.
Matthias 259, 359.
Matthiessen 376.
Maximowitsch 67.
Maxwell 384, 387.
Mayer 230.
Mayer, A. M. 351.
Mayer, Sigm. 117, 118, 182, 275.
Mayo, Herbert 379.
Mayow 88.
Medicus 35.
Meissner 31, 36, 126, 133, 139. 145. 146, 204, 266. 275, 322, 327, 398.
Meltzer 123.
Mendel. L. B. 131.
Mendelssohn 252.
v. Mering 129, 139.
Merkel. C. L. 337.
Merkel. F. 327.
Mertschinsky 115.
Merunowicz 69.
Metschnikoff 142.
Metzler 127.
Metzner 203.
Menli 324.
Meyer, E. 94.
Meyer, H. 147. 216.
Meyerstein 204.
Meynert 316.
Michaelis 69.
Miescher 27, 286, 403.
Millon 21.
Minkowski 129. 145.
Mislawsky 114.
Moens 75.
Mohl 3.
Moleschott 73.
Mommsen 241, 243, 268, 284.
Moore 41.
Morat 84, 205, 274, 275
Morganti 305.
Mosso 79, 87, 198, 320, 323.
Mott 278.
Müller. C. F. 389.
Müller, G. E. 207.
Müller, Johannes 118, 225, 243, 278, 284. 355. 360.

Müntz 100.
Münzer 184.
Mulder 22.
Munk. Herm. 312, 314, 316.
Munk. Immanuel 135, 161.
Muybridge 219.

Nagel 393.
Nansen 274.
Nasse. O. 182, 204.
Naunyn 139, 157, 162.
Nawalichin 203.
Nawrocki 268.
Nélaton 143.
Nencki 26, 144, 146.
Neumann. E. 138, 403.
Neumeister 18.
Neupauer 110.
Newton 384.
Nicolas 67.
Niebel 204.
Nothnagel 303, 330.
Nuel 78.
Nussbaum 148.
Nuttall 132.
Nysten 200.

Obersteiner 273.
Oddi 131.
Oehl 228.
Oldag 229.
Oliver, G. 141.
Oliver, R. 166.
Openchowsky 126.
Oppenheim 158.
Ostroumoff 84.
Ott 180, 289.
Overbeck 147.

Pachon 127.
Page 251, 260.
Pagès 51.
Panizza 278, 296.
Panormoff 204.
Panum 167.
Parkes 158.
Passavant 123.
Passy 336.
Pasteur 8.
Paulsen 335.
Pavy 28, 139.
Pawlow 73, 79, 126, 146, 209.
Payen 165.
Pekelharing 52.
Peltier 266.
Pembrey 97, 178.
Pergens 382.
Perls 162.
Peschel 376.

Pettenkofer 8, 98, 152, 158, 160, 161, 169, 206.
Pfaff 236.
Pfaundler 344.
Pfeffer 307.
Pflüger 1, 8, 92, 95, 160, 161, 162, 206, 229, 231, 233, 234, 236, 237, 279, 307.
Philipeaux 226, 244.
Pictet 10.
Piotrowsky 209, 247.
Pipping 357.
Pitres 315.
Place 239.
Plateau 328.
Platner 130.
Playfair 152.
Plósz 139, 155.
Podolinsky 128.
Poehl 403.
Poiseuille 56, 59, 76.
Politzer 155.
Pollack 349.
Porter 69, 84.
Pourfour du Petit 303.
Preusse 32.
Prévost 146.
Preyer 320, 347, 348.
Purkinje 236, 304, 320, 326, 388.

Quincke 284.
Quinquaud 82, 129.

Radziejewsky 161.
Ramón y Cajal 273, 381.
Ranke 86, 165, 265.
Ranvier 185.
Raps 93.
v. Recklinghausen 138, 393, 396.
Reguault 96, 97, 152.
Reichenbach 179.
Reid 266.
Reiset 96, 97, 152.
Remak 70, 197.
Retzius 273.
Riccò 389.
Richet 174, 177, 180, 187.
Riecke 207.
Riegel 76, 107.
Rieger 215.
Ringer 68.
Rinne 339, 343.
Ritter 236, 237, 243.
Ritter F. 139, 197.
Ritthausen 20.
Rodet 67.
Röber 269.
Röhmann 134, 135.
Rösel v. Rosenhof 210.
Roger 283.
Rolleston 245.

Rollett 47, 50, 93, 194, 197, 198, 199, 207, 208. 384.
Rosemann 158.
Rosenberg 116.
Rosenthal 88, 107, 115, 173, 174, 178, 179, 192, 197, 228, 236, 239, 240, 269, 282.
Rossbach 200.
Roy 67, 83. 324.
Rubner 155, 160, 174, 175, 176, 181.
Rüdel 144.
Ruete 393, 394.
Rühle 124.
Rutherford 207, 232.
Ružička 136.

Sachs 180.
Sänger 356.
Salkowsky 18, 36, 145.
Salomon 51, 140.
Salzer 300, 391.
Samt 235.
Samuelson 69.
Samways 267.
Sandmeyer 129.
Savart 344.
Sawyer 247.
Schäfer 141.
Scharling 99, 158.
Schatz 209.
Scheiner 372.
Schelske 228.
Schenck 12, 139, 189, 208, 260.
Schiefferdecker 226.
Schiff 73, 118, 120, 124, 125, 130, 132, 141, 242, 271, 273, 285, 286, 289, 296, 304, 305, 349.
Schiffer 204.
Schillbach 196.
Schmey 71.
Schmidt Alexander 51, 52, 92, 95, 206
Schmidt C. 125, 135, 154, 159.
Schmiedeberg 41, 71, 73, 145.
Schmulewitsch 203.
Schöffer 94.
Schoenlein 210, 261, 270.
Schreiber 76, 180.
Schreiner 403.
v. Schröder 145, 146.
v. Schulthess-Rechberg 69.
Schultz P. 209.
Schultze M. 381, 388.
Schultzen 153.
Schumow-Simanowsky 126.
Schwalbe 333.
Schwann 1, 25, 193.
Schwartz 115.
Schweigger-Seidel 136.
Sedgwick 69.
Seegen 206.
Séguin 95, 96, 158.

Selmi 35.
Senator 157.
Serres 303.
Sertoli 92, 209.
Setschenow 94, 282.
Sewall 246.
Shepard 31, 145.
Sherrington 278, 321, 324. 332.
Sieber 26.
Silbermann 174.
Sirotinin 285.
Smale 144.
Smith. Made 81, 202.
Snellen 275, 391.
Sokownin 148.
Solger 204.
Soltmann 74.
Sondén 99.
Soxhlet 44.
Spallanzani 95, 101.
Speck 89, 101.
Spencer 116.
Staedeler 26.
Stampfer 372.
Stannius 70, 71.
Starling 137.
Stefanowka 323.
Steinach 254, 278, 379.
Steiner 254.
Steinhauser 350.
Stewart 178.
Stilling 286.
Stirling 280.
Störck 355.
Störring 203, 204.
Stohmann 152, 176.
Stolnikow 79.
Storch 157.
Strasser 223.
Strauss 132.
Strecker 45.
Strehl 350.
Strümpell 319.
Symonowicz 124, 141.
Szana 245.
Szpilman 243, 247.

Talma 77.
Tammann 147.
Tarchanoff 72, 350.
Tenner 302.
Thanhoffer 72.
Thierfelder 132.
Thiry 131, 204, 285, 402.
Thoma 58.
Thompson 350.
Thudichum 143.
Tiegel 139, 198.
Tigerstedt 47, 69, 71, 79, 82, 99, 177, 184, 237, 238, 239.

Timofeeff 126.
Tissot 205.
Traube Ludwig 77, 296.
Traube Moriz 8.
Treves 302.
Tscherning 371.
Tschirjew 230, 234, 284.
Türck 280.

v. Uexküll 228, 239, 240.
Upham 15.
Urbain 94.
Ustimowitsch 85.

Valentin 89, 95, 96, 111, 152, 242, 245, 246, 336.
Valli 243.
Vandevelde 228.
Vanlair 244.
Van t'Hoff 38.
Vas 323.
Vauquelin 36.
Vella 131.
Verhoogen 320, 324.
Verworn 1, 3, 210.
Viault 100.
Vierordt 77, 79, 82, 88, 89, 107, 158.
v. Vintschgau 236, 319, 325, 333.
Viola 127.
Virchow 3, 26, 127, 162, 211.
Völkers 380.
Voigt 346.
Voit C. 151, 152, 154, 155, 156, 158, 159, 160, 161, 162, 165, 169, 206.
Voit E. 162.
Volkmann 72, 75, 79, 82, 329, 391.
Volta 229.
Vulpian 226, 244.

Wagner E. 86.
Wagner Herm. 307.
Wagner Rudolf 307.
Waldenburg 110.
Wadeyer 273.
Waller A. sen. 83, 243.
Waller A. D. jun. 235, 241, 260, 268, 302.

Warren 84.
de Watteville 235.
Weber Eduard 75, 86, 190, 192, 194, 240, 327, 329, 335.
Weber E. H. 267.
Weber, Gebr. 72, 212, 213, 216, 222.
Wedensky 72, 188, 245, 246, 247, 261.
Wegener 179.
Weiss H. 244.
Weiss N. 289.
Weiss O. 135, 238.
Weiss S. 205.
Welcker 49, 52.
Werber 85.
Werigo 234, 246, 269.
Wernicke 313.
Wertheimer 114.
Westphal 284.
Wheatstone 397.
Wien 342.
Willis 357.
Wintrich 107.
Wislicenus 8, 159, 206.
Wistinghausen 135.
v. Wittich 118, 137, 139, 388.
Wöhler 8, 34, 144.
Wolffberg 95.
Wollaston 188.
Wood 180.
Wooldridge 51, 52, 71.
Worm-Müller 94.
Woroschiloff 286.
Wundt 196, 280, 282, 306, 317, 393.

Yeo 184.
Young 346, 372, 377, 384, 385.

Zagari 116.
Zahn 239.
Zanietowski 238.
Zaufal 123.
Ziehen 306.
Ziemssen 244.
Zinowsky 26.
Zuntz 52, 77, 82, 88, 90, 92, 100, 101, 157, 160.
Zwaardemaker 325, 335, 336.

www.ingramcontent.com/pod-product-compliance
Lightning Source LLC
Chambersburg PA
CBHW051736300426
44115CB00007B/587